DIE PARTIELLEN

DIFFERENTIAL-GLEICHUNGEN

DER

MATHEMATISCHEN PHYSIK

DIE PARTIELLEN

DIFFERENTIAL-GLEICHUNGEN

DER

MATHEMATISCHEN PHYSIK

NACH RIEMANN'S VORLESUNGEN

IN VIERTER AUFLAGE

NEU BEARBEITET

VON

HEINRICH WEBER

PROFESSOR DER MATHEMATIK AN DER UNIVERSITÄT STRASSBURG

ZWEITER BAND

MIT EINGEDRUCKTEN ABBILDUNGEN

BRAUNSCHWEIG

DRUCK UND VERLAG VON FRIEDRICH VIEWEG UND SOHN

1901

INHALTSVERZEICHNISS DES ZWEITEN BANDES.

Erstes Buch.

Hülfsmittel aus der Theorie der linearen Differentialgleichungen.

Erster Abschnitt.

Integration durch hypergeometrische Reihen.

Zweiter Abschnitt.

Integration durch bestimmte Integrale.

Dritter Abschnitt.

Die P-Function von Riemann.

Vierter Abschnitt.

Oscillationstheoreme.

Zweites Buch.

Wärmeleitung.

Fünfter Abschnitt.

Die Differentialgleichung der Wärmeleitung.

Sechster Abschnitt.

Probleme der Wärmeleitung, die nur von einer Coordinate abhängig sind.

Siebenter Abschnitt.

Wärmeleitung in der Kugel.

Drittes Buch.

Elasticitäts-Theorie.

Achter Abschnitt.

Allgemeine Theorie der Elasticität.

Neunter Abschnitt.

Statische Probleme der Elasticitätstheorie.

Vierzehnter Abschnitt.

Allgemeine Theorie der Differentialgleichung der schwingenden Membran.

Viertes Buch.

Elektrische Schwingungen.

Fünfzehnter Abschnitt.

Elektrische Wellen.

Sechzehnter Abschnitt.

Lineare elektrische Ströme.

Siebenzehnter Abschnitt.

Reflexion elektrischer Schwingungen.

Fünftes Buch.

Hydrodynamik.

Achtzehnter Abschnitt.

Allgemeine Grundsätze.

Neunzehnter Abschnitt.

Bewegung eines starren Körpers in einer Flüssigkeit. Hydrodynamischer Theil.

Zwanzigster Abschnitt.

Bewegung eines festen Körpers in einer Flüssigkeit. Mechanischer Theil.

Einundzwanzigster Abschnitt.

Unstetige Bewegung von Flüssigkeiten.

Zweiundzwanzigster Abschnitt.

Fortpflanzung von Stössen in einem Gase.

Dreiundzwanzigster Abschnitt.

Luftschwingungen von endlicher Amplitude.

Berichtigungen zum ersten Bande.

Seite 61, Zeile 8 von oben lies $\frac{\sqrt{2}}{x}$ statt $\frac{1}{x\sqrt{2}}$.

Seite 76, Zeile 1 und 2 von oben lies $\frac{1}{l}$ statt $\frac{1}{2}$.

Seite 135, Zeile 11 und 12 von unten lies $-\varepsilon$ statt ε.

Seite 143, Zeile 4 von oben lies $e^{-k\beta^2}$ statt $e^{-x\beta^2}$.

Seite 172, Zeile 1 von oben lies (11) statt (14).

Seite 193, Zeile 7 von oben lies $\frac{\pi}{4} + \frac{n\pi}{2}$ statt $\frac{\pi}{4} - \frac{n\pi}{2}$.

Seite 225, Formel (5) lies B_x statt $\mathfrak{B}_x$.

Seite 270, Zeile 3 von oben lies (3) statt (4).

Seite 270, Zeile 8 von oben lies Kugelfläche statt Kugelflächen.

Seite 279, letzte Zeile A_0, B_0 statt A_ν, B_ν.

Seite 383, Zeile 9 von oben lies 151 statt 150.

Seite 383, Zeile 12 von oben lies ε statt s.

Seite 455, Formel (14) lies r^2 statt r^0.

ERSTES BUCH.

HÜLFSMITTEL AUS DER THEORIE

DER

LINEAREN DIFFERENTIAL-GLEICHUNGEN.

Erster Abschnitt.

Integration durch hypergeometrische Reihen.

§. 1.

Lineare Differentialgleichungen zweiter Ordnung.

Wir haben im siebenten Abschnitte des ersten Bandes einige der einfachsten und wichtigsten Sätze aus der Theorie der linearen Differentialgleichungen mit einer unabhängigen Variablen kennen gelernt.

In den Problemen, die wir in den folgenden Blättern behandeln werden, treten solche Differentialgleichungen, und zwar besonders die von der zweiten Ordnung, immer mehr in den Vordergrund.

Die Theorie der linearen Differentialgleichungen ist durch die functionentheoretischen Methoden, die zuerst Riemann darauf angewandt hat, durch die Untersuchungen von Fuchs, Frobenius u. A. zu einer umfangreichen Lehre ausgebildet worden. Ein grosser Theil dieser allgemeinen Theorie hat aber bisher, so wichtig er für die Analysis ist, in der Physik noch keine Verwendung gefunden, und es dürfte daher dem Leser, dessen Interesse in erster Linie auf die physikalischen Anwendungen gerichtet ist, willkommen sein, hier einen gedrängten Ueberblick über den Theil dieser Theorie zu finden, der für physikalische Anwendungen wichtig ist. Es kommen hierbei vorzugsweise die linearen Differentialgleichungen zweiter Ordnung in Betracht, auf die wir uns von vornherein beschränken wollen. Wir knüpfen dabei an die älteren Untersuchungen von Euler, Gauss, Kummer an, auf die man zurückgreifen muss, wenn es sich um wirkliche zur Berechnung geeignete Darstellungen handelt[1]).

§. 2.

Eintheilung der linearen Differentialgleichungen zweiter Ordnung nach den Dimensionen.

Wir beschäftigen uns jetzt also mit der Integration einer linearen Differentialgleichung zweiter Ordnung:

$$p_0 y'' + p_1 y' + p_2 y = 0, \tag{1}$$

worin y die abhängige, x die unabhängige Variable bedeutet, die auch complex sein kann, und

$$y' = \frac{dy}{dx}, \qquad y'' = \frac{d^2 y}{dx^2} \tag{2}$$

gesetzt wird. Die Coëfficienten p_0, p_1, p_2 sind gegebene Functionen von x.

Wir können diese Gleichung, ohne ihre Bedeutung zu ändern, mit einem beliebigen Factor, der eine Function von x sein kann, multipliciren, und wir können so den Coëfficienten des höchsten Differentialquotienten y'' durch Division mit dem von Null verschiedenen p_0 auf 1 reduciren.

Wenn die Coëfficienten rationale Functionen von x sind, so können wir die Gleichung durch Wegschaffen des Hauptnenners

---

1) Euler, Institutiones calculi integralis, Vol. 2, Cap. VIII.

Gauss, Disquisitiones generales circa seriem infinitam etc. (1812), Werke Bd. 3, S. 123 (u. S. 207 aus dem Nachlass).

Kummer, Ueber die hypergeometrische Reihe. Crelle's Journal, Bd. 15 (1836).

Riemann, Beiträge zur Theorie der durch die Gauss'sche Reihe $F(\alpha, \beta, \gamma, x)$ darstellbaren Functionen (1857), Werke S. 67 (und S. 379 aus dem Nachlass).

Die Resultate der Untersuchungen von Fuchs und die neuere Entwickelung der Theorie der linearen Differentialgleichungen überhaupt ist ausführlich dargestellt in den Lehrbüchern:

L. Heffter, Einleitung in die Theorie der linearen Differentialgleichungen mit einer unabhängigen Variablen. Leipzig 1894.

L. Schlesinger, Handbuch der Theorie der linearen Differentialgleichungen. Leipzig 1895 bis 1898.

und aller gemeinschaftlichen Factoren auf eine Form bringen, in der die Coëfficienten p_0, p_1, p_2 ganze rationale Functionen von x ohne gemeinschaftlichen Theiler sind.

Dies ist der Fall, der uns hier fast ausschliesslich beschäftigen wird.

Wir wollen hier zunächst den im ersten Bande nur kurz in der Anmerkung auf S. 129 angedeuteten Beweis nachtragen, dass die Gleichung (1) nicht mehr als zwei linear unabhängige Integrale haben kann.

Wenn die drei Functionen y_1, y_2, y_3 linear abhängig sind, so lässt sich eine von ihnen, etwa y_3, linear und mit constanten Coëfficienten durch die beiden anderen darstellen in der Form

$$(3) \qquad y_3 = c_1 y_1 + c_2 y_2,$$

woraus durch zweimalige Differentiation

$$(4) \qquad y_3' = c_1 y_1' + c_2 y_2',$$

$$(5) \qquad y_3'' = c_1 y_1'' + c_2 y_2''.$$

Es muss also, wie aus der Theorie der linearen Gleichungen bekannt ist, die Determinante

$$(6) \qquad \Delta = \begin{vmatrix} y_1, & y_1', & y_1'' \\ y_2, & y_2', & y_2'' \\ y_3, & y_3', & y_3'' \end{vmatrix}$$

verschwinden. Wenn umgekehrt diese Determinante verschwindet, so sind entweder schon y_1, y_2 von einander linear abhängig, d. h. y_1 und y_2 stehen in constantem Verhältniss und es ist

$$\Delta_1 = y_1 y_2' - y_2 y_1'$$

gleich Null, oder es ist Δ_1 von Null verschieden und es lassen sich die Coëfficienten c_1, c_2, zunächst als Functionen von x, so bestimmen, dass die Gleichungen (3), (4), und sodann wegen $\Delta = 0$ auch (5) befriedigt sind. Dann folgt aber durch Differentiation von (3) und (4) mit Benutzung von (4) und (5):

$$(7) \qquad \begin{aligned} c_1' y_1 + c_2' y_2 &= 0, \\ c_1' y_1' + c_2' y_2' &= 0, \end{aligned}$$

und daraus ergiebt sich, da Δ_1 von Null verschieden ist, $c_1' = 0$, $c_2' = 0$ und c_1 und c_2 sind also Constanten.

Das Verschwinden der Determinante Δ ist also die nothwendige und hinreichende Bedingung für die lineare Abhängigkeit der drei Functionen y_1, y_2, y_3.

Sind nun y_1, y_2, y_3 drei Lösungen von (1), so ist

$$p_0 y_1'' + p_1 y_1' + p_2 y_1 = 0,$$
$$p_0 y_2'' + p_1 y_2' + p_2 y_2 = 0,$$
$$p_0 y_3'' + p_1 y_3' + p_2 y_3 = 0,$$

woraus folgt, da p_0, p_1, p_2 nicht alle drei Null sind, dass die Determinante Δ verschwindet, y_1, y_2, y_3 also linear abhängig sind.

Wenn x_0 ein Werth von x ist, für den p_1/p_0 und p_2/p_0 nebst allen ihren Differentialquotienten endliche Werthe haben, so kann man für $x = x_0$ die Werthe $y = y_0$, $y' = y_0'$ willkürlich annehmen, und dann durch fortgesetzte Differentiation der Differentialgleichung (1) die Werthe der höheren Differentialquotienten y_0'', y_0''',... bis zu beliebiger Höhe berechnen. Man bekommt so die Coëfficienten in der Taylor'schen Entwickelung:

$$(8) \quad y = y_0 + (x - x_0) y_0' + \frac{(x - x_0)^2}{1.2} y_0'' + \frac{(x - x_0)^3}{1.2.3} y_0''' + \dots,$$

die dann ein Integral von (1) mit den beiden willkürlichen Constanten y_0, y_0' darstellt. Auf den Beweis der Convergenz dieses Ausdruckes, den man in den Lehrbüchern der Integralrechnung oder der Differentialgleichungen findet, gehen wir hier nicht ein, was wir um so eher können, da wir es in der Folge meist mit Differentialgleichungen zu thun haben werden, die sich durch leicht zu übersehende Ausdrücke integriren lassen.

Die Entwickelung (8) kann nicht mehr aufgestellt werden, wenn p_0 für $x = x_0$ verschwindet. Diese Punkte x_0 heissen die singulären Punkte der Differentialgleichung. In ihrer Umgebung folgen die Entwickelungen der Integrale, wenn sie überhaupt möglich sind, anderen Gesetzen.

Den Fall, wo die Coëfficienten p_0, p_1, p_2 in der Gleichung (1) Constanten sind, haben wir schon im ersten Bande ausführlich erörtert. Der nächst einfache Fall würde der sein, wo p_0, p_1, p_2 lineare Functionen von x sind.

Es scheint aber für manche Zwecke, namentlich für die Integration durch Potenzreihen, sachgemässer, die Differentialgleichungen nicht nach dem Grad der Coëfficienten, sondern nach den Dimensionen ihrer Glieder in Bezug auf die Variable x einzutheilen[1]). Bei dieser Zählung haben x und dx die Dimension 1, während die Variable y keine Dimension

[1]) Riemann's Werke, zweite Auflage, S. 435.

erhält. Es haben also y' und y'' die Dimensionen -1 und -2, und um die Dimensionen aus den Differentialquotienten wegzuschaffen, setze man

$$(9)\qquad \begin{aligned} \frac{dy}{dx} &= \frac{1}{x}\frac{dy}{d\log x}, \\ \frac{d^2y}{dx^2} &= \frac{1}{x^2}\left(\frac{d^2y}{d\log x^2} - \frac{dy}{d\log x}\right). \end{aligned}$$

Durch diese Substitution erhält (1) die Form

$$(10)\qquad q_0 \frac{d^2y}{d\log x^2} + q_1 \frac{dy}{d\log x} + q_2 y = 0,$$

wenn

$$(11)\qquad p_0 = x^2 q_0, \quad p_1 = x(q_0 + q_1), \quad p_2 = q_2$$

gesetzt ist. Jetzt werden die Dimensionen der Differentialgleichung einfach durch die Dimensionen der Coëfficienten q bestimmt.

§. 3.

Differentialgleichungen mit linearen Coëfficienten.

Wenn die Differentialgleichung (10) §. 2 nur Glieder von gleicher Dimension enthält, so sind q_0, q_1, q_2 mit einer Potenz von x proportional, und wir können diese Potenz von x wegheben, also q_0, q_1, q_2 constant annehmen. Dann hat diese Differentialgleichung (10) das particulare Integral

$$(1)\qquad y = x^m,$$

wenn m eine Wurzel der quadratischen Gleichung

$$(2)\qquad q_0 m^2 + q_1 m + q_2 = 0$$

ist, und man erhält daraus zwei particulare Integrale, da man jede Wurzel dieser Gleichung für m nehmen kann. Sind diese beiden Wurzeln einander gleich, so erhält man das zweite particulare Integral in der Form

$$(3)\qquad y = x^m \log x.$$

(Vergl. Bd. I, §. 56.)

Der nächst einfache Fall ist dann der, dass in der Differentialgleichung Glieder von zwei verschiedenen Dimensionen vorkommen. Dann haben die Coëfficienten q_0, q_1, q_2 die Form

(4) $q_0 = a_0 + b_0 x^m, \quad q_1 = a_1 + b_1 x^m, \quad q_2 = a_2 + b_2 x^m$

oder können wenigstens darauf gebracht werden durch Multiplication der ganzen Gleichung mit einer Potenz von x. Es ist hierbei nicht erforderlich, dass m eine ganze Zahl sei; es kann m gebrochen oder irrational, positiv oder negativ sein. Die $a_0, b_0, a_1, b_1, a_2, b_2$ sind Constanten. Mit dieser Classe von Differentialgleichungen:

$$(5)\ (a_0 + b_0 x^m) \frac{d^2 y}{d \log x^2} + (a_1 + b_1 x^m) \frac{d y}{d \log x} + (a_2 + b_2 x^m) y = 0$$

werden wir uns in der Folge vorzugsweise beschäftigen.

Hierauf kann man übrigens auch den Fall reduciren, wo die Coëfficienten p_0, p_1, p_2 in (1) §. 2 lineare Functionen von x sind. In diesem Falle haben die einzelnen Glieder der Differentialgleichung

$$(6) \qquad p_0 y'' + p_1 y' + p_2 y = 0$$

die folgenden Dimensionen:

$p_0 y''$	Dimensionen	-2,	-1,
$p_1 y'$	„	-1,	0,
$p_2 y$	„	0,	1.

Es kommen also im Allgemeinen Glieder von vier verschiedenen Dimensionen darin vor, von denen in besonderen Fällen eine oder die andere wegfallen kann. Die Gleichung ändert ihre Form nicht, wenn man an Stelle von x eine neue Variable einführt, die eine ganze lineare Function von x ist.

Wenn daher zunächst p_0 nicht constant ist, so kann man p_0 selbst als unabhängige Variable einführen, und erhält also die speciellere Form

$$(7) \qquad x y'' + p_1 y' + p_2 y = 0,$$

in der die Dimension -2 nicht mehr vorkommt. Substituirt man nun für y

$$(8) \qquad y = e^{\lambda x} z,$$

wenn λ eine noch zu bestimmende Constante ist, so ergiebt sich für z die Differentialgleichung

$$(9) \qquad x z'' + (2 \lambda x + p_1) z' + (\lambda^2 x + \lambda p_1 + p_2) z = 0,$$

und man erhält nun eine quadratische Gleichung für λ, wenn man fordert, dass

$$\lambda^2 x + \lambda p_1 + p_2$$

von x unabhängig, also constant werden soll. Dann aber bleiben in der Gleichung (9) nur noch die Dimensionen 0 und -1 und sie kann auf die Form (5) gebracht werden.

Ist aber p_0 constant, so können wir $p_0 = 1$ annehmen, und erhalten durch die Substitution (8)

$$(10) \qquad z'' + (2\lambda + p_1) z' + (\lambda^2 + \lambda p_1 + p_2) z = 0.$$

Wenn nun p_1 nicht constant ist, so können wir λ so bestimmen, dass $\lambda^2 + \lambda p_1 + p_2$ constant wird, und dann können wir die lineare Function $2\lambda + p_1$ als neue unabhängige Variable x einführen. Dann aber erhält (10) nur noch Glieder der beiden Dimensionen

$$-2, \qquad 0.$$

Ist aber endlich auch p_1 constant, so kann man $2\lambda + p_1 = 0$ setzen und dann für die lineare Function $\lambda^2 + \lambda p_1 + p_2$ eine neue Variable x einführen, wodurch man auf die Form der Differentialgleichung

$$(11) \qquad z'' + c x z = 0$$

geführt wird, die nur die beiden Dimensionen -2, $+1$ enthält[1]).

§. 4.

Die hypergeometrische Differentialgleichung.

Wir gehen jetzt zur Betrachtung der Differentialgleichung (5) §. 3 über:

$$(1) \quad (a_0 + b_0 x^m) \frac{d^2 y}{d \log x^2} + (a_1 + b_1 x^m) \frac{d y}{d \log x} + (a_2 + b_2 x^m) y = 0.$$

Um einige Beispiele anzuführen, bemerken wir, dass diese Gleichung für

$$a_0 = 1, \quad b_0 = a_1 = b_1 = 0, \quad a_2 = -n^2, \quad b_2 = 1, \quad m = 2,$$

in

$$\frac{d^2 y}{d \log x^2} + (x^2 - n^2) y = 0$$

---

[1]) Schlömilch, Compendium der höheren Analysis, Bd. 2, zweite Auflage (Braunschweig 1874), S. 515.

übergeht, was mit der Differentialgleichung für die Bessel'sche Function J_n [Bd. I, §. 69 (12)] übereinstimmt.

Für die Annahme

$$m = 2, \quad a_0 = 1, \quad b_0 = -1, \quad a_1 = -1, \quad b_1 = -(2\nu + 1),$$
$$a_2 = 0, \quad b_2 = n(n+1) - \nu(\nu+1)$$

erhält man die Differentialgleichung

$$(1 - x^2)\frac{d^2 y}{d \log x^2} - [1 + (2\nu + 1)x^2]\frac{d y}{d \log x}$$
$$+ [n(n+1) - \nu(\nu+1)]x^2 y = 0$$

oder

$$(1 - x^2)\frac{d^2 y}{d x^2} - (2\nu + 2)x\frac{d y}{d x} + [n(n+1) - \nu(\nu+1)]y = 0,$$

worin man die Differentialgleichung der Kugelfunctionen, Bd. I, §. 115 (3) erkennt.

Wenn man in (1) die Substitution $x = x_1^\mu$, $d \log x = \mu\, d \log x_1$ macht, so erhält man

$$(2) \quad (a_0 + b_0 x_1^{m\mu})\frac{d^2 y}{d \log x_1^2} + \mu(a_1 + b_1 x_1^{m\mu})\frac{d y}{d \log x_1}$$
$$+ \mu^2(a_2 + b_2 x^{m\mu})y = 0.$$

Die Gleichung ändert also ihre Form nicht, und da der Exponent μ beliebig ist, so folgt, dass die Allgemeinheit nicht beeinträchtigt wird, wenn man in (1) für m einen beliebigen speciellen Werth setzt. Setzt man einmal $m = +1$, dann $m = -1$ und multiplicirt im letzten Falle die ganze Gleichung mit x, so erhält man beide Male eine Gleichung von der gleichen Form, nur dass der Coëfficient des ersten Gliedes das eine Mal $a_0 + b_0 x$, das andere Mal $b_0 + a_0 x$ ist. Da a_0 und b_0 nicht beide verschwinden können, so erhalten wir aus (1) eine Gleichung von hinlänglicher Allgemeinheit:

$$(3) \quad (a_0 + b_0 x)\frac{d^2 y}{d \log x^2} + (a_1 + b_1 x)\frac{d y}{d \log x} + (a_2 + b_2 x)y = 0,$$

wenn wir darin noch die Annahme machen, dass a_0 von Null verschieden ist.

Nun führen wir noch für y eine neue Variable y_1 ein, indem wir

$$(4) \qquad y = x^\mu y_1$$

setzen. Die neue Gleichung für y_1 wird dann, wenn wir zur

Abkürzung die linearen Coëfficienten von (3) wieder mit q_0, q_1, q_2 bezeichnen:

$$(5)\quad q_0 \frac{d^2 y_1}{d \log x^2} + (2 q_0 \mu + q_1) \frac{d y_1}{d \log x} + (q_0 \mu^2 + q_1 \mu + q_2) y_1 = 0.$$

Die Form der Gleichung bleibt also dieselbe; wir erhalten aber noch die Möglichkeit, über eine der Constanten zu verfügen, und wir wollen dies dadurch thun, dass wir

$$a_0 \mu^2 + a_1 \mu + a_2 = 0$$

setzen, also den Coëfficienten von y_1 mit x proportional annehmen. Demnach können wir die Gleichung (3) in der Form annehmen:

$$(6)\quad (a_0 + b_0 x) \frac{d^2 y}{d \log x^2} + (a_1 + b_1 x) \frac{d y}{d \log x} + b_2 x y = 0.$$

Wir machen vorläufig noch die Annahme, dass auch b_0 von Null verschieden sei, worin allerdings eine beschränkende Voraussetzung liegt. Wir werden aber das schliessliche Resultat dann durch einen einfachen Grenzübergang auch auf den Fall $b_0 = 0$ ausdehnen können (§. 6). Dann führen wir für x eine neue Variable

$$x_1 = -\frac{b_0 x}{a_0}$$

ein, und können, mit etwas veränderter Bedeutung der Constanten, die Gleichung in der Form annehmen:

$$(7)\quad (1 - x) \frac{d^2 y}{d \log x^2} + (a_1 + b_1 x) \frac{d y}{d \log x} + b_2 x y = 0.$$

Diese Gleichung nennen wir die hypergeometrische Differentialgleichung.

§. 5.

Die hypergeometrische Reihe.

Wir wollen nun die Differentialgleichung (7) §. 4 durch eine Potenzreihe zu integriren suchen.

Wir setzen, indem wir mit A_n unbestimmte Constanten bezeichnen:

$$y = \sum_{n=0}^{\infty} A_n x^n,$$

$$(1) \qquad \frac{dy}{d \log x} = \sum_{n=0}^{\infty} A_n n x^n,$$

$$\frac{d^2 y}{d \log x^2} = \sum_{n=0}^{\infty} A_n n^2 x^n,$$

und wenn wir dies einsetzen, so folgt:

$$(2) \quad \sum_{n=0}^{\infty} A_n x^n n (n + a_1) - \sum_{n=0}^{\infty} A_n x^{n+1} (n^2 - b_1 n - b_2) = 0.$$

Um diese Gleichung etwas einfacher darstellen zu können, wollen wir uns die quadratische Function, die hier als Coëfficient von x^{n+1} auftritt, in ihre linearen Factoren zerlegen, indem wir

$$n^2 - b_1 n - b_2 = (n + \alpha)(n + \beta)$$

setzen, so dass

$$(3) \qquad b_1 = -\alpha - \beta, \qquad b_2 = -\alpha \beta,$$

und der Uebereinstimmung wegen setzen wir noch

$$(4) \qquad a_1 = \gamma - 1,$$

so dass die Differentialgleichung §. 4 (7) so dargestellt wird:

$$(5) \quad (1 - x) \frac{d^2 y}{d \log x^2} + [\gamma - 1 - (\alpha + \beta) x] \frac{dy}{d \log x} - \alpha \beta x y = 0,$$

die man mit Benutzung von

$$\frac{dy}{d \log x} = x \frac{dy}{dx}, \qquad \frac{d^2 y}{d \log x^2} = x^2 \frac{d^2 y}{dx^2} + x \frac{dy}{dx}$$

nach Unterdrückung eines Factors x auch so schreiben kann:

$$(6) \quad x(1 - x) \frac{d^2 y}{dx^2} + [\gamma - (\alpha + \beta + 1) x] \frac{dy}{dx} - \alpha \beta y = 0,$$

und da man in der ersten Summe (2) das Glied für $n = 0$ als verschwindend weglassen kann, so ergiebt sich:

$$\sum_{n=1}^{\infty} A_n x^n n (n + \gamma - 1) = \sum_{n=0}^{\infty} A_n x^{n+1} (n + \alpha)(n + \beta),$$

oder wenn man in der zweiten Summe $n - 1$ an Stelle von n setzt:

$$(7) \quad \sum_{n=1}^{\infty} A_n x^n n (n + \gamma - 1) = \sum_{n=1}^{\infty} A_{n-1} x^n (n + \alpha - 1)(n + \beta - 1).$$

Da diese beiden Reihen identisch sein sollen, so folgt:

$$(8) \qquad A_n = A_{n-1} \frac{(n+\alpha-1)(n+\beta-1)}{n(n+\gamma-1)}.$$

Setzen wir, was uns freisteht, $A_0 = 1$, so folgt

$$A_1 = \frac{\alpha\beta}{1.\gamma},$$

$$A_2 = A_1 \frac{(\alpha+1)(\beta+1)}{2.(\gamma+1)},$$

$$\cdots\cdots\cdots\cdots\cdots\cdots$$

$$A_n = A_{n-1} \frac{(\alpha+n-1)(\beta+n-1)}{n(\gamma+n-1)},$$

und daraus durch Multiplication

$$A_n = \frac{\alpha(\alpha+1)\ldots(\alpha+n-1)}{1.2\ldots\ldots\ldots\ldots n} \frac{\beta(\beta+1)\ldots(\beta+n-1)}{\gamma(\gamma+1)\ldots(\gamma+n-1)}.$$

Wir kommen also zu folgendem Resultat:

Definiren wir eine Function $F(\alpha, \beta, \gamma, x)$ durch die unendliche Reihe:

$$(9) \quad F(\alpha, \beta, \gamma, x) = 1 + \frac{\alpha\beta}{1.\gamma} x + \frac{\alpha(\alpha+1)}{1.2} \frac{\beta(\beta+1)}{\gamma(\gamma+1)} x^2$$
$$+ \frac{\alpha(\alpha+1)(\alpha+2)}{1.2.3} \frac{\beta(\beta+1)(\beta+2)}{\gamma(\gamma+1)(\gamma+2)} x^3 + \cdots,$$

so ist

$$y = F(\alpha, \beta, \gamma, x)$$

ein particulares Integral der hypergeometrischen Differentialgleichung (6).

Die unendliche Reihe (9) wird die **hypergeometrische Reihe** genannt.

Auf ihre Convergenz können wir aus (8) schliessen. Danach nähert sich der Quotient zweier auf einander folgenden Glieder

$$\frac{A_{n+1} x^{n+1}}{A_n x^n} = \frac{(n+\alpha)(n+\beta)}{(n+1)(n+\gamma)} x$$

mit unendlich wachsendem n der Grenze x, und daraus folgt nach einem bekannten Satze, **dass die Reihe $F(\alpha, \beta, \gamma, x)$ unbedingt convergirt, so lange der absolute Werth von x kleiner als 1 ist. Es ist also durch diese Reihe eine stetige Function des complexen Argumentes x innerhalb des Einheitskreises definirt.**

Ein Ausnahmefall ist aber zu erwähnen, in dem die bisherigen Betrachtungen ihre Gültigkeit verlieren, nämlich wenn $\gamma = 0$ oder gleich einer negativen ganzen Zahl ist, weil dann die Glieder von (9) von einem gewissen an unendlich gross werden. Wir kommen auf den Ausnahmefall, den wir vorläufig ausschliessen, zurück.

Wenn dagegen α oder β gleich einer negativen ganzen Zahl ist, so ist $F(\alpha, \beta, \gamma, x)$ eine ganze rationale Function von x.

Die Vertauschung von α mit β bewirkt weder in der Differentialgleichung (5) oder (6), noch in der Reihe (9) eine Aenderung, und es ist daher identisch

$$(10) \qquad F(\alpha, \beta, \gamma, x) = F(\beta, \alpha, \gamma, x).$$

§. 6.

Die Grenzfälle.

Wir haben bei der Umformung der Gleichung §. 4 (6) die Annahme gemacht, dass der Coëfficient b_0 von Null verschieden sei, und haben den Fall $b_0 = 0$ als einen Grenzfall bezeichnet, für den wir das Resultat schliesslich durch einen Grenzübergang erhalten würden. Um dies nun auszuführen, setzen wir in der Gleichung §. 5 (6)

$$(1) \qquad x = h x_1,$$

worin h eine unbestimmte Constante bedeutet, und erhalten, wenn wir mit h multipliciren:

$$(2) \quad x_1(1 - h x_1)\frac{d^2 y}{d x_1^2} + [\gamma - (\alpha + \beta + 1) h x_1]\frac{d y}{d x_1} - h\alpha\beta y = 0.$$

Wenn wir nun h in Null übergehen lassen, so würde, wenn wir dabei α, β unverändert lassen, das letzte Glied wegfallen und wir würden nicht zu dem gewünschten Resultate kommen. Dies können wir vermeiden, wenn wir α und β in einer gewissen Abhängigkeit von h unendlich gross werden lassen Es genügt, zwei Formen dieser Abhängigkeit ins Auge zu fassen:

$$1. \quad \alpha = \frac{1}{h}, \qquad \beta \text{ von } h \text{ unabhängig},$$

$$2. \quad \alpha = \frac{1}{\sqrt{h}}, \qquad \beta = \frac{1}{\sqrt{h}}.$$

(Die Beifügung constanter Factoren würde nichts wesentlich Neues ergeben.)

Wenn wir dann h in Null übergehen lassen, so erhalten wir aus (2) die beiden Gleichungen:

$$(3) \qquad x_1 \frac{d^2 y}{d x_1^2} + (\gamma - x_1) \frac{d y}{d x_1} - \beta y = 0,$$

$$(4) \qquad x_1 \frac{d^2 y}{d x_1^2} + \gamma \frac{d y}{d x_1} - y = 0,$$

und wenn man den gleichen Grenzübergang in der Reihe $F(\alpha, \beta, \gamma, x)$ macht, erhält man für das Integral von (3):

$$(5) \qquad \operatorname*{Lim}_{h=0} F\left(\frac{1}{h}, \beta, \gamma, h x_1\right) =$$

$$1 + \frac{\beta}{\gamma} \frac{x_1}{1} + \frac{\beta . \beta + 1}{\gamma . \gamma + 1} \frac{x_1^2}{1 . 2} + \frac{\beta . \beta + 1 . \beta + 2}{\gamma . \gamma + 1 . \gamma + 2} \frac{x_1^3}{1 . 2 . 3} + \cdots$$

und für das Integral von (4):

$$(6) \qquad \operatorname*{Lim}_{h=0} F\left(\frac{1}{\sqrt{h}}, \frac{1}{\sqrt{h}}, \gamma, h x_1\right) =$$

$$1 + \frac{x_1}{1 . \gamma} + \frac{x_1^2}{1 . 2 . \gamma . \gamma + 1} + \frac{x_1^3}{1 . 2 . 3 . \gamma . \gamma + 1 . \gamma + 2} + \cdots$$

Diese beiden Reihen sind für alle Werthe von x_1 convergent, was man leicht an den Reihen selbst nachweist, wie aber auch aus der Substitution (1) hervorgeht.

Die Differentialgleichung (4) führt auf die Bessel'schen Functionen, und in der That ergiebt sich aus der Reihe (6) nach Band I, §. 68 (3):

$$(7) \qquad J_n(x) =$$

$$\frac{x^n}{2 . 4 \ldots 2 n} \left\{ 1 - \frac{x^2}{2 . 2 n + 2} + \frac{x^4}{2 . 4 . 2 n + 2 . 2 n + 4} - \cdots \right\}$$

$$= \frac{x^n}{2 . 4 \ldots 2 n} \operatorname*{Lim}_{h=0} F\left(\frac{1}{\sqrt{h}}, \frac{1}{\sqrt{h}}, n + 1, - \frac{h x^2}{4}\right).$$

Hierdurch ist nun auch der früher ausgeschlossene Fall, dass in der Differentialgleichung §. 4 (6) der Coëfficient b_0 verschwindet, vollständig erledigt.

§. 7.

Die verschiedenen Integrale der hypergeometrischen Differentialgleichung.

Die Reihe $F(\alpha, \beta, \gamma, x)$ giebt uns nur ein particulares Integral der hypergeometrischen Differentialgleichung, und auch dieses nur in einem begrenzten Bereiche der complexen Variablen x, nämlich im Einheitskreis. Aus diesem einen aber können wir durch Umformung der Differentialgleichung eine grosse Zahl anderer Integrale herleiten, die uns die nöthige Ergänzung geben.

Wir gehen von der hypergeometrischen Differentialgleichung in den beiden Formen aus [§. 5 (5), (6)]:

$$(1)\quad (1-x)\frac{d^2 y}{d\log x^2} + [\gamma - 1 - (\alpha+\beta)x]\frac{dy}{d\log x} - \alpha\beta x y = 0,$$

$$(2)\quad x(1-x)\frac{d^2 y}{dx^2} + [\gamma - (\alpha+\beta+1)x]\frac{dy}{dx} - \alpha\beta y = 0.$$

Diese Gleichung wird integrirt durch die Function

$$\mathrm{I}_1 \qquad F(\alpha, \beta, \gamma, x).$$

Wenn wir aber in (2) die Substitution machen:

$$(3)\qquad x_1 = 1 - x, \qquad dx_1 = -dx,$$

so ergiebt sich

$$(4)\quad x_1(1-x_1)\frac{d^2 y}{dx_1^2} + [\alpha+\beta-\gamma+1-(\alpha+\beta+1)x_1]\frac{dy}{dx_1} - \alpha\beta y = 0$$

und diese Gleichung geht aus (2) hervor, wenn wir x durch x_1, γ durch $\alpha+\beta-\gamma+1$ ersetzen. Wir haben also ein zweites Integral der hypergeometrischen Differentialgleichung:

$$\mathrm{II}_1 \qquad F(\alpha, \beta, \alpha+\beta-\gamma+1, 1-x).$$

Machen wir ferner in (1) die Substitution

$$(5)\qquad x_1 = x^{-1}, \qquad d\log x = -d\log x_1,$$

so folgt

$$(6)\quad (x_1-1)\frac{d^2 y}{d\log x_1^2} + [\alpha+\beta-(\gamma-1)x_1]\frac{dy}{d\log x_1} - \alpha\beta y = 0.$$

Diese Gleichung hat noch nicht vollständig die Form der Gleichung (1), insofern der Coëfficient von y nicht mit x_1 proportional, sondern constant ist. Um sie auf diese Form zu bringen, verfahren wir wie in §. 4, indem wir setzen:

$$(7)\qquad \begin{aligned} y &= x_1^{\mu} y_1, \\ \frac{dy}{d\log x_1} &= x_1^{\mu}\left(\frac{dy_1}{d\log x_1} + \mu y_1\right), \\ \frac{d^2 y}{d\log x_1^2} &= x_1^{\mu}\left(\frac{d^2 y_1}{d\log x_1^2} + 2\mu\frac{dy_1}{d\log x_1} + \mu^2 y_1\right) \end{aligned}$$

und erhalten aus (6):

$$(x_1 - 1)\frac{d^2 y_1}{d\log x_1^2} + [2\mu(x_1 - 1) + \alpha + \beta - (\gamma - 1)x_1]\frac{d y_1}{d\log x_1}$$
$$+ \{\mu^2(x_1 - 1) + \mu[\alpha + \beta - (\gamma - 1)x_1] - \alpha\beta\}\, y_1 = 0.$$

Wenn nun der constante Theil im Coëfficienten von y_1 wegfallen soll, so müssen wir

$$\mu^2 - \mu(\alpha + \beta) + \alpha\beta = 0,$$

also

$$\mu = \alpha \quad \text{oder} \quad \mu = \beta$$

setzen. Nehmen wir $\mu = \alpha$, so folgt:

$$(8) \qquad (1 - x_1)\frac{d^2 y_1}{d\log x_1^2} + [\alpha - \beta - (2\alpha - \gamma + 1)x_1]\frac{d y_1}{d\log x_1}$$
$$- \alpha(\alpha - \gamma + 1)x_1 y_1 = 0,$$

und diese Gleichung hat das Integral

$$F(\alpha,\ \alpha - \gamma + 1,\ \alpha - \beta + 1,\ x_1),$$

und demnach ist nach (6) und (8) ein Integral der Differentialgleichung (1):

$$\text{III}_1. \qquad x^{-\alpha} F\left(\alpha, \alpha - \gamma + 1, \alpha - \beta + 1, \frac{1}{x}\right).$$

Da hier nun die Vertauschung von α mit β nicht dasselbe giebt, so erhalten wir noch ein anderes Integral von (1):

$$\text{III}_2. \qquad x^{-\beta} F\left(\beta, \beta - \gamma + 1, \beta - \alpha + 1, \frac{1}{x}\right).$$

Hieraus können wir ohne weitere Transformationen das ganze System der hierher gehörigen Formeln ableiten. Es folgt nämlich aus III_1 und III_2, dass die beiden Functionen

$$F(\alpha,\ \alpha - \gamma + 1,\ \alpha - \beta + 1,\ x^{-1}),$$
$$x^{\alpha - \beta} F(\beta,\ \beta - \gamma + 1,\ \beta - \alpha + 1,\ x^{-1}),$$

oder, wenn wir

$$\alpha = \alpha', \quad \alpha - \gamma + 1 = \beta', \quad \alpha - \beta + 1 = \gamma', \quad x^{-1} = x'$$

setzen:

$$(9) \qquad \begin{gathered} F(\alpha', \beta', \gamma', x'), \\ x'^{1-\gamma'} F(\alpha' - \gamma' + 1,\ \beta' - \gamma' + 1,\ 2 - \gamma',\ x') \end{gathered}$$

particulare Lösungen einer und derselben hypergeometrischen Differentialgleichung sind, die man aus (1) erhält, wenn man α, β, γ, x durch $\alpha', \beta', \gamma', x'$ ersetzt. Lässt man also die Accente wieder weg, so erhält man aus der zweiten Function (9) eine weitere Lösung der Gleichung (1):

$I_2.\qquad x^{1-\gamma}F(\alpha-\gamma+1,\ \beta-\gamma+1,\ 2-\gamma,\ x).$

Ebenso wie wir von I_1 zu I_2 übergehen, können wir von II_1 zu einem neuen Integral II_2 der Gleichung (1) übergehen:

$II_2.\quad (1-x)^{\gamma-\alpha-\beta}F(\gamma-\beta,\ \gamma-\alpha,\ \gamma-\alpha-\beta+1,\ 1-x),$

und wenn wir die Transformation II_1 auf die F-Function in II_2 anwenden:

$I_3.\qquad (1-x)^{\gamma-\alpha-\beta}F(\gamma-\beta,\ \gamma-\alpha,\ \gamma,\ x),$

und durch Anwendung der Transformation I_2 auf die F-Function in I_3 ergiebt sich:

$I_4.\qquad x^{1-\gamma}(1-x)^{\gamma-\alpha-\beta}F(1-\beta,\ 1-\alpha,\ 2-\gamma,\ x).$

Hiermit haben wir vier verschiedene nach Potenzen von x fortschreitende Entwickelungen particularer Lösungen der hypergeometrischen Differentialgleichung:

I.
1. $F(\alpha, \beta, \gamma, x),$
2. $x^{1-\gamma}F(\alpha-\gamma+1,\ \beta-\gamma+1,\ 2-\gamma,\ x),$
3. $(1-x)^{\gamma-\alpha-\beta}F(\gamma-\beta,\ \gamma-\alpha,\ \gamma,\ x),$
4. $x^{1-\gamma}(1-x)^{\gamma-\alpha-\beta}F(1-\beta,\ 1-\alpha,\ 2-\gamma,\ x).$

Wenn wir auf diese vier F-Functionen die Transformation II_1 anwenden, so erhalten wir vier Entwickelungen nach Potenzen von $1-x$:

II.
1. $F(\alpha,\ \beta,\ \alpha+\beta-\gamma+1,\ 1-x),$
2. $x^{1-\gamma}F(\alpha-\gamma+1,\ \beta-\gamma+1,\ \alpha+\beta-\gamma+1,\ 1-x),$
3. $(1-x)^{\gamma-\alpha-\beta}F(\gamma-\beta,\ \gamma-\alpha,\ \gamma-\alpha-\beta+1,\ 1-x),$
4. $x^{1-\gamma}(1-x)^{\gamma-\alpha-\beta}F(1-\beta,\ 1-\alpha,\ \gamma-\alpha-\beta+1,\ 1-x).$

Weiter wenden wir auf die F-Functionen in I und in II die Transformation III_1 und III_2 an. Dadurch ergiebt sich:

III.
1. $x^{-\alpha}F\left(\alpha,\ \alpha-\gamma+1,\ \alpha-\beta+1,\ \frac{1}{x}\right),$
2. $x^{-\beta}F\left(\beta,\ \beta-\gamma+1,\ \beta-\alpha+1,\ \frac{1}{x}\right),$
3. $x^{\beta-\gamma}(1-x)^{\gamma-\alpha-\beta}F\left(\gamma-\beta,\ 1-\beta,\ \alpha-\beta+1,\ \frac{1}{x}\right),$
4. $x^{\alpha-\gamma}(1-x)^{\gamma-\alpha-\beta}F\left(\gamma-\alpha,\ 1-\alpha,\ \beta-\alpha+1,\ \frac{1}{x}\right)$

IV.

1. $(1-x)^{-\alpha} F\left(\alpha, \gamma-\beta, \alpha-\beta+1, \frac{1}{1-x}\right)$,

2. $(1-x)^{-\beta} F\left(\beta, \gamma-\alpha, \beta-\alpha+1, \frac{1}{1-x}\right)$,

3. $x^{1-\gamma}(1-x)^{\gamma-\alpha-1} F\left(\alpha-\gamma+1, 1-\beta, \alpha-\beta+1, \frac{1}{1-x}\right)$,

4. $x^{1-\gamma}(1-x)^{\gamma-\beta-1} F\left(\beta-\gamma+1, 1-\alpha, \beta-\alpha+1, \frac{1}{1-x}\right)$.

Endlich wenden wir auf die beiden Systeme III, IV die Transformation II_1 an, wodurch sich ergiebt:

V.

1. $x^{-\alpha} F\left(\alpha, \alpha-\gamma+1, \alpha+\beta-\gamma+1, \frac{x-1}{x}\right)$,

2. $x^{-\beta} F\left(\beta, \beta-\gamma+1, \alpha+\beta-\gamma+1, \frac{x-1}{x}\right)$,

3. $x^{\beta-\gamma}(1-x)^{\gamma-\alpha-\beta} F\left(\gamma-\beta, 1-\beta, \gamma-\alpha-\beta+1, \frac{x-1}{x}\right)$,

4. $x^{\alpha-\gamma}(1-x)^{\gamma-\alpha-\beta} F\left(\gamma-\alpha, 1-\alpha, \gamma-\alpha-\beta+1, \frac{x-1}{x}\right)$.

VI.

1. $(1-x)^{-\alpha} F\left(\alpha, \gamma-\beta, \gamma, \frac{x}{x-1}\right)$,

2. $(1-x)^{-\beta} F\left(\beta, \gamma-\alpha, \gamma, \frac{x}{x-1}\right)$,

3. $x^{1-\gamma}(1-x)^{\gamma-\alpha-1} F\left(\alpha-\gamma+1, 1-\beta, 2-\gamma, \frac{x}{x-1}\right)$,

4. $x^{1-\gamma}(1-x)^{\gamma-\beta-1} F\left(\beta-\gamma+1, 1-\alpha, 2-\gamma, \frac{x}{x-1}\right)$.

Man könnte die abgeleiteten Transformationen noch in mannigfacher anderer Weise mit einander combiniren, würde aber dadurch keine weiteren Formeln erhalten.

§. 8.

Die Convergenzbereiche.

Wir haben im vorigen Paragraphen 24 verschiedene Entwickelungen particularer Lösungen der hypergeometrischen Differentialgleichung gefunden, die in sechs Gruppen von je vier zerfallen, deren jede nach den Potenzen von einer der sechs Variabeln:

$$\begin{array}{lcccccc} & \text{I.} & \text{II.} & \text{III.} & \text{IV.} & \text{V.} & \text{VI.} \\ (1) & x, & 1-x, & \dfrac{1}{x}, & \dfrac{1}{1-x}, & \dfrac{x-1}{x}, & \dfrac{x}{x-1} \end{array}$$

fortschreitet. Die erste Gruppe convergirt, wie wir gesehen haben, so lange der absolute Werth von x kleiner als 1 ist, also, wenn wir uns die complexe Variable x in einer Ebene darstellen, innerhalb des Einheitskreises. Die Reihen der zweiten Gruppe convergiren in einem Kreise, der mit dem Radius 1 um den Punkt $x = 1$ beschrieben ist, und die Reihen der dritten und vierten Gruppe convergiren je ausserhalb dieser beiden Kreise.

Die Reihen der fünften Gruppe convergiren, so lange der absolute Werth von $x - 1$ kleiner ist als der absolute Werth von x, also, wenn wir $x = x_1 + i\,x_2$ setzen, so lange

$$(x_1 - 1)^2 + x_2^2 < x_1^2 + x_2^2$$

oder was dasselbe ist, so lange der reelle Theil x_1 von x grösser als 1/2 ist und ebenso convergiren die Reihen VI, so lange der reelle Theil von x kleiner als 1/2 ist.

Fig. 1.

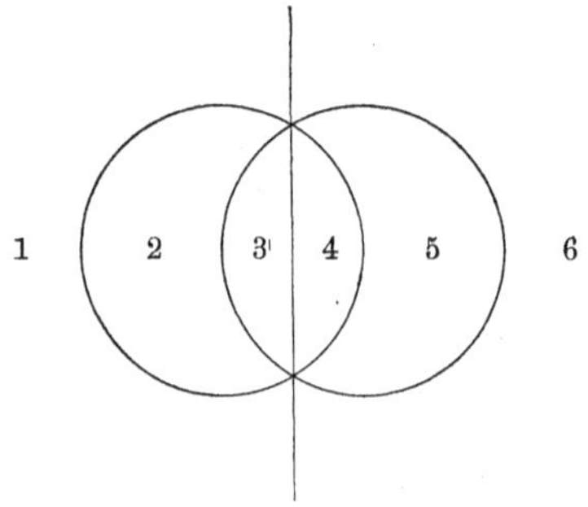

Um diese Verhältnisse zu veranschaulichen, theilen wir die x-Ebene durch zwei Kreise mit dem Radius 1 und den Mittelpunkten $x = 0$ und $x = 1$, und durch ihre gemeinschaftliche Sehne in sechs Regionen: 1, 2, 3, 4, 5, 6, wie es die Fig. 1 zeigt. Dann haben wir folgende Convergenzbereiche:

für die Reihen I:	Convergenzbereich	2, 3, 4
„ „ „ II:	„	3, 4, 5
„ „ „ III:	„	1, 5, 6
„ „ „ IV:	„	1, 2, 6
„ „ „ V:	„	4, 5, 6
„ „ „ VI:	„	1, 2, 3.

Nur solche Reihen können unmittelbar mit einander verglichen werden, die einen gemeinschaftlichen Convergenzbereich haben, und zwischen je dreien von diesen muss, da die Differentialgleichung nur zwei linear unabhängige Lösungen hat, eine homogene lineare Relation mit constanten Coëfficienten bestehen.

Betrachten wir etwa die beiden Reihen:

$$\begin{aligned} F &= F(\alpha, \beta, \gamma, x), \\ F' &= x^{1-\gamma} F(\alpha - \gamma + 1, \beta - \gamma + 1, 2 - \gamma, x), \end{aligned} \tag{2}$$

so haben wir darin, abgesehen von dem Falle, dass γ eine ganze Zahl ist, zwei unabhängige particulare Integrale der hypergeometrischen Differentialgleichung. Beide enthalten den Nullpunkt in ihrem Convergenzbereiche; das erste erhält für $x = 0$ den Werth 1, das zweite wird Null oder unendlich. Es lässt sich nun jede der Reihen I bis VI, die den Nullpunkt in ihrem Convergenzbereich enthält, etwa F'', linear homogen durch F und F' ausdrücken, und wenn die Reihe F'' für $x = 0$ den Werth 1 erhält, so lässt sie sich in der Umgebung des Nullpunktes nach ganzen positiven Potenzen von x entwickeln. Es muss daher der Coëfficient von F' in dem Ausdruck für F'' verschwinden und aus dem Werth 1 für $x = 0$ ergiebt sich, dass $F'' = F$ sein muss.

Wir schliessen daraus, dass die Reihen, die den Nullpunkt in ihrem Convergenzbereiche enthalten und bei unbestimmtem γ für $x = 0$ den Werth 1 annehmen, in ihrem gemeinsamen Convergenzbereiche dieselbe Function darstellen.

So erhalten wir vier Darstellungen einer Function F_1, die in dem Convergenzbereiche 2, 3 gelten:

$$\begin{aligned} F_1 &= F(\alpha, \beta, \gamma, x), \\ &= (1 - x)^{\gamma - \alpha - \beta} F(\gamma - \beta, \gamma - \alpha, \gamma, x). \\ &= (1 - x)^{-\alpha} F\left(\alpha, \gamma - \beta, \gamma, \frac{x}{x - 1}\right), \\ &= (1 - x)^{-\beta} F\left(\beta, \gamma - \alpha, \gamma, \frac{x}{x - 1}\right). \end{aligned}$$

Ebenso erhalten wir in der Umgebung des Nullpunktes vier Darstellungen eines zweiten particularen Integrals, das nach Multiplication mit $x^{\gamma-1}$ für $x = 0$ in 1 übergeht:

$$\begin{aligned}
F_2 &= x^{1-\gamma} F(\alpha-\gamma+1, \beta-\gamma+1, 2-\gamma, x),\\
&= x^{1-\gamma} (1-x)^{\gamma-\alpha-\beta} F(1-\beta, 1-\alpha, 2-\gamma, x),\\
&= x^{1-\gamma} (1-x)^{\gamma-\alpha-1} F\left(\alpha-\gamma+1, 1-\beta, 2-\gamma, \frac{x}{x-1}\right),\\
&= x^{1-\gamma} (1-x)^{\gamma-\beta-1} F\left(\beta-\gamma+1, 1-\alpha, 2-\gamma, \frac{x}{x-1}\right),
\end{aligned}$$

und wenn man die Punkte $x=1$, $x=\infty$ ebenso behandelt wie hier den Punkt $x=0$, so erhält man für den Convergenzbereich 4,5:

$$\begin{aligned}
F_3 &= F(\alpha, \beta, \alpha+\beta-\gamma+1, 1-x),\\
&= x^{1-\gamma} F(\alpha-\gamma+1, \beta-\gamma+1, \alpha+\beta-\gamma+1, 1-x),\\
&= x^{-\alpha} F\left(\alpha, \alpha-\gamma+1, \alpha+\beta-\gamma+1, \frac{x-1}{x}\right),\\
&= x^{-\beta} F\left(\beta, \beta-\gamma+1, \alpha+\beta-\gamma+1, \frac{x-1}{x}\right),\\
F_4 &= (1-x)^{\gamma-\alpha-\beta} F(\gamma-\beta, \gamma-\alpha, \gamma-\alpha-\beta+1, 1-x),\\
&= x^{1-\gamma}(1-x)^{\gamma-\alpha-\beta} F(1-\beta, 1-\alpha, \gamma-\alpha-\beta+1, 1-x),\\
&= x^{\beta-\gamma}(1-x)^{\gamma-\alpha-\beta} F\left(\gamma-\beta, 1-\beta, \gamma-\alpha-\beta+1, \frac{x-1}{x}\right),\\
&= x^{\alpha-\gamma}(1-x)^{\gamma-\alpha-\beta} F\left(\gamma-\alpha, 1-\alpha, \gamma-\alpha-\beta+1, \frac{x-1}{x}\right),
\end{aligned}$$

und für den Convergenzbereich 1,6:

$$\begin{aligned}
F_5 &= x^{-\alpha} F\left(\alpha, \alpha-\gamma+1, \alpha-\beta+1, \frac{1}{x}\right),\\
&= x^{\beta-\gamma} (x-1)^{\gamma-\alpha-\beta} F\left(\gamma-\beta, 1-\beta, \alpha-\beta+1, \frac{1}{x}\right),\\
&= (x-1)^{-\alpha} F\left(\alpha, \gamma-\beta, \alpha-\beta+1, \frac{1}{1-x}\right)\\
&= x^{1-\gamma}(x-1)^{\gamma-\alpha-1} F\left(\alpha-\gamma+1, 1-\beta, \alpha-\beta+1, \frac{1}{1-x}\right).\\
F_6 &= x^{-\beta} F\left(\beta, \beta-\gamma+1, \beta-\alpha+1, \frac{1}{x}\right),\\
&= x^{\alpha-\gamma} (x-1)^{\gamma-\alpha-\beta} F\left(\gamma-\alpha, 1-\alpha, \beta-\alpha+1, \frac{1}{x}\right),\\
&= (x-1)^{-\beta} F\left(\beta, \gamma-\alpha, \beta-\alpha+1, \frac{1}{1-x}\right),\\
&= x^{1-\gamma}(x-1)^{\gamma-\beta-1} F\left(\beta-\gamma+1, 1-\alpha, \beta-\alpha+1, \frac{1}{1-x}\right).
\end{aligned}$$

Wenn drei dieser Functionen einen gemeinsamen Convergenzbereich haben, so muss eine von ihnen linear durch die beiden anderen darstellbar sein. So wird z. B. F_1, F_2, F_3, F_4 durch die beiden ersten Reihen von vier Gruppen in dem Convergenzbereich 3, 4 definirt und es muss also

$$F_3 = A_1 F_1 + A_2 F_2,$$
$$F_4 = B_1 F_1 + B_2 F_2$$

sein. Um die Constanten zu bestimmen, lässt man x in 0 und in 1 übergehen, kommt aber dabei an die Grenzen des Convergenzbereichs. Zur wirklichen Bestimmung der Constanten muss man den Werth kennen, in den die hypergeometrische Reihe $F(\alpha, \beta, \gamma, x)$ für $x = 1$ übergeht, ein Werth, den Gauss durch die Π-Function dargestellt hat, der aber nicht immer endlich ist. Wir kommen hierauf im nächsten Abschnitt zurück.

§. 9.

Die Ausnahmefälle.

Wir haben im vorigen Paragraphen für die hypergeometrische Differentialgleichung

$$(1) \quad x(1-x)\frac{d^2y}{dx^2} + [\gamma - (\alpha+\beta+1)x]\frac{dy}{dx} - \alpha\beta y = 0$$

zwei unabhängige particulare Integrale gefunden:

$$(2) \quad \begin{aligned} y_1 &= F(\alpha, \beta, \gamma, x) \\ y_2 &= x^{1-\gamma} F(\alpha-\gamma+1, \beta-\gamma+1, 2-\gamma, x), \end{aligned}$$

die in einem den Nullpunkt umgebenden Bereich dargestellt sind, und durch die übrigen Functionen F_i ist dasselbe für die anderen Bereiche geleistet. Die Differentialgleichung ist dadurch also vollständig integrirt. Wir haben aber hierbei vorausgesetzt, dass γ keine ganze Zahl sei. Wenn nämlich $\gamma = 1$ ist, so sind die beiden Functionen (2) nicht von einander verschieden, und wenn $\gamma - 1$ gleich einer negativen oder positiven Zahl ist, so verliert der erste oder zweite der Ausdrücke (2) seine Gültigkeit. Ist aber m eine positive ganze Zahl, so erhält man, wenn sich $\gamma + m - 1$ der Grenze Null nähert, als Grenzwerth von $(\gamma + m - 1)\, F(\alpha, \beta, \gamma, x)$, von einem constanten Factor abgesehen, $x^m F(\alpha + m, \beta + m, m + 1, x)$, und dies ist der

Ausdruck von y_2 für $\gamma = 1 - m$. Die beiden Formeln (2) ergeben also auch in diesem Falle nur ein Integral der Differentialgleichung (1).

Ein particulares Integral der Differentialgleichung (1) erhalten wir aber aus den Formeln (2) unter allen Umständen.

Ist $\alpha - 1$ eine negative ganze Zahl, so bricht die Reihe $F(\alpha, \beta, \gamma, x)$ mit dem $(1-\alpha)^{\text{ten}}$ Gliede ab, und ist also eine ganze rationale Function von x vom Grade $-\alpha$. Es wird also in diesem Falle die Differentialgleichung (1) durch eine ganze rationale Function von x integrirt. Hierbei ist zunächst angenommen, dass $\gamma - 1$ nicht gleichzeitig eine negative ganze Zahl ist. Wenn aber auch γ ganzzahlig ist, und zugleich $\gamma \gtreqqless \alpha$, so wird doch die Differentialgleichung (1) durch eine ganze rationale Function integrirt, die man erhält, wenn man die Reihe $F(\alpha, \beta, \gamma, x)$ auf ihre $1 - \alpha$ ersten Glieder beschränkt, in denen noch kein verschwindender Nenner vorkommt. [§. 5, (8)]. Wir drücken dies so aus:

I. Die Reihe $F(\alpha, \beta, \gamma, x)$ bricht mit dem $(1-\alpha)^{\text{ten}}$ Gliede ab, wenn α und γ ganze Zahlen sind, die einer der beiden Bedingungen

$$\gamma \leqq \alpha \gtreqqless 0$$
$$\alpha \leqq 0, \quad \gamma > 0$$

genügen.

Hiernach lässt sich für alle Fälle, in denen α und γ ganze Zahlen sind, ein Integral der Differentialgleichung (1) in geschlossener Form angeben, wie man nach dem Satze I. aus nachstehender Zusammenstellung erkennt:

1. $\gamma > 0$, $\alpha > 0$, a) $\gamma \gtreqqless \alpha$: $(1-x)^{\gamma-\alpha-\beta} F(\gamma-\alpha, \gamma-\beta, \gamma, x)$,
   b) $\gamma > \alpha$: $x^{1-\gamma} F(\alpha-\gamma+1, \beta-\gamma+1, 2-\gamma, x)$,
2. $\gamma > 0$, $\alpha \gtreqqless 0$: $F(\alpha, \beta, \gamma, x)$,
3. $\gamma \leqq 0$, $\alpha > 0$: $x^{1-\gamma}(1-x)^{\gamma-\alpha-\beta} F(1-\alpha, 1-\beta, 2-\gamma, x)$,
4. $\gamma \leqq 0$, $\alpha \gtreqqless 0$, a) $\gamma \gtreqqless \alpha$: $F(\alpha, \beta, \gamma, x)$,
   b) $\gamma > \alpha$: $x^{1-\gamma} F(\alpha-\gamma+1, \beta-\gamma+1, 2-\gamma, x)$.

Ebenso können wir schliessen, wenn β eine ganze Zahl ist.

Wenn α und β als nicht ganzzahlig vorausgesetzt werden, so lässt sich durch die folgende Betrachtung der allgemeine Fall eines ganzzahligen γ auf den besonderen Fall $\gamma = 1$ zurückführen:

Wenn wir die Differentialgleichung (1) nach x differentiiren, und zur Abkürzung

$$(3)\qquad y' = \frac{dy}{dx}$$

setzen, so folgt:

$$(4)\quad x(1-x)\frac{d^2y'}{dx^2}+[\gamma+1-(\alpha+\beta+3)x]\frac{dy'}{dx}-(\alpha+1)(\beta+1)y'=0,$$

und diese Gleichung geht andererseits auch aus (1) hervor, wenn y durch y' und α, β, γ durch $\alpha+1$, $\beta+1$, $\gamma+1$ ersetzt wird.

Bezeichnen wir also eine Lösung der Differentialgleichung (1) mit $Y(\alpha, \beta, \gamma)$, so erhalten wir aus (3) und (4):

$$(5)\qquad Y(\alpha+1, \beta+1, \gamma+1) = \frac{d\,Y(\alpha, \beta, \gamma)}{dx}.$$

Für die Function F giebt dies die Relation:

$$(6)\qquad F(\alpha+1, \beta+1, \gamma+1, x) = \frac{\gamma}{\alpha\beta}\,\frac{dF(\alpha, \beta, \gamma, x)}{dx},$$

die sich unmittelbar durch Differentiation der hypergeometrischen Reihe bestätigen lässt.

Nimmt man für $Y(\alpha, \beta, \gamma)$ zwei unabhängige Integrale y_1, y_2 von (1), so werden die Differentialquotienten dy_1/dx, dy_2/dx nur dann von einander abhängig sein, wenn eine Relation $c_1 y_1 + c_2 y_2 = c$ besteht, worin c_1, c_2 Constanten und c eine von Null verschiedene Constante ist. Dies ist aber nur möglich, wenn c eine Lösung von (1), also α oder $\beta = 0$ ist. Da wir aber ganzzahlige α, β ausgeschlossen haben, so erhalten wir aus (5) jedes $Y(\alpha+1, \beta+1, \gamma+1)$ aus einem $Y(\alpha, \beta, \gamma)$ und es ist also durch diese Formel der Fall $\gamma+1$ auf den Fall γ zurückgeführt.

Auf der anderen Seite können wir die Differentialgleichung (1) so darstellen:

$$(7)\quad \frac{d}{dx}\left\{x(1-x)\frac{dy}{dx}+[\gamma-1-(\alpha+\beta-1)x]y\right\}=(\alpha-1)(\beta-1)y.$$

Setzen wir also

$$z = x(1-x)\frac{dy}{dx} + [\gamma-1-(\alpha+\beta-1)x]\,y,$$

und folglich nach (7):

$$\frac{dz}{dx} = (\alpha-1)(\beta-1)\,y, \qquad \frac{d^2z}{dx^2} = (\alpha-1)(\beta-1)\,\frac{dy}{dx};$$

so ergiebt sich

$$x(1-x)\frac{d^2 z}{dx^2}+[\gamma-1-(\alpha+\beta-1)x]\frac{dz}{dx}-(\alpha-\beta)(\beta-1)z=0,$$

und es ist also z eine Function $Y(\alpha-1, \beta-1, \gamma-1)$.

Wir erhalten so:

$$(8)\qquad Y(\alpha-1, \beta-1, \gamma-1) =$$
$$x(1-x)\frac{dY(\alpha, \beta, \gamma)}{dx}+[\gamma-1-(\alpha+\beta-1)x]\;Y(\alpha, \beta, \gamma),$$

und hierdurch ist der Fall $\gamma-1$ auf den Fall γ zurückgeführt. Auch hier ist der Fall eines ganzzahligen α oder β auszuschliessen.

Durch wiederholte Anwendung von (5) und (8) kann also die Integration der Differentialgleichung (1) für irgend ein ganzzahliges γ auf den Fall $\gamma = 1$ zurückgeführt werden.

In dem Falle ganzzahliger α, β lassen sich aber nicht alle Integrale für ein ganzzahliges γ durch blosse Differentiation aus dem Falle $\gamma = 1$ ableiten.

§. 10.

Das zweite particulare Integral für $\gamma = 1$.

Wenn wir aus den beiden Integralen y_1, y_2, zunächst bei unbestimmtem γ, eine lineare homogene Function mit constanten Coëfficienten bilden, so erhalten wir wieder ein Integral. Ein solches ist also auch

$$(1)\qquad y = \frac{y_1 - y_2}{\gamma - 1}.$$

Da nun, wenn wir γ in 1 übergehen lassen, $y_1 = y_2$ wird, so erhält (1) die unbestimmte Form $0/0$ und wir können den Grenzwerth durch Differentiation bestimmen. Wir erhalten so für $\gamma = 1$ das zweite particulare Integral in der Form:

$$(2)\qquad y = \left(\frac{\partial y_1}{\partial \gamma} - \frac{\partial y_2}{\partial \gamma}\right)_{\gamma=1}.$$

Es ist aber

$$y_1 = F(\alpha, \beta, \gamma, x),$$
$$y_2 = x^{1-\gamma} F(\alpha-\gamma+1, \beta-\gamma+1, 2-\gamma, x),$$

und wenn wir also in Bezug auf γ differentiiren, und der Kürze halber $F(\alpha, \beta, \gamma, x)$ mit F bezeichnen, so folgt für $\gamma = 1$:

$$\frac{\partial y_1}{\partial \gamma} = \frac{\partial F}{\partial \gamma},$$
$$\frac{\partial y_2}{\partial \gamma} = - F \log x - \frac{\partial F}{\partial \alpha} - \frac{\partial F}{\partial \beta} - \frac{\partial F}{\partial \gamma},$$

und folglich wird

(3) $$y = F \log x + \frac{\partial F}{\partial \alpha} + \frac{\partial F}{\partial \beta} + 2 \frac{\partial F}{\partial \gamma},$$

wenn nach der Differentiation $\gamma = 1$ gesetzt wird.

Um diesen Ausdruck explicite darzustellen, setzen wir zur Abkürzung

(4) $$A_n = \frac{\alpha (\alpha + 1) \dots (\alpha + n - 1)}{1 . 2 \dots n} \frac{\beta (\beta + 1) \dots (\beta + n - 1)}{\gamma (\gamma + 1) \dots (\gamma + n - 1)},$$

so dass

(5) $$F (\alpha, \beta, \gamma, x) = \sum_{n=0}^{\infty} A_n x^n$$

ist. Es folgt nun:

$$\frac{\partial \log A_n}{\partial \alpha} = \sum_{\nu=0}^{n-1} \frac{1}{\alpha + \nu}$$
$$\frac{\partial \log A_n}{\partial \beta} = \sum_{\nu=0}^{n-1} \frac{1}{\beta + \nu}$$
$$\frac{\partial \log A_n}{\partial \gamma} = - \sum_{\nu=0}^{n-1} \frac{1}{\gamma + \nu}$$

und wenn wir also:

(6) $$a_n = \frac{\partial \log A_n}{\partial \alpha} + \frac{\partial \log A_n}{\partial \beta} + 2 \frac{\partial \log A_n}{\partial \gamma}$$
$$= \sum_{\nu=0}^{n-1} \frac{\gamma - \alpha}{(\alpha + \nu)(\gamma + \nu)} + \sum_{\nu=0}^{n-1} \frac{\gamma - \beta}{(\beta + \nu)(\gamma + \nu)},$$

(7) $$B_n = A_n a_n$$

setzen, so ist a_n ein Ausdruck, der mit unendlich wachsendem n einen endlichen Grenzwerth hat, und folglich ist die Reihe

(8) $$\Phi (\alpha, \beta, \gamma, x) = \sum_{n=0}^{\infty} B_n x^n$$

in demselben Umfange convergent wie die Reihe (5), nämlich im Einheitskreis.

Es braucht hier auch der Fall nicht ausgenommen zu werden, dass α oder β negative ganze Zahlen sind, obwohl die Nenner von a_n dann gleich Null werden, weil die Factoren $\alpha + \nu$, $\beta + \nu$ im Nenner von $B_n = A_n a_n$ nicht mehr vorkommen. Es ist aber nach (6), (7) und (8):

$$\Phi(\alpha, \beta, \gamma, x) = \frac{\partial F}{\partial \alpha} + \frac{\partial F}{\partial \beta} + 2\frac{\partial F}{\partial \gamma}, \tag{9}$$

und demnach erhält man die beiden particularen Integrale der hypergeometrischen Differentialgleichung für den Fall $\gamma = 1$ dargestellt durch die im Einheitskreis gültigen Entwickelungen:

$$\begin{aligned} y_1 &= F(\alpha, \beta, 1, x), \\ y_2 &= \log x\, F(\alpha, \beta, 1, x) + \Phi(\alpha, \beta, 1, x). \end{aligned} \tag{10}$$

§. 11.

Lösungen der hypergeometrischen Differentialgleichung bei ganzzahligem γ.

Um das zweite particulare Integral einer Differentialgleichung zu finden, nachdem eines bekannt ist, können wir noch einen anderen Weg einschlagen.

Wenn wir die Formel Bd. I, §. 62 (13):

$$y_1 y_2' - y_2 y_1' = C e^{-\int a\,dx} \tag{1}$$

auf unseren Fall anwenden wollen, haben wir zu setzen

$$\begin{aligned} a = \frac{\gamma - (\alpha + \beta + 1)x}{x(1 - x)} &= \frac{\gamma}{x} - \frac{\alpha + \beta - \gamma + 1}{1 - x} \\ &= \frac{d}{dx} \log x^{\gamma} (1 - x)^{\alpha + \beta - \gamma + 1}, \end{aligned}$$

und es folgt also:

$$y_1 y_2' - y_2 y_1' = C x^{-\gamma} (1 - x)^{\gamma - \alpha - \beta - 1} \tag{2}$$

oder:

$$\frac{d}{dx} \frac{y_2}{y_1} = C \frac{x^{-\gamma} (1 - x)^{\gamma - \alpha - \beta - 1}}{y_1^2}. \tag{3}$$

Nehmen wir also y_1 als bekannt an, so folgt hieraus, wenn wir die Constante $C = 1$ setzen:

$$y_2 = y_1 \int x^{-\gamma} (1 - x)^{\gamma - \alpha - \beta - 1} \frac{dx}{y_1^2}; \tag{4}$$

eine additive Constante bei diesem Integral ist gleichgültig, weil durch Hinzufügung einer solchen y_2 in eine lineare Combination von y_2 und y_1 übergeht.

Ist zunächst γ eine positive ganze Zahl, so können wir

(5) $$y_1 = F(\alpha, \beta, \gamma, x)$$

setzen, und $x^{-\gamma}(1-x)^{\gamma-\alpha-\beta-1}\, y_1^{-2}$ in eine Potenzreihe nach aufsteigenden Potenzen von x entwickeln:

(6) $$x^{-\gamma}(1-x)^{\gamma-\alpha-\beta-1}\, y_1^{-2} = x^{-\gamma} + a_1 x^{-\gamma+1} + a_2 x^{-\gamma+2} \ldots$$

Hieraus ergiebt sich durch Integration nach (4):

(7) $$y_2 = a_{\gamma-1}\, y_1 \log x + x^{1-\gamma}\, \Phi,$$

worin Φ eine nach ganzen positiven Potenzen von x fortschreitende Reihe bedeutet.

Die Coëfficienten dieser Entwickelung sind Functionen von α, β, γ. Für $\gamma = 1$ ist $a_{\gamma-1} = 1$. Es kann aber für andere Werthe von γ auch vorkommen, dass $a_{\gamma-1}$ verschwindet, und also in dem Integral y_2 kein logarithmisches Glied vorkommt. Dies findet z. B. für $\gamma = 2$, $\alpha = 1$ statt.

Ist $\gamma = 0$ oder gleich einer negativen ganzen Zahl, so kann man in (4)

(8) $$y_1 = x^{1-\gamma} F(\alpha - \gamma + 1, \beta - \gamma + 1, 2 - \gamma, x)$$

setzen, und erhält eine Entwickelung der Form:

$$x^{-\gamma}(1-x)^{\gamma-\alpha-\beta-1}\, y_1^{-2} = x^{\gamma-2} + a_1 x^{\gamma-1} + a_2 x^{\gamma} + a_3 x^{\gamma+1} + \cdots$$

Also wird nach (4):

(9) $$y_2 = a_{1-\gamma}\, y_1 \log x + \Phi,$$

worin wieder Φ eine nach ganzen positiven Potenzen fortschreitende Reihe bedeutet. Auch hier kann es vorkommen, dass $a_{1-\gamma}$ verschwindet.

Zweiter Abschnitt.

Integration durch bestimmte Integrale.

---

§. 12.

Die Function $\Pi(\alpha)$.

Die Darstellungen der Integrale der hypergeometrischen Differentialgleichung durch die hypergeometrische Reihe sind, wie wir gesehen haben, nur in einem begrenzten Bereiche für die Variable x gültig. Allgemein gültige Ausdrücke erhält man, wenn man diese Reihen in bestimmte Integrale verwandelt. Dazu benutzen wir die Gauss'sche Function $\Pi(\alpha)$, die im Wesentlichen mit dem von Legendre als Gamma-Function bezeichneten Euler'schen Integral übereinstimmt [$\Pi(\alpha) = \Gamma(\alpha + 1)$]. Wir wollen sie hier durch ein bestimmtes Integral definiren:

$$\Pi(\alpha) = \int_0^\infty e^{-x} x^\alpha \, dx, \tag{1}$$

wobei die Integration über reelle positive Werthe von x zu erstrecken ist. Um die Potenz x^α eindeutig zu bestimmen, verstehen wir darunter für ein reelles α den reellen positiven Werth von x^α, und eine Potenz mit complexem Exponenten $\alpha + \beta i$ definiren wir eindeutig durch

$$x^{\alpha + i\beta} = x^\alpha [\cos(\beta \log x) + i \sin(\beta \log x)] \tag{2}$$

mit reellem Logarithmus. Hiernach ist das Integral in (1) convergent, so lange der reelle Theil von α grösser als -1 ist, und insoweit ist durch (1) die Function $\Pi(\alpha)$ definirt. Wenn wir unter dieser Voraussetzung die Formel

$$d(e^{-x} x^{\alpha+1}) = (\alpha + 1) e^{-x} x^\alpha \, dx - e^{-x} x^{\alpha+1} \, dx$$

zwischen den Grenzen 0 und ∞ integriren, so ergiebt sich die Grundformel:

(3) $$\Pi(\alpha + 1) = (\alpha + 1) \Pi(\alpha),$$

und durch wiederholte Anwendung:

(4) $$\Pi(\alpha + n) = (\alpha + 1)(\alpha + 2) \dots (\alpha + n) \Pi(\alpha).$$

Durch diese Formel können wir $\Pi(\alpha)$ auch dann definiren, wenn der reelle Theil von α kleiner als -1 ist. Wir brauchen nur, wenn α nicht gleich einer negativen ganzen Zahl ist, n so gross zu nehmen, dass $\alpha + n$ positiv wird, und dann ist $\Pi(\alpha)$ durch (1) und (4), unabhängig von n, definirt.

Es ergiebt sich aus (1):

(5) $$\Pi(0) = 1,$$

und demnach aus (4), wenn n eine ganze positive Zahl ist:

(6) $$\Pi(n) = 1.2.3 \dots n = n!$$

Es hat also $\Pi(n)$ dieselbe Bedeutung, in der wir dies Zeichen schon mehrfach gebraucht haben.

Wenn α eine negative ganze Zahl ist, so wird, wie die Formel (4) zeigt, $\Pi(\alpha)$ unendlich.

Von diesen Werthen abgesehen, ist $\Pi(\alpha)$ nach (1) und (4) eine eindeutige und stetige Function der complexen Variablen α.

Ist a eine positive Grösse, so ergiebt sich, wenn man unter dem Integralzeichen ax an Stelle von x setzt:

(7) $$\int_0^\infty e^{-ax} x^\alpha \, dx = \frac{\Pi(\alpha)}{a^{\alpha+1}}.$$

Es sei y eine positive Variable. Wir setzen in (7) $a = 1 + y$, also:

(8) $$\int_0^\infty e^{-(1+y)x} x^\alpha \, dx = \frac{\Pi(\alpha)}{(1+y)^{\alpha+1}}.$$

Diese Formel multipliciren wir mit $y^\beta dx$, und integriren von 0 bis ∞. Dadurch folgt:

$$\int_0^\infty y^\beta dy \int_0^\infty e^{-(1+y)x} x^\alpha \, dx = \Pi(\alpha) \int_0^\infty \frac{y^\beta \, dy}{(1+y)^{\alpha+1}},$$

und wenn wir auf der linken Seite die Integrationsfolge umkehren:

$$\Pi(\alpha) \int_0^\infty \frac{y^\beta\, dy}{(1+y)^{\alpha+1}} = \int_0^\infty e^{-x} x^\alpha\, dx \int_0^\infty e^{-xy} y^\beta\, dy.$$

Auf das innere Integral, das jetzt auf der rechten Seite steht, können wir wieder die Formel (7) anwenden und erhalten:

$$\Pi(\beta) \int_0^\infty e^{-x} x^{\alpha-\beta-1}\, dx = \Pi(\beta)\, \Pi(\alpha-\beta-1).$$

Daraus folgt also:

$$\int_0^\infty \frac{y^\beta\, dy}{(1+y)^{\alpha+1}} = \frac{\Pi(\beta)\, \Pi(\alpha-\beta-1)}{\Pi(\alpha)},$$

oder, wenn wir α durch $\alpha+\beta+1$ ersetzen:

$$(9) \qquad \int_0^\infty \frac{y^\beta\, dy}{(1+y)^{\alpha+\beta+2}} = \frac{\Pi(\alpha)\, \Pi(\beta)}{\Pi(\alpha+\beta+1)}.$$

Wenn wir hier α mit β vertauschen, so bleibt die rechte Seite ungeändert, während dies auf der linken Seite nicht sofort ersichtlich ist. Macht man aber die Substitution

$$\frac{y}{1+y} = s, \qquad \frac{1}{1+y} = 1-s, \qquad \frac{dy}{(1+y)^2} = ds,$$

so ergiebt sich

$$(10) \qquad \int_0^1 (1-s)^\alpha s^\beta\, ds = \frac{\Pi(\alpha)\, \Pi(\beta)}{\Pi(\alpha+\beta+1)}$$

und hier werden auf der linken Seite α und β vertauscht, wenn man s durch $1-s$ ersetzt.

In der Formel (10) können α und β irgend zwei Zahlen sein, deren reelle Theile grösser als -1 sind.

§. 13.

Ausdruck der hypergeometrischen Reihe durch ein bestimmtes Integral.

Die Relationen zwischen den Π-Functionen gestatten, für die hypergeometrische Reihe einen geschlossenen Ausdruck zu finden, indem man die Binomialreihe zu Hülfe nimmt. Nach dem binomischen Lehrsatz ist nämlich, wenn der absolute Werth von z kleiner als 1 ist:

$$(1+z)^{-\alpha} = 1 - \alpha z + \frac{\alpha(\alpha+1)}{1.2} z^2 - \cdots$$

$$= \sum_{n=0}^{\infty} (-1)^n \frac{\alpha(\alpha+1)\ldots(\alpha+n-1)}{1.2\ldots n} z^n$$

oder, mit Benutzung der Formel §. 12, (4):

$$(1) \quad (1+z)^{-\alpha} = \frac{1}{\Pi(\alpha-1)} \sum_{n=0}^{\infty} \frac{\Pi(\alpha+n-1)}{\Pi(n)} (-z)^n.$$

Mit Benutzung derselben Formel können wir die Function $F(\alpha, \beta, \gamma, x)$ so darstellen:

$$(2) \quad F(\alpha, \beta, \gamma, x) =$$

$$\frac{\Pi(\gamma-1)}{\Pi(\alpha-1)\,\Pi(\beta-1)} \sum_{n=0} \frac{\Pi(\alpha+n-1)\,\Pi(\beta+n-1)}{\Pi(n)\,\Pi(\gamma+n-1)} x^n$$

und nach §. 12, (10) ist

$$\frac{\Pi(\beta+n-1)\,\Pi(\gamma-\beta-1)}{\Pi(\gamma+n-1)} = \int_0^1 (1-s)^{\gamma-\beta-1} s^{\beta+n-1}\, ds.$$

Hiernach können wir die Formel (2), wenn wir die Summation unter dem Integralzeichen vornehmen, so darstellen:

$$F(\alpha, \beta, \gamma, x) =$$

$$\frac{\Pi(\gamma-1)}{\Pi(\alpha-1)\,\Pi(\beta-1)\,\Pi(\gamma-\beta-1)} \int_0^1 (1-s)^{\gamma-\beta-1} s^{\beta-1} \sum_{n=0}^{\infty} \frac{\Pi(\alpha+n-1)}{\Pi(n)} (sx)^n$$

und mit Benutzung von (1), wenn man $z = -sx$ setzt:

$$(3) \quad F(\alpha, \beta, \gamma, x) =$$

$$\frac{\Pi(\gamma-1)}{\Pi(\beta-1)\,\Pi(\gamma-\beta-1)} \int_0^1 s^{\beta-1} (1-s)^{\gamma-\beta-1} (1-sx)^{-\alpha}\, ds,$$

woraus man eine zweite ähnliche Darstellung erhält, wenn man α mit β vertauscht.

Die Formel (3) ist in dieser Form nur anwendbar, wenn die reellen Theile von β und $\gamma - \beta$ positiv sind, weil sonst das Integral nicht convergent wäre. Dagegen behält das Integral auf der rechten Seite von (3) auch dann einen Sinn, wenn der absolute Werth von x grösser als 1 ist, wo die Bedeutung der F-Reihe aufhört.

Da aber die hypergeometrische Differentialgleichung identisch befriedigt ist, wenn man die Reihe F oder das ihr gleiche Integral (3) einsetzt, so wird dieses Integral für alle Werthe von x ein Integral dieser Gleichung sein.

Die Formel (3) gestattet uns einen Schluss auf den Werth von $F(\alpha, \beta, \gamma, x)$ für $x = 1$. Lassen wir in dem Integral (3) x in 1 übergehen, so ergiebt sich

$$\int_0^1 s^{\beta-1} (1 - s)^{\gamma-\alpha-\beta-1} \, ds,$$

und das ist nur dann endlich, wenn

$$\gamma - \alpha - \beta > 0 \tag{4}$$

ist, oder wenn wenigstens der reelle Theil von $\gamma - \alpha - \beta$ positiv ist. Ist diese Bedingung erfüllt, so können wir den Werth des Integrals nach §. 12, (10) bestimmen, und wir finden so

$$F(\alpha, \beta, \gamma, 1) = \frac{\Pi(\gamma - 1)\, \Pi(\gamma - \alpha - \beta - 1)}{\Pi(\gamma - \alpha - 1)\, \Pi(\gamma - \beta - 1)}. \tag{5}$$

§. 14.

Integration der hypergeometrischen Differentialgleichung durch bestimmte Integrale.

Wenn man den directen Nachweis führen will, dass das Integral (3) des vorigen Paragraphen der hypergeometrischen Differentialgleichung

$$x(1 - x) y'' + [\gamma - (\alpha + \beta + 1) x] y' - \alpha\beta y = 0 \tag{1}$$

genügt, so gelangt man zu einer wesentlichen Verallgemeinerung dieses Resultates.

Wir setzen, da es auf den constanten Factor hierbei nicht ankommt, indem wir einstweilen die Grenzen des Integrals unbestimmt lassen:

$$\begin{aligned} y &= \int s^{\beta-1} (1 - s)^{\gamma-\beta-1} (1 - sx)^{-\alpha} \, ds, \\ y' &= \alpha \int s^{\beta} (1 - s)^{\gamma-\beta-1} (1 - sx)^{-\alpha-1} \, ds, \\ y'' &= \alpha(\alpha + 1) \int s^{\beta+1} (1 - s)^{\gamma-\beta-1} (1 - sx)^{-\alpha-2} \, ds, \end{aligned} \tag{2}$$

und daraus, wenn wir die linke Seite der Gleichung (1) mit $[y]$ bezeichnen, also für irgend eine Function y

$$(3) \qquad [y] = x(1-x)y'' + [\gamma - (\alpha + \beta + 1)x]y' - \alpha\beta y$$

und zur Abkürzung

$$(4) \qquad \varphi(s) = s^{\beta}(1-s)^{\gamma-\beta}(1-xs)^{-\alpha-1}$$

setzen für den Ausdruck (2) von y:

$$(5) \quad [y] = -\alpha \int \varphi(s) \frac{\beta - \gamma s + sx[\alpha - \beta + 1 - s(\alpha - \gamma + 1)]}{s(1-s)(1-xs)},$$

andererseits aber ergiebt sich durch Differentiation nach s:

$$\frac{d \log \varphi(s)}{ds} = \frac{\beta - \gamma s + sx[\alpha - \beta + 1 - s(\alpha - \gamma + 1)]}{s(1-s)(1-xs)},$$

und wir erhalten also:

$$(6) \qquad [y] = -\alpha \int \frac{d\varphi(s)}{ds} ds.$$

Die Integration auf der rechten Seite lässt sich also ausführen, und es ergiebt sich, dass $[y] = 0$, also die Differentialgleichung erfüllt ist, wenn man die Grenzen des Integrals so wählt, dass in ihnen die Function $\varphi(s)$ verschwindet.

Dies geschieht aber

$$(7) \qquad \begin{array}{llr} \text{für } s = 0, & \text{wenn} & \beta > 0, \\ \text{„ } s = 1, & \text{„} & \gamma - \beta > 0, \\ \text{„ } s = \frac{1}{x}, & \text{„} & -\alpha - 1 > 0, \\ \text{„ } s = \infty, & \text{„} & \alpha - \gamma + 1 > 0, \end{array}$$

und wenn daher a, b irgend zwei von den vier Werthen

$$(8) \qquad 0, \quad 1, \quad \frac{1}{x}, \quad \infty$$

bedeuten, so ist, wenn die betreffende Voraussetzung (7) erfüllt ist:

$$(9) \qquad y = \int_a^b s^{\beta-1}(1-s)^{\gamma-\beta-1}(1-sx)^{-\alpha} ds$$

ein Integral der Differentialgleichung (1). Es ist hierbei nur noch zu bemerken, dass, wenn eine der Grenzen des Integrals gleich $1/x$ ist, bei der Bildung von y' und y'' zunächst noch Glieder hinzukommen würden, die von der Differentiation in Bezug auf die Grenze herrühren. Diese Glieder fallen aber beim Einsetzen der Grenze wieder heraus, weil sie die Factoren $(1 - sx)^{-\alpha}$, $(1 - sx)^{-\alpha-1}$ enthalten.

Da man aus vier Dingen sechs verschiedene Paare auswählen kann, so erhält man auf diesem Wege sechs verschiedene Integrale der hypergeometrischen Differentialgleichung, die jedoch niemals alle zugleich brauchbar sind, weil die vier Bedingungen (7) nicht alle zugleich bestehen können.

Man kann sich von der in (7) enthaltenen beschränkenden Voraussetzung frei machen, wenn man erwägt, dass der Ausdruck $[y]$ nach (6) auch dann verschwindet, wenn man die Integration in Bezug auf die complexe Variable s auf einem in sich zurücklaufenden Wege ausführt, der keinen der Punkte $0, 1, 1/x, \infty$ berührt, und der so bestimmt ist, dass die Function $\varphi(s)$ bei stetiger Veränderung zu demselben Werth zurückkehrt, von dem sie ausgegangen ist, bei dem jedoch das Integral y selbst nicht identisch verschwindet.

Fig. 2.

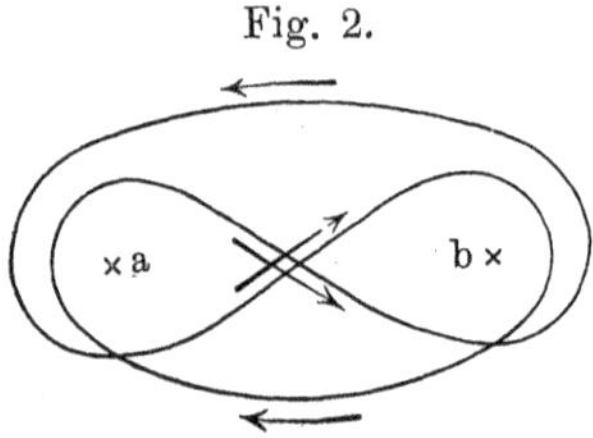

Solche Integrationswege kann man, nach Pochhammer[1]), durch die sogenannten Doppelumläufe bilden. Die Fig. 2 zeigt einen solchen Weg. Hier wird jeder der beiden kritischen Punkte a, b zweimal, und zwar in entgegengesetztem Sinne umlaufen, so dass sich die Factoren, die die Function $\varphi(s)$ bei jedem Umlauf annimmt, gegenseitig aufheben. Trotzdem verschwindet das Integral

$$y = \int \frac{\varphi(s)\,(1 - xs)\,ds}{s\,(1 - s)},$$

auf diesem Wege genommen, nicht identisch.

Denn nehmen wir 0 und 1 für a und b und setzen β und $\gamma - \beta$ positiv voraus, so können wir die vier Strecken 1, 2, 3, 4 des Integrationsweges in Fig. 2 alle auf die Strecke ab zusammenziehen. Hat in entsprechenden Punkten dieser vier Strecken die Function φ die Werthe φ_1, φ_2, φ_3, φ_4, so ist

---

[1]) Pochhammer, „Ueber die Integrale mit doppeltem Umlauf", Mathematische Annalen, Bd. 35.

$$\varphi_2 = e^{-2\pi i(\gamma-\beta)}\,\varphi_1$$
$$\varphi_3 = e^{2\pi i\beta}\,\varphi_2 = e^{4\pi i\beta}\,e^{-2\pi i\gamma}\,\varphi_1$$
$$\varphi_4 = e^{2\pi i(\gamma-\beta)}\,\varphi_3 = e^{2\pi i\beta}\,\varphi_1$$

und das über den Integrationsweg der Fig. 2 genommene Integral

$$y = \int s^{\beta-1}\,(1-s)^{\gamma-\beta-1}\,(1-xs)^{-\alpha}\,ds$$

erhält den Werth

$$(10)\quad y = (1-e^{2\pi i\beta})(1-e^{2\pi i(\beta-\gamma)})\int_0^1 s^{\beta-1}\,(1-s)^{\gamma-\beta-1}(1-xs)^{-\alpha}\,ds,$$

ist also von Null verschieden, wenn nicht β oder $\beta-\gamma$ eine ganze Zahl ist.

§. 15.

Lineare Transformation.

Durch Umformung der in §. 14 besprochenen Integraldarstellungen gewinnt man aufs neue die früher gefundenen 24 Darstellungen durch hypergeometrische Reihen, indem man die verschiedenen Integrationsgrenzen durch lineare Transformation auf 0 und 1 zurückführt.

In einer linearen Substitution zwischen zwei Variablen s und t

$$(1)\qquad t = \frac{As+B}{Cs+D}$$

lassen sich die Coëfficienten A, B, C, D so bestimmen, dass drei gegebenen Werthen von s drei gleichfalls gegebene Werthe von t entsprechen. Wenn wir also die vier Werthe

$$s = 0,\ 1,\ \infty,\ \frac{1}{x}$$

den vier Werthen

$$t = 0,\ 1,\ \infty,\ \frac{1}{x_1}$$

in irgend einer Reihenfolge entsprechen lassen, woraus, wenn x gegeben ist, x_1 eben aus (1) zu bestimmen ist, so erhält man 24 solcher Substitutionen, die das Integral

$$y = \int_a^b s^{\beta-1}\,(1-s)^{\gamma-\beta-1}\,(1-sx)^{-\alpha}\,ds$$

auf ein ähnlich gebildetes zurückführen.

Bezeichnen wir die Werthe 0, 1, ∞, $1/x_1$ in irgend einer Reihenfolge mit a, b, c, e, so können wir also festsetzen, dass die Werthe

$$s = 0,\ 1,\ \infty,\ \frac{1}{x} \qquad (2)$$
$$t = a,\ b,\ c,\ e$$

sich in dieser Reihenfolge entsprechen sollen. Dann können wir die lineare Substitution (1) in der Form annehmen:

$$s = \frac{t-a}{t-c}\,\frac{b-c}{b-a}, \qquad (3)$$

die mit jeder der beiden folgenden gleichbedeutend ist:

$$1 - s = \frac{t-b}{t-c}\,\frac{a-c}{a-b}, \qquad (4)$$
$$1 - xs = \frac{t-e}{t-c}\,\frac{a-c}{a-e},$$

woraus man noch erhält, wenn man in (3) $t = e$, $s = 1/x$ setzt:

$$x = \frac{e-c}{e-a}\,\frac{b-a}{b-c}, \quad 1 - x = \frac{(b-e)\,(a-c)}{(b-c)\,(a-e)}, \qquad (5)$$

und durch logarithmische Differentiation von (3):

$$\frac{ds}{s} = \frac{(a-c)\,dt}{(t-a)\,(t-c)}. \qquad (6)$$

Danach findet man die folgende Transformation [§. 13, (3)]:

$$\frac{\Pi(\beta-1)\,\Pi(\gamma-\beta-1)}{\Pi(\gamma-1)}\,F(\alpha,\beta,\gamma,x) = \int_0^1 s^{\beta}(1-s)^{\gamma-\beta-1}(1-sx)^{-\alpha}\frac{ds}{s} \qquad (7)$$
$$= \int_a^b \frac{(t-a)^{\beta-1}\,(t-b)^{\gamma-\beta-1}\,(t-c)^{\alpha-\gamma}\,(t-e)^{-\alpha}}{(c-b)^{-\beta}\,(a-c)^{\alpha+\beta-\gamma}\,(a-b)^{\gamma-1}\,(a-e)^{-\alpha}}\,dt,$$

und hierin sind 24 verschiedene Darstellungen der F-Function durch bestimmte Integrale enthalten. Die Variable x, die aus (5) bestimmt wird, erhält hierbei nur sechs verschiedene Ausdrücke:

$$x = x_1,\ \ 1 - x_1,\ \ \frac{1}{x_1},\ \ \frac{x_1-1}{x_1},\ \ \frac{1}{1-x_1},\ \ \frac{x_1}{x_1-1}.$$

Nehmen wir z. B. $a = 0$, $b = 1$, $c = 1/x_1$, $e = \infty$, so giebt die Gleichung (5):

$$\frac{1}{x} = 1 - \frac{1}{x_1}, \quad x_1 = \frac{x}{x-1},$$

und das Integral in der Formel (7) wird

$$(1 - x_1)^\beta \int\limits_0^1 t^{\beta-1} (1-t)^{\gamma-\beta-1} (1 - x_1 t)^{\alpha-\gamma} \, dt,$$

wodurch man eine der Formeln aus §. 8 erhält.

Dritter Abschnitt.

Die P-Function von Riemann.

---

§. 16.

Definition der Q-Function.

Die Methoden und Hülfsmittel, die die Functionentheorie Riemann verdankt, deren Grundgedanke darin besteht, eine Function durch eine möglichst kleine Zahl von einander unabhängiger Eigenschaften zu definiren, und erst in zweiter Linie zu ihrer analytischen Darstellung überzugehen, haben sich in der Theorie der linearen Differentialgleichungen als besonders fruchtbar erwiesen, und sind auch in den Anwendungen auf mathematische Physik von grossem Nutzen. Es scheint daher zweckmässig, hier einen Ueberblick über die Ergebnisse dieser Methode zu geben, soweit sie die hypergeometrischen Functionen betreffen.

Es werde eine Function

$$Q\begin{pmatrix} a, & b, & c & \\ \alpha, & \beta, & \gamma & x \\ \alpha', & \beta', & \gamma' & \end{pmatrix} \tag{1}$$

der complexen Variablen x, die wir die Q-Function nennen, durch folgende Eigenschaften definirt, wobei die Frage nach der Möglichkeit einer solchen Function zunächst noch gänzlich offen bleibt.

I. Die Function Q sei in der Umgebung eines jeden von a, b, c verschiedenen Punktes x_0 endlich und stetig.

Nach Bd. I, §. 48 ist damit ausgesprochen, dass sich die Function Q in eine Reihe entwickeln lässt, die nach ganzen positiven Potenzen von $(x - x_0)$ fortschreitet, deren Convergenzkreis um den Punkt x_0 bis zum nächsten der drei Punkte a, b, c reicht. Ist keiner der Punkte a, b, c im Unendlichen, so lässt sich Q ausserhalb eines gewissen Kreises in eine convergente Reihe nach Potenzen von $1/x$ entwickeln.

Die drei Punkte a, b, c nennen wir den ersten, zweiten und dritten Verzweigungspunkt der Function Q.

Wir schliessen auch den Fall nicht aus, dass einer dieser Verzweigungspunkte ins Unendliche fällt.

Wenn wir den Punkt x in seiner Ebene von irgend einer Anfangslage x_0 aus einen geschlossenen Weg beschreiben lassen, so wird Q bei stetiger Aenderung wieder zu seinem Ausgangswerth zurückgekehrt sein, wenn dieser geschlossene Weg keinen der drei Verzweigungspunkte oder auch alle drei einschliesst. Denn in beiden Fällen kann der geschlossene Weg ohne Ueberschreitung eines Verzweigungspunktes auf einen Punkt zusammengezogen werden.

Wenn aber der geschlossene Weg anders beschaffen ist, so wird Q im Allgemeinen zu einem anderen Werthe Q' gelangt sein; es ist also Q mehrwerthig, und es kann Q auf diese Weise selbst in unbegrenzt viele andere Werthe übergehen, die wir die Zweige der Q-Function nennen. Jeder solche Zweig ist dann, von dem Verzweigungspunkte abgesehen, eine endliche und stetige Function von x.

Wir setzen voraus:

II. Es giebt zwei Zweige Q, Q', die nicht in constantem Verhältniss stehen, aber zwischen irgend drei Zweigen Q, Q', Q'' der Q-Function besteht eine lineare Relation mit constanten Coëfficienten:

$$cQ + c'Q' + c''Q'' = 0. \tag{2}$$

Durch irgend zwei nicht in constantem Verhältniss stehende Zweige Q', Q'' einer Q-Function kann jeder andere Zweig linear homogen mit constanten Coëfficienten ausgedrückt werden.

Es kommt eine dritte Bestimmung hinzu, die das Verhalten der Q-Function in der Umgebung der Verzweigungspunkte charakterisirt.

III. Die Function Q ist in jeder der drei Formen darstellbar:

$$(3)\qquad \begin{array}{l} c_\alpha\, Q^\alpha + c_{\alpha'}\, Q^{\alpha'}, \\ c_\beta\, Q^\beta + c_{\beta'}\, Q^{\beta'}, \\ c_\gamma\, Q^\gamma + c_{\gamma'}\, Q^{\gamma'}, \end{array}$$

mit constanten Coëfficienten $c_\alpha, c_{\alpha'}, \ldots c_{\gamma'}$, so dass

$$(4)\qquad (x-a)^{-\alpha}\, Q^\alpha, \qquad (x-a)^{-\alpha'}\, Q^{\alpha'}$$

in der Umgebung von a endlich, stetig und für $x = a$ von Null verschieden, also nach positiven ganzen Potenzen von $(x - a)$ entwickelbar sind und dass

$$(5)\qquad \begin{array}{ll} (x-b)^{-\beta}\, Q^\beta, & (x-b)^{-\beta'}\, Q^{\beta'}, \\ (x-c)^{-\gamma}\, Q^\gamma, & (x-c)^{-\gamma'}\, Q^{\gamma'} \end{array}$$

in der Umgebung der beiden anderen Verzweigungspunkte dieselbe Eigenschaft haben.

Wenn einer der Verzweigungspunkte, etwa b, im Unendlichen liegt, so ist hier $1/x$ an Stelle von $x - b$ zu setzen.

In den verschiedenen Zweigen einer Q-Function sollen die $Q^\alpha \ldots, Q^{\gamma'}$ dieselben sein, und nur die Constanten $c_\alpha \ldots, c_{\gamma'}$ verschieden.

Die α, α'; β, β'; γ, γ' sind gegebene reelle oder imaginäre Grössen, die das erste, zweite, dritte Exponentenpaar heissen. Für diese wird sich nachher noch eine Beschränkung ergeben.

Zur eindeutigen Bestimmung der $Q^\alpha \ldots$ können wir etwa noch festsetzen, dass die Entwickelungen der Functionen (4) und (5) mit 1 beginnen.

Die Zerlegung von Q in die beiden Bestandtheile Q^α, $Q^{\alpha'}$ wäre nur dann nicht eindeutig, wenn Q^α und $Q^{\alpha'}$ in constantem Verhältniss stehen, und dies ist nur möglich, wenn $\alpha = \alpha'$ ist.

Da wir die Existenz zweier linear unabhängiger Zweige der Q-Function:

$$(6)\qquad \begin{array}{l} Q' = c'_\alpha\, Q^\alpha + c'_{\alpha'}\, Q^{\alpha'}, \\ Q'' = c''_\alpha\, Q^\alpha + c''_{\alpha'}\, Q^{\alpha'} \end{array}$$

vorausgesetzt haben, so lassen sich auch Q^α, $Q^{\alpha'}$ linear durch Q', Q'' ausdrücken, und daraus folgt, dass die Q^α, $Q^{\alpha'}$, wenn man sie über die ganze Ebene stetig fortsetzt, selbst Q-Functionen sind. Das Gleiche gilt von den $Q^\beta \ldots, Q^{\gamma'}$.

Aus der Annahme (6) ergiebt sich noch, dass Q^{α} und $Q^{\alpha'}$ nicht in constantem Verhältniss stehen und dasselbe gilt von den zwei Paaren Q^{β}, $Q^{\beta'}$; Q^{γ}, $Q^{\gamma'}$.

§. 17.

Folgerungen aus der Definition.

Wir haben bei der Definition der Q-Function keinen Unterschied zwischen den drei Punkten a, b, c gemacht.

Wir haben hiernach den Satz:

1. Die Q-Function bleibt ungeändert, wenn die drei Verticalreihen
$$\begin{matrix} a & b & c \\ \alpha & \beta & \gamma \\ \alpha' & \beta' & \gamma' \end{matrix}$$
beliebig unter einander vertauscht werden.

2. Wir können die Variable x in einer Q-Function einer linearen Transformation unterwerfen, wenn wir gleichzeitig die Punkte a, b, c derselben linearen Transformation unterwerfen.

Wenn also A, B, C, D Constanten bedeuten, deren Determinante $AD - BC$ von Null verschieden ist, und

(1) $$x = \frac{Ax' + B}{Cx' + D}$$

gesetzt wird und a', b', c' die Werthe bedeuten, die x' für

$$x = a, \qquad x = b, \qquad x = c$$

annimmt, so ist

(2) $$Q\begin{pmatrix} a, & b, & c & \\ \alpha, & \beta, & \gamma & x \\ \alpha', & \beta', & \gamma' & \end{pmatrix} = Q'\begin{pmatrix} a', & b', & c' & \\ \alpha, & \beta, & \gamma & x' \\ \alpha', & \beta', & \gamma' & \end{pmatrix}.$$

Es ist dies eine unmittelbare Folgerung aus der Definition, wenn man berücksichtigt, dass, wenn $Ca' + D$ von Null verschieden ist,

$$x - a = \frac{(AD - BC)(x' - a')}{(Cx' + D)(Ca' + D)}$$

ist, und dass jede Potenz von $Cx' + D$ in der Umgebung des

Punktes $x' = a'$ nach steigenden Potenzen von $x' - a'$ entwickelbar ist.

Ist dagegen $a = \infty$, so ist $Ca' + D = 0$, und jede Potenz von $1/x$ ist nach steigenden Potenzen von $x' - a'$ entwickelbar.

Durch Anwendung des Satzes 2. können wir nun durch lineare Transformation jede Q-Function aus einer speciellen ableiten, in der a, b, c die Werthe $0, \infty, 1$ haben, und es genügt also, wenn wir uns von jetzt ab mit diesen speciellen Q-Functionen beschäftigen.

Zur Vereinfachung der Bezeichnung setzen wir

$$(3) \qquad Q\begin{pmatrix} 0, & \infty, & 1 & \\ \alpha, & \beta, & \gamma & x \\ \alpha', & \beta', & \gamma' & \end{pmatrix} = Q\begin{pmatrix} \alpha, & \beta, & \gamma & \\ & & & x \\ \alpha', & \beta', & \gamma' & \end{pmatrix}.$$

Wenn wir an Stelle von x eine der sechs Variablen

$$x, \quad 1 - x, \quad \frac{1}{x}, \quad \frac{x-1}{x}, \quad \frac{1}{1-x}, \quad \frac{x}{x-1}$$

einführen, so werden die drei Werthe $0, \infty, 1$ auf alle mögliche Arten mit einander permutirt, und aus 2. ergiebt sich der Satz:

3. Eine Q-Function mit den Verzweigungspunkten $0, \infty, 1$ kann auf folgende sechs Arten dargegestellt werden:

$$(4) \qquad \begin{aligned} & Q\begin{pmatrix} \alpha, & \beta, & \gamma & \\ \alpha', & \beta', & \gamma' & x \end{pmatrix}, \quad Q\begin{pmatrix} \gamma, & \beta, & \alpha & \\ \gamma', & \beta', & \alpha' & 1-x \end{pmatrix}, \quad Q\begin{pmatrix} \beta, & \alpha, & \gamma & \frac{1}{x} \\ \beta', & \alpha', & \gamma' & \end{pmatrix}, \\ & Q\begin{pmatrix} \gamma, & \alpha, & \beta & \frac{x-1}{x} \\ \gamma', & \alpha', & \beta' & \end{pmatrix}, \quad Q\begin{pmatrix} \beta, & \gamma, & \alpha & \frac{1}{1-x} \\ \beta', & \gamma', & \alpha' & \end{pmatrix}, \quad Q\begin{pmatrix} \alpha, & \gamma, & \beta & \frac{x}{x-1} \\ \alpha', & \gamma', & \beta' & \end{pmatrix}. \end{aligned}$$

Endlich lassen sich, wie gleichfalls aus der Definition unmittelbar zu ersehen ist, die Exponenten der Q-Function verändern, und man erhält, wenn ε, δ beliebige Grössen sind:

$$(5) \quad x^{\delta}(1-x)^{\varepsilon}\, Q\begin{pmatrix} \alpha, & \beta, & \gamma & \\ \alpha', & \beta', & \gamma' & x \end{pmatrix} = Q\begin{pmatrix} \alpha+\delta, & \beta-\delta-\varepsilon, & \gamma+\varepsilon & \\ \alpha'+\delta, & \beta'-\delta-\varepsilon, & \gamma'+\varepsilon & x \end{pmatrix}.$$

Man bemerke, dass bei der Umformung (5) die Summe der Exponenten

$$(6) \qquad \alpha + \beta + \gamma + \alpha' + \beta' + \gamma' = s$$

in beiden Q-Functionen dieselbe geblieben ist.

Alle diese Umformungen haben den Sinn, dass, wenn unter zwei einander gleich gesetzten Q-Functionen die eine den Definitionen entspricht, dasselbe von der anderen gilt. Auf eine wirkliche Identität würde erst dann zu schliessen sein, wenn die Definitionen dahin erweitert werden, dass sie die Q-Function eindeutig bestimmen, und wenn beide Q-Functionen diesen erweiterten Bedingungen genügen.

§. 18.

Bestimmung der Q-Function durch eine Differentialgleichung.

Es mögen Q, Q' zwei nicht in constantem Verhältniss stehende Zweige einer Q-Function

$$Q\begin{pmatrix}\alpha, & \beta, & \gamma, & \\ \alpha', & \beta', & \gamma', & x\end{pmatrix} \tag{1}$$

sein. Setzen wir:

$$\varDelta(y) = \begin{vmatrix} \frac{d^2 y}{d x^2}, & \frac{d^2 Q}{d x^2}, & \frac{d^2 Q'}{d x^2} \\ \frac{d y}{d x}, & \frac{d Q}{d x}, & \frac{d Q'}{d x} \\ y, & Q, & Q' \end{vmatrix}, \tag{2}$$

so ist $\varDelta(y) = 0$ eine lineare Differentialgleichung zweiter Ordnung, die die beiden particularen Integrale Q, Q' hat, und folglich das allgemeine Integral

$$y = C Q + C' Q', \tag{3}$$

wenn C, C' die Integrationsconstanten sind.

Wir setzen

$$\varDelta(y) = \varDelta_0 \frac{d^2 y}{d x^2} + \varDelta_1 \frac{d y}{d x} + \varDelta_2 y, \tag{4}$$

also

$$\begin{aligned} \varDelta_0 &= Q' \frac{d Q}{d x} - Q \frac{d Q'}{d x}, \\ \varDelta_1 &= Q \frac{d^2 Q'}{d x^2} - Q' \frac{d^2 Q}{d x^2}, \\ \varDelta_2 &= \frac{d Q'}{d x} \frac{d^2 Q}{d x^2} - \frac{d Q}{d x} \frac{d^2 Q'}{d x^2}. \end{aligned} \tag{5}$$

Die Functionen $\varDelta_0$, $\varDelta_1$, $\varDelta_2$ sind überall endlich und stetig, mit Ausnahme der Verzweigungspunkte. Wir haben ihr Verhalten in diesen Punkten, also in den Punkten 0, 1, ∞, näher zu untersuchen.

Diese Untersuchung wird sehr vereinfacht durch die folgende Bemerkung:

Nach §. 16 (6) ist

$$Q = c_\alpha Q^\alpha + c_{\alpha'} Q^{\alpha'},$$
$$Q' = c'_\alpha Q^\alpha + c'_{\alpha'} Q^{\alpha'},$$

wenn die c_α, c'_α, $c_{\alpha'}$, $c'_{\alpha'}$ Constanten sind, deren Determinante

$$A = c_\alpha c'_{\alpha'} - c_{\alpha'} c'_\alpha$$

von Null verschieden ist.

Bezeichnen wir also mit $\varDelta_0^\alpha$, $\varDelta_1^\alpha$, $\varDelta_2^\alpha$ die Functionen, die aus $\varDelta_0$, $\varDelta_1$, $\varDelta_2$ entstehen, wenn wir Q, Q' durch Q^α, $Q^{\alpha'}$ ersetzen, so ergiebt sich aus dem Multiplicationssatze der Determinanten

$$\varDelta_0 = A \varDelta_0^\alpha, \quad \varDelta_1 = A \varDelta_1^\alpha, \quad \varDelta_2 = A \varDelta_2^\alpha, \tag{6}$$

und ebenso ergiebt sich

$$\varDelta_0 = B \varDelta_0^\beta, \quad \varDelta_1 = B \varDelta_1^\beta, \quad \varDelta_2 = B \varDelta_2^\beta, \tag{7}$$
$$\varDelta_0 = C \varDelta_0^\gamma, \quad \varDelta_1 = C \varDelta_1^\gamma, \quad \varDelta_2 = C \varDelta_2^\gamma, \tag{8}$$

worin A, B, C von Null verschiedene Constanten sind.

Wir nehmen nun folgende Anfänge der Entwickelung:

$$Q^\alpha = x^\alpha + \cdots, \quad \frac{d\,Q^\alpha}{d\,x} = \alpha\, x^{\alpha-1} + \cdots, \quad \frac{d^2\,Q^\alpha}{d\,x^2} = \alpha(\alpha-1)\, x^{\alpha-2} + \cdots,$$
$$Q^{\alpha'} = x^{\alpha'} + \cdots, \quad \frac{d\,Q^{\alpha'}}{d\,x} = \alpha' x^{\alpha'-1} + \cdots, \quad \frac{d^2\,Q^{\alpha'}}{d\,x^2} = \alpha'(\alpha'-1) x^{\alpha'-2} + \cdots,$$

woraus sich ergiebt:

$$\begin{aligned} \varDelta_0^\alpha &= (\alpha - \alpha')\, x^{\alpha+\alpha'-1} + \cdots, \\ \varDelta_1^\alpha &= (\alpha - \alpha')(1 - \alpha - \alpha')\, x^{\alpha+\alpha'-2} + \cdots, \\ \varDelta_2^\alpha &= \alpha\alpha'(\alpha - \alpha')\, x^{\alpha+\alpha'-3} + \cdots, \end{aligned} \tag{9}$$

und hierin wachsen die Exponenten immer um eine Einheit. Ebenso findet man:

$$\begin{aligned} \varDelta_0^\gamma &= -(\gamma - \gamma')(1 - x)^{\gamma+\gamma'-1} + \cdots, \\ \varDelta_1^\gamma &= (\gamma - \gamma')(1 - \gamma - \gamma')(1 - x)^{\gamma+\gamma'-2} + \cdots, \\ \varDelta_2^\gamma &= -\gamma\gamma'(\gamma - \gamma')(1 - x)^{\gamma+\gamma'-3} + \cdots \end{aligned} \tag{10}$$

in der Umgebung der Punktes $x = 1$ und

$$\begin{aligned} \varDelta_0^\beta &= -(\beta - \beta')\, x^{-\beta-\beta'-1} + \cdots, \\ \varDelta_1^\beta &= -(\beta - \beta')(\beta + \beta' + 1)\, x^{-\beta-\beta'-2} + \cdots, \\ \varDelta_2^\beta &= -\beta\beta'(\beta - \beta')\, x^{-\beta-\beta'-3} + \cdots \end{aligned} \tag{11}$$

in der Umgebung des Punktes $x = \infty$.

Aus (6), (7), (9), (10) ergiebt sich also, dass die drei Functionen

$$(12)\qquad \begin{aligned} x^{1-\alpha-\alpha'}(1-x)^{1-\gamma-\gamma'}\Delta_0 &= f_0, \\ x^{2-\alpha-\alpha'}(1-x)^{2-\gamma-\gamma'}\Delta_1 &= f_1, \\ x^{3-\alpha-\alpha'}(1-x)^{3-\gamma-\gamma'}\Delta_2 &= f_2 \end{aligned}$$

für alle endlichen Werthe von x endlich und stetig sind, und aus (8) und (11) folgt, dass

$$(13)\qquad x^{s-1}f_0, \quad x^{s-2}f_1, \quad x^{s-3}f_2$$

für $x = \infty$ endlich und stetig bleibt, wenn s wie früher die Bedeutung hat

$$(14)\qquad s = \alpha + \alpha' + \beta + \beta' + \gamma + \gamma'.$$

Man sieht hieraus, dass die Differentialquotienten von f_0, f_1, f_2, deren Grade höher sind als $1 - s$, $2 - s$, $3 - s$, für alle endlichen Werthe von x endlich und stetig sind, und im Unendlichen verschwinden und diese Differentialquotienten sind also (Bd. I, §. 48, II.) identisch gleich Null.

Hiernach sind die f_0, f_1, f_2 ganze rationale Functionen von x, und ihre Grade sind nach (13) gleich $1 - s$, $2 - s$, $3 - s$ oder um eine ganze Zahl niedriger.

Hieraus ergiebt sich eine Beschränkung für die Exponenten, die erfüllt sein muss, wenn unsere Q-Function existiren soll:

IV. Die Exponentensumme

$$s = \alpha + \alpha' + \beta + \beta' + \gamma + \gamma'$$

muss eine ganze Zahl sein und kann nicht grösser als 1 sein.

Wenn wir einen allen Gliedern gemeinsamen Factor abwerfen, so ergiebt sich hiernach für die Differentialgleichung, der die Q-Function genügen muss, die Form:

$$(15)\qquad x^2(1-x)^2 f_0 \frac{d^2 y}{d x^2} + x(1-x) f_1 \frac{dy}{dx} + f_2 y = 0,$$

und wir haben also eine Differentialgleichung mit rationalen Coëfficienten.

Ueber den Zusammenhang der Functionen f_0, f_1, f_2 mit den Exponenten können wir aus (9), (10), (11) noch einen Schluss ziehen, wenn wir nach (12) die Quotienten bilden. Es folgt daraus:

$$(16)\quad \frac{f_1}{f_0} = x(1-x)\frac{\Delta_1}{\Delta_0} = 1-\alpha-\alpha' \qquad \text{für } x = 0,$$
$$= -1+\gamma+\gamma' \qquad ,, \quad x = 1,$$
$$= -x(\beta+\beta'+1) \;,, \quad x = \infty;$$

$$(17)\quad \frac{f_2}{f_0} = x^2(1-x)^2\frac{\Delta_2}{\Delta_0} = \alpha\alpha' \quad \text{für } x = 0,$$
$$= \gamma\gamma' \quad ,, \quad x = 1,$$
$$= \beta\beta' x^2 \quad ,, \quad x = \infty.$$

§. 19.

Die P-Function und die hypergeometrische Differentialgleichung.

Der ausgezeichnetste Fall der Q-Function ist der, in dem die Summe s ihren grössten Werth 1 hat. Diese besondere Art der Q-Function wollen wir die P-Function nennen und mit

$$(1)\qquad P\begin{pmatrix}\alpha, & \beta, & \gamma & \\ \alpha', & \beta', & \gamma' & x\end{pmatrix}$$

bezeichnen.

In diesem Falle ist die Function f_0 constant und kann $= 1$ gesetzt werden. f_1 ist vom ersten, f_2 vom zweiten Grad, und durch die Relationen §. 18, (16), (17) sind diese beiden Functionen völlig bestimmt. Es ergiebt sich:

$$(2)\qquad f_1 = (1-\alpha-\alpha')(1-x) - (1-\gamma-\gamma')x,$$
$$= 1-\alpha-\alpha' - (1+\beta+\beta^2)x,$$

$$(3)\qquad f_2 = -\beta\beta' x(1-x) + \alpha\alpha'(1-x) + \gamma\gamma' x.$$

Die Differentialgleichung für die P-Function lässt sich aber noch vereinfachen. Es ist nämlich nach §. 17, (5)

$$(4)\qquad P\begin{pmatrix}\alpha, & \beta, & \gamma & \\ \alpha', & \beta', & \gamma' & x\end{pmatrix} =$$
$$x^{\alpha'}(1-x)^{\gamma'} P\begin{pmatrix}\alpha-\alpha', & \beta+\alpha'+\gamma', & \gamma-\gamma' & \\ 0, & \beta'+\alpha'+\gamma', & 0 & x\end{pmatrix}$$

und es ist daher ausreichend, wenn wir weiterhin die Function

$$(5)\qquad y = P\begin{pmatrix}\alpha, & \beta, & \gamma & \\ 0, & \beta', & 0 & x\end{pmatrix}$$

allein betrachten, also $\alpha' = \gamma' = 0$ setzen.

Es ist dann

(6) $$\alpha + \beta + \gamma + \beta' = 1,$$

und die Function (5) ist ein Integral der Differentialgleichung:

(7) $$x(1-x)\frac{d^2 y}{d x^2} + [(1-\alpha) - (\beta + \beta' + 1)x]\frac{d y}{d x} - \beta\beta' y = 0,$$

die, wie man sieht, mit der hypergeometrischen Differentialgleichung übereinstimmt [§. 5 (6)].

Eine particulare Lösung dieser Gleichung ist

(8) $$y = F(\beta, \beta', 1 - \alpha, x),$$

wenn F die hypergeometrische Reihe bedeutet.

§. 20.

Darstellung der P-Function durch hypergeometrische Reihen.

Wir wollen nun noch zeigen, wie man umgekehrt aus der hypergeometrischen Differentialgleichung zu der P-Function gelangt.

Eine lineare Differentialgleichung zweiter Ordnung hat, wie wir wissen, nur zwei linear unabhängige particulare Lösungen y_1, y_2. Gehen wir von irgend einer Lösung y aus, und beschreiben in der x-Ebene irgend einen Weg, so kann, so lange sich y und seine Differentialquotienten stetig ändern, die Differentialgleichung nicht aufhören zu bestehen. Geht man mit x zum Ausgangspunkt zurück, so wird sich y im Allgemeinen geändert haben. Aber der so gewonnene Zweig y' ist immer noch eine Lösung der Differentialgleichung. Alle verschiedenen Zweige der Function y sind also Lösungen derselben Differentialgleichung, und für diese Function ist also immer die Bedingung §. 16, II befriedigt.

Wenden wir dies auf die hypergeometrische Differentialgleichung an, so haben wir nur die drei singulären Punkte 0, ∞, 1 zu berücksichtigen.

Jede particulare Lösung kann aber dann nach §. 8 linear durch

F_1, F_2 in der Umgebung von $x = 0$,
F_3, F_4 „ „ „ „ $x = 1$,
F_5, F_6 „ „ „ „ $x = \infty$

dargestellt werden, und wenn wir also nach §. 19 (8)

$$F_1 = F(\beta,\ \beta',\ 1-\alpha,\ x)$$

setzen, so ist die Lösung der Differentialgleichung §. 19 (7) eine P-Function:

$$P\begin{pmatrix}\alpha, & \beta, & 1-\alpha-\beta-\beta' & \\ 0, & \beta', & 0 & x\end{pmatrix}.$$

Wollen wir zur allgemeinen P-Function übergehen, so haben wir die Formel §. 19 (4) anzuwenden, und wir erhalten für die Function

$$P\begin{pmatrix}\alpha, & \beta, & \gamma & \\ \alpha', & \beta', & \gamma' & x\end{pmatrix}$$

die sechs Bestandtheile $P^{\alpha}, \ldots P^{\gamma'}$, wenn wir in den Formeln für die $F_1 \ldots F_6$ (§. 8)

$$\alpha, \qquad \beta, \qquad \gamma,$$

durch $\beta+\alpha'+\gamma' \qquad \beta'+\alpha'+\gamma', \qquad 1-\alpha+\alpha'$

ersetzen:

$$(1)\quad \begin{aligned}
P^{\alpha} &= x^{\alpha}(1-x)^{\gamma'} F(\alpha+\beta+\gamma',\ \alpha+\beta'+\gamma',\ 1+\alpha-\alpha',\ x),\\
P^{\alpha'} &= x^{\alpha'}(1-x)^{\gamma'} F(\alpha'+\beta+\gamma',\ \alpha'+\beta'+\gamma',\ 1-\alpha+\alpha',\ x),\\
P^{\beta} &= x^{-\beta}\left(\frac{1}{x}-1\right)^{\gamma'} F\left(\alpha'+\beta+\gamma', \alpha+\beta+\gamma', 1+\beta-\beta', \frac{1}{x}\right),\\
P^{\beta'} &= x^{-\beta'}\left(\frac{1}{x}-1\right)^{\gamma'} F\left(\alpha'+\beta'+\gamma', \alpha+\beta'+\gamma', 1-\beta+\beta', \frac{1}{x}\right),\\
P^{\gamma} &= x^{\alpha'}(1-x)^{\gamma} F(\alpha'+\beta+\gamma,\ \alpha'+\beta'+\gamma,\ 1+\gamma-\gamma',\ 1-x),\\
P^{\gamma'} &= x^{\alpha'}(1-x)^{\gamma'} F(\alpha'+\beta+\gamma',\ \alpha'+\beta'+\gamma',\ 1-\gamma+\gamma',\ 1-x).
\end{aligned}$$

Hierbei ist aber vorausgesetzt, dass keine der drei Differenzen $\alpha-\alpha'$, $\beta-\beta'$, $\gamma-\gamma'$ eine ganze Zahl sei. In diesen Fällen treten, wie wir in §. 11 gesehen haben, bei der vollständigen Integration der hypergeometrischen Differentialgleichung logarithmische Glieder auf und die Bedingungen für die P-Function können nicht mehr vollständig befriedigt werden. Nur unter besonderen Voraussetzungen können die logarithmischen Glieder wegfallen, so dass dann wieder P-Functionen existiren. Beispielsweise ist nach §. 11 $F(\beta, 1, 2, x)$, also

$$P\begin{pmatrix}-1, & \beta, & 1-\beta & \\ 0, & 1, & 0 & x\end{pmatrix}$$

eine echte P-Function, obwohl $\alpha-\alpha'$ eine ganze Zahl ist.

§. 21.

Ableitung der Q-Functionen aus den P-Functionen.

Aus den P-Functionen kann man Q-Functionen auf folgende Weise herleiten. Es ist zunächst, wenn

$$P = P\begin{pmatrix} \alpha, & \beta, & \gamma & \\ \alpha', & \beta', & \gamma' & x \end{pmatrix}$$

angenommen wird,

$$\frac{dP}{dx} = Q\begin{pmatrix} \alpha - 1, & \beta + 1, & \gamma - 1 & \\ \alpha' - 1, & \beta' + 1, & \gamma' - 1 & x \end{pmatrix}$$

und folglich

$$x(1-x)\frac{dP}{dx} = Q\begin{pmatrix} \alpha, & \beta - 1, & \gamma & \\ \alpha', & \beta' - 1, & \gamma' & x \end{pmatrix}.$$

Wenn wir also mit $A(x)$ und $B(x)$ zwei ganze rationale Functionen von x bezeichnen, die kein besonderes Verhalten zu den Punkten 0, 1 haben, $A(x)$ vom Grade $n-1$, $B(x)$ vom Grade n, so ist

$$(1) \quad A(x)\, x(1-x)\frac{dP}{dx} + B(x) P = Q\begin{pmatrix} \alpha, & \beta - n, & \gamma & \\ \alpha', & \beta' - n, & \gamma & x \end{pmatrix},$$

und hierin ist die Summe der Exponenten

$$(2) \quad s = \alpha + \beta + \gamma + \alpha' + \beta' + \gamma' - 2n = 1 - 2n,$$

also eine ungerade negative ganze Zahl. Die Functionen $A(x)$ und $B(x)$ enthalten zusammen, wenn man von einem gemeinschaftlichen constanten Factor absieht, $2n$ willkürliche Constanten, die in P nicht vorkommen, und es enthält also die Q-Function (1) $2n = 1 - s$, willkürliche Constanten mehr als die Function P.

Den Fall eines geraden s können wir hieraus durch Specialisirung ableiten. Wenn wir nämlich die Coëfficienten von $A(x)$ und $B(x)$ der Bedingung unterwerfen, dass

$$(3) \quad \alpha A(0) + B(0) = 0$$

sein soll, so fängt die Entwickelung von Q^α in (1) erst mit der Potenz $x^{\alpha+1}$ an, während die anderen Entwickelungen ungeändert bleiben. Wir erhalten also eine Function

$$(4) \quad Q\begin{pmatrix} \alpha + 1, & \beta - n, & \gamma & \\ \alpha', & \beta' - n, & \gamma' & x \end{pmatrix},$$

für die die Summe s den Werth hat:

$$s = \alpha + \beta + \gamma + \alpha' + \beta' + \gamma' + 1 - 2n = 2 - 2n.$$

Die Anzahl der Constanten, die in (1) bleiben, ist hier wegen (3) nur $2n - 1$, also gleichfalls $1 - s$.

Die Frage, ob auf diese Weise alle Q-Functionen aus den P-Functionen abgeleitet werden können, wollen wir hier nicht weiter erörtern. Ihre Beantwortung hängt davon ab, wie viele willkürliche Constanten in der Differentialgleichung für die Q-Function §. 18 (15) übrig bleiben. Man hat dabei zu beachten, dass f_0 eine Function vom Grade $1 - s$ ist, und dass die Nullpunkte dieser Function, wenn f_1, f_2 unbestimmt bleiben, zu den singulären Punkten der Differentialgleichung gehören. Es sind also noch Bedingungen für die Coëfficienten von f_1, f_2 aufzustellen, durch die der singuläre Charakter dieser Punkte aufgehoben wird[1]).

§. 22.

Specielle Umformungen der P-Function.

Die Fruchtbarkeit der Riemann'schen Betrachtungsweise zeigt sich deutlich in der grossen Einfachheit, mit der sich die speciellen Umformungen ergeben, die Kummer zuerst mit einem grossen Rechnungsaufwande abgeleitet hat[2]). Nehmen wir an, es habe in einer P-Function eine der Exponentendifferenzen, etwa $\alpha' - \alpha$, den Werth $1/2$, dann können wir diese Function nach §. 17 (5) durch

$$P\begin{pmatrix} 0, & \beta, & \gamma & \\ 1/2, & \beta', & \gamma' & x \end{pmatrix} \tag{1}$$

ersetzen. Von den beiden Functionen P^{α}, $P^{\alpha'}$ schreitet die erste nach ganzen Potenzen von x, die zweite nach ganzen Potenzen

[1]) Vergl. Riemann's mathematische Werke, 2. Aufl., S. 387 f. Danach müssen für jede Wurzel λ von $f_0(x) = 0$ zwei Bedingungen bestehen, von denen die eine so lautet:

$$\frac{f_1(\lambda)}{\lambda(1-\lambda)f_0'(\lambda)} = 1. \tag{5}$$

Hierzu kommen die sechs Bedingungen §. 18 (16), (17). Man findet leicht durch Partialbruchzerlegung von $f_1(x)/x(1-x)f_0(x)$, dass von den $1-s$ Bedingungen (5) eine mittelst §. 18 (16) aus den übrigen folgt, und danach enthält die Differentialgleichung für die Q-Function, abgesehen von einem constanten Factor, noch

$$1 - s + 3 - s + 4 - s - 2(1 - s) - 6 + 1 = 1 - s$$

unbestimmte Constanten, übereinstimmend mit der oben gefundenen Zahl der Constanten in der Q-Function (1) und (4).

[2]) Crelle's Journal 15 (1895).

von $\sqrt{x}$ fort, und wenn wir also $\sqrt{x} = \xi$ setzen, so ist der Punkt $\xi = 0$ in der ξ-Ebene kein Verzweigungspunkt mehr, sondern ein Punkt, in dem die Function eindeutig und stetig ist. Dagegen sind jetzt die beiden Punkte $\xi = \pm 1$, in denen $1 - x$ verschwindet, Verzweigungspunkte, und die Entwickelungen nach Potenzen von $1 - \xi$ und $1 + \xi$ beginnen mit $(1 \pm \xi)^{\gamma}$, $(1 \pm \xi)^{\gamma'}$. Die Entwickelung in der Umgebung des unendlich entfernten Punktes beginnt mit $x^{-\beta}$, $x^{-\beta'}$, also mit $\xi^{-2\beta}$, $\xi^{-2\beta'}$. Demnach ergiebt sich folgende Umformung:

$$(2)\qquad P\begin{pmatrix} 0, & \beta, & \gamma & \\ {}^1\!/_2, & \beta', & \gamma' & x \end{pmatrix} = P\begin{pmatrix} -1, & \infty, & +1 & \\ \gamma, & 2\beta, & \gamma & \sqrt{x} \\ \gamma', & 2\beta', & \gamma' & \end{pmatrix};$$

um in der zweiten Function die Verzweigungspunkte $0, \infty, 1$ zu erhalten, muss man eine neue Variable ${}^1\!/_2(1 + \sqrt{x})$ einführen, und erhält so

$$(3)\qquad P\begin{pmatrix} 0, & \beta, & \gamma & \\ & & & x \\ {}^1\!/_2, & \beta', & \gamma' & \end{pmatrix} = P\begin{pmatrix} \gamma, & 2\beta, & \gamma & \frac{1+\sqrt{x}}{2} \\ \gamma', & 2\beta', & \gamma' & \end{pmatrix}.$$

Da man auf diese beiden Functionen noch die linearen Transformationen §. 17 (4) anwenden kann, so ergiebt sich hieraus eine sehr grosse Anzahl von Umformungen dieser speciellen P-Function und entsprechende Umformungen der hypergeometrischen Differentialgleichung.

Ebenso erhält man noch weitere Umformungen bei einer noch specielleren P-Function, bei der zwei Exponentendifferenzen den Werth ${}^1\!/_3$ haben. Für die Function

$$(4)\qquad P\begin{pmatrix} 0, & 0, & \gamma & \\ {}^1\!/_3, & {}^1\!/_3, & \gamma' & x \end{pmatrix}$$

sind, wenn man $\xi = \sqrt[3]{x}$ setzt, die Punkte $\xi = 0$, $\xi = \infty$ nicht mehr Verzweigungspunkte. Dagegen werden die drei Punkte Verzweigungspunkte, in denen $1 - \xi^3 = 0$ ist, d. h. $\xi = 1, \varrho, \varrho^2$, wenn $\varrho = e^{\frac{2\pi i}{3}}$ eine imaginäre dritte Einheitswurzel ist. Man hat also:

$$(5)\qquad P\begin{pmatrix} 0, & 0, & \gamma & \\ {}^1\!/_3, & {}^1\!/_3 & \gamma' & x \end{pmatrix} = P\begin{pmatrix} 1, & \varrho, & \varrho^2 & \\ \gamma, & \gamma, & \gamma & \sqrt[3]{x} \\ \gamma', & \gamma', & \gamma' & \end{pmatrix},$$

oder

$$(6)\qquad P\begin{pmatrix} 0, & 0, & \gamma & \\ {}^1\!/_3, & {}^1\!/_3, & \gamma' & x \end{pmatrix} = P\begin{pmatrix} \gamma, & \gamma, & \gamma & \\ & & & -\varrho\,\frac{\varrho^2 - \sqrt[3]{x}}{\varrho - \sqrt[3]{x}} \\ \gamma', & \gamma', & \gamma' & \end{pmatrix},$$

Formeln, die wieder den Ausgangspunkt für lineare Umformungen bilden.

Wir können zum Schluss noch die Bemerkung beifügen, dass wir, wenn wir eine Function R mit nur zwei Verzweigungspunkten, sonst aber denselben Eigenschaften wie die Q-Function definiren, wir nur ganz elementare Functionen erhalten, nämlich wenn wir die Verzweigungspunkte nach 0 und ∞ verlegen, und unter A, A' ganze rationale Functionen von x verstehen, nur Functionen von der Form

$$R = x^{\alpha} A + x^{\alpha'} A'.$$

Denn wenn R^{α}, $R^{\alpha'}$ zwei Zweige von R sind, wie in §. 16 (3), so sind $x^{-\alpha} R^{\alpha}$, $x^{-\alpha'} R^{\alpha'}$ in der ganzen Ebene endlich und stetig, und da sie im Unendlichen nur von endlicher Ordnung unendlich werden können, so sind es ganze rationale Functionen von x.

Vierter Abschnitt.

Oscillationstheoreme.

---

§. 23.

Normalform linearer Differentialgleichungen zweiter Ordnung.

Wir kommen nun zur Ableitung eines Cyklus von Sätzen, die sich auf lineare Differentialgleichungen allgemeiner Art beziehen, und die uns auch in solchen Fällen, in denen die Integration nicht durchgeführt werden kann, über das Verhalten der Integrale wichtige Aufschlüsse geben, die, besonders bei Schwingungsproblemen, auch ihre physikalische Bedeutung haben. Es dürfte um so mehr am Platze sein, auf diese Sätze hier einzugehen, als sie eine Uebertragung auf gewisse partielle Differentialgleichungen, z. B. die für die schwingende Membran, gestatten, wo aber die Frage bei Weitem nicht so einfach liegt[1]).

Wir beschränken uns hier wieder auf lineare Differentialgleichungen zweiter Ordnung, wiewohl die Sätze, namentlich in der Abhandlung von Kneser, eine viel weitere Ausdehnung erhalten haben.

---

[1]) Die ersten dieser Sätze rühren von Sturm und Liouville her, und stehen in einem gewissen Zusammenhange mit dem nach Sturm benannten berühmten Lehrsatze der Algebra (Liouville's Journal I, 1836). Sie sind später von mehreren Anderen theils neu bewiesen, theils erweitert. Wir wollen nur die folgenden Arbeiten über den Gegenstand erwähnen:

Rayleigh, Theory of Sound, second edition, Vol. I, p. 217.

Pockels, Ueber die Differentialgleichung $\Delta u + k^2 u = 0$. Leipzig 1891, S. 67.

Kneser, Mathematische Annalen, Bd. 42, S. 409, 1892.

Wir bringen zunächst eine vorgelegte lineare Differentialgleichung:

$$p_0 \frac{d^2u}{dx^2} + p_1 \frac{du}{dx} + p_2 u = 0, \tag{1}$$

von der wir annehmen, dass p_0, p_1, p_2 für endliche Werthe von x nicht unendlich werden, auf eine einfachere Form:

$$\frac{d^2y}{dx^2} + \varrho\, y = 0, \tag{2}$$

in der der erste Differentialquotient fehlt, und ϱ eine Function von x ist.

Man erreicht dies durch eine Substitution

$$u = \lambda\, y, \tag{3}$$

wenn man

$$2p_0\lambda' + p_1\lambda = 0, \quad p_0\varrho\lambda = p_0\lambda'' + p_1\lambda' + p_2\lambda \tag{4}$$

setzt. Hieraus leitet man ab:

$$\lambda = e^{-\int \frac{p_1}{2p_0} dx}, \tag{5}$$

$$\varrho = \frac{4p_0p_2 - 2p_0p_1' - p_1^2 + 2p_1p_0'}{4p_0^2}. \tag{6}$$

Hierzu wollen wir noch bemerken, dass λ nur in solchen Punkten Null oder unendlich werden kann, in denen p_0 verschwindet. Also, wenn p_0 eine ganze rationale Function von x ist, nur in einer endlichen Anzahl von Punkten. Ebenso kann auch ϱ nur in den Nullpunkten von p_0 unendlich werden, und wenn p_1 und p_2 gleichfalls ganze rationale Functionen sind, so kann ϱ auch nur in einer endlichen Anzahl von Punkten verschwinden. Für die Betrachtungen des gegenwärtigen Abschnittes kommen nur reelle Werthe der Variablen x in Betracht.

Wir setzen also über die Function ϱ in der Differentialgleichung (2) voraus, dass sie von einem bestimmten Werthe von x an keinen Zeichenwechsel mehr habe und nicht mehr unendlich werde.

Ohne die Allgemeinheit zu beeinträchtigen, können wir diesen Werth von x zum Nullpunkt machen, und wir haben dann die folgenden beiden Fälle zu unterscheiden:

ϱ ist für positive Werthe von x endlich und stetig und

I. nur negativ,
II. nur positiv.

Es soll aber nicht ausgeschlossen sein, dass ϱ für ein unendlich wachsendes x dem absoluten Werthe nach über alle Grenzen wächst oder unter jede Grenze heruntersinkt.

Von besonderem Interesse ist die Frage nach den Nullpunkten, die eine stetige Lösung y der Differentialgleichung (2) und folglich auch eine stetige Lösung u der Differentialgleichung (1) hat.

Wir betrachten hier immer nur solche Integrale y, die mit ihrem ersten Differentialquotienten y' endlich und stetig sind. Die Differentialgleichung zeigt, dass dann auch y'' endlich und stetig ist.

Eine Folge dieser Annahme ist, dass für keinen Werth von x die Function y und ihr erster Differentialquotient y' zugleich verschwinden können. Denn wenn y_1, y_2 zwei linear unabhängige Lösungen der Differentialgleichung (2) sind, so folgt nach einer schon wiederholt angewandten Formel [Bd. I, §. 62 (13)]:

$$y_1 y_2' - y_2 y_1' = C,$$

worin C eine von Null verschiedene Constante ist. Man sieht hieraus, dass, wenn y_2, y_2' endlich sind, y_1 und y_1' niemals zugleich Null sein können.

§. 24.

I. Die Function ϱ ist beständig negativ.

Wenn die Function ϱ in der Differentialgleichung

$$y'' + \varrho y = 0 \tag{1}$$

für positive Werthe von x nur negativ ist, so haben y und y'' immer dasselbe Vorzeichen, während y' das gleiche oder auch das entgegengesetzte Vorzeichen haben kann. Wir haben dann mehrere Fälle zu unterscheiden.

Es bezeichnen dabei x_0, x_1 irgend positive Werthe von x und $y_0, y_0', y_0'', y_1, y_1', y_1''$ die zugehörigen Werthe von y, y', y''.

1ter Fall $\qquad y_0, y_0'' > 0, \quad y_0' \gtreqless 0.$

Hier wird y' von x_0 an mit wachsendem x zunächst wachsen, und also, auch wenn $y_0' = 0$ ist, zunächst positiv werden.

Wenn nun x_1 der dem x_0 zunächst gelegene grössere Werth von x ist, für den y' verschwindet, so muss y' zwischen x_0 und

x_1 aus dem Wachsen ins Abnehmen übergegangen sein. Es muss also y'' und folglich nach (1) auch y zwischen x_0 und x_1 verschwinden. Folglich muss auch y, das bei x_0 positiv ist und anfangs wächst, aus dem Wachsen ins Abnehmen übergehen, und folglich muss y' zwischen x_0 und x_1 verschwinden, was gegen die Annahme ist, dass x_1 der dem x_0 nächste Werth sei, in dem y' verschwindet. Unter der Voraussetzung des ersten Falles ist also y' für alle Werthe von $x > x_0$ positiv, y wächst und bleibt also auch positiv, ebenso y'', und folglich wächst y' beständig.

Wenn also $x > x_0$ ist, so ist $y > y_0$, $y' > y'_0$ und

$$y - y_0 = \int_{x_0}^{x} y' \, dx > y'_0 (x - x_0), \tag{2}$$

woraus man schliesst, dass y (von y_0 an) ohne Zeichenwechsel mit x ins Unendliche wächst (Fig. 3).

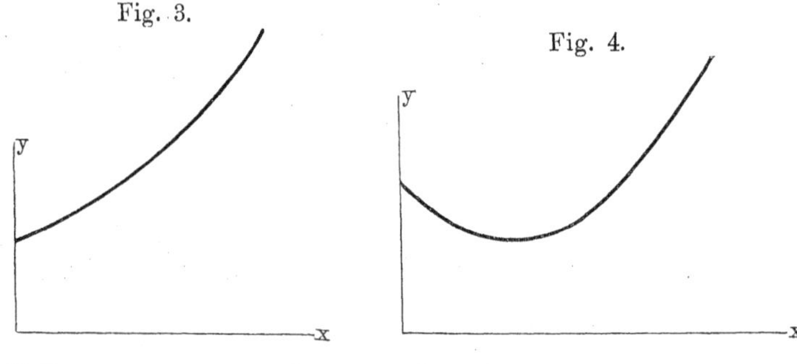

Fig. 3. Fig. 4.

2ter Fall $\qquad y_0, y''_0 < 0, \quad y'_0 \gtreqless 0.$

Dieser zweite Fall geht aus dem ersten durch Vertauschung von y mit $-y$ hervor. Es wird also in diesem Falle y von y_0 an ohne Zeichenwechsel negativ unendlich gross werden.

3ter Fall $\qquad y_0, y''_0 > 0, \quad y'_0 < 0.$

Hier wird y' so lange wachsen, als y'' und folglich y positiv ist, und es sind hier wieder verschiedene Möglichkeiten zu unterscheiden:

a) y' wird $= 0$, ehe noch y und y'' Null geworden sind. Dann wächst y' von da an weiter und wird also positiv. Es tritt dann von hier aus der erste Fall ein, und y wird ebenso wie dort mit x zugleich unendlich, nur mit dem

Unterschiede, dass y einen positiven Minimumwerth hat (Fig. 4).

b) y wird $= 0$, ehe $y' = 0$ geworden ist. Dann bleibt beim Durchgang durch diese Stelle y' negativ, und wenn wir x_1 hinlänglich nahe jenseits dieser Stelle annehmen, so kommen wir auf den zweiten Fall zurück. Es geht also dann y stetig abnehmend einmal durch Null und wird negativ unendlich (Fig. 5).

Fig. 5.

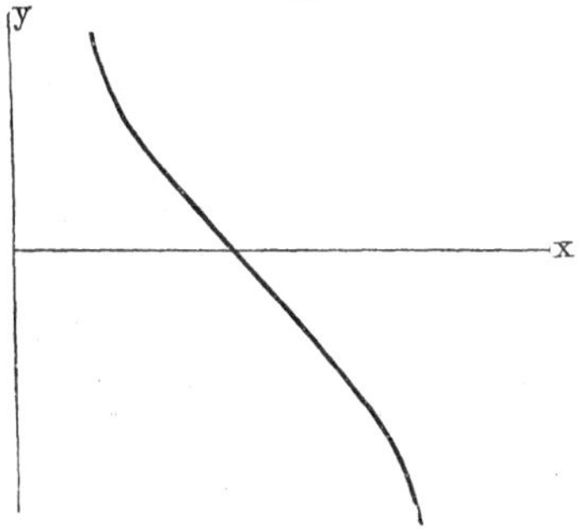

Fig. 6.

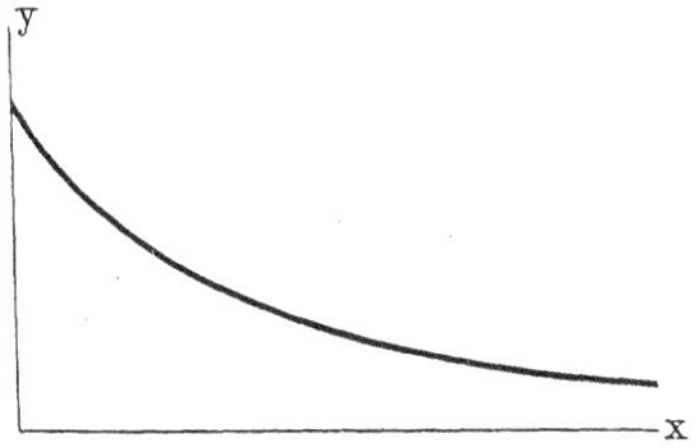

c) Weder y noch y' werden Null, wenn $x > x_0$ ist. Dann müssen sich y und y' endlichen Grenzen nähern, y abnehmend, y' zunehmend. Die Grenze für y' muss nothwendig $= 0$ sein, da sonst

$$y = \int^{x} y'\, dx$$

für ein unendlich wachsendes x keine endliche Grenze haben könnte (Fig. 6). Der Grenzwerth von y kann auch von Null verschieden (positiv) sein, aber, wie man aus der Gleichung

$$y' = \int y''\, dx = -\int^{x} \varrho y\, dx$$

ersieht, nur dann, wenn ϱ mit unendlich wachsendem x verschwindet, und zwar in höherer als der ersten Ordnung.

In dem Falle y_0, $y_0'' < 0$, $y_0' > 0$ verhält sich alles ebenso, nur mit verändertem Vorzeichen.

Um diese Resultate zusammenzufassen, können wir also sagen:

1. Wenn in der Differentialgleichung (1) ϱ für positive x beständig negativ ist, so kann y in diesem Intervall höchstens einmal verschwinden, und

wenn dies eintritt, so geht von da an y stetig wachsend oder stetig abnehmend ins Unendliche.

Es kann auch y ein positives Minimum oder ein negatives Maximum haben und geht von da an stetig wachsend oder stetig abnehmend mit unendlich wachsendem x ins Unendliche.

Es kann auch y ohne Minimum oder Maximum mit x ins Unendliche gehen, oder es kann y stetig abnehmend oder stetig wachsend, ohne zu verschwinden, einer endlichen Grenze zustreben.

Dass alle diese Fälle möglich sind, zeigen einfache Beispiele, z. B. wenn man ϱ gleich einer negativen Constanten annimmt. (Vergl. Bd. I, §. 57, 58.)

§. 25.

II. Die Function ϱ ist beständig positiv.

Ganz anders verhält sich das Integral der Differentialgleichung

$$y'' + \varrho y = 0, \tag{1}$$

wenn ϱ beständig positiv bleibt.

In diesem Falle können, wie schon das Beispiel eines constanten ϱ zeigt, Integrale vorkommen, die unendlich viele Nullstellen haben. Solche Integrale nennen wir oscillirende Integrale und es ist unsere Aufgabe, zu entscheiden, unter welchen Umständen die Gleichung (1) ein oscillirendes Integral hat. Das wichtigste Hülfsmittel für diese Untersuchung ist eine Formel, die wir schon im ersten Bande (§. 71) bei der Untersuchung der Bessel'schen Functionen angewandt haben.

Es sei z eine Function, die einer Differentialgleichung

$$z'' + \sigma z = 0 \tag{2}$$

genügt, worin σ eine gegebene Function von x ist.

Wir erhalten aus (1) und (2):

$$\frac{d}{dx}(zy' - yz') + (\varrho - \sigma) yz = 0,$$

und daraus durch Integration:

$$zy' - yz' = -\int (\varrho - \sigma)\, yz\, dx + \text{const}, \tag{3}$$

und hieraus können wir nun durch Specialisirung der Function σ mannigfaltige Schlüsse ziehen:

Nehmen wir zunächst $\sigma = \varrho$, so sind y und z particulare Integrale derselben Differentialgleichung (1), und wenn sie sich nicht bloss durch einen constanten Factor von einander unterscheiden, so ist

$$(4) \qquad zy' - yz' = c$$

eine von Null verschiedene Constante. Sind nun $x = x_0$ und $x = x_1$ zwei auf einander folgende Nullstellen von y, so haben y'_0 und y'_1 verschiedene Vorzeichen. Andererseits haben nach (4) $z_0 y'_0$ und $z_1 y'_1$ dasselbe Vorzeichen, folglich z_0 und z_1 entgegengesetzte Vorzeichen. Es muss also z zwischen x_0 und x_1 mindestens einmal durch Null gehen. Es kann aber z auch nur einmal durch Null gehen, da man ebenso schliessen kann, dass zwischen zwei Nullstellen von z eine Nullstelle von y liegen muss, während doch y zwischen x_0 und x_1 nicht verschwinden sollte (Fig. 7).

Fig. 7.

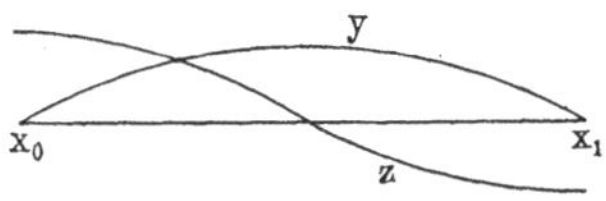

Wir haben also den Satz, wenn wir die Nullstellen einer Function ihre Wurzeln nennen:

2. Wenn von den beiden particularen Integralen der Differentialgleichung (1) das eine oscillatorisch ist, so ist es auch das andere, und die Wurzeln der beiden separiren sich gegenseitig, d. h. zwischen je zwei Wurzeln der einen liegt eine und nur eine Wurzel der andern.

Wir lassen jetzt die Annahme $\sigma = \varrho$ wieder fallen. Wenn dann x_0 und $x_1 > x_0$ zwei auf einander folgende Wurzeln von z sind, so haben z'_0 und $-z'_1$ das gleiche Vorzeichen, und zwar dasselbe wie die Function z in dem Intervall (x_0, x_1). Wenn wir das Integral (3) zwischen den Grenzen x_0 und x_1 nehmen, so folgt, da $z_0 = 0$, $z_1 = 0$ ist:

$$(5) \qquad y_1 z'_1 - y_0 z'_0 = \int_{x_0}^{x_1} (\varrho - \sigma) y z \, dx;$$

nehmen wir nun weiter an, dass in dem Intervall (x_0, x_1) durchweg $\varrho \gtreqless \sigma$ sei, so kann y nicht in dem ganzen Intervall das gleiche Vorzeichen haben, weil sonst beide Seiten von (5) entgegengesetzte Zeichen hätten.

Hieraus ergiebt sich der Satz:

3. Hat die Differentialgleichung (2) oscillatorische Integrale und ist (von einem gewissen x an) fortwährend $\varrho \geqq \sigma$, so hat auch die Differentialgleichung (1) oscillatorische Integrale.

Hieraus ergiebt sich bereits ein wichtiges allgemeines Resultat. Ist ϱ in der Differentialgleichung (1) positiv, mit einer positiven unteren Grenze μ^2, so dass $\varrho > \mu^2$ ist, so können wir, um den Satz 2. anzuwenden, σ gleich der Constanten μ^2 setzen, und erhalten als Integral von (2):

$$z = \sin \mu (x - \alpha), \tag{6}$$

worin α ein beliebiger Werth ist. Diese Function ist aber oscillatorisch, und ihre Nullpunkte sind $\alpha + m\pi/\mu$, wenn m eine ganze Zahl ist. Wir haben also:

4. Hat ϱ eine positive untere Grenze μ^2, so sind die Integrale von (1) oscillatorisch, und in jedem Intervall von der Grösse π/μ liegt wenigstens eine Wurzel von y.

Wenn nun aber ϱ zwar positiv ist, aber die untere Grenze Null hat, so können wir so schliessen:

Die Differentialgleichung

$$\frac{d^2 z}{dx^2} + \left(\mu^2 + \frac{1}{4}\right) \frac{z}{x^2} = 0 \tag{7}$$

hat die beiden particularen Lösungen

$$x^{1/2 + i\mu}, \quad x^{1/2 - i\mu},$$

oder, wenn α eine willkürliche Constante ist,

$$z = \sqrt{x} \sin\left(\mu \log \frac{x}{\alpha}\right), \tag{8}$$

und die Differentialgleichung (1) hat also dann oscillirende Integrale, wenn sich ein positives μ so angeben lässt, dass von einem gewissen x an immer

$$x^2 \varrho > \mu^2 + \frac{1}{4} \tag{9}$$

bleibt, und es liegt für ein beliebiges α eine Wurzel von y immer zwischen α und $\alpha e^{\pi/\mu}$.

Wir ergänzen also den Satz 3. so:

5. Die Differentialgleichung (1) hat oscillatorische Integrale, wenn die untere Grenze von $x^2\varrho - {}^1\!/_4$ positiv ist.

Ist die untere Grenze von $x^2\varrho - {}^1\!/_4$ negativ, so wird von einem gewissen x an

$$\varrho < \frac{1}{4x^2} \tag{10}$$

bleiben. Dann vergleichen wir die Differentialgleichung (1) mit

$$z'' + \frac{z}{4x^2} = 0, \tag{11}$$

deren beide particulare Integrale

$$\sqrt{x}, \quad \sqrt{x} \log x$$

nicht oscillatorisch sind; nach dem Satze 3. kann also auch (1) keine oscillatorischen Integrale haben, da sonst wegen (10) auch die Lösungen von (11) oscillatorisch sein müssten.

6. Die Differentialgleichung (1) hat keine oscillatorischen Integrale, wenn die untere Grenze von $x^2\varrho - {}^1\!/_4$ negativ ist.

Es bleibt also wiederum der Fall unentschieden, wo die Grenze von $x^2\varrho - {}^1\!/_4$ Null ist.

Wie in diesem Falle die Untersuchung weiter zu führen ist, ergiebt die folgende Umformung:

Wir setzen in (1)

$$y = \sqrt{x}\,\eta, \quad \xi = \log x$$

und erhalten für η die folgende Differentialgleichung:

$$\frac{d^2\eta}{d\xi^2} + \left(x^2\varrho - \frac{1}{4}\right)\eta = 0. \tag{12}$$

Diese Gleichung hat aber dieselbe Form wie die Differentialgleichung (1), nur dass ξ an Stelle von x und $x^2\varrho - {}^1\!/_4 = \varrho'$ an Stelle von ϱ getreten ist, und ξ wächst mit x gleichzeitig ins Unendliche. Wenn sich dann ϱ' von negativen Werthen der Grenze Null nähert, so tritt der Satz 1. in Kraft. Wenn sich aber ϱ' von der positiven Seite der Grenze Null nähert, dann müssen wir die Umformung (12) wiederholen, und kommen zu einer unbegrenzten Kette von Unterscheidungen derselben Art. (Etwa wie bei den aus der Integralrechnung bekannten Kriterien für die Convergenz eines bestimmten Integrals.)

§. 26.

Anwendung auf die hypergeometrische Reihe.

Als ein Beispiel für die in den vorangegangenen Paragraphen bewiesenen Sätze wollen wir die Differentialgleichung der hypergeometrischen Reihe betrachten:

$$(1) \qquad x(1-x)u'' + [\gamma - (\alpha + \beta + 1)x]u' - \alpha\beta u = 0,$$

und damit die Coëfficienten dieser Gleichung reell werden, nehmen wir γ reell, α und β entweder reell oder conjugirt imaginär an.

Um die Umformung des §. 23 anzuwenden, setzen wir

$$(2) \qquad u = \lambda y$$

und bestimmen λ so, dass die Differentialgleichung für y die Form erhält:

$$(3) \qquad y'' + \varrho y = 0.$$

Setzt man für den Augenblick zur Abkürzung

$$(4) \qquad \alpha + \beta + 1 = a,$$

so ergeben die Formeln §. 23 (5), (6)

$$(5) \qquad \lambda = x^{-\frac{\gamma}{2}} (1-x)^{\frac{\gamma - a}{2}},$$

$$(6) \left(\frac{a}{2} - \alpha\beta\right) x(1-x) - \frac{\gamma - ax}{2}\left(\frac{\gamma - ax}{2} - 1 + 2x\right) = x^2(1-x)^2 \varrho,$$

und für ein unendlich grosses x, worauf es allein ankommt:

$$x^2 \varrho = \alpha\beta + \frac{a}{2} - \frac{a^2}{4},$$

oder wenn man für a seinen Werth (4) zurücksetzt:

$$(7) \qquad \varrho' = x^2 \varrho - \frac{1}{4} = -\frac{1}{4}(\alpha - \beta)^2$$

und ϱ' ist also negativ für reelle, positiv für conjugirt imaginäre α, β.

Ist $\alpha = \beta$, so wird ϱ' für ein unendliches x unendlich klein von der Ordnung x^{-1}, und wir haben nach §. 25 (12) das Verhalten von

$$(\log x)^2 \varrho' - \frac{1}{4}$$

zu untersuchen, welches negativ wird. Hiernach ergiebt sich aus den Sätzen 5. und 6.:

Die hypergeometrische Differentialgleichung hat oscillatorische Integrale, wenn α und β conjugirt imaginär sind; sie hat keine oscillatorischen Integrale, wenn α und β reell sind.

Man hätte dieses Verhalten auch aus der Entwickelung der Lösung in eine nach fallenden Potenzen von x fortschreitende hypergeometrische Reihe schliessen können. (Die Functionen F_5, F_6 im §. 8.)

§. 27.

Die Nullstellen verschiedener particularer Integrale.

Wir wollen nun untersuchen, wie sich bei einer festen Differentialgleichung

$$(1) \qquad y'' + \varrho y = 0$$

mit oscillirenden Integralen die Nullpunkte ändern, wenn man von einem particularen Integral zu einem anderen übergeht.

Um zunächst an einem einfachen Beispiel das Verhalten zu veranschaulichen, nehmen wir $\varrho = \mu^2$ constant, und erhalten

$$(2) \qquad y = \cos \mu (x - \alpha),$$

was, von einem constanten Factor abgesehen, die allgemeine Lösung ist. Das einzelne Integral wird charakterisirt durch den Werth der Constanten

$$(3) \qquad \left(\frac{y'}{y}\right)_0 = \mu \operatorname{tang} \mu \alpha = h,$$

wobei sich ein constanter Factor bei y wegheben würde. Die Nullpunkte von (2) sind, wenn ν eine ungerade ganze Zahl ist:

$$(4) \qquad x_\nu = \alpha + \frac{\nu \pi}{2 \mu}$$

und wenn nun h von $-\infty$ bis $+\infty$ wächst, so geht $\mu\alpha$ von $-\pi/2$ bis $+\pi/2$ und jede Wurzel x_ν geht stetig wachsend in die nächst folgende über.

Dies Verhalten entspricht einem allgemeinen Gesetz: Nehmen

wir an, es sei für irgend ein constantes $x = a$ für eine Lösung y der Differentialgleichung (1)

$$\left(\frac{y'}{y}\right)_0 = h, \tag{5}$$

so wird auch hier durch den Werth von h ein particulares Integral, abgesehen von einem constanten Factor, bestimmt.

Für eine zweite, von y unabhängige particulare Lösung z sei

$$\left(\frac{z'}{z}\right)_0 = k. \tag{6}$$

Dann ist nach §. 25 (4):

$$yz' - zy' = c = y_0 z_0 (k - h), \tag{7}$$

und wenn k und h endlich sind, so müssen y_0, z_0 von Null verschieden sein. Wir können sie unbeschadet der Allgemeinheit positiv annehmen.

Wir lassen x von a an wachsen und nehmen an, dass der nächste Nullpunkt von y näher an a liegt als der von z. Dann ist in diesem Punkte

$$y = 0, \quad z > 0, \quad y' < 0$$

und es folgt aus (7)

$$k - h > 0.$$

Wir können also auch sagen, dass von zwei Functionen y, die für a dasselbe Zeichen haben, die zuerst verschwindet, die dem kleineren Werthe von h entspricht, und das kann auch so ausgedrückt werden:

7. Wenn wir nach (5) ein Integral der Differentialgleichung (1) mit dem variablen Parameter h bilden, so wachsen die Nullpunkte von y stetig mit h.

Wenn $h = \pm\infty$ ist, so wird a selbst ein Nullpunkt von y und so ergiebt sich:

8. Wenn h von $-\infty$ bis $+\infty$ wächst, so geht jeder Nullpunkt von y, stetig in der positiven Richtung fortschreitend, in den nächst folgenden über.

§. 28.

Harmonische Functionen.

Die Differentialgleichung (1) §. 25, von der wir jetzt annehmen, dass sie oscillirende Integrale habe, also dass ϱ wesentlich positiv ist, hat immer ein particulares Integral, welches für einen gegebenen Werth von x, den wir zum Nullpunkt der x nehmen, verschwindet, und dies Integral ist, abgesehen von einem constanten Factor, völlig bestimmt. Es sei

$$(1) \qquad y = f(x)$$

dieses Integral und seine Nullpunkte seien, der Grösse nach aufsteigend geordnet:

$$(2) \qquad 0,\ a_1,\ a_2,\ a_3 \ldots$$

Die Anzahl dieser Punkte ist unbegrenzt, und es ist nicht möglich, dass sie sich in ihrem Wachsen einer endlichen Grenze nähern. Denn wäre α eine solche Grenze, so könnte in diesem Punkte α weder y noch y' von Null verschieden sein, was, wie wir gesehen haben, unmöglich ist.

Bezeichnen wir mit μ eine positive Constante, so können wir aus (1) die Lösung der Differentialgleichung

$$(3) \qquad z'' + \mu^2 \varrho z = 0$$

herleiten, die im Punkte $x = 0$ verschwindet, nämlich

$$(4) \qquad z = f(\mu x).$$

Demnach ergeben sich alle Nullpunkte von (4) mit positiven Abscissen aus (2):

$$(5) \qquad \frac{a_1}{\mu},\ \frac{a_2}{\mu},\ \frac{a_3}{\mu}, \ldots,$$

und man sieht, dass diese Abscissen mit wachsendem μ immer kleiner werden und sich dem Nullpunkt mehr und mehr, bis auf jede beliebige Nähe annähern. Wenn daher α ein gegebener Punkt mit positiver Abscisse ist, so kann man μ, und zwar nur auf eine Weise, so bestimmen, dass ein Nullpunkt von gegebenem Rang, also etwa der n^{te} der Reihe (5), in den gegebenen Punkt α fällt.

Eine Function z, die für irgend einen Werth von μ der Differentialgleichung (3) genügt, und an den Endpunkten a und b eines Intervalles $\varDelta$ verschwindet, wollen wir eine **harmonische Function dieses Intervalles** nennen. Die Punkte, in denen eine solche Function z im Inneren des Intervalles (also abgesehen von den Punkten a, b) verschwindet, heissen die **Knotenpunkte**. Wenn wir dann durch eine lineare Substitution den

Anfangspunkt a des Intervalles $\varDelta$ in den Nullpunkt verlegen, so ergiebt uns das oben Bewiesene den folgenden Satz:

9. Es giebt für eine gegebene Strecke bei gegebenem ϱ unendlich viele harmonische Functionen, aber eine und nur eine, die keinen oder eine gegebene Anzahl von Knotenpunkten hat.

Wir ordnen die harmonischen Functionen eines gegebenen Intervalles $\varDelta$

$$(6) \qquad z_0, z_1, z_2, z_3, \ldots,$$

und ebenso die entsprechenden Werthe μ

$$(7) \qquad \mu_0, \mu_1, \mu_2, \mu_3, \ldots$$

nach der wachsenden Anzahl der Knotenpunkte. Bei der Anwendung auf die schwingende Saite ist die Function ohne Knotenpunkt die harmonische Function des Grundtones oder der Ordnung Null, die folgenden sind die Functionen des ersten, zweiten, dritten etc. Obertones, die wir auch die harmonischen Functionen der ersten, zweiten, dritten Ordnung nennen wollen. Der Factor μ wächst mit der Ordnung der betreffenden Function. Die harmonische Function n^{ter} Ordnung hat n Knotenpunkte.

Durch die Knotenpunkte der harmonischen Function z_n wird das Intervall $\varDelta$ in $n + 1$ Theilintervalle $\varDelta_n$ getheilt, in deren jedem die Function z_n ein unveränderliches Zeichen hat. Das Vorzeichen von z_n ist in den einzelnen Theilintervallen abwechselnd positiv und negativ. Wenden wir auf die beiden Functionen z_n, z_{n+1} die Formel (3) §. 25 an, so folgt:

$$(8) \qquad z_{n+1}\, z'_n - z_n\, z'_{n+1} = (\mu^2_{n+1} - \mu^2_n) \int \varrho\, z_n\, z_{n+1}\, dx + \text{const.}$$

Es seien jetzt α, β zwei auf einander folgende Nullpunkte von z_n, also die Endpunkte eines Theilintervalles $\varDelta_\nu$, in dem die Function z_n keinen Zeichenwechsel hat, und, beispielsweise, positiv sei. Wenden wir die Formel (8) auf diese beiden Punkte an, in denen z_n verschwindet, so folgt:

$$(9) \qquad (z_{n+1}\, z'_n)_\beta - (z_{n+1}\, z'_n)_\alpha = (\mu^2_{n+1} - \mu^2_n) \int_\alpha^\beta \varrho\, z_n\, z_{n+1}\, dx.$$

Hieraus folgt leicht, dass z_{n+1} nicht in dem ganzen Intervall $\varDelta_\nu$ dasselbe Zeichen haben kann. Denn nehmen wir an, es sei z_{n+1} immer positiv, oder wenigstens nirgends negativ, so wäre die rechte Seite von (9) positiv, weil z_n im ganzen Intervall und $\mu_{n+1}^2 - \mu_n^2$ positiv sind. Die linke Seite aber wäre negativ, da z'_n im Punkte α positiv, im Punkte β negativ ist. Es muss also z_{n+1} im Intervall $\varDelta_\nu$ sein Zeichen wechseln und daher mindestens einen Knotenpunkt haben. Es kann aber auch in diesem Intervall nicht mehr als ein Knotenpunkt von z_{n+1} liegen, weil ja in jedem der $n+1$ Intervalle $\varDelta_\nu$ mindestens ein Knotenpunkt von z_{n+1} liegen muss, und diese Function doch nicht mehr als $n+1$ Knotenpunkte haben kann. Also haben wir den Satz:

10. Von den Knotenpunkten von z_{n+1} liegt einer in jedem der Theilintervalle $\varDelta_\nu$, in die die Strecke $\varDelta$ durch die Knotenpunkte von z_n getheilt wird.

Wenn man in diesem Satze $n-1$ an Stelle von n setzt, so ergiebt sich daraus unmittelbar:

11. In jedem der Theilintervalle $\varDelta_\nu$, mit Ausnahme des ersten und des letzten, liegt ein Knotenpunkt der Function z_{n-1}.

§. 29.

Die Knotenpunkte zusammengesetzter harmonischer Functionen.

Wir beschliessen diese Betrachtungen über die harmonischen Functionen des Intervalles $\varDelta$ mit der Ableitung eines Satzes von Sturm:

Es seien m, n zwei ganze Zahlen, von denen keine negativ ist, und $m < n$; ferner seien $c_m, c_{m+1}, \ldots, c_n$ beliebige Constanten. Die Function

$$(1) \qquad f(x) = c_m z_m + c_{m+1} z_{m+1} + \cdots + c_n z_n$$

verschwindet an den Grenzen a, b des Intervalles $\varDelta$, und wir können sie eine zusammengesetzte harmonische Function der Strecke ab nennen. Ihre Nullpunkte im Inneren von $\varDelta$ sollen auch hier die Knotenpunkte von $f(x)$ genannt werden.

Dann lautet der Satz, den wir beweisen wollen:

12. Die Anzahl der Knotenpunkte der Function $f(x)$ ist:

a) höchstens gleich n,

b) mindestens gleich m.

Hierbei wird ein Knotenpunkt von $f(x)$ nur einmal gezählt, gleichviel ob der Differentialquotient $f'(x)$ in diesem Punkte verschwindet, oder nicht.

Die Function z_k genügt der Differentialgleichung

$$z_k'' + \mu_k^2 \varrho z_k = 0, \tag{2}$$

und daraus ergiebt sich

$$f''(x) = -\varrho (c_m \mu_m^2 z_m + c_{m+1} \mu_{m+1}^2 z_{m+1} + \cdots + c_n \mu_n^2 z_n). \tag{3}$$

Nun muss zwischen zwei auf einander folgenden Nullpunkten von $f(x)$ nothwendig wenigstens ein Nullpunkt von $f'(x)$ liegen. Ist also ν die Anzahl der Knotenpunkte von $f(x)$, so ist, da die Endpunkte noch hinzukommen, die Anzahl der inneren Nullpunkte von $f'(x)$ wenigstens gleich $\nu + 1$, und da zwischen je zwei Wurzeln von $f'(x)$ wenigstens eine Wurzel von $f''(x)$ liegen muss, so ist die Anzahl der inneren Nullpunkte von $f''(x)$ wenigstens gleich ν. Nach (3) verschwindet $f''(x)$ ausserdem noch in den Endpunkten des Intervalles $\varDelta$. Setzen wir $f''(x) = -\varrho f_1(x)$, so ist $f_1(x)$ eine harmonische Function des Intervalles $\varDelta$ mit wenigstens ν Knotenpunkten, und durch Wiederholung desselben Schlusses können wir daraus folgenden Satz ableiten:

Von den zusammengesetzten harmonischen Functionen

$$f_r(x) = c_m \mu_m^{2r} z_m + c_{m+1} \mu_{m+1}^{2r} z_{m+1} + \cdots + c_n \mu_n^{2r} z_n, \tag{4}$$

worin r die Reihe der ganzen Zahlen 0, 1, 2, ... durchläuft, hat jede folgende mindestens so viele Knotenpunkte als die vorhergehenden, also mindestens ν Knotenpunkte, wenn ν die Anzahl der Knotenpunkte von (1) ist.

Setzen wir, indem wir c_n von Null verschieden voraussetzen:

$$\gamma_m = \frac{c_m}{c_n} \left(\frac{\mu_m}{\mu_n}\right)^{2r}, \quad \gamma_{m+1} = \frac{c_{m+1}}{c_n} \left(\frac{\mu_{m+1}}{\mu_n}\right)^{2r}, \ldots, \tag{5}$$

so werden die Knotenpunkte von (4) aus der Gleichung:

$$z = z_n + \gamma_{n-1} z_{n-1} + \cdots + \gamma_m z_m = 0 \tag{6}$$

bestimmt, und da $\mu_m < \mu_{m+1} < \ldots < \mu_n$ ist, so werden sich die $\gamma_{n-1}, \ldots \gamma_m$ mit unendlich wachsendem r der Grenze Null nähern.

Nun hat z_n, wie wir wissen, n Knotenpunkte, in deren keinem z'_n verschwindet. Wir können dann jeden dieser n Knotenpunkte in ein beliebig kleines Intervall δ einschliessen, und dann können wir die Coëfficienten γ so klein annehmen, dass die durch (6) definirte Function z ausserhalb dieser Intervalle nicht verschwindet, dass sie, ebenso wie z_n, an beiden Endpunkten von δ entgegengesetzte Vorzeichen hat, und dass z' im Innern von δ nicht verschwindet. Dann liegt in jedem Intervall δ ein Nullpunkt von z, und in keinem mehr als einer, und z hat also $n - 1$ und nicht mehr Knotenpunkte. Es ist mithin auch

$$(7) \qquad \nu \gtreqless n,$$

und das Theorem 12a ist also bewiesen.

Der zweite Theil, 12b, kann aber aus den gleichen Entwickelungen gefolgert werden.

Wenn wir nämlich

$$c_m,\ c_{m+1},\ \ldots,\ c_n$$

durch

$$c_m \mu_n^{-2r},\ c_{m+1} \mu_{m+1}^{-2r},\ \ldots\ c_n \mu_n^{-2r}$$

ersetzen, so geht $f_r(x)$ nach (4) in $f(x)$ über, während $f(x)$ selbst in

$$(8) \quad f_{-r}(x) = c_m \mu_m^{-2r} z_m + c_{m+1} \mu_{m+1}^{-2r} z_{m+1} + \cdots + c_n \mu_n^{-2r} z_n$$

übergeht, und nach dem bereits gewonnenen Ergebniss hat $f(x)$ mindestens so viele Wurzeln als $f_{-r}(x)$. Wenn wir dann wieder die ganze Zahl r unbegrenzt wachsen lassen, so gehen die Knotenpunkte von $f_{-r}(x)$ in die von z_m über, deren Zahl m ist. Daraus folgt also

$$(9) \qquad m \gtreqless \nu,$$

also der Satz 12b.

Wir haben den Satz 12 so formulirt, dass jeder Punkt, in dem die Function $f(x)$ verschwindet, als **ein** Knotenpunkt gezählt wird. Wir hätten aber auch anders zählen können, nämlich so, dass wir einen inneren Punkt, in dem $f(x)$ mit seinen $q - 1$ ersten Derivierten verschwindet, für q (zusammenfallende) Knotenpunkte gezählt hätten, und der Satz hätte sich auch bei dieser

Zählung als richtig erwiesen. In dieser Fassung besagt der Satz mehr als 12a, aber weniger als 12b.

Wenn dagegen in einem der Endpunkte $f(x)$ mit seinen $q-1$ ersten Differentialquotienten verschwindet, so würde der Satz nicht mehr richtig bleiben, wenn wir, was nahe liegt, einen solchen Punkt als $q-1$-fachen Knotenpunkt zählen wollten. So hat z. B. die Function

$$f(x) = a \sin 2x + b \sin 3x$$

im Intervall $(0, \pi)$ im Allgemeinen zwei Knotenpunkte, aber die specielle Function

$$3 \sin 2x - 2 \sin 3x = 2 \sin x (1 - \cos x)(1 + 4 \cos x)$$

hat für $x = 0$ einen Nullpunkt dritter Ordnung und ausserdem noch einen inneren Knotenpunkt. Der Nullpunkt dritter Ordnung darf also, wenn der Satz richtig bleiben soll, nicht für zwei Knotenpunkte gezählt werden.

Es ergiebt sich ferner aus dem Satz 12 die Folgerung:

13. Die Function

$$(10) \qquad f(x) = c_m z_m + c_{m+1} z_{m+1} + \cdots + c_n z_n$$

kann nur dann identisch verschwinden, wenn alle Coëfficienten c_i gleich Null sind.

Wenn nämlich $f(x)$ identisch Null und c_n von Null verschieden ist, so können wir $c_n = 1$ annehmen, und es ergiebt sich

$$z_n = - c_m z_m - c_{m+1} z_{m+1} - \cdots - c_{n-1} z_{n-1}.$$

Dies ist aber unmöglich, da die linke Seite n Knotenpunkte hat, während die rechte nach 12 höchstens $n-1$ haben kann.

§. 30.

Darstellung einer willkürlichen Function durch harmonische Functionen.

Die harmonischen Functionen eines Intervalles $\varDelta$ kann man zu einer Darstellung willkürlicher Functionen durch unendliche Reihen benutzen, von denen die Fourier'schen Reihen ein specieller Fall sind. Freilich können wir im allgemeinen Falle nichts weiter thun, als unter der Voraussetzung, dass eine solche Entwickelung möglich sei, die Coëfficienten durch bestimmte Integrale ausdrücken. Bezeichnen wir wieder mit

(1) $$z_0,\ z_1,\ z_2,\ z_3,\ \ldots$$

die harmonischen Functionen, in aufsteigender Reihe geordnet, so erhält man aus §. 25 (3) für irgend zwei dieser Functionen:

(2) $$z_m z'_n - z_n z'_m = (\mu_m^2 - \mu_n^2) \int \varrho\, z_m z_n\, dx + \text{const.}$$

und wenn man das Integral über das ganze Intervall $\varDelta$, also von $x = a$ bis $x = b$ ausdehnt, und μ_m von μ_n verschieden annimmt:

(3) $$\int_a^b \varrho\, z_m z_n\, dx = 0.$$

Wenn $z_m = z_n$ wäre, so könnte das Integral (3) nicht mehr verschwinden. Sein Werth wird dann von den in den z_n noch unbestimmt gelassenen constanten Factoren abhängen. Wir setzen:

(4) $$\int_a^b \varrho\, z_n^2\, dx = p_n.$$

Ist dann $f(x)$ eine in dem Intervall $\varDelta$ gegebene willkürliche Function, so können wir setzen:

(5) $$f(x) = c_0 z_0 + c_1 z_1 + c_2 z_2 + \cdots,$$

worin die Constanten $c_0, c_1, c_2, \ldots$ von $f(x)$ abhängen und nach (3) und (4) bestimmt werden, wenn man (5) mit $\varrho\, z_n$ multiplicirt und zwischen den Grenzen a, b integrirt. Man erhält:

(6) $$c_n = \frac{1}{p_n} \int_a^b \varrho f(x)\, z_n\, dx,$$

ganz analog wie bei der Fourier'schen Coëfficienten-Bestimmung.

ZWEITES BUCH.

WÄRMELEITUNG.

Fünfter Abschnitt.

Die Differentialgleichung der Wärmeleitung.

§. 31.

Wärmefluss.

Die Erfahrungsthatsache, mit der sich die Theorie der Wärmeleitung zu befassen hat, ist die, dass zwei mit einander in Berührung stehende Körper oder Theile desselben Körpers von verschiedener Temperatur den bestehenden Temperaturunterschied allmählich dadurch ausgleichen, dass sich der kältere Körper erwärmt und der wärmere kalt wird.

Auf Umwegen ist man zu der Anschauung gelangt, dass hierbei der ursprünglich wärmere Körper von seinem Energievorrath etwas verliert, und dass der andere Körper die gleiche Energiemenge gewinnt, die sich in der Form der Temperaturerhöhung zu erkennen giebt, und dieses Energiequantum bezeichnet man auch als die von dem einen Körper an den anderen abgegebene Wärmemenge. Die Wärmemenge wird hiernach durch eine Energiegrösse gemessen und hat dieselben Dimensionen wie diese $[l^2 t^{-2} m]$ (Bd. I, S. 317).

Wenn einem Körper eine gewisse Wärmemenge zugeführt wird, so wird unter Umständen nur ein Theil davon auf Temperaturerhöhung verwandt, der andere Theil wird in eine andere Form der Energie, z. B. elektrische Energie, verwandelt oder zur Arbeitsleistung verwendet, d. h. in potentielle Energie übergeführt. Ebenso können Temperaturerhöhungen durch Umsatz anderer Energieformen entstehen[1]).

Wenn eine Masse m eine unendlich kleine Wärmemenge dq gewinnt, die zum Theil durch äussere Leitung zugeführt, zum

---

[1]) In Bezug auf die physikalischen Voraussetzungen und Grundbegriffe der Wärmelehre können wir den Leser auf das Werk von Planck, Vorlesungen über Thermodynamik, Leipzig 1897, verweisen.

Theil auch durch Umwandlung aus anderen Energieformen im Inneren von m entstehen kann, so ist die dadurch hervorgerufene Temperaturerhöhung du proportional mit dq und umgekehrt proportional mit m, also

$$du = \frac{dq}{cm}, \tag{1}$$

worin c ein Proportionalitätsfactor ist, der von der Natur der Masse m und auch noch von der schon vorhandenen Temperatur u selbst abhängig ist. Er kann definirt werden als die Wärmemenge, die erforderlich ist, um die Masseneinheit der betreffenden Substanz um einen Grad (der Einheit der Temperaturdifferenz) zu erwärmen, und heisst die specifische Wärme des Stoffes.

Als Einheit der Temperaturdifferenz nehmen wir den Grad der hunderttheiligen Scala. Auf den Nullpunkt kommt es nicht an. Es kann für die Temperatur des schmelzenden Eises $u = 0$ gesetzt werden. Es kann aber auch u von dem sogenannten absoluten Nullpunkt an gerechnet werden, wobei dann das schmelzende Eis die Temperaturzahl 273^0 erhält.

Auf die Formel (1) gründet man ein anderes Maass für die Wärmemenge, die Calorie, die aber auch wieder auf mehrere verschiedene Arten definirt wird.

So versteht man unter einer Nullpunkts-Calorie die Wärmemenge, die erforderlich ist, um ein Gramm Wasser von Null Grad auf einen Grad zu erwärmen; unter der mittleren Calorie versteht man den hundertsten Theil der Wärmemenge, die erforderlich ist, um ein Gramm Wasser von 0^0 auf 100^0 zu erwärmen. Kohlrausch (Leitfaden der praktischen Physik, Leipzig 1900) rechnet nach einer Calorie, die ein Gramm Wasser von 15^0 um einen Grad erwärmt. Diese enthält ungefähr $419 \,.\, 10^5$ absolute Wärmeeinheiten (nach dem Centimeter-Gramm-Secunden-System).

In Bezug auf den Uebergang der Wärme von einem wärmeren Körper zu einem kälteren, oder kurz die Wärmeleitung gilt nun erfahrungsmässig folgender Grundsatz[1]):

Wenn eine ausgedehnte Platte von irgend einem Stoff auf beiden Seiten mit Räumen verschiedener Temperatur, z. B. auf der einen Seite mit schmelzendem Eis, auf der anderen mit

[1]) Vergl. Riecke, Lehrbuch der Experimentalphysik (Leipzig 1896).

Wasser von höherer Temperatur in Berührung steht, so wird, wenn die Temperatur beiderseits constant erhalten wird, Wärme von der warmen nach der kalten Seite durch die Platte hindurchgehen, die z. B. durch die Menge geschmolzenen Eises gemessen werden könnte.

Die ganze Vorrichtung denken wir uns nach aussen durch eine cylindrische Fläche, senkrecht zur Ebene der Platte, begrenzt, durch die keine in Betracht kommende Wärmemenge aus- oder eintritt; die Temperaturen, die auf beiden Seiten der Platte herrschen, mögen mit u_0, u_1 bezeichnet sein.

Die Wärmemenge Q, die in der Zeit t durch die Platte hindurchgeht, ist dann proportional mit der Temperaturdifferenz $u_1 - u_0$, proportional mit der Oberfläche ω der Platte, und proportional mit der Zeit t, endlich umgekehrt proportional mit der Dicke $\varDelta$ der Platte, also

$$Q = k \frac{u_1 - u_0}{\varDelta} \omega t, \tag{2}$$

worin k ein Factor ist, der die Wärmeleitfähigkeit der Substanz der Platte heisst. Dieser Factor k ist nur in erster Annäherung constant, er ist streng genommen noch eine Function der beiden Temperaturen u_0, u_1, und kann, wenn die Temperaturdifferenz $u_1 - u_0$ klein ist, mit einer weiteren Annäherung auch als Function der mittleren Temperatur $\frac{1}{2}(u_0 + u_1)$ angesehen werden.

Wir machen nun die Annahme, dass ein Wärmeaustausch nur zwischen den sich unmittelbar berührenden Theilen eines Körpers stattfinde[1]) und wenden demgemäss die Formel (2) auf die unendlich kleinen Theile eines Körpers an, in dem die Temperatur u eine Function des Ortes ist. Wenn wir auch die Zeitdauer t auf ein unendlich kleines Zeitelement dt beschränken, können wir auch noch die Voraussetzung fallen lassen, dass u_0, u_1 von der Zeit unabhängig sind, und können also die Temperatur u auch als Function der Zeit ansehen.

Wenn wir dann die Formel (2) auf das unendlich Kleine übertragen, so ergiebt sich der folgende Satz:

Ist die Temperatur u im Inneren eines Wärmeleiters eine Function des Ortes und der Zeit,

---

[1]) Hierdurch schliessen wir die Wärmestrahlung, also die Vorgänge in den diathermanen Körpern, von der Betrachtung aus.

ist $d\omega$ ein Flächenelement im Inneren dieses Körpers, dn ein Element der Normalen an $d\omega$, in einer beliebigen der beiden Richtungen positiv genommen, so fliesst in der Richtung von dn in dem Zeitelement dt eine Wärmemenge

$$dq = -k \frac{\partial u}{\partial n} d\omega\, dt, \tag{3}$$

wenn k die Leitfähigkeit der Substanz ist, die eine Function des Ortes und auch der Temperatur u (also implicite auch der Zeit) sein kann, in erster Annäherung aber auch als constant angesehen wird.

Zur Vereinfachung des Ausdruckes führen wir jetzt den Temperaturgradienten oder das Temperaturgefälle ein, und nennen den Vector (Bd. I, §. 88)

$$\mathfrak{Q} = k \operatorname{grad} u \tag{4}$$

den Wärmefluss. Es ist dann nach (3) die Componente Q_n dieses Vectors die in der Zeiteinheit in der Richtung n durch die Flächeneinheit hindurchgegangene Wärmemenge.

§. 32.

Die Differentialgleichung der Wärmeleitung.

Um nun zu der Differentialgleichung für die Wärmebewegung zu gelangen, betrachten wir einen beliebigen Raumtheil τ eines Wärmeleiters, in dem die Temperatur und das Temperaturgefälle stetig sind, und in dem auch die Leitfähigkeit k keine Unstetigkeit erleidet.

Ist O die Oberfläche von τ, do ein Element von O und n die ins Innere gerichtete Normale, so ist

$$\int Q_n\, do \tag{1}$$

die Wärmemenge, die durch Leitung von aussen in der Zeiteinheit in den Raum τ eintritt, und dieser Ausdruck lässt sich nach dem Gauss'schen Integralsatz (Bd. I, §. 89, I.) auch durch ein Raumintegral darstellen:

$$-\int \operatorname{div} \mathfrak{Q}\, d\tau. \tag{2}$$

Um allgemein zu sein, nehmen wir an, dass zugleich im Inneren des Körpers, etwa durch elektrische Vorgänge oder auf andere Weise, Wärme erzeugt oder vernichtet werde, und bezeichnen die im Raumelement $d\tau$ in dem Zeitelement dt gebildete Wärmemenge mit

$$(3) \qquad A\, d\tau\, dt,$$

worin A eine Function von Ort und Zeit bedeuten kann. Der gesammte Gewinn an Wärme, den der Raum τ in dem Zeitelement dt erfährt, ist daher nach (2) und (3):

$$(4) \qquad dt \int (A - \operatorname{div} \mathfrak{Q})\, d\tau.$$

Wir sehen ab von den mit den Temperaturänderungen verbundenen Volumänderungen, so dass jedes Raumelement dauernd von demselben Massenelement erfüllt gedacht wird. Dann ist die Masse des Elementes $d\tau$, wenn ϱ die Dichtigkeit bedeutet, gleich $\varrho\, d\tau$ und die Temperaturzunahme im Zeitelement dt gleich $(\partial u / \partial t)\, dt$. Um diese Temperaturzunahme zu bewirken, ist aber nach §. 31 (1) eine Wärmemenge erforderlich gleich

$$c \varrho \frac{\partial u}{\partial t}\, d\tau\, dt,$$

also für den ganzen Raum τ

$$(5) \qquad dt \int c \varrho \frac{\partial u}{\partial t}\, d\tau.$$

Die Ausdrücke (4) und (5) müssen also einander gleich sein, und da der Raum τ beliebig war, die Gleichheit beider Ausdrücke also auch für jeden Theil von τ bestehen muss, so folgt

$$(6) \qquad c\varrho \frac{\partial u}{\partial t} = A - \operatorname{div} \mathfrak{Q} = A - \operatorname{div} k \operatorname{grad} u,$$

oder explicite geschrieben [Bd. I, §. 87 (3)]:

$$\text{I.} \qquad c\varrho \frac{\partial u}{\partial t} = A + \frac{\partial k \frac{\partial u}{\partial x}}{\partial x} + \frac{\partial k \frac{\partial u}{\partial y}}{\partial y} + \frac{\partial k \frac{\partial u}{\partial z}}{\partial z}.$$

Dies ist also die allgemeine Differentialgleichung, der die Temperatur im Inneren eines Leiters zu genügen hat. Die Grösse A ist aber nicht immer von vornherein bekannt, sondern sie hängt ihrerseits wieder von noch unbekannten Functionen,

z. B. von der Intensität der elektrischen Strömung, ab. Wir betrachten zunächst den einfachsten Fall, wo $A = 0$ gesetzt werden kann, wo also im Inneren des Leiters ein zu berücksichtigender Umsatz von Energie nicht stattfindet. Dann nimmt I. die einfache Gestalt an:

$$\text{Ia.} \qquad c\varrho\frac{\partial u}{\partial t} = \frac{\partial k\frac{\partial u}{\partial x}}{\partial x} + \frac{\partial k\frac{\partial u}{\partial y}}{\partial y} + \frac{\partial k\frac{\partial u}{\partial z}}{\partial z}.$$

Wenn die Leitfähigkeit k als constant betrachtet werden kann, so vereinfacht sich diese Gleichung noch weiter, und sie wird, wenn

$$(7) \qquad \frac{k}{c\varrho} = a^2$$

gesetzt wird:

$$\text{Ib.} \qquad \frac{\partial u}{\partial t} = a^2\left(\frac{\partial^2 u}{\partial x^2} + \frac{\partial^2 u}{\partial y^2} + \frac{\partial^2 u}{\partial z^2}\right)$$

oder abgekürzt:

$$\text{Ic.} \qquad \frac{\partial u}{\partial t} = a^2 \Delta u.$$

Ist auch die specifische Wärme c und die Dichtigkeit ϱ constant, so ist a^2 eine Constante, die der Temperatur-Leitungscoëfficient genannt wird[1]).

Setzt man in den Formeln I. bis Ic. $\partial u / \partial t = 0$, so ergeben sich die Bedingungen für den stationären Zustand. Die Gleichungen Ib. und Ic. werden dann dieselben, wie die für das elektrische Potential bei stationärer elektrischer Strömung (Bd. I, §. 162).

§. 33.

Grenzbedingungen.

Bei den Wärmeleitungsproblemen haben wir es immer mit begrenzten Körpern zu thun. Bei den Versuchen sind feste Wärmeleiter mit der Luft in Berührung, oder sie befinden sich in einem Wasserbade, in dem die Temperatur constant gehalten wird, u. s. f.

[1]) Die Dimensionen der hier vorkommenden Grössen in absolutem Maass sind, wenn Temperaturdifferenzen als Zahlen angesehen werden:

$$[k] = [m l t^{-3}],\ [c] = [l^2 t^{-2}],\ [\varrho] = [m l^{-3}],\ [a^2] = [l^2 t^{-1}].$$

Zwar ist jeder endliche Körper Theil eines unbegrenzten Temperaturfeldes, aber in diesem Felde sind flüssige und gasförmige Körper enthalten, es kommt auch die Wärmestrahlung in Betracht, und die Theorie ist weit davon entfernt, diese Umstände alle berücksichtigen zu können. Man beschränkt sich daher auf die Betrachtung endlicher Körper, muss dann aber die ergänzenden Bedingungen an der Grenze aus der Erfahrung oder durch wahrscheinliche Annahmen hinzufügen, die nachträglich durch die Erfahrung zu prüfen sind.

1. Stetigkeitsbedingungen. Es wird angenommen, dass die Temperatur an jeder Stelle eine stetige Function der Zeit ist. In einem Raumtheil, in dem sich die Coëfficienten k, ϱ, c stetig ändern, ist die Temperatur eine stetige Function des Ortes.

2. Anfangszustand. In irgend einem Augenblicke, von dem aus wir den Vorgang verfolgen wollen, und in dem wir $t = 0$ setzen, ist die Temperatur eine beliebig gegebene Function des Ortes, die wir den Anfangszustand nennen. Diese Function braucht nicht stetig zu sein. Nach 1. muss aber nach Verlauf einer noch so kurzen Zeit eine etwa vorhandene Unstetigkeit sich ausgeglichen haben. An einzelnen Stellen, etwa an Flächen, in denen der Anfangszustand unstetig ist, wird also auch eine sprungweise Aenderung mit der Zeit angenommen werden müssen.

Eine Verletzung der Stetigkeitsbedingung 1. muss daher für $t = 0$ zugelassen werden. Wir formuliren daher die Bedingung für den Anfangszustand etwas schärfer dahin, dass die Temperatur u für $t = 0$ überall da stetig in den Anfangszustand übergehen soll, wo dieser Anfangszustand eine stetige Function des Ortes ist.

Bezeichnen wir mit Φ den Anfangszustand, so drücken wir diese Bedingung so aus:

$$\text{II.} \qquad \text{für } t = 0 \text{ ist } u = \Phi.$$

3. Bedingung an Unstetigkeitsflächen. Wenn sich zwei heterogene Leiter 1, 2 in einer Fläche ω berühren, so können wir dies so auffassen, als ob die Coëfficienten k, ϱ, c an dieser Fläche eine sprungweise Aenderung erleiden. Wir bezeichnen die Werthe zu beiden Seiten der Fläche ω mit k_1, ϱ_1, c_1; k_2, ϱ_2, c_2. Die Temperatur u kann an dieser Fläche gleichfalls

unstetig sein, und ihre Werthe auf beiden Seiten seien u_1, u_2. Wir grenzen zwei Räume τ_1, τ_2 ab, die ein Stück von ω als gemeinschaftliche Grenze haben, und ausserdem durch Flächen O_1, O_2 begrenzt sind (Fig. 8) und bestimmen nun die Wärmemenge, die in jeden dieser Räume eintritt. Dabei werde die Annahme gemacht, dass durch ein Element $d\omega$ von ω in dem Zeitelement dt eine Wärmemenge von 1 nach 2 übertritt, die mit der Temperaturdifferenz $u_1 - u_2$ proportional ist, und die wir gleich

Fig. 8.

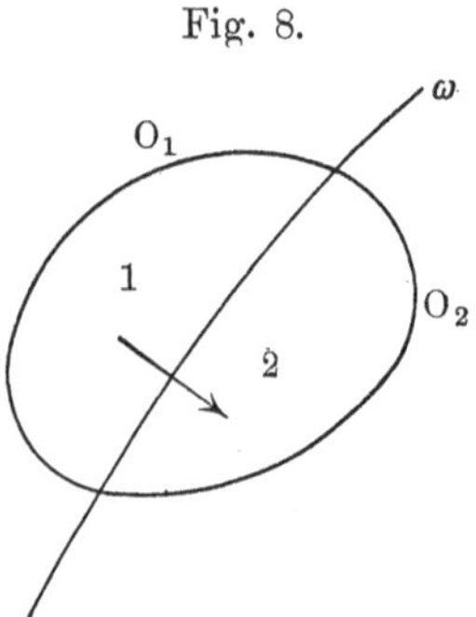

$$h(u_1 - u_2)\, d\omega\, dt \tag{1}$$

setzen. Der Coëfficient h kann eine Function des Ortes und der Temperaturen u_1, u_2 sein, und wird im einfachsten Falle als constant angesehen. Er heisst die Uebergangs-Leitfähigkeit und wird wesentlich auch von der Beschaffenheit der Berührungsfläche abhängig sein.

Die Wärmemenge, die der Raumtheil τ_1 in dem Zeitelement dt gewinnt, auf die Zeiteinheit berechnet, ist dann wie im §. 32 zu bestimmen und ergiebt sich, wenn n die innere Normale an O_1 bedeutet:

$$\int Q_n\, dO_1 - \int h(u_1 - u_2)\, d\omega + \int A\, d\tau_1, \tag{2}$$

und nach dem Gauss'schen Integralsatze, auf τ_1 angewandt, ist dann

$$\int Q_n\, dO_1 - \int Q_n\, d\omega = - \int \operatorname{div} \mathfrak{Q}\, d\tau_1, \tag{3}$$

wenn im zweiten Integral n die Normale an $d\omega$, von 1 nach 2 gerichtet, bedeutet; also ist der Wärmegewinn von τ_1

$$\int [Q_n - h(u_1 - u_2)]\, d\omega + \int (A - \operatorname{div} \mathfrak{Q})\, d\tau_1. \tag{4}$$

Andererseits ergiebt sich aus der Temperaturerhöhung für diese Wärmemenge der Ausdruck

$$\int c\varrho \frac{\partial u}{\partial t}\, d\tau_1, \tag{5}$$

und nach §. 32 (6) ist daher

$$\int [Q_n - h(u_1 - u_2)]\, d\omega = 0.$$

Da diese Gleichung für jeden Theil der Fläche ω gültig sein muss, so folgt aus ihr für jeden Punkt von ω die Gleichung

$$Q_n - h(u_1 - u_2) = 0.$$

Es ist hierin n die von 1 nach 2 gerichtete Normale an ω, und nach §. 31 (4) ist:

$$Q_n = -k_1 \frac{\partial u_1}{\partial n}.$$

Dieselbe Betrachtung lässt sich auf τ_2 anwenden, und so erhalten wir also die Bedingungen:

III.
$$k_1 \frac{\partial u_1}{\partial n} = -h(u_1 - u_2)$$
$$k_2 \frac{\partial u_2}{\partial n} = -h(u_1 - u_2)$$

für die Fläche ω.

Man sieht, dass die Constante k eine Längendimension mehr enthält, als h. Es werden also die Verhältnisse $k_1 : h$ und $k_2 : h$ durch Längenmaass ausgedrückt. Lassen wir diese Länge verschwindend klein werden (im Vergleich zu den übrigen in Betracht kommenden Längen), so ergiebt sich eine andere Bedingung, nämlich:

IIIa. $$u_1 = u_2, \qquad k_1 \frac{\partial u_1}{\partial n} = k_2 \frac{\partial u_2}{\partial n}$$

an der Fläche ω.

Dies entspricht also der Annahme über den Ausgleich der Temperaturen zwischen 1 und 2, dass eine sprungweise Temperaturänderung auch beim Uebergang aus dem einen Körper in den anderen nicht bestehen kann, und sich sofort auflösen muss, wenn sie am Anfang bestand. Das Gefälle wird an der Grenze eine durch IIIa. bestimmte Unstetigkeit erleiden müssen.

Diese Betrachtung, auf den Fall $k_1 = k_2$ angewandt, zeigt uns, dass das Temperaturgefälle nicht an Flächen unstetig werden kann, wenn nicht die Leitfähigkeit unstetig ist.

4. Oberflächenbedingung. Auf dem gleichen Wege erhalten wir die Bedingung für die Oberfläche des Körpers. Wir nehmen die Temperatur U der Umgebung, z. B. der Zimmerluft, als gegeben an; sie kann constant oder auch eine gegebene

Function von Zeit und Ort sein. Es kommt nur auf den Werth von U an der Grenze des betrachteten Körpers an. Man nimmt dann wieder an, dass durch ein Element do dieser Grenze im Zeitelement eine Wärmemenge aus dem Körper in die Umgebung tritt, die durch

$$h(u - U)\, do\, dt$$

ausgedrückt ist, und nennt h die äussere Leitfähigkeit des Körpers. Es ist dann alles wie vorher für den Körper τ_2, nur dass jetzt an Stelle von u_1 die gegebene Function U tritt, und man findet, wenn n die nach innen gerichtete Normale bedeutet und durch einen darüber gesetzten Strich angedeutet ist, dass die Werthe der Functionen an der Oberfläche zu nehmen sind:

IV. $$k \overline{\frac{\partial u}{\partial n}} = h(\overline{u} - U).$$

Die äussere Leitfähigkeit h hängt von der Temperatur selbst, und sehr wesentlich von der Beschaffenheit der Oberfläche ab.

Auch hier können wir den Grenzfall betrachten:

IVa. $$\overline{u} = U.$$

Eine Bedingung für den Differentialquotienten ergiebt sich in diesem Falle nicht. Man kann IVa. als Grenzfall aus IV. ableiten, wenn man h unendlich werden lässt.

§. 34.

Eindeutigkeit der Lösung.

Die Differentialgleichung und die Grenzbedingungen, die wir in den beiden vorangegangenen Paragraphen abgeleitet haben, sind linear, wenn wir die Coëfficienten c, ϱ, k, h als von der Temperatur unabhängig voraussetzen dürfen. Unter dieser Voraussetzung sind diese Grössen, die ihrer Natur nach positiv sind, entweder constant oder nur von den Coordinaten, nicht von der Zeit abhängig.

Wenn wir ausserdem noch voraussetzen, dass die im Inneren des Leiters erzeugte Wärme A entweder gleich Null oder doch eine gegebene Function des Ortes und der Zeit ist, so lässt sich beweisen, dass durch die Bedingungen I., II., III., IV. der beiden letzten Paragraphen die Function u eindeutig bestimmt ist.

Nehmen wir an, es existiren zwei Functionen u', u'', die denselben Bedingungen I. ... IV. genügen, und zwar für dieselben Functionen A und U, so genügt die Differenz

$$u = u' - u'' \tag{1}$$

den folgenden Bedingungen:

$$1. \quad c\varrho \frac{\partial u}{\partial t} = - \operatorname{div} k \operatorname{grad} u,$$

$$2. \quad u = 0 \quad \text{für} \quad t = 0,$$

$$3. \quad k_1 \frac{\partial u_1}{\partial n} = k_2 \frac{\partial u_2}{\partial n} = - h(u_1 - u_2)$$

an einer Unstetigkeitsfläche ω,

$$4. \quad k \frac{\partial \bar{u}}{\partial n} = h\bar{u},$$

an der Oberfläche. Dabei bedeutet h in 4. die äussere, in 3. die Uebergangs-Leitfähigkeit.

(Wir nehmen hier die allgemeineren Bedingungen III., IV. Bei Annahme der Bedingungen IIIa., IVa. würde sich der Beweis noch etwas einfacher gestalten.)

Wenn wir von der Formel:

$$\frac{\partial k u \frac{\partial u}{\partial x}}{\partial x} = k \left(\frac{\partial u}{\partial x}\right)^2 + u \frac{\partial k \frac{\partial u}{\partial x}}{\partial x}$$

und den beiden entsprechenden Gebrauch machen, so folgt

$$\operatorname{div} k u \operatorname{grad} u = - k D(u) + u \operatorname{div} k \operatorname{grad} u, \tag{2}$$

wenn

$$D(u) = \left(\frac{\partial u}{\partial x}\right)^2 + \left(\frac{\partial u}{\partial y}\right)^2 + \left(\frac{\partial u}{\partial z}\right)^2. \tag{3}$$

Die Gleichung (2) giebt aber nach 1.:

$$\operatorname{div} k u \operatorname{grad} u = - k D(u) - c\varrho u \frac{\partial u}{\partial t},$$

oder auch, da $c\varrho$ von t unabhängig ist:

$$\operatorname{div} k u \operatorname{grad} u = - k D(u) - \frac{1}{2} \frac{\partial c \varrho u^2}{\partial t}. \tag{4}$$

Wenn wir nun über den ganzen Raum τ des Wärmeleiters integriren und das Gauss'sche Theorem anwenden, wobei die

Unstetigkeitsflächen ω als Schnitte mit zur Begrenzung zu rechnen sind, so folgt:

$$\int \operatorname{div} k\, u \operatorname{grad} u\, d\tau = \int k u \frac{\partial u}{\partial n} d o$$
$$- \int \left(k_1 u_1 \frac{\partial u_1}{\partial n} - k_2 u_2 \frac{\partial u_2}{\partial n}\right) d\omega$$

oder mit Rücksicht auf 3. und 4.:

$$\int \operatorname{div} k\, u \operatorname{grad} u\, d\tau = \int h u^2 d o + \int h (u_1 - u_2)^2 d\omega,$$

also nach (4):

$$\frac{1}{2} \frac{\partial}{\partial t} \int c \varrho u^2 d\tau + \int k D(u) d\tau + \int h u^2 d o$$
$$+ \int h (u_1 - u_2)^2 d\omega = 0,$$

und wenn man endlich noch in Bezug auf die Zeit t zwischen den Grenzen 0 und t integrirt, und dabei die Bedingung 2. berücksichtigt

$$(5) \qquad \frac{1}{2} \int c \varrho u^2 d\tau + \int_0^t dt \left\{ \int k D(u) d\tau + \int h u^2 d o \right.$$
$$\left. + \int h (u_1 - u_2)^2 d\omega \right\} = 0.$$

Wenn nun u irgendwo im Raume τ und in irgend einem Zeitintervall von Null verschieden ist, so ist die linke Seite von (5) eine Summe von positiven Gliedern, die nicht verschwinden kann. Folglich muss $u = 0$ oder $u' = u''$ sein, wie bewiesen werden sollte.

§. 35.

Wärmebewegung in einem Stabe.

Wenn der Leiter ein Stab ist, dessen Querdimensionen als unendlich klein betrachtet werden können, dann lässt sich das Problem der Wärmebewegung dadurch vereinfachen, dass man die Oberflächenbedingung in die Differentialgleichung mit hineinzieht.

Wir betrachten also einen Stab, der geradlinig oder auch gekrümmt sein kann, der einen beliebig gestalteten Querschnitt vom Flächeninhalt q hat, wobei q auch von einer Stelle zur anderen veränderlich sein könnte. Auf der Axe des Stabes, die man etwa als den Ort der geometrischen Schwerpunkte der Querschnitte definiren kann, zählen wir in einer beliebigen Richtung und von einem beliebigen Anfangspunkte aus die Abscisse x. Es wird vorausgesetzt, dass man von den Schwankungen der Temperatur u innerhalb eines Querschnittes absehen kann. Die Temperatur U der Umgebung kann in diesem Falle angesehen werden als eine Function von x und von t.

Man erhält die Differentialgleichung am einfachsten, wenn man den Wärmegewinn eines Elementes dieses Stabes von der unendlich kleinen Länge dx während des Zeitelementes dt berechnet. Ist k die Leitfähigkeit, die auch eine Function von x sein kann, so tritt durch den ersten Querschnitt dieses Elementes, dessen Fläche q gleichfalls eine Function von x sein kann, eine Wärmemenge ein, die durch

$$(1) \qquad - qk \frac{\partial u}{\partial x} dt$$

ausgedrückt ist, und durch den letzten Querschnitt, der der Abscisse $x + dx$ entspricht, fliesst die Wärmemenge von der Grösse

$$(2) \qquad - \left(qk \frac{\partial u}{\partial x} + \frac{\partial qk \frac{\partial u}{\partial x}}{\partial x} dx \right) dt,$$

in der Richtung der positiven x, also aus dem Element heraus.

Ausserdem aber tritt noch durch die Oberfläche des Elementes gegen die Luft eine gewisse Wärmemenge aus, die nach den Voraussetzungen von §. 33, IV. zu bestimmen ist. Bedeutet l den Umfang eines Querschnittes q, so ist $l dx$ bis auf unendlich kleine Grössen höherer Ordnung die Grösse der Oberfläche, und wenn also h die äussere Leitfähigkeit bedeutet, so ist diese Wärmemenge

$$(3) \qquad hl\,(u - U)\,dx\,dt.$$

(1) ist der Gewinn, (2) und (3) sind der Verlust an Wärme, und folglich ist der ganze Gewinn, der zur Temperaturerhöhung verwandt wird,

$$(4) \qquad \left[\frac{\partial\, qk \frac{\partial u}{\partial x}}{\partial x} - hl\,(u - U) \right] dx\,dt.$$

Wenn nun c und ϱ specifische Wärme und Dichtigkeit bedeuten, so ist diese Wärmemenge gleich

$$c\varrho\frac{\partial u}{\partial t}q\,dx\,dt, \tag{5}$$

und es ergiebt sich also die Differentialgleichung:

$$\text{V.} \qquad qc\varrho\frac{\partial u}{\partial t}=\frac{\partial qk\frac{\partial u}{\partial x}}{\partial x}-hl\,(u-U).$$

Wollen wir auch den Fall berücksichtigen, dass im Inneren des Leiters noch Wärme durch Umsatz von Energie erzeugt wird, so tritt, wenn A die in der Volumeneinheit und der Zeiteinheit erzeugte Wärmemenge ist, an Stelle von V. die allgemeinere Gleichung

$$\text{Va.} \qquad qc\varrho\frac{\partial u}{\partial t}=Aq+\frac{\partial qk\frac{\partial u}{\partial x}}{\partial x}-hl\,(u-U).$$

Sechster Abschnitt.

Probleme der Wärmeleitung, die nur von einer Coordinate abhängig sind.

---

§. 36.

Die Temperatur ist nur von einer Coordinate abhängig. Unbegrenzter Körper.

Um die allgemeine Theorie auf besondere Fälle anzuwenden, machen wir die Annahme, dass die Coëfficienten k, ϱ, c (Leitfähigkeit, Dichtigkeit, specifische Wärme) Constanten sind, und wenden also zunächst die Differentialgleichung für die Temperatur in der Form §. 32, Ic

$$(1) \qquad \frac{\partial u}{\partial t} = a^2 \Delta u$$

an, worin $a^2 = k / c \varrho$ eine positive Constante ist. Wir wollen diese Gleichung aber zunächst noch weiter vereinfachen durch die Annahme, dass u nur von einer räumlichen Coordinate x abhänge, also die Differentialgleichung (1) die Form habe:

$$(2) \qquad \frac{\partial u}{\partial t} = a^2 \frac{\partial^2 u}{\partial x^2}.$$

Dies setzt voraus, dass wir uns den Leiter in der Richtung der yz-Ebene unendlich ausgedehnt vorstellen.

Aber auch die Differentialgleichung für die Wärmebewegung in einem Stabe lässt sich auf diese Form bringen, wenn wir die Temperatur der Umgebung U und die äussere Leitfähigkeit h und den Querschnitt q constant annehmen. Es lautet nämlich unter diesen Voraussetzungen die Differentialgleichung §. 35 V:

$$(3) \qquad \frac{\partial u}{\partial t} = a^2 \frac{\partial^2 u}{\partial x^2} - b^2 (u - U),$$

worin $b^2 = hl : c \varrho q$ eine zweite Constante ist.

Setzt man aber

$$u - U = e^{-b^2 t} v,$$

$$\frac{\partial u}{\partial t} = e^{-b^2 t} \left(\frac{\partial v}{\partial t} - b^2 v\right), \quad \frac{\partial^2 u}{\partial x^2} = e^{-b^2 t} \frac{\partial^2 v}{\partial x^2},$$

so geht (3) in

$$(4) \qquad \frac{\partial v}{\partial t} = a^2 \frac{\partial^2 v}{\partial x^2}$$

über, was mit (2) der Form nach übereinstimmt.

Wenn wir uns den Körper auch in der Richtung der x-Axe unendlich ausgedehnt denken, so fällt die Grenzbedingung weg, und die Function u ist durch (2) und durch den Anfangszustand völlig bestimmt.

Um das allgemeine Integral dieser Differentialgleichung zu finden, wenden wir die Methode der particularen Lösungen an.

Man sieht nämlich leicht, dass die Differentialgleichung (2) befriedigt ist, wenn für u eine der Functionen

$$e^{-\lambda^2 a^2 t} \cos \lambda x, \qquad e^{-\lambda^2 a^2 t} \sin \lambda x$$

gesetzt wird, worin λ eine willkürliche Constante ist, die positiv vorausgesetzt werden kann. Jede dieser Lösungen können wir mit einem willkürlichen constanten Factor, der eine Function von λ sein kann, multipliciren, und die Summe aller dieser Glieder nehmen. Wir erhalten so, wenn A und B willkürliche Functionen von λ sind, eine allgemeine Lösung von (2):

$$(5) \qquad u = \int_0^\infty (A \cos \lambda x + B \sin \lambda x) e^{-\lambda^2 a^2 t} d\lambda,$$

und nun sind diese Functionen A, B so zu bestimmen, dass u für $t = 0$ in den gegebenen Anfangszustand $\Phi(x)$ übergeht.

Es ist aber nach dem Fourier'schen Lehrsatze [Bd. I, §. 17 (9)]

$$(6) \qquad \Phi(x) = \frac{1}{\pi} \int_0^\infty d\lambda \int_{-\infty}^{+\infty} \Phi(\alpha) \cos \lambda (\alpha - x) \, d\alpha,$$

und dies soll nach (5) gleich

$$(7) \qquad \int_0^\infty (A \cos \lambda x + B \sin \lambda x)\, d\lambda$$

werden. Die Vergleichung von (6) und (7) ergiebt aber

$$A = \frac{1}{\pi} \int_{-\infty}^{+\infty} \Phi(\alpha) \cos \alpha \lambda \, d\alpha, \qquad B = \frac{1}{\pi} \int_{-\infty}^{+\infty} \Phi(\alpha) \sin \alpha \lambda \, d\alpha,$$

und wenn wir dies endlich in (5) einsetzen, so erhalten wir

$$(8) \qquad u = \frac{1}{\pi} \int_0^\infty e^{-\lambda^2 a^2 t}\, d\lambda \int_{-\infty}^{+\infty} \Phi(\alpha) \cos \lambda (\alpha - x)\, d\alpha,$$

wodurch u als Function von t und x dargestellt ist.

Dieser Ausdruck für u ist aber für viele Zwecke noch nicht geeignet und wir formen ihn noch um. So lange nämlich $t > 0$ ist, ist es gestattet, in (8) die Reihenfolge der Integrationen umzukehren, und also zu setzen

$$(9) \qquad u = \frac{1}{\pi} \int_{-\infty}^{+\infty} \Phi(\alpha)\, d\alpha \int_0^\infty e^{-\lambda^2 a^2 t} \cos \lambda (\alpha - x)\, d\lambda.$$

Hier lässt sich nun die Integration in Bezug auf λ nach Formel Bd. I, §. 61 (7) ausführen, wonach

$$\int_0^\infty e^{-\lambda^2 a^2 t} \cos \lambda (\alpha - x)\, d\lambda = \frac{1}{2} \sqrt{\frac{\pi}{a^2 t}}\, e^{-\frac{(\alpha - x)^2}{4 a^2 t}}$$

ist, und es ergiebt sich also

$$(10) \qquad u = \frac{1}{2 a \sqrt{\pi t}} \int_{-\infty}^{+\infty} \Phi(\alpha)\, e^{-\frac{(\alpha - x)^2}{4 a^2 t}}\, d\alpha.$$

Zu dieser Formel kann man auch dadurch gelangen, dass man bemerkt, dass die Function

$$(11) \qquad \frac{1}{\sqrt{t}}\, e^{-\frac{(\alpha - x)^2}{4 a^2 t}}$$

für ein unbestimmtes α ein particulares Integral der Differentialgleichung (2) ist.

In der Formel (10) führen wir nun eine neue Integrationsvariable β ein durch die Substitution

$$\alpha = x + 2 \beta a \sqrt{t},$$

und erhalten:

$$(12) \qquad u = \frac{1}{\sqrt{\pi}} \int\limits_{-\infty}^{+\infty} \Phi(x + 2\beta a\sqrt{t})\, e^{-\beta^2}\, d\beta,$$

woraus man wieder unmittelbar ersieht, dass u für $t = 0$ in $\Phi(x)$ übergeht.

Die Formel (12) hat vor (8) noch den Vorzug, dass (8) nur dann anwendbar ist, wenn das nach α genommene Integral einen Sinn hat; dazu ist nothwendig, dass $\Phi(\alpha)$ im Unendlichen verschwindet. Das Integral (12), von dem man leicht auch direct nachweist, dass es der Differentialgleichung (2) genügt, ist an diese Beschränkung nicht gebunden.

§. 37.

Begrenzter Körper.

Die Formel (10) oder (12) §. 36 kann in manchen Fällen auch dienen, um das Wärmeproblem für einen begrenzten Körper zu lösen, dann nämlich, wenn es gelingt, die Function Φ über den Leiter hinaus so fortzusetzen, dass die Grenzbedingung identisch befriedigt wird. Es wird dann an Stelle des begrenzten Körpers ein unbegrenzter mit einem solchen Anfangszustande substituirt, dass die Wärmebewegung in einem Theil des unbegrenzten Körpers ebenso vor sich gehen würde, wie in dem begrenzten Körper.

Wenn wir z. B. annehmen, es sei der Körper bei $x = 0$ durch eine unendliche Ebene begrenzt, und im Inneren des Leiters habe x positive Werthe, so können wir für negative x die Function $\Phi(x)$ aus der Formel bestimmen:

$$\Phi(-x) = -\Phi(x),$$

und erhalten dann, wie man aus der Symmetrie erkennt, einen Zustand, bei dem die Temperatur bei $x = 0$ beständig Null ist. Macht man diese Annahme in der Formel (10), so ergiebt sich:

$$(1) \qquad u = \frac{1}{2a\sqrt{\pi t}} \int\limits_0^{\infty} \Phi(\alpha) \left(e^{-\frac{(\alpha - x)^2}{4a^2 t}} - e^{-\frac{(\alpha + x)^2}{4a^2 t}} \right) d\alpha,$$

oder in (12):

$$(2)\qquad u = \frac{1}{\sqrt{\pi}} \int\limits_{-\frac{x}{2a\sqrt{t}}}^{\infty} \Phi(2\beta a\sqrt{t} + x) e^{-\beta^2} d\beta$$
$$- \frac{1}{\sqrt{\pi}} \int\limits_{\frac{x}{2a\sqrt{t}}}^{\infty} \Phi(2\beta a\sqrt{t} - x) e^{-\beta^2} d\beta.$$

Ist z. B. die Anfangstemperatur $\Phi(x)$ constant, gleich C, und von Null verschieden, während die Oberflächentemperatur bei $x = 0$ auf Null gehalten wird, so ergiebt die Gleichung (2)

$$(3)\qquad u = \frac{C}{\sqrt{\pi}} \int\limits_{-\frac{x}{2a\sqrt{t}}}^{+\frac{x}{2a\sqrt{t}}} e^{-\beta^2} d\beta = \frac{2C}{\sqrt{\pi}} \int\limits_{0}^{\frac{x}{2a\sqrt{t}}} e^{-\beta^2} d\beta,$$

oder wenn wir, wie im §. 26 des ersten Bandes:

$$(4)\qquad \Theta(x) = \frac{2}{\sqrt{\pi}} \int\limits_0^x e^{-\beta^2} d\beta$$

setzen.

$$(5)\qquad u = C\,\Theta\left(\frac{x}{2a\sqrt{t}}\right).$$

Die Formel (4) zeigt, dass, wenn die Temperaturdifferenz zwischen einem Punkt im Inneren des Leiters und der Oberfläche auf einen gegebenen Bruchtheil von C herabgesunken sein soll, der Bruch $x/2a\sqrt{t}$ einen gegebenen, aus der Tafel für $\Theta(x)$ zu entnehmenden Werth haben muss. Die Zeit, die dazu erforderlich ist, ist also mit dem Quadrate der Tiefe proportional. Soll die Temperaturdifferenz z. B. auf die Hälfte herabgesunken sein, so muss

$$\frac{x}{2a\sqrt{t}} = 0{,}477\ \ldots,$$

also in roher Annäherung

$$t = \left(\frac{x}{a}\right)^2$$

sein.

Nehmen wir beispielsweise zwei extreme Fälle, so haben wir (im Gramm-Centimeter-Secunden-System)

für Silber . . . . . . $a = 1{,}850$,
für Wismuth . . . . . $a = 0{,}046$ [1]).

Beim Silber würde also schon nach $^1/_4$ Secunde in der Tiefe von 1 cm die Temperatur auf die Hälfte gesunken sein, während in der Tiefe von 1 m dazu fast eine Stunde erforderlich wäre. Beim Wismuth sind die entsprechenden Zeiten etwa acht Minuten und $1^1/_2$ Monate.

Wir heben noch die Folgerung hervor, von der wir später Gebrauch zu machen haben, dass die Function

$$\frac{2}{\sqrt{\pi}} \int\limits_{\frac{x}{2a\sqrt{t}}}^{\infty} e^{-\alpha^2}\, d\alpha \tag{6}$$

eine particulare Lösung der Differentialgleichung §. 36 (2) ist.

§. 38.

Abkühlung durch Leitung nach aussen.

Wir behalten die Voraussetzung bei, dass der Anfangszustand $\Phi(x)$ nur für positive x gegeben sei, nehmen aber an, dass der Leiter bei $x = 0$ mit einer Umgebung der Temperatur 0 in Berührung steht, gegen die er das äussere Leitvermögen h hat. Wir haben dann die Grenzbedingung §. 33, IV. anzuwenden:

$$k \frac{\partial u}{\partial x} = h u, \qquad \text{für } x = 0. \tag{1}$$

Wir nehmen die Lösung nach §. 36 (10) in der Form an:

$$u = \frac{1}{2a\sqrt{\pi t}} \int\limits_0^{\infty} \left(\Phi(\alpha)\, e^{-\frac{(\alpha - x)^2}{4a^2 t}} + \Phi(-\alpha)\, e^{-\frac{(\alpha + x)^2}{4a^2 t}} \right) d\alpha, \tag{2}$$

aus der wir durch Differentiation nach x erhalten:

$$\frac{\partial u}{\partial x} = \tag{3}$$

$$\frac{1}{2a\sqrt{\pi t}} \int\limits_0^{\infty} \left(\Phi(\alpha)\, \frac{\alpha - x}{2a^2 t}\, e^{-\frac{(\alpha - x)^2}{4a^2 t}} - \Phi(-\alpha)\, \frac{\alpha + x}{2a^2 t}\, e^{-\frac{(\alpha + x)^2}{4a^2 t}} \right) d\alpha,$$

und für $x = 0$:

---

[1]) Diese Zahlen sind dem Lehrbuch der Physik von Riecke (Bd. 2, S. 451) entnommen.

$$(4)\qquad u = \frac{1}{2a\sqrt{\pi t}} \int\limits_0^\infty [\Phi(\alpha) + \Phi(-\alpha)]\, e^{-\frac{\alpha^2}{4a^2t}}\, d\alpha,$$

$$(5)\qquad \frac{\partial u}{\partial x} = \frac{1}{2a\sqrt{\pi t}} \int\limits_0^\infty [\Phi(\alpha) - \Phi(-\alpha)]\, e^{-\frac{\alpha^2}{4a^2t}}\, \frac{\alpha\, d\alpha}{2a^2t}.$$

Den letzteren Ausdruck formen wir durch partielle Integration um. Es ergiebt sich nämlich durch Differentiation nach α

$$(6)\qquad \frac{d}{d\alpha} [\Phi(\alpha) - \Phi(-\alpha)]\, e^{-\frac{\alpha^2}{4a^2t}} =$$

$$[\Phi'(\alpha) + \Phi'(-\alpha)]\, e^{-\frac{\alpha^2}{4a^2t}} - [\Phi(\alpha) - \Phi(-\alpha)]\, e^{-\frac{\alpha^2}{4a^2t}}\, \frac{\alpha}{2a^2t},$$

worin $\Phi'(\alpha)$ die Derivirte von $\Phi(\alpha)$ ist. Wir bestimmen nun $\Phi(-x)$ zunächst so, dass $\Phi(x)$ bei $x = 0$ stetig ist, d. h. so, dass

$$(7)\qquad \Phi(0) = \Phi(-0),$$

und dadurch ergiebt sich durch Integration von (6) zwischen den Grenzen 0 und ∞

$$\int\limits_0^\infty [\Phi(\alpha) - \Phi(-\alpha)]\, e^{-\frac{\alpha^2}{4a^2t}}\, \frac{\alpha\, d\alpha}{2a^2t} = \int\limits_0^\infty [\Phi'(\alpha) + \Phi'(-\alpha)]\, e^{-\frac{\alpha^2}{4a^2t}}\, d\alpha,$$

also für $x = 0$ nach (5)

$$(8)\qquad \frac{\partial u}{\partial x} = \frac{1}{2a\sqrt{\pi t}} \int\limits_0^\infty [\Phi'(\alpha) + \Phi'(-\alpha)]\, e^{-\frac{\alpha^2}{4a^2t}}\, d\alpha.$$

Aus (4) und (8) folgt nun, dass die Bedingung (1) befriedigt ist, wenn $\Phi(-\alpha)$ aus der Gleichung

$$(9)\qquad \Phi'(\alpha) + \Phi'(-\alpha) = \frac{h}{k}[\Phi(\alpha) + \Phi(-\alpha)]$$

bestimmt wird. Dies ist eine lineare, aber nicht homogene Differentialgleichung erster Ordnung für die Function $\Phi(-\alpha)$:

$$(10)\qquad \frac{d\Phi(-\alpha)}{d\alpha} + \frac{h}{k}\Phi(-\alpha) = \Phi'(\alpha) - \frac{h}{k}\Phi(\alpha),$$

die sich nach Bd. I, §. 62 leicht integriren lässt. Die Constante wird aus der Bedingung (7) bestimmt, und so ergiebt sich:

$$(11)\quad \Phi(-\alpha) = e^{-\frac{h}{k}\alpha} \int\limits_0^\alpha e^{\frac{h}{k}x} \left(\Phi'(x) - \frac{h}{k}\Phi(x)\right) dx + \Phi(0)\, e^{-\frac{h}{k}\alpha},$$

was sich durch die partielle Integration

$$\int e^{\frac{h}{k}x}\,\Phi'(x)\,dx = e^{\frac{h}{k}x}\,\Phi(x) - \frac{h}{k}\int e^{\frac{h}{k}x}\,\Phi(x)\,dx$$

auf die Form bringen lässt:

$$\Phi(-\alpha) = \Phi(\alpha) - 2\,\frac{h}{k}\,e^{-\frac{h}{k}\alpha}\int_0^\alpha \Phi(x)\,e^{\frac{h}{k}x}\,dx. \tag{12}$$

Diese Form verdient vor der Form (11) den Vorzug, weil sie nicht mehr den Differentialquotienten der Function $\Phi(x)$ enthält.

Um ein Beispiel durchzuführen, nehmen wir auch hier $\Phi(x) = C$, d. h. constant an. Dann erhält man aus (12)

$$\Phi(-\alpha) = C\,(2\,e^{-\frac{h}{k}\alpha} - 1), \tag{13}$$

und wenn man diesen Ausdruck in (2) einsetzt, so folgt

$$u = \frac{C}{2\,a\sqrt{\pi\,t}}\left\{\int_0^\infty e^{-\frac{(\alpha-x)^2}{4\,a^2 t}}\,d\alpha - \int_0^\infty e^{-\frac{(\alpha+x)^2}{4\,a^2 t}}\,d\alpha \right. \tag{14}$$

$$\left. + 2\int_0^\infty e^{-\frac{(\alpha+x)^2}{4\,a^2 t} - \frac{h}{k}\alpha}\,d\alpha\right\}.$$

Den Exponenten des letzten Integrals in (14) ergänzen wir zu einem Quadrat, indem wir setzen:

$$\frac{(\alpha+x)^2}{4\,a^2 t} + \frac{h}{k}\,\alpha = \frac{1}{4\,a^2 t}\left(\alpha + x + \frac{2\,a^2 h}{k}\,t\right)^2 - \frac{a^2 h^2}{k^2}\,t - \frac{h}{k}\,x,$$

und dann lässt sich alles auf die Function $\Theta(x)$ [§. 37 (4)] zurückführen. Wir substituiren in den drei Integralen der Formel (14) der Reihe nach

$$\alpha = x + 2\,a\sqrt{t}\,\beta,$$
$$\alpha = -x + 2\,a\sqrt{t}\,\beta,$$
$$\alpha = -x - \frac{2\,a^2 h}{k}\,t + 2\,a\sqrt{t}\,\beta,$$

wodurch sich ergiebt:

$$u = \frac{C}{\sqrt{\pi}}\int_{-\frac{x}{2\,a\sqrt{t}}}^\infty e^{-\beta^2}\,d\beta - \frac{C}{\sqrt{\pi}}\int_{\frac{x}{2\,a\sqrt{t}}}^\infty e^{-\beta^2}\,d\beta$$

$$+ \frac{2\,C}{\sqrt{\pi}}\,e^{\frac{a^2 h^2}{k^2}t + \frac{h}{k}x}\int_{\frac{x}{2\,a\sqrt{t}} + \frac{a\,h}{k}\sqrt{t}}^\infty e^{-\beta^2}\,d\beta,$$

oder mit Benutzung der Formeln (Bd. I, §. 26):

$$\int_x^\infty e^{-\beta^2} d\beta = \int_0^\infty e^{-\beta^2} d\beta - \int_0^x e^{-\beta^2} d\beta = \frac{\sqrt{\pi}}{2} [1 - \Theta(x)],$$

$$\Theta(x) = -\Theta(-x), \quad \Theta(\infty) = 1:$$

$$(15) \quad u = C\,\Theta\left(\frac{x}{2a\sqrt{t}}\right) + C e^{\frac{a^2 h^2}{k^2} t + \frac{h}{k} x}\left[1 - \Theta\left(\frac{x}{2a\sqrt{t}} + \frac{ah}{k}\sqrt{t}\right)\right].$$

Setzt man hierin $x = 0$, so erhält man die Oberflächentemperatur $\bar{u}$ als Function der Zeit:

$$(16) \qquad \bar{u} = C e^{\frac{a^2 h^2}{k^2} t}\left[1 - \Theta\left(\frac{ah}{k}\sqrt{t}\right)\right].$$

Wenn seit dem Anfangszustand eine hinlängliche Zeit verflossen ist, so kann man für die Function Θ die in Bd. I, §. 26 (14) gegebene Entwickelung

$$1 - \Theta(z) = \frac{2}{\sqrt{\pi}} e^{-z^2} \sum \frac{(-1)^n \Pi(2n)}{\Pi(n)(2z)^{2n+1}}$$

anwenden, und erhält

$$(17) \qquad \bar{u} = C \frac{2}{\sqrt{\pi}} \sum \frac{(-1)^n \Pi(2n)}{\Pi(n)} \left(\frac{k}{2ah\sqrt{t}}\right)^{2n+1},$$

und wenn der Anfangszustand in einer unendlich fernen Vergangenheit liegt, kann man sich hier auf das erste Glied beschränken, und erhält

$$(18) \qquad \bar{u} = \frac{kC}{ah\sqrt{\pi t}}$$

als Ausdruck für die Oberflächentemperatur.

§. 39.

Berührung heterogener Körper.

Dieselbe Methode kann auch angewandt werden auf den Fall, dass zwei sonst unbegrenzte heterogene Leiter 1, 2 in der Ebene $x = 0$ an einander grenzen. Der Einfachheit halber soll hier nur der Fall berücksichtigt werden, wo die Temperatur an der Grenze sich momentan ausgleicht, also die Grenzbedingung §. 33 III a:

$$(1) \qquad u_1 = u_2, \qquad k_1 \frac{\partial u_1}{\partial x} = k_2 \frac{\partial u_2}{\partial x}$$

gilt.

Im Körper 1 möge x negativ sein, im Körper 2 positiv. Die Anfangstemperaturen C_1, C_2 sollen als constant vorausgesetzt werden. Hier müssen die Functionen u_1, u_2 jede für sich bestimmt werden. Von den Functionen $\Phi_1(x)$, $\Phi_2(x)$, die die Anfangswerthe von u_1 und u_2 darstellen, ist die erste nur für negative, die zweite für positive x gegeben. Denken wir uns für den Augenblick den ganzen Raum nur mit der Substanz 1 erfüllt, so können wir den Versuch machen, einen Anfangszustand $\Phi_1(x)$ im ganzen Raum so anzunehmen, dass u_1 für negative x so ausfällt, wie es in dem gestellten Problem wirklich der Fall ist, und können, wenn $\Phi_1(x)$ bekannt ist, u_1 nach §. 36 bestimmen. Ebenso denken wir uns $\Phi_2(x)$ für den ganzen Raum bestimmt. Diese Functionen $\Phi_1(x)$, $\Phi_2(x)$ sind aus den Grenzbedingungen (1) zu bestimmen.

Wir wollen versuchen, diesen Forderungen durch die Annahme

$$(2) \qquad \begin{aligned} \Phi_1(x) &= C_1, \quad x < 0; \quad \Phi_1(x) = C_1', \quad x > 0, \\ \Phi_2(x) &= C_2', \quad x < 0; \quad \Phi_2(x) = C_2, \quad x > 0, \end{aligned}$$

zu genügen, worin C_1, C_1', C_2, C_2' Constanten sein sollen, und erhalten aus §. 36 (12)

$$\begin{aligned} u_1 &= \frac{C_1}{\sqrt{\pi}} \int\limits_{-\infty}^{-\frac{x}{2a_1\sqrt{t}}} e^{-\beta^2}\, d\beta + \frac{C_1'}{\sqrt{\pi}} \int\limits_{-\frac{x}{2a_1\sqrt{t}}}^{\infty} e^{-\beta^2}\, d\beta \\ &= \frac{C_1}{\sqrt{\pi}} \int\limits_{\frac{x}{2a_1\sqrt{t}}}^{\infty} e^{-\beta^2}\, d\beta + \frac{C_1'}{\sqrt{\pi}} \int\limits_{-\frac{x}{2a_1\sqrt{t}}}^{\infty} e^{-\beta^2}\, d\beta, \end{aligned}$$

und mit Benutzung des Functionszeichens $\Theta(x)$ [§. 37 (4)] und der Relation $\Theta(x) = -\Theta(-x)$:

$$(3) \qquad u_1 = \frac{1}{2}(C_1 + C_1') + \frac{1}{2}(C_1 - C_1')\,\Theta\left(\frac{-x}{2a_1\sqrt{t}}\right),$$

und ebenso

$$(4) \qquad u_2 = \frac{1}{2}(C_2 + C_2') + \frac{1}{2}(C_2 - C_2')\,\Theta\left(\frac{x}{2a_2\sqrt{t}}\right).$$

Nun ergeben die Grenzbedingungen (1) für $x = 0$, wenn man eine neue Constante C_0 einführt, deren Bedeutung die gemeinschaftliche Temperatur der beiden Leiter an ihrer Berührungsfläche ist

$$(5) \qquad C_1' + C_1 = C_2' + C_2 = 2\,C_0.$$

$$(6) \qquad \frac{k_1}{a_1}(C_1' - C_1) + \frac{k_2}{a_2}(C_2' - C_2) = 0.$$

Es ist aber nach der Definition von a^2 [§. 32 (7)]

$$\frac{k_1}{a_1} = \sqrt{k_1 c_1 \varrho_1}, \qquad \frac{k_2}{a_2} = \sqrt{k_2 c_2 \varrho_2},$$

und es ergiebt also die Gleichung (6) mit Benutzung von (5)

$$(7) \qquad C_0 = \frac{\sqrt{k_1 c_1 \varrho_1}\, C_1 + \sqrt{k_2 c_2 \varrho_2}\, C_2}{\sqrt{k_1 c_1 \varrho_1} + \sqrt{k_2 c_2 \varrho_2}},$$

und aus (3) und (4) erhalten wir noch

$$(8) \qquad \begin{aligned} u_1 &= C_0 - (C_0 - C_1)\,\Theta\left(\frac{-x}{2\,a_1\sqrt{t}}\right) \\ u_2 &= C_0 - (C_0 - C_2)\,\Theta\left(\frac{x}{2\,a_2\sqrt{t}}\right). \end{aligned}$$

Hierdurch sind die Grenzbedingungen (1) befriedigt, und für den Anfang $t = 0$ ergiebt sich $u_1 = C_1$ für negative x und $u_2 = C_2$ für positive x. Diese Anfangstemperaturen C_1 und C_2 können beliebig gegeben sein.

Nach unendlich langer Zeit haben beide Körper in ihrer ganzen Ausdehnung die Temperatur C_0 angenommen. An der Berührungsstelle selbst stellt sich diese mittlere Temperatur momentan her.

Man kann auf ähnliche Weise das Problem unter der allgemeineren Grenzbedingung §. 33, III behandeln:

$$(9) \qquad k_1 \frac{\partial u_1}{\partial x} = k_2 \frac{\partial u_2}{\partial x} = -\,h(u_1 - u_2) \text{ für } x = 0;$$

man setzt dann die den Anfangszustand darstellenden Functionen $\Phi_1(x)$, $\Phi_2(x)$ in der folgenden Weise fort:

$$\begin{aligned} &\Phi_1(x) = C_1, && \Phi_2(x) = C_2' + C_2'' e^{m_2 x} && \text{für } x < 0; \\ &\Phi_1(x) = C_1' + C_1'' e^{m_1 x}, && \Phi_2(x) = C_2 && \text{für } x > 0, \end{aligned}$$

worin C_1', C_1'', C_2', C_2'', m_1, m_2 Constanten sind, für deren Bestimmung man aus (9) gewisse lineare Gleichungen erhält. Wir wollen nur die Endformeln angeben, von denen man nachträglich leicht beweist, dass sie allen nothwendigen und hinreichenden Bedingungen genügen. Es ergiebt sich:

$$(10)\quad \begin{aligned} u_1 &= C_0 - (C_0 - C_1)\,\Theta\left(\frac{-x}{2\,a_1\sqrt{t}}\right) \\ &- (C_0 - C_1)\,e^{-\frac{m x}{a_1} + m^2 t}\left[1 - \Theta\left(\frac{-x}{2\,a_1\sqrt{t}} + m\sqrt{t}\right)\right], \\ u_2 &= C_0 - (C_0 - C_2)\,\Theta\left(\frac{x}{2\,a_2\sqrt{t}}\right) \\ &- (C_0 - C_2)\,e^{-\frac{m x}{a_2} + m^2 t}\left[1 - \Theta\left(\frac{x}{2\,a_2\sqrt{t}} + m\sqrt{t}\right)\right], \end{aligned}$$

worin C_0 durch (7) bestimmt ist und

$$(11)\quad m = m_1\,a_1 = m_2\,a_2 = \frac{h}{\sqrt{k_1\,c_1\,\varrho_1}} + \frac{h}{\sqrt{k_2\,c_2\,\varrho_2}}$$

zu setzen ist. Für $x = 0$ erhalten wir hieraus:

$$(12)\quad \begin{aligned} u_1^0 &= C_0 - (C_0 - C_1)\,e^{m^2 t}\,[1 - \Theta(m\sqrt{t})], \\ u_2^0 &= C_0 - (C_0 - C_2)\,e^{m^2 t}\,[1 - \Theta(m\sqrt{t})], \end{aligned}$$

also:

$$(13)\quad \begin{aligned} (u_1^0 - u_2^0) &= (C_1 - C_2)\,e^{m^2 t}[1 - \Theta(m\sqrt{t})] \\ &= \frac{2}{\sqrt{\pi}}\,(C_1 - C_2)\int_0^\infty e^{-\alpha^2 - 2\alpha m\sqrt{t}}\,d\alpha. \end{aligned}$$

Es bleibt also hier die Unstetigkeit an der Stelle $x = 0$ bestehen, sie nimmt aber mit der Zeit allmählich ab und nähert sich der Grenze Null. Der Endzustand für $t = \infty$ ist

$$u_1 = u_2 = C_0\,{}^{1)}.$$

§. 40.

Die Temperatur der Oberfläche ist eine Function der Zeit.

Wir betrachten jetzt wieder einen durch die Ebene $x = 0$ begrenzten Körper und nehmen an, die Temperatur der Ober-

[1]) H. Weber, Vierteljahrsschrift der naturforschenden Gesellschaft in Zürich, Mai 1871, und Nachrichten der Gesellschaft der Wissenschaften zu Göttingen 1893.

fläche sei eine gegebene Function der Zeit, $\varphi(t)$. Ausserdem sei die Anfangstemperatur eine gegebene Function $\Phi(x)$ von x. Es ist also eine Function u zu finden, die für positive t und x der Differentialgleichung

$$\frac{\partial u}{\partial t} = a^2 \frac{\partial^2 u}{\partial x^2} \tag{1}$$

genügt, und den beiden Nebenbedingungen

$$u = \Phi(x) \quad \text{für} \quad t = 0, \tag{2}$$

$$u = \varphi(t) \quad \text{für} \quad x = 0. \tag{3}$$

Die allgemeine Aufgabe lässt sich zunächst in zwei einfachere zerlegen: Nehmen wir an, es seien zwei Functionen u', u'' gefunden, die beide der Differentialgleichung (1) genügen, aber den Nebenbedingungen

$$\begin{matrix} u' = 0 \\ u'' = \Phi(x) \end{matrix} \quad \text{für } t = 0, \qquad \begin{matrix} u' = \varphi(t) \\ u'' = 0 \end{matrix} \quad \text{für } x = 0,$$

so genügt offenbar $u = u' + u''$ den Bedingungen (1), (2), (3), und die Aufgabe ist gelöst. Die Function u'' ist aber bereits im §. 37 bestimmt, und es kommt also nur noch auf u' an. Hierdurch ist die allgemeine Aufgabe auf den speciellen Fall zurückgeführt, dass die Function $\Phi(x) = 0$ ist, und wir nehmen also die Nebenbedingungen für u jetzt in der Form an:

$$u = 0 \quad \text{für } t = 0 \quad x > 0, \tag{4}$$

$$u = \varphi(t) \quad ,, \; x = 0 \quad t > 0. \tag{5}$$

Wir betrachten die Function u als Grenzfall einer anderen Function, die wir erhalten, wenn wir die Oberflächentemperatur nicht als stetige Function von t, sondern in Zeitintervallen constant und also von einem Intervall zum nächsten sich sprungweise ändernd annehmen.

Es seien also

$$t = 0, t_1, t_2 \ldots, t_\nu, \ldots \tag{6}$$

eine Reihe aufeinanderfolgender Zeitpunkte, und in dem Zeitintervall

$$\tau_\nu = t_{\nu+1} - t_\nu \tag{7}$$

soll die Function $\varphi(t)$ den constanten Werth

$$\varphi(t_\nu) = c_\nu \tag{8}$$

haben.

Auch diese Aufgabe zerlegen wir noch weiter.

Es werde eine Function u_ν durch folgende Bedingungen bestimmt. Es soll u_ν der Differentialgleichung (1) mit der Nebenbedingung (4) genügen, und es soll

$$\left.\begin{array}{llll} (9) & u_\nu = 0 & \text{für} \quad t < t_\nu \quad \text{und} \quad t > t_{\nu+1} \\ (10) & u_\nu = c_\nu & \text{für} \quad t_\nu < t < t_{\nu+1} \end{array}\right\} \text{für } x = 0$$

sein.

Sind die Functionen u_ν diesen Bedingungen gemäss für

$$\nu = 0, 1, \ldots n$$

bestimmt, so ist

$$(11) \qquad u = u_0 + u_1 + \cdots + u_{n-1}$$

eine Function, die, so lange $t < t_n$ ist, den Bedingungen (1), (4), (5) mit der Bestimmung (8) genügt.

Denn ist $x = 0$ und $t_\nu < t < t_{\nu+1}$, so sind alle Glieder der Reihe (11), mit Ausnahme von u_ν, gleich Null [nach (9)], und u_ν ist $= c_\nu$ [nach (10)].

Um nun u_ν zu finden, definiren wir eine Function $\chi(x, t)$ durch die Bestimmung

$$(12) \qquad \begin{aligned} \chi(x, t) &= 0, \qquad t \leqq 0, \\ &= \frac{2}{\sqrt{\pi}} \int\limits_{\frac{x}{2a\sqrt{t}}}^{\infty} e^{-\alpha^2} d\alpha, \qquad t > 0. \end{aligned}$$

Für jedes constante t ist $\chi(x, t)$ eine stetige Function von x, und für jedes positive x ist es auch eine stetige Function von t, dagegen ist $\chi(0, t)$ eine unstetige Function von t; denn sie geht beim Durchgang durch $t = 0$ plötzlich von 0 zu 1.

Diese Function genügt im Innern der Gebiete $x > 0$, $t > 0$ und $x > 0$, $t < 0$ der Differentialgleichung (1) (nach §. 37).

Daraus ergiebt sich dann, dass auch

$$(13) \qquad u_\nu = c_\nu [\chi(x, t - t_\nu) - \chi(x, t - t_{\nu+1})]$$

erstens der Differentialgleichung (1) genügt, zweitens (für $t = 0$) [wegen (12)] der Bedingung (4), endlich aber auch für $x = 0$ den Bedingungen (9), (10). Denn ist $t < t_\nu$, so sind für $x = 0$ beide χ-Functionen in (13) gleich 0, ist $t > t_{\nu+1}$, so sind sie beide $= 1$ und liegt t zwischen t_ν und $t_{\nu+1}$, so ist die erste $= 1$, die zweite $= 0$. Daraus erhalten wir nach (8) und (11)

$$(14) \qquad u = \sum_{\nu=0}^{n-1} \varphi(t_\nu)[\chi(x, t - t_\nu) - \chi(x, t - t_{\nu+1})].$$

Wollen wir daraus die Function u für den Fall ableiten, dass die Aenderungen an der Oberfläche stetig vor sich gehen, so müssen wir die Intervalle τ_ν unendlich klein und ihre Zahl unendlich gross annehmen. Dann wird

$$\frac{\chi(x, t - t_\nu) - \chi(x, t - t_{\nu+1})}{\tau_\nu} = \frac{\chi(x, t - t_{\nu+1} + \tau_\nu) - \chi(x, t - t_{\nu+1})}{\tau_\nu}$$
$$= \frac{\partial \chi(x, t - t_{\nu+1})}{\partial t},$$

und die Summe (14) wird ein Integral

$$u = \int_0^{t_n} \varphi(\vartheta) \frac{\partial \chi(x, t - \vartheta)}{\partial t} \, d\vartheta,$$

wenn ϑ die Integrationsvariable ist.

Diese Formel gilt, so lange $t < t_n$ ist. Bedenkt man aber noch, dass $\chi(x, t - \vartheta)$ gleich Null ist, wenn $\vartheta > t$ ist, so kann man den Theil des Integrals von $\vartheta = t$ bis $\vartheta = t_n$ weglassen, und erhält

$$(15) \qquad u = \int_0^t \varphi(\vartheta) \frac{\partial \chi(x, t - \vartheta)}{\partial t} \, d\vartheta.$$

Es ist aber nach (12)

$$\frac{\partial \chi(x, t - \vartheta)}{\partial t} = \frac{x}{2a\sqrt{\pi}\sqrt{(t - \vartheta)^3}} e^{-\frac{x^2}{4a^2(t - \vartheta)}},$$

und demnach ergiebt sich aus (15)

$$(16) \qquad u = \frac{x}{2a\sqrt{\pi}} \int_0^t \varphi(\vartheta) e^{\frac{-x^2}{4a^2(t - \vartheta)}} (t - \vartheta)^{-\frac{3}{2}} \, d\vartheta.$$

§. 41.

Verification des Resultates.

Um die Grenzübergänge, durch die wir zu der Formel (16) gelangt sind, alle streng zu rechtfertigen, wären weitläufige Betrachtungen nothwendig, die wir umgehen können, wenn wir nachträglich zeigen, dass die gefundene Formel allen an die Function u gestellten Forderungen, nämlich der Differentialgleichung (1) und den Nebenbedingungen (4), (5) in §. 40 genügt, durch die ja, wie wir wissen, die Function u eindeutig bestimmt ist.

Um zunächst nachzuweisen, dass die Differentialgleichung (1) befriedigt ist, haben wir die Formel (16) nach t zu differentiiren. Hierbei kann das Glied, welches von der Differentiation nach der oberen Grenze herrührt, wegbleiben, weil

$$e^{-\frac{x^2}{4a^2(t-\vartheta)}}(t-\vartheta)^{-\frac{3}{2}}$$

für $\vartheta = t$ verschwindet.

Es ergiebt sich also durch einfache Rechnung

$$(1) \qquad \frac{\partial u}{\partial t} =$$

$$\frac{x}{2a\sqrt{\pi}}\int_0^t \varphi(\vartheta)\, e^{-\frac{x^2}{4a^2(t-\vartheta)}}(t-\vartheta)^{-\frac{5}{2}}\left(\frac{x^2}{4a^2(t-\vartheta)} - \frac{3}{2}\right)d\vartheta.$$

Denselben Ausdruck findet man aber auch aus (16) §. 40 für $a^2\frac{\partial^2 u}{\partial x^2}$ durch zweimalige Differentiation nach x. Es ist also die Differentialgleichung (1) befriedigt.

Um auch die Erfüllung der Nebenbedingungen nachzuweisen, geben wir dem Ausdruck u noch eine andere Gestalt, die auch an sich von Interesse ist, indem wir in dem Integral eine neue Variable substituiren. Wir setzen nämlich

$$\alpha = \frac{x}{2a\sqrt{t-\vartheta}}, \qquad t - \vartheta = \frac{x^2}{4a^2\alpha^2},$$

$$d\alpha = \frac{x}{4a}(t-\vartheta)^{-3/2}\,d\vartheta$$

und finden

$$(2) \qquad u = \frac{2}{\sqrt{\pi}}\int_{\frac{x}{2a\sqrt{t}}}^{\infty}\varphi\left(t - \frac{x^2}{4a^2\alpha^2}\right)e^{-\alpha^2}\,d\alpha,$$

woraus man unmittelbar sieht, dass die Bedingungen (4), (5) des vorigen Paragraphen befriedigt sind.

§. 42.

Die Oberflächentemperatur ist eine periodische Function der Zeit. Anwendung auf die Erdtemperatur.

Man kann die Aufgabe, mit der sich die beiden letzten Paragraphen beschäftigen, noch auf eine zweite Art angreifen, die sich besonders dann empfiehlt, wenn die Temperatur der Oberfläche eine periodische Function der Zeit ist.

Im §. 36 haben wir die particularen Integrale

$$(1) \qquad e^{-\alpha^2 a^2 t} \cos \alpha x, \qquad e^{-\alpha^2 a^2 t} \sin \alpha x$$

zum Ausgangspunkt genommen, und diese lassen sich vereinigen zu der einen Formel

$$(2) \qquad e^{-\alpha^2 a^2 t - i \alpha x}.$$

Nun genügt dieser Ausdruck der Differentialgleichung §. 36 (1) auch dann noch, wenn der Factor von t im Exponenten imaginär angenommen wird, wodurch (2) in eine periodische Function von t übergeht. Setzen wir also

$$\alpha^2 a^2 = - i n, \qquad \alpha = (1 - i) \sqrt{\frac{n}{2 a^2}},$$

so erhalten wir als particulares Integral

$$e^{i\left(n t - x \sqrt{\frac{n}{2 a^2}}\right)} \, e^{-x \sqrt{\frac{n}{2 a^2}}}.$$

Nehmen wir hiervon den reellen Theil, und fügen noch einen constanten Factor hinzu, so erhalten wir ein particulares Integral der Wärmegleichung in der Form

$$(3) \qquad u = C e^{-x \sqrt{\frac{n}{2 a^2}}} \cos \left(n t - x \sqrt{\frac{n}{2 a^2}}\right).$$

Die Temperatur der Oberfläche $x = 0$ ist hier eine periodische Function von t:

$$(4) \qquad \varphi(t) = C \cos n t,$$

bei der die mittlere Temperatur $= 0$ ist, während $\pm C$ das Maximum und das Minimum sind. Die Periode ist

$$(5) \qquad T = \frac{2 \pi}{n}.$$

Wir können hier auch den Cosinus durch den Sinus ersetzen, was mit einer Verlegung des Anfangspunktes der Zeit gleichbedeutend ist, und können mehrere verschiedene Werthe von n und C nehmen. Die so gewonnenen verschiedenen Ausdrücke von u kann man addiren und erhält so Lösungen für complicirtere periodische Temperaturfunctionen an der Oberfläche. Man kann sogar durch Anwendung der Fourier'schen Reihe einen willkürlichen Anfangszustand berücksichtigen oder mehrere verschiedenartige Perioden superponiren.

Wir können diese Formeln näherungsweise auf die Temperatur der Erde anwenden, wenn wir ein nicht zu grosses Stück der Erdoberfläche als eben und die Temperatur dieses Oberflächenstückes als vom Ort unabhängig betrachten. Es ist dann x die Tiefe unter der Oberfläche und die Oberflächentemperatur ist im Laufe eines Tages und eines Jahres periodischen Veränderungen unterworfen. Es kann dann T entweder die Jahreslänge oder die Tageslänge bedeuten.

Die Formel (3) zeigt, dass die Temperatur u in jeder Tiefe dieselbe Periode T hat, dass aber die Amplitude, d. h. der Unterschied zwischen dem Maximum und dem Minimum nach der Tiefe hin abnimmt, und zwar im geometrischen Verhältniss, wenn die Tiefe im arithmetischen Verhältniss wächst. Es werden also in einer gewissen Tiefe, die von der Leitfähigkeit und von der Länge der Periode abhängig ist, die Temperaturschwankungen nicht mehr merklich sein.

Ein Maximum der Function u findet statt, wenn

$$t = \frac{x}{\sqrt{2a^2n}} + 2m\pi$$

und m eine ganze Zahl ist, und man sieht also, dass sich die Maxima mit der Geschwindigkeit

$$\sqrt{2a^2n} = 2a\sqrt{\frac{\pi}{T}}$$

in die Tiefe fortpflanzen, dabei aber an Stärke verlieren. Diese Fortpflanzungsgeschwindigkeit wächst, wenn die Periode abnimmt. Die Tages-Maxima pflanzen sich also schneller fort als die Jahres-Maxima[1]).

---

[1]) W. Thomson, On the reduction of observations of underground temperature. On the secular cooling of the earth. Mathem. and phys. papers vol. III.

§. 43.

Vergleichung der beiden Lösungen.

Wir haben bisher auf den Anfangszustand keine Rücksicht genommen. Die Formel (3) §. 42 ist einem ganz bestimmten Anfangszustand

$$(1) \qquad u_0 = C e^{-\sqrt{\frac{n}{2a^2}}x} \cos \sqrt{\frac{n}{2a^2}}\, x$$

angepasst. Wollen wir das Problem für einen beliebigen Anfangszustand lösen, so haben wir noch eine Temperaturvertheilung hinzuzufügen, bei der der Anfangszustand beliebig und die Temperatur an der Oberfläche $= 0$ ist, die wir nach §. 37 finden können.

Wir erhalten so nach §. 42 (3) und §. 37 (1) eine Temperaturvertheilung, wenn wir $C = 1$ setzen:

$$(2) \qquad u = e^{-\sqrt{\frac{n}{2a^2}}x} \cos \left(nt - \sqrt{\frac{n}{2a^2}}\, x\right)$$

$$+ \frac{1}{2a\sqrt{\pi t}} \int_0^\infty \Phi(\alpha) \left(e^{-\frac{(\alpha - x)^2}{4a^2 t}} - e^{-\frac{(\alpha + x)^2}{4a^2 t}}\right) d\alpha,$$

die der Oberflächenbedingung

$$(3) \qquad \bar{u} = \cos nt,$$

und der Anfangsbedingung

$$(4) \qquad u_0 = e^{-\sqrt{\frac{n}{2a^2}}x} \cos \sqrt{\frac{n}{2a^2}}\, x + \Phi(x)$$

genügt, worin $\Phi(x)$ eine willkürliche Function ist.

Man sieht hieraus, dass der Einfluss des Anfangszustandes mit der Zeit, freilich sehr langsam, verschwindet, und dass die Wärmebewegung sich mehr und mehr einem rein periodischen Vorgang nähert, der in (3) des vorigen Paragraphen dargestellt ist. Soll die Anfangstemperatur $= 0$ sein, so haben wir

$$(5) \qquad \Phi(x) = -e^{-\sqrt{\frac{n}{2a^2}}x} \cos \sqrt{\frac{n}{2a^2}}\, x$$

zu setzen. Für diese Annahme lässt sich aber die Function u auch nach der Methode der §§. 40, 41 bestimmen, und es ist von Interesse, beide Resultate zu vergleichen. Wir erhalten nach der Formel (2), §. 41, wenn wir darin $\varphi(t) = \cos nt$ setzen:

$$u = \frac{2}{\sqrt{\pi}} \int\limits_{\frac{x}{2a\sqrt{t}}}^{\infty} \cos n\left(t - \frac{x^2}{4a^2\alpha^2}\right) e^{-\alpha^2}\, d\,\alpha,$$

oder

$$(6) \qquad u = \frac{2}{\sqrt{\pi}} \cos n t \int\limits_{\frac{x}{2a\sqrt{t}}}^{\infty} e^{-\alpha^2} \cos \frac{n x^2}{4a^2\alpha^2}\, d\,\alpha$$

$$+ \frac{2}{\sqrt{\pi}} \sin n t \int\limits_{\frac{x}{2a\sqrt{t}}}^{\infty} e^{-\alpha^2} \sin \frac{n x^2}{4a^2\alpha^2}\, d\,\alpha.$$

Hier besteht jedes Glied aus einem periodischen Factor $\cos n t$, $\sin n t$, und aus einem nicht periodischen Factor, der sich mit wachsender Zeit einer bestimmten von t unabhängigen Grenze nähert. Diese findet man, wenn man in den Integralen die untere Grenze gleich Null setzt, und so erhält man den rein periodischen Zustand, der sich einstellt, wenn der Anfangszustand nicht mehr merklich ist:

$$(7) \qquad u = \frac{2}{\sqrt{\pi}} \cos n t \int\limits_0^{\infty} e^{-\alpha^2} \cos \frac{n x^2}{4a^2\alpha^2}\, d\,\alpha$$

$$+ \frac{2}{\sqrt{\pi}} \sin n t \int\limits_0^{\infty} e^{-\alpha^2} \sin \frac{n x^2}{4a^2\alpha^2}\, d\,\alpha.$$

Dies muss aber nach der Formel (2) mit

$$e^{-\sqrt{\frac{n}{2a^2}}x} \cos\left(n t - \sqrt{\frac{n}{2a^2}}\, x\right)$$

übereinstimmen, und man erhält daraus zwei bestimmte Integrale, nämlich, wenn man zur Abkürzung

$$p^2 = \frac{n x^2}{2a^2}$$

setzt:

$$(8) \qquad \begin{aligned} \frac{2}{\sqrt{\pi}} \int\limits_0^{\infty} e^{-\alpha^2} \cos \frac{p^2}{2\alpha^2}\, d\,\alpha &= e^{-p} \cos p, \\ \frac{2}{\sqrt{\pi}} \int\limits_0^{\infty} e^{-\alpha^2} \sin \frac{p^2}{2\alpha^2}\, d\,\alpha &= e^{-p} \sin p. \end{aligned}$$

Man erhält diese Formeln auch durch Trennung des reellen vom imaginären Theil aus dem Integral Bd. 1, §. 12 (6), wenn man dort $2q = (1 + i)p$ setzt und p reell und positiv annimmt. Die Zulässigkeit dieses Verfahrens kann man durch die Sätze über die Integration auf complexem Wege nachweisen.

§ 44.

Begrenzung durch zwei parallele Ebenen.

Wir gehen zu einem Körper über, der von zwei parallelen Ebenen $x = 0$ und $x = c$ begrenzt wird. Die Temperatur soll nur von der x-Coordinate abhängen, also in allen Punkten einer zur x-Axe rechtwinkligen Ebene dieselbe sein.

Die Aufgabe lautet jetzt:

Die Function u so zu bestimmen, dass sie die partielle Differentialgleichung

$$\frac{\partial u}{\partial t} = a^2 \frac{\partial^2 u}{\partial x^2} \tag{1}$$

erfülle und die Nebenbedingungen

$$u = f(x) \quad \text{für } t = 0, \tag{2}$$

$$u = \varphi(t) \quad \text{„ } x = 0, \tag{3}$$

$$u = \psi(t) \quad \text{„ } x = c. \tag{4}$$

Wir lösen die Aufgabe durch Zerlegung in mehrere einfachere, indem wir setzen

$$u = u_1 + u_2 + u_3.$$

u_1, u_2 und u_3 sollen der partiellen Differentialgleichung (1) genügen. Die Nebenbedingungen stellen wir folgendermaassen:

$$\begin{array}{llll} \text{für } t = 0 & u_1 = f(x), & u_2 = 0, & u_3 = 0, \\ \text{„ } x = 0 & u_1 = 0, & u_2 = \varphi(t), & u_3 = 0, \\ \text{„ } x = c & u_1 = 0, & u_2 = 0 & u_3 = \psi(t). \end{array}$$

Die Functionen u_2 und u_3 sind nicht wesentlich von einander verschieden. Haben wir die Function u_2 allgemein gefunden, so ist darin nur $c - x$ statt x und $\psi(t)$ statt $\varphi(t)$ zu setzen, um u_3 zu erlangen.

§. 45.

Gegebener Anfangszustand. Oberflächentemperatur Null.

Aufgabe. Die Function u so zu bestimmen, dass sie der partiellen Differentialgleichung

$$(1) \qquad \frac{\partial u}{\partial t} = a^2 \frac{\partial^2 u}{\partial x^2}$$

genüge und die Bedingungen erfülle

$$(2) \qquad u = f(x) \quad \text{für } t = 0,$$
$$(3) \qquad u = 0 \quad \text{,, } x = 0,$$
$$(4) \qquad u = 0 \quad \text{,, } x = c.$$

Eine particuläre Lösung der partiellen Differentialgleichung (1) ist (§. 36)

$$e^{-a^2 \alpha^2 t} \sin \alpha x.$$

Diese befriedigt zugleich die Bedingung (3). Damit auch die Gleichung (4) erfüllt werde, haben wir, wenn n eine ganze Zahl bedeutet, $\alpha c = n\pi$ zu setzen. Multipliciren wir dann mit einer vorläufig noch unbestimmten Constanten A_n, setzen der Reihe nach $n = 1, 2, 3, \ldots$ und summiren, so erhalten wir die allgemeine Lösung

$$(5) \qquad u = \sum_{n=1}^{\infty} A_n e^{-\frac{a^2 n^2 \pi^2 t}{c^2}} \sin \frac{n\pi}{c} x.$$

Die Coëfficienten müssen noch so bestimmt werden, dass die Bedingung (2) erfüllt werde. Zu dem Ende entwickeln wir $f(x)$ nach Bd. I, §. 33 in die unendliche Reihe

$$f(x) = \sum_{n=1}^{\infty} A_n \sin \frac{n\pi x}{c}$$

$$A_n = \frac{2}{c} \int_0^c f(\alpha) \sin \frac{n\pi\alpha}{c} \, d\alpha.$$

Wir haben also die Lösung

$$(I) \qquad u = \frac{2}{c} \sum_{n=1}^{\infty} e^{-a^2 \left(\frac{n\pi}{c}\right)^2 t} \sin \frac{n\pi x}{c} \int_0^c f(\alpha) \sin \frac{n\pi\alpha}{c} \, d\alpha.$$

Die Reihe convergirt sehr rasch, weil mit wachsendem n die Exponentialgrösse rasch abnimmt. Mit zunehmender Zeit wird u immer kleiner und für $t = \infty$ haben wir $u = 0$. Dann ist also die Temperatur constant und übereinstimmend mit der Temperatur der Oberfläche.

§. 46.

Anfangstemperatur Null. Constante Oberflächentemperaturen.

Aufgabe. Die Function u so zu bestimmen, dass sie der partiellen Differentialgleichung

$$(1) \qquad \frac{\partial u}{\partial t} = a^2 \frac{\partial^2 u}{\partial x^2}$$

Genüge leiste und den Bedingungen

$$(2) \qquad u = 0 \quad \text{für } t = 0,$$

$$(3) \qquad u = 0 \quad \text{„ } x = 0,$$

$$(4) \qquad u = \gamma \quad \text{„ } x = c,$$

worin γ eine Constante ist. Die Gleichungen (1), (3), (4) befriedigen die Function

$$u = \frac{\gamma}{c} x.$$

Soll auch die Gleichung (2) erfüllt werden, so haben wir zu diesem Werthe von u noch einen Beitrag hinzuzufügen, der eine Lösung der partiellen Differentialgleichung (1) ist, für $x = 0$ und $x = c$ zu Null wird und für $t = 0$ den Werth $-\frac{\gamma}{c} x$ annimmt. Dieser Beitrag ergiebt sich aus dem vorigen Paragraphen, wenn wir dort $f(x) = -\frac{\gamma}{c} x$ setzen. Dadurch erhalten wir

$$-\frac{2}{c} \sum_{n=1}^{\infty} e^{-a^2 \left(\frac{n\pi}{c}\right)^2 t} \sin \frac{n\pi x}{c} \int_0^c \frac{\gamma}{c} \alpha \sin \frac{n\pi\alpha}{c} \, d\alpha.$$

Es ist aber

$$\int_0^c \alpha \sin \frac{n\pi\alpha}{c} \, d\alpha = -\frac{c^2}{n\pi} \cos n\pi = (-1)^{n+1} \frac{c^2}{n\pi}.$$

Dadurch geht der vorige Ausdruck über in

$$\frac{2\gamma}{\pi} \sum_{n=1}^{\infty} \frac{(-1)^n}{n} e^{-a^2 \left(\frac{n\pi}{c}\right)^2 t} \sin \frac{n\pi x}{c},$$

und wir erhalten als Lösung unserer Aufgabe

$$\text{(II)} \qquad u = \gamma \left\{ \frac{x}{c} + \frac{2}{\pi} \sum_{n=1}^{\infty} \frac{(-1)^n}{n} e^{-a^2 \left(\frac{n\pi}{c}\right)^2 t} \sin \frac{n\pi x}{c} \right\}.$$

Dass diese Function u der partiellen Differentialgleichung (1) und den Bedingungen (3) und (4) genügt, erkennt man ohne Weiteres. Für $t = 0$ wird aber auch die Bedingung (2) erfüllt. Denn es ist nach Bd. I, §. 34 (1)

$$\frac{2}{\pi} \sum_{n=1}^{\infty} \frac{(-1)^n}{n} \sin \frac{n\pi x}{c} = -\frac{x}{c},$$

wie man leicht sieht, wenn man dort $\frac{\pi x}{c}$ statt x schreibt. Diese Entwickelung ist gültig für $c > x \geqq 0$. Wir erhalten also für $t = 0$

$$u = \gamma \left(\frac{x}{c} - \frac{x}{c} \right) = 0.$$

§. 47.

Oberflächentemperatur gegebene Function der Zeit.

Aufgabe. Die Function u so zu bestimmen, dass sie der partiellen Differentialgleichung

$$\text{(1)} \qquad \frac{\partial u}{\partial t} = a^2 \frac{\partial^2 u}{\partial x^2}$$

und den Nebenbedingungen

$$\begin{array}{lll} \text{(2)} & u = 0 & \text{für } t = 0, \\ \text{(3)} & u = 0 & \text{„ } x = 0, \\ \text{(4)} & u = \varphi(t) & \text{„ } x = c \end{array}$$

genügt. Wir können hier denselben Weg einschlagen, wie bei dem analogen Problem in §. 40, indem wir die Temperatur an der Oberfläche sich zunächst nicht stetig, sondern in Intervallen unstetig ändern lassen. Wir nehmen wieder die festen Zeitpunkte

$$0, t_1, t_2, \ldots, t_\nu \ldots$$

und die Intervalle $\tau_\nu = t_{\nu+1} - t_\nu$, und bestimmen die Function u_ν so, dass für $x = c$

$$(5) \qquad \begin{aligned} u_\nu &= 0 \qquad \text{für } t < t_\nu \text{ und } t > t_{\nu+1} \\ u_\nu &= \varphi(t_\nu) \qquad ,, \ t_\nu < t < t_{\nu+1}, \end{aligned}$$

während für $x = 0$ immer $u_\nu = 0$ sein soll.

Es ist dann

$$(6) \qquad u = u_0 + u_1 + \dots + u_{n-1}$$

eine Function, die so lange $t < t_n$ ist, den Bedingungen (1), (2), (3), (4) genügt, mit der näheren Bestimmung, dass $\varphi(t)$ in dem Intervall τ_ν constant $= \varphi(t_\nu)$ ist. Nun definiren wir eine Function $\chi(x, t)$ durch folgende Bestimmung:

$$(7) \qquad \begin{aligned} \chi(x, t) &= 0 \quad \text{für } t \leqq 0, \\ \chi(x, t) &= \frac{x}{c} + \frac{2}{\pi} \sum_{m=1}^{\infty} \frac{(-1)^m}{m} e^{-a^2 \left(\frac{m\pi}{c}\right)^2 t} \sin \frac{m\pi x}{c} \quad \text{für } t > 0. \end{aligned}$$

Die rechte Seite dieser Formel geht für $t = 0$ stetig in Null über und folglich ist $\chi(x, t)$ für jedes x zwischen 0 und c eine stetige Function von t, und ebenso ist $\chi(x, t)$ für jedes constante t eine stetige Function von x. Es ist aber $\chi(c, t)$ eine unstetige Function von t, die bei $t = 0$ plötzlich von 0 zu 1 übergeht. Da $\chi(x, t)$ ausserdem der Differentialgleichung (1) genügt, so genügt die Function

$$(8) \qquad u_\nu = \varphi(t_\nu)[\chi(x, t - t_\nu) - \chi(x, t - t_{\nu+1})]$$

den gestellten Forderungen. Hiernach ergiebt sich für $t < t_n$

$$(9) \qquad u = \sum_{\nu=0}^{n-1} \varphi(t_\nu)[\chi(x, t - t_\nu) - \chi(x, t - t_{\nu+1})],$$

und daraus ganz wie in §. 40, wenn wir zu unendlich kleinen Intervallen τ_ν übergehen:

$$(10) \qquad u = \int_0^t \varphi(\tau) \frac{\partial \chi(x, t - \tau)}{\partial t} d\tau,$$

und wenn man für $\chi(x, t - \tau)$ den Ausdruck (7) substituirt, also

$$\frac{\partial \chi(x, t - \tau)}{\partial t} = - \frac{2\pi a^2}{c^2} \sum_{m=1}^{\infty} (-1)^m m e^{-a^2 \left(\frac{m\pi}{c}\right)^2 (t - \tau)} \sin \frac{m\pi x}{c}$$

setzt, so folgt:

(11)
$$u = - \frac{2\pi a^2}{c^2} \sum_{m=1}^{\infty} (-1)^m m \sin \frac{m\pi x}{c} \int_0^t e^{-a^2 \left(\frac{m\pi}{c}\right)^2 (t-\tau)} \varphi(\tau)\, d\tau.$$

§. 48.

Verification.

Der Ausdruck, den wir zuletzt für die Function u erhalten haben, zeigt leicht, dass die Bedingungen (1), (2), (3) in §. 47 befriedigt sind. Man sieht aber nicht unmittelbar, dass auch (4) erfüllt ist, d. h. dass u für $x = c$ in $\varphi(t)$ übergeht. Damit hängt zusammen, dass der Ausdruck (11) (§. 47) nur bedingt convergent ist, und also überhaupt schlecht convergirt, und um beiden Uebelständen abzuhelfen, ist eine Transformation erforderlich.

Schreiben wir den Ausdruck zunächst so

(1)
$$u = - \frac{2\pi a^2}{c^2} \int_0^t \varphi(\tau)\, d\tau \sum_{m=1}^{\infty} (-1)^m m \sin \frac{m\pi x}{c} e^{-a^2 \left(\frac{m\pi}{c}\right)^2 (t-\tau)},$$

so haben wir unter dem Integralzeichen eine unendliche Reihe stehen, die aus der Theorie der Theta-Functionen bekannt ist, und auf die man die Transformationstheorie der Theta-Functionen anwenden kann. Wir dürfen aber hier von dieser allgemeinen Theorie keinen Gebrauch machen, und wollen daher die Umformung direct herleiten.

Wir gehen dabei aus von dem Integral Bd. I, §. 61 (6), das wir auch so darstellen können:

$$(2) \qquad \int_{-\infty}^{+\infty} e^{-p\alpha^2 + mi\alpha\pi}\, d\alpha = \sqrt{\frac{\pi}{p}}\, e^{-\frac{\pi^2 m^2}{4p}},$$

da der imaginäre Theil auf der linken Seite verschwindet. Hierin soll m eine ganze Zahl bedeuten. Das Integral auf der linken Seite lässt sich in eine Summe zerlegen:

$$\sum_{n=-\infty}^{+\infty} \int_{2n-1}^{2n+1} e^{-p\alpha^2 + mi\alpha\pi}\, d\alpha$$

oder, wenn man $2n + \alpha$ für α setzt

$$\sum_{n=-\infty}^{+\infty} \int_{-1}^{+1} e^{-p(2n+\alpha)^2 + m i \alpha \pi}\, d\alpha = \sqrt{\frac{\pi}{p}}\, e^{-\frac{\pi^2 m^2}{4p}}.$$

Dies multipliciren wir mit $e^{-miy\pi}$ und nehmen die Summe über alle ganzzahligen m, also

$$(3) \qquad \sum_{n=-\infty}^{+\infty} \sum_{m=-\infty}^{+\infty} \int_{-1}^{+1} e^{-p(2n+\alpha)^2 + m\pi i(\alpha - y)}\, d\alpha =$$

$$\sqrt{\frac{\pi}{p}} \sum_{m=-\infty}^{+\infty} e^{-\frac{m^2\pi^2}{4p} - m\pi i y}.$$

Auf der linken Seite lässt sich nun die Summation in Bezug auf m ausführen, und es ergiebt sich nach der Fourier'schen Reihe (Bd. I, §. 33 I[b])

$$(4) \qquad \sqrt{\frac{p}{\pi}} \sum_{n=-\infty}^{+\infty} e^{-p(2n+y)^2} = \frac{1}{2} \sum_{m=-\infty}^{\infty} e^{-\frac{m^2\pi^2}{4p} - m\pi i y}.$$

Hierin ist die rechte Seite gleich

$$\frac{1}{2} + \sum_{m=1}^{\infty} e^{-\frac{m^2\pi^2}{4p}} \cos m\pi y,$$

und wenn man also nach y differentiirt:

$$(5) \quad 2\left(\frac{p}{\pi}\right)^{3/2} \sum_{n=-\infty}^{\infty} (2n+y)\, e^{-p(2n+y)^2} = \sum_{m=1}^{\infty} m\, e^{-\frac{m^2\pi^2}{4p}} \sin m\pi y.$$

Der Ausdruck rechts geht aber in die in (1) vorkommende Summe über, wenn man

$$(6) \qquad y = \frac{c-x}{c},$$

$$(7) \qquad p = \frac{c^2}{4a^2(t-\tau)}$$

setzt, und es ergiebt sich, wenn wir der Einfachheit halber y beibehalten:

$$(8) \quad u = \frac{c}{2a\sqrt{\pi}} \int_0^t \varphi(\tau)(t-\tau)^{-\frac{3}{2}} \sum_{n=-\infty}^{\infty} (2n+y)\, e^{-\frac{c^2(2n+y)^2}{4a^2(t-\tau)}}\, d\tau,$$

oder endlich:

(9) $$u = \frac{c}{2a\sqrt{\pi}} \int_0^t \varphi(\tau)(t-\tau)^{-\frac{3}{2}}\, y\, e^{-\frac{c^2 y^2}{4a^2(t-\tau)}}\, d\tau$$

$$+ \frac{c}{2a\sqrt{\pi}} \int_0^t \varphi(\tau)(t-\tau)^{-\frac{3}{2}} \sum_{n=1}^{\infty} \left\{ (2n+y)\, e^{-\frac{c^2(2n+y)^2}{4a^2(t-\tau)}} \right.$$

$$\left. - (2n-y)\, e^{-\frac{c^2(2n-y)^2}{4a^2(t-\tau)}} \right\} d\tau.$$

Das erste Glied formen wir noch um durch die Substitution

$$\alpha = \frac{cy}{2a\sqrt{t-\tau}}, \qquad d\alpha = \frac{c}{4a}\, y\, (t-\tau)^{-\frac{3}{2}}\, d\tau,$$

wodurch man erhält:

$$u = \frac{2}{\sqrt{\pi}} \int_{\frac{cy}{2a\sqrt{t}}}^{\infty} \varphi\left(t - \frac{c^2 y^2}{4a^2\alpha^2}\right) e^{-\alpha^2}\, d\alpha$$

$$+ \frac{c}{2a\sqrt{\pi}} \int_0^t \varphi(\tau)(t-\tau)^{-\frac{3}{2}} \sum_{n-1}^{\infty} \left[(2n+y)\, e^{-\frac{c^2(2n+y)^2}{4a^2(t-\tau)}} \right.$$

$$\left. - (2n-y)\, e^{-\frac{c^2(2n-y)^2}{4a^2(t-\tau)}} \right] d\tau.$$

Hierin ist nun sofort zu sehen, dass das zweite Glied der rechten Seite für $y = 0$ verschwindet, und dass das erste in $\varphi(t)$ übergeht. Die unendliche Reihe, die in dem zweiten Integral noch vorkommt, ist für jeden im Integrationsbereiche vorkommenden Werth von τ unbedingt convergent[1]).

§. 49.

Vordringen des Frostes.

Wir wollen hier noch ein Beispiel für eine andere Art der Grenzbedingungen betrachten, das einerseits wegen seiner Anwendung auf wirkliche Vorgänge, andererseits wegen der damit verbundenen mathematischen Schwierigkeit von Interesse ist.

---

[1]) Vergl. Schläfli, Ueber die partielle Differentialgleichung $\frac{\partial w}{\partial t} = \frac{\partial^2 w}{\partial x^2}$ (1870). Crelle's Journal, Bd. 72.

Es handelt sich um das Gesetz des Eindringens des Frostes oder auch des Aufthauens in die feuchte Erde oder in eine stehende Wassermasse.

Es ist aus der Physik bekannt, dass bei der Umwandlung einer Gewichtseinheit Eis von der Temperatur 0 Grad in Wasser von der gleichen Temperatur eine gewisse Wärmemenge verbraucht wird, die man die latente Wärme oder die Schmelzwärme nennt. Wird umgekehrt das Wasser in Eis von der gleichen Temperatur verwandelt, so wird die gleiche Wärmemenge wieder gewonnen. Es ist also das Schmelzen des Eises als eine Arbeitsleistung zu betrachten. Diese Wärmemenge ist eine dem Wasser eigenthümliche positive Constante, die wir mit λ bezeichnen wollen[1]).

Wir denken uns eine unbegrenzte Ebene bei $x = 0$, und rechnen x in das Innere der gefrierenden Masse hinein positiv, so dass x die Tiefe bedeutet. Bei $x = 0$ möge eine gegebene unter dem Gefrierpunkt liegende Temperatur C_1 herrschen. In unendlicher Tiefe sei die Temperatur C_2 gleichfalls gegeben und über dem Gefrierpunkt. Von Bewegungen der Massen im Inneren der Flüssigkeit und von Volumenänderungen sehen wir ab. Der Frost sei zur Zeit t bis $x = \xi$ vorgedrungen, und das Wesentliche unserer Aufgabe ist, ξ als Function von t zu bestimmen.

Wir bezeichnen die Temperatur im Eise mit u_1, in dem noch nicht gefrorenen Theile mit u_2. Ebenso mögen a_1, a_2 die Temperatur-Leitungscoëfficienten, k_1, k_2 die Wärmeleitfähigkeiten in beiden Theilen sein, die wir als Constanten annehmen.

Bei $x = \xi$ herrscht die Temperatur Null, und wenn ξ im Zeitelement dt um $d\xi$ wächst, so ist in dem über der Flächeneinheit stehenden Cylinder von der Höhe $d\xi$ eine Wärmemenge W_1 frei geworden, die, wenn mit ϱ die Dichtigkeit bezeichnet wird, durch die Formel

$$W_1 = \lambda \varrho \, d\xi$$

bestimmt ist. Die Wärmemenge, die demselben Cylinder in der Zeit dt von kleineren Werthen von x her, also von dem bereits gefrorenen Theil her, zugeleitet ist, beträgt (§. 31)

---

[1]) Wenn λ in absolutem Maasse gemessen wird, so sind seine Dimensionen

$$[\lambda] = [l^2 t^{-2}],$$

d. h. λ ist das Quadrat einer Geschwindigkeit. Der Zahlenwerth von λ im Centimeter-Secunden-System ist etwa $335 . 10^7$ (Kohlrausch, Leitfaden).

$$W_2 = -k_1 \left(\frac{\partial u_1}{\partial x}\right)_{x=\xi} dt,$$

und von grösseren Werthen von x, also von dem noch flüssigen Theil, ist die Wärmemenge

$$W_3 = k_2 \left(\frac{\partial u_2}{\partial x}\right)_{x=\xi} dt$$

zugeleitet. Da wir nun keine weitere Wärmequelle berücksichtigen wollen, so muss die Summe dieser drei Ausdrücke verschwinden, und daraus ergiebt sich die an der gefrierenden Fläche geltende Grenzbedingung:

$$(1) \qquad \left(k_1 \frac{\partial u_1}{\partial x} - k_2 \frac{\partial u_2}{\partial x}\right)_{x=\xi} = \lambda \varrho \frac{d\xi}{dt}.$$

Hierzu kommt noch eine zweite Bedingung, die daher rührt, dass die Temperatur beim Gefrieren des Wassers einen festen Werth hat, den man zum Nullpunkt der Thermometerscala gewählt hat:

$$(2) \qquad u_1 = 0, \quad u_2 = 0 \quad \text{für } x = \xi.$$

Ausserdem hat man die beiden Hauptgleichungen (§. 32)

$$(3) \qquad \begin{aligned} \frac{\partial u_1}{\partial t} &= a_1^2 \frac{\partial^2 u_1}{\partial x^2} \quad \text{für } 0 < x < \xi, \\ \frac{\partial u_2}{\partial t} &= a_2^2 \frac{\partial^2 u_2}{\partial x^2} \quad \text{für } \xi < x, \end{aligned}$$

und die Oberflächenbedingungen

$$(4) \qquad u_1 = C_1 \quad \text{für } x = 0$$

$$(5) \qquad u_2 = C_2 \quad \text{für } x = \infty.$$

Endlich kann noch für einen bestimmten Zeitpunkt $t = 0$ der Werth von ξ und u_1 im Intervall $(0, \xi)$, u_2 im Intervall (ξ, ∞) als Function des Ortes gegeben sein.

Die allgemeine Lösung dieses Problems ist bis jetzt nicht möglich, weil die Grenzbedingung (1), in der die unbekannte Function ξ vorkommt, nicht linear ist, man also nicht aus particularen Integralen allgemeinere durch Addition ableiten kann. Um so beachtenswerther ist aber ein particulares Integral, das einer bestimmten Voraussetzung über den Anfangszustand entspricht.

Im §. 37 haben wir gezeigt, dass, wenn

$$\Theta(x) = \frac{2}{\sqrt{\pi}} \int_0^x e^{-\beta^2}\, d\beta$$

ist, $\Theta(x/2a\sqrt{t})$ der Differentialgleichung der Wärmebewegung [§. 36, (2)] genügt, und dass also, wenn A_1, B_1, A_2, B_2 Constanten sind, die Differentialgleichungen (3) durch die Annahme

$$(6)\qquad \begin{aligned} u_1 &= A_1 + B_1\, \Theta\left(\frac{x}{2a_1\sqrt{t}}\right), \\ u_2 &= A_2 + B_2\, \Theta\left(\frac{x}{2a_2\sqrt{t}}\right) \end{aligned}$$

befriedigt sind. Nun ist die Function $\Theta(x/2a\sqrt{t})$ constant, wenn $x = 0$, $x = \infty$ oder x proportional mit $\sqrt{t}$ ist. Demnach bezeichnen wir mit α noch eine weitere Constante und setzen

$$(7)\qquad \xi = \alpha\sqrt{t},$$

und wollen nun zeigen, wie man durch passende Bestimmung der Constanten A_1, B_1, A_2, B_2, α den Bedingungen unserer Aufgabe genügen kann.

Da nämlich $\Theta(0) = 0$, $\Theta(\infty) = 1$ ist, so ergiebt sich nach (6) und (7) aus (2), (4) und (5):

$$(8)\qquad \begin{aligned} A_1 &= C_1, \\ A_1 + B_1\, \Theta\left(\frac{\alpha}{2a_1}\right) &= 0, \\ A_2 + B_2\, \Theta\left(\frac{\alpha}{2a_2}\right) &= 0, \\ A_2 + B_2 &= C_2, \end{aligned}$$

und aus (1):

$$\frac{k_1 B_1}{a_1\sqrt{t\pi}}\, e^{-\frac{\alpha^2}{4a_1^2}} - \frac{k_2 B_2}{a_2\sqrt{t\pi}}\, e^{-\frac{\alpha^2}{4a_2^2}} = \frac{\lambda\varrho}{2\sqrt{t}}\,\alpha.$$

Nach (8) hat man hierin zu setzen

$$(9)\qquad B_1 = \frac{-C_1}{\Theta\left(\frac{\alpha}{2a_1}\right)}, \qquad B_2 = \frac{C_2}{1 - \Theta\left(\frac{\alpha}{2a_2}\right)},$$

und wenn man also noch mit $\sqrt{t\pi}$ multiplicirt, so ergiebt sich:

$$(10) \qquad \frac{k_1 C_1 e^{-\frac{\alpha^2}{4 a_1^2}}}{a_1 \Theta\left(\frac{\alpha}{2 a_1}\right)} + \frac{k_2 C_2 e^{-\frac{\alpha^2}{4 a_2^2}}}{a_2\left[1 - \Theta\left(\frac{\alpha}{2 a_2}\right)\right]} = -\lambda \varrho \alpha \frac{\sqrt{\pi}}{2}.$$

Hier haben wir also eine transcendente Gleichung, aus der α zu bestimmen ist. Die linke Seite von (10) wird, wenn C_1 negativ, C_2 positiv ist, negativ unendlich, wenn $\alpha = 0$, und positiv unendlich, wenn $\alpha = \infty$ ist, wie man aus den Sätzen über die Function $\Theta(x)$ [Bd. I, §. 26, (14)] leicht sieht. Es giebt also gewiss einen positiven Werth von α, für den die Gleichung (10) befriedigt ist. (Der Nachweis, dass es nicht mehr als einen solchen Werth giebt, würde eine etwas complicirte Untersuchung über die Maxima der linken Seite von (10) nöthig machen.)

Hat man α gefunden, so ergiebt sich B_1 und B_2 aus (9) und A_1, A_2 aus (8).

Der Anfangszustand ist jetzt nicht mehr beliebig. Aus (7) folgt aber, dass $\xi = 0$ ist für $t = 0$, und aus (6), dass u_2 constant gleich $A_2 + B_2 = C_2$ ist. Es ist also $t = 0$ der Augenblick, wo der Frost an der Oberfläche eben beginnt, wenn die Temperatur der ganzen Wassermasse constant gleich C_2 ist.

Die Formel (7) zeigt, dass, wie zu erwarten war, das Vordringen der Frostgrenze mit wachsender Tiefe immer langsamer erfolgt.

Nimmt man C_1 positiv, C_2 negativ an, so geben die gleichen Formeln das Gesetz des Aufthauens [1].

---

[1] Mit dem hier behandelten Problem beschäftigen sich mehrere Abhandlungen von J. Stefan. (Wiener Monatshefte für Mathematik und Physik, I. Jahrgang, 1890, S. 1. Sitzungsberichte der Wiener Akademie, Bd. 98, Abtheilung IIa, S. 473, 1890.) Franz Neumann hat in seinen Königsberger Vorlesungen bereits am Anfang der sechziger Jahre das Problem in der Weise, wie es hier geschehen ist, behandelt.

Siebenter Abschnitt.

Wärmeleitung in der Kugel.

---

§. 50.

Unbegrenztes Medium bei beliebigem Anfangszustand.

Wir wollen nun die Differentialgleichung der Wärmebewegung

$$\frac{\partial u}{\partial t} = a^2 \Delta u \tag{1}$$

auf Polarcoordinaten transformiren, und erhalten nach der Formel Bd. I, §. 42 (11):

$$\frac{\partial r u}{\partial t} = a^2 \left(\frac{\partial^2 r u}{\partial r^2} + \frac{1}{r^2 \sin \vartheta} \frac{\partial \sin \vartheta \frac{\partial r u}{\partial \vartheta}}{\partial \vartheta} + \frac{1}{r^2 \sin^2 \vartheta} \frac{\partial^2 r u}{\partial \varphi^2} \right). \tag{2}$$

Hierin bedeutet r die Entfernung des variablen Punktes von einem als Pol dienenden festen Punkt, ϑ die Poldistanz und φ das Azimuth.

Betrachten wir zunächst den Fall, dass die Temperatur nur von r, nicht von ϑ und φ abhängig ist, so wird die Gleichung für u

$$\frac{\partial u}{\partial t} = a^2 \left(\frac{\partial^2 u}{\partial r^2} + \frac{2}{r} \frac{\partial u}{\partial r} \right), \tag{3}$$

und wenn

$$v = r u \tag{4}$$

gesetzt wird:

$$\frac{\partial v}{\partial t} = a^2 \frac{\partial^2 v}{\partial r^2} \tag{5}$$

und stimmt also in ihrer Form überein mit der Differentialgleichung §. 36 (2), die wir im §. 44 f. genau untersucht haben. Die unabhängige Variable ist hier r, und die abhängige Variable ist $v = ru$. Die Variable r ist auf positive Werthe beschränkt, und v hat der Grenzbedingung zu genügen

$$(6) \qquad v = 0 \quad \text{für} \quad r = 0.$$

Die Probleme, die wir in den §§. 44 bis 48 behandelt haben, lassen sich also ohne Weiteres auch auf den Fall deuten, dass der leitende Körper eine Kugel vom Radius c ist, so dass den Ebenen $x = 0$ und $x = c$ der Kugelmittelpunkt und die Kugeloberfläche entsprechen. Die aufgestellten Formeln stellen dann aber nicht die Temperatur selbst, sondern das r-fache der Temperatur dar.

Wir haben bereits im §. 36 ein particulares Integral der Differentialgleichung (5) kennen gelernt, nämlich:

$$(7) \qquad v = \frac{1}{\sqrt{t}} e^{-\frac{r^2}{4a^2t}}.$$

Danach wird

$$u = \frac{1}{r\sqrt{t}} e^{-\frac{r^2}{4a^2t}},$$

und dies wird unendlich für $r = 0$. Wir erhalten aber ein von diesem Uebelstande freies, particulares Integral, wenn wir (7) nach r differentiiren. Der so gefundene Ausdruck, der mit Unterdrückung eines constanten Factors so lautet

$$\frac{r}{\sqrt{t^3}} e^{-\frac{r^2}{4a^2t}},$$

giebt ein particulares Integral der Gleichung (3):

$$(8) \qquad u = \frac{1}{\sqrt{t^3}} e^{-\frac{r^2}{4a^2t}}.$$

Hierin setzen wir, indem wir unter x, y, z; ξ, η, ζ die Coordinaten zweier Punkte p und q verstehen:

$$(9) \qquad r = \sqrt{(\xi - x)^2 + (\eta - y)^2 + (\zeta - z)^2},$$

und nun können wir aus (8) ein allgemeineres Integral von (3) herleiten, wenn wir mit $d\tau$ das Volumenelement an der Stelle q und mit Φ_q oder $\Phi(\xi, \eta, \zeta)$ eine willkürliche Function bezeichnen:

$$(10)\qquad u_p = \frac{1}{(2a\sqrt{\pi t})^3}\int e^{-\frac{r^2}{4a^2t}}\Phi_q\,d\tau,$$

worin das Integral über den ganzen Raum erstreckt werden kann. Wir wollen dieses Integral umformen, indem wir Polarcoordinaten mit dem Mittelpunkt p einführen. Bezeichnet dann $d\omega$ ein Flächenelement der Einheitskugel, so wird das Raumelement $d\tau = r^2 dr\,d\omega$. Wir setzen

$$(11)\qquad \psi(r) = \frac{1}{4\pi}\int \Phi_q\,d\omega,$$

so dass $\psi(r)$ der Mittelwerth der Function Φ auf einer um p beschriebenen Kugel mit dem Radius r ist, und es ergiebt sich, wenn Φ im Punkte p stetig ist

$$(12)\qquad \psi(0) = \Phi_p.$$

Dadurch geht (10) über in

$$(13)\qquad u_p = \frac{1}{(2a\sqrt{t})^3}\frac{4}{\sqrt{\pi}}\int_0^\infty \psi(r)\,e^{-\frac{r^2}{4a^2t}}r^2\,dr,$$

oder, wenn man

$$r = 2a\sqrt{t}\,\lambda$$

setzt:

$$(14)\qquad u_p = \frac{4}{\sqrt{\pi}}\int_0^\infty \psi(2a\sqrt{t}\,\lambda)\,e^{-\lambda^2}\lambda^2\,d\lambda.$$

Wenn man hierin $t = 0$ setzt, so folgt aus (12) mit Benutzung der Formel:

$$\int_0^\infty e^{-\lambda^2}\lambda^2\,d\lambda = \frac{\sqrt{\pi}}{4} \quad \text{[Bd. I, §. 12 (7)]}$$

für $t = 0$

$$(15)\qquad u = \Phi(x, y, z),$$

d. h. es ist Φ der Anfangszustand der Temperaturvertheilung, und durch (14) ist also das Problem der Wärmeleitung für ein unbegrenztes Medium bei einem beliebigen Anfangszustand ganz allgemein gelöst.

Wollte man in ähnlicher Weise die Function (7) benutzen, so würde man zu einem dreifachen Integral gelangen, was der Differentialgleichung (1) nicht mehr genügt (ähnlich wie das

Potential von Massen für einen inneren Punkt). Es würde dies also einer Wärmebewegung entsprechen, bei der in jedem Volumenelement eine fortwährende Wärmeentwickelung stattfindet[1]).

§. 51.

Der Green'sche Satz in der Wärmetheorie.

Wir können das particulare Integral der Wärmegleichung, das wir im vorhergehenden Paragraphen benutzt haben, noch weiter verwerthen, ähnlich wie die Green'sche Function in der Potentialtheorie[2]).

Wir führen einen anderen Anfangspunkt der Zeit ein, und setzen, indem wir unter ϑ eine beliebige Grösse (Veränderliche) verstehen,

$$\varepsilon = (t - \vartheta)^{-3/2} e^{-\frac{r^2}{4a^2(t-\vartheta)}}, \tag{1}$$

was nichts Anderes ist, als die Particularlösung (8) des vorigen Paragraphen, wenn darin t in $t - \vartheta$ verwandelt wird. Sie genügt als Function von $\xi, \eta, \zeta, \vartheta$ der Differentialgleichung

$$\frac{\partial \varepsilon}{\partial \vartheta} = - a^2 \Delta \varepsilon, \tag{2}$$

worin jetzt

$$\Delta(\varepsilon) = \frac{\partial^2 \varepsilon}{\partial \xi^2} + \frac{\partial^2 \varepsilon}{\partial \eta^2} + \frac{\partial^2 \varepsilon}{\partial \zeta^2}. \tag{3}$$

Nun sei ein beliebig begrenzter Raum τ gegeben und in ihm eine Function

$$u = u(\xi, \eta, \zeta, \vartheta), \tag{4}$$

die der Differentialgleichung

$$\frac{\partial u}{\partial \vartheta} = a^2 \Delta u \tag{5}$$

genügt, ferner eine Lösung v der Gleichung (2):

$$\frac{\partial v}{\partial \vartheta} = - a^2 \Delta v. \tag{6}$$

---

[1]) Die Function $u = \frac{1}{4\pi a^2 \sqrt{t}} \int e^{-\frac{r^2}{4a^2 t}} \Phi(\alpha, \beta, \gamma)\, r^{-1}\, d\alpha\, d\beta\, d\gamma$ verschwindet für $t = 0$ und genügt der Differentialgleichung

$$\frac{\partial u}{\partial t} = a^2 \Delta u + \Phi t^{-1/2}.$$

[2]) Vergl. Sommerfeld, Zur analytischen Theorie der Wärmeleitung, Mathematische Annalen 45, S. 263 (1894).

Hieraus ergiebt sich, wenn man (5) mit v, (6) mit u multiplicirt und addirt:

$$\frac{\partial u v}{\partial \vartheta} = a^2 (v \Delta u - u \Delta v),$$

und durch Integration über den ganzen Raum τ, wenn man rechts den Gauss'schen Integralsatz anwendet und mit do ein Element der Begrenzung von τ, mit dn ein Element der nach innen gerichteten Normalen bezeichnet:

$$(7) \qquad \frac{\partial}{\partial \vartheta} \int u v \, d\tau = a^2 \int \left(u \frac{\partial v}{\partial n} - v \frac{\partial u}{\partial n} \right) do.$$

Wir nehmen nun an, es sei für den Körper τ eine Function γ der beiden Punkte p, q und der beiden Zeitpunkte t, ϑ gefunden, die den folgenden Bedingungen genügt, wobei der Punkt q als variabel betrachtet wird:

$$(8) \qquad \begin{array}{lll} \text{a)} & \dfrac{\partial \gamma}{\partial \vartheta} + a^2 \Delta \gamma = 0, & \text{innerhalb } \tau, \\ \text{b)} & \gamma = 0 & \text{für } \vartheta = t \text{ (auch im Punkte } p), \\ \text{c)} & \gamma = \varepsilon, & \text{wenn } q \text{ an der Oberfläche liegt,} \end{array}$$

und setzen in (7)

$$(9) \qquad v = \varepsilon - \gamma.$$

Dann ist wegen (2) und (8a) auch (6) erfüllt. An der Oberfläche ist $v = 0$ [nach 8c)] und folglich nach (7):

$$(10) \qquad \frac{\partial}{\partial \vartheta} \int u (\varepsilon - \gamma) \, d\tau = a^2 \int u \frac{\partial (\varepsilon - \gamma)}{\partial n} \, do.$$

Um nun diese Formel nach ϑ zwischen den Grenzen 0 und t zu integriren, haben wir die folgenden Formeln anzuwenden, in denen u^0 den Anfangswerth (für $\vartheta = 0$) der Function u bedeutet:

$$\left(\int u_q \gamma \, d\tau \right)_{\vartheta = t} = 0, \quad \text{für } \vartheta = t \quad [(8) \text{ b.}],$$

$$\left(\int u_q \gamma \, d\tau \right)_{\vartheta = 0} = \int u_q^0 \, [\gamma]_{\vartheta = 0} \, d\tau, \quad \text{für } \vartheta = 0,$$

$$\left(\int u_q \, \varepsilon \, d\tau \right)_{\vartheta = t} = (2 a \sqrt{\pi})^3 u_p(t), \quad \text{für } \vartheta = t \; [\S.\ 50\ (10), (15)],$$

$$\left(\int u_q \, \varepsilon \, d\tau \right)_{\vartheta = 0} = \int u_q^0 \, [\varepsilon]_{\vartheta = 0} \, d\tau.$$

Führen wir zur Abkürzung wieder v für $\gamma - \varepsilon$ ein, so erhalten wir demnach durch Integration von (10) in Bezug auf ϑ

zwischen den Grenzen 0 und t:

$$(11)\qquad (2a\sqrt{\pi})^3 u_p(t) = \int u_q^0 [v]_{\vartheta=0}\, d\tau + a^2 \int_0^t d\vartheta \int u \frac{\partial v}{\partial n} do.$$

Hierdurch ist aber, wenn γ und mithin v als bekannt angenommen wird, die Function u_p ausgedrückt durch den Anfangswerth u^0 und durch den Oberflächenwerth von u, und dieser Oberflächenwerth kann eine beliebig gegebene Function des Ortes und der Zeit sein.

Diese Function γ leistet uns also für das allgemeine Problem der Wärmebewegung, wenn Anfangstemperatur und Oberflächentemperatur beliebig gegeben sind, dasselbe, was die Green'sche Function für die Potentialprobleme leistet. Wenn wir z. B. den Fall betrachten, den wir im vorigen Abschnitt ausführlich discutirt haben, dass der Körper durch eine Ebene begrenzt, sonst aber unbegrenzt ist, so nehmen wir in Bezug auf diese Ebene das Spiegelbild p' von p und bezeichnen mit r' die Entfernung (q, p'); dann genügt

$$(12)\qquad \gamma = (t - \vartheta)^{-3/2}\, e^{-\frac{r'^2}{4a^2(t-\vartheta)}},$$

woraus man z. B. die Resultate des §. 40 leicht wieder herleiten kann.

In ähnlicher Weise kann man die Function γ bilden für ein Polyëder, das von ebenen Flächen begrenzt ist, und die Eigenschaft hat, dass durch wiederholte Spiegelung an den Grenzflächen der unendliche Raum einfach ausgefüllt wird, z. B. für ein rechtwinkliges Parallelepipedon (auch einige Tetraëder haben diese Eigenschaft).

§. 52.

Berücksichtigung der äusseren Leitung.

Wir wollen uns jetzt noch mit der Wärmebewegung in einer Kugel unter Berücksichtigung der äusseren Leitung beschäftigen. Die Temperatur der Umgebung setzen wir als constant voraus und wählen sie zum Nullpunkt. Ist dann k die innere, h die äussere Leitfähigkeit, die wir hier als Constanten ansehen, so haben wir nach §. 33, IV, wenn n die nach innen gerichtete Normale bedeutet, die Oberflächenbedingung für die Temperatur u

$$(1)\qquad k\frac{\overline{\partial u}}{\partial n} = h\overline{u}$$

oder, wenn wir $k : h = l$ setzen

$$\frac{\partial \bar{u}}{\partial n} = \frac{\bar{u}}{l}, \tag{2}$$

worin l eine constante Länge ist, und die Oberflächenwerthe einer Function durch einen darüber gesetzten Strich bezeichnet werden.

Es sei der Körper, den wir betrachten, eine Kugel von dem Radius c, und wir nehmen zunächst den Fall, dass die Function u nur eine Function von r und t, also in concentrischen Schichten constant sei. Dann fällt n in (2) mit $-r$ zusammen, und wenn wir hierin nach §. 50 (4)

$$v = ru \tag{3}$$

setzen, so geht die Bedingung (2) in folgende über:

$$\frac{\partial v}{\partial r} + \left(\frac{1}{l} - \frac{1}{c}\right) v = 0, \quad \text{für } r = c. \tag{4}$$

Demnach haben wir die Function v den folgenden Bedingungen gemäss zu bestimmen:

$$\text{I.} \quad \frac{\partial v}{\partial t} = a^2 \frac{\partial^2 v}{\partial r^2},$$

$$\text{II.} \quad v = r F(r), \qquad \text{für } t = 0,$$

$$\text{III.} \quad \frac{\partial v}{\partial r} + \left(\frac{1}{l} - \frac{1}{c}\right) v, \quad \text{für } r = c,$$

$$\text{IV.} \quad v = 0, \qquad \text{für } r = 0,$$

worin $F(r)$ eine willkürliche Function ist, die den Anfangszustand ausdrückt.

Wir gehen wieder von der Particularlösung der Gleichung I aus, die wir schon früher benutzt haben

$$e^{-a^2 \lambda^2 t} \sin \lambda r, \tag{5}$$

die die Bedingung IV befriedigt. Damit auch die Bedingung III durch diesen Ausdruck befriedigt werde, muss λ so gewählt werden, dass es der Gleichung

$$\lambda \cos \lambda c + \left(\frac{1}{l} - \frac{1}{c}\right) \sin \lambda c = 0 \tag{6}$$

genügt. Es muss also λ eine Wurzel der transcendenten Gleichung (6) sein, die wir daher zunächst zu untersuchen haben.

§. 53.

Discussion der transcendenten Gleichung.

Um die Gleichung (6), §. 52 etwas einfacher darzustellen, setzen wir

$$(1) \qquad \lambda c = \varphi, \quad \frac{c}{l} - 1 = p$$

und betrachten φ als die Unbekannte, p als eine gegebene Constante. Unsere Gleichung lautet dann

$$(2) \qquad \varphi \cos \varphi + p \sin \varphi = 0.$$

Die Gleichung hat die Wurzel $\varphi = 0$. Alle anderen Wurzeln kommen paarweise entgegengesetzt vor.

Der besondere Fall $p = 0$ erledigt sich unmittelbar, denn in diesem Fall geht (2) in

$$\varphi \cos \varphi = 0$$

über und hat also ausser $\varphi = 0$ nur die ungeraden Vielfachen von $\frac{1}{2}\pi$ zu Wurzeln. Sehen wir also jetzt von diesem Falle ab, so ist die Gleichung (2) gleichbedeutend mit der Gleichung

$$(3) \qquad \Phi = \operatorname{tg} \varphi + \frac{\varphi}{p} = 0.$$

Lassen wir φ von irgend einem ungeraden Vielfachen von $\frac{1}{2}\pi$ bis zum nächsten gehen, also etwa

$$(4) \qquad \text{von } n\pi - \frac{\pi}{2} \text{ bis } n\pi + \frac{\pi}{2},$$

so geht $\operatorname{tg} \varphi$ und mithin Φ von $-\infty$ zu $+\infty$, und muss also wenigstens einmal durch Null gehen. Es liegt also in jedem dieser Intervalle wenigstens eine Wurzel von (3). Da wir aus den positiven Wurzeln von (3) die negativen sofort erhalten, beschränken wir uns jetzt auf die Betrachtung positiver Werthe von φ. Wir theilen jedes der Intervalle (4) in zwei Theile, von $n\pi - \frac{\pi}{2}$ bis $n\pi$ und von $n\pi$ bis $n\pi + \frac{\pi}{2}$, so dass die Tangente von φ im ersten negativ, im zweiten positiv ist. Dann unterscheiden wir zwei Fälle:

1. Ist $p < 0$, so liegt keine Wurzel von Φ in dem Intervall

$$n\pi - \frac{\pi}{2} \cdots n\pi.$$

2. Ist $p > 0$, so liegt keine Wurzel von Φ in dem Intervall

$$n\pi \ldots n\pi + \frac{\pi}{2},$$

und daraus folgt

3. $p < 0$. Eine Wurzel liegt in dem Intervall $n\pi \ldots n\pi + \frac{\pi}{2}$,

4. $p > 0$. Eine Wurzel liegt in dem Intervall $n\pi - \frac{\pi}{2} \cdots n\pi$.

Eine Ausnahme bildet im Falle 3. das erste Intervall von 0 bis $\frac{\pi}{2}$, weil hier $\varphi = 0$ selbst eine Wurzel ist. In diesem Falle ist für unendlich kleine Werthe von φ

$$\Phi = \varphi \left(1 + \frac{1}{p}\right),$$

und für $\varphi = \frac{\pi}{2}$ ist $\Phi = +\infty$. Hieraus ersieht man:

5. Ist $0 > p > -1$, so liegt eine Wurzel in dem Intervall $0 \cdots \frac{\pi}{2}$.

6. Ist $p > 0$ oder $p < -1$, so liegt keine Wurzel in dem Intervall $0 \cdots \frac{\pi}{2}$.

Dass in keinem der in 3., 4., 5. angegebenen Intervalle mehr als eine Wurzel liegen kann, lässt sich so einsehen. Wenn mehr als eine Wurzel in einem dieser Intervalle liegen sollte, so müssten es mindestens drei sein, und zwischen je zweien von ihnen müsste Φ ein Maximum oder ein Minimum haben. Es müsste also

$$\frac{d\Phi}{d\varphi} = \frac{1}{\cos^2\varphi} + \frac{1}{p}$$

in einem solchen Intervall mindestens zweimal $= 0$ werden.

Wenn aber p positiv oder kleiner als -1 ist, so kann dieser Ausdruck überhaupt nicht verschwinden, und wenn $p = 1$ oder ein echter Bruch ist, nur einmal in einem Intervall.

Man kann sich die Lage der positiven Wurzeln von Φ sehr gut graphisch veranschaulichen, wenn man φ als variable Abscisse in einem rechtwinkeligen Coordinatensystem ansieht und die zwei Linien

$$(5) \qquad Y = \operatorname{tg} \varphi, \qquad y = -\frac{\varphi}{p}$$

construirt. Die Gleichung (3) ist dann $y = Y$, und die Wurzeln sind also die Abscissen der Schnittpunkte dieser beiden Linien, von denen die zweite eine durch den Nullpunkt gehende Gerade ist (Fig. 9).

Fassen wir das Resultat dieser Untersuchung kurz zusammen, so hat sich also ergeben, dass die transcendente Gleichung (2)

Fig. 9.

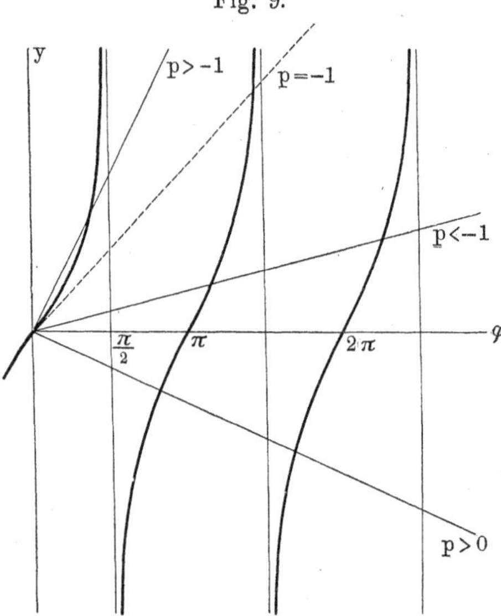

unendlich viele positive Wurzeln hat. Für $p = 0$ sind dies die ungeraden Vielfachen von $\frac{\pi}{2}$, für $p > 0$ liegt von den Wurzeln je eine im 2ten, 4ten, 6ten ... Quadranten und zwar so, dass sie sich mit wachsender Grösse den ungeraden Vielfachen von $\frac{\pi}{2}$ schnell annähern.

Ist p ein negativer echter Bruch, so liegen die Wurzeln im 1ten, 3ten, 5ten ... Quadranten und nähern sich ebenfalls den ungeraden Vielfachen von $\frac{\pi}{2}$.

Der Fall $p < -1$ kann nach der Bedeutung von p in unserem physikalischen Problem nicht vorkommen. Mathematisch verhält sich der Fall aber ebenso wie der vorige, nur dass keine Wurzel im ersten Quadranten liegt.

Die Wurzeln lassen sich nur näherungsweise berechnen, was mit Hülfe der trigonometrischen Tafeln ziemlich leicht ausgeführt werden kann. Bei Euler, „Introductio in analysin infinitorum", tomus II, cap. XXII, problema IX, ist die Aufgabe für $p = 1$ behandelt.

Wir wollen noch die Frage beantworten, ob unsere Gleichung $\Phi = 0$ rein imaginäre Wurzeln haben kann; auf die Frage nach den complexen Wurzeln werden wir später zurückkommen. Wir setzen also $\varphi = i\xi$ und erhalten aus (3) die Gleichung

$$\Xi = \frac{e^{\xi} - e^{-\xi}}{e^{\xi} + e^{-\xi}} + \frac{\xi}{p} = 0. \tag{6}$$

Diese Gleichung hat die Wurzel $\xi = 0$ und es fragt sich, ob sie noch andere reelle positive Wurzeln hat. Wir bilden zu diesem Zwecke den Differentialquotienten

$$\frac{d\Xi}{d\xi} = \frac{4}{(e^{\xi} + e^{-\xi})^2} + \frac{1}{p};$$

dieser Ausdruck verschwindet nur, wenn

$$\left(\frac{e^{\xi} + e^{-\xi}}{2}\right)^2 = -p \tag{7}$$

ist. Dies tritt niemals ein, wenn p positiv oder ein negativer echter Bruch ist und in diesen Fällen kann also Ξ von Null an nur wachsen. Es hat also Ξ ausser 0 keine reelle Wurzel. Wenn dagegen $p < -1$ ist, so hat die Gleichung (7) eine, aber auch nur eine reelle positive Wurzel. Die Function Ξ wächst anfangs und nimmt dann fortwährend (bis $-\infty$) ab. Es hat also (6) eine und nur eine positive Wurzel.

Die Gleichung (3) hat daher nur in dem Falle $p < -1$, der für das physikalische Problem nicht von Interesse ist, zwei conjugirte, rein imaginäre Wurzeln. Dies war zu erwarten, denn lässt man p stetig wachsend durch -1 hindurchgehen, so dreht sich die gerade Linie unserer Figur 9 um den Nullpunkt. Bei $p = -1$ fallen zwei Wurzeln in den Werth 0 zusammen, und werden bei weiterer Drehung imaginär.

§. 54.

Bestimmung der Coëfficienten.

Wir haben in §. 52 gesehen, dass die Function

$$(1) \qquad e^{-a^2 \lambda^2 t} \sin \lambda r,$$

wenn λ eine Wurzel der transcendenten Gleichung

$$(2) \qquad \lambda \cos \lambda c + \left(\frac{1}{l} - \frac{1}{c}\right) \sin \lambda c = 0$$

oder

$$(3) \qquad \frac{\operatorname{tg} \lambda c}{\lambda} = \frac{c l}{l - c} = -\frac{c}{p}$$

ist, für v gesetzt, den Bedingungen I, III, IV genügt. Bezeichnen wir die positiven Wurzeln dieser Gleichung, der Grösse nach geordnet, mit $\lambda_1, \lambda_2, \lambda_3, \ldots$, so genügt denselben Bedingungen auch eine Summe von der Form

$$(4) \qquad v = \sum_{n=1}^{\infty} A_n \, e^{-a^2 \lambda_n^2 t} \sin \lambda_n r,$$

worin die A_n unbestimmte Coëfficienten sind. Es fragt sich, ob man diese Coëfficienten so bestimmen kann, dass auch noch die Bedingung II:

$$v = r F(r) \quad \text{für} \quad t = 0$$

befriedigt ist, wenn $F(r)$ eine willkürliche Function von r ist. Nach (4) müsste also

$$(5) \qquad r F(r) = \sum_{n=1}^{\infty} A_n \sin \lambda_n r$$

sein. Dies ist eine Entwickelung der Function $r F(r)$ ganz analog der Fourier'schen. Wir setzen hier die Möglichkeit einer solchen Entwickelung für die Function $r F(r)$ voraus, und suchen die Coëfficienten A_n zu bestimmen. Wir multipliciren beide Seiten der Gleichung (5) mit $\sin \lambda_m r \, dr$ und integriren zwischen den Grenzen 0 und c.

Es ist aber

$$(6) \qquad \sin \lambda_m r \sin \lambda_n r = \tfrac{1}{2} [\cos(\lambda_m - \lambda_n) r - \cos(\lambda_m + \lambda_n) r],$$

und folglich, wenn m von n verschieden ist,

$$\int_0^c \sin \lambda_m r \sin \lambda_n r \, dr = \frac{\sin(\lambda_m - \lambda_n)c}{2(\lambda_m - \lambda_n)} - \frac{\sin(\lambda_m + \lambda_n)c}{2(\lambda_m + \lambda_n)}$$

$$= \frac{-\lambda_m \cos \lambda_m c \sin \lambda_n c + \lambda_n \sin \lambda_m c \cos \lambda_n c}{\lambda_m^2 - \lambda_n^2}$$

$$= \cos \lambda_m c \cos \lambda_n c \, \frac{\lambda_n \operatorname{tg} \lambda_m c - \lambda_m \operatorname{tg} \lambda_n c}{\lambda_m^2 - \lambda_n^2},$$

und dies verschwindet, da λ_m, λ_n verschiedene positive Wurzeln der Gleichung (3) sind. Wir haben also:

$$(7) \qquad \int_0^c \sin \lambda_m r \sin \lambda_n r \, dr = 0, \quad m \lessgtr n.$$

Ist aber $m = n$, so ergiebt sich aus (6)

$$(\sin \lambda_m r)^2 = \frac{1 - \cos 2\lambda_m r}{2}$$

und daher

$$\int_0^c (\sin \lambda_m r)^2 \, dr = \frac{c}{2} - \frac{\sin 2\lambda_m c}{4\lambda_m}.$$

Es ist aber, da λ_m der Gleichung (3) genügt

$$\sin 2\lambda_m c = \frac{2 \operatorname{tg} \lambda_m c}{1 + \operatorname{tg}^2 \lambda_m c} = -\frac{2\lambda_m c l (c - l)}{(c-l)^2 + \lambda_m^2 c^2 l^2}$$

und folglich ist

$$(8) \qquad \int_0^c (\sin \lambda_m r)^2 \, dr = \frac{c}{2} \, \frac{\lambda_m^2 c^2 l^2 + c^2 - l^2}{\lambda_m^2 c^2 l^2 + (c-l)^2}.$$

Das Resultat der vorgenommenen Integration beschränkt sich also auf der rechten Seite auf ein Glied, und wir erhalten

$$\int_0^c r F(r) \sin \lambda_m r \, dr = A_m \, \frac{c}{2} \, \frac{\lambda_m^2 c^2 l^2 + c^2 - l^2}{\lambda_m^2 c^2 l^2 + (c-l)^2}$$

oder

$$(9) \qquad A_m = \frac{2}{c} \, \frac{\lambda_m^2 c^2 l^2 + (c-l)^2}{\lambda_m^2 c^2 l^2 + c^2 - l^2} \int_0^c r F(r) \sin \lambda_m r \, dr.$$

Geben wir den Coëfficienten in der Reihe (4) die durch (9) ausgedrückten Werthe, so genügt die Function v den sämmtlichen Bedingungen.

Vorausgesetzt ist hier freilich, dass die Function $r\,F(r)$ sich überhaupt in eine Reihe von der Form (5) entwickeln lässt. Dies ist für solche Functionen, die sich in Fourier'sche Reihen entwickeln lassen, mit Benutzung eines Gedankens von Christoffel durch Fudzisawa nachgewiesen[1]).

Wir wollen noch einige Bemerkungen an die gefundenen Formeln knüpfen. Aus (4) ergiebt sich für die Temperatur u selbst die Formel

$$u = A_1\, e^{-a^2 \lambda_1^2 t} \frac{\sin \lambda_1 r}{r} + A_2\, e^{-a^2 \lambda_2^2 t} \frac{\sin \lambda_2 r}{r} + \cdots \tag{10}$$

Hierin ist $\lambda_1 c < \pi$ und folglich auch $\lambda_1 r < \pi$. Es ist aber

$$\frac{d}{dr} \frac{\sin \lambda_1 r}{r} = \frac{r \lambda_1 \cos \lambda_1 r - \sin \lambda_1 r}{r^2},$$

also negativ, so lange $\lambda_1 r < \pi$ ist. Demnach nimmt der Factor des ersten Gliedes $\sin \lambda_1 r / r$ mit wachsendem r stetig ab, und zwar

$$\text{von } \lambda_1 \text{ bis } \frac{\sin \lambda_1 c}{c} = \frac{\lambda_1}{\sqrt{p^2 + \lambda_1^2 c^2}} \text{ [nach (3)].}$$

Es ist ferner, da der Fall $p < -1$ nicht vorkommt,

$$\lambda_1 c < \frac{\pi}{2}, \qquad \lambda_2 c > \pi, \qquad \text{für } p < 0,$$

$$\lambda_1 c < \pi, \qquad \lambda_2 c > \frac{3\pi}{2}, \qquad \text{für } p > 0,$$

also unter allen Umständen

$$\lambda_2 - \lambda_1 > \frac{\pi}{2c}, \qquad \lambda_2 + \lambda_1 > \frac{\pi}{c}, \qquad \lambda_2^2 - \lambda_1^2 > \frac{\pi^2}{2c^2},$$

folglich ist

$$e^{-a^2 \lambda_2^2 t} : e^{-a^2 \lambda_1^2 t} < e^{-\frac{a^2 \pi^2 t}{2c^2}},$$

und ebenso ergiebt sich aus §. 53, 3., 4. für ein grösseres λ_n

$$e^{-a^2 \lambda_n^2 t} : e^{-a^2 \lambda_1^2 t} < e^{-\frac{a^2 (2n-3)(n-1) \pi^2 t}{2c^2}}.$$

Diese Verhältnisse nehmen also mit der Zeit sehr rasch ab, und wenn also der Bruch

---

[1]) Ueber eine in der Wärmeleitungstheorie auftretende, nach den Wurzeln einer transcendenten Gleichung fortschreitende Reihe (Inauguraldissertation der Universität Strassburg 1886), Journal of the College of Science Imperial University, Japan, vol. II.

$$\frac{a\sqrt{t}}{c}$$

einen hinlänglich grossen Werth hat, so wird schon das erste Glied der Reihe (10) die Temperatur mit genügender Genauigkeit darstellen, also

$$u = A_1 \, e^{-a^2 \lambda_1^2 t} \, \frac{\sin \lambda_1 r}{r}$$

gesetzt werden können. Dies wird um so früher erlaubt sein, je kleiner, bei sonst gleichen Verhältnissen, der Radius c der Kugel ist.

Mit wachsender Zeit wird sich auch das erste Glied der Grenze Null nähern, und schliesslich wird die ganze Kugel die Temperatur der Umgebung annehmen.

Es ist hier vorausgesetzt, dass A_1 von Null verschieden ist. Wäre $A_1 = 0$, so würde das zweite Glied ausschlaggebend sein. Es würde dann also die Temperatur noch weit schneller der Grenze Null zustreben.

Wenn der Radius c im Vergleich zur Länge l unendlich wird, dann gehen die Wurzeln der transcendenten Gleichung §. 53 (3), wie ein Blick auf die Fig. 9 lehrt, in die ungeraden Vielfachen von $\frac{1}{2}\pi$ über. Führt man den Grenzübergang aus, so ergiebt sich die Lösung des Problems, das wir im §. 38 auf andere Weise behandelt haben.

Die Formeln, die wir für die Bestimmung der Constanten der Entwickelung von v abgeleitet haben, erlauben uns, eine Lücke zu ergänzen, die in der Discussion der transcendenten Gleichung geblieben ist, nämlich den Nachweis zu führen, dass diese Gleichung keine complexen Wurzeln hat. Es hat sich nämlich ergeben, dass, wenn λ, λ' zwei Wurzeln der Gleichung (2) sind, und λ^2 von λ'^2 verschieden ist, immer

$$\int_0^c \sin \lambda r \, \sin \lambda' r \, dr = 0. \tag{11}$$

Dies würde auch noch gelten, wenn λ und λ' complex wären. Wenn aber

$$\lambda = \alpha + \beta i$$

eine Wurzel ist, so ist auch

$$\lambda' = \alpha - \beta i$$

eine Wurzel, und es wird

$$\sin \lambda r = R + Si,$$
$$\sin \lambda' r = R - Si,$$

worin R und S reelle Grössen sind. Dann würde aber aus (11) folgen

$$\int_0^c (S^2 + R^2) dr = 0,$$

was nur möglich ist, wenn R und S verschwinden. Es können also complexe Wurzeln nicht vorhanden sein. Die Frage der rein imaginären Wurzeln ist bereits oben erledigt.

§. 55.

Wärmeleitung in einer Kugel bei gegebenem Anfangszustand.

Wir wollen noch ein auf die Kugel bezügliches allgemeineres Problem der Wärmeleitung behandeln, das uns ein schönes Beispiel für die Anwendung der Kugelfunctionen bietet. Das Problem besteht darin, dass der Anfangszustand im Inneren der Kugel eine gegebene Function F des Ortes, also der drei Coordinaten r, ϑ, φ sei, während die Temperatur der Oberfläche constant auf Null gehalten wird.

Es ist dann die Differentialgleichung §. 50 (2)

$$(1) \qquad r\frac{\partial u}{\partial t} = a^2 \left(\frac{\partial^2 r u}{\partial r^2} + \frac{1}{r \sin\vartheta} \frac{\partial \sin\vartheta \dfrac{\partial u}{\partial \vartheta}}{\partial \vartheta} + \frac{1}{r \sin^2\vartheta} \frac{\partial^2 u}{\partial \varphi^2} \right)$$

unter den Bedingungen zu integriren:

$$(2) \qquad \begin{aligned} u &= 0 \quad \text{für} \quad r = 1, \\ u &= F \quad \text{für} \quad t = 0, \end{aligned}$$

wenn der Einfachheit halber der Kugelradius $= 1$ gesetzt wird.

Wir suchen ein particulares Integral in der Form

$$(3) \qquad u = TRX,$$

worin T nur von t, R nur von r, X von ϑ und φ abhängig sei.

Setzt man also (3) in (1) ein und dividirt durch $rTRX$, so ergiebt sich

$$\frac{1}{T}\frac{dT}{dt} = \frac{a^2}{rR}\frac{d^2 rR}{dr^2} \tag{4}$$

$$+ \frac{a^2}{r^2 X}\left(\frac{1}{\sin\vartheta}\frac{\partial \sin\vartheta \dfrac{\partial X}{\partial \vartheta}}{\partial\vartheta} + \frac{1}{\sin^2\vartheta}\frac{\partial^2 X}{\partial\varphi^2}\right).$$

Wir machen nun weiter die Annahme, dass X eine Kugelfunction n^{ter} Ordnung sei, und also der Gleichung

$$\frac{1}{\sin\vartheta}\frac{\partial \sin\vartheta \dfrac{\partial X}{\partial\vartheta}}{\partial\vartheta} + \frac{1}{\sin^2\vartheta}\frac{\partial^2 X}{\partial\varphi^2} + n(n+1)X = 0 \tag{5}$$

genüge [Bd. I, §. 113 (7)]. Dann geht (4) über in

$$\frac{1}{T}\frac{dT}{dt} = \frac{a^2}{rR}\frac{d^2 rR}{dr^2} - \frac{a^2 n(n+1)}{r^2}, \tag{6}$$

und da die eine Seite dieser Gleichung nicht von r, die andere nicht von t abhängt, so müssen beide gleich einer Constanten $-\lambda^2 a^2$ sein. Dadurch ergiebt sich

$$\frac{dT}{dt} = -\lambda^2 a^2 T, \tag{7}$$

$$\frac{d^2 rR}{dr^2} + \left[\lambda^2 - \frac{n(n+1)}{r^2}\right] rR = 0, \tag{8}$$

oder, was dasselbe ist

$$\frac{d^2 R}{dr^2} + \frac{2}{r}\frac{dR}{dr} + \left[\lambda^2 - \frac{n(n+1)}{r^2}\right] R = 0, \tag{9}$$

$$\frac{d r^2 \dfrac{dR}{dr}}{r^2\, dr} + \left[\lambda^2 - \frac{n(n+1)}{r^2}\right] R = 0. \tag{10}$$

Die Integration der Gleichung (7) ergiebt

$$T = e^{-\lambda^2 a^2 t}, \tag{11}$$

woraus man schliesst, dass λ^2 positiv sein muss, da T mit der Zeit abnehmen muss. Wenn wir ferner

$$\lambda r = x$$

setzen, so erhält die Gleichung (8) die Form:

$$\frac{1}{x}\frac{d^2 xR}{dx^2} + \left[1 - \frac{n(n+1)}{x^2}\right] R = 0. \tag{12}$$

Setzt man endlich noch

$$R = x^{-1/2}\, S(x),$$

so ergiebt sich für die Function S die Differentialgleichung

$$(13) \qquad \frac{d^2 S}{dx^2} + \frac{1}{x}\frac{dS}{dx} + \left[1 - \frac{(2n+1)^2}{4x^2}\right] S = 0,$$

und da R für $x = 0$ nicht unendlich werden darf, so muss $S(0)$ verschwinden. Die Gleichung (13) hat nun genau die Form der Differentialgleichung für die Bessel'schen Functionen [Bd. I, §. 69 (12)], nur dass die Ordnungszahl keine ganze Zahl, sondern $n + 1/2$ ist. Man kann, wie dort, zeigen, dass nur eines der beiden particularen Integrale für $x = 0$ endlich bleibt. Man findet einen Ausdruck für diese Function geradezu aus der Potenzreihe für die Bessel'sche Function $J_n(x)$, wenn man n durch $n + 1/2$ ersetzt und man erhält, da es auf einen constanten Factor nicht ankommt [Bd. I, §. 68 (3)]

$$S(x) = x^{n+1/2} \sum_{\nu=0}^{\infty} \frac{(-1)^\nu x^{2\nu}}{2.4\ldots 2\nu(2n+3)(2n+5)\ldots(2n+2\nu+1)},$$

ein Ausdruck, von dem man leicht nachweist, dass er der Gleichung (13) wirklich genügt.

Demnach wird die Lösung der Gleichung (12)

$$(14) \quad R(x) = x^n \sum_{\nu=0}^{\infty} \frac{(-1)^\nu x^{2\nu}}{2.4\ldots 2\nu.(2n+3)(2n+5)\ldots(2n+2\nu+1)}.$$

§. 56.

Geschlossene Ausdrücke für die Function R.

Wenn man die halbconvergenten Entwickelungen, die wir früher für die Bessel'schen Functionen aufgestellt und untersucht haben, auf diese Functionen S zu übertragen sucht, so kommt man zu dem merkwürdigen Resultat, dass diese Reihen abbrechen und also geschlossene Ausdrücke für diese Functionen liefern. Um diese Entwickelungen zu finden, setzen wir in der Differentialgleichung (8), §. 55

$$(1) \qquad rR = e^{i\lambda r}\, \Phi,$$

wodurch sich für Φ die Differentialgleichung ergiebt

$$(2) \qquad \frac{d^2\Phi}{dr^2} + 2i\lambda\frac{d\Phi}{dr} - \frac{n(n+1)}{r^2}\Phi = 0.$$

Da wir auf einen geschlossenen Ausdruck kommen, so ist es gleichgültig, ob man hier nach fallenden oder nach steigenden Potenzen von r entwickelt. Thun wir das letztere und setzen

$$\Phi = \sum_{\nu=0}^{\infty} a_\nu r^{-n+\nu},$$

so ergiebt sich:

$$\frac{d\Phi}{dr} = -\sum_{\nu=0}^{\infty} a_\nu (n-\nu) r^{-n+\nu-1},$$

$$\frac{d^2\Phi}{dr^2} = \sum_{\nu=0}^{\infty} a_\nu (n-\nu)(n-\nu+1) r^{-n+\nu-2}.$$

Demnach wird die linke Seite der Gleichung (2)

$$-\sum_{\nu=0}^{\infty} a_\nu [n(n+1)-(n-\nu)(n-\nu+1)] r^{-n+\nu-2}$$

$$-2i\lambda\sum_{\nu=0}^{\infty} a_\nu (n-\nu) r^{-n+\nu-1},$$

und dies soll identisch verschwinden. In der ersten dieser Summen verschwindet aber das erste Glied mit $\nu = 0$, und wir können daher auch mit der Summation bei $\nu = 1$ beginnen. Setzen wir dann in der zweiten Summe $\nu - 1$ für ν, und beachten die Identität:

$$n(n+1) - (n-\nu)(n-\nu+1) = \nu(2n-\nu+1),$$

so folgt:

$$\sum_{\nu=1}^{\infty} r^{-n+\nu-2} [a_\nu \nu (2n-\nu+1) + 2i\lambda a_{\nu-1}(n-\nu+1)] = 0,$$

also:

$$a_\nu = -2i\lambda a_{\nu-1}\frac{n-\nu+1}{\nu(2n-\nu+1)},$$

und wenn man $a_0 = 1$ setzt, so ergiebt sich hieraus:

$$(3) \qquad a_\nu = (-2i\lambda)^\nu \frac{n(n-1)\ldots(n-\nu+1)}{1.2.\ldots\nu.2n(2n-1)\ldots(2n-\nu+1)}.$$

Man sieht hieraus, dass a_{n+1} und alle höheren a_ν verschwinden, und dass demnach die Reihe Φ, die so dargestellt werden kann:

$$(4)\quad \Phi = r^{-n} \sum_{\nu=0}^{n} (-2i\lambda r)^{\nu} \frac{n(n-1)\ldots(n-\nu+1)}{1.2\ldots\nu\; 2n(2n-1)\ldots(2n-\nu+1)},$$

nach dem $(n+1)^{\text{ten}}$ Gliede abbricht[1]).

Wenn man in der Summe (4) die Reihenfolge der Summation umkehrt, oder, was dasselbe ist, ν durch $n-\nu$ ersetzt, so erhält man:

$$(-2i\lambda)^{-n}\Phi = \sum_{\nu=0}^{n}(-2i\lambda r)^{-\nu} \frac{(\nu+1)(\nu+2)\ldots n}{(n-\nu)!(n+\nu+1)(n+\nu+2)\ldots 2n},$$

ein Ausdruck, der sich mit Benutzung des Zeichens Π einfacher so darstellen lässt:

$$\frac{\Pi(n)}{\Pi(2n)} \sum_{\nu=0}^{n} (-2i\lambda r)^{-\nu} \frac{\Pi(n+\nu)}{\Pi(n-\nu)\,\Pi(\nu)}.$$

Demnach erhalten wir als particulares Integral der Differentialgleichung §. 55 (8), wenn wir einen constanten Factor weglassen:

$$(5)\qquad Rr = e^{i\lambda r} \sum_{\nu=0}^{n} (-2i\lambda r)^{-\nu} \frac{\Pi(n+\nu)}{\Pi(n-\nu)\,\Pi(\nu)},$$

und das zweite particulare Integral erhält man, wenn man i mit $-i$ vertauscht.

Man kann diesem Resultate verschiedene andere Formen geben, unter denen wir noch eine hervorheben wollen:

Wir setzen in der Differentialgleichung §. 55 (9)

$$R = r^n X_n$$

und erhalten daraus die Differentialgleichung für X_n:

$$(6)\qquad \frac{d^2 X_n}{dr^2} + \frac{2n+2}{r}\frac{dX_n}{dr} + \lambda^2 X_n = 0,$$

oder wenn man

$$(7)\qquad \lambda^2 r^2 = 2x$$

setzt:

$$(8)\qquad 2x\frac{d^2 X_n}{dx^2} + (2n+3)\frac{dX_n}{dx} + X_n = 0.$$

Differentiirt man diese Formel nochmals nach x und setzt

[1]) Poisson, Théorie mathématique de la chaleur. Nr. 82 (1835).

$$\frac{d X_n}{d x} = X_n',$$

so folgt

$$(9) \qquad 2x \frac{d^2 X_n'}{d x^2} + (2n+5) \frac{d X_n'}{d x} + X_n' = 0,$$

und diese Gleichung geht aus (8) hervor, wenn man n durch $n+1$ ersetzt. Ist also X_n eine Lösung von (8), so ist $d X_n / d x$ eine Lösung von (9), und daraus ergiebt sich

$$(10) \qquad X_{n+1} = \frac{d X_n}{d x},$$

und durch wiederholte Anwendung dieser Formel:

$$X_n = \frac{d^n X_0}{d x^n}.$$

Für X_0 erhalten wir aus (6) die Gleichung:

$$(11) \qquad \frac{d^2 X_0}{d r^2} + \frac{2}{r} \frac{d X_0}{d r} + \lambda^2 X_0 = 0,$$

und diese Gleichung ist befriedigt durch

$$X_0 = \frac{e^{i\lambda r}}{r},$$

und folglich ergiebt sich

$$(12) \qquad R = r^n \frac{d^n}{d x^n} \frac{e^{i\lambda r}}{r},$$

worin x durch (7) als Function von r bestimmt ist.

Verwandelt man i in $-i$, so erhält man sowohl aus (12) als aus (4) ein zweites particulares Integral und wir können hiernach die Differentialgleichung §. 55 (8) durch diese geschlossenen Ausdrücke vollständig integriren.

Wenn man in (12) i mit $-i$ vertauscht und dann die Summe und die Differenz der beiden Ausdrücke nimmt, so erhält man zwei particulare Integrale der Differentialgleichung §. 55 (8) in reeller Form:

$$R_1 = r^n \frac{d^n}{d x^n} \frac{\cos \lambda r}{r}, \qquad R_2 = r^n \frac{d^n}{d x^n} \frac{\sin \lambda r}{r},$$

von denen das zweite bei der Entwickelung nach steigenden Potenzen von r keine negativen Potenzen ergiebt, weil die Reihe für $\sin \lambda r / r$ keine negativen Potenzen enthält.

§. 57.

Integraleigenschaften der Function R.

Für die Function R gelten gewisse Sätze, die wir zur Lösung unserer Aufgabe nöthig haben, die ganz analog sind den Sätzen, die wir früher über die Bessel'schen Functionen abgeleitet haben (Bd. I, §. 79).

Es seien zunächst λ', λ'' zwei beliebige Grössen und

$$R_1 = R(\lambda' r), \quad R_2 = R(\lambda'' r).$$

Dann bestehen nach §. 55 (10) die Differentialgleichungen:

$$\frac{d r^2 \frac{d R_1}{d r}}{d r} = -\left(\lambda'^2 - \frac{n(n+1)}{r^2}\right) R_1 r^2,$$

$$\frac{d r^2 \frac{d R_2}{d r}}{d r} = -\left(\lambda''^2 - \frac{n(n+1)}{r^2}\right) R_2 r^2,$$

und wenn man die erste mit R_2, die zweite mit R_1 multiplicirt und subtrahirt

$$(\lambda'^2 - \lambda''^2) R_1 R_2 r^2 = \frac{d}{d r}\left[r^2\left(R_1 \frac{d R_2}{d r} - R_2 \frac{d R_1}{d r}\right)\right].$$

Wenn wir diese Formel in Bezug auf r zwischen den Grenzen 0 und 1 integriren und mit $R'(x)$ den Differentialquotienten von $R(x)$ bezeichnen, so folgt:

$$(1) \qquad (\lambda'^2 - \lambda''^2) \int_0^1 R(\lambda' r) R(\lambda'' r) r^2 d r$$
$$= \lambda'' R(\lambda') R'(\lambda'') - \lambda' R(\lambda'') R'(\lambda').$$

Wenn nun λ', λ'' zwei Wurzeln der transcendenten Gleichung:

$$(2) \qquad R(\lambda) = 0$$

bedeuten, und $\lambda'^2 - \lambda''^2$ von Null verschieden ist, so folgt aus (1) die erste der gesuchten Relationen:

$$(3) \qquad \int_0^1 R(\lambda' r) R(\lambda'' r) r^2 d r = 0,$$

woraus man schliessen kann, dass die Gleichung (2) keine complexen Wurzeln hat (vergl. §. 54). Dass sie auch keine rein imaginären Wurzeln haben kann, sieht man unmittelbar aus der Reihe (14), §. 55. Dagegen hat sie unendlich viele reelle Wurzeln, von denen hier nur die positiven, denen die negativen gleich und entgegengesetzt sind, berücksichtigt zu werden brauchen. Man schliesst dies am einfachsten aus dem Satze §. 25, 4., wenn man die Differentialgleichung für R in der Form §. 55 (12) annimmt. Da der Coëfficient $1 - \frac{n(n+1)}{x^2}$, sobald $x > \sqrt{n(n+1)}$ ist, immer positiv bleibt, so hat diese Differentialgleichung nach dem erwähnten Satze oscillatorische Integrale.

Setzen wir aber zunächst für λ'' eine Wurzel λ der Gleichung (2) und lassen dann λ' gleichfalls in λ übergehen, so erhält man aus (1) durch Differentiation nach λ':

$$(4) \qquad \int_0^1 R(\lambda r)^2 r^2 dr = \tfrac{1}{2}[R'(\lambda)]^2.$$

§. 58.

Lösung des Wärmeproblems für die Kugel.

Um nun das in §. 55 gestellte Problem vollständig zu lösen, lassen wir n alle ganzen Zahlen von Null bis unendlich durchlaufen, und nehmen zu jedem n die Kugelfunction $X^{(n)}$, die $2n+1$ willkürliche Constanten enthält [Bd. I, §. 115 (12)]. Zu jedem n nehmen wir die sämmtlichen positiven Wurzeln λ_n der Gleichung §. 57, (2), und bilden dann die Summe aller particularen Integrale §. 55, (3). Dadurch erhalten wir

$$(1) \qquad u = \sum^{n} \sum^{\lambda_n} e^{-\lambda_n^2 a^2 t} R(\lambda_n r) X^{(n)},$$

und hierdurch ist nicht nur die Differentialgleichung (1), sondern auch die erste der Bedingungen (2), §. 55 befriedigt. Es bleiben demnach die Kugelfunctionen $X^{(n)}$ so zu bestimmen, dass auch die zweite dieser Bedingungen

$$(2) \qquad F = \sum^{n} \sum^{\lambda_n} R(\lambda_n r) X^{(n)}$$

befriedigt wird.

Nun können wir aber nach Bd. I, §. 112 (4) die Function F für ein unbestimmtes r nach Kugelfunctionen entwickeln:

(3) $$F = \sum^{n} \frac{2n+1}{4\pi} \int F_q P_n(\cos\gamma)\, do,$$

oder

(4) $$F = \sum^{n} Y^{(n)},$$

wenn

(5) $$Y^{(n)} = \frac{2n+1}{4\pi} \int F_q P_n(\cos\gamma)\, do$$

ist. Hierin bedeutet γ den Winkel zwischen den beiden Richtungen nach p und nach q, und do ist das auf der Richtung q liegende Element der Einheitskugel. Diese Functionen $Y^{(n)}$ sind Kugelfunctionen, in denen die Constanten noch von r abhängig sind, und wenn die Function F gegeben ist, haben wir also auch die Functionen $Y^{(n)}$ als gegeben anzusehen. Die Vergleichung von (2) und (4) ergiebt nun

(6) $$Y^{(n)} = \sum^{\lambda_n} R(\lambda_n r)\, X^{(n)},$$

und wenn wir mit einem bestimmten $R(\lambda_n r) r^2 dr$ multipliciren und von $r = 0$ bis $r = 1$ integriren, so erhalten wir nach den Integralformeln (3) und (4) §. 57

(7) $$\tfrac{1}{2} R'(\lambda_n)^2 X^{(n)} = \int_0^1 Y^{(n)} R(\lambda_n r)\, r^2\, dr,$$

wodurch auch $X^{(n)}$ bestimmt ist.

DRITTES BUCH.

ELASTICITÄTS-THEORIE.

Achter Abschnitt.

Allgemeine Theorie der Elasticität.

---

§. 59.

Aeussere Kräfte und innere Druckkräfte.

Wir haben im neunten Abschnitt des ersten Bandes die geometrischen Eigenschaften stetiger Ortsveränderungen innerhalb einer einen Raumtheil stetig erfüllenden Materie betrachtet. Wollen wir diese Sätze auf physikalische Probleme anwenden, so müssen wir also eine stetige Erfüllung des Raumes voraussetzen, was möglicherweise, wenn die atomistische Anschauung im Rechte ist, der Wirklichkeit nur angenähert entspricht.

Unter diesem Vorbehalt sind die erwähnten Sätze anwendbar auf Flüssigkeiten und Gase, auf zähe Substanzen und elastische Körper.

Von den geometrischen Betrachtungen müssen wir zu dynamischen übergehen, um die Bedingungen des Gleichgewichtes und der Bewegung solcher Substanzen unter dem Einfluss von Kräften in Form von Differentialgleichungen aufzustellen. Wir beginnen mit den Bedingungen des Gleichgewichtes. Wir denken uns also einen begrenzten Raum τ stetig mit einem Stoff erfüllt, dessen Theile beweglich sind, und diesen nichtstarren Körper unter dem Einfluss von Kräften, die theils auf sein Inneres, theils auf die Oberfläche wirken, im Gleichgewicht. Im Inneren möge auf ein Massenelement $\varrho\, d\tau$ eine Kraft wirken, deren Componenten nach drei rechtwinkligen Axen mit

$$(1) \qquad \varrho\, d\tau\, X, \qquad \varrho\, d\tau\, Y, \qquad \varrho\, d\tau\, Z$$

bezeichnet werden. Es bedeutet hierin ϱ die Massendichtigkeit, und X, Y, Z sind dann die auf die Masseneinheit bezogenen Kraftcomponenten.

Gegen die Oberfläche O von τ wirken von aussen angebrachte Druckkräfte, und wir bezeichnen die Componenten des gegen ein Oberflächenelement do wirkenden Druckes mit

$$(2) \qquad \overline{X} do, \quad \overline{Y} do, \quad \overline{Z} do.,$$

so dass $\overline{X}$, $\overline{Y}$, $\overline{Z}$ die Componenten des auf die Flächeneinheit bezogenen Druckes sind. Dieser äussere Druck steht natürlich im Allgemeinen nicht senkrecht auf der Oberfläche. Ist $P do$ die Grösse der Druckkraft, so wird seine Richtung durch

$$\overline{X} = P\cos(P, x), \quad \overline{Y} = P\cos(P, y), \quad \overline{Z} = P\cos(P, z)$$

bestimmt. Nach W. Voigt bezeichnen wir die X, Y, Z als äussere Volumkräfte, die $\overline{X}$, $\overline{Y}$, $\overline{Z}$ als äussere Flächenkräfte[1]. Die Kräfte X, Y, Z, $\overline{X}$, $\overline{Y}$, $\overline{Z}$ denken wir uns gegeben und nennen sie die „äusseren Kräfte". Diesen äusseren Kräften wird das Gleichgewicht gehalten durch die „inneren Kräfte", die durch die Einwirkung der äusseren Kräfte hervorgerufen werden, und einen Spannungszustand erzeugen.

Um diese inneren Kräfte und die allgemeinen Voraussetzungen genauer zu charakterisiren, denken wir uns aus dem Raume τ durch eine beliebige geschlossene Fläche Ω einen Raum τ' abgegrenzt. Nehmen wir nun, ohne Veränderung der Kräfte X, Y, Z den Theil τ'' von τ hinweg, der ausserhalb τ' liegt, so werden wir, um das Gleichgewicht wieder herzustellen, neue Kräfte hinzufügen müssen. Wir wollen annehmen, dass das Gleichgewicht herstellbar sei durch Flächenkräfte, die gegen die Elemente $d\omega$ der Fläche Ω wirken, und dies sind die inneren oder molecularen Druckkräfte, die man als die Wirkung des Raumes τ'' auf τ' betrachten kann. Ist ν die Richtung der Normale an $d\omega$, von τ'

Fig. 10.

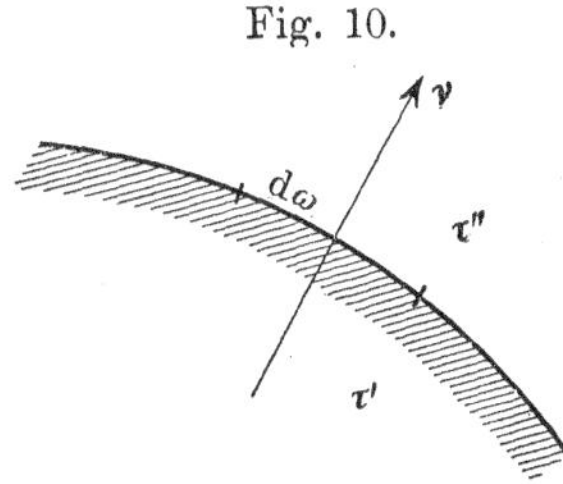

[1]) W. Voigt: Der gegenwärtige Stand unserer Kenntnisse der Krystallelasticität. Referat für den internationalen physikalischen Congress in Paris vom 6. bis 12. August 1900. (Göttinger Nachrichten 1900, Heft 3.)

nach τ'' positiv gerechnet (Fig. 10), so bezeichnen wir den Druck gegen das Element $d\omega$ und seine Componenten mit

$$(3) \qquad N_\nu\, d\omega, \quad X_\nu\, d\omega, \quad Y_\nu\, d\omega, \quad Z_\nu\, d\omega,$$

und dies sind die Kräfte, die den äusseren Kräften das Gleichgewicht halten, und die den Spannungszustand charakterisiren.

Wir machen über die inneren Druckkräfte die Annahme, dass sie vollständig bestimmt seien durch den Ort des Elementes $d\omega$ und durch die Richtung ν seiner Normalen, dass sie also nicht abhängig sind von der Grösse und Gestalt des Raumes τ', wenn dieser Raum τ' nur so gewählt wird, dass das Element $d\omega$ an seiner Grenze liegt, und dass die Normale ν von τ' nach aussen führt.

§. 60.

Gleichgewichtsbedingungen.

Im Zustande des Gleichgewichtes sind die inneren Druckkräfte an die allgemeinen Gleichgewichtsbedingungen für einen starren Körper gebunden; denn denken wir uns den Körper τ' erstarrt, nachdem er durch die Druckkräfte (3) und die äusseren Kräfte (1) ins Gleichgewicht gesetzt ist, so wird dadurch ein bestehendes Gleichgewicht nicht gestört.

Nun hat man aber, wenn an einem System starr mit einander verbundener Punkte Kräfte angreifen, sechs Bedingungen des Gleichgewichts zu befriedigen, die aus der Statik bekannt sind[1]). Diese Bedingungen lauten, wenn x, y, z die Coordinaten der Angriffspunkte, X, Y, Z die Componenten der Kräfte bedeuten:

$$(1) \quad \begin{aligned} \Sigma X &= 0, \\ \Sigma Y &= 0, \\ \Sigma Z &= 0, \end{aligned} \qquad (2) \quad \begin{aligned} \Sigma(yZ - zY) &= 0, \\ \Sigma(zX - xZ) &= 0, \\ \Sigma(xY - yX) &= 0. \end{aligned}$$

Die drei Summen (1) sind die Componenten der resultirenden Kraft, und die Summen (2), wenn die resultirende

[1]) Man findet diese Bedingungen in jedem Lehrbuche der Mechanik. Nach Lagrange (méc. analytique) sind sie zuerst von d'Alembert aufgestellt; man vergl. z. B. Schell, Theorie der Bewegung und der Kräfte.

Kraft im Coordinatenanfangspunkt angreift, die Componenten des resultirenden Drehungsmomentes.

In unserem Falle sind die zu berücksichtigenden Kräfte einerseits die äusseren Kräfte ϱX, ϱY, ϱZ, andererseits die Druckkräfte X_ν, Y_ν, Z_ν und die Summen werden zu Integralen, die sich auf das Volumen τ' und auf seine Oberfläche Ω erstrecken.

So ergiebt sich aus der ersten Gleichung (1)

$$\int \varrho X d\tau' + \int X_\nu d\omega = 0, \tag{3}$$

wenn $d\tau'$ die Volumenelemente von τ', $d\omega$ die Oberflächenelemente von Ω durchläuft, und ν die nach aussen gerichtete Normale bedeutet.

Diese Formel wenden wir zunächst an auf einen unendlich kleinen Cylinder mit den beiden Endflächen $d\omega$ und der unendlich kleinen Höhe h. Ist dann n die Normale an die Grundfläche $d\omega$ dieses Cylinders, in das Innere des Cylinders positiv gerechnet, ν die äussere Normale an die Peripherie von $d\omega$, und ds ein Element dieser Peripherie, so ist $h d\omega$ das Volumen des Cylinders, und der Ausdruck (3) zerfällt in folgende Bestandtheile:

$$\varrho X h d\omega + h \int X_\nu ds + \left(X_{-n} + X_n + \frac{\partial X_n}{\partial n} h\right) d\omega,$$

und da man hierin h, unabhängig von $d\omega$, unendlich klein annehmen kann, so folgt aus (3)

$$X_n + X_{-n} = 0$$

oder

$$X_n = - X_{-n}, \tag{4}$$

und darin kann n jede beliebige Richtung sein.

Wenn wir den bei dieser Betrachtung benutzten Cylinder an die Oberfläche des ursprünglich gegebenen Raumes τ legen, so haben auf der einen Grundfläche die Flächenkräfte die gegebenen Werthe §. 59 (2), und wenn wir also die nach aussen gerichtete Normale an die Oberfläche O von τ mit n bezeichnen (Fig. 11), so ist $\overline{X} + X_{-n} = 0$ und folglich nach (4)

Fig. 11.

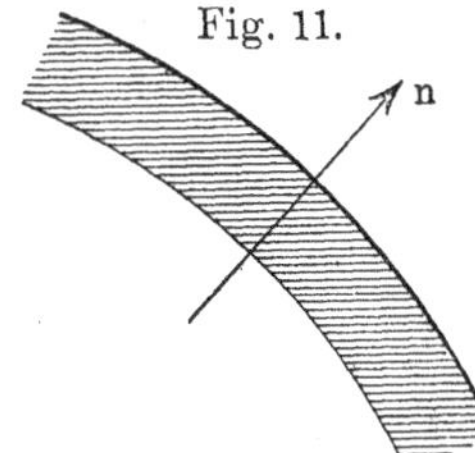

$$X_n = \overline{X}. \tag{5}$$

An der Oberfläche also müssen die inneren Druckkräfte mit den äusseren übereinstimmen.

Wir wenden ferner die Formel (3) auf ein unendlich kleines Tetraëder an, dessen drei auf einander rechtwinkelige Kanten, von der Ecke aus gerechnet, mit den positiven Coordinatenaxen parallel sind. Ist $d\omega$ die Hypotenusenfläche dieses Tetraëders, und ν die nach aussen gerichtete Normale an diese, so sind die drei Kathetenflächen (Fig. 12):

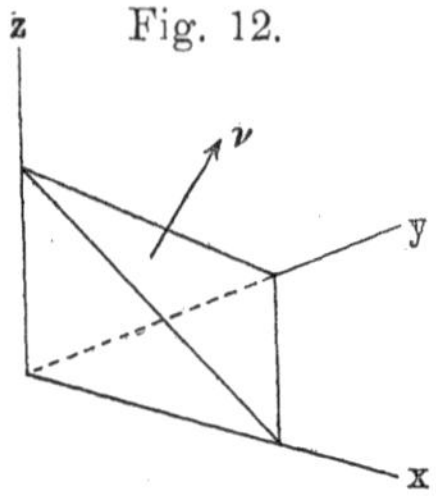

Fig. 12.

$$d\omega_x = d\omega \cos(\nu, x),$$
$$d\omega_y = d\omega \cos(\nu, y),$$
$$d\omega_z = d\omega \cos(\nu, z),$$

und die äusseren Normalen an diese drei Flächen fallen mit der negativen x, y, z-Richtung zusammen. Da nun hier wieder, wenn man das Tetraëder unendlich klein werden lässt, die äussere Kraft $\int \varrho X d\tau$ als mit dem Volumen proportional unendlich klein von höherer Ordnung wird, so ergiebt sich aus (3) mit Benutzung von (4)

$$X_\nu = X_x \cos(\nu, x) + X_y \cos(\nu, y) + X_z \cos(\nu, z). \tag{6}$$

Diese Formel besagt, dass X_x, X_y, X_z die Componenten eines Vectors $\mathfrak{X}$ sind, dessen nach einer beliebigen Richtung ν genommene Componente X_ν ist, und wenn man daher auf das Flächenintegral in (3) den Gauss'schen Integralsatz anwendet (Bd. I, §. 89), so folgt

$$\int (\varrho X + \operatorname{div} \mathfrak{X})\, d\tau' = 0. \tag{7}$$

Diese Formel muss nun für jeden beliebigen Raumtheil τ' des ursprünglichen Gebietes τ gelten, und dies führt zu den in jedem Punkte von τ gültigen Bedingungen des Gleichgewichts:

$$\varrho X + \operatorname{div} \mathfrak{X} = 0. \tag{8}$$

Diese Betrachtung gilt auch für die beiden anderen Componenten, und so erhält man aus (6) drei Gleichungen:

$$\begin{aligned} X_\nu &= X_x \cos(\nu x) + X_y \cos(\nu y) + X_z \cos(\nu z), \\ Y_\nu &= Y_x \cos(\nu x) + Y_y \cos(\nu y) + Y_z \cos(\nu z), \\ Z_\nu &= Z_x \cos(\nu x) + Z_y \cos(\nu y) + Z_z \cos(\nu z). \end{aligned} \tag{9}$$

Die Gleichungen (8) lassen sich explicite so darstellen:

$$\begin{aligned}
&\varrho X + \frac{\partial X_x}{\partial x} + \frac{\partial X_y}{\partial y} + \frac{\partial X_z}{\partial z} = 0, \\
(10)\qquad &\varrho Y + \frac{\partial Y_x}{\partial x} + \frac{\partial Y_y}{\partial y} + \frac{\partial Y_z}{\partial z} = 0, \\
&\varrho Z + \frac{\partial Z_x}{\partial x} + \frac{\partial Z_y}{\partial y} + \frac{\partial Z_z}{\partial z} = 0,
\end{aligned}$$

und aus (5) erhält man die Oberflächenbedingungen

$$\begin{aligned}
&X_x \cos(n x) + X_y \cos(n y) + X_z \cos(n z) = \overline{X}, \\
(11)\qquad &Y_x \cos(n x) + Y_y \cos(n y) + Y_z \cos(n z) = \overline{Y}, \\
&Z_x \cos(n x) + Z_y \cos(n y) + Z_z \cos(n z) = \overline{Z},
\end{aligned}$$

worin n die nach aussen gerichtete Normale bedeutet.

Es bleiben für das Gleichgewicht noch die Bedingungen (2) zu berücksichtigen. Die erste von ihnen ergiebt für unseren Fall

$$(12)\qquad \int \varrho\,(y Z - z Y)\, d\tau' + \int (y Z_\nu - z Y_\nu)\, d\omega = 0.$$

Es folgt aber aus (9), dass die drei Grössen

$$\begin{aligned}
&y Z_x - z Y_x = L_x, \\
(13)\qquad &y Z_y - z Y_y = L_y, \\
&y Z_z - z Y_z = L_z
\end{aligned}$$

die Componenten eines Vectors $\mathfrak{L}$ sind, der in einer beliebigen Richtung ν die Componente

$$(14)\qquad y Z_\nu - z Y_\nu = L_\nu$$

hat. Ferner ergiebt sich aus (10):

$$\begin{aligned}
-\varrho\,(y Z - z Y) &= \frac{\partial L_x}{\partial x} + \frac{\partial L_y}{\partial y} + \frac{\partial L_z}{\partial z} + Y_z - Z_y \\
&= \operatorname{div} \mathfrak{L} + Y_z - Z_y;
\end{aligned}$$

hiernach folgt aus (12):

$$\int \operatorname{div} \mathfrak{L}\, d\tau' - \int L_\nu\, d\omega = \int (Z_y - Y_z)\, d\tau'$$

und mithin nach dem Gauss'schen Integralsatz:

$$\int (Z_y - Y_z)\, d\tau' = 0.$$

Da diese Gleichung wieder für jeden beliebigen Raum τ gelten soll, so muss überall

(15) $$Z_y = Y_z$$

und ebenso

(16) $$X_z = Z_x, \qquad Y_x = X_y$$

sein[1]).

Um also den Zustand, der durch die gegebenen äusseren Kräfte hervorgerufen wird, vollständig zu bestimmen, hat man die Kenntniss von sechs Ortsfunctionen

$$\begin{array}{ll} X_x, & Z_y = Y_z, \\ Y_y, & X_z = Z_x, \\ Z_z, & Y_x = X_y \end{array}$$

nöthig, die für das Gleichgewicht noch an die Differentialgleichungen (10) mit den Grenzbedingungen (11) gebunden sind. Diese Bedingungen reichen aber, wie es ja auch bei der Mannigfaltigkeit der hierin enthaltenen Probleme nothwendig ist, zur Bestimmung der unbestimmten Functionen nicht aus. Die weiteren Bestimmungsgleichungen drücken die Besonderheit des gerade vorliegenden Problems aus, und können nur aus physikalischen Thatsachen abgeleitet werden.

Aus den Bedingungen des Gleichgewichts können wir aber ohne Schwierigkeit die Differentialgleichungen der Bewegung mit Hülfe des d'Alembert'schen Princips ableiten, indem wir an Stelle der beschleunigenden Kräfte X, Y, Z setzen $X - x''$, $Y - y''$, $Z - z''$, wenn x'', y'', z'' die Beschleunigungen der Stelle x, y, z bedeuten. Hiernach gelten alle unsere Gleichungen (4), (5), (6), (15), (16) auch für den Fall der Bewegung, und nur die Gleichungen (10) werden für den Fall der Bewegung modificirt.

§. 61.

Die elastische Deformation.

Bei einem elastischen Körper werden die inneren Druckkräfte hervorgerufen durch die Deformation, die unter dem Ein-

[1]) Die Annahmen, die wir gemacht haben, sind nicht ausreichend zur Erklärung aller Erscheinungen der Krystallelasticität. Wenn die Bedingungen (15), (16) nicht befriedigt sind, so muss man ausser den inneren Druckkräften noch andere moleculare Kräfte annehmen, die man als innere Drehungsmomente bezeichnen kann (vergl. den Bericht von W. Voigt, Göttinger Nachrichten 1900). Dem ganzen Plane des vorliegenden Werkes entsprechend dehnen wir unsere Betrachtungen nicht auf solche Fälle aus.

fluss der äusseren Kräfte eingetreten ist. Wir unterscheiden den natürlichen Zustand des Körpers, der ohne die Einwirkung äusserer Kräfte besteht, in dem auch keine inneren Kräfte vorhanden sind, von dem deformirten Zustande.

Ein beliebiger Punkt m des Körpers habe in dem natürlichen Zustande die Coordinaten

$$x, y, z, \qquad (m)$$

und ein Punkt μ seiner Umgebung habe die Coordinaten

$$x + \xi, \quad y + \eta, \quad z + \zeta, \qquad (\mu)$$

worin ξ, η, ζ als unendlich kleine Grössen erster Ordnung zu betrachten sind.

Wenn nun bei der Deformation der Punkt m eine Verschiebung erleidet, deren Componenten mit u, v, w bezeichnet werden, durch die x, y, z in x', y', z' übergehen, so ist

$$(1) \qquad x' = x + u, \quad y' = y + v, \quad z' = z + w,$$

und u, v, w sind Functionen von x, y, z.

Der Punkt μ hat also eine Verschiebung erfahren, deren Componenten

$$u + \frac{\partial u}{\partial x}\xi + \frac{\partial u}{\partial y}\eta + \frac{\partial u}{\partial z}\zeta,$$
$$v + \frac{\partial v}{\partial x}\xi + \frac{\partial v}{\partial y}\eta + \frac{\partial v}{\partial z}\zeta,$$
$$w + \frac{\partial w}{\partial x}\xi + \frac{\partial w}{\partial y}\eta + \frac{\partial w}{\partial z}\zeta$$

sind, und wenn wir also die relativen Coordinaten von μ in Bezug auf m nach eingetretener Deformation mit ξ' η', ζ' bezeichnen, so ist

$$(2) \qquad \begin{aligned} \xi' &= \xi + \frac{\partial u}{\partial x}\xi + \frac{\partial u}{\partial y}\eta + \frac{\partial u}{\partial z}\zeta, \\ \eta' &= \eta + \frac{\partial v}{\partial x}\xi + \frac{\partial v}{\partial y}\eta + \frac{\partial v}{\partial z}\zeta, \\ \zeta' &= \zeta + \frac{\partial w}{\partial x}\xi + \frac{\partial w}{\partial y}\eta + \frac{\partial w}{\partial z}\zeta. \end{aligned}$$

Die hierdurch dargestellte infinitesimale Deformation wird nun nach Bd. I, §. 84 in zwei andere zerlegt, von denen die eine eine Drehung, die andere eine Dehnung ist. Die

Dehnung, die hier allein in Betracht kommt, wird nach Bd. I, §. 84 (3) und (5) durch die Formeln dargestellt:

$$
(3)\quad
\begin{aligned}
\xi'' &= \left(1 + \frac{\partial u}{\partial x}\right)\xi + \frac{1}{2}\left(\frac{\partial v}{\partial x} + \frac{\partial u}{\partial y}\right)\eta + \frac{1}{2}\left(\frac{\partial u}{\partial z} + \frac{\partial w}{\partial x}\right)\zeta, \\
\eta'' &= \frac{1}{2}\left(\frac{\partial v}{\partial x} + \frac{\partial u}{\partial y}\right)\xi + \left(1 + \frac{\partial v}{\partial y}\right)\eta + \frac{1}{2}\left(\frac{\partial w}{\partial y} + \frac{\partial v}{\partial z}\right)\zeta, \\
\zeta'' &= \frac{1}{2}\left(\frac{\partial u}{\partial z} + \frac{\partial w}{\partial x}\right)\xi + \frac{1}{2}\left(\frac{\partial w}{\partial y} + \frac{\partial v}{\partial z}\right)\eta + \left(1 + \frac{\partial w}{\partial z}\right)\zeta.
\end{aligned}
$$

Die elastischen Druckkräfte sind nur Functionen der relativen Verschiebungen der Theilchen, und sind also unabhängig von der Drehung, bei der sich die Umgebung des Punktes m wie ein starrer Körper bewegt. Nach (3) sind also diese Druckkräfte Functionen von den folgenden sechs Variabeln:

$$
(4)\quad
\begin{aligned}
x_x &= \frac{\partial u}{\partial x}, & y_z &= z_y = \frac{\partial w}{\partial y} + \frac{\partial v}{\partial z}, \\
y_y &= \frac{\partial v}{\partial y}, & z_x &= x_z = \frac{\partial u}{\partial z} + \frac{\partial w}{\partial x}, \\
z_z &= \frac{\partial w}{\partial z}, & x_y &= y_x = \frac{\partial v}{\partial x} + \frac{\partial u}{\partial y}.
\end{aligned}
$$

Die Verschiebungen u, v, w sind hierin beliebige stetige Functionen von x, y, z, die als Componenten eines Vectors $\mathfrak{U}$ betrachtet werden können. In der Folge werden wir sie als unendlich kleine Grössen betrachten, d. h. wir nehmen sie mit einem constanten Factor multiplicirt an, dessen höhere Potenzen gegen die erste vernachlässigt werden dürfen. Damit verzichten wir auf eine allgemeine Behandlung, und erhalten Resultate, die mit den Thatsachen nur angenähert übereinstimmen können.

Diese Voraussetzung führt zu der Grundannahme der Elasticitätstheorie, dass die sechs Componenten des inneren Druckes X_x, Y_y, Z_z, Y_z, Z_x, X_y lineare homogene Functionen der sechs Variabeln x_x, y_y, z_z, y_z, z_x, x_y sind.

In den Ausdrücken dieser sechs Componenten durch die sechs Variablen $x_x, \ldots$ würden also 36 Constanten eingehen, die von der Natur der Substanz abhängig sind. Die Zahl dieser Constanten vermindert sich aber sehr beträchtlich durch einige weitere Annahmen.

Die Variablen $x_x, y_y, z_z, y_z, z_x, x_y$ sind immer dann und auch nur dann gleich Null, wenn u, v, w von der Form sind:

$$
\begin{aligned}
u &= a - r y + q z, \\
v &= b - p z + r x, \qquad (5) \\
w &= c - q x + p y,
\end{aligned}
$$

worin a, b, c, p, q, r Constanten sind, d. h. wenn u, v, w solche Verschiebungen sind, wie sie ein starrer Körper ausführen kann.

§. 62.

Die Energie.

Wir haben oben gesehen, dass wir die x-Componente des inneren Druckes gegen ein Element mit der Normalen ν durch einen Vector $\mathfrak{X}$ darstellen können. Grenzen wir ein Volumen τ des elastisch deformirten Körpers ab, so ist die x-Componente der Kraft, die aus den gegen die Oberfläche dieses Volumens wirkenden Druckkräften resultirt, nach dem Gauss'schen Satze (Bd. I, §. 89)

$$\int X_n \, d o = \int \operatorname{div} \mathfrak{X} \, d \tau,$$

wenn n die nach aussen gerichtete Normale ist, und es ist also

$$\operatorname{div} \mathfrak{X} \, d \tau \tag{1}$$

die auf das Element $d\tau$ wirkende moleculare Druckkraft in der x-Richtung. Diese Druckkraft ist hervorgerufen durch den Verschiebungsvector $\mathfrak{U}$, der seinerseits eine Folge der äusseren beschleunigenden Kräfte und Druckkräfte ist, und diese äusseren Kräfte haben bei der Verschiebung $\mathfrak{U}$ gegen die inneren Kräfte eine gewisse Arbeit geleistet, die wir bestimmen müssen.

Wir denken uns einen neuen Verschiebungsvector $\mathfrak{U}'$ mit den Componenten u', v', w'. Dieser wird an dem Element $d\tau$ nur mit Aufwand einer gewissen Arbeitsgrösse $d\,T'$ gegen die molecularen Kräfte vollzogen werden können, und diese Arbeit ist, wenn wir mit $\mathfrak{X}, \mathfrak{Y}, \mathfrak{Z}$ die Vectoren der drei Druckcomponenten bezeichnen, nach (1)

$$d\,T' = -(u' \operatorname{div} \mathfrak{X} + v' \operatorname{div} \mathfrak{Y} + w' \operatorname{div} \mathfrak{Z}) \, d\tau. \tag{2}$$

Nun ist aber

$$u' \operatorname{div} \mathfrak{X} = \operatorname{div} u' \mathfrak{X} - \left(X_x \frac{\partial u'}{\partial x} + X_y \frac{\partial u'}{\partial y} + X_z \frac{\partial u'}{\partial z} \right),$$

$$v' \operatorname{div} \mathfrak{Y} = \operatorname{div} v' \mathfrak{Y} - \left(Y_x \frac{\partial v'}{\partial x} + Y_y \frac{\partial v'}{\partial y} + Y_z \frac{\partial v'}{\partial z} \right),$$

$$w' \operatorname{div} \mathfrak{Z} = \operatorname{div} w' \mathfrak{Z} - \left(Z_x \frac{\partial w'}{\partial x} + Z_y \frac{\partial w'}{\partial y} + Z_z \frac{\partial w'}{\partial z} \right),$$

und hieraus mit Benutzung der Bezeichnung §. 61 (4) und mit Rücksicht auf die Relationen $X_y = Y_x \ldots$ [§. 60 (15), (16)]:

(3) $$u' \operatorname{div} \mathfrak{X} + v' \operatorname{div} \mathfrak{Y} + w' \operatorname{div} \mathfrak{Z} = \operatorname{div}(u' \mathfrak{X} + v' \mathfrak{Y} + w' \mathfrak{Z}) - X_x x'_x - X_y x'_y - X_z x'_z - Y_y y'_y - Y_z y'_z - Z_z z'_z.$$

Führen wir also die Bezeichnung ein:

(4) $$F(\mathfrak{U}, \mathfrak{U}') = X_x x'_x + X_y x'_y + X_z x'_z, + Y_y y'_y + Y_z y'_z, + Z_z z'_z,$$

dann wird nach (2)

(5) $$d T' = - \operatorname{div}(u' \mathfrak{X} + v' \mathfrak{Y} + w' \mathfrak{Z}) \, d\tau + F(\mathfrak{U}, \mathfrak{U}') \, d\tau,$$

und wenn wir diesen Ausdruck über den Raum τ integriren, so erhalten wir mit abermaliger Anwendung des Gauss'schen Integralsatzes, wenn do die Oberflächenelemente von τ, und n die nach aussen gerichtete Normale an do bedeutet, für die gesammte Arbeit der Verschiebung $\mathfrak{U}'$ gegen die elastischen Kräfte:

(6) $$T' = - \int (u' X_n + v' Y_n + w' Z_n) \, do + \int F(\mathfrak{U}, \mathfrak{U}') \, d\tau,$$

oder nach §. 60 (5):

(7) $$T' = - \int (\overline{X} u' + \overline{Y} v' + \overline{Z} w') \, do + \int F(\mathfrak{U}, \mathfrak{U}') \, d\tau.$$

Dieser Ausdruck stellt den Zuwachs an potentieller Energie dar, der in dem elastischen Körper durch die Verschiebung $\mathfrak{U}'$ bewirkt wird.

Darin ist das Oberflächenintegral die gegen die äusseren Druckkräfte geleistete Arbeit, und das Raumintegral in (7) ist die im Inneren von τ enthaltene Energiemenge. Wir können also die Function $F(\mathfrak{U}, \mathfrak{U}')$ definiren als die auf die Volumeneinheit bezogene, an der Stelle x, y, z vorhandene und durch die nach einander ausgeführten Verschiebungen $\mathfrak{U}, \mathfrak{U}'$ aufgehäufte elastische Energie.

Die Function $F(\mathfrak{U}, \mathfrak{U}')$ ist nach der Voraussetzung, die wir über die X_x ... gemacht haben, eine bilineare Function der beiden Reihen von je sechs Variabeln:

$$(8) \qquad \begin{array}{c} x_x,\ y_y,\ z_z,\ y_z,\ z_x,\ x_y, \\ x'_x,\ y'_y,\ z'_z,\ y'_z,\ z'_x,\ x'_y, \end{array}$$

und eine solche Function hat im Allgemeinen 36 constante Coëfficienten. Wir machen aber jetzt die fernere Annahme

$$(9) \qquad F(\mathfrak{U}, \mathfrak{U}') = F(\mathfrak{U}', \mathfrak{U}),$$

d. h. wir nehmen an, dass die durch die beiden Vectoren $\mathfrak{U}$ und $\mathfrak{U}'$ erzeugte Energie von der Reihenfolge unabhängig sei, in der diese Verschiebungen ausgeführt werden. Wollten wir diese Annahme nicht machen, so würde, wenn man die Verschiebungen $\mathfrak{U}$, $\mathfrak{U}'$, $-\mathfrak{U}$, $-\mathfrak{U}'$ nach einander ausführt, der elastische Körper zwar wieder in seine ursprüngliche Lage zurückgekehrt sein, und es wäre also, wenn wir die äusseren Kräfte als unveränderliche Functionen des Ortes ansehen, gegen diese Kräfte keine Arbeit geleistet, und doch wäre Energie gewonnen oder verloren[1]). Dies nehmen wir nicht an.

Um die Folgerungen aus der Relation (9) deutlich zu übersehen, wollen wir für den Augenblick die Variabeln (8) mit x_i, x'_k bezeichnen, und i und k von 1 bis 6 gehen lassen. Es ist dann

$$(10) \qquad F(\mathfrak{U}, \mathfrak{U}') = \sum^{i,k} a_{i,k}\, x_i\, x'_k,$$

worin die $a_{i,k}$ constante Coëfficienten sind, zwischen denen nach (9) die Beziehung

$$a_{i,k} = a_{k,i}$$

besteht. Führen wir also eine homogene Function zweiten Grades ein:

$$(11) \qquad F(\mathfrak{U}, \mathfrak{U}) = F(x_1 x_2 \ldots x_6) = \sum^{i,k} a_{i,k}\, x_i\, x_k,$$

so ergiebt sich

$$(12) \qquad F(\mathfrak{U}, \mathfrak{U}') = \frac{1}{2} \sum F'(x_k)\, x'_k,$$

und folglich, in der früheren Bezeichnung:

[1]) Ein derartiges Verhalten könnte möglicherweise zu berücksichtigen sein bei den Erscheinungen der sogenannten elastischen Nachwirkung.

$$(13)\quad \begin{aligned} X_x &= \tfrac{1}{2}F'(x_x), & Y_y &= \tfrac{1}{2}F'(y_y), & Z_z &= \tfrac{1}{2}F'(z_z), \\ Y_z &= \tfrac{1}{2}F'(y_z), & Z_x &= \tfrac{1}{2}F'(z_x), & X_y &= \tfrac{1}{2}F'(x_y), \end{aligned}$$

und hierin kommen nur die 21 Coëfficienten der Function (10) vor.

Um die Bedeutung der Function F zu erkennen, setzen wir die Verschiebung $\mathfrak{U}$ aus den Differentialen $d\,\mathfrak{U}$ zusammen, und nehmen $\mathfrak{U}' = d\,\mathfrak{U}$; es ist dann nach (12)

$$(14)\qquad F(\mathfrak{U}, d\,\mathfrak{U}) = \tfrac{1}{2}\, d\, F(\mathfrak{U}, \mathfrak{U}),$$

und daraus ergiebt sich durch Integration in Bezug auf $d\,\mathfrak{U}$

$$(15)\qquad d\,T = \tfrac{1}{2}\, F(x_x, y_y, z_z, y_z, z_x, x_y)\, d\tau = \tfrac{1}{2}\, F\, d\tau$$

für die im Volumenelement $d\tau$ enthaltene Energiemenge, die durch die Verschiebung $\mathfrak{U}$ aus dem natürlichen Zustande erzeugt ist. Diese Function betrachten wir als das Maass für die elastische Spannung, die an der Stelle x, y, z stattfindet.

Die Function F muss eine wesentlich positive Function sein, sie kann also für kein reelles Werthsystem der Variablen einen negativen Werth erhalten, und für kein von Null verschiedenes Werthsystem der Variabeln verschwinden[1]).

Denn wenn die äusseren Kräfte alle Null sind, so ist der natürliche Zustand des Körpers, bei dem alle Variablen $x_x, x_y \ldots$, und also auch F, verschwinden, der Gleichgewichtszustand. Könnte F negative Werthe annehmen, so müsste ein Verschiebungssystem existiren, bei dem die potentielle Energie noch verkleinert würde, und der natürliche Zustand wäre also kein stabiler Gleichgewichtszustand (Bd. I, §. 121).

Dass aber die Function F für kein von Null verschiedenes Werthsystem der Variablen verschwinden soll, besagt, dass keine Verschiebung aus dem natürlichen Zustande, bei dem die relative Lage der Theilchen geändert wird, ohne Arbeitsleistung möglich sein soll[2]).

---

[1]) Eine homogene quadratische Function von n Variablen lässt sich auf unendlich viele verschiedene Arten als eine Summe von höchstens n positiven oder negativen Quadraten von einander unabhängiger linearer Functionen der Variablen darstellen. Die Anzahl der positiven und der negativen unter diesen Quadraten ist bei einer und derselben Function bei allen diesen Darstellungen dieselbe. Die Function heisst wesentlich positiv, wenn die Anzahl der positiven Quadrate $= n$ ist. Weber, Lehrbuch der Algebra, 2. Aufl., Braunschweig 1898, S. 212.

[2]) Bei reibungslosen idealen Flüssigkeiten ist die Sache anders. Bei diesen ist, wie man annimmt, jede Verschiebung, die keine Volumänderung zur Folge hat, ohne Energieverbrauch ausführbar.

§. 63.

Bedingungen des Gleichgewichts und der Bewegung.

Die 21 Constanten der Function F muss man sich durch Beobachtungen für jede Substanz besonders bestimmt denken, und dann stellen sich die Bedingungen des Gleichgewichts und der Bewegung als partielle Differentialgleichungen für die drei Functionen u, v, w dar. Diese hängen von den Coordinaten x, y, z und von der Zeit t ab, und die Beschleunigungen sind

$$\frac{\partial^2 u}{\partial t^2}, \quad \frac{\partial^2 v}{\partial t^2}, \quad \frac{\partial^2 w}{\partial t^2}. \tag{1}$$

Zunächst ergeben sich nach §. 60 die drei allgemeinen Differentialgleichungen:

$$\begin{aligned} \varrho\left(X - \frac{\partial^2 u}{\partial t^2}\right) + \operatorname{div}\mathfrak{X} &= 0, \\ \varrho\left(Y - \frac{\partial^2 v}{\partial t^2}\right) + \operatorname{div}\mathfrak{Y} &= 0, \\ \varrho\left(Z - \frac{\partial^2 w}{\partial t^2}\right) + \operatorname{div}\mathfrak{Z} &= 0, \end{aligned} \tag{2}$$

woraus man die Bedingungen für das Gleichgewicht erhält, wenn man u, v, w von der Zeit unabhängig, also die Beschleunigungen gleich Null annimmt.

Unter Umständen können noch andere Bedingungen hinzutreten, durch die diese Gleichungen modificirt werden. So hat Fresnel zur Erklärung der optischen Erscheinungen in Krystallen die Annahme gemacht, dass die Schwingungen des Lichtäthers ohne Volumänderung vor sich gehen, dass also der Aether incompressibel sei. Dann muss $\operatorname{div}\mathfrak{U} = 0$ sein, und es besteht also für diese Verschiebungen u, v, w, wenn wir zur Abkürzung

$$\Theta = \frac{\partial u}{\partial x} + \frac{\partial v}{\partial y} + \frac{\partial w}{\partial z}$$

setzen, die Bedingung $\Theta = 0$. Dann treten zu den Gleichungen (2) noch die Glieder hinzu:

$$\lambda\frac{\partial \Theta}{\partial x}, \quad \lambda\frac{\partial \Theta}{\partial y}, \quad \lambda\frac{\partial \Theta}{\partial z},$$

worin λ ein unbestimmter Coëfficient ist, zu dessen Bestimmung die Bedingung $\Theta = 0$ dient. Dies wollen wir aber hier nicht weiter berücksichtigen.

Zu den Gleichungen (2) treten noch die Grenzbedingungen für den Oberflächendruck:

$$X_n = \overline{X}, \quad Y_n = \overline{Y}, \quad Z_n = \overline{Z}, \tag{3}$$

und für den Fall der Bewegung die Bedingungen für den Anfangszustand, die darin bestehen, dass für einen Augenblick $t = 0$

$$u, \quad v, \quad w, \quad \frac{\partial u}{\partial t}, \quad \frac{\partial v}{\partial t}, \quad \frac{\partial w}{\partial t} \tag{4}$$

als Functionen des Ortes gegeben sind.

§. 64.

Eindeutigkeit der Lösung.

Wenn wir für den Vector $\mathfrak{U}'$ die in dem Zeitelement wirklich eintretende Verschiebung setzen, also

$$u' = \frac{\partial u}{\partial t}\, dt, \quad v' = \frac{\partial v}{\partial t}\, dt, \quad w' = \frac{\partial w}{\partial t}\, dt \tag{1}$$

setzen, so wird wegen §. 62 (14)

$$F(\mathfrak{U}, \mathfrak{U}') = \frac{1}{2} \frac{\partial F(\mathfrak{U}, \mathfrak{U})}{\partial t}\, dt, \tag{2}$$

und durch Integration über den Raum τ

$$\int F(\mathfrak{U}, \mathfrak{U}')\, d\tau = \frac{dT}{dt}\, dt, \tag{3}$$

worin T wie im §. 62 (15) die durch die Verschiebung $\mathfrak{U}$ hervorgerufene potentielle Energie der elastischen Spannung ist. Multipliciren wir die Gleichungen §. 63 (2) mit $u'\,d\tau$, $v'\,d\tau$, $w'\,d\tau$, addiren sie und integriren über den Raum τ, so ergiebt sich, wenn wir

$$u' \frac{\partial^2 u}{\partial t^2} + v' \frac{\partial^2 v}{\partial t^2} + w' \frac{\partial^2 w}{\partial t^2} = \frac{1}{2} \frac{d}{dt} \left[\left(\frac{\partial u}{\partial t}\right)^2 + \left(\frac{\partial v}{\partial t}\right)^2 + \left(\frac{\partial w}{\partial t}\right)^2 \right] dt,$$

$$T_0 = \frac{1}{2} \int \varrho \left[\left(\frac{\partial u}{\partial t}\right)^2 + \left(\frac{\partial v}{\partial t}\right)^2 + \left(\frac{\partial w}{\partial t}\right)^2 \right] d\tau \tag{4}$$

setzen, so dass T_0 die kinetische Energie (lebendige Kraft) des Systems ist, und wenn wir noch beachten, dass $\varrho\, d\tau$ als die Masse des Elementes $d\tau$ von t unabhängig ist:

$$(5)\qquad \int \varrho (Xu' + Yv' + Zw')\, d\tau =$$

$$\frac{dT_0}{dt}\, dt - \int (u' \operatorname{div} \mathfrak{X} + v' \operatorname{div} \mathfrak{Y} + w' \operatorname{div} \mathfrak{Z})\, d\tau.$$

Nach §. 62 (2) ist aber

$$T' = - \int (u' \operatorname{div} \mathfrak{X} + v' \operatorname{div} \mathfrak{Y} + w' \operatorname{div} \mathfrak{Z})\, d\tau$$

die Arbeit der Verschiebung $\mathfrak{U}'$, die nach §. 62 (7) auch gleich

$$- \int (\overline{X} u' + \overline{Y} v' + \overline{Z} w')\, do + \int F(\mathfrak{U}, \mathfrak{U}')\, d\tau,$$

und nach (3)

$$= - \int (\overline{X} u' + \overline{Y} v' + \overline{Z} w')\, do + \frac{dT}{dt}\, d\tau$$

ist. Es ergiebt sich also aus (5)

$$(6)\qquad \frac{d(T_0 + T)}{dt}\, dt =$$

$$\int \varrho (Xu' + Yv' + Zw')\, d\tau + \int (\overline{X} u' + \overline{Y} v' + \overline{Z} w')\, do.$$

Es ist endlich

$$(7)\qquad \int \varrho (Xu' + Yv' + Zw')\, d\tau + \int (\overline{X} u' + \overline{Y} v' + \overline{Z} w')\, do = A\, dt$$

die in dem Zeitelement dt bei der wirklich eintretenden Bewegung von den äusseren Volumen- und Flächenkräften geleistete Arbeit und demnach ergiebt sich aus (6)

$$(8)\qquad A = \frac{d(T_0 + T)}{dt},$$

d. h. die Arbeit der äusseren Kräfte ist gleich der Vermehrung der gesammten potentiellen und kinetischen Energie.

1. Hieraus aber ergiebt sich sofort der Satz, dass die Differentialgleichungen für die elastischen Bewegungen mit ihren Grenz- und Anfangsbedingungen, wenn die äusseren Kräfte gegeben sind, nur eine einzige Lösung zulassen.

Denn sind u_1, v_1, w_1 und u_2, v_2, w_2 zwei Lösungen desselben elastischen Problems, so sind

$$u = u_1 - u_2, \quad v = v_1 - v_2, \quad w = w_1 - w_2$$

gleichfalls Lösungen eines elastischen Problems, bei dem aber die äusseren Kräfte $X, Y, Z, \overline{X}, \overline{Y}, \overline{Z}$ alle gleich Null sind, und bei dem auch die Anfangswerthe §. 63 (4) alle verschwinden. Für dieses Problem ist also nach (7) die Arbeit $A = 0$ und folglich ist die Energie $T_0 + T$ von der Zeit unabhängig, und da sie am Anfang gleich Null ist, so ist sie überhaupt gleich Null. Dies ist nur möglich, wenn T_0 und T einzeln verschwinden. Das Verschwinden von T_0 ist aber nur möglich, wenn die Geschwindigkeiten

$$\partial u / \partial t, \qquad \partial v / \partial t, \qquad \partial w / \partial t$$

gleich Null, also u, v, w von der Zeit unabhängig sind. Das Verschwinden von T erfordert, dass die sechs Grössen

$$x_x, \quad y_y, \quad z_z, \quad y_z, \quad z_x, \quad x_y$$

gleich Null sind, und daher u, v, w die Form §. 61 (5) haben.

Die Verschiebungen u_1, v_1, w_1 unterscheiden sich also von den u_2, v_2, w_2 nur um Grössen, die die Verschiebung eines starren Körpers ausdrücken, und um die Functionen u, v, w vollständig zu bestimmen, müssen also noch Gleichungen zur Bestimmung von Constanten hinzukommen, die ausreichend sind, um die Lage eines starren Körpers zu bestimmen.

Für den Fall des Gleichgewichtes führt eine ähnliche Betrachtung zum Ziele. In diesem Fall sind die u, v, w als Functionen von x, y, z unabhängig von t zu bestimmen aus den Gleichungen:

$$(9) \qquad \begin{aligned} \varrho X + \operatorname{div} \mathfrak{X} &= 0, \\ \varrho Y + \operatorname{div} \mathfrak{Y} &= 0, \\ \varrho Z + \operatorname{div} \mathfrak{Z} &= 0, \end{aligned}$$

mit den Grenzbedingungen

$$(10) \qquad X_n = \overline{X}, \quad Y_n = \overline{Y}, \quad Z_n = \overline{Z}.$$

Haben diese Gleichungen zwei verschiedene Lösungen u_1, v_1, w_1 und u_2, v_2, w_2, so genügen die Differenzen

$$(11) \qquad u = u_1 - u_2, \quad v = v_1 - v_2, \quad w = w_1 - w_2$$

den Gleichungen

$$\operatorname{div} \mathfrak{X} = 0, \quad \operatorname{div} \mathfrak{Y} = 0, \quad \operatorname{div} \mathfrak{Z} = 0$$

mit den Grenzbedingungen, dass an der Oberfläche X_n, Y_n, Z_n gleich Null sein sollen. Daraus aber ergiebt sich nach §. 62 (2), dass $d\,T'$ für jeden beliebigen Verschiebungsvector $\mathfrak{U}'$ gleich Null ist, also nach §. 62 (7)

$$(12) \qquad \int (u'\overline{X} + v'\overline{Y} + w'\overline{Z})\,do - \int F(\mathfrak{U}, \mathfrak{U}')\,d\tau = 0.$$

Setzt man hierin $u' = u$, $v' = v$, $w' = w$ und beachtet, dass $\overline{X}$, $\overline{Y}$, $\overline{Z}$ verschwinden, so folgt

$$(13) \qquad F(\mathfrak{U}, \mathfrak{U}) = 0,$$

also $x_x = 0$, $y_y = 0$, $z_z = 0$, $y_z = 0$, $z_x = 0$, $x_y = 0$, woraus wieder zu schliessen ist, dass u, v, w die Ausdrücke für die Verschiebung der Punkte eines starren Körpers sind.

Derselbe Schluss kann aber auch gemacht werden, wenn an der Oberfläche nicht die Druckkräfte, sondern die Verschiebungen u, v, w gegeben sind. Auch dadurch ist die Lösung des Problems eindeutig bestimmt.

Denn wenn unter dieser Voraussetzung zwei Lösungen u_1, v_1, w_1; u_2, v_2, w_2 vorhanden wären, so wären die Differenzen (11) an der Oberfläche gleich Null, und in (12) würde für $u' = u$, $v' = v$, $w' = w$ das Flächenintegral gleich Null. Es würde also wieder die Gleichung (13) erfüllt sein müssen. Und derselbe Schluss kann auch unter der allgemeineren Voraussetzung gemacht werden, dass an der Oberfläche überall

$$u\overline{X} + v\overline{Y} + w\overline{Z}$$

verschwindet.

2. Es folgt hieraus, dass die Lösung des statischen Problems eindeutig bestimmt ist, wenn an der Oberfläche von den drei Grössenpaaren

$$\overline{X}, u, \qquad \overline{Y}, v, \qquad \overline{Z}, w$$

je eine Grösse gegeben ist.

§. 65.

Isotrope Körper.

Die Ausdrücke für die molecularen Drucke durch die Verschiebungen vereinfachen sich wesentlich, wenn wir noch gewisse Voraussetzungen über die Symmetrie des Körpers hinzunehmen. Es genügt dazu, nach §. 62 (13) die quadratische Function F als Function der Variablen

$$(1)\qquad \begin{aligned} x_x &= \frac{\partial u}{\partial x}, & y_z &= \frac{\partial v}{\partial z} + \frac{\partial w}{\partial y}, \\ y_y &= \frac{\partial v}{\partial y}, & z_x &= \frac{\partial w}{\partial x} + \frac{\partial u}{\partial z}, \\ z_z &= \frac{\partial w}{\partial z}, & x_y &= \frac{\partial u}{\partial y} + \frac{\partial v}{\partial x} \end{aligned}$$

darzustellen.

1. Wir machen zunächst die Annahme, dass der Körper sich in je zwei entgegengesetzten Richtungen in elastischer Beziehung gleichartig verhalte, oder, wie wir sagen wollen, dass zwei entgegengesetzte Richtungen gleichwerthig seien.

Wenn dann ein neues Coordinatensystem eingeführt wird, in dem die x-Axe die entgegengesetzte Richtung erhält, so ist u und x durch $-u$, $-x$ zu ersetzen, und die Function F muss also bei den Zeichenänderungen

$$\begin{matrix} x_x, & y_y, & z_z, & y_z, & z_x, & x_y, \\ x_x, & y_y, & z_z, & y_z, & -z_x, & -x_y \end{matrix}$$

ungeändert bleiben.

Es fehlen also in der Function F die Glieder mit

$$x_x z_x,\quad x_x x_y,\quad y_y z_x,\quad y_y x_y,\quad z_z z_x,\quad z_z x_y,\quad y_z z_x,\quad y_z x_y,$$

und wenn man der y-Axe und der z-Axe die entgegengesetzte Richtung giebt, fallen noch weitere entsprechende Glieder heraus, und in F bleiben also in Folge dieser einen Annahme nur die Glieder

$$(2)\qquad \begin{matrix} x_x^2, & y_y^2, & z_z^2, \\ y_y z_z, & z_z x_x, & x_x y_y, \\ y_z^2, & z_x^2, & x_y^2. \end{matrix}$$

Durch die Annahme 1. reduciren sich also die 21 Constanten der Function F bereits auf 9.

2. Wir machen ferner die Annahme, dass die drei Axen x, y, z gleichwerthig seien.

Daraus folgt, dass je drei Glieder von F, die in (2) in einer Reihe stehen, denselben Coëfficienten haben, wodurch die Zahl der Constanten auf drei reducirt ist, und die Function F erhält, wenn diese Constanten mit $\varkappa$, λ, μ bezeichnet sind, die Form

$$(3)\quad 2F = \varkappa(x_x^2 + y_y^2 + z_z^2) + 2\lambda(y_y z_z + z_z x_x + x_x y_y) + \mu(y_z^2 + z_x^2 + x_y^2),$$

und für die inneren Druckcomponenten ergiebt sich nach §. 62 (13):

$$(4)\quad \begin{aligned} X_x &= \varkappa x_x + \lambda y_y + \lambda z_z, & Y_z &= \mu y_z, \\ Y_y &= \lambda x_x + \varkappa y_y + \lambda z_z, & Z_x &= \mu z_x, \\ Z_z &= \lambda x_x + \lambda y_y + \varkappa z_z, & X_y &= \mu x_y. \end{aligned}$$

Die drei Constanten $\varkappa$, λ, μ lassen sich aber auf zwei reduciren durch die dritte Annahme:

3. dass überhaupt alle Richtungen in dem elastischen Körper gleichwerthig seien, dass also der Körper isotrop sei.

Dazu ist erforderlich, dass die Ausdrücke (4) ihre Form nicht ändern, wenn man zu einem neuen rechtwinkligen Coordinatensystem übergeht.

Es seien also x', y', z' die Coordinaten eines Punktes in dem neuen System, das mit dem ursprünglichen durch die Formeln zusammenhänge:

$$(5)\quad \begin{aligned} x' &= a_1 x + a_2 y + a_3 z, & x &= a_1 x' + b_1 y' + c_1 z', \\ y' &= b_1 x + b_2 y + b_3 z, & y &= a_2 x' + b_2 y' + c_2 z', \\ z' &= c_1 x + c_2 y + c_3 z, & z &= a_3 x' + b_3 y' + c_3 z', \end{aligned}$$

und die Coëfficienten a_1, a_2, $a_3 \ldots$ sind darin den aus der analytischen Geometrie bekannten Relationen unterworfen, die wir nicht hierher zu setzen brauchen.

Nach §. 60 (9) haben wir zunächst

$$(6)\quad \begin{aligned} X_{x'} &= a_1 X_x + a_2 X_y + a_3 X_z, \\ Y_{x'} &= a_1 Y_x + a_2 Y_y + a_3 Y_z, \\ Z_{x'} &= a_1 Z_x + a_2 Z_y + a_3 Z_z, \end{aligned}$$

und wenn wir hieraus die Componenten nach den Richtungen x', y', z' bilden:

$$\begin{aligned} X'_{x'} &= a_1 X_{x'} + a_2 Y_{x'} + a_3 Z_{x'}, \\ Y'_{x'} &= b_1 X_{x'} + b_2 Y_{x'} + b_3 Z_{x'}, \end{aligned}$$

oder da $Z_y = Y_z$ etc. ist:

$$(7)\quad X'_{x'} = a_1^2 X_x + a_2^2 Y_y + a_3^2 Z_z + 2 a_2 a_3 Y_z + 2 a_3 a_1 Z_x + 2 a_1 a_2 X_y,$$

$$(8)\quad Y'_{x'} = a_1 b_1 X_x + a_2 b_2 Y_y + a_3 b_3 Z_z + (a_2 b_3 + b_2 a_3) Y_z + (a_3 b_1 + b_3 a_1) Z_x + (a_1 b_2 + b_1 a_2) X_y,$$

und hieraus kann man die übrigen Componenten durch cyklische Vertauschungen leicht ableiten.

Ebenso ist nun:

$$u' = a_1 u + a_2 v + a_3 w,$$

und daraus

$$\frac{\partial u'}{\partial x'} = \frac{\partial u'}{\partial x} a_1 + \frac{\partial u'}{\partial y} a_2 + \frac{\partial u'}{\partial z} a_3$$
$$= a_1^2 \frac{\partial u}{\partial x} + a_2^2 \frac{\partial v}{\partial y} + a_3^2 \frac{\partial w}{\partial z}$$
$$+ a_2 a_3 \left(\frac{\partial v}{\partial z} + \frac{\partial w}{\partial y}\right) + a_3 a_1 \left(\frac{\partial w}{\partial x} + \frac{\partial u}{\partial z}\right) + a_1 a_2 \left(\frac{\partial u}{\partial y} + \frac{\partial v}{\partial x}\right)$$

oder

(9) $$x'_{x'} = a_1^2 x_x + a_2^2 y_y + a_3^2 z_z + a_2 a_3 y_z + a_3 a_1 z_x + a_1 a_2 x_y,$$

und ähnlich:

(10) $$y'_{x'} = 2 a_1 b_1 x_x + 2 a_2 b_2 y_y + 2 a_3 b_3 z_z$$
$$+ (a_2 b_3 + b_2 a_3) y_z + (a_3 b_1 + b_3 a_1) z_x + (a_1 b_2 + b_1 a_2) x_y$$ [1].

Wenn wir nun die Ausdrücke (4) in (8) substituiren, so erhält das Glied mit x_x in $Y'_{x'}$ den Coëfficienten

$$\varkappa a_1 b_1 + \lambda (a_2 b_2 + a_3 b_3) = (\varkappa - \lambda) a_1 b_1$$

(mit Hülfe der bekannten Relation $a_1 b_1 + a_2 b_2 + a_3 b_3 = 0$), und es ergiebt sich

$$Y'_{x'} = (\varkappa - \lambda)(a_1 b_1 x_x + a_2 b_2 y_y + a_3 b_3 z_z)$$
$$+ \mu [(a_2 b_3 + a_3 b_2) y_z + (a_3 b_1 + a_1 b_3) z_x + (a_1 b_2 + b_1 a_2) x_y],$$

---

[1]) Man kann diese Transformationen in folgender Regel zusammenfassen: Man bilde nach (5) die Producte

$$x'^2, \quad y'^2, \quad z'^2, \quad y' z', \quad z' x', \quad x' y';$$

aus diesen erhält man

$$X'_{x'}, \quad Y'_{y'}, \quad Z'_{z'}, \quad Y'_{x'}, \quad Z'_{x'}, \quad X'_{z'},$$

wenn man

$$x^2, \quad y^2, \quad z^2, \quad y z, \quad z x, \quad x y,$$

durch

$$X_x, \quad Y_y, \quad Z_z, \quad Y_z, \quad Z_x, \quad X_y$$

ersetzt, und

$$x'_{x'}, \quad y'_{y'}, \quad z'_{z'}, \quad \tfrac{1}{2} y'_{z'}, \quad \tfrac{1}{2} z'_{x'}, \quad \tfrac{1}{2} x'_{y'},$$

wenn man

$$x^2, \quad y^2, \quad z^2, \quad y z, \quad z x, \quad x y$$

durch

$$x_x, \quad y_y, \quad z_z, \quad \tfrac{1}{2} y_z, \quad \tfrac{1}{2} z_x, \quad \tfrac{1}{2} x_y$$

ersetzt.

und mit Hülfe von (10)

$$Y'_{x'} = \mu\, y'_{x'} + (\varkappa - \lambda - 2\mu)(a_1 b_1 x_x + a_2 b_2 y_y + a_3 b_3 z_z).$$

Nach der Voraussetzung 3. müsste aber

$$Y'_{x'} = \mu\, y'_{x'}$$

sein, und daraus folgt die Relation

$$\varkappa = \lambda + 2\mu. \tag{11}$$

Hiernach ergeben sich für die Componenten des molecularen Druckes, wenn wir zur Abkürzung

$$\Theta = \operatorname{div} \mathfrak{U} = \frac{\partial u}{\partial x} + \frac{\partial v}{\partial y} + \frac{\partial w}{\partial z} \tag{12}$$

setzen, aus (4) die Ausdrücke

$$\begin{aligned}
X_x &= \lambda\Theta + 2\mu\frac{\partial u}{\partial x}, & Y_z &= \mu\left(\frac{\partial v}{\partial z} + \frac{\partial w}{\partial y}\right),\\
Y_y &= \lambda\Theta + 2\mu\frac{\partial v}{\partial y}, & Z_x &= \mu\left(\frac{\partial w}{\partial x} + \frac{\partial u}{\partial z}\right),\\
Z_z &= \lambda\Theta + 2\mu\frac{\partial w}{\partial z}, & X_y &= \mu\left(\frac{\partial u}{\partial y} + \frac{\partial v}{\partial x}\right).
\end{aligned} \tag{13}$$

Es ist daher

$$\begin{aligned}
\operatorname{div}\mathfrak{X} &= \frac{\partial X_x}{\partial x} + \frac{\partial X_y}{\partial y} + \frac{\partial X_z}{\partial z}\\
&= (\lambda + \mu)\frac{\partial \Theta}{\partial x} + \mu\Delta u,
\end{aligned} \tag{14}$$

wenn wie früher

$$\Delta u = \frac{\partial^2 u}{\partial x^2} + \frac{\partial^2 u}{\partial y^2} + \frac{\partial^2 u}{\partial z^2} \tag{15}$$

gesetzt ist. Demnach ergeben sich die Differentialgleichungen für die Bewegung eines isotropen elastischen Körpers nach §. 63 (2) in der Form:

$$\begin{aligned}
\varrho\left(X - \frac{\partial^2 u}{\partial t^2}\right) + (\lambda + \mu)\frac{\partial \Theta}{\partial x} + \mu\Delta u &= 0,\\
\varrho\left(Y - \frac{\partial^2 v}{\partial t^2}\right) + (\lambda + \mu)\frac{\partial \Theta}{\partial y} + \mu\Delta v &= 0,\\
\varrho\left(Z - \frac{\partial^2 w}{\partial t^2}\right) + (\lambda + \mu)\frac{\partial \Theta}{\partial z} + \mu\Delta w &= 0,
\end{aligned} \tag{16}$$

und für das Gleichgewicht:

$$
(17) \qquad
\begin{aligned}
\varrho X + (\lambda + \mu) \frac{\partial \Theta}{\partial x} + \mu \Delta u &= 0, \\
\varrho Y + (\lambda + \mu) \frac{\partial \Theta}{\partial y} + \mu \Delta v &= 0, \\
\varrho Z + (\lambda + \mu) \frac{\partial \Theta}{\partial z} + \mu \Delta w &= 0.
\end{aligned}
$$

Wie wir aber gesehen haben, sind durch diese Gleichungen in Verbindung mit den Grenz- und Anfangsbedingungen, die Functionen u, v, w noch nicht vollständig bestimmt, und wenn u_1, v_1, w_1 eine Lösung ist, so ist die allgemeine

$$
(18) \qquad
\begin{aligned}
u &= u_1 + a - ry + qz, \\
v &= v_1 + b - pz + rx, \\
w &= w_1 + c - qx + py,
\end{aligned}
$$

worin a, b, c, p, q, r Constanten sind. Um diese sechs Constanten zu bestimmen, können wir etwa noch die Forderung hinzufügen, dass für den Coordinatenanfangspunkt

$$
(19) \qquad
\begin{gathered}
u = 0, \qquad v = 0, \qquad w = 0, \\
\frac{\partial v}{\partial z} - \frac{\partial w}{\partial y} = 0, \quad \frac{\partial w}{\partial x} - \frac{\partial u}{\partial z} = 0, \quad \frac{\partial u}{\partial y} - \frac{\partial v}{\partial x} = 0
\end{gathered}
$$

sein soll, d. h. dass der Coordinatenanfangspunkt fest, und die Deformation seiner Umgebung eine reine Dehnung sein soll.

Neunter Abschnitt.

Statische Probleme der Elasticitätstheorie.

---

§. 66.

Lineare Deformation.

Wenn wir von der Einwirkung äusserer Volumkräfte absehen, also X, Y, $Z = 0$ setzen, so sind die Gleichungen §. 65 (17) befriedigt, wenn für u, v, w lineare Functionen von x, y, z gesetzt werden. Dies giebt eine lineare Deformation des ganzen Systems, und diese ist, wenn wir die Annahme §. 65 (19) für einen Punkt machen, für den ganzen Körper eine reine Dehnung. Wir setzen also (Bd. I, §. 83):

$$
\begin{aligned}
u &= \alpha x + \gamma' y + \beta' z, \\
v &= \gamma' x + \beta y + \alpha' z, \\
w &= \beta' x + \alpha' y + \gamma z,
\end{aligned}
\tag{1}
$$

worin die α, β, γ, α', β', γ' Constanten sind. Dadurch sind also die Hauptgleichungen des Gleichgewichtes befriedigt, und es ist noch die Frage, welchen Grenzbedingungen wir durch diese Annahme genügen können. Dazu bilden wir nach §. 65 (13) die Componenten der inneren Druckkräfte:

$$
\begin{aligned}
X_x &= \lambda(\alpha + \beta + \gamma) + 2\mu\alpha, & Y_z &= 2\mu\alpha', \\
Y_y &= \lambda(\alpha + \beta + \gamma) + 2\mu\beta, & Z_x &= 2\mu\beta', \\
Z_z &= \lambda(\alpha + \beta + \gamma) + 2\mu\gamma, & X_y &= 2\mu\gamma'.
\end{aligned}
\tag{2}
$$

Die Deformation (1) lässt sich also immer durch äussere Flächenkräfte gegen die Oberfläche hervorrufen, deren Componenten nach §. 60 (11) durch die Gleichungen bestimmt sind:

$$\overline{X} = \lambda\,\Theta \cos(nx) + 2\,\mu\,[\alpha \cos(nx) + \gamma' \cos(ny) + \beta' \cos(nz)],$$
$$(3)\quad \overline{Y} = \lambda\,\Theta \cos(ny) + 2\,\mu\,[\gamma' \cos(nx) + \beta \cos(ny) + \alpha' \cos(nz)],$$
$$\overline{Z} = \lambda\,\Theta \cos(nz) + 2\,\mu\,[\beta' \cos(nx) + \alpha' \cos(ny) + \gamma \cos(nz)],$$

worin n die nach aussen gerichtete Normale und

$$(4)\qquad \Theta = \alpha + \beta + \gamma$$

die Vergrösserung der Volumeneinheit oder die räumliche Dilatation ist.

Ist P die Kraft, die auf ein Oberflächenelement wirkt, bezogen auf die Flächeneinheit, so ist

$$(5)\quad \overline{X} = P \cos(Px),\quad \overline{Y} = P \cos(Py),\quad \overline{Z} = P \cos(Pz).$$

§. 67.

Beispiel I. Allseitig wirkende Zugkraft.

Wir betrachten einige specielle Fälle. Es sei die äussere Kraft P constant und habe die Richtung der (äusseren) Normale n. Dann ist

$$\overline{X} = P \cos(nx),\quad \overline{Y} = P \cos(ny),\quad \overline{Z} = P \cos(nz),$$

und die Gleichungen §. 66 (3) werden befriedigt, wenn

$$\alpha = \beta = \gamma,\quad \alpha' = \beta' = \gamma' = 0,$$
$$(1)\qquad \Theta = 3\,\alpha,\qquad P = (3\,\lambda + 2\,\mu)\,\alpha = \frac{\Theta\,(3\lambda + 2\,\mu)}{3},$$
$$\Theta = \frac{3}{3\,\lambda + 2\,\mu}\,P$$

gesetzt wird. Wenn also gegen die Oberfläche eines isotropen elastischen Körpers eine überall gleiche Zugkraft ausgeübt wird, so tritt eine allseitig gleichmässige Dehnung ein und die Volumenvergrösserung ist mit der Zugkraft proportional. Es ist $\lambda + \frac{2\,\mu}{3}$ die Flächenkraft, die erforderlich wäre, um das Volumen auf das Doppelte zu vergrössern (wenn bei solchen Kräften die hier angenommenen Gesetze noch gültig wären).

Wenn statt der Zugkraft eine Druckkraft wirkt, d. h. wenn P die Richtung der inneren Normalen hat, so tritt an Stelle der Dilatation eine Compression, die denselben Gesetzen folgt.

§. 68.

Beispiel II. Constante Zugkraft gegen die Endflächen eines Cylinders.

Wir betrachten zweitens einen geraden Cylinder von beliebiger Grundfläche, gegen dessen beide Endflächen constante und einander entgegengesetzt gleiche Zugkräfte P wirken, während die Mantelfläche nicht von Kräften angegriffen ist.

Legen wir die z-Axe in die Richtung der Cylinder-Erzeugenden, so ist an der einen Endfläche, wo z den grösseren Werth hat

$$\overline{X}=0,\quad \overline{Y}=0,\quad \overline{Z}=P,\quad \cos(nx)=0,\quad \cos(ny)=0,\quad \cos(nz)=1$$

und an der anderen Endfläche

$$\overline{X}=0,\quad \overline{Y}=0,\quad \overline{Z}=-P,\quad \cos(nx)=0,\quad \cos(ny)=0,\quad \cos(nz)=-1.$$

Beide Systeme von Gleichungen sind mit einander verträglich und geben nach §. 66 (3):

$$P=\lambda\Theta+2\mu\gamma,\quad \alpha'=0,\quad \beta'=0. \tag{1}$$

Für die Mantelfläche ist $\overline{X}=0$, $\overline{Y}=0$, $\overline{Z}=0$, $\cos(nz)=0$; also ergeben sich mit Benutzung von (1) noch die Gleichungen:

$$\lambda\Theta+2\mu\alpha=0,\quad \lambda\Theta+2\mu\beta=0,\quad \gamma'=0, \tag{2}$$

also

$$\alpha=\beta=-\frac{\lambda\Theta}{2\mu},\quad \Theta=2\alpha+\gamma=-\frac{2\mu\alpha}{\lambda},\quad P=-2\mu(\alpha-\gamma), \tag{3}$$

und daraus:

$$\gamma=\frac{(\lambda+\mu)P}{\mu(3\lambda+2\mu)},\quad -\alpha=\frac{\lambda P}{2\mu(3\lambda+2\mu)},\quad \Theta=\frac{P}{3\lambda+2\mu},\quad \frac{-\alpha}{\gamma}=\frac{\lambda}{2(\lambda+\mu)}. \tag{4}$$

Man sieht hieraus, dass mit der Längendilatation γ, die durch die Zugkraft P hervorgebracht ist, immer eine Quercontraction $-\alpha$ verbunden ist, die durch die letzte Formel (4) bestimmt wird. Setzt man

$$E = \frac{\mu (3\lambda + 2\mu)}{\lambda + \mu}, \qquad \sigma = \frac{-\alpha}{\gamma} = \frac{\lambda}{2(\lambda + \mu)},$$

so ist E die Zugkraft, die erforderlich wäre, um $\gamma = 1$ zu machen, also die Länge des ganzen Cylinders zu verdoppeln. Diese Grösse heisst der Elasticitäts-Modulus; σ ist eine zweite Constante, nämlich das Verhältniss der Quercontraction zur Längendilatation. Da eine Zugkraft das Volumen niemals verkleinert, so ist $-2\alpha < \gamma$ und folglich $\sigma < 1/2$. E, σ sind Constanten der Substanz, die an Stelle von λ und μ eingeführt werden können.

Man erhält:

(5) $$\lambda = \frac{\sigma E}{(1 + \sigma)(1 - 2\sigma)}, \quad \mu = \frac{E}{2(1 + \sigma)} \text{ [1]}.$$

Für die Componenten des molecularen Druckes erhält man nach §. 66 (2)

$$X_x = 0, \qquad Y_y = 0, \qquad Z_z = P,$$
$$Y_x = Z_x = X_y = 0.$$

§. 69.

Beispiel III. Constante Zugkraft gegen die Mantelfläche eines Cylinders.

Wir nehmen jetzt an, dass gegen die Mantelfläche des Cylinders in normaler Richtung eine constante Zugkraft P wirkt, während die Endflächen frei sind. Legen wir wieder die z-Axe in die Richtung der Cylinder-Erzeugenden, so hat man wegen der Endflächen die Bedingungen

(1) $$\beta' = 0, \qquad \alpha' = 0, \qquad \lambda\Theta + 2\mu\gamma = 0$$

---

[1] Die Dimensionen der hier auftretenden Grössen sind

$$[\varrho] = [m l^{-3}], \quad [X] = [l t^{-2}], \quad [\overline{X}] = [P] = [m l^{-1} t^{-2}]$$
$$[\lambda] = [\mu] = [E] = [m l^{-1} t^{-2}].$$

Die Constante σ ist eine reine Zahl, deren Werth Poisson aus der Moleculartheorie gleich $1/4$ abgeleitet hat, was die Relation $\lambda = \mu$ ergeben würde. Spätere Beobachtungen haben aber diese Annahme von Poisson nicht bestätigt, und es müssen nach unserer jetzigen Kenntniss λ und μ oder E und σ als zwei von einander unabhängige Elasticitätsconstanten angenommen werden.

und wegen der Mantelfläche:

$$(2)\qquad \gamma' = 0, \qquad \lambda\Theta + 2\mu\alpha = \lambda\Theta + 2\mu\beta = P,$$

also

$$\alpha = \beta = \frac{\lambda + 2\mu}{2\mu(3\lambda + 2\mu)} P,$$

$$(3)\qquad \gamma = \frac{-\lambda}{\mu(3\lambda + 2\mu)} P,$$

$$\Theta = \frac{2P}{(3\lambda + 2\mu)},$$

und für die Componenten des molecularen Druckes aus §. 66 (2)

$$(4)\qquad \begin{aligned} X_x = Y_y = P, \quad Z_z = 0 \\ Y_z = Z_x = X_y = 0. \end{aligned}$$

§. 70.

Torsion.

Die ersten Lösungen allgemeinerer statischer Probleme der Elasticitätstheorie hat St. Venant gegeben, der die Biegung und Torsion eines elastischen Stabes unter gewissen vereinfachenden Voraussetzungen in einer grossen Zahl von Fällen bestimmt hat. Wir beschränken uns hier auf die Betrachtung der Torsion, für die die Formeln die einfachste Gestalt annehmen. In Bezug auf die etwas weitläufigere Theorie der Biegung verweisen wir auf die Lehrbücher der Elasticitätstheorie[1]).

Wir betrachten einen cylindrischen Stab, und sehen von dem Einfluss äusserer Volumkräfte ab. Die Gestalt des Querschnittes dieses Stabes bleibt einstweilen unbestimmt. Wir nehmen die Deformation $\mathfrak{U}$ folgendermaassen an. Jeder ursprünglich ebene Querschnitt erleidet eine Drehung um eine den Erzeugenden der Cylinderfläche parallele Axe. Diese Axe ist für alle Quer-

---

[1]) Saint Venant, De la Torsion des Prismes, avec des considérations sur leur flexion. Mémoires des Savants étrangers. 1855. Liouville Journal, II. série, tome I, 1855/56.

Clebsch, Theorie der Elasticität fester Körper. Leipzig 1862, S. 70 f.

Love, A treatise on the mathematical theory of elasticity. Cambridge 1892. Vol. I, S. 146 f.

Thomson und Tait, Theoretische Physik. Deutsch von Helmholtz und Wertheim. Bd. II, S. 222 f.

schnitte dieselbe, und soll die Stabaxe heissen. Der Drehungswinkel ist proportional mit der Entfernung von einem festen, etwa dem mittleren Querschnitt, so dass der mittlere Querschnitt nicht gedreht erscheint.

Ausserdem wird noch eine Verschiebung parallel zur Stabaxe angenommen, wodurch die ursprünglich ebenen Querschnitte gekrümmt werden. Diese Formänderung soll für alle Querschnitte dieselbe sein. Es ist nicht nöthig (z. B. bei einem Hohlcylinder), dass die Stabaxe der Materie des Stabes selbst angehört. Wenn es aber der Fall ist, so ist die Axe eine Faser des Stabes, die keine Verschiebung senkrecht zu ihrer Richtung erfahren hat.

Wir legen die z-Axe in die Stabaxe, ihren Nullpunkt in den ungedrehten Querschnitt.

Die gemachten Voraussetzungen drücken sich dann durch die Formeln aus:

$$(1) \qquad u = -\omega z y, \qquad v = \omega z x,$$

worin ω eine Constante und ωz der unendlich kleine Drehungswinkel für den Querschnitt z ist.

Die dritte Componente, w, ist eine Function von x, y allein.

Wir setzen

$$(2) \qquad w = \omega \varphi(x, y)$$

und fragen, welche inneren Flächenkräfte im Stande sind, eine solche Deformation zu bewirken.

Eine in der natürlichen Lage der z-Axe parallele Faser $x = x_0$, $y = y_0$ hat nach eingetretener Deformation die Gleichungen:

$$x = x_0 - \omega z y_0, \qquad y = y_0 + \omega z x_0$$

und ist also geradlinig, aber nicht parallel geblieben. Durch eine Drehung des Stabes als Ganzes nach der Deformation kann man daher jede Längsfaser des Stabes zur Stabaxe machen.

Aus den Annahmen (1), (2) ergiebt sich

$$(3) \qquad \Theta = \frac{\partial u}{\partial x} + \frac{\partial v}{\partial y} + \frac{\partial w}{\partial z} = 0,$$

und für die Componenten des molecularen Druckes findet sich nach §. 65 (13)

$$X_x = 0, \quad Y_y = 0, \quad Z_z = 0, \quad X_y = 0,$$

$$(4) \qquad X_z = Z_x = \mu\omega\left(-y + \frac{\partial \varphi}{\partial x}\right),$$

$$Y_z = Z_y = \mu\omega\left(\ x + \frac{\partial \varphi}{\partial y}\right),$$

und die Differentialgleichungen §. 65 (17) reduciren sich auf die eine:

$$(5) \qquad \frac{\partial^2 \varphi}{\partial x^2} + \frac{\partial^2 \varphi}{\partial y^2} = 0.$$

Wir nehmen ferner an, dass gegen die Mantelfläche des Stabes keine äusseren Druckkräfte wirken.

Da an der Mantelfläche $\cos(nz) = 0$ ist, so sind von den Bedingungen §. 60 (11) die beiden ersten nach (4) identisch befriedigt, und die dritte giebt

$$Z_x \cos(nx) + Z_y \cos(ny) = 0$$

oder nach (4)

$$(6) \qquad \frac{\partial \varphi}{\partial x} \cos(nx) + \frac{\partial \varphi}{\partial y} \cos(ny) - y \cos(nx) + x \cos(ny) = 0.$$

Die Bedingung (6), in der n die nach aussen gerichtete Normale bedeutet, bezieht sich auf die Begrenzung der in der xy-Ebene gelegenen Querschnittsfläche und ist eine Grenzbedingung zur Bestimmung der Function φ aus der Differentialgleichung (5).

Aus (5) und (6) ist die Function φ bis auf eine additive Constante bestimmt. Zur Bestimmung dieser Constanten können wir annehmen, dass $\varphi = 0$ sein soll für $x = 0$, $y = 0$. Dann haben die Punkte der Stabaxe überhaupt keine Verschiebung erfahren, und man kann sich diesen Zustand z. B. dadurch hervorgerufen denken, dass man zwei Punkte der Stabaxe in den beiden Endflächen als befestigt annimmt.

Ueber die auf den Endflächen anzubringenden Druckkräfte können wir jetzt nicht mehr willkürlich verfügen. Da an diesen Endflächen $\cos(nx) = 0$, $\cos(ny) = 0$ und an der einen $\cos(nz) = +1$, an der anderen $\cos(nz) = -1$ ist, so ergiebt sich für die erstere, die wir die obere nennen wollen

$$
(7) \qquad \begin{aligned}
\overline{X} &= X_z = \mu\,\omega\left(-y + \frac{\partial\varphi}{\partial x}\right),\\
\overline{Y} &= Y_z = \mu\,\omega\left(\ \ x + \frac{\partial\varphi}{\partial y}\right),\\
\overline{Z} &= Z_z = 0,
\end{aligned}
$$

und für die untere Endfläche erhält man gleiche und entgegengesetzte Druckkräfte.

Die gegen die Endfläche wirkenden Druckkräfte sind also tangential. Ihre Vertheilung über die Flächen ist aber erst bekannt, wenn die Function φ bestimmt ist.

Die Kräfte $\overline{X}$, $\overline{Y}$, die auf die obere Endfläche wirken, geben ein Drehungsmoment M in Bezug auf die Stabaxe, und auf der unteren Endfläche erhält man ein gleiches, aber entgegengesetztes Moment, so dass sie sich am starren Stabe aufheben würden. Die Grösse dieses Drehungsmomentes ist, wenn dq ein Element der Querschnittsfläche bedeutet, und die Integration über die ganze Fläche des Querschnittes ausgedehnt wird,

$$
(8) \qquad M = \int (x\,\overline{Y} - y\,\overline{X})\,dq
$$

$$
= \mu\,\omega\left[\int (x^2 + y^2)\,dq + \int\left(x\,\frac{\partial\varphi}{\partial y} - y\,\frac{\partial\varphi}{\partial x}\right)dq\right],
$$

und man kann also ω so bestimmen, dass dieses Moment M einen gegebenen Werth hat.

In den wirklich vorkommenden Fällen der Torsion eines Stabes wird man kaum je in der Lage sein, die Vertheilung des Druckes über die Endflächen genau zu bestimmen; wirklich bestimmbar wird immer nur die Resultante sein. Wenn wir aber die Druckkräfte, bei Festhaltung der Resultanten, anders über die Endflächen vertheilen, so wird zwar im ganzen Stabe der Zustand geändert, die Aenderung wird aber, wenn die Länge des Stabes gross ist im Vergleich zu seinen Querdimensionen, nur in der Nähe der Enden merklich sein. Darum wird man die Resultate der Saint Venant'schen Theorie, trotz der unbekannten Vertheilung des Druckes auf die Endflächen, doch als eine gute Annäherung an die Fälle der Wirklichkeit betrachten dürfen[1]).

[1]) Bei der allgemeinen Saint Venant'schen Theorie, die ausser der Torsion auch noch die Biegung berücksichtigt, werden statt der einen Constante ω deren sechs eingeführt. Diese lassen sich so bestimmen, dass die resultirende Kraft und das resultirende Drehungsmoment der Druckkräfte auf einen der Endquerschnitte beliebige Werthe erhalten.

Die Druckcomponenten X_z, Y_z geben ausser dem Drehungsmoment M auch noch eine resultirende Kraft, deren Componenten

$$X' = \mu\omega \int \left(-y + \frac{\partial \varphi}{\partial x}\right) dq, \quad Y' = \mu\omega \int \left(x + \frac{\partial \varphi}{\partial y}\right) dq$$

sind, und diese ergiebt, wenn sie nicht verschwindet, ein Kräftepaar, dessen Hebelarm die Stablänge ist. Die Wirkung dieses Kräftepaares muss durch ein äusseres Hinderniss, z. B. die Befestigung zweier Punkte, aufgehoben werden. In vielen Fällen, z. B. wenn die Querschnittscurve zwei oder mehr Symmetrielinien hat, verschwinden die Kräfte X', Y' und das Gleichgewicht kann auch ohne Befestigung bestehen.

§. 71.

Zurückführung auf die Functionentheorie.

Die definitive Lösung des Torsionsproblems in einem bestimmten Falle, d. h. für eine bestimmte Gestalt des Querschnittes, ist im vorigen Paragraphen auf die Differentialgleichung:

$$(1) \qquad \frac{\partial^2 \varphi}{\partial x^2} + \frac{\partial^2 \varphi}{\partial y^2} = 0$$

mit der Grenzbedingung:

$$(2) \quad \frac{\partial \varphi}{\partial x} \cos(nx) + \frac{\partial \varphi}{\partial y} \cos(ny) - y \cos(nx) + x \cos(ny) = 0$$

zurückgeführt, und weist also auf die Theorie der Functionen eines complexen Argumentes hin. Die Gleichung (1) besagt nämlich, dass φ der reelle Theil einer Function

$$(3) \qquad \chi = \varphi + i\psi$$

des complexen Argumentes

$$z = x + iy$$

ist (wobei das jetzige z nicht mit der dritten Coordinate zu verwechseln ist). Der Grenzbedingung (2), die sich auf die Begrenzungslinie des Querschnittes, also auf eine in der xy-Ebene geschlossene Linie bezieht, können wir auch eine andere Gestalt geben, durch die sie vereinfacht wird.

Wir bezeichnen mit s die auf der Begrenzung gemessene Bogenlänge, positiv in dem Sinne gerechnet, dass die positiven

dn zu den positiven ds so liegen, wie die positive x-Axe zur positiven y-Axe. Dann ist, wenn wir x, y in der Nähe des Randes als Functionen von n, s betrachten (Fig. 13):

$$(4) \qquad \frac{\partial x}{\partial n} = \frac{\partial y}{\partial s} = \cos(nx), \qquad \frac{\partial y}{\partial n} = -\frac{\partial x}{\partial s} = \cos(ny);$$

ausserdem ist

$$(5) \qquad \frac{\partial \varphi}{\partial x} = \frac{\partial \psi}{\partial y}, \qquad \frac{\partial \varphi}{\partial y} = -\frac{\partial \psi}{\partial x},$$

und es ergiebt sich also aus (2):

$$\frac{\partial \psi}{\partial y}\frac{\partial y}{\partial s} + \frac{\partial \psi}{\partial x}\frac{\partial x}{\partial s} = y\frac{\partial y}{\partial s} + x\frac{\partial x}{\partial s}$$

oder

$$(6) \qquad \frac{\partial \psi}{\partial s} = \frac{1}{2}\frac{\partial (x^2 + y^2)}{\partial s}.$$

Setzen wir

$$r^2 = x^2 + y^2,$$

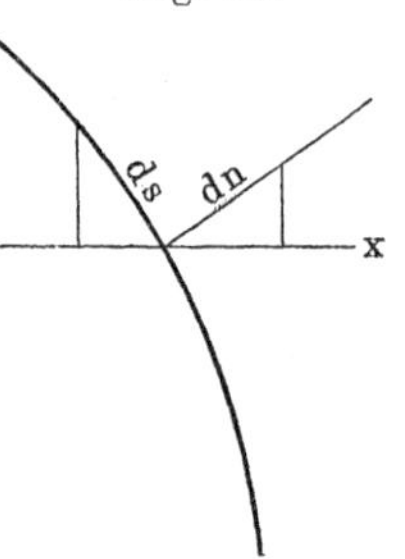

Fig. 13.

so können wir die Gleichung (6) in Bezug auf s integriren und erhalten, wenn c eine Constante bedeutet

$$(7) \qquad 2\psi = r^2 - c.$$

Die Function ψ genügt ausserdem derselben Differentialgleichung wie φ, nämlich:

$$(8) \qquad \frac{\partial^2 \psi}{\partial x^2} + \frac{\partial^2 \psi}{\partial y^2} = 0,$$

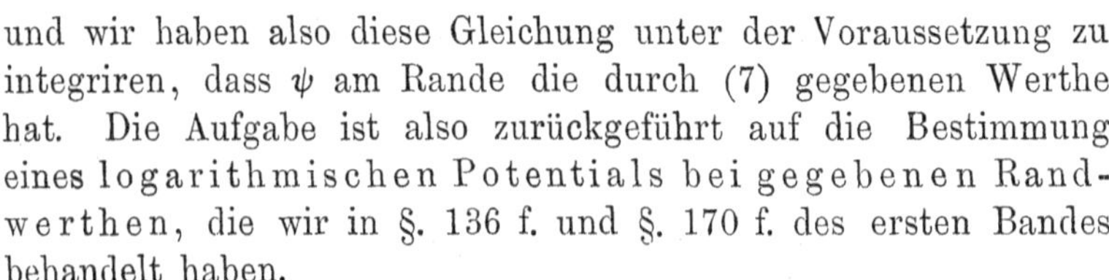
und wir haben also diese Gleichung unter der Voraussetzung zu integriren, dass ψ am Rande die durch (7) gegebenen Werthe hat. Die Aufgabe ist also zurückgeführt auf die Bestimmung eines logarithmischen Potentials bei gegebenen Randwerthen, die wir in §. 136 f. und §. 170 f. des ersten Bandes behandelt haben.

Saint Venant hat aber für dieses Problem einen anderen Weg eingeschlagen, der sehr fruchtbar an einfachen und anschaulichen Resultaten ist. Dieser Weg besteht darin, dass man über die Function χ eine einfache Annahme macht, und dann aus der Grenzbedingung (7) die Gestalt des Querschnittes ableitet, für die diese Annahme eine Lösung giebt. Wir geben dafür im Folgenden ein einfaches Beispiel.

§. 72.

Beispiel.

Nehmen wir zunächst $\chi = \text{const.}$, so ergiebt die Grenzbedingung §. 71 (7) einen kreisförmigen Querschnitt. Die Gleichung §. 70 (2) zeigt, dass die Verschiebung in der Richtung der Stabaxe, w, über den ganzen Querschnitt constant ist.

Für die Druckcomponenten X_z, Y_z erhalten wir aus §. 70 (4):

$$X_z = -\mu\omega y, \quad Y_z = \mu\omega x,$$

und daraus die Resultante

$$S_z = \sqrt{X_z^2 + Y_z^2} = \mu\omega r^2.$$

Diese Kraft steht senkrecht auf dem Radius r. Sie wirkt in der Ebene des Querschnittes auf Zerreissung des Stabes, und wird die scheerende Kraft genannt. Wir wollen sie auch kurz als Spannung bezeichnen. Die Spannung wächst also in diesem Falle mit r und ist am grössten an der Peripherie.

Wir wollen ferner für χ eine Potenz von z nehmen:

$$\chi = -iaz^m, \tag{1}$$

worin a ein constanter Factor und m eine ganze positive Zahl ist. Den Factor a können wir, unbeschadet der Allgemeinheit, reell und positiv annehmen. Es ergiebt sich daraus, wenn wir Polarcoordinaten r, ϑ einführen und

$$z = re^{i\vartheta} \tag{2}$$

setzen:

$$\varphi = ar^m \sin m\vartheta, \quad \psi = -ar^m \cos m\vartheta, \tag{3}$$

und es ist also die Verschiebung in der Richtung der Stabaxe:

$$w = a\omega r^m \sin m\vartheta. \tag{4}$$

Nehmen wir $a\omega$ positiv an, so ist die Deformation des Querschnittes hier so beschaffen, dass vom Nullpunkt $2m$ Strahlen auslaufen, in denen die Verrückung gleich Null ist, und in den $2m$ Sectoren, die hierdurch gebildet werden, ist w abwechselnd positiv und negativ.

Für die Componenten der Spannung erhalten wir nach §. 70 (4):

$$(5)\qquad \begin{aligned} X_z &= \mu\,\omega\left(-y + \frac{\partial\varphi}{\partial x}\right) = -\frac{\mu\,\omega}{2}\frac{\partial(r^2 - 2\psi)}{\partial y}, \\ Y_z &= \mu\,\omega\left(\ \ x + \frac{\partial\varphi}{\partial y}\right) = \ \ \frac{\mu\,\omega}{2}\frac{\partial(r^2 - 2\psi)}{\partial x}, \end{aligned}$$

und mit Rücksicht auf

$$\frac{\partial\varphi}{\partial x} - i\frac{\partial\varphi}{\partial y} = \frac{\partial\varphi}{\partial x} + i\frac{\partial\psi}{\partial x} = \frac{d\chi}{dz}:$$

$$X_z - i\,Y_z = \mu\,\omega\left(-y - ix + \frac{d\chi}{dz}\right)$$

$$= -\mu\,\omega(r\sin\vartheta + ir\cos\vartheta + i\,a m r^{m-1}[\cos(m-1)\vartheta + i\sin(m-1)\vartheta],$$

also:

$$(6)\qquad \begin{aligned} X_z &= -\ \mu\,\omega\,[r\sin\vartheta - a m r^{m-1}\sin(m-1)\vartheta], \\ Y_z &= +\ \mu\,\omega\,[r\cos\vartheta + a m r^{m-1}\cos(m-1)\vartheta], \end{aligned}$$

und wenn man daraus die Resultante S_z bildet:

$$(7)\quad S_z = \sqrt{X_z^2 + Y_z^2} = \mu\,\omega\sqrt{r^2 + a^2 m^2 r^{2m-2} + 2amr^m\cos m\vartheta}.$$

Die Spannung kann in einzelnen Punkten $= 0$ sein. In diesen Punkten muss $X_z = 0$, $Y_z = 0$ sein. Es findet dies statt, entweder wenn $r = 0$ und $m > 1$ ist, also in der Stabaxe, oder in Punkten, in denen $\sin m\vartheta = 0$, $\cos m\vartheta = -1$, also

$$(8)\qquad \vartheta = \frac{\pi}{m},\ \ldots,\ \frac{3\pi}{m},\ \frac{(2m-1)\pi}{m}$$

und

$$(9)\qquad m a r^{m-2} = 1.$$

Die Spannung ist bei gleichbleibendem r ein Maximum, wenn $\cos m\vartheta = 1$ ist, also bei

$$(10)\qquad \vartheta = 0,\ \frac{2\pi}{m},\ \frac{4\pi}{m},\ \ldots\ \frac{(2m-2)\pi}{m}.$$

Dies Maximum hat den Werth

$$(11)\qquad S_z = \mu\,\omega(r + a m r^{m-1}),$$

und wächst also mit wachsendem r.

§. 73.

Elliptischer Querschnitt.

Die Begrenzung des Querschnittes, für den die im vorigen Paragraphen angenommene Function χ die Lösung giebt, erhält man aus der Gleichung §. 71 (7):

$$r^2 - 2\psi = c,$$

also für unsere Annahme, §. 72 (3):

(1) $$r^2 + 2 a r^m \cos m \vartheta = c.$$

Für den einfachsten Fall $m = 1$ erhält man

(2) $$x^2 + y^2 + 2 a x = c,$$

also einen **kreisförmigen Querschnitt**, bei dem die Stabaxe aber nicht im Mittelpunkte liegt. Die scheerende Kraft ist nach §. 72 (7)

$$S_z = \mu \omega \sqrt{(x + a)^2 + y^2},$$

also in concentrischen Kreisen constant und an der Peripherie am grössten, ebenso wie in dem Falle des constanten χ.

Für $m = 2$ ergiebt sich als Grenze für den Querschnitt aus (1)

(3) $$(1 + 2 a) x^2 + (1 - 2 a) y^2 = c.$$

Da die Curve geschlossen sein muss, so kann dies nur eine Ellipse sein. Es muss also, da wir a positiv angenommen haben, c positiv und $2 a < 1$ sein. Dann sind die Halbaxen dieser Ellipse

(4) $$\alpha = \sqrt{\frac{c}{1 + 2 a}}, \quad \beta = \sqrt{\frac{c}{1 - 2 a}}, \quad \alpha < \beta,$$

Fig. 14.

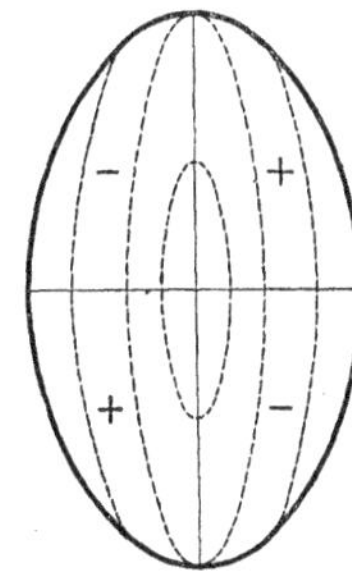

und können also durch Verfügung über a und c beliebig vorgeschriebene Werthe haben. Für die Verschiebung w ergiebt sich aus §. 72 (4)

(5) $$w = \omega \varphi = 2 a \omega x y,$$

und die Curven eines constanten w sind gleichseitige Hyperbeln. In den Axen der Ellipse ist $w = 0$ und in den vier Quadranten abwechselnd positiv und negativ. Für die Spannung erhält man nach §. 72, (6), (7)

(6) $$X_z = - \mu \omega (1 - 2 a) y, \qquad Y_z = \mu \omega (1 + 2 a) x$$

(7) $$S_z = \mu \omega c \sqrt{\frac{x^2}{\alpha^4} + \frac{y^2}{\beta^4}}.$$

Die Linien gleicher Spannung sind also hier ähnliche Ellipsen, aber sie weichen stärker von der Kreisgestalt ab, als die Grenzellipse des Querschnittes (Fig. 14). Man sieht, dass die am stärksten durch die Spannung beanspruchte Faser nicht am Endpunkte der grossen, sondern am Endpunkte der kleinen Axe liegt.

§. 74.

Cannelirte Säulen.

Wenn in dem Beispiel des §. 72 $m > 2$ ist, so giebt es Punkte in der Querschnittsebene, in denen die Spannung gleich Null wird, und wir können die Constanten in der Gleichung der Grenzcurve

$$r^2 - 2\psi = c \tag{1}$$

so bestimmen, dass diese Punkte auf der Grenze liegen. Diese Punkte sind dann, wie man aus der Gleichung §. 72 (5) ersieht, Doppelpunkte der Curve (1) und werden sich also an dem Stabe als scharfe Kanten darstellen. Das Beispiel des §. 72 bezieht sich also bei dieser Bestimmung der Constanten auf cannelirte Säulen mit m Rippen. Die Spannung ist Null an den Kanten, und erreicht ihr Maximum am Boden der Rinnen Der Querschnitt ist in $2m$ Sectoren getheilt, in denen w abwechselnd positiv und negativ ist.

Wenn die durch (1) oder

$$r^2 + 2ar^m \cos m\vartheta = c \tag{2}$$

dargestellte Curve durch die Punkte verschwindender Spannung hindurchgehen soll, so muss sie erfüllt sein für

$$\cos m\vartheta = -1, \quad r = (ma)^{\frac{1}{2-m}} \quad [\text{§. 72, (8), (9)}],$$

und daraus ergiebt sich für c der Werth

$$c = (ma)^{\frac{2}{2-m}} \frac{m-2}{m}. \tag{3}$$

Die Gleichung (2) stellt eine algebraische Curve m^{ter} Ordnung dar und man kann sie in rechtwinkligen Coordinaten in der Form darstellen:

$$x^2 + y^2 + \tag{4}$$

$$2a\left(x^m - \frac{m.m-1}{2} x^{m-2} y^2 + \frac{m.m-1.m-2.m-3}{1.2.3.4} x^{m-4} y^4 - \cdots\right) = c.$$

Für $m = 3$ und $m = 4$ hat die Curve, bei dem Werthe (3) der Constante c, drei oder vier Doppelpunkte, und muss in diesen beiden Fällen in Curven niedrigeren Grades zerfallen.

Für $m = 3$ erhält man $c = 1/27\,a^2$ und folglich wird die Gleichung der Grenzlinie:

$$27\,a^2(x^2 + y^2) + 54\,a^3(x^3 - 3\,x\,y^2) - 1 = 0,$$

die sich in die drei Gleichungen:

$$(5) \qquad \begin{aligned} 1 - 6\,a\,x &= 0, \\ 1 + 3\,a\,x + 3\sqrt{3}\,a\,y &= 0, \\ 1 + 3\,a\,x - 3\sqrt{3}\,a\,y &= 0 \end{aligned}$$

zerlegen lässt. Man erhält also einen dreikantigen Stab, dessen Querschnitt ein gleichseitiges Dreieck ist. (Fig. 15.)

Fig. 15.

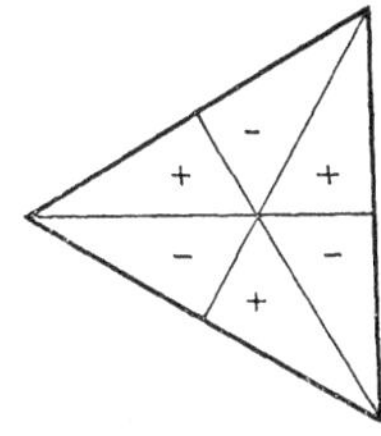

Fig. 16.

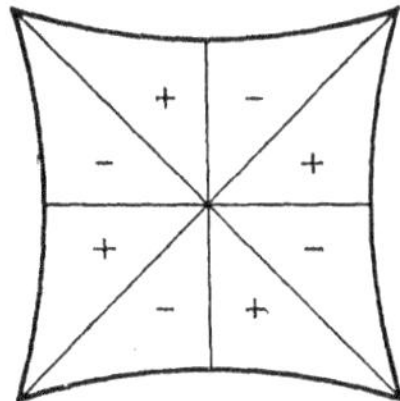

Für $m = 4$ zerfällt die Curve (4) in zwei Hyperbeln (Fig. 16), die man leicht auf folgende Weise erhält. Es ist hier $c = 1/8\,a$ und also nach (2):

$$16\,a^2\,r^4 \cos 4\,\vartheta + 8\,a\,r^2 = 1,$$

und durch Auflösung dieser für r^2 quadratischen Gleichung:

$$(6) \qquad 4\,a\,r^2 \cos 4\,\vartheta = -1 \pm \sqrt{2} \cos 2\,\vartheta.$$

Es ist aber

$$\cos 4\,\vartheta = (\sqrt{2} \cos 2\,\vartheta + 1)(\sqrt{2} \cos 2\,\vartheta - 1),$$

und daher nach (6):

$$4\,a\,r^2 (1 \pm \sqrt{2} \cos 2\,\vartheta) = 1,$$

oder in rechtwinkligen Coordinaten:

$$(7) \qquad (1 \pm \sqrt{2})\,x^2 + (1 \mp \sqrt{2})\,y^2 = \frac{1}{4\,a},$$

wodurch zwei congruente Hyperbeln dargestellt sind, die um 90° gegen einander gedreht sind, die sich in vier reellen Punkten schneiden. In diesen Schnittpunkten ist $x^2 = y^2$, und für ihre Entfernung vom Coordinaten-Anfangspunkt erhält man

$$\alpha = \frac{1}{2\sqrt{a}}.$$

Die reelle Axe β der Hyperbeln erhält man aus (7), wenn man x oder $y = 0$ setzt:

$$\beta = \frac{1}{2\sqrt{a}\sqrt{1+\sqrt{2}}} = \frac{\alpha}{\sqrt{1+\sqrt{2}}}.$$

Das Maximum α von r ist also ungefähr $1\frac{1}{2}$mal so gross als das Minimum β.

Zehnter Abschnitt.

Druck auf eine elastische Unterlage.

---

§. 75.

Gleichgewicht eines von einer unendlichen Ebene begrenzten Körpers.

Wir denken uns einen elastischen Körper, der von einer Ebene, die wir zur xy-Ebene nehmen, einseitig begrenzt ist, sonst aber keine Begrenzung hat. Gegen diese Fläche sollen äussere Flächendrucke wirken. Von äusseren Volumkräften sehen wir wieder ab. Gegen das Innere des Körpers wollen wir z positiv nehmen. Im Unendlichen soll der Körper in seinem natürlichen Zustande verharren, was dadurch ausgedrückt sei, dass die Deformationscomponenten u, v, w im Unendlichen so verschwinden, dass

(1) $$Ru, \quad Rv, \quad Rw,$$

wenn R die Entfernung eines veränderlichen Punktes von einem festen Punkte bedeutet, mit unendlich wachsendem R endlich bleiben.

Der Gleichgewichtszustand ist eindeutig bestimmt, wenn an der Oberfläche $z = 0$ noch die Componenten der Flächenkräfte

(2) $$\overline{X} = X_z, \quad \overline{Y} = Y_z, \quad \overline{Z} = Z_z$$

gegeben sind. Ebenso ist aber auch das Problem bestimmt, wenn für $z = 0$ die Componenten der Verschiebung

(3) $$u, \quad v, \quad w$$

gegeben sind, oder noch allgemeiner, es ist bestimmt, wenn von jedem der drei Paare

(4) $$X_z,\ u;\quad Y_z,\ v;\quad Z_z,\ w$$

eine Grösse für $z = 0$ gegeben ist (§. 64, 2.).

Das Problem ist allgemein gelöst von Boussinesq[1]) durch Anwendung der Theorie der Potentiale, auf anderem Wege von Ceruti[2]) unter Benutzung von Sätzen, die man Betti[3]) verdankt, nach einer Methode, die mit der Green'schen Methode in der Potentialtheorie verwandt ist (Bd. I, §. 97). Wir wollen hier einen anderen Weg gehen, indem wir die Fourier'sche Methode der particularen Lösungen anwenden.

Dazu wollen wir zunächst den Fourier'schen Lehrsatz für Functionen von zwei Variablen, der hier angewendet werden muss, in eine für diese Anwendung geeignete Form bringen.

§. 76.

Der Fourier'sche Lehrsatz für Functionen zweier Variablen.

Wir haben in §. 17 des ersten Bandes für eine willkürliche Function $f(x)$ einer Variablen x die Formel (9) abgeleitet, in der wir jetzt die Integrationsvariable mit ξ statt mit λ bezeichnen:

(1) $$f(x) = \frac{1}{\pi} \int_0^\infty d\alpha \int_{-\infty}^{+\infty} f(\xi) \cos \alpha (x - \xi)\, d\xi,$$

und da unter dem Integral in Bezug auf α eine gerade Function von α steht, so können wir dafür auch setzen:

(2) $$f(x) = \frac{1}{2\pi} \int_{-\infty}^{+\infty} d\alpha \int_{-\infty}^{+\infty} f(\xi) \cos \alpha (x - \xi)\, d\xi.$$

Es ist aber auch

(3) $$0 = \frac{1}{2\pi} \int_{-\infty}^{+\infty} d\alpha \int_{-\infty}^{+\infty} f(\xi) \sin \alpha (x - \xi)\, d\xi,$$

---

[1]) Boussinesq, Applications des potentiels directes, inverses, logarithmiques. Paris 1895.

[2]) Ceruti, Ricerche intorno all'equilibrio de corpi elastici isotropi. Accademia dei Lincei 1882.

[3]) Betti, Nuovo Cimento 1872.

da hier eine ungerade Function von α unter dem Integralzeichen steht, und wenn wir also (3) mit $i = \sqrt{-1}$ multipliciren und zu (2) addiren, so folgt:

$$(4) \qquad f(x) = \frac{1}{2\pi} \int_{-\infty}^{+\infty} d\alpha \int_{-\infty}^{+\infty} f(\xi)\, e^{i\alpha(x-\xi)}\, d\xi.$$

Es hänge nun $f(x)$ ausser von x noch von einer zweiten Variablen y ab, es sei also

$$(5) \qquad f(x) = f(x, y), \quad f(\xi) = f(\xi, y).$$

Dann erhalten wir, wenn wir die Formel (4) auf $f(\xi, y)$, als Function von y betrachtet, anwenden:

$$(6) \qquad f(\xi, y) = \frac{1}{2\pi} \int_{-\infty}^{+\infty} d\beta \int_{-\infty}^{+\infty} f(\xi, \eta)\, e^{i\beta(y-\eta)}\, d\eta,$$

und wenn wir dies in (4) substituiren, so erhalten wir den Fourier'schen Lehrsatz für zwei Variable in der Form:

$$(7) \qquad f(x, y) =$$

$$\frac{1}{4\pi^2} \int_{-\infty}^{+\infty} \int_{-\infty}^{+\infty} d\alpha\, d\beta \int_{-\infty}^{+\infty} \int_{-\infty}^{+\infty} f(\xi, \eta)\, e^{i\alpha(x-\xi) + i\beta(y-\eta)}\, d\xi\, d\eta,$$

und diese Formel lässt sich durch dasselbe Verfahren auf Functionen einer beliebigen Anzahl von Variablen ausdehnen.

Wendet man die Formel (7) auf zwei Functionen $f_1(x, y)$, $f_2(x, y)$ an, multiplicirt die zweite mit i und addirt sie zu der ersten, so ergiebt sich, dass (7) auch für imaginäre Functionen

$$f(x, y) = f_1(x, y) + i f_2(x, y)$$

gültig bleibt.

§. 77.

Darstellung der Verrückungen u, v, w durch Doppelintegrale.

Wenn wir mit $\overline{X}$, $\overline{Y}$, $\overline{Z}$ die Componenten des gegen die Fläche $z = 0$ gerichteten äusseren Druckes bezeichnen, so haben wir, weil jetzt die innere Normale mit der Richtung der positiven z-Axe zusammenfällt, nach §. 60 (11) für die Fläche $z = 0$

$$X_z = -\overline{X}, \quad Y_z = -\overline{Y}, \quad Z_z = -\overline{Z},$$

und das in §. 75 gestellte Problem erhält nach §. 65 (17) folgenden Ausdruck:

Es sollen u, v, w als Functionen der Coordinaten x, y, z für positive z und für alle x, y bestimmt werden, so dass überall im Inneren dieses Gebietes die Differentialgleichungen

$$\Theta = \frac{\partial u}{\partial x} + \frac{\partial v}{\partial y} + \frac{\partial w}{\partial z},$$

$$(1) \qquad \begin{aligned} (\lambda + \mu) \frac{\partial \Theta}{\partial x} + \mu \Delta u &= 0, \\ (\lambda + \mu) \frac{\partial \Theta}{\partial y} + \mu \Delta v &= 0, \\ (\lambda + \mu) \frac{\partial \Theta}{\partial z} + \mu \Delta w &= 0 \end{aligned}$$

erfüllt sind, und dass, wenn für $z = 0$

$$(2) \qquad \begin{aligned} u &= U, & X_z &= \mu \left(\frac{\partial w}{\partial x} + \frac{\partial u}{\partial z}\right) = -\overline{X}, \\ v &= V, & Y_z &= \mu \left(\frac{\partial w}{\partial y} + \frac{\partial v}{\partial z}\right) = -\overline{Y}, \\ w &= W, & Z_z &= \lambda \Theta + 2\mu \frac{\partial w}{\partial z} = -\overline{Z} \end{aligned}$$

gesetzt wird, von jedem der drei Functionenpaare U, $\overline{X}$; V, $\overline{Y}$; W, $\overline{Z}$ eine eine gegebene Function von x, y sei.

Ausserdem sollen u, v, w, Θ für unendliche Werthe von x, y und für unendlich grosse positive Werthe von z verschwinden.

Da die Differentialgleichungen (1) linear sind, so kann man aus mehreren particularen Lösungen u_1, v_1, w_1; u_2, v_2, $w_2 \ldots$ allgemeinere Lösungen

$$(3) \qquad u = u_1 + u_2 + \cdots, \quad v = v_1 + v_2 + \cdots, \quad w = w_1 + w_2 + \cdots$$

zusammensetzen, und wenn man unendlich viele particulare Lösungen hat, so kann man auf diesem Wege Lösungen, je nach Umständen in Gestalt von unendlichen Reihen oder von bestimmten Integralen ableiten. Es kommt also jetzt zunächst darauf an, geeignete particulare Lösungen zu finden, die noch die hinlängliche Anzahl unbestimmter Parameter enthalten, dass man auch den Grenzbedingungen genügen kann.

Ein solches particulares Integral finden wir durch die Annahme:

$$(4)\qquad \begin{aligned} u &= (a + i h \alpha z) e^{i(\alpha x + \beta y + \gamma z)}, \\ v &= (b + i h \beta z) e^{i(\alpha x + \beta y + \gamma z)}, \\ w &= (c + i h \gamma z) e^{i(\alpha x + \beta y + \gamma z)}, \end{aligned}$$

worin $a, b, c, \alpha, \beta, \gamma, h$ Constanten sind, über die noch nähere Bestimmungen getroffen werden sollen. Wir nehmen zunächst die Relation zwischen α, β, γ an:

$$(5)\qquad \alpha^2 + \beta^2 + \gamma^2 = 0$$

und erhalten:

$$(6)\qquad \Theta = [a\alpha + b\beta + (c + h)\gamma]\, i\, e^{i(\alpha x + \beta y + \gamma z)}$$

und ferner:

$$(7)\qquad \begin{aligned} \Delta u &= -2 h \alpha \gamma\, e^{i(\alpha x + \beta y + \gamma z)}, \\ \Delta v &= -2 h \beta \gamma\, e^{i(\alpha x + \beta y + \gamma z)}, \\ \Delta w &= -2 h \gamma \gamma\, e^{i(\alpha x + \beta y + \gamma z)}. \end{aligned}$$

Setzt man diese Ausdrücke in die Differentialgleichungen (1) ein, so findet man, dass diese alle drei befriedigt sind, wenn man zwischen den Constanten die Relation annimmt:

$$(8)\qquad -(\lambda + 3\mu) h \gamma = (\lambda + \mu)(a\alpha + b\beta + c\gamma),$$

wodurch h als Function der übrigen Constanten bestimmt ist. Wir nehmen α und β reell an und setzen nach (5)

$$(9)\qquad \gamma = i\sqrt{\alpha^2 + \beta^2},$$

worin das positive Zeichen der Wurzel genommen ist, damit u, v, w für $z = +\infty$ verschwinden. Wir setzen dann

$$(10)\qquad \begin{aligned} a &= A(\alpha, \beta)\, d\alpha\, d\beta = A\, d\alpha\, d\beta, \\ b &= B(\alpha, \beta)\, d\alpha\, d\beta = B\, d\alpha\, d\beta, \\ c &= C(\alpha, \beta)\, d\alpha\, d\beta = C\, d\alpha\, d\beta, \end{aligned}$$

und verstehen unter A, B, C willkürliche Functionen der Argumente α, β, ferner setzen wir

$$(11)\qquad h = H(\alpha, \beta)\, d\alpha\, d\beta = H\, d\alpha\, d\beta,$$

und nach (8)

$$(12)\qquad \gamma H = -\frac{\lambda + \mu}{\lambda + 3\mu}(\alpha A + \beta B + \gamma C).$$

Dann ergeben sich aus (4) allgemeine Ausdrücke für u, v, w:

$$u = \int\!\!\int_{-\infty}^{+\infty} d\alpha\, d\beta (A + i\alpha Hz) e^{i(\alpha x + \beta y + \gamma z)},$$

(13)
$$v = \int\!\!\int_{-\infty}^{+\infty} d\alpha\, d\beta (B + i\beta Hz) e^{i(\alpha x + \beta y + \gamma z)},$$

$$w = \int\!\!\int_{-\infty}^{+\infty} d\alpha\, d\beta (C + i\gamma Hz) e^{i(\alpha x + \beta y + \gamma z)}.$$

Die Functionen A, B, C und folglich auch H werden im Allgemeinen complex sein, während doch u, v, w in (13) reell sein müssen. Dies wird unter folgender Voraussetzung eintreten:

Die Functionen $A(-\alpha, -\beta)$, $B(-\alpha, -\beta)$, $C(-\alpha, -\beta)$ sollen conjugirt imaginär mit $A(\alpha, \beta)$, $B(\alpha, \beta)$, $C(\alpha, \beta)$ sein oder anders ausgedrückt, die reellen Theile dieser Functionen sollen gerade, die imaginären Theile ungerade Functionen von α, β sein.

Es ergiebt sich dann aus (12), dass dieselbe Eigenschaft auch den Functionen $i\alpha H$, $i\beta H$, $i\gamma H$ und folglich auch den Functionen

$$A + i\alpha Hz, \quad B + i\beta Hz, \quad C + i\gamma Hz$$

zukommt. Daraus ergiebt sich aber, dass die Ausdrücke (13) ungeändert bleiben, wenn man i durch $-i$ ersetzt, weil man gleichzeitig unter dem Integralzeichen die Integrationsvariablen α, β durch $-\alpha$, $-\beta$ ersetzen kann. Folglich sind die in (13) für u, v, w gegebenen Ausdrücke reell.

§. 78.

Bestimmung der willkürlichen Functionen.

Sind die Functionen A, B, C bestimmt, so ist unsere Aufgabe vollständig gelöst. Diese Bestimmung ist nun sehr einfach, wenn wir annehmen, dass an der Oberfläche $z = 0$ die Verschiebungen u, v, w selbst gegeben seien:

(1) $$u = U(x, y), \quad v = V(x, y), \quad w = W(x, y).$$

Dann müssen die A, B, C den Bedingungen genügen:

$$U(x, y) = \iint\limits_{-\infty}^{+\infty} A(\alpha, \beta)\, e^{i(\alpha x + \beta y)}\, d\alpha\, d\beta,$$

(2) $$V(x, y) = \iint\limits_{-\infty}^{+\infty} B(\alpha, \beta)\, e^{i(\alpha x + \beta y)}\, d\alpha\, d\beta,$$

$$W(x, y) = \iint\limits_{-\infty}^{+\infty} C(\alpha, \beta)\, e^{i(\alpha x + \beta y)}\, d\alpha\, d\beta,$$

und die allgemeine Formel §. 76 (7) ergiebt:

$$A(\alpha, \beta) = \frac{1}{4\pi^2} \iint\limits_{-\infty}^{+\infty} U(\xi, \eta)\, e^{-i(\alpha\xi + \beta\eta)}\, d\xi\, d\eta,$$

(3) $$B(\alpha, \beta) = \frac{1}{4\pi^2} \iint\limits_{-\infty}^{+\infty} V(\xi, \eta)\, e^{-i(\alpha\xi + \beta\eta)}\, d\xi\, d\eta,$$

$$C(\alpha, \beta) = \frac{1}{4\pi^2} \iint\limits_{-\infty}^{+\infty} W(\xi, \eta)\, e^{-i(\alpha\xi + \beta\eta)}\, d\xi\, d\eta.$$

Um die Functionen A, B, C auch unter den in §. 75 gemachten allgemeineren Bedingungen zu bestimmen, müssen wir die Ausdrücke für die Druckkräfte X_z, Y_z, Z_z für $z = 0$ ableiten. Es ist aber nach §. 65 (13):

$$X_z = \mu \left(\frac{\partial w}{\partial x} + \frac{\partial u}{\partial z}\right),$$

(4) $$Y_z = \mu \left(\frac{\partial w}{\partial y} + \frac{\partial v}{\partial z}\right),$$

$$Z_z = \lambda\, \Theta + 2\mu \frac{\partial w}{\partial z},$$

$$= \lambda \left(\frac{\partial u}{\partial x} + \frac{\partial v}{\partial y}\right) + (2\mu + \lambda) \frac{\partial w}{\partial z}.$$

Wir bezeichnen diese drei Grössen als Functionen von x, y mit

$$-\overline{X}(x, y), \quad -\overline{Y}(x, y), \quad -\overline{Z}(x, y), \quad [\S.\ 77\ (2)].$$

Nach §. 77 (13) ist aber (immer für $z = 0$)

$$(5)\qquad \begin{aligned}
\frac{\partial u}{\partial x} &= i\int\!\!\int_{-\infty}^{+\infty} e^{i(\alpha x+\beta y)}\,\alpha A\,d\alpha\,d\beta,\\
\frac{\partial v}{\partial y} &= i\int\!\!\int_{-\infty}^{+\infty} e^{i(\alpha x+\beta y)}\,\beta B\,d\alpha\,d\beta,\\
\frac{\partial w}{\partial z} &= i\int\!\!\int_{-\infty}^{+\infty} e^{i(\alpha x+\beta y)}\,\gamma (C+H)\,d\alpha\,d\beta,
\end{aligned}$$

woraus nach §. 77 (12), wenn man den Werth von Θ für $z = 0$ mit $\overline{\Theta}$ bezeichnet:

$$(6)\qquad \overline{\Theta} = -\frac{2\mu i}{\lambda+\mu}\int\!\!\int_{-\infty}^{+\infty} e^{i(\alpha x+\beta y)}\,\gamma H(\alpha,\beta)\,d\alpha\,d\beta.$$

Ferner ist

$$(7)\qquad \begin{aligned}
\frac{\partial u}{\partial z} &= i\int\!\!\int_{-\infty}^{+\infty} e^{i(\alpha x+\beta y)}\,(\gamma A+\alpha H)\,d\alpha\,d\beta,\\
\frac{\partial v}{\partial z} &= i\int\!\!\int_{-\infty}^{+\infty} e^{i(\alpha x+\beta y)}\,(\gamma B+\beta H)\,d\alpha\,d\beta,\\
\frac{\partial w}{\partial x} &= i\int\!\!\int_{-\infty}^{+\infty} e^{i(\alpha x+\beta y)}\,\alpha C\,d\alpha\,d\beta,\\
\frac{\partial w}{\partial y} &= i\int\!\!\int_{-\infty}^{+\infty} e^{i(\alpha x+\beta y)}\,\beta C\,d\alpha\,d\beta,
\end{aligned}$$

und daraus erhält man nach (4):

$$(8)\qquad \begin{aligned}
\overline{X}(x,y) &= \int\!\!\int_{-\infty}^{+\infty} A'(\alpha,\beta)\,e^{i(\alpha x+\beta y)}\,d\alpha\,d\beta,\\
\overline{Y}(x,y) &= \int\!\!\int_{-\infty}^{+\infty} B'(\alpha,\beta)\,e^{i(\alpha x+\beta y)}\,d\alpha\,d\beta,\\
\overline{Z}(x,y) &= \int\!\!\int C'(\alpha,\beta)\,e^{i(\alpha x+\beta y)}\,d\alpha\,d\beta,
\end{aligned}$$

worin gesetzt ist

$$(9)\quad \begin{aligned} A'(\alpha,\beta) &= -i\mu[\gamma A + \alpha(C+H)], \\ B'(\alpha,\beta) &= -i\mu[\gamma B + \beta(C+H)], \\ C'(\alpha,\beta) &= -2i\mu\gamma\left(C + \frac{\mu}{\lambda+\mu}H\right), \end{aligned}$$

und hierzu kommt noch die Gleichung §. 77 (12):

$$(10)\quad \gamma H = -\frac{\lambda+\mu}{\lambda+3\mu}(\alpha A + \beta B + \gamma C),$$

woraus man, wenn A', B', C' bekannt sind, auch A, B, C, H berechnen kann, oder allgemeiner aus dreien der Grössen A, B, C, A', B', C', H die übrigen.

Die Functionen A', B', C', H können aber ebenso aus den Functionen

$$\overline{X}(x,y),\quad \overline{Y}(x,y),\quad \overline{Z}(x,y),\quad \overline{\Theta}(x,y)$$

bestimmt werden, wie wir im vorigen Paragraphen A, B, C aus U, V, W bestimmt haben. Es ergiebt sich nämlich aus (6):

$$(11)\quad -\frac{2\mu i}{\lambda+\mu}\gamma H(\alpha,\beta) = \frac{1}{4\pi^2}\iint_{-\infty}^{+\infty}\overline{\Theta}(\xi,\eta)\,e^{-i(\alpha\xi+\beta\eta)}\,d\xi\,d\eta,$$

und aus (8):

$$(12)\quad \begin{aligned} A'(\alpha,\beta) &= \frac{1}{4\pi^2}\iint_{-\infty}^{+\infty}\overline{X}(\xi,\eta)\,e^{-i(\alpha\xi+\beta\eta)}\,d\xi\,d\eta, \\ B'(\alpha,\beta) &= \frac{1}{4\pi^2}\iint_{-\infty}^{+\infty}\overline{Y}(\xi,\eta)\,e^{-i(\alpha\xi+\beta\eta)}\,d\xi\,d\eta, \\ C'(\alpha,\beta) &= \frac{1}{4\pi^2}\iint_{-\infty}^{+\infty}\overline{Z}(\xi,\eta)\,e^{-i(\alpha\xi+\beta\eta)}\,d\xi\,d\eta. \end{aligned}$$

§. 79.

Eindruck eines schweren Körpers auf eine elastische Unterlage.

Boussinesq hat seine Methode auf ein Problem angewandt, das wir hier auch noch nach unserer Methode behandeln wollen.

Wir denken uns auf eine elastische horizontale Unterlage einen Stempel vom Gewicht P aufgesetzt, den wir uns aber als starr vorstellen wollen (er möge etwa aus einem sehr viel schwerer deformirbaren Stoffe bestehen als die Unterlage). Dieser Körper K habe die Gestalt eines Cylinders, dessen Basis eine gegebene, beliebig gekrümmte, von der Ebene unendlich wenig abweichende Fläche ist. Die Randcurve σ dieser Fläche, längs der sie an den Cylindermantel anstösst, sei eben und senkrecht auf den Erzeugenden des Cylinders.

Fig. 17.

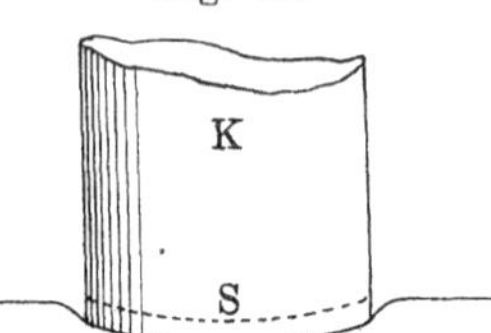

Diese Randcurve sei bis zur Tiefe k in die Unterlage eingesunken.

Die Gestalt der Basisfläche soll dadurch bestimmt sein, dass ihre z-Ordinate, von der Ebene des Randes an gerechnet, eine gegebene Function $\varrho(x, y)$ sei, die am Rande gleich Null ist. Wenn $\varrho(x, y)$ überall gleich Null ist, so ist die Basisfläche eben.

Endlich wollen wir die Projection der Basis auf die xy-Ebene mit S bezeichnen (Fig. 17).

Wir nehmen also an, dass der Körper K seiner Gestalt nach unveränderlich sei, und dass sich die Unterlage unter dem Einflusse des Druckes P der Gestalt des Körpers genau anschliesst. Diese letztere Voraussetzung wird, namentlich in der Nähe des Randes, wo sich unendlich grosse Druckkräfte ergeben werden, nicht genau erfüllt sein. Indessen werden wir bei dieser Annahme doch ein Resultat erhalten, was in hinlänglicher Entfernung von dem Rande die wirklichen Verhältnisse mit einer gewissen Annäherung darstellt.

Wir haben hier, mit Rücksicht darauf, dass der Druck des Körpers K überall nur vertical (in der Richtung der positiven z) wirkt, wenn wir uns der Einfachheit halber auf den Fall einer ebenen Grundfläche des Körpers K beschränken, also $\varrho = 0$ setzen, für das elastische Problem in der Unterlage die folgenden Grenzbedingungen für $z = 0$:

(1) $X_z = 0, \quad Y_z = 0,$ in der ganzen Ebene $z = 0$,

(2) $Z_z = 0$ ausserhalb S,

(3) $w = k$ innerhalb S.

Diese Grenzbedingungen haben das Eigenthümliche, dass sie nicht einheitlich für die ganze Ebene gegeben sind, sondern sich zum Theil auf Z_z, zum Theil auf w beziehen, und dieser Umstand ist für die Integration im Allgemeinen eine grosse

Schwierigkeit. Einem hierher gehörigen Falle sind wir in der Elektrostatik, Bd. I, §. 133, 134, begegnet, bei der Bestimmung des elektrischen Gleichgewichtes einer ebenen leitenden Fläche, der eine gewisse Elektricitätsmenge mitgetheilt ist, und wir haben dort das Problem für den Fall einer elliptischen Scheibe gelöst.

Es ist ein höchst bemerkenswerthes Resultat von Boussinesq, dass sich das elastische Problem auf das erwähnte elektrostatische Problem zurückführen lässt.

§. 80.

Bedingungen für die willkürlichen Functionen.

Die Bedingungen (1) des vorigen Paragraphen, die sich auf die ganze Ebene $z = 0$ beziehen, ergeben nach §. 78 (12)

$$A' = 0, \qquad B' = 0, \tag{1}$$

und daher nach §. 78 (9):

$$\begin{aligned} \gamma A &= -\alpha (C + H), \\ \gamma B &= -\beta (C + H), \end{aligned} \tag{2}$$

und nach §. 77 (5) $(-\gamma^2 = \alpha^2 + \beta^2)$:

$$\alpha A + \beta B = \gamma (C + H), \tag{3}$$

also nach §. 78 (10)

$$H = -\frac{\lambda + \mu}{\lambda + 2\mu} C, \tag{4}$$

und nach (2)

$$\begin{aligned} \gamma A &= -\frac{\mu}{\lambda + 2\mu} \alpha C, \\ \gamma B &= -\frac{\mu}{\lambda + 2\mu} \beta C, \end{aligned} \tag{5}$$

und nach §. 78 (9)

$$C' = -\frac{2 i \mu (\lambda + \mu)}{\lambda + 2\mu} \gamma C. \tag{6}$$

Es ist aber für $z = 0$ nach §. 77 (13),

$$w = \iint_{-\infty}^{+\infty} C e^{i(\alpha x + \beta y)} \, d\alpha \, d\beta \tag{7}$$

und nach §. 78 (8)

$$(8) \quad \overline{Z} = \iint\limits_{-\infty}^{+\infty} C' e^{i(\alpha x + \beta y)} \, d\alpha \, d\beta$$

$$= - \frac{2 i \mu (\lambda + \mu)}{\lambda + 2\mu} \iint\limits_{-\infty}^{+\infty} C \gamma \, e^{i(\alpha x + \beta y)} \, d\alpha \, d\beta.$$

Demnach ist die Function C nach §. 79 (2), (3) so zu bestimmen, dass

$$(9) \quad \iint\limits_{-\infty}^{+\infty} C e^{i(\alpha x + \beta y)} \, d\alpha \, d\beta = k \qquad \text{innerhalb } S,$$

$$(10) \quad \iint\limits_{-\infty}^{+\infty} C e^{i(\alpha x + \beta y)} \, \gamma \, d\alpha \, d\beta = 0 \qquad \text{ausserhalb } S,$$

und die Formel (7) ergiebt dann, wenn man sie auf einen Punkt ausserhalb S anwendet, die Einsenkung, und (8), auf einen Punkt innerhalb S angewandt, den Druck, den die Unterlage zu tragen hat.

Aus §. 77 (13) erhält man dann die Verschiebungen u, v, w für jeden Punkt im Inneren des Körpers und an der Oberfläche.

§. 81.

Zurückführung auf das elektrostatische Problem.

Denken wir uns die Fläche S in der xy-Ebene als Scheibe aus einem homogenen Leiter der Elektricität gebildet, der eine gewisse Elektricitätsmenge mitgetheilt ist, so wird das elektrische Potential φ bestimmt durch die Bedingungen, dass

1. im ganzen Raume $\Delta \varphi = 0$,
2. für $z = 0$ innerhalb S

   $\varphi = k$ (gleich einer Constanten),
3. für $z = 0$ ausserhalb S

   φ und seine Ableitungen nach z stetig.
4. Im Unendlichen verschwindet φ wie die reciproke Entfernung eines Punktes vom Coordinatenanfangspunkt.

Setzt man an Stelle der Bedingung 2. die Bedingung

$$(1) \qquad \varphi_1 = 1,$$

so genügt $\varphi = k\varphi_1$ der Bedingung 2. und zugleich den übrigen Bedingungen 1., 3., 4. Die Constante k wird, wenn das Problem gelöst ist, aus der Menge m der mitgetheilten Elektricität bestimmt.

Aus der Symmetrie der Bedingungen 1. bis 4. ergiebt sich, dass φ eine gerade Function von z ist, d. h. dass

$$\varphi(x, y, -z) = \varphi(x, y, z)$$

sein muss. Daher kann die Bedingung 3. auch durch die Bedingung

$$\frac{\partial \varphi}{\partial z} = 0, \quad \text{für } z = 0, \quad \text{ausserhalb } S \tag{2}$$

ersetzt werden, und es genügt, wenn φ für positive Werthe von z bestimmt ist.

Die Flächendichtigkeit σ der Elektricität an einer Stelle x, y der Fläche S erhält man, wenn φ bekannt ist, aus

$$2\pi\sigma = -\frac{\partial \varphi}{\partial z}, \quad \text{innerhalb } S \tag{3}$$

[Bd. I, §. 134 (2)].

Diese Function φ lässt sich wegen der Differentialgleichung 1. nach der Methode der particularen Lösungen durch ein Integral darstellen:

$$\varphi = \iint\limits_{-\infty}^{+\infty} \Phi(\alpha, \beta)\, e^{i(\alpha x + \beta y + \gamma z)}\, d\alpha\, d\beta, \tag{4}$$

worin $\gamma = i\sqrt{\alpha^2 + \beta^2}$ und $\Phi(\alpha, \beta)$ eine aus den Grenzbedingungen zu bestimmende Function von α, β ist.

Wenn an Stelle der Bedingungen 2., 3. die Function φ in der ganzen Ebene $z = 0$ gegeben wäre, so wäre die Function Φ durch den Fourier'schen Lehrsatz bestimmt. So aber erhält man zur Bestimmung der Function Φ die folgenden beiden Bedingungen:

$$\iint\limits_{-\infty}^{+\infty} \Phi(\alpha, \beta)\, e^{i(\alpha x + \beta y)}\, d\alpha\, d\beta = k \qquad \text{innerhalb } S, \tag{5}$$

$$\iint\limits_{-\infty}^{+\infty} \Phi(\alpha, \beta)\, \gamma\, e^{i(\alpha x + \beta y)}\, d\alpha\, d\beta = 0 \quad \text{ausserhalb } S, \tag{6}$$

und für die elektrische Dichtigkeit erhält man aus (3):

$$(7) \quad 2\pi\sigma = -i \iint_{-\infty}^{+\infty} \Phi(\alpha, \beta) \gamma e^{i(\alpha x + \beta y)} \, d\alpha \, d\beta, \text{ innerhalb } S.$$

In den Fällen also, in denen das elektrostatische Problem für die Fläche S gelöst ist, können wir auch die Function $\Phi(\alpha, \beta)$ den Bedingungen (5), (6) gemäss bestimmen.

Die Gleichungen (5), (6) stimmen aber mit (9), (10) des vorigen Paragraphen überein, wenn wir

$$(8) \qquad C = \Phi(\alpha, \beta)$$

setzen. Es folgt dann aus §. 80 (8) für den Druck auf einen Punkt im Inneren von S

$$(9) \qquad \overline{\overline{Z}} = \frac{4\pi\mu(\lambda + \mu)}{\lambda + 2\mu} \sigma,$$

und es wird also der Druck mit der elektrischen Dichtigkeit proportional. Ist do ein Flächenelement von S und

$$P = \int \overline{\overline{Z}} \, do, \qquad m = \int \sigma \, do$$

der Gesammtdruck und die Elektricitätsmenge, so ergiebt sich

$$(10) \qquad P = \frac{4\pi\mu(\lambda + \mu)}{\lambda + 2\mu} m.$$

Die Einsenkung w der Ebene $z = 0$ ausserhalb der gepressten Fläche S erhält man nach §. 80 (7)

$$(11) \qquad w = \varphi.$$

Nehmen wir den Querschnitt des Stempels K kreisförmig an, so können wir die Formeln aus Bd. I, §. 134 unmittelbar anwenden.

Wir erhalten, wenn wir den Abstand eines variablen Punktes von der Cylinderaxe mit r und den Radius des Kreises mit a bezeichnen, für die Fläche $z = 0$:

$$(12) \qquad \varphi = \frac{m}{a} \int_0^\infty \frac{\sin \alpha a}{\alpha} J(\alpha r) \, d\alpha,$$

also

$$(13) \qquad \varphi = \frac{m}{a} \frac{\pi}{2} = k \qquad \text{innerhalb } S,$$

$$(14) \qquad \varphi = \frac{m}{a} \arcsin \frac{a}{r} \qquad \text{ausserhalb } S,$$

$$(15) \qquad \sigma = \frac{m}{2\pi a \sqrt{a^2 - r^2}},$$

und nach (10)

$$(16) \qquad m = \frac{\lambda + 2\mu}{4\pi\mu(\lambda + \mu)} P.$$

Demnach wird die Tiefe der Einsenkung

$$(17) \qquad k = \frac{(\lambda + 2\mu) P}{8\mu(\lambda + \mu) a},$$

die Spannung im Inneren von S:

$$(18) \qquad \overline{Z} = \frac{P}{2\pi a \sqrt{a^2 - r^2}}.$$

Die Spannung wird also unendlich an der Peripherie der eingedrückten Fläche S. Dass dies in Wirklichkeit nicht eintreten kann, ist klar. Der Widerspruch löst sich aber dadurch, dass die Kante des drückenden Stempels in der Wirklichkeit nicht scharf bleiben wird.

Für die Depression erhalten wir aber aus (11), (13) und (14) einen vollkommen stetigen Ausdruck, nämlich

$$(19) \qquad w = \frac{(\lambda + 2\mu) P}{8\mu(\lambda + \mu) a} \qquad \text{innerhalb } S,$$

$$(20) \qquad w = \frac{(\lambda + 2\mu)}{4\pi\mu(\lambda + \mu)} \frac{P}{a} \arcsin \frac{a}{r} \qquad \text{ausserhalb } S,$$

und für $r = a$ geht der Ausdruck (20) in den Werth (19) über.

§. 82.

Die horizontalen Verschiebungen.

Für die Verschiebungen u, v parallel der Ebene $z = 0$ in dem in §. 79 behandelten Probleme erhalten wir aus §. 77 (13), wenn wir uns auf die Oberfläche, d. h. auf die Ebene $z = 0$ beschränken:

$$(1) \qquad \begin{aligned} u &= \iint_{-\infty}^{+\infty} A e^{i(\alpha x + \beta y)} \, d\alpha \, d\beta, \\ v &= \iint_{-\infty}^{+\infty} B e^{i(\alpha x + \beta y)} \, d\alpha \, d\beta, \end{aligned}$$

und wenn wir für A, B die Ausdrücke §. 80 (5) substituiren und $C = \Phi(\alpha, \beta)$ setzen:

$$(2)\qquad \begin{aligned} u &= -\frac{\mu}{\lambda + 2\mu} \iint\limits_{-\infty}^{+\infty} \frac{\alpha}{\gamma}\, \Phi(\alpha, \beta)\, e^{i(\alpha x + \beta y)}\, d\alpha\, d\beta, \\ v &= -\frac{\mu}{\lambda + 2\mu} \iint\limits_{-\infty}^{+\infty} \frac{\beta}{\gamma}\, \Phi(\alpha, \beta)\, e^{i(\alpha x + \beta y)}\, d\alpha\, d\beta. \end{aligned}$$

Nun ist aber nach §. 81 (4):

$$\varphi = \iint\limits_{-\infty}^{+\infty} \Phi(\alpha, \beta)\, e^{i(\alpha x + \beta y + \gamma z)}\, d\alpha\, d\beta$$

und folglich

$$\int\limits_{z}^{\infty} \frac{\partial \varphi}{\partial x}\, dz = -\iint\limits_{-\infty}^{+\infty} \frac{\alpha}{\gamma}\, \Phi(\alpha, \beta)\, e^{i(\alpha x + \beta y + \gamma z)}\, d\alpha\, d\beta,$$

also wenn man $z = 0$ setzt:

$$-\iint\limits_{-\infty}^{+\infty} \frac{\alpha}{\gamma}\, \Phi(\alpha, \beta)\, e^{i(\alpha x + \beta y)}\, d\alpha\, d\beta = \int\limits_{0}^{\infty} \frac{\partial \varphi}{\partial x}\, dz,$$

und also für $z = 0$:

$$(3)\qquad \begin{aligned} u &= \frac{\mu}{\lambda + 2\mu} \int\limits_{0}^{\infty} \frac{\partial \varphi}{\partial x}\, dz, \\ v &= \frac{\mu}{\lambda + 2\mu} \int\limits_{0}^{\infty} \frac{\partial \varphi}{\partial y}\, dz. \end{aligned}$$

Für den Fall des kreisförmigen Querschnittes ist [Bd. I, §. 134 (14)]:

$$(4)\qquad \varphi = \frac{(\lambda + 2\mu) P}{4\pi\mu(\lambda + \mu) a} \int\limits_{0}^{\infty} e^{-\alpha z}\, \frac{\sin \alpha a}{\alpha}\, J(\alpha r)\, d\alpha,$$

also, wenn J_1 die Bessel'sche Function der Ordnung 1 ist [Bd. I, §. 69 (6)]:

$$(5)\qquad \frac{\partial \varphi}{\partial x} = -\frac{(\lambda + 2\mu) P}{4\pi\mu(\lambda + \mu) a}\, \frac{x}{r} \int\limits_{0}^{\infty} e^{-\alpha z} \sin \alpha a\, J_1(\alpha r)\, d\alpha,$$

und wenn wir also $x = r\cos\vartheta$, $y = r\sin\vartheta$ und

(6) $$u = -\varrho\cos\vartheta, \qquad v = -\varrho\sin\vartheta$$

setzen:

(7) $$\varrho = \frac{P}{4\pi(\lambda + \mu)a}\int_0^\infty \frac{\sin\alpha a}{\alpha} J_1(\alpha r)\,d\alpha,$$

und hierin bedeutet ϱ die horizontale Verschiebung gegen den Mittelpunkt hin, die, wie zu erwarten war, von ϑ unabhängig ist.

Elfter Abschnitt.

Bewegung der gespannten Saiten.

---

§. 83.

Die Differentialgleichungen der schwingenden Saite.

Unter den Problemen der Bewegung elastischer Körper behandeln wir zunächst die schwingende Saite, für die wir die Differentialgleichungen auf dem folgenden directen Wege erhalten können [1]).

Wenn die Saite hinlänglich stark gespannt ist, so wird die Schwerkraft keinen merklichen Einfluss mehr auf ihre Bewegung haben, und wir sehen also von der Wirkung der Schwere der Saite ab. Dann wird die Saite in ihrer Gleichgewichtslage geradlinig sein, und wir zählen auf dieser geraden Linie die Abscissen x. Den Anfangspunkt, $x = 0$, und den Endpunkt, $x = l$, nehmen wir zunächst als fest an. Vor der Befestigung aber soll die Saite durch ein Gewicht P gespannt sein. Dann ist die Spannung in jedem Punkte $= P$, d. h. wenn wir uns die Saite an irgend einer Stelle durchschnitten denken, dann muss, um das Gleichgewicht zu erhalten, an jedem der beiden freien Enden eine Kraft von der Grösse P in der Richtung der Saite angebracht werden.

Wir nehmen nun ein rechtwinkliges Coordinatensystem an, dessen x-Axe mit der Gleichgewichtslage der Saite zusammenfällt, und ertheilen einem beliebigen Punkte M mit der Abscisse x

---

[1]) Ueber die Geschichte dieses Problems vergleiche man die Abhandlung von Riemann „Ueber die Darstellbarkeit einer Function durch eine trigonometrische Reihe“ (Riemann's Werke, 2. Aufl., S. 227).

eine Verschiebung (Mm), deren Projectionen ξ, η, ζ heissen mögen. Wir nehmen ξ, η, ζ als stetige Functionen von x und von der Zeit t an, und ebenso sollen die Differentialquotienten

$$(1) \qquad \frac{\partial \xi}{\partial x}, \; \frac{\partial \eta}{\partial x}, \; \frac{\partial \zeta}{\partial x}, \; \frac{\partial \xi}{\partial t}, \; \frac{\partial \eta}{\partial t}, \; \frac{\partial \zeta}{\partial t}$$

zunächst noch stetige Functionen von x und t sein. Wir betrachten aber ξ, η, ζ und ihre Differentialquotienten als unendlich kleine Grössen erster Ordnung, deren höhere Potenzen gegen die niedrigeren vernachlässigt werden können. Die Differentialquotienten nach x sollen auch mit ξ', η', ζ' bezeichnet werden.

Fig. 18.

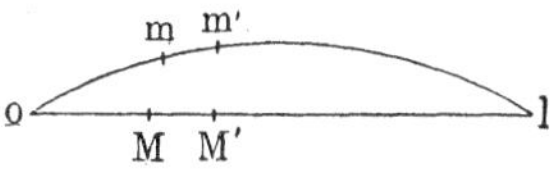

Wir betrachten ein Element $(MM') = dx$ der Saite, das durch die Verschiebung in $(mm') = ds$ übergegangen sei, und das Element ds schliesse mit den Coordinatenaxen die Winkel α, β, γ ein. Die Verschiebung $(M'm')$ wird dann ausgedrückt durch

$$(2) \qquad \begin{aligned} \xi + d\xi &= \xi + \xi' dx \\ \eta + d\eta &= \eta + \eta' dx \\ \zeta + d\zeta &= \zeta + \zeta' dx \end{aligned}$$

und wenn also

$$(3) \qquad x + \xi, \; \eta, \; \zeta$$

die Coordinaten von m sind, so sind

$$(4) \qquad x + dx + \xi + d\xi, \quad \eta + d\eta, \quad \zeta + d\zeta$$

die Coordinaten von m'.

Es ist daher mit den erlaubten Vernachlässigungen

$$(5) \qquad ds = \sqrt{(dx + d\xi)^2 + d\eta^2 + d\zeta^2} = dx(1 + \xi').$$

Die Verlängerung von dx ist also durch $\xi' dx$ ausgedrückt. Es ist nun ferner nach (3) und (4)

$$(6) \quad dx + d\xi = ds \cos\alpha, \quad d\eta = ds \cos\beta, \quad d\zeta = ds \cos\gamma,$$

woraus mit den erlaubten Vernachlässigungen

$$(7) \qquad \cos\alpha = 1, \quad \cos\beta = \eta', \quad \cos\gamma = \zeta'.$$

Es ist nun die Kraft zu bestimmen, die auf das Element ds wirkt. Diese setzt sich aber aus zwei Theilen zusammen. Es wirkt zunächst auf jedes der Enden m, m' in der Richtung der Tangente, die ursprüngliche Spannung P, und zwar in m

gegen den Nullpunkt, in m' gegen den Endpunkt der Saite gerichtet. Ausserdem aber wird durch die Verlängerung, die das Element erfahren hat, eine Vergrösserung der Spannung hervorgerufen, die man mit der Vergrösserung der Längeneinheit, hier [nach (5)] mit ξ' proportional annimmt, und die also $= E\xi'$ zu setzen ist. Der Factor E drückt die Kraft aus, die erforderlich wäre, um irgend ein Stück der Saite um das Doppelte zu verlängern (vorausgesetzt, dass dieses einfache Gesetz auch bei so starken Deformationen noch gültig wäre, was natürlich nicht der Fall ist) und heisst nach §. 68 der Elasticitätsmodulus.

Demnach wirken an dem Punkte m die Kraftcomponenten

$$X = -(P + E\xi')\cos\alpha = -(P + E\xi'),$$
$$Y = -(P + E\xi')\cos\beta = -P\eta',$$
$$Z = -(P + E\xi')\cos\gamma = -P\zeta',$$

und an dem Punkte m'

$$X' = P + E\xi' + \frac{\partial(P + E\xi')}{\partial x}dx,$$
$$Y' = P\eta' \quad + \frac{\partial P\eta'}{\partial x}dx,$$
$$Z' = P\zeta' \quad + \frac{\partial P\zeta'}{\partial x}dx,$$

und folglich wirken auf das Element ds die Kraftcomponenten

$$(8) \qquad E\frac{\partial^2\xi}{\partial x^2}dx, \quad P\frac{\partial^2\eta}{\partial x^2}dx, \quad P\frac{\partial^2\zeta}{\partial x^2}dx.$$

Diese Kräfte müssen nun nach dem Grundgesetz der Dynamik (Bd. I, §. 119) dem Producte aus der Masse μ des Elementes ds mit den Componenten der Beschleunigung gleich sein, also gleich

$$(9) \qquad \mu\frac{\partial^2\xi}{\partial t^2}, \quad \mu\frac{\partial^2\eta}{\partial t^2}, \quad \mu\frac{\partial^2\zeta}{\partial t^2}.$$

Um μ auszudrücken, bezeichnen wir mit p das Gewicht der ganzen Saite von der Länge l; dann ist das Gewicht des Elementes von der ursprünglichen Länge dx gleich $p\,dx:l$, und wenn wir also noch das Gewicht der Masseneinheit, d. h. die Beschleunigung der Schwerkraft mit g bezeichnen, so ist dieser Ausdruck gleich μg; folglich

$$(10) \qquad \mu = \frac{p\,dx}{g\,l},$$

und dies lässt sich auch auf den Fall anwenden, dass die Saite nicht durchweg von der gleichen Dicke oder Dichte ist, nur ist dann p/l keine Constante, sondern eine gegebene Function von x.

Danach erhalten wir aus (6) und (7) die Gleichungen:

$$\frac{\partial^2 \xi}{\partial t^2} = \frac{Elg}{p} \frac{\partial^2 \xi}{\partial x^2},$$

(11)
$$\frac{\partial^2 \eta}{\partial t^2} = \frac{Plg}{p} \frac{\partial^2 \eta}{\partial x^2},$$

$$\frac{\partial^2 \zeta}{\partial t^2} = \frac{Plg}{p} \frac{\partial^2 \zeta}{\partial x^2}.$$

Die drei Componenten ξ, η, ζ sind also in diesen Gleichungen vollständig von einander getrennt und jede von ihnen wird durch eine Gleichung der gleichen Form bestimmt. Zu ihrer vollständigen Bestimmung treten noch die Nebenbedingungen, dass für $x = 0$ und $x = l$ alle drei Componenten ξ, η, ζ für jeden Werth von t verschwinden sollen, und die Bedingungen des Anfangszustandes, nach denen für $t = 0$ die sechs Grössen ξ, η, ζ, $\partial\xi/\partial t$, $\partial\eta/\partial t$, $\partial\zeta/\partial t$ in gegebene Functionen von x übergehen sollen. Diese letzteren Functionen sind aber nur in dem Intervall $(0, l)$ für x gegeben.

Die Function ξ bestimmt die longitudinalen Schwingungen. Diese allein hängen von der Constante E ab, η und ζ sind die beiden Componenten der transversalen Schwingungen, und es genügt, wenn wir uns in der Folge mit einer von den drei Componenten, etwa mit η, beschäftigen, für die wir, wenn wir

(12)
$$a^2 = \frac{Plg}{p}$$

setzen, die Differentialgleichung erhalten:

(13)
$$\frac{\partial^2 \eta}{\partial t^2} = a^2 \frac{\partial^2 \eta}{\partial x^2}$$

mit den Nebenbedingungen:

(14) $\eta = 0$ für $x = 0$ und $x = l$

(15) $\eta = f(x)$

(16) $\dfrac{\partial \eta}{\partial t} = F(x)$

(15), (16) für $t = 0, \quad 0 < x < l.$

Bei der homogenen Saite ist a constant, bei der inhomogenen eine gegebene Function von x.

§. 84.

Particulare Lösungen.

Wir suchen zunächst particulare Lösungen der Gleichung (13), §. 83, indem wir für η ein Product UV einer Function U von t allein und einer Function V von x allein setzen. Es ergiebt sich dann durch Division mit UV

$$\frac{1}{U}\frac{d^2 U}{dt^2} = \frac{a^2}{V}\frac{d^2 V}{dx^2}.$$

Es müssen also beide Seiten dieser Gleichung gleich einer und derselben Constante sein, die wir mit $-m^2$ bezeichnen wollen, so dass sich die beiden Gleichungen ergeben:

$$\frac{d^2 U}{dt^2} = -m^2 U$$

$$\frac{d^2 V}{dx^2} = -\frac{m^2}{a^2} V.$$

Die zweite dieser Gleichungen gehört, wenn a eine Function von x ist, zu dem Typus von Differentialgleichungen, die wir in §. 25 f. betrachtet haben, und die dort abgeleiteten allgemeinen Theoreme erhalten also hier ihre physikalische Bedeutung. Wir wollen uns aber jetzt nur mit dem Falle beschäftigen, wo a constant ist, also mit der homogenen Saite. Unter dieser Voraussetzung haben die vorstehenden Differentialgleichungen die particularen Integrale:

$$U = \cos mt, \qquad \sin mt$$

$$V = \cos\frac{mx}{a}, \qquad \sin\frac{mx}{a}.$$

Unter diesen suchen wir solche aus, die der Bedingung (14) in §. 83 genügen, also für $x = 0$ und $x = l$ verschwinden. Dies wird erreicht, wenn wir $V = \sin\frac{mx}{a}$, und $m = an\pi/l$ setzen, worin n eine ganze Zahl ist, die positiv angenommen werden kann.

Wenn man dann mit τ und A noch zwei willkürliche Constanten bezeichnet, so erhält man ein particulares Integral der partiellen Differentialgleichung §. 83 (13):

(1) $$\eta_n = A \cos n \frac{\pi a (t - \tau)}{l} \sin n \frac{\pi x}{l}$$

und hierin kann n jede ganze positive Zahl bedeuten.

Wenn die Saite nach diesem Gesetze schwingt, so ist der Vorgang in Bezug auf die Zeit periodisch, und die Schwingungsdauer T_n ist gleich $2l/an$. Der reciproke Werth der Schwingungsdauer heisst die Schwingungszahl:

(2) $$Z_n = \frac{na}{2l} = \frac{n}{2}\sqrt{\frac{Pg}{pl}} \quad [§. 83, (12)],$$

und dies ist die Anzahl der Schwingungen, die in der Zeiteinheit (der Secunde) ausgeführt werden. Von dieser Zahl hängt die Tonhöhe ab. Den tiefsten Ton, den die Saite geben kann, erhält man für $n = 1$. Er heisst der Grundton der Saite. Die übrigen heissen die harmonischen Obertöne. Für $n = 2$ erhält man die Octave des Grundtones, für $n = 3$ die Quinte der Octave, für $n = 4$ die zweite Octave, für $n = 5$ die grosse Terz der zweiten Octave.

Der Ausdruck (1) zeigt, dass, wenn x ein Vielfaches von l/n ist, η_n fortdauernd $= 0$ bleibt. Es theilt sich so die Saite in n Theile, deren jeder für sich so schwingt, wie wenn eine Saite von der Länge l/n mit ihrem Grundton schwingt. Die Theilpunkte dieser Strecken, deren Zahl $n - 1$ beträgt, heissen die Knotenpunkte (Fig. 19, 20).

Die Formel (2) zeigt die Abhängigkeit der Höhe des Grundtones von der Länge l, der Spannung P und dem Gewicht p

Fig. 19. Fig. 20.

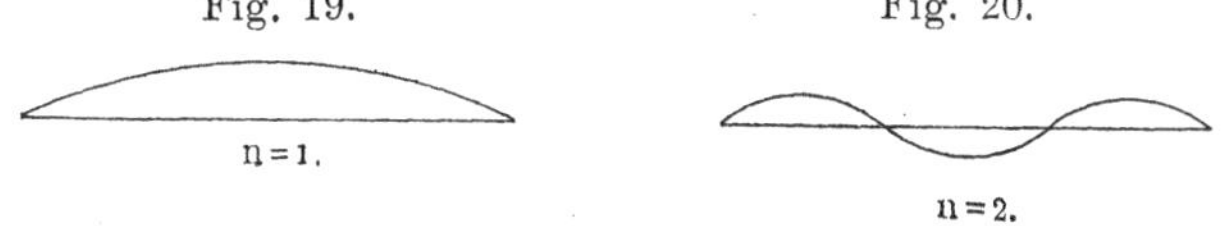

der Saite. Der Factor A heisst die Amplitude der Schwingung. Ihr Quadrat bestimmt die Stärke oder Intensität des Tones.

Wenn wir mehrere Ausdrücke von der Form (1) addiren, so erhalten wir complicirtere Schwingungsformen der Saite, bei denen der Grundton und mehrere der harmonischen Obertöne zusammenklingen, die ein geübtes Ohr auch wieder von einander zu trennen weiss. Von der relativen Stärke der Obertöne hängt nach Helmholtz die Klangfarbe ab.

Um diese allgemeineren Schwingungsformen darzustellen, zerlegen wir den Cosinus in der Formel (1) und erhalten, wenn wir

$$A_n = A \cos n \frac{\pi a \tau}{l}, \quad B_n = A \sin n \frac{\pi a \tau}{l}$$

setzen und mit T die Schwingungsdauer des Grundtones bezeichnen:

$$(3) \qquad \eta = \sum^{n} \left(A_n \cos n \frac{2\pi t}{T} + B_n \sin n \frac{2\pi t}{T} \right) \sin n \frac{\pi x}{l},$$

worin sich die Summe auf beliebige Werthe von n erstrecken kann. Durch Bestimmung der Constanten A_n und B_n haben wir dann noch die Möglichkeit, eine unendliche Mannigfaltigkeit von Anfangszuständen zu berücksichtigen, und wenn wir die Annahme machen, dass die Formel (3) auch noch gültig sei, wenn wir die Anzahl der Glieder unendlich nehmen, so können wir auch noch die Bedingungen eines willkürlichen Anfangszustandes erfüllen.

§. 85.

Einführung des Anfangszustandes.

Wir nehmen also jetzt die Lösung des Problems der schwingenden Saite in der Form an:

$$(1) \qquad \eta = \sum_{n=0}^{\infty} \left(A_n \cos n \frac{\pi a t}{l} + B_n \sin n \frac{\pi a t}{l} \right) \sin n \frac{\pi x}{l}$$

und verlangen, dass die Constanten A_n, B_n so bestimmt werden, dass dieser Ausdruck für $t = 0$ einen gegebenen Anfangszustand darstelle. Dieser Anfangszustand ist nach §. 83 (15), (16) durch zwei Functionen $f(x)$, $F(x)$ bestimmt, so dass für $t = 0$, $0 < x < l$

$$(2) \qquad \eta = f(x), \quad \frac{\partial \eta}{\partial t} = F(x)$$

wird. Diese Functionen $f(x)$, $F(x)$ sind nur in dem Intervall $(0, l)$ gegeben. Es muss dann aber nach (1)

$$(3)\quad \begin{aligned} \sum_{n=0}^{\infty} A_n \sin n \frac{\pi x}{l} &= f(x), \\ \sum_{n=0}^{\infty} n B_n \sin n \frac{\pi x}{l} &= \frac{l}{\pi a} F(x) \end{aligned}$$

gesetzt werden.

Hieraus lassen sich A_n und B_n berechnen, wenn man nach §. 33 des ersten Bandes die Functionen $f(x)$, $F(x)$ in Sinus-Reihen entwickelt. Man erhält

$$(4)\quad \begin{aligned} A_n &= \frac{2}{l} \int_0^l f(\alpha) \sin \frac{n \pi \alpha}{l} \, d\alpha, \\ B_n &= \frac{2}{a \pi n} \int_0^l F(\alpha) \sin \frac{n \pi \alpha}{l} \, d\alpha. \end{aligned}$$

Die Formeln (3) gelten zunächst nur, so lange x im Intervall $(0, l)$ liegt, und wenn wir für andere Werthe von x die Formeln (3) als Definition für $f(x)$ und $F(x)$ ansehen, so ergiebt sich

$$(5)\quad \begin{aligned} f(-x) &= -f(x), & F(-x) &= -F(x), \\ f(x+2l) &= f(x), & F(x+2l) &= F(x), \end{aligned}$$

und auch durch diese Functionalgleichungen sind die Functionen $f(x)$, $F(x)$ für alle Werthe von x eindeutig bestimmt, wenn sie zwischen $x = 0$ und $x = l$ gegeben sind. Aus (5) folgt

$$(6)\quad f(l+x) = -f(l-x), \qquad F(l+x) = -F(l-x),$$

und aus der zweiten Gleichung (3) leiten wir durch Integration in Bezug auf x die Formel her:

$$(7)\quad \sum B_n \cos \frac{n \pi x}{l} = \frac{-1}{a} \int F(x) \, dx + \text{const.}$$

die dann gleichfalls, wenn die Constante richtig bestimmt wird, worauf es hier nicht ankommt, für beliebige x gilt. Nun lässt sich die Formel (1), mit Benutzung elementarer trigonometrischer Formeln, so darstellen:

$$(8)\quad \begin{aligned} \eta = {} & \frac{1}{2} \sum_{n=0}^{\infty} A_n \left(\sin n \frac{\pi (x - at)}{l} + \sin n \frac{\pi (x + at)}{l} \right) \\ & + \frac{1}{2} \sum_{n=0}^{\infty} B_n \left(\cos n \frac{\pi (x - at)}{l} - \cos n \frac{\pi (x + at)}{l} \right), \end{aligned}$$

und hieraus ergiebt sich mit Hülfe der Formeln (3) und (7) die folgende Darstellung der Function η:

$$(9) \qquad \eta = \frac{1}{2}\Big[f(x+at)+f(x-at)\Big]+\frac{1}{2a}\int\limits_{x-at}^{x+at} F(x)\,dx.$$

Diese zweite Form der Lösung des Problems rührt von d'Alembert her, und ist älter als die durch die Fourier'sche Reihe, die auf Daniel Bernoulli zurückzuführen ist. Wir haben hier die eine aus der anderen abgeleitet; jedoch lässt sich auch die d'Alembert'sche Lösung direct verificiren.

§. 86.

Discussion der Lösung.

Der Ausdruck, den wir zuletzt für η gefunden haben:

$$(1) \qquad \eta = \frac{1}{2}\Big[f(x+at)+f(x-at)\Big]+\frac{1}{2a}\int\limits_{x-at}^{x+at} F(x)\,dx$$

genügt der Differentialgleichung §. 83 (13) identisch, wenn die Functionen $f(x)$ überall einen bestimmten zweiten und $F(x)$ einen bestimmten ersten Differentialquotienten hat, mögen übrigens $f(x)$ und $F(x)$ sein, was sie wollen.

Die Grenzbedingung [§. 83 (14)], dass η für $x = 0$ und $x = l$ verschwinden soll, ist durch (1) befriedigt, wenn $f(x)$ und $F(x)$ den Gleichungen §. 85 (5), (6) gemäss bestimmt sind, und wenn ausserdem $f(x)$ eine stetige Function ist. Dann ist

$$f(l+at)+f(l-at)=0,$$

$$\int\limits_{-at}^{+at} F(x)\,dx = 0, \quad \int\limits_{l-at}^{l+at} F(x)\,dx = \int\limits_{-at}^{+at} F(l+x)\,dx = 0.$$

Durch diese Voraussetzungen ist zugleich die Bedingung erfüllt, dass η für $t = 0$ in $f(x)$ übergeht.

Bilden wir aber noch

$$\frac{\partial \eta}{\partial t} = \frac{a}{2}[f'(x+at)-f'(x-at)]+\frac{1}{2}[F(x+at)+F(x-at)],$$

so erkennt man, dass dies für $t = 0$ nur dann in $F(x)$ übergeht, wenn auch noch $f'(x)$ und $F(x)$ stetige Functionen sind. Diese Voraussetzungen wollen wir also jetzt machen.

Zunächst ziehen wir einen allgemeinen Schluss aus der Formel (1). Wir setzen $at = l$, d. h. wir gehen in der Zeit von $t = 0$ aus um eine halbe Schwingungsdauer des Grundtones vorwärts (wobei der Anfangszustand irgend ein im Verlauf der Bewegung eintretender Zustand sein kann). Es ist aber

$$\int_{x-l}^{x+l} F(x)\, dx = 0,$$

was man ohne Rechnung aus der Fig. 21 einsieht, die den Verlauf der Curve $y = F(x)$ darstellt, bei der der Flächeninhalt

Fig. 21. Fig. 22.

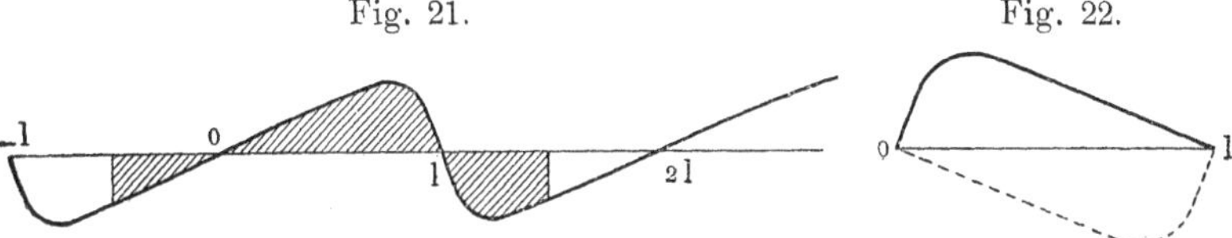

irgend eines Stückes, dessen Basis $2l$ ist, immer verschwindet. Daraus folgt also für $at = l$:

$$\eta = \frac{1}{2}\,[f(x + l) + f(x - l)] = -f(l - x),$$

$$\frac{\partial \eta}{\partial t} = -F(l - x),$$

und es ist also nach einer halben Schwingungsdauer sowohl die Gestalt der Curve als die Geschwindigkeit in doppelter Hinsicht umgekehrt, sowohl von rechts nach links, als von oben nach unten (Fig. 22).

§. 87.

Fortschreitende Wellen.

Wir wollen noch einen Fall betrachten, der, obwohl bei Saiten nicht unmittelbar realisirbar, doch in mancher Beziehung lehrreich ist. Wir wollen nämlich eine beiderseits unendlich lange Saite betrachten, so dass die Grenzbedingungen wegfallen. Dann sind die Functionen $f(x)$ und $F(x)$ durch den Anfangszustand für alle Werthe von x bestimmt, und η ist durch die

Formel (1), §. 86 für alle Zeiten bestimmt. Wir betrachten zwei Fälle.

I. Es sei $F(x) = 0$ für alle Werthe von x, $f(x)$ nur in einer endlichen Strecke, $-\alpha < x < \alpha$, von Null verschieden. Dann ist also:

$$\eta = \frac{1}{2}\left[f(x + at) + f(x - at)\right]; \tag{1}$$

betrachten wir irgend einen festen Werth von t, so hat $f(x+at)$ nur so weit einen von Null verschiedenen Werth, als $x + at$ zwischen $-\alpha$ und $+\alpha$ liegt, also so lange

$$-at - \alpha < x < -at + \alpha \tag{2}$$

ist, und $f(x - at)$ ist nur dann von Null verschieden, wenn

$$at - \alpha < x < at + \alpha. \tag{3}$$

Wenn daher $at - \alpha > -at + \alpha$, d. h. $at > \alpha$ ist, so ist $\eta = 0$, wenn keine der beiden Ungleichungen (2), (3) befriedigt ist, also wenn entweder

$$x < -at - \alpha$$

oder

$$-at + \alpha < x < at - \alpha$$

oder endlich

$$at + \alpha < x,$$

und η ist nur von Null verschieden, wenn eine der beiden (einander ausschliessenden) Ungleichungen (2), (3) erfüllt ist.

Es pflanzen sich also von der anfänglich erregten Stelle aus nach beiden Seiten Wellen mit der constanten Geschwindigkeit

Fig. 23.

a und der Breite 2α fort, deren Höhe halb so gross ist als die Höhe der ursprünglichen Welle. Ausserhalb dieser fortschreitenden Wellen befindet sich die Saite in der Gleichgewichtslage.

II. Es sei $f(x) = 0$ für alle Werthe von x, und $F(x)$ sei von Null verschieden in der Strecke $-\alpha < x < \alpha$; ausserhalb dieser Strecke sei auch $F(x) = 0$. Dann ist

$$(4) \qquad \eta = \frac{1}{2a} \int\limits_{x-at}^{x+at} F(x)\, dx.$$

Hieraus ergiebt sich, wenn wir wieder einen Werth von t festhalten, dass $\eta = 0$ ist, wenn $x - at > \alpha$, oder wenn $x + at < -\alpha$, also wenn

$$x < -at - \alpha \text{ oder } x > at + \alpha.$$

Ist aber $x - at < -\alpha$ und $x + at > +\alpha$, also

$$-at + \alpha < x < at - \alpha$$

(was voraussetzt, dass $at > \alpha$ ist), so hat η den constanten Werth

$$\frac{1}{2a} \int\limits_{-\alpha}^{+\alpha} F(x)\, dx = c,$$

der durch den Flächeninhalt der Curve mit der Ordinate $F(x)$ dargestellt werden kann. Wenn x zwischen $at - \alpha$ und $at + \alpha$

Fig. 24.

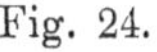

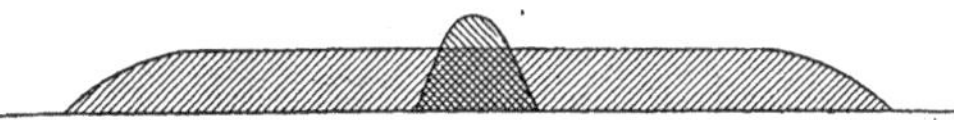

liegt, so wird η stetig von dem Werthe c zu Null abfallen, und ebenso, wenn x zwischen $-at + \alpha$ und $-at - \alpha$ liegt. Die Figur 24 veranschaulicht den Verlauf von η.

§. 88.

Unstetigkeiten.

Wir haben in §. 86 ausdrücklich die Forderung gestellt, dass die Functionen $f(x)$, $f'(x)$, $F(x)$ stetige Functionen von x sein sollen. Es kommen aber in den Anwendungen Fälle vor, die sich einem Zustande stark annähern, in dem diese Voraussetzung nicht erfüllt ist. Wir erinnern an das Beispiel der gezupften Saite, d. h. einer Saite, die etwa durch einen schmalen Stift seitwärts gedrängt und dann sich selbst überlassen ist. Dann wird die Curve $y = f(x)$ nahezu aus zwei geraden Linien bestehen, die in einem Punkte $\varkappa$ unter einem Winkel an einander stossen. In diesem Falle ist also $f'(x)$ unstetig. Ebenso können wir uns vorstellen, dass $F(x)$ unstetig sei. Dagegen ist eine Unstetigkeit der Function $f(x)$ physikalisch nicht zulässig, weil sonst der Zusammenhang der Saite aufgehoben wäre.

Nun zeigt uns die Betrachtung des §. 85, dass auch diese Fälle durch die bisherige Theorie erledigt werden. Denn wenn wir uns in den Reihen §. 85 (3) auf eine beliebige, aber endliche Anzahl von Gliedern beschränken, so erhalten wir die Bewegung der Saite, die einem stetigen Anfangszustande entspricht, der sich aber dem thatsächlich gegebenen unstetigen (der ja auch nur eine Annäherung an die Wirklichkeit ist) bis zu jedem Grade nähert, und wir werden daher auch die Formeln §. 85 (8), (9), die den weiteren Verlauf der Bewegung darstellen, als eine Annäherung an den wirklichen Vorgang betrachten können.

Fig. 25.

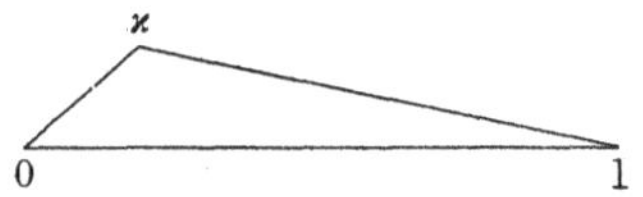

Fig. 26.

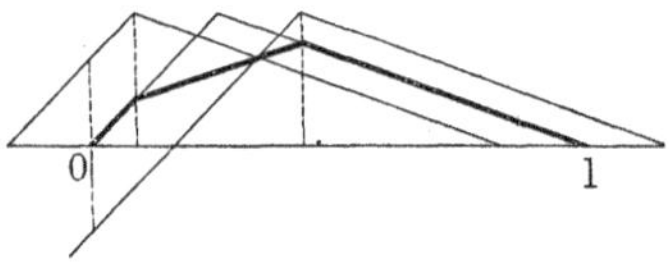

Um nach dieser Methode z. B. die gezupfte Saite zu behandeln, setze man

$$\eta = \tfrac{1}{2}[f(x + at) + f(x - at)],$$

und man kann leicht die auf einander folgenden Gestalten der Saite durch eine geometrische Construction finden, wenn man

Fig. 27.

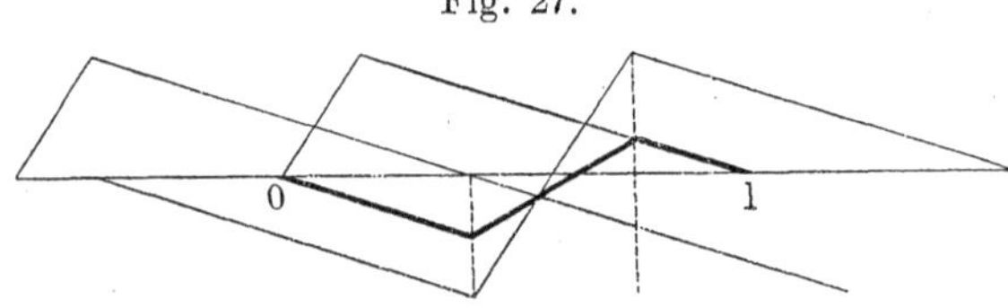

die Curven $f(x + at)$ und $f(x - at)$ gleichzeitig zieht, und das Mittel zwischen ihren Ordinaten sucht; man erhält so eine Gestalt der Curve, die aus drei oder aus zwei geradlinigen Strecken zusammengesetzt ist. Die Fig. 26 und 27 geben zwei dieser Gestalten.

Man sieht, dass sich der eine Unstetigkeitspunkt beim Beginne der Bewegung in zwei theilt, die nach vorwärts und nach rückwärts mit der Geschwindigkeit at fortschreiten.

Eine andere Behandlung dieser Probleme, bei der auf die Unstetigkeiten von vornherein Rücksicht genommen ist, hat Christoffel gegeben[1]), der aus den geometrischen und mechanischen Bedingungen der Aufgabe Gleichungen für die Bewegung der Unstetigkeiten hergeleitet hat. Wir gelangen zu diesen Gleichungen auf folgendem Wege.

Es sei auf der Saite in einem bestimmten Augenblick t ein Punkt mit der Abscisse ξ, wo die Differentialquotienten $\partial\eta/\partial x$ und $\partial\eta/\partial t$ unstetig sind, und also die η-Curve eine Ecke $\varkappa$ bildet.

Wir unterscheiden die Werthe der Functionen vor und hinter der Unstetigkeitsstelle durch den Index 1 und 2 (Fig. 28). Wir wollen nun weiter annehmen, dass diese Unstetigkeitsstelle in dem

Fig. 28.

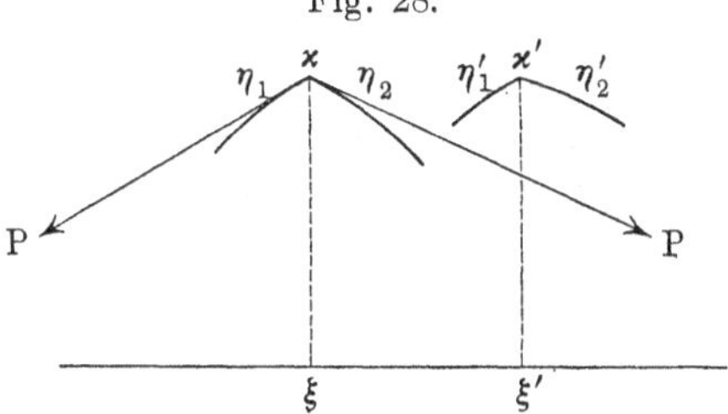

Zeitelement dt um eine Strecke $d\xi$ mit der Geschwindigkeit c fortrücke, so dass $d\xi = c dt$ ist, und es sei in Folge dessen der Unstetigkeitspunkt $\varkappa$ in der Zeit dt nach $\varkappa'$ fortgerückt.

Die erste der hierzu erforderlichen Bedingungen erhalten wir, wenn wir die Coordinate des Punktes $\varkappa'$ in zweierlei Weise ausdrücken, einmal als Punkt der Curve η_1', dann als Punkt der Curve η_2', und beides einander gleich setzen.

Wir erhalten so

$$\frac{\partial \eta_1}{\partial x} d\xi + \frac{\partial \eta_1}{\partial t} dt = \frac{\partial \eta_2}{\partial x} d\xi + \frac{\partial \eta_2}{\partial t} dt$$

oder

$$(1) \qquad c\left(\frac{\partial \eta}{\partial x}\right)_1 + \left(\frac{\partial \eta}{\partial t}\right)_1 = c\left(\frac{\partial \eta}{\partial x}\right)_2 + \left(\frac{\partial \eta}{\partial t}\right)_2.$$

Diese Bedingung, die die Forderung enthält, dass die Curven η_1, η_2 zusammenhängend bleiben sollen, kann auch so ausgedrückt werden,

[1]) Untersuchungen über die mit dem Fortbestehen linearer partieller Differentialgleichungen verträglichen Unstetigkeiten. Annali di Matematica, Tomo VIII (1876).

dass die Verbindung $c\frac{\partial \eta}{\partial x} + \frac{\partial \eta}{\partial t}$ ohne Unstetigkeit über den Punkt $\varkappa$ hinweggehen muss.

Die zweite Bedingung ist mechanischer Natur, und beruht auf dem Satze, dass ein Körper von der Masse μ, der während einer unendlich kurzen Zeit dt von einer Stosskraft Q angegriffen wird, eine Geschwindigkeitszunahme von der Grösse $Q\,dt/\mu$ in der Richtung der Kraft erfährt.

Das Element der Saite, das hier eine plötzliche Geschwindigkeitsänderung erfährt, können wir wegen der unendlich kleinen Winkel, die hier überall vorausgesetzt sind (§. 83), von der Länge $d\xi$ annehmen, und seine Masse μ ist also gleich $p\,d\xi/gl$ [§. 83 (10)]. Da dieses Element plötzlich von dem Theil η_2 auf den Theil η_1 übergeht, so ist seine Geschwindigkeitszunahme gleich

$$\left(\frac{\partial \eta}{\partial t}\right)_1 - \left(\frac{\partial \eta}{\partial t}\right)_2 .$$

Die Stosskraft erhalten wir, wenn wir die Spannung P am Anfang des Elementes in der Richtung η_1, am Ende in der Richtung η_2 angreifen lassen, und die Summe der Componenten dieser beiden Kräfte nach der Richtung der η-Axe nehmen. So erhalten wir, da wir bei den unendlich kleinen Winkeln den Sinus durch die Tangente ersetzen dürfen, für diese Stosskraft:

$$P\left[\left(\frac{\partial \eta}{\partial x}\right)_2 - \left(\frac{\partial \eta}{\partial x}\right)_1\right],$$

und es ergiebt sich also nach dem angeführten mechanischen Princip die Gleichung

$$P\left[\left(\frac{\partial \eta}{\partial x}\right)_2 - \left(\frac{\partial \eta}{\partial x}\right)_1\right] dt = \left[\left(\frac{\partial \eta}{\partial t}\right)_1 - \left(\frac{\partial \eta}{\partial t}\right)_2\right] \frac{p\,d\xi}{gl},$$

also wenn wir $d\xi = c\,dt$ und $Plg/p = a^2$ setzen [§. 83, (12)]

$$(2) \qquad a^2 \left(\frac{\partial \eta}{\partial x}\right)_1 + c\left(\frac{\partial \eta}{\partial t}\right)_1 = a^2 \left(\frac{\partial \eta}{\partial x}\right)_2 + c\left(\frac{\partial \eta}{\partial t}\right)_2,$$

und die zweite Bedingung ist also die, dass auch $a^2\frac{\partial \eta}{\partial x} + c\frac{\partial \eta}{\partial t}$ ohne Unstetigkeit über den Punkt $\varkappa$ hinweggehen muss.

Setzen wir zur Abkürzung

$$\left(\frac{\partial \eta}{\partial x}\right)_2 - \left(\frac{\partial \eta}{\partial x}\right)_1 = K, \quad \left(\frac{\partial \eta}{\partial t}\right)_2 - \left(\frac{\partial \eta}{\partial t}\right)_1 = K',$$

so können wir die beiden gefundenen Bedingungen auch so darstellen:

$$(3) \qquad \begin{aligned} cK + K' &= 0, \\ a^2 K + cK' &= 0, \end{aligned}$$

und wenn nun der Punkt $\varkappa$ wirklich ein Unstetigkeitspunkt ist, also K und K' nicht beide verschwinden, so folgt aus (3)

$$(4) \qquad c^2 = a^2, \qquad c = \pm a.$$

Die Unstetigkeit rückt also mit der Geschwindigkeit a entweder nach vorwärts oder nach rückwärts, und aus (3) folgt noch

$$(5) \qquad \frac{K'}{K} = \mp a.$$

Wenn nun aber an einer Stelle $\varkappa$ eine Unstetigkeit K, K' beliebig gegeben ist, die der Bedingung (5) nicht genügt, so müssen wir eine solche Unstetigkeitsstelle als durch das Zusammenfallen zweier entstanden betrachten, von denen die eine vorwärts, die andere rückwärts läuft. Haben diese beiden die Unstetigkeiten K_1, K_1'; K_2, K_2', so ergeben sich zur Bestimmung dieser Grössen

$$(6) \qquad \begin{aligned} aK_1 - K_1' &= 0, \quad K_1 + K_2 = K, \\ aK_2 + K_2' &= 0, \quad K_1' + K_2' = K', \end{aligned}$$

woraus K_1, K_2, K_1', K_2' eindeutig bestimmt sind.

Alle diese Verhältnisse lassen sich leicht auch an den Ausdrücken für η durch die trigonometrische Reihe, oder was dasselbe ist, durch die willkürlichen Functionen nachweisen, so dass sich diese Ausdrücke auch bei dieser Betrachtungsweise als gültig erweisen. Es ist nämlich nach §. 85 (9)

$$2\frac{\partial \eta}{\partial x} = f'(x + at) + f'(x - at) + \frac{1}{a}F(x + at) - \frac{1}{a}F(x - at)$$

$$2\frac{\partial \eta}{\partial t} = af'(x + at) - af'(x - at) + F(x + at) + F(x - at).$$

Wenn also die Functionen $f'(x)$ und $F(x)$ bei $x = \xi$ eine Unstetigkeit haben, so gehen auch nach diesen Formeln, wenn t von 0 an wächst, von diesem Punkte aus je eine Unstetigkeit von $\partial\eta/\partial x$ und $\partial\eta/\partial t$ mit der Geschwindigkeit a nach vorwärts und nach rückwärts, und wenn $af'(x) + F(x)$ bei ξ stetig ist, verschwindet die rückwärts laufende, und wenn $-af'(x) + F(x)$

stetig ist, die vorwärts laufende Unstetigkeit. Beachtet man noch, dass der Ausdruck

$$a\frac{\partial \eta}{\partial x} + \frac{\partial \eta}{\partial t} = af'(x + at) + F(x + at)$$

für ein feststehendes t bei $x = \xi + at$ stetig ist, so erkennt man, dass die Bedingung erfüllt ist, dass von der bereits nach vorwärts gewanderten Unstetigkeit nicht abermals eine Unstetigkeit nach rückwärts läuft. Dies würde nur dann der Fall sein, wenn $\xi + at = \xi_1$ die Abscisse einer zweiten Unstetigkeitsstelle von $f'(x)$ und $F(x)$ wäre. Es würden dann die von ξ und ξ_1 auslaufenden Unstetigkeitswellen einfach über einander hinweg laufen.

§. 89.

Beispiel.

Wir können in manchen Fällen die Bewegung der Saite ohne die allgemeine Theorie, mit Benutzung der Bedingungen, die im vorigen Paragraphen für die Bewegung der Unstetigkeiten aufgestellt sind, bestimmen. Dies soll das folgende Beispiel zeigen. Dazu bemerke man zunächst, dass die Hauptgleichung [§. 83 (13)] identisch befriedigt ist, wenn η sowohl in Bezug auf x als in Bezug auf t linear ist. Es besteht dann die Gestalt der Saite in jedem Augenblicke aus geradlinigen Strecken. Wir

Fig. 29.

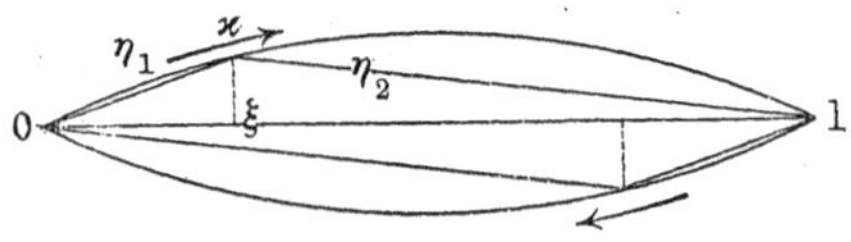

wollen den Fall betrachten, dass sich die Saite nur in zwei solche Strecken theilt und also die beistehende Gestalt hat (Fig. 29).

Da wir den Anfangspunkt der Zeit beliebig wählen können, so setzen wir

$$(1) \qquad \begin{aligned} \eta_1 &= a_1\, x(t - t_1), \\ \eta_2 &= a_2(l - x)\, t, \end{aligned}$$

worin a_1, a_2 zwei Constanten sind, und wodurch der Bedingung genügt ist, dass die Saite in den Punkten $x = 0$ und $x = l$ fest sein soll. Wir berechnen die Abscisse ξ des Schnittpunktes $\varkappa$, von dem wir annehmen, dass er mit der constanten Geschwindigkeit a nach vorwärts wandern soll. Wir erhalten ξ aus der Gleichung:

$$a_1 \xi (t - t_1) = a_2 (l - \xi) t,$$

und da ξ eine ganze lineare Function von t sein muss, so ergiebt sich

$$-a_1 = a_2 = \alpha a,$$

worin α eine neue Constante ist. Es folgt dann

$$\xi = \frac{l t}{t_1},$$

also $l = a t_1$, und aus (1) folgt nun

$$\eta_1 = \alpha (l - at) x, \quad \eta_2 = \alpha (l - x) at, \tag{2}$$

und wenn wir $\eta_1 = \eta_2 = \eta$, $x = \xi$ setzen

$$\begin{aligned} \eta &= \alpha (l - at) \xi &&= \alpha (l - \xi) at, \\ \xi &= at, & \eta &= \alpha (l - \xi) \xi. \end{aligned} \tag{3}$$

Es ergiebt sich aber aus (2)

$$\frac{\partial \eta_1}{\partial x} = \alpha (l - at), \quad \frac{\partial \eta_2}{\partial x} = - \alpha a t, \tag{4}$$

$$\frac{\partial \eta_1}{\partial t} = - \alpha a x, \quad \frac{\partial \eta_2}{\partial t} = \alpha a (l - x), \tag{5}$$

also, wenn man $x = \xi = at$ setzt,

$$a \frac{\partial \eta_1}{\partial x} + \frac{\partial \eta_1}{\partial t} = a \frac{\partial \eta_2}{\partial x} + \frac{\partial \eta_2}{\partial t} = \alpha a (l - 2 \xi),$$

entsprechend der Bedingung §. 88 (1) oder (2).

Für $t = 0$ hat die Saite die Gleichgewichtslage und besteht nur aus der Strecke η_2. Die Geschwindigkeit wird dann durch die Formel (5) bestimmt; sie ist positiv und bei $x = 0$ unstetig. Während nun at von 0 bis l geht, läuft der Punkt $\varkappa$ mit der in der x-Richtung constanten Geschwindigkeit a von 0 bis l und $\varkappa$ beschreibt einen Parabelbogen [nach (3)]. Für $at = l$ ist die Saite wieder geradlinig. Die Geschwindigkeit ist durch die erste Formel (5) bestimmt. Sie ist negativ und bei $x = l$ unstetig; von nun an geht der Endpunkt wieder zurück, ist aber nach unten gekehrt.

Betrachten wir noch die Bewegung eines einzelnen Punktes mit der Abscisse x als Function der Zeit, so ergiebt sich, dass dieser

Punkt, so lange er der Linie η_2 angehört, also während at von 0 bis x geht, mit gleichförmiger Geschwindigkeit in die Höhe steigt, von da an aber, während at von x bis l geht, wieder mit gleichförmiger Geschwindigkeit bis zur Gleichgewichtslage

Fig. 30.

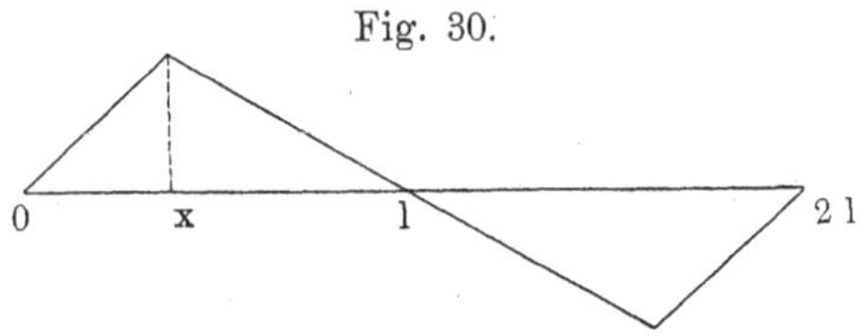

hinabsteigt. Von hier an wiederholt sich das Spiel nach der entgegengesetzten Seite. In der Figur 30 ist η als Function von at dargestellt für ein x, das kleiner ist als $\frac{1}{2}l$.

Nach Helmholtz[1]) bewegt sich nahezu nach diesem Gesetze die Violinsaite. Der Bogen ertheilt dem Punkte, in dem die Saite gestrichen wird, eine der Fig. 30 entsprechende Bewegung.

---

[1]) Die Lehre von der Tonempfindung, 2. Auflage, Braunschweig 1865. Wissenschaftl. Abhandlungen, Bd. 1, Leipzig 1881. Vergl. auch Harnack, Mathem. Annalen, Bd. 29, S. 486 (1887).

Zwölfter Abschnitt.

Die Riemann'sche Integrationsmethode.

---

§. 90.

Allgemeine Integration der Differentialgleichung der schwingenden Saite.

Wir wollen das Problem der schwingenden Saite noch nach einer anderen Methode behandeln, die uns die Lösung unter noch allgemeineren Voraussetzungen geben wird, und die zugleich Aufschluss giebt über die Grenzbedingungen, die zur vollständigen Bestimmung der Lösung nothwendig und hinreichend sind.

Riemann hat diese Methode zuerst auf ein allgemeineres Problem angewandt, wie wir später noch sehen werden[1]).

Wir betrachten die Differentialgleichung §. 83 (13)

$$\frac{\partial^2 \eta}{\partial t^2} - a^2 \frac{\partial^2 \eta}{\partial x^2} = 0,$$

und setzen darin zur Vereinfachung

$$at = y, \tag{1}$$

so dass die Differentialgleichung die Form annimmt:

$$\frac{\partial^2 \eta}{\partial y^2} - \frac{\partial^2 \eta}{\partial x^2} = 0. \tag{2}$$

Zur Veranschaulichung wollen wir nun x, y als rechtwinkelige Coordinaten in einer Ebene deuten. Dem Anfangswerth

---

[1]) Ueber die Fortpflanzung ebener Luftwellen von endlicher Schwingungsweite. Riemann's gesammelte Werke, 2. Aufl., S. 171. (Letzter Abschnitt dieses Werkes.)

$t = 0$ oder $y = 0$ entspricht dann die x-Axe, den Enden der Saite $x = 0$ und $x = l$ entsprechen zwei zur y-Axe parallele Gerade.

Wir wenden nun in dieser Ebene das Gauss'sche Theorem in der Form an [Bd. I, §. 39, (9)]:

$$(4)\qquad \iint \left(\frac{\partial V}{\partial x} - \frac{\partial U}{\partial y}\right) dx\, dy = \int (U dx + V dy),$$

worin sich das Doppelintegral über ein Flächenstück S erstreckt, in dem U, V stetige Functionen des Ortes sind, und das einfache Integral auf die Begrenzung dieses Flächenstückes, was im positiven Sinne zu umkreisen ist.

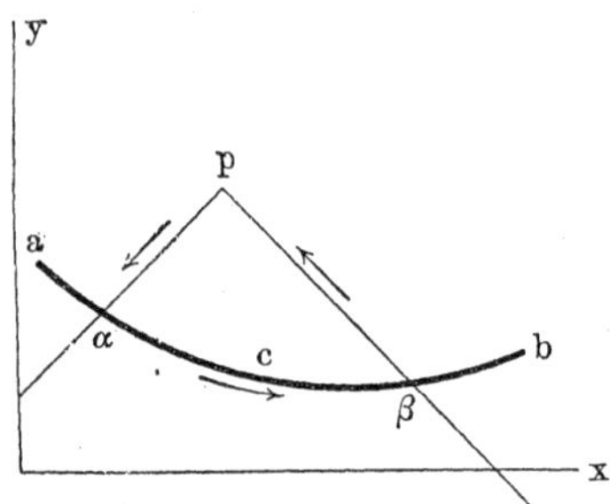

Fig. 31.

Darin nehmen wir

$$U = \frac{\partial \eta}{\partial y}, \qquad V = \frac{\partial \eta}{\partial x},$$

und setzen also diese beiden Differentialquotienten als stetig voraus. Dann folgt aus (4) und (2)

$$(5)\qquad \int \left(\frac{\partial \eta}{\partial x}\, dy + \frac{\partial \eta}{\partial y}\, dx\right) = 0.$$

Jetzt wollen wir das Flächenstück S folgendermaassen annehmen. Wir ziehen von einem beliebigen Punkt p, der die Coordinaten x_1, y_1 haben mag, für den die Function η bestimmt werden soll, die beiden gegen die Coordinatenaxen unter 45^0 geneigten Geraden

$$(6)\qquad x - y = x_1 - y_1, \quad x + y = x_1 + y_1,$$

und begrenzen das Gebiet S durch diese beiden Linien, und eine einstweilen noch unbestimmte Curve c, die diese Geraden in α, β treffen soll, wie die Figur 31 zeigt.

Es ist dann $dx = dy$ an (α, p) und $dx = -dy$ an (β, p). Folglich

$$\int_\alpha^p \left(\frac{\partial \eta}{\partial x}\, dy + \frac{\partial \eta}{\partial y}\, dx\right) = \int_\alpha^p \left(\frac{\partial \eta}{\partial x}\, dx + \frac{\partial \eta}{\partial y}\, dy\right) = \eta_p - \eta_\alpha,$$

$$\int_\beta^p \left(\frac{\partial \eta}{\partial x}\, dy + \frac{\partial \eta}{\partial y}\, dx\right) = -\int_\beta^p \left(\frac{\partial \eta}{\partial x}\, dx + \frac{\partial \eta}{\partial y}\, dy\right) = -\eta_p + \eta_\beta,$$

und es folgt also aus (5):

$$(7) \qquad 2\eta_p = \eta_\alpha + \eta_\beta + \int_\alpha^\beta \left(\frac{\partial \eta}{\partial x}\, dy + \frac{\partial \eta}{\partial y}\, dx\right),$$

worin das Integral von α bis β über die Curve c genommen ist.

Hieraus ist zu sehen, dass die Function η in dem Punkte p bis auf eine additive Constante eindeutig bestimmt ist, wenn längs der Curve c zwischen α und β die Differentialquotienten $\partial \eta / \partial x$ und $\partial \eta / \partial y$ gegeben sind. Denn dann ist

$$(8) \qquad \eta = \int \left(\frac{\partial \eta}{\partial x}\, dx + \frac{\partial \eta}{\partial y}\, dy\right)$$

an der Curve c gleichfalls gegeben, wenn der Werth von η ausserdem noch in einem Punkte dieser Curve gegeben ist. Man kann auch längs der Curve c die Function η selbst nebst ihrem nach der Normale genommenen Differentialquotienten gegeben annehmen. Der Werth von η im Punkte p hängt hiernach nur von dem Theile der Curve ab, der zwischen α und β verläuft.

Um aber die Frage zu beantworten, in wie weit der gefundene Ausdruck für η_p den Bedingungen für diese Function wirklich genügt, setzen wir den Ausdruck (7) nach (8) in die Form:

$$2\eta_p = \int^\alpha \left(\frac{\partial \eta}{\partial x}\, dx + \frac{\partial \eta}{\partial y}\, dy\right) + \int^\beta \left(\frac{\partial \eta}{\partial x}\, dx + \frac{\partial \eta}{\partial y}\, dy\right)$$
$$- \int^\alpha \left(\frac{\partial \eta}{\partial x}\, dy + \frac{\partial \eta}{\partial y}\, dx\right) + \int^\beta \left(\frac{\partial \eta}{\partial x}\, dy + \frac{\partial \eta}{\partial y}\, dx\right)$$

oder:

$$(9) \quad 2\eta_p = \int^\alpha \left(\frac{\partial \eta}{\partial x} - \frac{\partial \eta}{\partial y}\right)(dx - dy) + \int^\beta \left(\frac{\partial \eta}{\partial x} + \frac{\partial \eta}{\partial y}\right)(dx + dy),$$

worin die Integrale so zu verstehen sind, dass sie von einem beliebigen unteren Grenzpunkte aus längs der Curve c bis zu dem Punkte α oder β zu führen sind.

Lassen wir nun p variiren, also x_1, y_1 um dx_1, dy_1 wachsen, so bleibt α nach (6) ungeändert, wenn $x_1 - y_1$ ungeändert bleibt, und β, wenn $x_1 + y_1$ ungeändert bleibt, und es ist

$$(10) \quad dx_\alpha - dy_\alpha = dx_1 - dy_1, \quad dx_\beta + dy_\beta = dx_1 + dy_1,$$

also durch Differentiation von (9)

$$(11) \qquad 2\,d\,\eta_p = \left(\frac{\partial \eta}{\partial x} - \frac{\partial \eta}{\partial y}\right)_\alpha (d\,x_1 - d\,y_1)$$
$$+ \left(\frac{\partial \eta}{\partial x} + \frac{\partial \eta}{\partial y}\right)_\beta (d\,x_1 + d\,y_1).$$

Setzen wir längs der Curve c

$$(12) \qquad \frac{\partial \eta}{\partial x} = \varphi_1, \quad \frac{\partial \eta}{\partial y} = \varphi_2$$

und bezeichnen mit $\varphi_1(\alpha)$, $\varphi_2(\alpha)$ die Werthe dieser Functionen in einem Punkte α, so ist nach (11)

$$(13) \qquad \begin{aligned} 2\,\frac{\partial \eta_p}{\partial x_1} &= \varphi_1(\alpha) - \varphi_2(\alpha) + \varphi_1(\beta) + \varphi_2(\beta), \\ 2\,\frac{\partial \eta_p}{\partial y_1} &= -\,\varphi_1(\alpha) + \varphi_2(\alpha) + \varphi_1(\beta) + \varphi_2(\beta). \end{aligned}$$

Durch (9) ist η_p in zwei Bestandtheile η_p', η_p'' zerlegt, wenn wir

$$\eta_p' = \frac{1}{2}\int^\alpha \left(\frac{\partial \eta}{\partial x} - \frac{\partial \eta}{\partial y}\right)(dx - dy), \quad \eta_p'' = \frac{1}{2}\int^\beta \left(\frac{\partial \eta}{\partial x} + \frac{\partial \eta}{\partial y}\right)(dx + dy)$$

setzen, und für diese ergiebt sich wie in (13):

$$2\,\frac{\partial \eta_p'}{\partial x_1} = \varphi_1(\alpha) - \varphi_2(\alpha), \quad 2\,\frac{\partial \eta_p''}{\partial x_1} = \varphi_1(\beta) + \varphi_2(\beta),$$
$$2\,\frac{\partial \eta_p'}{\partial y_1} = -\,\varphi_1(\alpha) + \varphi_2(\alpha), \quad 2\,\frac{\partial \eta_p''}{\partial y_1} = \varphi_1(\beta) + \varphi_2(\beta),$$

und folglich

$$\frac{\partial \eta_p'}{\partial x_1} = -\,\frac{\partial \eta_p'}{\partial y_1}, \qquad \frac{\partial \eta_p''}{\partial x_1} = \frac{\partial \eta_p''}{\partial y_1},$$

und daraus folgt, dass die Differentialgleichung (2) durch η_p' und durch η_p'', also auch durch $\eta_p = \eta_p' + \eta_p''$ befriedigt ist, wenn x, y durch x_1, y_1 ersetzt wird.

In Bezug auf die Grenzbedingungen haben wir aber zwei Fälle zu unterscheiden.

1. Wir nehmen ein Stück a, b der Curve c, das von keiner unter 45° gegen die Coordinatenaxen geneigten Geraden in mehr als einem Punkte geschnitten wird (Fig. 31). Wenn wir dann den Punkt p nach α rücken lassen, so rückt β zugleich nach α und die Gleichungen (13) ergeben

$$\left(\frac{\partial \eta_p}{\partial x_1}\right)_\alpha = \varphi_1(\alpha), \qquad \left(\frac{\partial \eta_p}{\partial y_1}\right)_\alpha = \varphi_2(\alpha),$$

und Entsprechendes gilt, wenn wir p nach β rücken lassen. In diesem Falle also können die Differentialquotienten von η an der Curve ab beliebig gegeben sein.

2. Anders liegen die Verhältnisse aber, wenn eine unter 45° gegen die Axen geneigte Linie etwa eine Linie $x + y = \text{const.}$ die Curve zweimal schneidet. Dann wird, wenn p nach α rückt,

Fig. 32. Fig. 33.

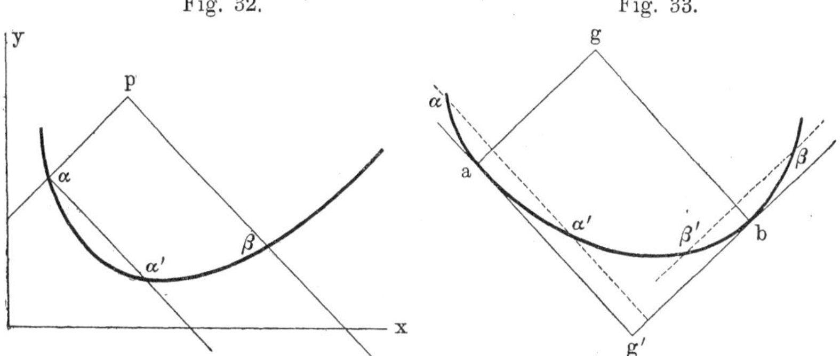

β nicht nach α, sondern nach einem anderen durch α bestimmten Punkt α' rücken (Fig. 32), und wenn dann die Differentialquotienten von η_p im Punkte α in $\varphi_1(\alpha)$ und $\varphi_2(\alpha)$ übergehen sollen, so muss zwischen diesen beiden Functionen nach (13) die Relation bestehen:

$$\varphi_1(\alpha) + \varphi_2(\alpha) = \varphi_1(\alpha') + \varphi_2(\alpha'), \tag{14}$$

diese beiden Functionen sind also nicht mehr längs der ganzen Curve willkürlich.

Ebenso ergiebt sich, wenn eine Linie $x - y = \text{const.}$ die Curve c in zwei Punkten β, β' schneidet, für zwei solche Punkte aus (13) die Bedingung:

$$\varphi_1(\beta) - \varphi_2(\beta) = \varphi_1(\beta') - \varphi_2(\beta'). \tag{15}$$

Wir erhalten hiernach auf der Curve, längs deren die Differentialquotienten von η gegeben sind, gewisse kritische Punkte a, b, die, wenn die Curve stetig gekrümmt ist, dadurch bestimmt sind, dass die Tangenten dort einen Winkel von 45° mit der x-Axe einschliessen (Fig. 33). Längs ab können dann die Differentialquotienten von η beliebig vorgeschrieben sein und dadurch ist die Function η in dem ganzen Dreieck abg (sogar in dem Rechteck $gag'b$) eindeutig bestimmt. Ueber a und b hinaus sind die Differentialquotienten von η nicht mehr willkürlich, sondern an die Relationen (14), (15) gebunden (wenigstens wenn in ag und bg die Differentialquotienten von η stetig bleiben sollen).

Die kritischen Punkte können auch Ecken in der Curve c sein, wie wir nachher an einem Beispiele sehen werden.

Die Relationen (14), (15) ergeben sich nach der Bedeutung (12) der Functionen φ auch einfach aus der d'Alembert'schen Form des Integrales η, nach der η die Summe einer Function von $x+y$ und einer Function von $x-y$ ist. Setzen wir hiernach

$$\eta = f(x+y) + f_1(x-y),$$

so wird

$$\frac{\partial \eta}{\partial x} + \frac{\partial \eta}{\partial y} = 2f'(x+y)$$

eine Function von $x+y$ allein, und kann also in den beiden Punkten α, α', in denen $x+y$ denselben Werth hat, keine verschiedenen Werthe haben. Dies besagt die Relation (14), und ebenso wird (15) abgeleitet.

Die Form der Grenzbedingungen, die hier vorausgesetzt ist, würde auf solche Probleme anwendbar sein, bei denen vorgeschriebene Werthe von $\partial\eta/\partial x$, $\partial\eta/\partial y$ nicht in einem Augenblick über die ganze Saite gegeben wären, sondern nach einem gegebenen Gesetze mit der Zeit über die Saite dahin wanderten; dieses Gesetz findet dann eben in der Curve c seine geometrische Darstellung.

Darauf lässt sich auch ein praktisch wichtiges Problem zurückführen, was in jüngster Zeit von Wirtinger angeregt und von Radaković gelöst ist[1]).

Es handelt sich dabei um die Bewegung einer Saite unter dem Einfluss einer Kraft von gegebener (auch mit der Zeit veränderlicher) Stärke, deren Angriffspunkt nach einem gegebenen Gesetze über die Saite wandert.

Es sind dies Verhältnisse, wie sie, in grossem Maassstabe, etwa bei einer Eisenbahnbrücke bestehen, während ein Zug darüber fährt.

Wir können uns den Vorgang so vorstellen, dass im Augenblick t an der Stelle $x = \xi$ eine Stosskraft μP auf ein Massen-

---

[1]) Radaković: „Ueber die Bewegung einer Saite unter der Einwirkung einer Kraft mit wanderndem Angriffspunkt". Sitzungsberichte der Wiener Akademie, 108. Band, S. 577 (1899).

element μ der Saite ausgeübt wird, worin ξ und P gegebene Functionen der Zeit sind. Dieser Stoss wird eine plötzliche Geschwindigkeitsänderung von μ hervorrufen, die gleich P ist.

Fig. 34.

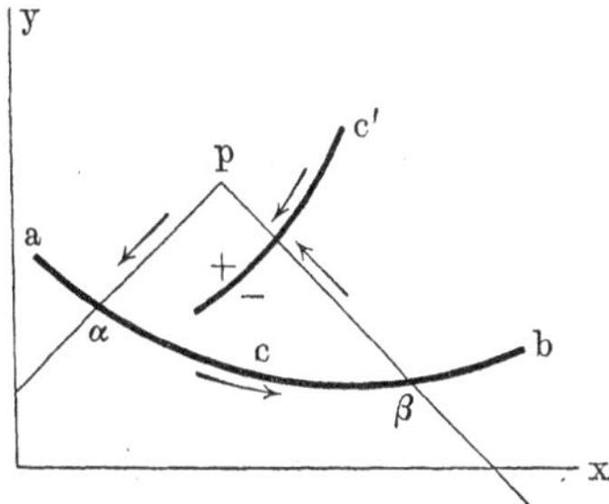

Die Abhängigkeit zwischen ξ und t oder zwischen ξ und y wird in unserer xy-Ebene durch eine Curve c' dargestellt (Fig. 34), und an dieser Curve besteht mit Rücksicht auf (1) die Bedingung

$$\left(\frac{\partial \eta}{\partial y}\right)_+ - \left(\frac{\partial \eta}{\partial y}\right)_- = \frac{P}{a}, \tag{16}$$

während η selbst an dieser Linie stetig sein muss. Folglich ist auch

$$\frac{\partial \eta}{\partial y} + \frac{d\xi}{dy}\frac{\partial \eta}{\partial x}$$

an c' stetig, und daraus ergiebt sich

$$\frac{d\xi}{dy}\left[\left(\frac{\partial \eta}{\partial x}\right)_+ - \left(\frac{\partial \eta}{\partial x}\right)_-\right] = -\frac{P}{a}. \tag{17}$$

Die Differentialquotienten $\partial\eta/\partial x$, $\partial\eta/\partial y$ haben also an der Curve c' vorgeschriebene Unstetigkeiten:

$$\left(\frac{\partial \eta}{\partial x}\right)_+ - \left(\frac{\partial \eta}{\partial x}\right)_- = X,$$

$$\left(\frac{\partial \eta}{\partial y}\right)_+ - \left(\frac{\partial \eta}{\partial y}\right)_- = Y.$$

Man muss dann bei Anwendung des Gauss'schen Satzes auf die Fläche S beide Ufer der Curve c' zur Begrenzung rechnen, und erhält auf der rechten Seite der Formel (7) ein Zusatzglied:

$$-\int\limits_{c'} (X\,dy + Y\,dx),$$

wobei aber nur über den Theil der Curve c' zu integriren ist, der innerhalb S liegt. Specielle Beispiele dieses Problems sind in der erwähnten Arbeit von Radaković enthalten.

§. 91.
Erzwungene Schwingungen.

Nach der im vorigen Paragraphen auseinandergesetzten Methode lässt sich das Problem der erzwungenen Schwingungen einer Saite behandeln. Wir verstehen darunter die Bewegung einer gespannten Saite, bei der die Enden eine vorgeschriebene Bewegung haben, während zugleich irgend ein Anfangszustand gegeben ist.

Ein specieller Fall ist es dann, dass das eine oder auch alle beide Enden fest sind. Eine solche Bewegung ist realisirbar, wenn etwa die Enden mit Stimmgabeln verbunden sind, die eine bekannte Bewegung haben.

Fig. 35.

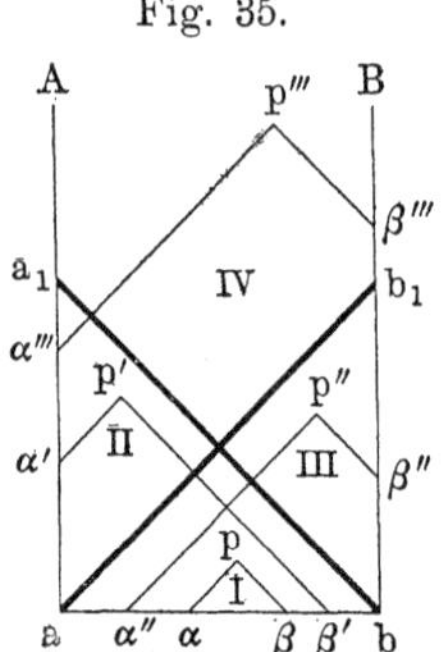

Die Curve c, die wir im vorigen Paragraphen benutzt haben, setzt sich jetzt aus drei geradlinigen Zügen zusammen, von denen der eine ein Stück der x-Axe von der Länge der Saite, die wir hier zur Längeneinheit nehmen wollen, ist, während die beiden anderen der y-Axe parallel nach der Seite der positiven y ins Unendliche verlaufen. Die kritischen Punkte sind dann die beiden Ecken a, b (Fig. 35). Das Gebiet, in dem die Function η gesucht wird, ist der in der Richtung nach A, B unbegrenzte rechteckige Streifen $(abAB)$. Die Grenzbedingungen seien die folgenden:

(1) für $y = 0$, $0 < x < 1$:
$$\eta = f(x), \quad \frac{\partial \eta}{\partial y} = F(x);$$

(2) für $x = 0$, $y > 0$:
$$\eta = \varphi(y), \quad \frac{\partial \eta}{\partial x} = \Phi(y);$$

(3) für $x = 1$, $y > 0$:
$$\eta = \psi(y), \quad \frac{\partial \eta}{\partial x} = \Psi(y).$$

Hierin müssen

$$f(x),\ F(x),\ f'(x); \quad \varphi(y),\ \Phi(y),\ \varphi'(y); \quad \psi(y),\ \Psi(y),\ \psi'(y)$$

stetige Functionen der Argumente sein und wegen der Stetigkeit in den Ecken muss

$$(4) \quad \begin{array}{lll} \varphi(0) = f(0), & \Phi(0) = f'(0), & \Psi(0) = f'(1); \\ \psi(0) = f(1), & \varphi'(0) = F(0), & \psi'(0) = F(1) \end{array}$$

sein. Ferner ist dabei zu bemerken, dass $f(x)$ und $F(x)$ nur für die Argumentwerthe zwischen 0 und 1, $\varphi(y)$, $\psi(y)$ nur für positive Argumentwerthe gegeben sind, und dass $\Phi(y)$, $\Psi(y)$ durch die übrigen Functionen [nach §. 90 (14), (15)] bestimmt sind, worauf wir nachher zurückkommen.

Wenn wir nach der Formel §. 90 (7):

$$(5) \qquad 2\eta_p = \eta_\alpha + \eta_\beta + \int_\alpha^\beta \left(\frac{\partial \eta}{\partial x} dy + \frac{\partial \eta}{\partial y} dx \right)$$

die Function η bestimmen wollen, haben wir, wie die Fig. 36 zeigt, vier Theilgebiete I, II, III, IV zu unterscheiden. Bezeichnen wir jetzt die Coordinaten des Punktes p (oder p', p'', p''') mit x, y, so haben in dem Gebiete I die Punkte α, β die Coordinaten $x - y$, $x + y$, und ähnlich sind die Coordinaten der Punkte α', β'; α'', β''; α''', β''' für die drei anderen Gebiete bestimmt. Dann ergiebt die Formel (5), wenn wir die Integrationsvariable mit α bezeichnen:

(6) $y < x, \quad y + x < 1$:

$$2\eta = f(x-y) + f(x+y) + \int_{x-y}^{x+y} F(\alpha)\, d\alpha \text{ (im Gebiet I)};$$

(7) $y > x, \quad y + x < 1$:

$$2\eta = \varphi(y-x) + f(y+x) - \int_0^{y-x} \Phi(\alpha)\, d\alpha + \int_0^{y+x} F(\alpha)\, d\alpha$$

(im Gebiet II);

(8) $y < x, \quad y + x > 1$:

$$2\eta = f(x-y) + \psi(x+y-1) + \int_{x-y}^{1} F(\alpha)\, d\alpha + \int_0^{x+y-1} \Psi(\alpha)\, d\alpha$$

(im Gebiet III);

(9) $y > x, \quad y + x > 1$:

$$2\eta = \varphi(y-x) + \psi(x+y-1) - \int_0^{y-x} \Phi(\alpha)\, d\alpha + \int_0^1 F(\alpha)\, d\alpha + \int_0^{x+y-1} \Psi(\alpha)\, d\alpha$$

(im Gebiet IV).

Es bleibt noch übrig, die Functionen $\Phi(y)$, $\Psi(y)$ nach §. 90 (14), (15) zu bestimmen. Nach §. 90 (12) ist darin zu setzen:

$$\begin{array}{lll} \varphi_1 = f'(x), & \varphi_2 = F(x) & \text{an der Strecke } (a\,b), \\ \varphi_1 = \Phi(y), & \varphi_2 = \varphi'(y) & \quad\text{"}\quad\text{"}\quad\text{"}\quad (a\,A), \\ \varphi_1 = \Psi(y), & \varphi_2 = \psi'(y) & \quad\text{"}\quad\text{"}\quad\text{"}\quad (b\,B), \end{array}$$

und die dort mit α, α', β, β' bezeichneten Punkte haben die Coordinaten

$$0,\, y; \quad y,\, 0; \quad 1,\, y; \quad 1 - y,\, 0,$$

wenn $y < 1$ ist, und

$$0,\, y; \quad 1,\, y - 1; \quad 1,\, y; \quad 0,\, y - 1,$$

wenn $y > 1$ ist. Wir erhalten daher:

$$(10)\quad \left.\begin{array}{l} \Phi(y) = F(y) + f'(y) - \varphi'(y) \\ \Psi(y) = -F(1-y) + f'(1-y) + \psi'(y) \end{array}\right\} y < 1,$$

$$(11)\quad \left.\begin{array}{l} \Phi(y) = \Psi(y-1) + \psi'(y-1) - \varphi'(y) \\ \Psi(y) = \Phi(y-1) - \varphi'(y-1) + \psi'(y) \end{array}\right\} y > 1.$$

Für $y = 1$ ergeben beide Ausdrücke nach (4) für $\Phi(1)$ und $\Psi(1)$ denselben Werth, und es sind also durch (9) und (10) $\Phi(y)$ und $\Psi(y)$ als stetige Functionen für beliebige Argumentwerthe bestimmt.

Fig. 36.

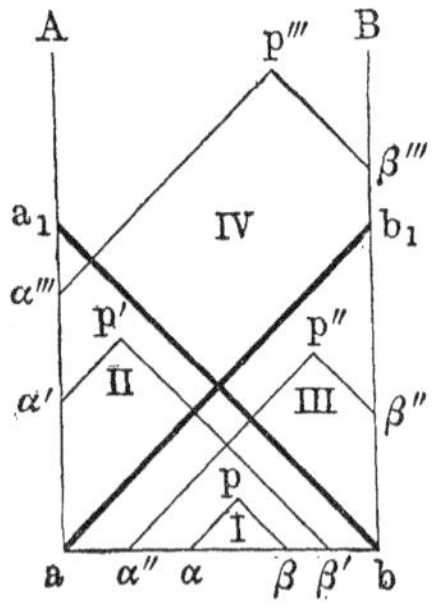

Zur Vereinfachung wollen wir bei der weiteren Discussion dieser Resultate die Annahme machen, dass $\psi(y) = 0$ ist. Dies entspricht dem Falle der schwingenden Saite, in dem das eine Ende, $x = 1$, fest ist, während das andere Ende $x = 0$ in einer gegebenen Bewegung begriffen ist.

Dazu kommt ein beliebiger, an die Bedingungen (4) gebundener Anfangszustand

$$[F(1) = 0, f(1) = 0].$$

Unter dieser Voraussetzung ergiebt sich aus (10):

$$(12)\quad \begin{array}{l} \Phi(y) = F(y) + f'(y) - \varphi'(y), \\ \Psi(y) = -F(1-y) + f'(1-y), \end{array} \quad y < 1,$$

und wenn man in den Gleichungen (11) hiervon Gebrauch macht:

$$(13)\quad \begin{array}{l} \Phi(y) = -F(2-y) + f'(2-y) - \varphi'(y), \\ \Psi(y) = F(y-1) + f'(y-1) - 2\varphi'(y-1), \end{array} \quad 1 < y < 2.$$

Hierdurch sind die Functionen $\Phi(y)$ und $\Psi(y)$ in dem Intervall $0 < y < 2$ bestimmt.

Ist $y > 2$, so wenden wir die Formeln (11) an, und erhalten

$$\Phi(y) = \Psi(y-1) - \varphi'(y),$$
$$\Psi(y-1) = \Phi(y-2) - \varphi'(y-2),$$

also durch Addition dieser beiden Formeln:

$$(14) \qquad \Phi(y) = \Phi(y-2) - \varphi'(y) - \varphi'(y-2),$$

und ebenso aus (11)

$$\Psi(y) \qquad = \Phi(y-1) - \varphi'(y-1),$$
$$\Phi(y-1) = \Psi(y-2) - \varphi'(y-1),$$

woraus wieder durch Addition:

$$(15) \qquad \Psi(y) = \Psi(y-2) - 2\varphi'(y-1).$$

Daraus ergiebt sich dann für jedes positive y

$$\Phi(y+2) = \Phi(y) - \varphi'(y) - \varphi'(y+2),$$
$$\Phi(y+4) = \Phi(y+2) - \varphi'(y+2) - \varphi'(y+4),$$
$$\cdots\cdots\cdots\cdots$$

und folglich für ein beliebiges ganzzahliges n

$$(16) \qquad \Phi(y+2n) = \Phi(y) - \varphi'(y) - 2\varphi'(y+2) - \cdots$$
$$- 2\varphi'(y+2n-2) - \varphi'(y+2n),$$

und auf demselben Wege

$$(17) \qquad \Psi(y+2n) = \Psi(y) - 2\varphi'(y+1) - 2\varphi'(y+3) - \cdots$$
$$- 2\varphi'(y+2n-1).$$

Wir wollen als Beispiel die Annahme machen $\varphi'(y) = e^{\pi i \lambda y}$, worin λ eine relle Zahl ist. Um zu reellen Resultaten zu kommen, haben wir in den Endformeln den reellen Theil und den imaginären Theil für sich zu betrachten.

Es ist dann

$$\varphi'(y) + 2\varphi'(y+2) + \cdots 2\varphi'(y+2n-2) + \varphi'(y+2n)$$
$$= e^{i\pi\lambda y}(1 + 2e^{2\pi i\lambda} + 2e^{4\pi i\lambda} + \cdots + 2e^{(2n-2)\pi i\lambda} + e^{2n\pi i\lambda})$$
$$= e^{i\pi\lambda y}(1 - e^{2n\pi i\lambda})\frac{1 + e^{2\pi i\lambda}}{1 - e^{2\pi i\lambda}}$$

oder wenn λ eine ganze Zahl ist:

$$= 2n e^{i\pi\lambda y},$$

und ebenso

$$2\varphi'(y+1)+2\varphi'(y+3)+\cdots+2\varphi'(y+2n-1)$$
$$=2\,e^{\pi i\lambda(y+1)}\,\frac{1-e^{2n\pi i\lambda}}{1-e^{2\pi i\lambda}}\quad\text{oder}\quad=2n\,e^{i\pi\lambda(y+1)}.$$

Wenn also λ nicht eine ganze Zahl ist, so bleiben die Ausdrücke (16) und (17) mit wachsendem n in endlichen Grenzen eingeschlossen. Ist aber λ eine ganze Zahl, so wachsen diese Ausdrücke unter fortwährendem Schwanken zwischen unaufhörlich wachsenden Grenzen und diese Eigenschaften der Bewegung übertragen sich auch auf den Ausdruck (9) für η.

Wir haben früher gesehen (§. 84), dass die Schwingungsdauer des Grundtons unserer Saite (von der Länge 1 und mit dem Werthe $a=1$) bei festgehaltenen Enden gleich 2 ist, und dass die Schwingungsdauer des n^{ten} harmonischen Obertones gleich $2/n$ ist. Bei der Annahme, die wir hier gemacht haben, ist $2/\lambda$ die Schwingungsdauer der gezwungenen Bewegung des Anfangspunktes unserer Saite, und es folgt also daraus, dass die Schwingungsamplituden der Saite in endlichen Grenzen eingeschlossen bleiben, wenn die Schwingungsdauer des Endes nicht mit der Schwingungsdauer eines der harmonischen Obertöne übereinstimmt. Fällt aber die Schwingungsdauer des Endpunktes mit der Schwingungsdauer eines der Obertöne zusammen, so wachsen die Amplituden unaufhörlich. Hat also der eine Endpunkt der Saite eine Bewegung, die zum Grundton der Saite harmonisch ist, so wird die Saite in kräftige Mitschwingung versetzt. Selbstverständlich gelten aber unsere Formeln nur so lange, als die allgemeine Grundlage der Theorie, die auf der Annahme unendlich kleiner Bewegungen beruht, noch zulässig ist.

§. 92.

Fortschreiten einer Erschütterung des Endpunktes der Saite.

Diese Betrachtungen sind geeignet, ein Paradoxon aufzuklären, was sich in dem Problem der schwingenden Saite zeigt und darin besteht, dass sich die beiden Variablen x, y, obwohl sie in der Differentialgleichung [§. 90 (2)] ganz gleichartig vorkommen, in Bezug auf die Grenzbedingungen ganz verschieden verhalten.

Nehmen wir z. B. eine einseitig unbegrenzte Saite an, die an ihrem Ende $x = 0$ einen für alle Zeiten gegebenen Bewegungszustand hat, so dass

$$(1)\qquad \eta = f(y),\ \frac{\partial \eta}{\partial x} = F(y),\ \text{für } x = 0,\ -\infty < y < +\infty,$$

so können wir, wenn $f(y)$, $F(y)$ für alle Werthe von y bekannt sind, ebenso integriren, als ob bei einer ganz unbegrenzten Saite der Anfangszustand gegeben wäre, und wir erhalten

$$(2)\qquad 2\eta = f(y - x) + f(y + x) + \int_{y-x}^{y+x} F(\alpha)\, d\alpha.$$

Da es nun physikalisch undenkbar ist, dass ein später eintretender Zustand des Endes einen Einfluss auf frühere Zustände der Saite hat, so ist dies Resultat bei beliebigem f und F nur dadurch zu verstehen, dass noch ein anderer Einfluss aus dem Unendlichen her wirksam ist.

Fig. 37.

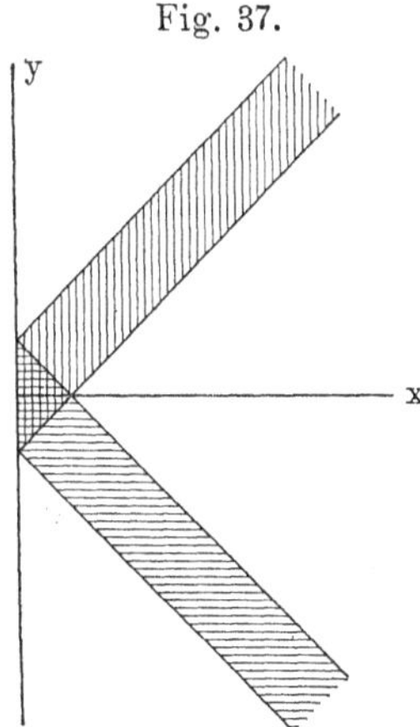

Nehmen wir z. B. $F(y) = 0$ und $f(y)$ nur in einem Intervall um den Nullpunkt herum von Null verschieden an, so wird η in der xy-Ebene nur in zwei unter 45° gegen die Axen geneigten Streifen von Null verschieden sein. Es wird also eine Welle längs der Saite aus dem Unendlichen hereinlaufen bis an das feste Ende und von da ins Unendliche zurückkehren.

Durch (2) ist η als Summe einer Function von $x + y$ und einer Function von $x - y$ dargestellt, und wenn nun η in einem Punkt x, y unabhängig sein soll von den Werthen der Functionen f, F, wie sie für grössere Werthe von y, also später stattfinden, so muss der Theil, der von $x + y$ abhängt, wegfallen, es muss also $F(y) = -f'(y)$ sein und in Folge dessen

$$\eta = f(y - x).$$

Wenn also unter den sonstigen Voraussetzungen der Figur diese Bedingung noch befriedigt ist, so wird der in der Fig. 37 nach unten laufende Streifen wegfallen, und es wird von der Zeit der Erschütterung an eine Welle längs der Saite nach vorwärts laufen.

§. 93.

Einfache harmonische Schwingungen.

Bereits Lagrange hat die allgemeine Differentialgleichung der analytischen Mechanik auf unendlich kleine Oscillationen materieller Punktsysteme und besonders auf das Problem der schwingenden Saite angewandt. Auf dieses Hülfsmittel hat Lord Rayleigh zurückgegriffen und daraus eine Integrationsmethode hergeleitet, deren Grundgedanken wir hier kurz darlegen und auf einige einfache Probleme anwenden wollen[1]).

Wir betrachten zunächst ein System, dessen Lage durch eine endliche Anzahl von einander unabhängiger veränderlicher Grössen $q_1, q_2 \ldots, q_n$, die wir seine Coordinaten nennen, bestimmt wird, wie wir es in §. 121 des ersten Bandes erklärt haben. Dieses System soll unter dem Einfluss irgend welcher nicht näher bestimmter Kräfte eine stabile Gleichgewichtslage haben, der die Werthe Null der Coordinaten entsprechen. Durch eine anfängliche Störung führe dieses System nun Schwingungen um diese Gleichgewichtslage aus, bei denen wir voraussetzen, dass die Werthe der Coordinaten $q_1, q_2, \ldots, q_n$ immer unendlich klein bleiben. Nach Bd. I, §. 121 hat die potentielle Energie V dieses Systems in der Gleichgewichtslage einen Minimumwerth, den wir gleich Null annehmen können. Wenn wir also V nach Potenzen von $q_1, q_2 \ldots, q_n$ entwickelt annehmen, und mit den Gliedern zweiter Ordnung abbrechen, so ist V eine homogene Function zweiten Grades der q_i, die nur verschwindet, wenn die sämmtlichen q_i verschwinden, und ausserdem nur positive Werthe annimmt (eine definite positive Form).

Wir setzen

$$(1) \qquad 2V = \sum c_{hk} q_h q_k,$$

worin die Coëfficienten c_{hk} Constanten des Systems sind und $c_{hk} = c_{kh}$ ist. Bezeichnen wir mit t die Zeit, mit q'_k den Diffe-

[1]) Lagrange, Mécanique analytique, Seconde Partie, Section VI. Sur les oscillations très petites d'un système quelconque de Corps (Paris 1811). — Rayleigh, Theory of Sound (London 1894).

rentialquotienten $d q_k / d t$, so ist auch die kinetische Energie T eine definite positive Form zweiten Grades der Variablen

$$q'_1, q'_2 \ldots, q'_n,$$

die wir so bezeichnen:

$$2 T = \sum a_{hk} q'_h q'_k, \tag{2}$$

worin die $a_{hk} = a_{kh}$ gleichfalls Constanten des Systems sind. Hieraus erhält man die Differentialgleichungen der Bewegung in der Lagrange'schen Form Bd. I, §. 123:

$$\frac{d}{dt} \frac{\partial T}{\partial q'_k} + \frac{\partial V}{\partial q_k} = 0. \tag{3}$$

Wir erhalten also in (3) ein System linearer Differentialgleichungen mit constanten Coëfficienten, das nach Bd. I, §. 59 integrirt werden kann.

Die Gleichungen (3) werden nach (1) und (2):

$$a_{1k} \frac{d^2 q_1}{d t^2} + a_{2k} \frac{d^2 q_2}{d t^2} + \cdots + a_{nk} \frac{d^2 q_n}{d t^2} \tag{4}$$
$$= - c_{1k} q_1 - c_{2k} q_2 - \cdots - c_{nk} q_n, \quad k = 1, 2, \ldots n,$$

und von diesem System suchen wir ein particulares Integral in der Form

$$q_h = A_h \cos(m t - \alpha), \qquad h = 1, 2, \ldots n, \tag{5}$$

worin m und α von h unabhängig sein sollen.

Es ergiebt sich dann zur Bestimmung von $m, A_1, \ldots A_n$ das System von Gleichungen

$$A_1 (a_{1k} m^2 - c_{1k}) + A_2 (a_{2k} m^2 - c_{2k}) + \cdots \tag{6}$$
$$+ A_n (a_{nk} m^2 - c_{nk}) = 0,$$

woraus man die Gleichung n^{ten} Grades

$$\begin{vmatrix} a_{11} \lambda - c_{11}, & a_{21} \lambda - c_{21}, \ldots, & a_{n1} \lambda - c_{n1} \\ \cdot\;\cdot\;\cdot & \cdot\;\cdot\;\cdot & \cdot\;\cdot\;\cdot \\ a_{1n} \lambda - c_{1n}, & a_{2n} \lambda - c_{2n}, \ldots, & a_{nn} \lambda - c_{nn} \end{vmatrix} = 0 \tag{7}$$

erhält, deren n Wurzeln die Grössen $\lambda = m_1^2, m_2^2, \ldots m_n^2$ sind. Für jede dieser Wurzeln erhält man aus (6) die Verhältnisse der $A_1, A_2, \ldots A_n$.

Wir erhalten so aus (5) n verschiedene, einfache harmonische Schwingungen, aus denen sich die allgemeine Bewegung des Systems zusammensetzt.

Nach einem bekannten Satze der Algebra[1]) kann man durch eine lineare Substitution zwei quadratische Formen gleichzeitig so transformiren, dass in jeder von ihnen nur die Quadrate der Variablen vorkommen. Sind die Formen definit und positiv, so haben alle diese Quadrate positive Coëfficienten, die man für die eine der beiden Formen noch willkürlich, etwa gleich 1 annehmen kann.

Wendet man diesen Satz auf die Functionen T und V an, so ergiebt sich, dass man an Stelle der Coordinaten $q_1, q_2, \ldots q_n$ ein anderes System von Coordinaten $Q_1, Q_2, \ldots Q_n$ einführen kann, in dem die Functionen T und V die einfache Form annehmen:

$$\begin{aligned} 2\,T &= Q_1'^2 + Q_2'^2 + \cdots + Q_n'^2, \\ 2\,V &= m_1^2\,Q_1^2 + m_2^2\,Q_2^2 + \cdots + m_n^2\,Q_n^2, \end{aligned} \tag{8}$$

und darin sind die $m_1^2, m_2^2 \ldots m_n^2$ die Wurzeln der Gleichung (7). Man sieht hieraus, dass, wenn V und T, wie wir angenommen haben, positive definite Formen sind, die Wurzeln dieser Gleichung alle reell und positiv sind, und dass also die q_h nach (5) periodische Functionen der Zeit sind. Wenn diese Wurzeln alle von einander verschieden sind, so sind die $Q_1, Q_2, \ldots Q_n$ durch die in (8) liegende Forderung als lineare Functionen der Variablen $q_1, q_2, \ldots q_n$ eindeutig bestimmt. Es können aber auch gleiche Wurzeln vorkommen, und dann giebt es unendlich viele Bestimmungsarten dieser linearen Functionen.

Die Variablen $Q_1, Q_2, \ldots$ heissen nach Rayleigh normale Coordinaten des Systems. Sie sind dadurch ausgezeichnet, dass die einfachen harmonischen Schwingungen nur je eine dieser Variablen verändern. Für diese Variablen werden die Differentialgleichungen (3)

$$\frac{d^2 Q_k}{d\,t^2} + m_k^2\,Q_k = 0,$$

und daher

$$Q_k = A_k \cos(m_k\,t - \alpha_k), \tag{9}$$

worin A_k willkürlich ist.

[1]) Vergl. z. B. Hesse, Analytische Geometrie des Raumes, 3. Aufl., Leipzig 1876, S. 270, 498.

§. 94.
Variirte Systeme.

Durch das Vorhergehende ist das Problem der kleinen Schwingungen eines Systems auf die Bestimmung der normalen Coordinaten, also im Wesentlichen auf die Auflösung einer Gleichung n^{ten} Grades zurückgeführt. Dies Resultat lässt sich nun mit Vortheil anwenden, um den Einfluss zu bestimmen, den kleine Aenderungen in der Verfassung des Systems auf den Schwingungsvorgang haben.

Um dies zu zeigen, gehen wir aus von einem System S, dessen Lage durch die normalen Coordinaten Q_k bestimmt ist, so dass also die Functionen T und V durch die Formeln (8), §. 93 dargestellt sind. Daneben betrachten wir ein zweites davon nur unendlich wenig verschiedenes System S', in dem T und V die allgemeinen Ausdrücke §. 93 (1), (2) haben. Wir nehmen dann die Grössen

$$\begin{array}{ll} a_{11}-1,\ a_{12},\cdots a_{1n}, & c_{11}-m_1^2,\ c_{12},\cdots c_{1n}, \\ a_{21},\ a_{22}-1,\cdots a_{2n}, & c_{21},\ c_{22}-m_2^2,\cdots c_{2n}, \\ \cdots & \cdots \\ a_{n1},\ a_{n2},\cdots a_{nn}-1, & c_{n1},\ c_{n2},\cdots c_{nn}-m_n^2 \end{array}$$

als unendlich kleine Grössen erster Ordnung an, deren höhere Potenzen und Producte gegen die niedrigeren zu vernachlässigen sind.

Die dem System S' entsprechenden harmonischen Schwingungen seien nach §. 93, (5)

$$(1)\quad A_h^{(1)} \cos(\mu_1 t-\alpha_1),\ A_h^{(2)}\cos(\mu_2 t-\alpha_2)\cdots A_h^{(n)}\cos(\mu_n t-\alpha_n),$$

so dass $\mu_1^2, \mu_2^2, \ldots \mu_n^2$ die Wurzeln der Gleichung (7) §. 93 sind und sich von $m_1^2, m_2^2, \ldots m_n^2$ nur um unendlich kleine Grössen unterscheiden. Ebenso sind $A_h^{(k)}$, wenn h von k verschieden ist, als unendlich kleine Grössen zu betrachten.

Die Gleichungen (6), §. 93 erhalten die Form

$$(2)\quad \begin{aligned} A_1^{(h)}(a_{1k}\mu_h^2-c_{1k})+A_2^{(h)}(a_{2k}\mu_h^2-c_{2k}) \\ +\cdots A_n^{(h)}(a_{nk}\mu_h^2-c_{nk})=0, \end{aligned}$$

worin h und k beide von Null bis n gehen.

Nehmen wir zunächst aus den Gleichungen (2) die heraus, in denen $h = k$ ist, so sind darin nach der Voraussetzung alle Glieder unendlich klein von der zweiten Ordnung mit Ausnahme des h^{ten}

$$A_h^{(h)}(a_{hh}\mu_h^2 - c_{hh}),$$

und es muss also auch dieses Glied, d. h. $(a_{hh}\mu_h^2 - c_{hh})$ unendlich klein in der zweiten Ordnung sein, und kann mit der hier festgehaltenen Annäherung $= 0$ gesetzt werden. Es ergiebt sich hieraus

$$a_{hh}m_h^2 - c_{hh} = a_{hh}(m_h^2 - \mu_h^2),$$

und da $m_h^2 - \mu_h^2$ unendlich klein von der ersten Ordnung ist, so kann auf der rechten Seite a_{hh} durch 1 ersetzt werden. Man erhält so

$$(3) \qquad m_h^2 - \mu_h^2 = a_{hh}m_h^2 - c_{hh},$$

wodurch die Variation der Perioden der einzelnen harmonischen Schwingungen bestimmt ist.

Betrachten wir zweitens eine der Gleichungen (2), in der h von k verschieden ist, so bleiben zwei Glieder, die nicht unendlich klein von der zweiten Ordnung sind:

$$A_k^{(h)}(a_{kk}\mu_h^2 - c_{kk}), \quad A_h^{(h)}(a_{hk}\mu_h^2 - c_{hk}),$$

und wenn man deren Summe Null setzt, und, was erlaubt ist, μ_h^2, a_{kk}, c_{kk} durch m_h^2, 1, m_k^2 ersetzt:

$$(4) \qquad \frac{A_k^{(h)}}{A_h^{(h)}} = \frac{a_{hk}m_h^2 - c_{hk}}{m_k^2 - m_h^2}.$$

§. 95.

Anwendung auf die schwingende Saite.

Obwohl diese Betrachtungen zunächst nur auf solche Systeme passen, deren Lage durch eine endliche Anzahl von Variablen bestimmt werden kann, so werden sie von Lord Rayleigh doch unbedenklich auf Systeme angewendet, in denen dies nicht der Fall ist, wie z. B. auf die Schwingungen eines nicht starren Körpers, und die Resultate, die er dadurch gewinnt, sind sehr beachtenswerth; sie sind der Beobachtung zugänglich und stehen mit der Erfahrung im besten Einklang. Wir wollen hier eine

Anwendung auf die Transversalschwingungen einer gespannten Saite machen.

Wir nehmen an, dass die Schwingungen in einer Ebene stattfinden, und bezeichnen wie im §. 83 mit η die Ordinate eines Punktes mit der Abscisse x, so dass η eine Function von x und t ist. Die Länge der Saite ist l, die Masse eines Elementes der Saite ist [§. 83 (10)]

$$\mu = \frac{p\,d\,x}{g\,l},$$

oder wenn wir $p = \varrho g l$ setzen, so dass ϱg das Gewicht und ϱ die Masse der Längeneinheit ist:

$$\mu = \varrho\,d\,x.$$

Da die Geschwindigkeit dieses Elementes $\partial \eta / \partial t$ ist, so ergiebt sich für die kinetische Energie der ganzen Saite der Ausdruck

$$2\,T = \int_0^l \varrho \left(\frac{\partial \eta}{\partial t}\right)^2 d\,x, \tag{1}$$

und wir wollen auch den Fall nicht ausschliessen, dass ϱ eine Function von x, die Saite also inhomogen ist.

Um auch den Ausdruck für die potentielle Energie zu bilden, bedenken wir, dass auf das Saitenelement $d\,x$ im Zustande der Elongation η nach §. 83 (8) in der Richtung der η-Axe die Kraft wirkt

$$P\,\frac{\partial^2 \eta}{\partial x^2}\,d\,x,$$

wenn P die Spannung der Saite bedeutet. Die Verschiebung des Elementes ist η, und um diese Verschiebung hervorzubringen, ist also eine Arbeit zu leisten von der Grösse

$$-\tfrac{1}{2} P\,\frac{\partial^2 \eta}{\partial x^2}\,\eta\,d\,x.$$

(Der Factor $\frac{1}{2}$ rührt daher, dass die Verschiebung gleichzeitig mit der Kraft von Null an bis zu ihrem actuellen Werthe wächst, vergl. Bd. I, §. 126, 4.) und hiernach erhalten wir für die potentielle Energie V der gespannten Saite die Gleichung:

$$2\,V = -P \int_0^l \frac{\partial^2 \eta}{\partial x^2}\,\eta\,d\,x,$$

oder wenn man partielle Integration anwendet, und beachtet, dass η für $x = 0$ und $x = l$ verschwindet:

$$2V = P\int_0^l \left(\frac{\partial \eta}{\partial x}\right)^2 dx. \tag{2}$$

Dieser Ausdruck ist also von ϱ unabhängig.

Wir nehmen nun die Function η von x, die für $x = 0$ und $x = l$ verschwindet, in eine Sinusreihe entwickelt an. Wir bezeichnen mit ϱ_0 eine Constante, von der die Function ϱ längs der ganzen Saite nur unendlich wenig abweichen soll, und setzen

$$\eta = \sqrt{\frac{2}{\varrho_0 l}}\left(q_1 \sin\frac{\pi x}{l} + q_2 \sin\frac{2\pi x}{l} + q_3 \sin\frac{3\pi x}{l} + \cdots\right) \tag{3}$$

und für den Fall, dass $\varrho = \varrho_0$ ist, die Saite also in ihrer ganzen Länge homogen ist:

$$\eta = \sqrt{\frac{2}{\varrho_0 l}}\left(Q_1 \sin\frac{\pi x}{l} + Q_2 \sin\frac{2\pi x}{l} + Q_3 \sin\frac{3\pi x}{l} + \cdots\right). \tag{4}$$

Die Coëfficienten $q_1, q_2, q_3 \ldots$ oder $Q_1, Q_2, Q_3, \ldots$ sind Functionen der Zeit, die von dem Anfangszustande abhängen. Wir betrachten sie als die Coordinaten des Systems, das von unserer Saite gebildet ist.

Die Anzahl der Coordinaten ist hier unendlich. Wollte man die Reihen auf eine endliche Zahl von Gliedern beschränken, so müsste die Saite durch ein anders eingerichtetes mechanisches System ersetzt werden, das aber mit der Saite um so mehr Aehnlichkeit haben würde, je grösser die Anzahl der beibehaltenen Glieder ist.

Bilden wir zunächst aus (3) die kinetische und potentielle Energie

$$2T = \sum a_{hk}\, q'_h\, q'_k, \qquad 2V = \sum c_{hk}\, q_h\, q_k,$$

so ergiebt sich aus (1) und (2)

$$a_{hk} = \frac{2}{\varrho_0 l}\int_0^l \varrho \sin\frac{h\pi x}{l} \sin\frac{k\pi x}{l}\, dx, \tag{5}$$

$$c_{hk} = \frac{2Phk\pi^2}{\varrho_0 l^3}\int_0^l \cos\frac{h\pi x}{l} \cos\frac{k\pi x}{l}\, dx, \tag{6}$$

und mit Hülfe der Formeln:

$$\int_0^l \sin\frac{h\pi x}{l}\sin\frac{k\pi x}{l}\,dx = 0\ (h \gtrless k), \qquad \int_0^l \left(\sin\frac{h\pi x}{l}\right)^2 dx = \tfrac{1}{2}l,$$

$$\int_0^l \cos\frac{h\pi x}{l}\cos\frac{k\pi x}{l}\,dx = 0\ (h \gtrless k), \qquad \int_0^l \left(\cos\frac{h\pi x}{l}\right)^2 dx = \tfrac{1}{2}l,$$

$$(7) \qquad c_{hk} = 0\ (h \gtrless k), \qquad c_{hh} = \frac{P h^2 \pi^2}{\varrho_0 l^2}$$

allgemein, und für den Fall der homogenen Saite $\varrho = \varrho_0$:

$$(8) \qquad a_{hk} = 0, \ h \gtrless k, \qquad a_{hh} = 1.$$

Für den Fall der homogenen Saite sind also die Variablen $Q_1, Q_2, Q_3, \ldots$ normale Coordinaten und es ergiebt sich aus (7) nach §. 93 (8), wenn $\varrho_0 g l$ wieder gleich p gesetzt wird:

$$(9) \qquad m_h = \sqrt{c_{hh}} = \frac{h\pi}{l}\sqrt{\frac{P}{\varrho_0}} = h\pi\sqrt{\frac{Pg}{pl}}$$

in Uebereinstimmung mit §. 84. Es entspricht $h = 1$ dem Grundton, die höheren h den harmonischen Obertönen.

Da wir $\varrho - \varrho_0$ als eine unendlich kleine Grösse vorausgesetzt haben, so können wir die Formeln des §. 94 anwenden, und erhalten zunächst für die variirte Periode μ_h des h^{ten} Obertones nach §. 94 (3), da hier $c_{hh} = m_h^2$ ist:

$$\mu_h^2 = m_h^2\,[1 - (a_{hh} - 1)],$$

oder nach (5)

$$(10) \qquad \mu_h^2 = m_h^2\left[1 - \frac{2}{\varrho_0 l}\int_0^l (\varrho - \varrho_0)\left(\sin\frac{h\pi x}{l}\right)^2 dx\right].$$

Nehmen wir beispielsweise an, dass in der Mitte der sonst homogenen Saite, also bei $x = \frac{1}{2}l$, auf einer unendlich kurzen Strecke von der Länge λ ein Uebergewicht von der Grösse $\varrho_0 g \lambda$ vertheilt sei, so ist $\varrho - \varrho_0$ überall mit Ausnahme der Strecke λ gleich Null und in dieser Strecke $= \varrho_0$. Das in (10) vorkommende Integral reducirt sich also auf $\varrho_0 \lambda \sin^2(\frac{1}{2}h\pi)$ und es ist, wenn h eine gerade Zahl ist, $\mu_h^2 = m_h^2$, und es tritt also keine Aenderung in der Tonhöhe der geradzahligen Obertöne ein. Ist aber h eine ungerade Zahl, so ergiebt sich

$$(11) \qquad \mu_h^2 = m_h^2\left(1 - \frac{2\lambda}{l}\right),$$

so dass also alle ungeradzahligen Obertöne und speciell der Grundton tiefer werden. Durch Entwickelung der Quadratwurzel kann man dafür auch setzen

$$\mu_h = m_h \left(1 - \frac{\lambda}{l}\right). \tag{12}$$

Zum Vergleich wollen wir noch den Fall betrachten, dass das Gewicht $\varrho_0 \lambda g$ gleichmässig über die ganze Saite vertheilt, diese also wieder homogen sei. Dann hätte man, um die veränderte Periode m'_h zu erhalten, in (9) p durch

$$p + \varrho_0 \lambda g = p(1 + \lambda / l)$$

zu ersetzen, und würde finden

$$m'_h = m_h \left(1 - \frac{\lambda}{2\,l}\right),$$

also eine geringere Vertiefung des Tones als bei der vorigen Annahme.

Auf dieselbe Weise kann man auch die Veränderung der Tonhöhe bestimmen, wenn das Zusatzgewicht an einer anderen Stelle der Saite liegt, und findet, dass Töne, die an der Stelle, wo das Zusatzgewicht angebracht ist, ihre Knotenpunkte haben, in ihrer Höhe nicht geändert werden. Wenn die Abscisse der belasteten Stelle nicht in rationalem Verhältniss zur Saitenlänge steht, so werden alle Obertöne verändert. Die Schwingungszahlen stehen dann auch nicht mehr im Verhältniss ganzer Zahlen zu einander, und die Obertöne sind daher nicht mehr unter einander harmonisch. Ist die Belastung an einer Stelle angebracht, deren Abscisse in rationalem Verhältniss zur Saitenlänge steht, so zerfallen die Obertöne in Reihen, so dass die Töne einer und derselben Reihe unter einander harmonisch sind, wie in dem oben betrachteten besonderen Falle die Obertöne von gerader und von ungerader Ordnungszahl.

§. 96.

Variation der Amplituden.

Nehmen wir an, dass die Saite in dem h^{ten} Oberton allein schwingt, so ist im Falle der homogenen Saite, da hier die Coordinaten normal sind [§. 93 (9)]:

$$Q_h = A_h \cos(m_h t - \alpha_h), \quad Q_k = 0, \quad k \gtrless h \tag{1}$$

und folglich [§. 95 (4)]:

$$\eta = \sqrt{\frac{2}{\varrho_0 l}}\, A_h \cos(m_h t - \alpha_h) \sin \frac{h \pi x}{l}. \tag{2}$$

Für die inhomogene Saite aber erhalten wir [§. 94 (1)]:

$$q_k = A_k^{(h)} \cos(\mu_h t - \alpha_h), \tag{3}$$

und folglich

$$\eta = \sqrt{\frac{2}{\varrho_0 l}} \cos(\mu_h t - \alpha_h) \sum_{k=1}^{\infty} A_k^{(h)} \sin \frac{k \pi x}{l}. \tag{4}$$

Darin sind die Verhältnisse $A_k^{(h)} : A_h^{(h)}$ nach der Formel §. 94 (4) zu bestimmen:

$$\frac{A_k^{(h)}}{A_h^{(h)}} = \frac{a_{hk} m_h^2 - c_{hk}}{m_k^2 - m_h^2}.$$

Bestimmt man diesen Werth nach den Formeln §. 95 (5) bis (9) ($c_{h,k} = 0$), so folgt:

$$\frac{A_k^{(h)}}{A_h^{(h)}} = \frac{2}{\varrho_0 l} \frac{h^2}{k^2 - h^2} \int_0^l \varrho \sin \frac{h \pi x}{l} \sin \frac{k \pi x}{l}\, d x,$$

wofür man auch, da h von k verschieden ist, setzen kann:

$$\frac{A_k^{(h)}}{A_h^{(h)}} = \frac{2}{\varrho_0 l} \frac{h^2}{k^2 - h^2} \int_0^l (\varrho - \varrho_0) \sin \frac{h \pi x}{l} \sin \frac{k \pi x}{l}\, d x. \tag{5}$$

Um hiervon eine Anwendung zu machen, wollen wir die Variationen der Knotenpunkte bestimmen.

Wenn $\varrho = \varrho_0$ ist, so erhalten wir die Abscissen ξ der Knotenpunkte für den h^{ten} Oberton aus der Gleichung

$$\sin \frac{h \pi \xi}{l} = 0,$$

also

$$\xi = \frac{s l}{h}, \quad s = 1, 2, \ldots h - 1. \tag{6}$$

Bei der inhomogenen Saite werden diese Knotenpunkte eine Verschiebung $\delta \xi$ erleiden, die sich aus der Gleichung

$$\sum_{k=1}^{\infty} A_k^{(h)} \sin \frac{k \pi (\xi + \delta \xi)}{l} = 0$$

ergiebt, und man findet daraus durch Zerlegung des sinus, mit Vernachlässigung höherer Potenzen von $\delta \xi$ mit Benutzung von (5):

$$\sum A_k^{(h)} \sin \frac{s k \pi}{h} + \delta \xi \sum \frac{k \pi}{l} A_k^{(h)} \cos \frac{s k \pi}{h} = 0,$$

oder wenn man beachtet, dass $A_k^{(h)}$, wenn k von h verschieden ist, unendlich klein, also $\delta \xi A_k^{(h)}$ zu vernachlässigen ist:

$$(7) \qquad \delta \xi = \frac{-l}{h \pi A_h^{(h)} \cos s \pi} \sum_{k=1}^{\infty} A_k^{(h)} \sin \frac{s k \pi}{h}.$$

Nehmen wir beispielsweise $h = 2$, so ist für die homogene Saite nur ein Knotenpunkt in der Mitte. Es ist also $s = 1$ zu setzen und in (7) fallen alle Glieder, in denen k gerade ist, heraus. Man findet

$$(8) \qquad \delta \xi = \frac{l}{2 \pi A_2^{(2)}} \left(A_1^{(2)} - A_3^{(2)} + A_5^{(2)} - A_7^{(2)} + \cdots\right).$$

Nehmen wir, ähnlich wie im vorigen Paragraphen, an, dass bei $x = \frac{1}{4} l$ ein kleines Gewicht $\varrho_0 \lambda g$ angebracht sei, so ist nach (5):

$$\frac{A_k^{(2)}}{A_2^{(2)}} = \frac{4 \lambda}{l} \frac{2 \sin \frac{k \pi}{4}}{k^2 - 4} = \frac{2 \lambda}{l} \sin \frac{k \pi}{4} \left(\frac{1}{k-2} - \frac{1}{k+2}\right).$$

Es ergiebt sich also nach (8):

$$\delta \xi = -\frac{2 \lambda}{\pi \sqrt{2}} \left(1 + \tfrac{1}{3} - \tfrac{1}{5} - \tfrac{1}{7} + \tfrac{1}{9} + \tfrac{1}{11} - \cdots\right),$$

also [Bd. I, §. 34 (4)]:

$$\delta \xi = -\frac{\lambda}{2}.$$

Es wird also der Knotenpunkt um $\lambda/2$ gegen die belastete Stelle hin verschoben.

Dieselbe Methode lässt sich auch auf die Schwingungen einer elastischen Platte anwenden, die nicht vollständig homogen oder nicht vollständig kreisförmig ist. Dies ist von Zenneck durchgeführt und durch schöne Beobachtungen bestätigt worden (Annalen der Physik und Chemie. Neue Folge, Bd. 67, 1899).

Dreizehnter Abschnitt.

Schwingungen einer Membran.

§. 97.

Differentialgleichungen der schwingenden Membran.

Eine Membran ist ein elastischer Körper von der Gestalt eines dünnen Häutchens, der einer Biegung keinen Widerstand entgegensetzt, wohl aber einer Ausdehnung. Eine solche Membran sei in einer gegebenen festen Randcurve durch eine längs des Randes überall constante Zugkraft P ausgespannt, und wir nehmen an, dass sie im Gleichgewichtszustande in einer Ebene liegt, die wir zur xy-Ebene machen.

Für das Gleichgewicht sind dann die molecularen Druckkräfte durch §. 69 (4) bestimmt:

$$\begin{aligned} X_x^0 = P, \quad Y_y^0 = P, \quad Z_z^0 = 0, \\ Y_z^0 = 0, \quad Z_x^0 = 0, \quad X_y^0 = 0. \end{aligned} \tag{1}$$

Wenn die Membran durch eine anfängliche Störung aus der Gleichgewichtslage herausgebracht ist, wobei wir den Rand festhalten wollen, so wird sie Schwingungen ausführen, wobei sich dann auch die Druckkräfte mit der Zeit ändern. Wir nehmen an, dass bei der Bewegung, die wir immer als unendlich klein ansehen, auch die Druckkräfte nur unendlich wenig von den in (1) angegebenen Werthen für das Gleichgewicht abweichen. Diese unendlich kleinen Abweichungen sind Functionen von x, y. Wir setzen voraus, dass sie von z unabhängig sind.

Gegen die Oberfläche der Membran sollen keine äussere Druckkräfte wirken. Bezeichnen wir mit n die Richtung der

Normalen an der Oberfläche der bewegten Membran in ihrer augenblicklichen Lage, so genügen die Druckkräfte während der ganzen Dauer der Bewegung den Gleichungen §. 60 (11):

$$
(2)\quad
\begin{aligned}
X_x \cos(n, x) + X_y \cos(n, y) + X_z \cos(n, z) &= 0, \\
Y_x \cos(n, x) + Y_y \cos(n, y) + Y_z \cos(n, z) &= 0, \\
Z_x \cos(n, x) + Z_y \cos(n, y) + Z_z \cos(n, z) &= 0.
\end{aligned}
$$

Es mögen nun u, v, w die Componenten der unendlich kleinen Verschiebung sein, die ein Punkt, der in der Gleichgewichtslage die Coordinaten x, y, 0 hat, zur Zeit t erfahren hat, so dass $x + u$, $y + v$, w die Coordinaten dieses Punktes zur Zeit t sind. Bis auf unendlich kleine Grössen zweiter Ordnung können wir dann w auch als die momentane Erhebung der Membran an der Stelle x, y zur Zeit t über die xy-Ebene betrachten, und es ist dann w eine Function von x, y, durch die die z-Ordinate der Oberfläche der Membran in ihrer augenblicklichen Gestalt dargestellt ist.

Nach bekannten Formeln der analytischen Geometrie ist dann

$$
\begin{aligned}
\cos(n, x) &= -\cos(n, z)\,\frac{\partial w}{\partial x}, \\
\cos(n, y) &= -\cos(n, z)\,\frac{\partial w}{\partial y}, \\
\cos(n, z) &= \frac{1}{\sqrt{1 + \left(\frac{\partial w}{\partial x}\right)^2 + \left(\frac{\partial w}{\partial y}\right)^2}}.
\end{aligned}
$$

Mit Vernachlässigung von unendlich kleinen Grössen höherer Ordnung kann man also

$$
\cos(n, z) = 1, \qquad \cos(n, x) = -\frac{\partial w}{\partial x}, \quad \cos(n, y) = -\frac{\partial w}{\partial y}
$$

setzen. Es sind aber nach der Voraussetzung

$$
\begin{gathered}
\frac{\partial w}{\partial x}, \quad \frac{\partial w}{\partial y}, \qquad X_x - P, \qquad Y_y - P, \\
X_y = Y_x, \qquad Z_x = X_z, \qquad Z_y = Y_z, \qquad Z_z
\end{gathered}
$$

unendlich kleine Grössen erster Ordnung, und es folgt also aus (2) mit Vernachlässigung von Grössen höherer Ordnung:

$$
(3) \qquad
\begin{aligned}
Z_x &= P \frac{\partial w}{\partial x} \\
Z_y &= P \frac{\partial w}{\partial y} \\
Z_z &= 0,
\end{aligned}
$$

von denen die letzte besagt, dass Z_z unendlich klein von einer höheren Ordnung ist.

Die Differentialgleichung für die Bewegung erhalten wir nun aus der letzten der Gleichungen §. 60 (10):

$$
(4) \qquad \varrho Z + \frac{\partial Z_x}{\partial x} + \frac{\partial Z_y}{\partial y} + \frac{\partial Z_z}{\partial z} = 0,
$$

wenn wir $-Z$ durch die Beschleunigung ersetzen, für die wir, mit Vernachlässigung von unendlich kleinen Grössen höherer Ordnung, $\partial^2 w / \partial t^2$ setzen können. So finden wir nach (3)

$$
(5) \qquad \varrho \frac{\partial^2 w}{\partial t^2} = P \left(\frac{\partial^2 w}{\partial x^2} + \frac{\partial^2 w}{\partial y^2} \right),
$$

oder wenn wir $P/\varrho = c^2$ setzen:

$$
(6) \qquad \frac{\partial^2 w}{\partial t^2} = c^2 \left(\frac{\partial^2 w}{\partial x^2} + \frac{\partial^2 w}{\partial y^2} \right).
$$

Hierzu kommen die Nebenbedingungen

(7) $\qquad w = 0$ für den Rand der Membran,

(8) $\qquad w = f(x, y), \quad \dfrac{\partial w}{\partial t} = F(x, y)$ für $t = 0$,

wenn f, F gegebene Functionen von x, y sind.

§. 98.

Die einfachen Töne der Membran.

Um die Methode der particularen Integrale auf die Differentialgleichung (6) des vorigen Paragraphen anzuwenden, setzen wir

$$
(1) \qquad w = e^{ikct}\, W,
$$

worin k eine Constante, W eine Funktion von x, y allein bedeutet. Dann ergiebt sich für W die partielle Differentialgleichung

$$(2) \qquad \frac{\partial^2 W}{\partial x^2} + \frac{\partial^2 W}{\partial y^2} + k^2 W = 0.$$

Die Constante k nehmen wir reell an, da sonst in dem Ausdruck (1) w mit wachsendem t, dem absoluten Werthe nach, entweder unbegrenzt wachsen oder gegen Null abnehmen würde. Beides ist unzulässig, wenn die particulare Lösung (1) dem Satze von der Energie entsprechen soll. Aus der Forderung, dass die particulare Lösung der Grenzbedingung §. 97 (7) genügen soll, ergiebt sich die Grenzbedingung für die Function W:

(3) $\qquad W = 0$ für den Rand der Membran.

Wir werden sehen, dass diesen Bedingungen nur für gewisse, wenn auch unendlich viele Werthe der Constante k genügt werden kann. Sind diese Werthe bestimmt, so bilden wir die Summe

$$(4) \qquad w = \sum^{k} A_k \, e^{ikct} \, W_k,$$

worin die A_k noch unbestimmte Constanten sind, die aus den Bedingungen des Anfangszustandes:

$$(5) \qquad \begin{aligned} \sum^{k} A_k \, W_k &= f(x, y) \\ i c \sum^{k} k \, A_k \, W_k &= F(x, y) \end{aligned}$$

zu bestimmen sind.

Damit der Ausdruck (4) reelle Werthe ergiebt, müssen darin je zwei conjugirt imaginäre Glieder vorkommen. Dadurch zerfällt (4) in eine Summe von Gliedern, deren jedes in Bezug auf t periodisch ist. Die Periode hängt aber ausser von c auch noch von dem betreffenden Werthe von k ab. Die Periode eines jeden dieser Glieder entspricht der Schwingungsdauer eines einfachen Tones, den die Membran bei geeigneter Erregung zu geben vermag, und im Allgemeinen werden alle diese Töne gleichzeitig ansprechen. Unter diesen Tönen ist der tiefste der, der dem kleinsten Werthe von k entspricht. Dieser heisst der Grundton der Membran, die anderen die Obertöne. Diese Obertöne sind aber nur dann zu dem Grundton oder unter einander harmonisch, wenn die entsprechenden Werthe von k in rationalen Verhältnissen stehen, wie es bei den Schwingungen der homogenen Saite, im Allgemeinen aber nicht bei der Membran der Fall ist.

Ehe wir auf die allgemeine Theorie der Differentialgleichung (2) eingehen, behandeln wir einige besondere Fälle.

§. 99.

Rechteckige Membran.

Wir betrachten zunächst den Fall, dass die Membran durch ein Rechteck von den Seitenlängen a, b begrenzt ist und legen den Coordinatenanfangspunkt der x, y in eine Ecke dieses Rechtecks, die x-Axe in die Seite a, die y-Axe in die Seite b.

Wir suchen wieder particulare Lösungen der Differentialgleichung §. 98 (2), die aus einem Product einer Function von x und einer Function von y bestehen, und finden leicht

$$\sin\alpha x \sin\beta y, \quad \cos\alpha x \sin\beta y, \quad \sin\alpha x \cos\beta y, \quad \cos\alpha x \cos\beta y,$$

wenn α, β zwei Constanten sind, die der Bedingung

$$k^2 = \alpha^2 + \beta^2 \tag{1}$$

entsprechen. Von diesen vier particularen Lösungen hat aber nur die erste

$$\sin\alpha x \sin\beta y, \tag{2}$$

die Eigenschaft, an den beiden Randlinien $x = 0$ und $y = 0$ zu verschwinden.

Damit dieses aber auch an den beiden Randlinien $x = a$ und $y = b$ verschwinde, müssen die Constanten α, β die Form haben

$$\alpha = \frac{m\pi}{a}, \quad \beta = \frac{n\pi}{b}, \tag{3}$$

worin m und n ganze Zahlen sind, die wir positiv annehmen können. Aus (1) ergiebt sich dann für k der Ausdruck

$$k = \pi\sqrt{\frac{m^2}{a^2} + \frac{n^2}{b^2}}. \tag{4}$$

Diese Formel stellt unendlich viele, aber discrete Werthe von k dar, die von den Dimensionen des Rechtecks abhängig sind.

Jeder dieser Werthe von k entspricht einer einfachen periodischen Schwingung mit der Schwingungsdauer

$$(5) \qquad T = T_{m,n} = \frac{2\pi}{kc} = \frac{2}{c\sqrt{\frac{m^2}{a^2} + \frac{n^2}{b^2}}},$$

und man erhält dieser Schwingungsdauer entsprechend die particularen Lösungen der Hauptgleichung §. 97, (6):

$$(6) \quad \cos\frac{2\pi t}{T} \sin m\frac{\pi x}{a} \sin n\frac{\pi y}{b}, \quad \sin\frac{2\pi t}{T} \sin m\frac{\pi x}{a} \sin n\frac{\pi y}{b}.$$

Sind $A = A_{m,n}$ und $B = B_{m,n}$ constante Coëfficienten, die mit m und n wechseln, so ist die allgemeine Lösung

$$(7) \quad w = \sum_{1,\infty}^{m,n} \left(A \cos\frac{2\pi t}{T} + B \sin\frac{2\pi t}{T}\right) \sin m\frac{\pi x}{a} \sin n\frac{\pi y}{b},$$

und die Constanten A und B werden durch die beiden Gleichungen

$$(8) \quad \begin{aligned} \sum A \sin m\frac{\pi x}{a} \sin n\frac{\pi y}{b} &= f(x, y) \\ \sum \frac{2\pi B}{T} \sin m\frac{\pi x}{a} \sin n\frac{\pi y}{b} &= F(x, y) \end{aligned}$$

bestimmt, wenn man die gegebenen Functionen $f(x, y)$, $F(x, y)$ durch Fourier'sche Doppelreihen darstellt.

Man findet, wenn man mit

$$\sin m\frac{\pi x}{a} \sin n\frac{\pi y}{b}\, dx\, dy$$

multiplicirt und über die Fläche des Rechtecks integrirt:

$$(9) \quad \begin{aligned} A_{m,n} &= \frac{4}{ab} \int_0^a \int_0^b f(x,y) \sin m\frac{\pi x}{a} \sin n\frac{\pi y}{b}\, dx\, dy, \\ B_{m,n} &= \frac{2T}{\pi ab} \int_0^a \int_0^b F(x,y) \sin m\frac{\pi x}{a} \sin n\frac{\pi y}{b}\, dx\, dy. \end{aligned}$$

§. 100.

Harmonische Obertöne.

Wir fragen, welche unter den einfachen Tönen der Membran unter einander harmonisch sind, oder mit anderen Worten, welche der durch §. 99 (4) dargestellten Werthe von k unter einander in rationalem Verhältniss stehen.

Es seien also k, k' zwei solche Werthe, die den ganzen Zahlen m, n und m', n' entsprechen, und $k:k' = h:h'$, worin h und h' positive ganze Zahlen sind, die wir ohne gemeinschaftlichen Theiler annehmen können. Dann ist

$$h'^2\left(\frac{m^2}{a^2} + \frac{n^2}{b^2}\right) = h^2\left(\frac{m'^2}{a^2} + \frac{n'^2}{b^2}\right), \tag{1}$$

also

$$\frac{h'^2 m^2 - h^2 m'^2}{a^2} = -\frac{h'^2 n^2 - h^2 n'^2}{b^2}, \tag{2}$$

und wenn nun a^2 und b^2 nicht in einem rationalen Verhältniss stehen, so müssen beide Seiten von (2) verschwinden, also

$$\frac{m}{m'} = \frac{n}{n'} = \frac{h}{h'}.$$

Wenn wir m und n ohne gemeinschaftliche Theiler annehmen, so folgt hieraus, wenn l eine ganze Zahl ist:

$$m' = lm, \quad n' = ln, \tag{3}$$

und es ergiebt sich also eine Reihe von harmonischen Tönen aus

$$k, \quad 2k, \quad 3k, \quad 4k, \ldots \qquad (k)$$

wenn k dadurch gebildet ist, dass für m, n in §. 99 (4) irgend zwei positive relative Primzahlen genommen werden.

Wir bekommen dann eine Reihe (k) von harmonischen Tönen, von denen wir den ersten, k, als den (relativen) Grundton bezeichnen können. Den absolut tiefsten Ton (Grundton der Membran) erhalten wir, wenn wir $m = 1$, $n = 1$ setzen.

Nehmen wir nun irgend ein anderes Paar relativer Primzahlen m_1, n_1, so erhalten wir eine zweite Reihe (k_1) möglicher, harmonischer Töne:

$$k_1, \quad 2k_1, \quad 3k_1, \quad 4k_1, \ldots \qquad (k_1)$$

und so fort, zu jedem Paar relativer Primzahlen m, n eine Reihe harmonischer Töne; und wenn a^2, b^2 nicht in rationalem Verhältnisse stehen, so sind je zwei Töne verschiedener Reihen nicht harmonisch.

Anders ist es aber, wenn a^2 und b^2 in einem rationalen Verhältnisse stehen. Dann können auch die Töne verschiedener Reihen harmonisch sein.

Setzen wir unter dieser Voraussetzung

$$\frac{1}{a^2} : \frac{1}{b^2} = \alpha : \beta, \tag{4}$$

worin α, β positive ganze Zahlen ohne gemeinsamen Theiler sind, so lautet die Bedingung (1) für die Harmonie zweier Reihen (k) und (k')

$$h'^2(\alpha m^2 + \beta n^2) = h^2(\alpha m'^2 + \beta n'^2). \tag{5}$$

Wenn irgend zwei Töne einer Reihe (k) unter einander harmonisch sind, so sind je zwei Töne dieser Reihe harmonisch, und wenn also ein Ton der Reihe (k) mit einem der Reihe (k') harmonisch ist, so ist jeder Ton der einen Reihe mit jedem der anderen harmonisch. Wir nennen dann die beiden Reihen harmonisch. Suchen wir also alle zu einer bestimmten Reihe (k) harmonischen Reihen (k') auf, so können wir in (5) m und n relativ prim annehmen, und erhalten, wenn wir

$$\alpha m^2 + \beta n^2 = \gamma,$$
$$h m' = x, \quad h n' = y, \quad h' = z$$

setzen, aus (5) die Gleichung

$$\gamma z^2 = \alpha x^2 + \beta y^2, \tag{6}$$

und es kommt also auf die Lösung der zahlentheoretischen Aufgabe an:

alle Lösungen der unbestimmten Gleichung (6) in ganzen Zahlen x, y, z zu finden, wenn α, β, γ gegebene ganze Zahlen sind.

Die Lösung dieser Aufgabe ist dadurch vereinfacht, dass man eine Lösung von (6) kennt, nämlich $z = 1$, $x = m$, $y = n$ [1]).

Einfacher noch ist die Frage, ob in verschiedenen Reihen die gleiche Schwingungsdauer vorkommen kann.

Dass dies nicht vorkommen kann, wenn a^2 und b^2 incommensurabel sind, ist aus dem Vorhergehenden klar. Unter der Voraussetzung (4) aber kommt es darauf an, zu ermitteln, ob

$$\alpha m^2 + \beta n^2 = \alpha m'^2 + \beta n'^2$$

[1]) Vergl. über die zahlentheoretische Aufgabe Dirichlet-Dedekind, Vorlesungen über Zahlentheorie, 4. Aufl., §. 156.

sein kann, oder, wenn wir den gemeinschaftlichen Werth beider Seiten dieser Gleichung mit γ bezeichnen, alle Lösungen der unbestimmten Gleichung

$$\alpha x^2 + \beta y^2 = \gamma$$

in ganzen Zahlen, oder, wie man sich in der Zahlentheorie ausdrückt, alle Darstellungen einer Zahl γ durch die quadratische Form $\alpha x^2 + \beta y^2$ zu finden. Die Anzahl dieser Darstellungen ist immer endlich, weil es nur eine endliche Anzahl ganzer Zahlen geben kann, für die die positive ganze Zahl $\alpha x^2 + \beta y^2$ eine gegebene Grenze nicht überschreitet. Wir wollen hier auf diese zahlentheoretische Aufgabe nicht näher eingehen, für die wir auf den IV. Abschnitt von Dirichlet-Dedekind's Vorlesungen über Zahlentheorie verweisen und begnügen uns damit, für den besonderen Fall $\alpha = \beta = 1$, also für die quadratische Membran, ein Paar einfache Beispiele anzuführen:

$$\begin{aligned} 2 &= 1^2 + 1^2, \\ 5 &= 1^2 + 2^2 = 2^2 + 1^2, \\ 10 &= 1^2 + 3^2 = 3^2 + 1^2, \\ 65 &= 1^2 + 8^2 = 8^2 + 1^2, \\ &= 4^2 + 7^2 = 7^2 + 4^2. \end{aligned} \tag{7}$$

§. 101.

Knotenlinien.

Eine einfache Schwingung der rechteckigen Membran wird dargestellt durch ein einzelnes Glied der Summe §. 99 (7):

$$W = \left(A \cos \frac{2\pi t}{T} + B \sin \frac{2\pi t}{T}\right) \sin m \frac{\pi x}{a} \sin n \frac{\pi y}{b}, \tag{1}$$

worin die Schwingungsdauer

$$T = \frac{2}{c \sqrt{\frac{m^2}{a^2} + \frac{n^2}{b^2}}} \tag{2}$$

ist. Setzen wir

$$A = M \sin \varDelta, \quad B = M \cos \varDelta,$$

worin M eine positive Constante, $\varDelta$ einen zwischen 0 und 2π gelegenen Winkel bedeuten möge, so erhalten wir

$$(3) \qquad W = M \sin\left(\frac{2\pi t}{T} + \varDelta\right) \sin m \frac{\pi x}{a} \sin n \frac{\pi y}{b}.$$

M heisst die Amplitude der Schwingung und die Grösse $\frac{2\pi t}{T} + \varDelta$, oder vielmehr ihr Ueberschuss über das nächst kleinere Vielfache von 2π die Phase. Indem man den Anfangspunkt der Zeit oder die Phase um eine constante Grösse ändert, erhält man endlich aus (3)

$$(4) \qquad W = M \sin \frac{2\pi t}{T} \sin m \frac{\pi x}{a} \sin n \frac{\pi y}{b},$$

und man sieht daraus, dass W über die ganze Membran gleich Null ist, wenn t gleich einem Vielfachen von $\frac{1}{2} T$ ist.

Wenn andererseits x gleich einem Vielfachen von a/m oder y gleich einem Vielfachen von b/n ist, so ist W für alle Zeit gleich Null. Wir haben also zwei Systeme gerader Linien, die den Seiten des Rechteckes parallel sind, in denen die nach der Formel (4) schwingende Membran dauernd in Ruhe bleibt. Solche Linien heissen Knotenlinien. Sie theilen die rechteckige Membran in mn rechteckige Felder von den Seiten a/m, b/n, und W ist in benachbarten Feldern zu jeder Zeit abwechselnd positiv und negativ.

Wenn nun bei einer zusammengesetzten Schwingung, die durch eine Summe mehrerer Ausdrücke der Form (3):

$$w = \sum W$$

dargestellt wird, Knotenlinien, d. h. Linien, in denen w dauernd gleich Null ist, vorhanden sein sollen, so muss der von der Zeit abhängige Factor

$$\sin\left(\frac{2\pi t}{T} + \varDelta\right)$$

in allen Gliedern der Summe (4) derselbe sein. Es muss also die Schwingungsdauer T und die Phase in allen Gliedern der Summe (4) dieselbe sein. Es kann dies, wie wir gesehen haben, nur vorkommen, wenn a^2 und b^2 in rationalem Verhältniss stehen, und man erhält unter dieser Voraussetzung als Bedingung für die Knotenlinien

(5) $$\sum M \sin\frac{m\pi x}{a}\sin\frac{n\pi y}{b} = 0,$$

worin sich, wenn $\frac{1}{a^2} : \frac{1}{b^2} = \alpha : \beta$ ist, die Summe auf alle Werthe m, n erstrecken kann, für die $\alpha m^2 + \beta n^2$ einen und denselben Werth γ hat. Da jedes Glied der Summe (5) mit einem beliebigen Factor M multiplicirt sein kann, so ist in der Gleichung (5) eine grosse Menge von möglichen Gestalten von Knotenlinien oder, wie man auch sagt, von Klangfiguren enthalten, deren Discussion aber nicht ganz einfach ist. Wir wollen einige Beispiele betrachten.

§. 102.

Klangfiguren. I. Beispiel.

Nach §. 100 (7) ist $5 = 1^2 + 2^2 = 2^2 + 1^2$, und wir erhalten also aus (5) §. 101, wenn wir der Einfachheit halber $a = b = \pi$ setzen,

$$M \sin x \sin 2y + M' \sin 2x \sin y = 0$$

oder

(1) $$\sin x \sin y\,(M\cos y + M'\cos x) = 0;$$

der Factor $\sin x \sin y$ verschwindet nur am Rande und eine freie Knotenlinie erhalten wir also nur aus der Gleichung

$$M\cos y + M'\cos x = 0,$$

setzen wir $M' = -\lambda M$, so ergiebt sich daraus

(2) $$\cos y = \lambda \cos x,$$

und wir können, unbeschadet der Allgemeinheit, λ als einen positiven echten Bruch annehmen. Die übrigen Fälle werden durch Vertauschung von x mit $\pi - x$ oder von x mit y auf diesen zurückgeführt.

Da (2) für $x = y = \pi/2$ befriedigt ist, so geht die gesuchte Linie durch den Mittelpunkt des Quadrates. Für $x = 0$ und $x = \pi$ wird

$$y = \arccos\lambda, \qquad y = \pi - \arccos\lambda,$$

während für $y = 0$ kein reeller Werth von x vorhanden ist. Die Knotenlinie hat ungefähr die Gestalt der Curve $\mu\nu$ in der Fig. 38. Sie besteht aus zwei congruenten Zweigen, deren Tangente im Mittelpunkte unter dem Winkel $\operatorname{arc\,tg} \lambda$ gegen die x-Axe geneigt ist, und die die Grenzlinie bei μ und ν rechtwinklig schneidet. Wird $\lambda = 0$, so geht diese Curve in die Gerade $y = \pi/2$ über, und wenn $\lambda = 1$ ist, in die Diagonale des Quadrates.

Fig. 38.

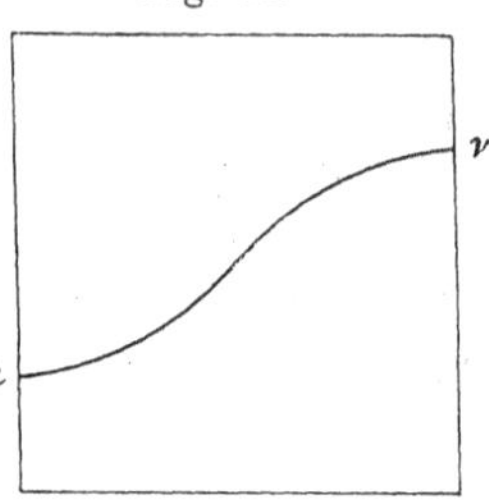

§. 103.

II. Beispiel.

$$10 = 1^2 + 3^2 = 3^2 + 1^2.$$

Die Gleichung für die Knotenlinie wird:

$$M \sin x \sin 3y + M' \sin y \sin 3x = 0,$$

oder nach Abwerfung des Factors $\sin x \sin y$, dessen Verschwinden die Randlinien darstellt, mit Rücksicht auf die trigonometrische Formel

$$\sin 3x = \sin x (4 \cos^2 x - 1) = \sin x (2 \cos 2x + 1),$$
$$\sin 3y = \sin y (4 \cos^2 y - 1) = \sin y (2 \cos 2y + 1),$$

wenn wieder $M' = -\lambda M$ gesetzt wird

$$(1) \qquad \cos^2 y - \frac{1}{4} = \lambda \left(\cos^2 x - \frac{1}{4}\right).$$

Man sieht, dass alle in der Gleichung (1) enthaltenen Curven durch die vier Punkte

$$x = \frac{\pi}{3}, \ \frac{2\pi}{3}; \qquad y = \frac{\pi}{3}, \ \frac{2\pi}{3}$$

hindurchgehen.

Bei der Discussion dieser Gleichung kann man λ als positiven oder negativen echten Bruch (einschliesslich ± 1) betrachten, da die anderen Fälle auf diesen durch Vertauschung von x und y zurückgeführt werden. Die Randlinien $y = 0$, $y = \pi$ werden dann von keiner dieser Curven geschnitten, weil für solche Schnittpunkte $\cos^2 x > 1$ oder negativ ausfallen würde.

Die Schnittpunkte der Randlinien $x = 0$, $x = \pi$ erhält man aus

$$\cos^2 y = \frac{1 + 3\lambda}{4},$$

und diese Schnittpunkte werden also reell, wenn $\lambda > -1/3$ ist. Liegt also λ zwischen -1 und $-1/3$, so verläuft die Knotenlinie ganz im Inneren des Rechteckes. Die Figuren 39 bis 45 geben die ungefähren Gestalten einiger dieser Klangfiguren, die in der Reihenfolge der aufsteigenden Werthe von λ geordnet sind.

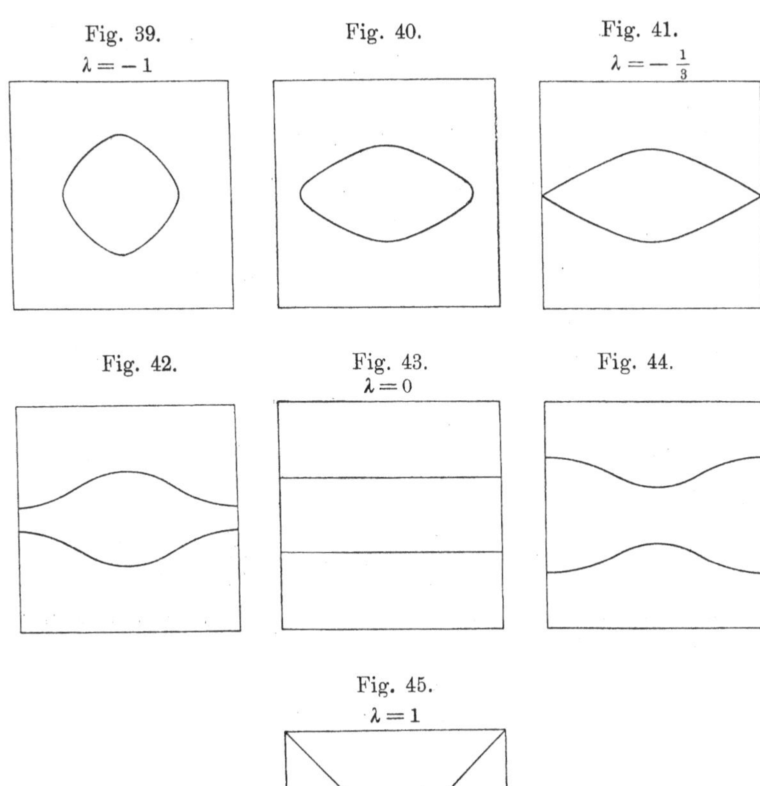

Fig. 39. $\lambda = -1$ — Fig. 40. — Fig. 41. $\lambda = -\frac{1}{3}$

Fig. 42. — Fig. 43. $\lambda = 0$ — Fig. 44.

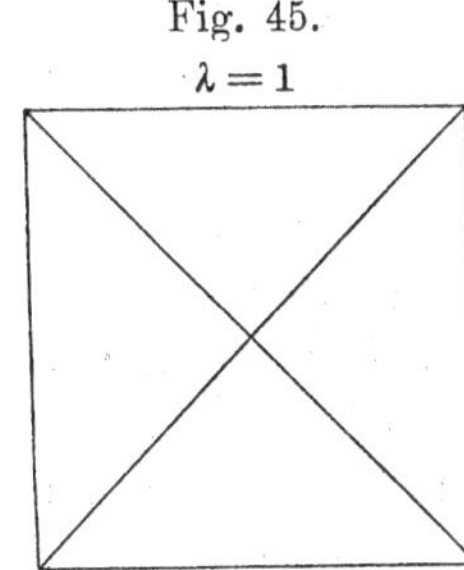

Fig. 45. $\lambda = 1$

§. 104.

Kreisförmige Membran.

Wenn die Membran durch einen Kreis begrenzt ist, so führt man zur Integration der Differentialgleichung (2), §. 98 Polarcoordinaten r, φ in der xy-Ebene ein. Man erhält nach Bd. I, §. 42 (4):

$$(1) \qquad \frac{1}{r} \frac{\partial r \frac{\partial W}{\partial r}}{\partial r} + \frac{1}{r^2} \frac{\partial^2 W}{\partial \varphi^2} + k^2 W = 0.$$

Hat die Membran die Gestalt eines vollen Kreises vom Radius a, so muss W endlich bleiben, wenn r die Werthe von 0 bis a durchläuft, und muss dieselben Werthe wieder annehmen, wenn φ um 2π wächst. Wir werden also die particularen Lösungen von (1) in der Form

$$(2) \qquad W = R e^{im\varphi}$$

annehmen, worin m eine ganze Zahl und R eine Function von r allein ist, für die sich aus (1) die Differentialgleichung zweiter Ordnung

$$(3) \qquad \frac{1}{r} \frac{d r \frac{dR}{dr}}{dr} + \left(k^2 - \frac{m^2}{r^2}\right) R = 0$$

oder

$$(4) \qquad \frac{d^2 R}{dr^2} + \frac{1}{r} \frac{dR}{dr} + \left(k^2 - \frac{m^2}{r^2}\right) R = 0$$

ergiebt. Man erkennt hierin die Differentialgleichung der Bessel'schen Function $J_m(kr)$ [Bd. I, §. 69 (12)] und diese Function $J_m(kr)$ ist die einzige Lösung dieser Differentialgleichung, die für $r = 0$ endlich bleibt.

Es ist also, wenn C eine Constante bedeutet,

$$(5) \qquad W = C J_m(kr) e^{im\varphi}$$

zu setzen, und damit diese Function am Rande der kreisförmigen Membran, also für $r = a$ verschwinde, ist k aus der transcendenten Gleichung

$$(6) \qquad J_m(ka) = 0$$

zu bestimmen. Diese transcendente Gleichung haben wir im §. 71 des ersten Bandes näher untersucht. Wir haben dort gesehen, dass die Gleichung $J_m(\lambda) = 0$ unendlich viele, aber nur reelle Wurzeln hat, von denen wir nur die positiven zu berücksichtigen brauchen. Wir wollen sie, der Grösse nach geordnet, mit

$$\lambda_{m,1},\ \lambda_{m,2},\ \lambda_{m,3},\ \ldots$$

und allgemein mit $\lambda_{m,n}$ bezeichnen. Dann haben wir für k einen der Werthe

$$k = \frac{\lambda_{m,n}}{a}$$

zu setzen, und wir erhalten, wenn wir zu der reellen Form übergehen, und mit $A_{m,n}$, $B_{m,n}$, $C_{m,n}$, $D_{m,n}$ willkürliche Constanten bezeichnen, den allgemeinen Ausdruck von w in der Form

$$(7) \qquad w = \sum_{m=0}^{\infty} \sum_{n=1}^{\infty} J_m\left(\frac{\lambda_{m,n} r}{a}\right) \left\{ \begin{aligned} & A_{m,n} \cos \frac{\lambda_{m,n} ct}{a} \cos m\varphi \\ & + B_{m,n} \cos \frac{\lambda_{m,n} ct}{a} \sin m\varphi \\ & + C_{m,n} \sin \frac{\lambda_{m,n} ct}{a} \cos m\varphi \\ & + D_{m,n} \sin \frac{\lambda_{m,n} ct}{a} \sin m\varphi. \end{aligned} \right.$$

§. 105.

Bestimmung der Constanten.

Die Constanten $A_{m,n} \ldots$, die in dem Ausdruck (7), §. 104 für w noch unbestimmt bleiben, sind aus dem Anfangszustande, d. h. aus den Werthen von w und $\partial w / \partial t$ für $t = 0$ zu bestimmen. Wenn für $t = 0$

$$(1) \qquad w = f(r, \varphi)$$

ist, so ergiebt sich aus (7) für $t = 0$, wenn wir zur Vereinfachung $a = 1$ setzen:

$$(2) \qquad f(r, \varphi) = \sum^{m,n} J_m(\lambda_{m,n} r)\,(A_{m,n} \cos m\varphi + B_{m,n} \sin m\varphi).$$

Hieraus können, ähnlich wie bei der Fourier'schen Reihe, die Coëfficienten $A_{m,n}$, $B_{m,n}$ durch bestimmte Integrale ausgedrückt werden. Es ist nämlich für irgend zwei ganze Zahlen m, m'

$$\int_0^{2\pi} \cos m\varphi \sin m'\varphi \, d\varphi = 0,$$

ferner, wenn m nicht gleich Null ist

$$\int_0^{2\pi} \cos^2 m\varphi \, d\varphi = \int_0^{2\pi} \sin^2 m\varphi \, d\varphi = \pi$$

und wenn m von m' verschieden ist:

$$\int_0^{2\pi} \cos m\varphi \cos m'\varphi \, d\varphi = 0, \qquad \int_0^{2\pi} \sin m\varphi \sin m'\varphi \, d\varphi = 0.$$

Hieraus ergiebt sich für ein feststehendes m:

$$(3) \qquad \begin{aligned} \sum^n A_{m,n} J_m(\lambda_{m,n} r) &= \frac{1}{\pi} \int_0^{2\pi} f(r,\varphi) \cos m\varphi \, d\varphi, \\ \sum^n B_{m,n} J_m(\lambda_{m,n} r) &= \frac{1}{\pi} \int_0^{2\pi} f(r,\varphi) \sin m\varphi \, d\varphi, \end{aligned}$$

wobei in der ersten dieser Formeln für $m = 0$ die rechte Seite noch durch 2 zu dividiren ist.

Desgleichen wenden wir die Formel an:

$$(4) \qquad \beta J_m(\alpha) J_{m+1}(\beta) - \alpha J_m(\beta) J_{m+1}(\alpha) = (\beta^2 - \alpha^2) \int_0^1 J_m(\alpha r) J_m(\beta r) r \, dr,$$

die wir im §. 70 des ersten Bandes bewiesen haben. Aus ihr folgt, wenn $\lambda_{m,n}$ und $\lambda_{m,n'}$ zwei verschiedene Wurzeln von $J_m(\lambda) = 0$ sind:

$$(5) \qquad \int_0^1 J_m(\lambda_{m,n} r) J_m(\lambda_{m,n'} r) r \, dr = 0,$$

und durch den Grenzübergang, wie er in Bd. I, §. 70, IV gemacht ist [Bd. I, §. 69 (10)]:

$$(6) \qquad \begin{aligned} \int_0^1 [J_m(\lambda_{m,n} r)]^2 r \, dr &= -\frac{1}{2} J'_m(\lambda_{m,n}) J_{m+1}(\lambda_{m,n}) \\ &= \frac{1}{2} [J_{m+1}(\lambda_{m,n})]^2. \end{aligned}$$

Danach erhält man aus (3)

(7)
$$A_{m,n}\,[J_{m+1}(\lambda_{m,n})]^2 = \frac{2}{\pi}\int\limits_0^1\int\limits_0^{2\pi} f(r,\varphi)\,J_m(\lambda_{m,n}\,r)\cos m\varphi\; r\,dr\,d\varphi,$$
$$B_{m,n}\,[J_{m+1}(\lambda_{m,n})]^2 = \frac{2}{\pi}\int\limits_0^1\int\limits_0^{2\pi} f(r,\varphi)\,J_m(\lambda_{m,n}\,r)\sin m\varphi\; r\,dr\,d\varphi,$$

worin wieder auf der rechten Seite der ersten Formel im Falle $m = 0$ durch 2 zu dividiren ist.

In gleicher Weise lassen sich die Constanten $C_{m,n}$, $D_{m,n}$ aus der die Anfangsgeschwindigkeit darstellenden Function ableiten.

§. 106.

Klangfiguren.

Eine einfache Schwingung wird bei der kreisförmigen Membran durch einen Ausdruck von der Form

(1) $$W = M \sin\left(\frac{2\pi t}{T} + \varDelta\right) J_m\left(\frac{\lambda_{m,n}\,r}{a}\right) \sin m(\varphi - \varphi_0)$$

dargestellt, worin die Schwingungsdauer

(2) $$T = \frac{2\pi}{ck} = \frac{2\pi a}{c\,\lambda_{m,n}}$$

ist. Der Ausdruck (1) verschwindet aber, von t unabhängig, ausser am Rande noch, wenn

(3) $$\varphi - \varphi_0 = \frac{h\pi}{m}$$

und wenn

(4) $$r = a\,\frac{\lambda_{m,n'}}{\lambda_{m,n}},$$

worin h eine ganze Zahl und $\lambda_{m,n'}$ irgend eine Wurzel von J_m bedeutet, die kleiner ist als $\lambda_{m,n}$. Als Knotenlinien erhält man also aus (3) ein System von m Radien, und aus (4) ein System von $n - 1$ concentrischen Kreisen.

Ausser diesen wären nach (2) Knotenlinien nur dann möglich, wenn $\lambda_{m,n} = \lambda_{m',n'}$ wäre, für irgend zwei von einander verschiedene m, m', also nur dann, wenn zwei verschiedene Functionen J_m und $J_{m'}$ eine gemeinschaftliche Wurzel hätten. Dass dies der Fall ist, ist sehr unwahrscheinlich.

§. 107.

Elliptische Membran.

Wenn wir in die Differentialgleichung, auf die wir das Problem der schwingenden Membran zurückgeführt haben,

$$\frac{\partial^2 W}{\partial x^2} + \frac{\partial^2 W}{\partial y^2} + k^2 W = 0 \tag{1}$$

elliptische Coordinaten einführen wollen, so können wir nach Bd. I, §. 52

$$x + yi = \cos(u + iv), \tag{2}$$

also

$$\begin{aligned} x &= \cos u \cos iv, \\ y &= i \sin u \sin iv \end{aligned} \tag{3}$$

setzen, so dass constante Werthe von v Ellipsen entsprechen, unter denen eine, $v = v_0$, als Grenze der Membran betrachtet werden möge. Aus der Formel

$$\begin{aligned} dx^2 + dy^2 &= \sin(u + iv) \sin(u - iv) (du^2 + dv^2) \\ &= (\sin^2 u - \sin^2 iv) (du^2 + dv^2) \end{aligned}$$

können wir dann nach Bd. I, §. 41 (13) die Transformation des Differentialausdruckes

$$\Delta W = \frac{\partial^2 W}{\partial x^2} + \frac{\partial^2 W}{\partial y^2}$$

ableiten, wenn wir

$$e = e' = \sin^2 u - \sin^2 iv, \quad e'' = 1$$

setzen. Wir erhalten so die Differentialgleichung (1) in der Gestalt:

$$\frac{\partial^2 W}{\partial u^2} + \frac{\partial^2 W}{\partial v^2} + k^2 (\sin^2 u - \sin^2 iv) W = 0. \tag{4}$$

Setzen wir, um particulare Lösungen dieser Gleichung zu erhalten

$$W = UV \tag{5}$$

und nehmen an, dass U nur von u, V nur von v abhänge, so ergiebt sich aus (4) durch Division mit UV:

$$\frac{1}{U} \frac{d^2 U}{du^2} + k^2 \sin^2 u = - \frac{1}{V} \frac{d^2 V}{dv^2} + k^2 \sin^2 iv,$$

und da hier die linke Seite nur von u, die rechte nur von v abhängt, so müssen beide Seiten gleich einer Constanten $-\lambda$ sein. Man erhält so für U und V die beiden linearen Differentialgleichungen 2ter Ordnung:

$$(6)\qquad \begin{aligned} &\frac{d^2 U}{d u^2} + (k^2 \sin^2 u + \lambda)\, U = 0, \\ &\frac{d^2 V}{d v^2} - (k^2 \sin^2 iv + \lambda)\, V = 0. \end{aligned}$$

Die Integration dieser beiden linearen Differentialgleichungen gelingt aber nicht.

§. 108.

Parabolische Begrenzung.

Wenn wir zwei Variable u, v durch die Substitution

$$(1)\qquad x + iy = \frac{1}{2}(u + iv)^2$$

oder

$$(2)\qquad x = \frac{1}{2}(u^2 - v^2), \quad y = uv$$

einführen, so ergiebt sich durch Elimination von v und von u

$$(3)\qquad x = \frac{1}{2}\left(u^2 - \frac{y^2}{u^2}\right), \qquad x = \frac{1}{2}\left(\frac{y^2}{v^2} - v^2\right),$$

woraus zu ersehen ist, dass sowohl constanten Werthen von u als auch constanten Werthen von v Parabeln entsprechen. Alle diese Parabeln haben ihren Brennpunkt im Coordinatenanfangspunkte und ihre Axe in der Richtung der x-Axe. Die concave Seite liegt bei den ersteren nach der Seite der negativen x, bei den letzteren nach der Seite der positiven x. Eine Membran kann etwa begrenzt werden durch eine Parabel der einen und eine der zweiten Art, $u = u_0$, $v = v_0$ (oder auch durch drei und vier Parabeln).

Aus (1) ergiebt sich

$$dx^2 + dy^2 = (u^2 + v^2)(du^2 + dv^2),$$

und hieraus erhält man, wie bei den Ellipsen:

$$\Delta W = \frac{1}{u^2 + v^2}\left(\frac{\partial^2 W}{\partial u^2} + \frac{\partial^2 W}{\partial v^2}\right),$$

also die transformirte Gleichung §. 98 (2):

$$\frac{\partial^2 W}{\partial u^2} + \frac{\partial^2 W}{\partial v^2} + k^2(u^2 + v^2)\,W = 0. \tag{4}$$

Setzt man wieder

$$W = UV \tag{5}$$

und nimmt U nur von u, V nur von v abhängig an, so erhält man die beiden Gleichungen:

$$\begin{aligned} &\frac{d^2 U}{du^2} + (k^2 u^2 + \lambda)\,U = 0, \\ &\frac{d^2 V}{dv^2} + (k^2 v^2 - \lambda)\,V = 0, \end{aligned} \tag{6}$$

worin λ eine Constante ist.

In den beiden zuletzt betrachteten Fällen sind die bei einfachen Schwingungen auftretenden Knotenlinien confocale Parabeln, deren Parameter man aus den transcendenten Gleichungen $U = 0$, $V = 0$ erhält.

§. 109.

Integration der Differentialgleichung für parabolische Begrenzung.

Wenn man in der Differentialgleichung, auf die wir das Problem für den Fall parabolischer Begrenzung zurückgeführt haben:

$$\frac{d^2 U}{du^2} + (k^2 u^2 + \lambda)\,U = 0 \tag{1}$$

für u^2 eine neue Variable einführen, so kommen wir auf eine Differentialgleichung, deren Coëfficienten lineare Functionen der Variablen sind, und die sich also nach §. 3 durch hypergeometrische Reihen integriren lässt. Diese Reihen stellen sich in imaginärer Form dar. In reelle Form lassen sich die bestimmten Integrale bringen, durch die man die Function U darstellen kann.

Wir machen zunächst in (1) die Substitution [§. 3 (8)]:

$$(2)\qquad \begin{aligned} U &= e^{\frac{1}{2}iku^2} X,\\ \frac{dU}{du} &= e^{\frac{1}{2}iku^2}\left(\frac{dX}{du} + ikuX\right),\\ \frac{d^2U}{du^2} &= e^{\frac{1}{2}iku^2}\left[\frac{d^2X}{du^2} + 2iku\frac{dX}{du} + (ik - k^2u^2)X\right], \end{aligned}$$

wodurch (1) in die Form übergeht:

$$(3)\qquad \frac{d^2X}{du^2} + 2iku\frac{dX}{du} + (\lambda + ik)X = 0.$$

Wenn man nun für u^2 eine Variable x einführt, indem man

$$(4)\qquad -iku^2 = x$$

setzt, so ergiebt sich aus (3):

$$(5)\qquad x\frac{d^2X}{dx^2} + \left(\frac{1}{2} - x\right)\frac{dX}{dx} - \left(\frac{1}{4} - \frac{i\lambda}{4k}\right)X = 0,$$

und dies ist genau die Form der Gleichung §. 6 (3), wenn man dort

$$\gamma = \frac{1}{2}, \qquad \beta = \frac{1}{4} - \frac{i\lambda}{4k}$$

setzt. Die Integrale sind also [§. 6 (5), §. 7, I_2]

$$(6)\qquad \begin{aligned} X_1 &= \operatorname*{Lim}_{h=0} F\left(\frac{1}{h}, \frac{1}{4} - \frac{i\lambda}{4k}, \frac{1}{2}, hx\right),\\ X_2 &= \sqrt{x}\operatorname*{Lim}_{h=0} F\left(\frac{1}{h}, \frac{3}{4} - \frac{i\lambda}{4k}, \frac{3}{2}, hx\right), \end{aligned}$$

oder wenn man nach §. 13 (3) zu der Darstellung durch bestimmte Integrale übergeht und einen constanten Factor weglässt:

$$X_1 = \operatorname*{Lim}_{h=0}\int_0^1 s^{\frac{1}{4}-1}(1-s)^{\frac{1}{4}-1}\left(\frac{s}{1-s}\right)^{-\frac{i\lambda}{4k}}(1-hsx)^{-\frac{1}{h}}\,ds,$$

$$X_2 = \sqrt{x}\operatorname*{Lim}_{h=0}\int_0^1 s^{\frac{3}{4}-1}(1-s)^{\frac{3}{4}-1}\left(\frac{s}{1-s}\right)^{-\frac{i\lambda}{4k}}(1-hsx)^{-\frac{1}{h}}\,ds,$$

und hierin lässt sich der Grenzübergang unter dem Integralzeichen ausführen. Man erhält so:

$$(7)\qquad \begin{aligned} X_1 &= \int_0^1 s^{\frac{1}{4}-1}(1-s)^{\frac{1}{4}-1}\left(\frac{s}{1-s}\right)^{-\frac{i\lambda}{4k}} e^{sx}\,ds,\\ X_2 &= \sqrt{x}\int_0^1 s^{\frac{3}{4}-1}(1-s)^{\frac{3}{4}-1}\left(\frac{s}{1-s}\right)^{-\frac{i\lambda}{4k}} e^{sx}\,ds, \end{aligned}$$

und folglich nach (2) und (4) die beiden Integrale der Differentialgleichung (1)

$$(8)\quad \begin{aligned} U_1 &= \int_0^1 s^{\frac{1}{4}-1}(1-s)^{\frac{1}{4}-1}\, e^{-i\left[k u^2\left(s-\frac{1}{2}\right)+\frac{\lambda}{4k}\log\frac{s}{1-s}\right]}\, ds \\ U_2 &= u\int_0^1 s^{\frac{3}{4}-1}(1-s)^{\frac{3}{4}-1}\, e^{-i\left[k u^2\left(s-\frac{1}{2}\right)+\frac{\lambda}{4k}\log\frac{s}{1-s}\right]}\, ds. \end{aligned}$$

Man sieht leicht durch die Substitution $s = 1 - s_1$, dass diese Ausdrücke für U_1, U_2 ungeändert bleiben, wenn i mit $-i$ vertauscht wird, und so findet man die Integrale von (1) in reeller Form

$$(9)\quad \begin{aligned} U_1 &= \int_0^1 s^{\frac{1}{4}-1}(1-s)^{\frac{1}{4}-1}\cos\left[k u^2\left(s-\frac{1}{2}\right)+\frac{\lambda}{4k}\log\frac{s}{1-s}\right] ds \\ U_2 &= u\int_0^1 s^{\frac{3}{4}-1}(1-s)^{\frac{3}{4}-1}\cos\left[k u^2\left(s-\frac{1}{2}\right)+\frac{\lambda}{4k}\log\frac{s}{1-s}\right] ds. \end{aligned}$$

Vierzehnter Abschnitt.

Allgemeine Theorie der Differentialgleichung der schwingenden Membran.

---

§. 110.

Gleichgewichtslage einer Membran.

Wir haben im vorigen Abschnitt die Theorie der Schwingungen einer Membran auf die Integration der partiellen Differentialgleichung

$$\Delta u + k^2 u = 0 \tag{1}$$

zurückgeführt, mit der Nebenbedingung, dass W am Rande einer gegebenen Fläche S in der xy-Ebene verschwinden soll. Es bedeutet hierin Δ die Operation

$$\Delta = \frac{\partial^2}{\partial x^2} + \frac{\partial^2}{\partial y^2}, \tag{2}$$

und u kann aufgefasst werden als die Ordinate einer krummen Oberfläche, die sich über der Fläche S erhebt. Wir betrachten nur solche Lösungen der Differentialgleichung (1), bei der u und seine ersten Differentialquotienten endliche und stetige Functionen von x, y sind.

Wir haben die Voraussetzung gemacht, dass die Verschiebungen der Membran immer nur unendlich klein seien. Dieser Voraussetzung wollen wir dadurch Rechnung tragen, dass wir uns u mit einem unendlich kleinen constanten Factor behaftet denken. Es sind dann von selbst schon die Differentialquotienten dieser Verschiebungen gleichfalls unendlich klein. Ob wir uns

u selbst unendlich klein oder ins Endliche vergrössert denken, ist dann gleichgültig.

Wir können auch den Fall betrachten, dass u am Rande von S nicht gleich Null ist, sondern vorgeschriebene Werthe hat. Es würde dann die Membran nicht durch eine ebene Curve, sondern durch eine Raumcurve, die aber von der Ebene nur unendlich wenig abweicht, begrenzt sein.

Die Gleichgewichtslage der Membran wird dann durch die Differentialgleichung

$$(3) \qquad \Delta u = 0$$

und durch die Grenzbedingung, dass u am Rande vorgeschriebene Werthe haben soll, bestimmt. Wir wollen zunächst die Eigenschaften der Lösungen dieser letzten Gleichung etwas näher betrachten, um den charakteristischen Unterschied dieser und der Gleichung (1) deutlich hervortreten zu lassen.

Die Differentialgleichung $\Delta u = 0$ haben wir in §. 136 des ersten Bandes schon betrachtet, wo sie zur Bestimmung des logarithmischen Potentials diente. Dort handelt es sich um die Integration für das Gebiet ausserhalb eines gegebenen Flächenstücks, wobei noch eine Bedingung fürs Unendliche hinzukam. Hier betrachten wir immer nur ein endliches Flächenstück S, auf dessen Grenze s die Function u gegeben ist, von der wir ausserdem voraussetzen, dass sie nebst ihren ersten Ableitungen endlich und stetig ist. Dies schliesst die Voraussetzung ein, dass auch die vorgeschriebenen Randwerthe längs des ganzen Randes endlich und stetig sind und überall eine endliche Derivirte haben.

Der Kürze wegen wollen wir auch hier eine Function u, die in einem Gebiete S der Differentialgleichung $\Delta u = 0$ genügt und mit ihren ersten Ableitungen endlich und stetig ist, ein logarithmisches Potential (für das Gebiet S) nennen.

Das Mittel der Untersuchung dieser Functionen bildet der Gauss'sche Integralsatz [Bd. I, §. 39 (8)]:

$$\int \left(\frac{\partial X}{\partial x} + \frac{\partial Y}{\partial y}\right) df = - \int [X \cos(n x) + Y \cos(n y)]\, d s,$$

aus dem man, wenn man

$$X = w \frac{\partial u}{\partial x}, \quad Y = w \frac{\partial u}{\partial y}$$

setzt, die Formel ableitet:

$$(4)\quad \int w \Delta u\, df + \int\left(\frac{\partial w}{\partial x}\frac{\partial u}{\partial x} + \frac{\partial w}{\partial y}\frac{\partial u}{\partial y}\right) df = -\int w \frac{\partial u}{\partial n}\, ds,$$

worin w und u irgend zwei im Inneren von S stetige Functionen sind, df, ds die Elemente der Fläche und des Randes von S und n die nach innen gerichtete Normale bedeutet.

Wenn wir uns die Aufgabe stellen, unter allen Functionen u mit denselben Randwerthen die zu bestimmen, für die das Integral

$$(5)\qquad \Omega(u) = \int\left[\left(\frac{\partial u}{\partial x}\right)^2 + \left(\frac{\partial u}{\partial y}\right)^2\right] df$$

den kleinst möglichen Werth hat, so verfahren wir nach den Vorschriften der Variationsrechnung[1]).

Man ersetzt u in Ω durch $u + \varepsilon w$, worin ε eine Constante, w eine stetige Function mit den Randwerthen Null bedeutet und ordnet $\Omega(u + \varepsilon w)$ nach Potenzen von ε:

$$(6)\qquad \Omega(u + \varepsilon w) = \\ \Omega(u) + 2\varepsilon \int\left(\frac{\partial u}{\partial x}\frac{\partial w}{\partial x} + \frac{\partial u}{\partial y}\frac{\partial w}{\partial y}\right) df + \varepsilon^2 \Omega(w),$$

und wenn nun $\Omega(u)$ ein Minimum sein soll, so muss der Coëfficient der ersten Potenz von ε, den wir die erste Variation von $\Omega(u)$ nennen, verschwinden, weil sonst, wenn ε hinlänglich klein und mit geeignetem Vorzeichen gewählt wird,

$$\Omega(u + \varepsilon w) < \Omega(u)$$

wäre.

Es ist also für die Function u, die Ω zum Minimum macht, und für ein beliebiges am Rande verschwindendes w:

$$(7)\qquad \int\left(\frac{\partial u}{\partial x}\frac{\partial w}{\partial x} + \frac{\partial u}{\partial y}\frac{\partial w}{\partial y}\right) df = 0,$$

und folglich nach (4)

$$(8)\qquad \int w \Delta u\, df = 0,$$

woraus folgt, dass $\Delta u = 0$ ist.

[1]) Wir verweisen hier auf das Lehrbuch der Variationsrechnung von A. Kneser, Braunschweig 1900.

Das Integral $\Omega(u)$ hat folgende Bedeutung:

Wenn u die Ordinate einer über S ausgespannten krummen Oberfläche ist, so ist der Flächeninhalt dieser Oberfläche

$$F = \int \sqrt{1 + \left(\frac{\partial u}{\partial x}\right)^2 + \left(\frac{\partial u}{\partial y}\right)^2}\, df,$$

und wenn wir beachten, dass $\partial u/\partial x$, $\partial u/\partial y$ unendlich klein sind, so ergiebt sich, wenn mit F_0 der Flächeninhalt des ebenen Stückes S bezeichnet wird, mit Vernachlässigung von Gliedern höherer Ordnung:

(9) $$F = F_0 + \tfrac{1}{2}\Omega(u).$$

Wir können also den Satz aussprechen:

I. Eine ursprünglich ebene, am Rande gleichförmig gespannte Membran nimmt innerhalb einer von der Ebene unendlich wenig abweichenden Randcurve eine solche Gestalt an, dass der Flächeninhalt so klein wie möglich wird[1]).

§. 111.

Der Green'sche Satz für das logarithmische Potential.

Wenn $\Delta u = 0$ ist, so ergiebt sich aus §. 110 (4) für ein beliebiges w:

[1]) Aus der Existenz eines Minimums wollten Gauss, W. Thomson, Dirichlet und Riemann auf die Möglichkeit der Lösung der Gleichung $\Delta u = 0$ bei beliebig vorgeschriebenen Randwerthen schliessen. Riemann hat für diese Schlussweise den Namen „Dirichlet'sches Princip" eingeführt. Dagegen ist mit Recht eingewendet worden, dass für das Integral $\Omega(u)$, das nur positive Werthe annehmen kann, zwar die Existenz einer unteren Grenze, aber nicht die eines Minimums evident ist (Riemann's Doctor-Dissertation, Art. 16 und „Theorie der Abel'schen Functionen", mathematische Werke, 3. Aufl., S. 30, S. 96). Dass Riemann diese Schwierigkeit wohl empfunden hat, ergiebt sich aus dem Art. 17 der Doctor-Dissertation, wo er dem Bedenken theilweise, aber nicht vollständig begegnet (vergl. auch Anmerk. 6 zu der Dissertation, Werke S. 47). Die Darstellung der eingehenden Untersuchungen, die von Schwarz, C. Neumann und Anderen zu dem Zwecke angestellt sind, das Dirichlet'sche Princip durch strenge Beweise zu ersetzen, liegt nicht in dem Plane dieses Werkes (vergl. die Artikel „Potentialtheorie" und „Randwerth-Aufgaben" in Bd. II der Encyklopädie der mathematischen Wissenschaften).

$$(1) \qquad \int \left(\frac{\partial w}{\partial x} \frac{\partial u}{\partial x} + \frac{\partial w}{\partial y} \frac{\partial u}{\partial y} \right) df = - \int w \frac{\partial u}{\partial n} ds,$$

und wenn wir $w = u$ annehmen:

$$(2) \qquad \Omega(u) = \int \left[\left(\frac{\partial u}{\partial x} \right)^2 + \left(\frac{\partial u}{\partial y} \right)^2 \right] df = - \int u \frac{\partial u}{\partial n} ds.$$

Daraus schliessen wir, dass, wenn u am Rande verschwindet, es in der ganzen Fläche S verschwinden muss. Denn es folgt in diesem Falle aus (2), dass $\Omega(u) = 0$ sein muss. Da die Elemente des Flächenintegrals aber niemals negativ sein können, so muss

$$\frac{\partial u}{\partial x} = 0, \quad \frac{\partial u}{\partial y} = 0,$$

also u constant und wegen der verschwindenden Randwerthe $= 0$ sein.

Sind u_1, u_2 zwei Lösungen von $\Delta u = 0$ mit denselben Randwerthen, so ist $u = u_1 - u_2$ eine Lösung mit verschwindenden Randwerthen, also identisch 0 und folglich $u_1 = u_2$. Damit ist bewiesen:

II. Ein logarithmisches Potential u ist durch die Randwerthe innerhalb S eindeutig bestimmt, und wenn die Randwerthe Null sind, identisch gleich Null.

Aus §. 110 (4) ergiebt sich, wenn man u mit w vertauscht und dann beide Formeln subtrahirt:

$$(3) \qquad \int (w \Delta u - u \Delta w) df = - \int \left(w \frac{\partial u}{\partial n} - u \frac{\partial w}{\partial n} \right) ds,$$

und wenn also sowohl Δu als Δw verschwinden:

$$(4) \qquad \int \left(w \frac{\partial u}{\partial n} - u \frac{\partial w}{\partial n} \right) ds = 0.$$

Wenn nun r die Entfernung eines variablen Punktes q von einem festen Punkt p ist, also wenn x, y und a, b die Coordinaten von q und p sind:

$$r = \sqrt{(x - a)^2 + (y - b)^2},$$

so genügt $w = \log r$ der Bedingung $\Delta w = 0$, und wir erhalten, wenn der Punkt p ausserhalb S liegt, aus (4):

$$(5) \qquad \int \left(\log r \frac{\partial u}{\partial n} - u \frac{\partial \log r}{\partial n} \right) ds = 0.$$

Liegt aber p innerhalb S, so wird $\log r$ in dem Punkt p unendlich, und um die Formeln (3), (4) anwenden zu können, müssen wir p durch eine Hülle von dem Gebiet S ausschliessen. Diese Hülle wählen wir kreisförmig mit dem Mittelpunkt p und dem Radius ϱ und erhalten aus (4):

$$\int\left(\log r \frac{\partial u}{\partial n} - u \frac{\partial \log r}{\partial n}\right) ds + \int_0^{2\pi}\left(\log \varrho \frac{\partial u}{\partial r} - \frac{u}{\varrho}\right) \varrho\, d\vartheta = 0,$$

woraus sich, wenn ϱ unendlich klein wird, und mit u_p der Werth von u in dem Punkt p bezeichnet wird, ergiebt:

$$(6) \qquad u_p = \frac{1}{2\pi} \int\left(\log r \frac{\partial u}{\partial n} - u \frac{\partial \log r}{\partial n}\right) ds,$$

worin n die nach innen gerichtete Normale bedeutet.

Die entsprechende Formel für drei Variable haben wir in §. 96 des ersten Bandes besprochen, und zur Ableitung des Green'schen Satzes verwandt. Wir bezeichnen die Formel (6) auch hier als den Green'schen Satz. Er giebt einen Ausdruck für die Function u für einen beliebigen Punkt im Inneren von S, wenn die Werthe von u und $\partial u / \partial n$ am Rande bekannt sind.

Da nun, wenn p ein innerer Punkt ist, die in (6) unter dem Integralzeichen stehende Function und ihre nach a und b genommenen Derivirten beliebiger Ordnung in dem Integrationsintervall durchaus endlich bleiben, so schliessen wir aus (6), wenn wir eine Function mit endlichen und stetigen Derivirten beliebig hoher Ordnung eine analytische Function nennen:

III. Ein logarithmisches Potential ist in seinem Gebiete S eine analytische Function[1]).

[1]) Pringsheim hat gezeigt (Mathem. Annalen Band 44), dass die Existenz von endlichen und stetigen Differentialquotienten jeder Ordnung nicht genügt, um die Entwickelbarkeit einer Function nach dem Taylor'schen Lehrsatze zu gewährleisten. Wenn man also, wie es sonst gebräuchlich ist, unter einer analytischen Function der beiden Variablen a, b oder des Punktes p eine Function versteht, die in einer endlichen Umgebung eines jeden Punktes p_0 im Inneren eines Gebietes S durch die Taylor'sche Reihe darstellbar ist, so wird der Satz III erst dadurch begründet, dass die Functionen $\log r$, $\partial \log r / \partial n$ in diesem Sinne analytische Functionen in dem Gebiete S sind, und dass die Potenzreihen für diese Functionen gleichmässig convergent bleiben, so lange der Punkt q mit den Coordinaten x, y die Peripherie von S durchläuft, so dass die Integration (6) auch an den Potenzreihen ausgeführt werden kann.

Wenn wir in der Formel (1) $w = 1$ setzen, so ergiebt sich

$$\int \frac{\partial u}{\partial n}\, ds = 0, \tag{7}$$

und wenn wir daher die Formel (6) auf ein Gebiet anwenden, das von einem um p beschriebenen Kreis vom Radius r begrenzt ist, so ist $\log r$ constant, $\partial \log r / \partial n = -1/r$, $ds = r\, d\vartheta$ zu setzen, und es folgt

$$u_p = \frac{1}{2\pi} \int_0^{2\pi} u\, d\vartheta, \tag{8}$$

also:

IV. Der Werth u_p des logarithmischen Potentials u in einem beliebigen Punkt p ist gleich dem arithmetischen Mittel aller auf einer um p beschriebenen Kreislinie stattfindenden Werthe.

Hieraus ergeben sich verschiedene Folgerungen:

V. Das logarithmische Potential u kann in keinem Punkt innerhalb S einen Maximum- oder Minimumwerth c haben.

Denn wäre ein solcher vorhanden, so könnte man um ihn eine Kreisperipherie beschreiben, auf der u überall kleiner oder überall grösser als c wäre, im Widerspruch mit dem Satze IV. Und ebenso schliesst man:

VI. Ein logarithmisches Potential kann nicht in einem endlichen Flächenstück constant sein, wenn es nicht überall constant ist.

Denn nehmen wir das Gegentheil an, und wählen für p einen Punkt an der Grenze dieses Gebietes, so können wir um ihn eine Kreisperipherie legen, auf der u theils gleich c und theils nur kleiner oder nur grösser als c ist, was gleichfalls dem Satz IV. widerspricht. Endlich:

VII. Eine Linie innerhalb S, in der u einen constanten Werth c hat, scheidet Flächentheile, in denen u kleiner als c ist, von solchen, in denen u grösser als c ist.

Denn wäre in der Nähe irgend eines Punktes p einer solchen Linie u zu beiden Seiten kleiner als c, so könnte man wieder um p eine Kreislinie legen, auf der u nirgends grösser, wohl aber kleiner als c wird, während doch $u_p = c$ ist. Also erhält man den gleichen Widerspruch. Ebenso, wenn u zu beiden Seiten grösser als c wäre.

Endlich fügen wir noch hinzu:

VIII. Die Gleichgewichtsfläche der gespannten Membran hat, wenn sie nicht eben ist, überall eine sattelförmige Krümmung.

Denn das Product der beiden Hauptkrümmungen (das Gauss'sche Krümmungsmaass) ist nach einer bekannten Formel:

$$\frac{1}{\varrho_1 \varrho_2} = \frac{\frac{\partial^2 u}{\partial x^2}\frac{\partial^2 u}{\partial y^2} - \left(\frac{\partial^2 u}{\partial x \partial y}\right)^2}{\left[1 + \left(\frac{\partial u}{\partial x}\right)^2 + \left(\frac{\partial u}{\partial y}\right)^2\right]^2}\ ^{1)},$$

und wegen $\Delta u = 0$ haben

$$\frac{\partial^2 u}{\partial x^2} \quad \text{und} \quad \frac{\partial^2 u}{\partial y^2}$$

immer entgegengesetzte Zeichen.

§. 112.

Die Gleichung der schwingenden Membran.

In mehrfacher Hinsicht anders wie die Differentialgleichung $\Delta u = 0$ verhält sich die Differentialgleichung der schwingengenden Membran

$$\Delta u + k^2 u = 0\ ^{2)}. \tag{1}$$

Ein wesentlicher Unterschied stellt sich schon bei folgender Betrachtung heraus:

Wenn wir in der Formel §. 110 (4) $w = u$ setzen, und annehmen, dass u der Gleichung (1) genüge, so ergiebt sich, wenn u

---

[1]) Gauss, Disquisitiones generales circa superficies curvas, Werke, Bd. 4, S. 230 (auch in Ostwald's Classikern).

[2]) Man vergleiche über diese Differentialgleichung:

H. Weber, Ueber die Integration der partiellen Differentialgleichung etc. Mathematische Annalen, Bd. I (1868).

Pockels, Ueber die partielle Differentialgleichung $\Delta u + k^2 u = 0$ (Leipzig 1891).

Poincaré, Sur les équations de la physique mathematique, Rendiconti del Circolo matematico di Palermo 1894.

mit seinen ersten Differentialquotienten stetig ist, was wir jetzt immer stillschweigend voraussetzen wollen:

$$(2) \qquad \int\left[\left(\frac{\partial u}{\partial x}\right)^2 + \left(\frac{\partial u}{\partial y}\right)^2 - k^2 u^2\right] df = -\int u \frac{\partial u}{\partial n}\, ds.$$

Wäre nun k^2 negativ, so würde man daraus wie beim logarithmischen Potential schliessen können, dass u identisch gleich Null sein müsste, wenn es am Rande gleich Null ist, und dass also überhaupt die Lösung von (1) durch gegebene Randwerthe eindeutig bestimmt ist.

Bei positiven Werthen von k^2 ist dieser Schluss aber nicht mehr gestattet, und in der That sind gerade solche Lösungen von (1), die am Rande verschwinden, wie wir gesehen haben, bei der Theorie der Schwingungen der am Rande eingeklemmten Membran von Bedeutung. Es hat sich in den früher behandelten Beispielen gezeigt, dass es bei gegebenen Flächen S Lösungen u mit verschwindenden Randwerthen für unendlich viele, aber nur discrete Werthe von k^2 giebt, und man sieht leicht, wenn es für ein bestimmtes k^2 eine Lösung u_1 mit vorgeschriebenen Randwerthen und eine u_2 mit verschwindenden Randwerthen giebt, dass es dann unendlich viele solcher Functionen u mit den gleichen Randwerthen geben muss, nämlich, wenn λ eine Constante ist:

$$u = u_1 + \lambda u_2.$$

Wenn es umgekehrt für dasselbe k^2 zwei Lösungen u, u_1 von (1) mit denselben Randwerthen giebt, so ist ihre Differenz $u_2 = u - u_1$ eine Lösung mit verschwindenden Randwerthen.

§. 113.

Analogon des Green'schen Satzes.

Ebenso, wie wir für die Untersuchung der Differentialgleichung des logarithmischen Potentiales eine particulare Lösung $\log r$ benutzt haben, so wenden wir auch hier eine particulare Lösung der Differentialgleichung (1) an. Nehmen wir wie früher einen festen Punkt p und einen variablen Punkt q, deren Entfernung

$$r = \sqrt{(x-a)^2 + (y-b)^2}$$

ist, und führen um p Polarcoordinaten r, ϑ in der Ebene ein, so erhalten wir aus §. 112 (1) [vergl. §. 104 (1)]:

$$(1) \qquad \frac{1}{r}\frac{\partial r \frac{\partial u}{\partial r}}{\partial r} + \frac{1}{r^2}\frac{\partial^2 u}{\partial \vartheta^2} + k^2 u = 0.$$

Wir suchen particulare Integrale w, die von ϑ unabhängig sind, die also der Differentialgleichung:

$$\frac{1}{r}\frac{d r \frac{d w}{d r}}{d r} + k^2 w = 0$$

oder, was dasselbe ist:

$$(2) \qquad \frac{d^2 w}{d r^2} + \frac{1}{r}\frac{d w}{d r} + k^2 w = 0$$

genügen. Dies ist aber die Differentialgleichung für die Bessel'schen Functionen 0ter Ordnung, und ihre particularen Lösungen sind die beiden Functionen Bd. I, §. 73:

$$(3) \qquad J(k r), \qquad K(k r).$$

Die erste von diesen Functionen ist für alle endlichen Werthe von r endlich und stetig, und erhält für $r = 0$ den Werth 1, die zweite wird unendlich für $r = 0$, und zwar so, dass

$$(4) \qquad K(k r) = -\frac{2}{\pi}\log k r + \text{funct. cont.}$$

[Bd. I, §. 73 (6), §. 74 (14)].

Wenn wir in der Formel §. 111 (3):

$$(5) \qquad \int (w \varDelta u - u \varDelta w)\, d f = -\int \left(w \frac{\partial u}{\partial n} - u \frac{\partial w}{\partial n}\right) d s$$

für u und w zwei Lösungen der Differentialgleichung §. 112 (1), die innerhalb S stetig sind, einsetzen, so ergiebt sich:

$$(6) \qquad \int \left(w \frac{\partial u}{\partial n} - u \frac{\partial w}{\partial n}\right) d s = 0,$$

und folglich:

$$(7) \qquad \int \left(J(k r) \frac{\partial u}{\partial n} - u \frac{\partial J(k r)}{\partial n}\right) d s = 0,$$

und wenn p ausserhalb S liegt, so ist auch

$$(8) \qquad \int \left(K(k r) \frac{\partial u}{\partial n} - u \frac{\partial K(k r)}{\partial n}\right) d s = 0.$$

Wenn aber p innerhalb S liegt, so erhält man wie oben §. 111 mit Rücksicht auf (4)

(9) $$u_p = -\frac{1}{4}\int\left(K(kr)\frac{\partial u}{\partial n} - u\frac{\partial K(kr)}{\partial n}\right)ds,$$

und hieraus kann man wie in §. 111 schliessen:

I. Eine Lösung der Gleichung $\Delta u + k^2 u = 0$, die innerhalb S mit ihren ersten Derivirten endlich und stetig ist, ist eine analytische Function.

Dieser Satz ist noch in Uebereinstimmung mit dem Satze III. für das logarithmische Potential.

An Stelle der Function $K(kr)$ können wir nach (6) auch andere Functionen setzen. Wenn wir nämlich unter v eine beliebige analytische Lösung von $\Delta v + k^2 v = 0$ verstehen, wie wir sie uns leicht in beliebiger Menge durch trigonometrische oder Bessel'sche Functionen herstellen können, und dann

(10) $$\lambda = K(kr) + v$$

setzen, so ergiebt sich aus (9):

(11) $$u_p = -\frac{1}{4}\int\left(\lambda\frac{\partial u}{\partial n} - u\frac{\partial \lambda}{\partial n}\right)ds,$$

und über ein Gebiet, das den Punkt p nicht enthält:

(12) $$0 = -\frac{1}{4}\int\left(\lambda\frac{\partial u}{\partial n} - u\frac{\partial \lambda}{\partial n}\right)ds.$$

Zum Beweis der Formel (11) ist es aber nicht nöthig, die Stetigkeit der Differentialquotienten von u vorauszusetzen. Das Wesentliche dabei ist nur, dass die Gleichung (12) für jeden Theil von S, der den Punkt p nicht enthält, befriedigt ist.

Lassen wir also die Stetigkeit der Derivirten von u in einzelnen Punkten oder Linien dahingestellt, und zerlegen S in zwei Bestandtheile S' und S'', so dass diese Unstetigkeitsstellen alle in S'' enthalten sind, so wird die Formel (11) und damit der Satz I. für S' richtig sein, wenn nur das über die Begrenzung σ von S'' erstreckte Integral

(13) $$\int\left(\lambda\frac{\partial u}{\partial \nu} - u\frac{\partial \lambda}{\partial \nu}\right)d\sigma = 0$$

ist, worin wir unter ν die ins Innere von S'' gerichtete Normale an σ verstehen wollen. Da wir S'' auf Linien und Punkte zusammenziehen können, und die Function u selbst als stetig vorausgesetzt ist, so gilt die Formel (11) für jede Lage des Punktes p innerhalb S. Wir können also den Satz I. so ergänzen:

II. Ist $v = \lambda - K(kr)$ eine überall endliche analytische Lösung der Gleichung $\Delta v + k^2 v = 0$, und u eine stetige Lösung derselben Gleichung, deren Derivirte höchstens in einzelnen Punkten oder Linien unstetig werden, jedoch so, dass die Gleichung (13) über jede die etwaigen Unstetigkeiten einschliessende Hülle σ erstreckt, befriedigt ist, so ist u in dem ganzen Gebiete S eine analytische Function.

Da man in die Function λ eine beliebige endliche Anzahl linear vorkommender willkürlicher Constanten aufnehmen kann, so können wir dieser Function noch weitere Bedingungen vorschreiben, z. B., dass sie in gewissen gegebenen Punkten $= 0$ werden soll.

§. 114.

Der Mittelwerthsatz.

Eine andere Gestalt nimmt hier der Mittelwerthsatz an, den wir in §. 111, IV. für das logarithmische Potential ausgesprochen haben.

Wir wenden die Formeln (8) und (9) des vorigen Paragraphen auf ein um p als Mittelpunkt beschriebenes kreisförmiges Gebiet vom Radius r an, und erhalten, wenn wir die Ableitungen der Bessel'schen Functionen $J(x)$ und $K(x)$ mit $J'(x)$, $K'(x)$ bezeichnen, da hier $\partial/\partial n = -\partial/\partial r$ ist:

$$(1) \qquad u_p = \frac{r}{4} K(kr) \int_0^{2\pi} \frac{\partial u}{\partial r} d\vartheta - \frac{kr}{4} K'(kr) \int_0^{2\pi} u \, d\vartheta,$$

$$(2) \qquad 0 = \frac{r}{4} J(kr) \int_0^{2\pi} \frac{\partial u}{\partial r} d\vartheta - \frac{kr}{4} J'(kr) \int_0^{2\pi} u \, d\vartheta,$$

und wenn wir die Formel (1) auf die Function $u = J(kr)$ anwenden:

$$(3) \qquad 1 = \frac{k\pi r}{2} [K(kr) J'(kr) - J(kr) K'(kr)].$$

Wenn wir daher (1) mit $J(kr)$, (2) mit $-K(kr)$ multipliciren und addiren, so folgt mit Rücksicht auf (3):

$$(4) \qquad u_p J(kr) = \frac{1}{2\pi} \int_0^{2\pi} u\, d\vartheta.$$

III. Das arithmetische Mittel der Werthe von u auf einer Kreislinie mit dem Radius r ist gleich dem Werthe von u im Mittelpunkt, multiplicirt mit der Function $J(kr)$ für die Kreisperipherie.

Dieser Satz zeigt, dass sich unsere Function u anders verhält, wie das logarithmische Potential.

Wenn zunächst $u_p = 0$ ist, so zeigt die Formel (4), dass u auf keiner um den Punkt p gelegten Kreisperipherie ein unveränderliches Vorzeichen haben kann, und dass also u auf jeder solchen Kreislinie wenigstens zweimal $= 0$ werden muss. Also:

IV. Durch jeden Punkt, in dem die Function u verschwindet, geht eine Linie, in der $u = 0$ ist.

V. Eine Linie, in der $u = 0$ ist, scheidet Flächentheile, in denen u positiv ist, von solchen, in denen u negativ ist.

Es kann hier, anders wie beim logarithmischen Potential, Punkte und Linien geben, in denen u einen Maximum- oder einen Minimumwerth hat. Diese extremen Werthe können aber nicht gleich Null sein.

Die Gleichung $J(\lambda) = 0$ hat, wie wir in §. 71, Bd. I gesehen haben, unendlich viele Wurzeln, von denen die kleinste $\alpha = 2{,}4048\ldots$ ist. Wenn wir also $r = \alpha/k$ setzen, so folgt aus (4):

$$\int_0^{2\pi} u\, d\vartheta = 0.$$

VI. Es muss also auf einer Kreisperipherie, deren Radius den Werth α/k hat, wo auch der Punkt p liegen mag, die Function u ihr Zeichen wechseln, also gleich Null werden, vorausgesetzt natürlich, dass das Gebiet S, in dem u gegeben ist, eine hinlängliche Ausdehnung hat.

Ist die Function u in der ganzen unendlichen Ebene gegeben, so folgt hieraus, dass die Ebene durch Null-Linien in Felder getheilt ist, deren Ausdehnung wenigstens in einer Richtung endlich ist, in denen u abwechselnd positiv und negativ ist.

§. 115.

Harmonische Functionen.

Von besonderem Interesse sind die am Rande der Fläche S verschwindenden Lösungen der Differentialgleichung

$$\Delta u + k^2 u = 0 \tag{1}$$

in der Fläche S, weil diese Functionen die einfachen periodischen Bewegungen der am Rande eingeklemmten Membran bestimmen. Wir nennen sie die harmonischen Functionen der Fläche S. Sie treten nur für gewisse Werthe der Constante k^2 auf, deren jeder eine einfache Schwingungsform bestimmt. Diese Werthe der Constanten k^2, die in unendlicher Zahl vorhanden sind, müssen für eine gegebene Form der Fläche S bestimmt werden, wenn das Schwingungsproblem gelöst werden soll; es kann dies aber erst dann geschehen, und zwar durch Lösung einer transcendenten Gleichung, wenn die particularen Lösungen für ein unbestimmtes k^2 bekannt sind. Es kann bei besonderen Formen der Fläche S vorkommen, wie wir es z. B. bei der quadratischen Membran gesehen haben, dass für einen und denselben Werth von k^2 zwei oder mehr harmonische Functionen $u_1, u_2, \ldots$ möglich sind, und zwar giebt es dann immer eine ganze Schaar $a_1 u_1 + a_2 u_2 + \cdots$ mit willkürlichen Coëfficienten $a_1, a_2 \ldots$ Die Ermittelung solcher Fälle hängt von zahlentheoretischen Fragen ab, über die uns, abgesehen von dem einfachsten Fall der rechteckigen Fläche, nichts bekannt ist.

Andererseits können für solche Werthe von k^2, für die eine harmonische Function U der Fläche S existirt, die Randwerthe einer Lösung der Gleichung (1) nicht beliebig vorgeschrieben sein; denn nehmen wir in der Formel (6), §. 113 für w eben diese harmonische Function U, so ergiebt sich für die Randwerthe von u die Bedingung:

$$\int u \frac{\partial U}{\partial n} ds = 0.$$

Für die allgemeine Theorie der harmonischen Functionen ist die Zurückführung auf eine Minimums-Aufgabe von Werth, wenn auch, was die Beweiskraft dieser Betrachtung betrifft, dasselbe einzuwenden ist, wie in Bezug auf das Dirichlet'sche Princip. (§. 110, Anmerkung.)

§. 116.

Die harmonische Grundfunction.

Wir stellen folgende Aufgabe:

I. Es wird unter allen in S stetigen am Rande von S verschwindenden Functionen eine solche, u, gesucht, die unter der Bedingung

$$\int u^2 df = 1 \tag{1}$$

das Integral

$$\Omega(u) = \int \left\{ \left(\frac{\partial u}{\partial x}\right)^2 + \left(\frac{\partial u}{\partial y}\right)^2 \right\} df \tag{2}$$

so klein als möglich macht, wenn df alle Flächenelemente von S durchläuft.

Dass, wie in der analogen Aufgabe des logarithmischen Potentials, die Function $u = 0$ sei, ist durch die Bedingung (1) ausgeschlossen. Wir setzen zur Abkürzung, wenn u, w zwei beliebige Functionen sind:

$$\Omega(u, w) = \int \left(\frac{\partial u}{\partial x}\frac{\partial w}{\partial x} + \frac{\partial u}{\partial y}\frac{\partial w}{\partial y}\right) df. \tag{3}$$

Wir nehmen eine solche stetige Function u an, deren Derivirte in einzelnen Linien oder Punkten, aber nicht in Flächen unstetig sein können und beweisen nun zunächst, um die Bedingungen für die gesuchte Function aufzustellen, Folgendes:

1. Das Integral $\Omega(u)$ kann noch verkleinert werden, wenn es eine am Rande verschwindende stetige Function w in S giebt, deren erste Ableitungen endlich sind und die den Bedingungen genügt, dass

$$\int u w\, df = 0, \tag{4}$$

$$\Omega(u, w) \text{ nicht } = 0. \tag{5}$$

Nehmen wir nämlich an, es existire eine solche Function w, so setzen wir

$$\int w^2 df = m, \tag{6}$$

(7) $$U = (1 + h^2 a) u + h w,$$

worin h und a Constanten bedeuten.

Es verschwindet hiernach U am Rande, und es ist nach (4):

$$\int U^2 df = (1 + h^2 a)^2 \int u^2 df + h^2 m,$$

und wenn also sowohl U als u der Bedingung (1) genügen sollen, so muss

$$1 + h^2 a = \sqrt{1 - h^2 m}$$

sein. Hieraus soll die Constante a als Function der Constanten h bestimmt werden; a wird reell, wenn h hinlänglich klein ist, und wenn die Quadratwurzel positiv genommen wird, so ist $a = -\frac{1}{2} m$ für $h = 0$, bleibt also endlich.

Ist a so bestimmt, so genügt U der Bedingung (1). Es ist aber

$$\Omega(U) = (1 + h^2 a)^2 \Omega(u) + 2h(1 + h^2 a)\Omega(u, w) + h^2 \Omega(w),$$

und hierfür kann man auch setzen:

(8) $$\Omega(U) = \Omega(u) + 2h\Omega(u, w) + h^2 \Theta,$$

indem man alle Terme, die mit h^2 und höheren Potenzen von h multiplicirt sind, in $h^2 \Theta$ zusammenfasst.

Da nun Θ und $\Omega(u, w)$ endlich sind, so kann man, wenn $\Omega(u, w)$ nicht verschwindet, h so klein annehmen, dass $2\Omega(u, w) + h\Theta$ im Vorzeichen mit $\Omega(u, w)$ übereinstimmt, und wenn man dann dem h das entgegengesetzte Zeichen giebt, so wird $\Omega(U) - \Omega(u)$ negativ, also

$$\Omega(U) < \Omega(u),$$

w. z. b. w.

Hiernach muss also, wenn $\Omega(u)$ der gesuchte Minimumwerth ist, für jedes der Bedingung (4) genügende, am Rande verschwindende w

(9) $$\Omega(u, w) = 0$$

sein. Wir führen jetzt an Stelle von w eine neue Function η ein, indem wir

$$w = \eta - \mu u$$

setzen, und die Constante μ so bestimmen, dass die Bedingung (4) identisch befriedigt wird, nämlich [wegen (1)]:

(10) $$\mu = \int u \eta \, df.$$

Die Function η ist dann an keine weitere Bedingung gebunden, als dass sie innerhalb S stetig und am Rande von S gleich Null sein soll.

Wenn wir diesen Ausdruck von w in (9) substituiren, so folgt

$$\Omega(u, \eta) - \mu\, \Omega(u) = 0, \tag{11}$$

und wenn wir also

$$\Omega(u) = k^2 \tag{12}$$

setzen, also mit k^2 den gesuchten Minimumwerth selbst, also eine Constante bezeichnen, so erhalten wir aus (11), wenn wir für μ den Werth (10) einsetzen:

$$\Omega(u, \eta) - k^2 \int u\, \eta\, df = 0. \tag{13}$$

Wir zerlegen jetzt die Fläche S in zwei Theile $S' + S''$, die an einer Curve σ zusammenstossen. Diese Grenzcurve σ wählen wir so, dass alle etwa vorhandenen Unstetigkeiten der Derivirten von u innerhalb S'' liegen, dass die Grenzcurve σ höchstens in einzelnen Punkten α, β, ... mit der Grenze s von S zusammenfällt und dass an σ die Derivirten von u stetig sind.

Fig. 46.

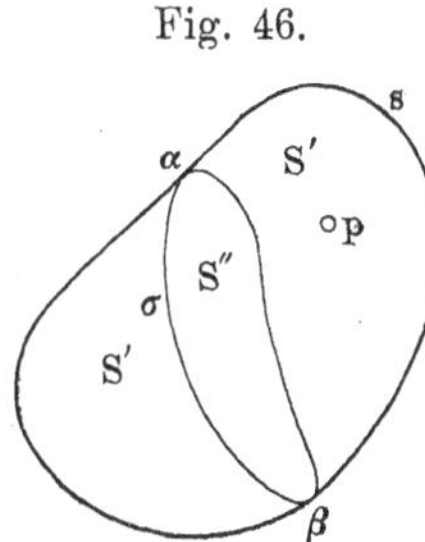

Die Function η muss stetig und an der Grenze s gleich Null sein. Wir wählen sie so, dass ihre Derivirten in S'' stetig sind, lassen sie aber sonst unbestimmt.

Das Flächenintegral

$$\Omega(u, \eta) = \int \left(\frac{\partial u}{\partial x}\frac{\partial \eta}{\partial x} + \frac{\partial u}{\partial y}\frac{\partial \eta}{\partial y}\right) df$$

zerfällt dann in zwei Theile $\Omega'(u, \eta)$, $\Omega''(u, \eta)$, in denen df die Elemente df', df'' von S' und S'' durchläuft. Verstehen wir noch unter ν die ins Innere von S'' gerichtete Normale an σ, so ergiebt sich aus dem Satz §. 110 (4), da die Ableitungen von u in S', die von η in S'' stetig sind:

$$\Omega'(u, \eta) = -\int \eta\, \Delta u\, df' + \int \eta \frac{\partial u}{\partial \nu}\, d\sigma,$$

$$\Omega''(u, \eta) = -\int u\, \Delta \eta\, df'' - \int u \frac{\partial \eta}{\partial \nu}\, d\sigma,$$

und daraus durch Addition nach (13):

$$(14) \qquad \int \eta (\Delta u + k^2 u) df' + \int u (\Delta \eta + k^2 \eta) df'' = \int \left(\eta \frac{\partial u}{\partial \nu} - u \frac{\partial \eta}{\partial \nu} \right) d\sigma.$$

Nehmen wir zunächst η innerhalb S'' und an der Grenze σ gleich Null an, so ergiebt sich

$$\int \eta (\Delta u + k^2 u) df' = 0,$$

und da η in S', abgesehen von dem Grenzwerth Null, willkürlich ist, so folgt hieraus

$$(15) \qquad \Delta u + k^2 u = 0.$$

Diese Gleichung ist hierdurch zunächst nur für die Fläche S' bewiesen. Da aber S' jeder Theil von S sein kann, mit etwaigem Ausschluss solcher Linien und Punkte, in denen die Ableitungen von u unstetig sind, so ist die Gleichung (15) in der ganzen Fläche S befriedigt.

Wir machen in der Formel (14) noch eine zweite Annahme über η. Wir nehmen einen willkürlichen Punkt p innerhalb S' an, und nehmen eine Function λ wie im Satz §. 113, II., d. h. eine Lösung der Gleichung

$$\Delta \lambda + k^2 \lambda = 0,$$

die im ganzen Gebiete S, mit Ausnahme des Punktes p endlich und stetig ist, und im Punkt p logarithmisch unendlich wird.

Wir nehmen $\eta = \lambda$ innerhalb S'' und setzen η willkürlich, jedoch stetig, in das Gebiet S' bis zum Rande s fort, so dass η am Rande s den Werth Null erhält. Dies ist möglich, wenn wir λ in den etwa vorhandenen Berührungspunkten $\alpha, \beta, \ldots$ von s und σ gleich Null annehmen, was nach der Schlussbemerkung in §. 113 gestattet ist. Es ergiebt sich dann aus (14):

$$(16) \qquad \int \left(\lambda \frac{\partial u}{\partial \nu} - u \frac{\partial \lambda}{\partial \nu} \right) d\sigma = 0,$$

und damit, mit Rücksicht auf §. 113, II. der Satz:

2. Die am Rande von S verschwindende stetige Function u, die dem Integral $\Omega(u)$ unter der Bedingung (1) den kleinsten Werth k^2 ertheilt, ist eine analytische Lösung der Differentialgleichung

$$\Delta u + k^2 u = 0.$$

Es ist also u eine harmonische Function der Fläche S. Wir nennen sie die harmonische Grundfunction.

Aus 2. ergeben sich über diese Function noch weitere Folgerungen:

3. Die harmonische Grundfunction hat innerhalb S überall dasselbe Vorzeichen.

Wenn nämlich die Function u theils negativ, theils positiv wäre, so müsste eine Linie l existiren, an der $u = 0$ ist, und wir könnten eine Function u' bilden, die überall, wo u positiv ist, mit u übereinstimmt, und wo u negativ ist, $= -u$ ist. Es ist dann

$$\int u'^2 df = 1, \quad \Omega(u') = \Omega(u) = k^2.$$

An der Linie l können aber die Differentialquotienten von u' nicht immer stetig sein, weil u' zu beiden Seiten von l dasselbe Zeichen hat, was nach §. 114, V. bei einer der Differentialgleichung $\Delta u + k^2 u = 0$ genügenden Function mit stetigen Differentialquotienten nicht möglich ist. Es würde also $\Omega(u')$ nach dem Satze 2. durch Abänderung von u' noch verkleinert werden können, was der Voraussetzung widerspricht, dass $\Omega(u) = \Omega(u')$ der kleinste Werth dieses Integrals sei. Der harmonischen Grundfunction entspricht eine mögliche Schwingung der Membran, die wir die Grundschwingung oder (in akustischer Anwendung) den Grundton nennen; Linien, in denen die Function u gleich Null wäre, würden bei dieser Schwingung Knotenlinien sein. Wir haben also den Satz:

4. Die Grundschwingung hat keine Knotenlinien,

und ferner:

5. Die harmonische Grundfunction kann in keinem Punkte im Inneren von S verschwinden.

Denn die Annahme, dass u in einem Punkte p gleich Null sei, widerspricht nach 4. dem Satze §. 114, IV. und hieraus folgt:

6. Es giebt für ein gegebenes Gebiet S nur eine harmonische Grundfunction, wenn wir von einer blossen Aenderung des Vorzeichens absehen.

Angenommen, wir hätten zwei solcher Functionen u_1, u_2, die nicht in constantem Verhältniss stehen, die also den Differentialgleichungen

$$\Delta u_1 + k^2 u_1 = 0, \qquad \Delta u_2 + k^2 u_2 = 0$$

genügen. Wir bezeichnen mit h, c Constanten und setzen

$$u = h(u_1 + c u_2).$$

Dann kann, wenn h von Null verschieden ist, u nicht identisch verschwinden und es ist

$$\Delta u + k^2 u = 0. \tag{17}$$

Für jedes c lässt sich die Constante h, vom Vorzeichen abgesehen, eindeutig so bestimmen, dass

$$\int u^2 df = 1$$

wird. Dann ergiebt sich aber aus (17) durch Multiplication mit $u\,df$ und Integration über S nach §. 110 (4), wenn dort $w = u$ gesetzt wird:

$$\Omega(u) = k^2.$$

Es würde also u für jede Annahme über c eine harmonische Grundfunction sein. Nun kann man aber c so bestimmen, dass u in einem beliebigen Punkte von S verschwindet, was mit dem Satze 5. im Widerspruch steht.

§. 117.

Die höheren harmonischen Functionen.

Nachdem die harmonische Grundfunction u der Fläche S bestimmt ist, kommt man zu den höheren harmonischen Functionen von S auf folgendem Wege:

II. Es wird unter allen in S stetigen am Rande von S verschwindenden Functionen eine solche, u_1, gesucht, die unter den Bedingungen

$$\int u_1^2 df = 1, \qquad \int u u_1 df = 0 \tag{1}$$

dem Integal $\Omega(u_1)$ einen kleinsten Werth k_1^2 ertheilt.

Aus der zweiten der Bedingungen (1) ersieht man zunächst, dass die Function u_1 von der Function u verschieden sein muss, und daraus folgt

$$k < k_1. \tag{2}$$

Man zeigt zunächst, genau wie bei dem Beweise des Satzes 1. im vorigen Paragraphen, dass die Function u_1 für jede stetige Function w in S, die den Gleichungen genügt:

$$(3) \qquad \int u\,w\,df = 0, \qquad \int u_1\,w\,df = 0,$$

die Bedingung

$$(4) \qquad \Omega(u_1, w) = 0$$

befriedigen muss.

Hierauf setzt man

$$(5) \qquad w = \eta - \mu u - \mu_1 u_1,$$

und bestimmt die Constanten μ, μ_1 so, dass die beiden Bedingungen (3) identisch, für jedes η befriedigt sind, nämlich, wegen (1) und §. 116 (1):

$$(6) \qquad \mu = \int \eta\,u\,df, \qquad \mu_1 = \int \eta\,u_1\,df;$$

dann ergiebt sich aus (4):

$$\Omega(u_1, \eta) - \mu\,\Omega(u_1, u) - \mu_1\,\Omega(u_1) = 0$$

und da nach §. 116 (9):

$$\Omega(u_1, u) = 0,$$

und nach der Voraussetzung

$$(7) \qquad \Omega(u_1) = k_1^2$$

ist, so folgt hieraus

$$\Omega(u_1, \eta) - \mu_1 k_1^2 = 0,$$

und endlich nach (6):

$$(8) \qquad \int \left(\frac{\partial u_1}{\partial x}\frac{\partial \eta}{\partial x} + \frac{\partial u_1}{\partial y}\frac{\partial \eta}{\partial y} - k_1^2\,\eta\,u_1\right) df = 0.$$

Hieraus aber können wir genau, wie wir im vorigen Paragraphen den Satz 2. bewiesen haben, schliessen:

7. Die Function u_1 ist eine analytische Lösung der Differentialgleichung

$$\Delta u_1 + k_1^2 u_1 = 0,$$

die am Rande von S den Werth Null hat.

Diese Function kann im Gegensatz zu der Grundfunction u

(§. 116, 3.) nicht in der ganzen Fläche S dasselbe Zeichen haben, wie aus der zweiten Gleichung (1) unmittelbar zu ersehen ist.

Der Function u_1 entspricht eine mögliche Schwingung der Membran, die die erste Oberschwingung oder der erste Oberton heisst.

8. Die erste Oberschwingung hat immer Knotenlinien.

Wir können auch nicht schliessen, dass es nur eine solche Function u_1 giebt. Wir haben im Gegentheil an dem Beispiele des Rechteckes gesehen, dass es Fälle giebt, in denen zu einem bestimmten Werthe von k^2 mehrere harmonische Functionen gehören. Diese Fälle haben aber, wie jene Beispiele zeigen, den Charakter von Ausnahmefällen, d. h. die Begrenzung der Fläche S ist an irgend eine bis jetzt nicht bekannte tiefliegende algebraische Bedingung geknüpft.

Man kann auf diese Weise unbegrenzt weiter gehen, und es wird genügen, wenn wir noch den nächsten Schritt beschreiben.

III. Es wird, nachdem die beiden ersten Schwingungsfunctionen u, u_1 gefunden sind, unter allen stetigen am Rande von S verschwindenden Functionen eine solche, u_2, gesucht, die unter den Bedingungen

$$\int u_2^2\,df = 1, \quad \int u\,u_2\,df = 0, \quad \int u_1\,u_2\,df = 0 \tag{9}$$

dem Integral $\Omega(u_2)$ einen kleinsten Werth k_2^2 ertheilt.

Diese Function kann wegen (9) mit keiner der beiden Functionen u, u_1, noch auch mit einer linearen Verbindung von ihnen mit constanten Coëfficienten identisch sein, und da die Bedingungen (9) die Bedingungen der Aufgabe II. einschliessen, so ist

$$k < k_1 \leqq k_2. \tag{10}$$

Man zeigt zunächst wie oben, dass

$$\Omega(u_2, w) = 0 \tag{11}$$

sein muss für alle den Bedingungen

$$\int u\,w\,df = 0, \quad \int u_1\,w\,df = 0, \quad \int u_2\,w\,df = 0 \tag{12}$$

genügenden Functionen w, und setzt dann

$$w = \eta - \mu u - \mu_1 u_1 - \mu_2 u_2, \tag{13}$$

worin, damit (12) befriedigt sei,

$$\mu = \int \eta u \, df, \quad \mu_1 = \int \eta u_1 \, df, \quad \mu_2 = \int \eta u_2 \, df \tag{14}$$

zu setzen ist, und dann ergiebt sich auf demselben Wege wie oben der Satz

9. Die dritte harmonische Function u_2 ist eine am Rande verschwindende analytische Lösung der Differentialgleichung

$$\Delta u_2 + k_2^2 u_2 = 0.$$

Es kann also hier der Fall eintreten, dass $k_1 = k_2$ wird, dann nämlich, wenn die Bestimmung von u_1 nicht eindeutig ist, man aber zunächst eine dieser Functionen für u_1 beliebig ausgewählt hat. Tritt dieser Fall ein, so ist auch $a_1 u_1 + a_2 u_2$ für beliebige constante Coëfficienten a_1, a_2 eine zu demselben k_2 gehörige harmonische Function. Geht man dann zur Bestimmung einer dritten Function u_3 über, die unter den Bedingungen

$$\int u_3^2 \, df = 1, \quad \int u u_3 \, df = 0, \quad \int u_1 u_3 \, df = 0, \tag{15}$$
$$\int u_2 u_3 \, df = 0$$

das Integral $\Omega(u_3)$ zu einem Minimum k_3^2 macht, so erhält man die nächste harmonische Function, und es ist durch (15) nicht nur ausgeschlossen, dass u_3 mit u oder u_1 oder u_2 identisch werde, sondern auch dass u_3 von u, u_1 und u_2 linear abhängig, d. h. in der Form $u_3 = a u + a_1 u_1 + a_2 u_2$ enthalten sei.

Man kann auf diese Weise weiter schliessen, und erhält eine unbegrenzte Reihe positiver, stets wachsender oder wenigstens nie abnehmender Werthe von k:

$$k < k_1 \leqq k_2 \leqq k_3, \ldots, \tag{16}$$

und zu jeder dieser Constanten erhält man eine analytische, am Rande verschwindende Lösung der Differentialgleichung:

$$\Delta u_i + k_i^2 u_i = 0. \tag{17}$$

Diese Functionen geben die höheren Oberschwingungen der Membran.

Alle höheren Oberschwingungen haben Knotenlinien. Durch diese Knotenlinien wird die Fläche S in Felder getheilt, in denen die entsprechende Function u_i abwechselnd positive und negative Werthe hat.

Durch die Differentialgleichung selbst sind die harmonischen Functionen nur bis auf einen constanten Factor bestimmt; bisher haben wir diesen Factor durch die Bedingung

$$\int u_i^2 \, df = 1 \tag{18}$$

bestimmt, und wir wollen daran auch jetzt noch festhalten.

Ueber die Knotenlinien der höheren Oberschwingungen lässt sich nicht viel Allgemeines sagen. Die bekannten Beispiele sprechen dafür, dass die k, k_1, $k_2, \ldots$ der Reihe (16) mit dem Index ins Unendliche wachsen, und dass es also unter einer bestimmten endlichen Grenze nur eine endliche Anzahl von ihnen giebt. Ist dies richtig, so folgt auch, dass es zu einem bestimmten k nur eine endliche Anzahl linear unabhängiger harmonischer Functionen giebt. Unter gewissen allgemeinen Voraussetzungen über die Gestalt des Gebietes S hat Poincaré hierfür einen Beweis gegeben (in §. V. der auf S. 277 citirten Abhandlung).

§. 118.

Entwickelung einer Function nach harmonischen Functionen.

Sind u und v irgend zwei harmonische Functionen der Fläche S, so ist, wenn k, λ die entsprechenden Constanten sind:

$$\Delta u + k^2 u = 0, \qquad \Delta v + \lambda^2 v = 0,$$

und daraus folgt, wenn man die erste mit $v\,df$, die zweite mit $-\,u\,df$ multiplicirt, addirt und über die Fläche S integrirt:

$$\int (v \Delta u - u \Delta v) \, df = (\lambda^2 - k^2) \int u v \, df.$$

Die linke Seite ist aber hier gleich Null [nach §. 111, (3)] und es folgt also, wenn λ von k verschieden ist:

$$\int u\,v\,df = 0. \tag{1}$$

Hieraus können wir zunächst schliessen, dass es keine harmonische Function geben kann, die zu einem imaginären k gehört. Denn wenn k complex ist, und λ zu k conjugirt imaginär, so ist k von λ verschieden, und u und v sind gleichfalls conjugirt imaginär, oder können wenigstens so angenommen werden. Dann ist aber $u\,v$ wesentlich positiv, und die Gleichung (1) ist unmöglich. Dass k nicht rein imaginär, d. h. k^2 negativ sein kann, haben wir schon oben nachgewiesen (S. 278).

Wir nehmen nun die Reihe der auf einander folgenden Werthe

$$k,\ k_1,\ k_2,\ k_3 \ldots \tag{2}$$

und zu jedem die zugehörige harmonische Function

$$u,\ u_1,\ u_2,\ u_3 \ldots, \tag{3}$$

die wir der Bedingung

$$\int u_i^2\,df = 1 \tag{4}$$

unterwerfen. Wir sehen zunächst von dem Falle ab, dass zu einem k_i mehrere harmonische Functionen gehören. Dann ist, wenn h von i verschieden ist:

$$\int u_h\,u_i\,df = 0. \tag{5}$$

Es sei nun $\varphi(x, y)$ eine in der Fläche S willkürlich gegebene Function. Wir suchen die Constanten a, a_1, a_2 ... so zu bestimmen, dass

$$\varphi(x, y) = a\,u + a_1\,u_1 + a_2\,u_2 + \cdots, \tag{6}$$

d. h. wir suchen $\varphi(x, y)$ in eine unendliche Reihe zu entwickeln, die nach den harmonischen Functionen fortschreitet.

Ueber die Möglichkeit einer solchen Entwickelung können wir im Allgemeinen nichts aussagen. Setzen wir aber diese Möglichkeit voraus, so können wir aus (4) und (5), ebenso wie bei der Fourier'schen Reihe, die Coëfficienten a, a_1, a_2 ...

bestimmen. Es ergiebt sich nämlich, wenn wir mit $u_h\,df$ multipliciren und über S integriren

$$a_h = \int \varphi(x, y)\, u_h\, df. \tag{7}$$

Wenn wir aber jetzt annehmen, dass zu einem Werthe k_h mehrere, etwa ν, linear unabhängige harmonische Functionen gehören, so wird das eine Glied $a_h u_h$ der Reihe (6) durch den Complex

$$a'_h u'_h + a''_h u''_h + \cdots a^{(\nu)}_h u^{(\nu)}_h$$

ersetzt. Setzen wir dann

$$\int u^{(\varrho)}_h u^{(\sigma)}_h\, df = w_{\varrho,\sigma}, \tag{8}$$

so wird im Allgemeinen $w_{\varrho,\sigma}$ nicht verschwinden. Wir erhalten zur Bestimmung der Coëfficienten a'_h, a''_h, ... das System der linearen Gleichungen:

$$\begin{aligned}
&\int \varphi(x, y)\, u'_h\, df = a'_h\, w_{1,1} + a''_h\, w_{2,1} + \cdots + a^{(\nu)}_h\, w_{\nu,1},\\
&\int \varphi(x, y)\, u''_h\, df = a'_h\, w_{1,2} + a''_h\, w_{2,2} + \cdots + a^{(\nu)}_h\, w_{\nu,2},\\
&\ldots\ldots\ldots\ldots\ldots\ldots\ldots\ldots\ldots\ldots\\
&\int \varphi(x,y)\, u^{(\nu)}_h\, df = a'_h\, w_{1,\nu} + a''_h\, w_{2,\nu} + \cdots + a^{(\nu)}_h\, w_{\nu,\nu}.
\end{aligned} \tag{9}$$

Dass die Determinante dieses Systems

$$\varDelta = \sum \pm\, w_{1,1}\, w_{2,2} \cdots w_{\nu,\nu}$$

nicht verschwinden kann, ergiebt sich so: wenn $\varDelta = 0$ wäre, so könnte man die Constanten $c_1, c_2, \ldots c_\nu$ so bestimmen, dass

$$c_1 w_{i,1} + c_2 w_{i,2} + \cdots c_\nu w_{i,\nu} = 0$$

wäre für $i = 1, 2 \cdots \nu$, und da $w_{i,k} = w_{k,i}$ ist, so erhält man hieraus auch durch Multiplication mit c_i und Summation

$$\sum^{i,k} w_{i,k}\, c_i\, c_k = 0$$

oder mit Rücksicht auf die Bedeutung (8) von $w_{i,k}$:

$$\int (\Sigma\, c_i u^{(i)}_h)^2\, df = 0.$$

Daraus aber würde folgen:

$$\sum c_i u_h^{(i)} = 0,$$

was der Annahme widerspricht, dass die u'_h, u''_h, ... linear unabhängig sind.

Man kann aber auch die Repräsentanten

$$u'_h, u''_h, \ldots u_h^{(\nu)}$$

der linearen Schaar so auswählen, dass auch in diesem Falle das Integral $w_{\varrho,\sigma}$ verschwindet, wenn ϱ von σ verschieden ist.

VIERTES BUCH.

ELEKTRISCHE SCHWINGUNGEN.

Fünfzehnter Abschnitt.

Elektrische Wellen.

---

§. 119.

Die Maxwell'schen Gleichungen.

Die Maxwell'schen elektromagnetischen Grundgleichungen, die wir im achtzehnten Abschnitt des ersten Bandes besprochen haben, erheben den Anspruch, dass aus ihnen alle Erscheinungen nicht nur aus dem Gebiete der Elektricität und des Magnetismus, sondern auch die Lichterscheinungen abgeleitet werden können, und das durch die berühmten Hertz'schen Versuche eröffnete Gebiet der elektrischen Schwingungen stellt auch erfahrungsmässig eine Verbindung zwischen diesen beiden Erscheinungsgebieten her. Ohne die allgemeinen Grundlagen dieser grossen Theorie anzugreifen, muss aber doch hervorgehoben werden, dass manche von den Voraussetzungen im Einzelnen hypothetisch oder thatsächlich unrichtig und nur Annäherungen sind, und dass Manches auch, namentlich in Bezug auf die Grenzbedingungen, noch völlig unbekannt und dunkel ist. Bei der grossen Bedeutung, die diese Gleichungen für unsere ganze physische Weltanschauung haben, ist es eine Hauptaufgabe der mathematischen Physik, ihre Integration möglichst zu fördern, und die Gesetze der Erscheinungen daraus abzuleiten, eine Aufgabe, deren Lösung kaum erst in Angriff genommen ist, und die dem Mathematiker noch Fragen und Probleme in Fülle bietet. Einige dieser Probleme sollen im Folgenden besprochen werden.

Wir haben im §. 152 des ersten Bandes das elektromagnetische Grundgesetz durch zwei Vectorgleichungen ausgedrückt:

I. $$c \operatorname{curl} \mathfrak{M} = \varepsilon \frac{\partial \mathfrak{E}}{\partial t} + 4\pi\lambda\mathfrak{E},$$

II. $$c \operatorname{curl} \mathfrak{E} = -\mu \frac{\partial \mathfrak{M}}{\partial t}.$$

Hierin bedeutet $\mathfrak{E}$ den elektrischen, $\mathfrak{M}$ den magnetischen Kraftvector, c die Lichtgeschwindigkeit, λ die Leitfähigkeit, ε die Dielektricitätsconstante, μ die Permeabilität. Die Grössen c, λ, ε, μ sehen wir jetzt als constant an.

Aus I. folgt (Bd. I, §. 158)

$$\varepsilon \frac{\partial \operatorname{div} \mathfrak{E}}{\partial t} + 4\pi\lambda \operatorname{div} \mathfrak{E} = 0,$$

und daraus ergiebt sich, dass die Gleichung

III. $$\operatorname{div} \mathfrak{E} = 0$$

für alle Zeit befriedigt ist, wenn wir sie, wie wir jetzt thun wollen, am Anfang als erfüllt voraussetzen. Diese Bedingung besagt, dass nirgends im Felde Elektricität mit räumlicher Dichtigkeit vorhanden ist.

Ebenso besteht im ganzen Felde die Gleichung

IV. $$\operatorname{div} \mathfrak{M} = 0.$$

Aus I. und II. können wir nun leicht den Vector $\mathfrak{M}$ eliminiren, wenn wir I. nach t differentiiren, und dann II. benutzen. So erhalten wir

(1) $$-c^2 \operatorname{curl} \operatorname{curl} \mathfrak{E} = \varepsilon\mu \frac{\partial^2 \mathfrak{E}}{\partial t^2} + 4\pi\lambda\mu \frac{\partial \mathfrak{E}}{\partial t}.$$

Um hieraus explicite Gleichungen herzuleiten, bilden wir die x-Componente von curl curl $\mathfrak{E}$. Diese ist (Bd. I, §. 87)

$$\frac{\partial}{\partial y}\left(\frac{\partial E_y}{\partial x} - \frac{\partial E_x}{\partial y}\right) - \frac{\partial}{\partial z}\left(\frac{\partial E_x}{\partial z} - \frac{\partial E_z}{\partial x}\right),$$

und wenn wir hierzu $\partial^2 E_x / \partial x^2$ addiren und subtrahiren, so folgt:

$$\frac{\partial}{\partial x} \operatorname{div} \mathfrak{E} - \Delta E_x.$$

Wir erhalten also aus (1) mit Rücksicht auf III. die drei Gleichungen

$$c^2 \Delta E_x = \varepsilon \mu \frac{\partial^2 E_x}{\partial t^2} + 4 \pi \lambda \mu \frac{\partial E_x}{\partial t}, \tag{2}$$

$$c^2 \Delta E_y = \varepsilon \mu \frac{\partial^2 E_y}{\partial t^2} + 4 \pi \lambda \mu \frac{\partial E_y}{\partial t}, \tag{3}$$

$$c^2 \Delta E_z = \varepsilon \mu \frac{\partial^2 E_z}{\partial t^2} + 4 \pi \lambda \mu \frac{\partial E_z}{\partial t}, \tag{4}$$

wozu noch aus III kommt:

$$\frac{\partial E_x}{\partial x} + \frac{\partial E_y}{\partial y} + \frac{\partial E_z}{\partial z} = 0. \tag{5}$$

Hat man aus diesen Gleichungen den Vector $\mathfrak{E}$ bestimmt, so erhält man aus II. die Componenten von $\mathfrak{M}$ durch Quadraturen in Bezug auf die Zeit, und die Integrationsconstanten, die Functionen des Ortes sind, werden durch die Anfangswerthe von M_x, M_y, M_z bestimmt. Sind die Anfangswerthe von E_x, E_y, E_z, M_x, M_y, M_z gegeben, so erhalten wir aus I. die Anfangswerthe von $\partial E_x / \partial t$, $\partial E_y / \partial t$, $\partial E_z / \partial t$, und aus Bd. I, §. 156 folgt, dass die Lösungen von (2), (3), (4) eindeutig bestimmt sind, wenn diese Anfangswerthe im ganzen Raume gegeben sind. Erfüllen diese Anfangswerthe die Bedingung (5) und die durch Differentiation nach t daraus hervorgegangene Gleichung, so bleibt diese Gleichung für alle Zeit erfüllt, und braucht nicht weiter berücksichtigt zu werden. Hiernach erfordert die Lösung des Problems die Integration der Differentialgleichung

$$c^2 \Delta U = \varepsilon \mu \frac{\partial^2 U}{\partial t^2} + 4 \pi \lambda \mu \frac{\partial U}{\partial t} \tag{6}$$

mit den Nebenbedingungen, dass U und $\partial U / \partial t$ für $t = 0$ in gegebene Functionen des Ortes übergehen.

In dem besonderen Falle, dass U nur von einer Coordinate x abhängt, nimmt die Gleichung (6) die einfachere Gestalt an:

$$c^2 \frac{\partial^2 U}{\partial x^2} = \varepsilon \mu \frac{\partial^2 U}{\partial t^2} + 4 \pi \lambda \mu \frac{\partial U}{\partial t}, \tag{7}$$

und stellt die Fortpflanzung einer ebenen Welle in einem absorbirenden Medium dar. Das in diesen Gleichungen auftretende Glied $4 \pi \lambda \mu \partial U / \partial t$ bedingt, wenn λ von Null verschieden ist, einen Energieverlust und stellt eine Absorption oder Dämpfung dar.

§. 120.

Die Wellengleichung.

Wir betrachten jetzt den Vorgang im freien Aether, und setzen demnach $\varepsilon = \mu = 1$, $\lambda = 0$. Dann nimmt die Gleichung (6) des vorigen Paragraphen die einfachere Gestalt an:

$$c^2 \Delta U = \frac{\partial^2 U}{\partial t^2}. \tag{1}$$

U soll mit seinen ersten Differentialquotienten stetig sein, und es sind noch die Nebenbedingungen zu erfüllen:

$$\left.\begin{aligned} (2)\qquad & U = f(x, y, z) \\ (3)\qquad & \frac{\partial U}{\partial t} = F(x, y, z) \end{aligned}\right\} \text{ für } t = 0;$$

wir nehmen f und F als im ganzen Raume gegebene Functionen des Ortes an, suchen also die Ausbreitung einer ursprünglichen Gleichgewichtsstörung, die sich möglicherweise auch auf einen endlichen Raumtheil beschränken kann, ohne Berücksichtigung von sonstigen Grenzbedingungen.

Die Lösung dieser Aufgabe lässt sich allgemein in folgender Weise durchführen:

Wir nehmen irgend einen Punkt p mit den Coordinaten x_1, y_1, z_1 im Raume und führen um diesen Punkt als Mittelpunkt Polarcoordinaten ein, indem wir

$$\begin{aligned} x - x_1 &= r \sin\vartheta \cos\varphi \\ y - y_1 &= r \sin\vartheta \sin\varphi \\ z - z_1 &= r \cos\vartheta \end{aligned} \tag{4}$$

setzen. Dann erhalten wir nach Band I, §. 42 (11)

$$\Delta U = \frac{1}{r}\frac{\partial^2 r U}{\partial r^2} + \frac{1}{r^2 \sin\vartheta}\frac{\partial \sin\vartheta \frac{\partial U}{\partial \vartheta}}{\partial \vartheta} + \frac{1}{r^2 \sin^2\vartheta}\frac{\partial^2 U}{\partial \varphi^2}. \tag{5}$$

Wenn wir diesen Ausdruck mit dem Oberflächenelement einer Kugel vom Radius r

$$do = r^2 d\omega = r^2 \sin\vartheta \, d\vartheta \, d\varphi$$

multipliciren, über die ganze Kugel integriren und

$$\Omega(r) = \frac{r}{4\pi}\int U d\omega \tag{6}$$

setzen, so ergiebt sich, da

$$\int_0^\pi \frac{\partial \sin\vartheta \dfrac{\partial U}{\partial \vartheta}}{\partial \vartheta} d\vartheta = 0, \quad \int_0^{2\pi} \frac{\partial^2 U}{\partial \varphi^2} d\varphi = 0$$

ist:

$$\frac{r^2}{4\pi} \int \Delta U d\omega = r \frac{\partial^2 \Omega}{\partial r^2},$$

$$\frac{r^2}{4\pi} \int \frac{\partial^2 U}{\partial t^2} d\omega = r \frac{\partial^2 \Omega}{\partial t^2},$$

und folglich aus (1):

$$(7) \qquad \frac{\partial^2 \Omega}{\partial t^2} = c^2 \frac{\partial^2 \Omega}{\partial r^2},$$

eine Gleichung, die der Form nach mit der der schwingenden Saite übereinstimmt.

Setzen wir noch

$$(8) \qquad \begin{aligned} \frac{r}{4\pi} \int f(x, y, z)\, d\omega &= \varphi(r), \\ \frac{r}{4\pi} \int F(x, y, z)\, d\omega &= \Phi(r), \end{aligned}$$

so sind $\varphi(r)$, $\Phi(r)$ Functionen von r, die zugleich mit f und F gegeben sind, aber nur für positive Werthe von r, und wir erhalten nach (2) und (3) für Ω die Nebenbedingungen

$$(9) \qquad \Omega = \varphi(r), \quad \frac{\partial \Omega}{\partial t} = \Phi(r) \text{ für } t = 0, \quad r > 0.$$

Dazu kommt aber noch aus (6) die Bedingung

$$(10) \qquad \Omega = 0 \qquad \text{für } r = 0.$$

Die Bedingungen für die Function Ω hängen aber auch noch von den Coordinaten x_1, y_1, z_1 ab, und wenn man Ω als bekannt annimmt, so erhält man aus (6)

$$(11) \qquad U(x_1, y_1, z_1) = \lim_{r=0} \frac{\Omega(r)}{r}.$$

Die Integration der Differentialgleichung (7) mit den Nebenbedingungen (9), (10) haben wir aber im §. 85 allgemein durchgeführt. Es ergiebt sich nach der dort angewandten Methode, wenn $\varphi(r)$ und $\Phi(r)$ für negative Argumentwerthe durch die Gleichungen

$$(12) \qquad \varphi(-r) = -\varphi(r), \qquad \Phi(-r) = -\Phi(r)$$

definirt werden,

$$(13) \qquad \Omega = \tfrac{1}{2}[\varphi(r+ct) + \varphi(r-ct)] + \frac{1}{2c}\int\limits_{r-ct}^{r+ct} \Phi(r)\,dr,$$

und die Anwendung von (11) ergiebt mit Rücksicht auf (12)

$$(14) \qquad U(x_1, y_1, z_1) = \varphi'(ct) + \frac{1}{c}\,\Phi(ct),$$

wenn $\varphi'(r)$ den Differentialquotienten von $\varphi(r)$ bedeutet[1]). Ausführlicher dargestellt ist nach (4) und (8)

$$(15) \qquad \frac{1}{c}\,\Phi(ct) =$$

$$\frac{t}{4\pi}\int\limits_0^{2\pi} d\varphi \int\limits_0^{\pi} \sin\vartheta\, d\vartheta\, F(x_1 + ct\sin\vartheta\cos\varphi, y_1 + ct\sin\vartheta\sin\varphi, z_1 + ct\cos\vartheta),$$

$$(16) \qquad 4\pi\,\varphi'(ct) =$$

$$\frac{\partial}{\partial t}\left[t\int\limits_0^{2\pi} d\varphi \int\limits_0^{\pi} \sin\vartheta\, d\vartheta\, f(x_1 + ct\sin\vartheta\cos\varphi, y_1 + ct\sin\vartheta\sin\varphi, z_1 + ct\cos\vartheta)\right].$$

Der Ausdruck (14) für U setzt sich hiernach aus zwei Theilen zusammen, die durch (15) und (16) dargestellt sind. Bezeichnen wir zur besseren Uebersicht mit ξ, η, ζ die Cosinus der Winkel, die eine vom Punkt p auslaufende variable Richtung mit den Axen einschliessen, und lassen bei der Bezeichnung der Coordinaten des Punktes p den Index 1, der jetzt nicht mehr nöthig ist, wieder weg, so können wir die beiden Bestandtheile von U so darstellen

$$(17) \qquad U_1 = \frac{t}{4\pi}\int F(x + ct\xi,\, y + ct\eta,\, z + ct\zeta)\,d\omega$$

$$(18) \qquad U_2 = \frac{1}{4\pi}\frac{\partial}{\partial t}\left[t\int f(x + ct\xi,\, y + ct\eta,\, z + ct\zeta)\right]d\omega,$$

---

[1]) Die Wellengleichung tritt auch in der Theorie der Luftschwingungen von unendlich kleiner Amplitude auf. Die Lösung des Problems, wie sie in (14) enthalten ist, wurde zuerst von Poisson gegeben (Mém. de l'institut, Bd. III; „Mem. sur la theorie du son", Journ. de l'École Polytechn. VII, 1807). Auf anderem Wege ist sie von Riemann in den „Vorlesungen" (3. Aufl., S. 300), von Kirchhoff [Vorlesungen über Mechanik, S. 317 (1876)] und von Liouville (Journ. de Math. 1856) abgeleitet.

worin dann $d\omega$ das Flächenelement der Einheitskugel bedeutet, und die Integration über die ganze Einheitskugel zu erstrecken ist.

Es ist also der Zustand U im Punkte p in einem Augenblicke t nur abhängig von dem Mittelwerth, den die Functionen F, f und die Differentialquotienten von f auf einer um p mit dem Radius ct beschriebenen Kugelfläche haben.

Nehmen wir z. B. an, es haben die Functionen f, F nur in einem endlichen Gebiete, das wir das Erschütterungsgebiet nennen wollen, von Null verschiedene Werthe und bezeichnen mit r' und r'' die kleinste und grösste Entfernung des Punktes p, den wir ausserhalb des Erschütterungsgebietes annehmen wollen, von diesem Gebiete, so ist U nur so lange von Null verschieden, als

$$r' < ct < r''$$

ist; es ist also dieser Punkt nur in dem Zeitraum von $t' = r'/c$ bis $t'' = r''/c$ im Gleichgewicht gestört, und man kann sich also vorstellen, dass über den Punkt p in der Zeit von t' bis t'' eine Welle hinweg geht, und nach dieser Zeit befindet sich der Punkt p wieder in seinem ursprünglichen Zustande.

Gehört der Punkt p dem ursprünglichen Erschütterungsgebiet an, und ist r'' die grösste Entfernung von p von der Grenze des Erschütterungsgebietes, so wird er in der Zeit $t'' = r''/c$ in die Ruhelage zurückgekehrt sein. Ist also das anfängliche Erschütterungsgebiet ein einfach zusammenhängender Raum, so wird sich nach Verlauf einer gewissen Zeit eine schalenförmige Welle bilden, die sich mit der Geschwindigkeit c ausbreitet. Den Punkt, in dem zuerst wieder Ruhe eintritt, und den Zeitpunkt, wann dies geschieht, erhält man, wenn man den Punkt aufsucht, in dem die grösste Entfernung r'' von der Grenze des Erschütterungsgebietes einen möglichst kleinen Werth hat. Ist z. B. das ursprüngliche Erschütterungsgebiet eine Kugel mit dem Radius a, so wird die vordere Grenze der Erschütterung mit der Geschwindigkeit c fortschreiten. Die schalenförmige Welle wird im Mittelpunkt beginnen und zwar zu der Zeit $t = a/c$. Die Dicke der Schale ist constant $= 2a$.

Um in allgemeineren Fällen die Grenze des Erschütterungsgebietes in einem bestimmten Augenblicke t zu finden, hat man zu der Grenze des ursprünglichen Gebietes Parallelflächen zu construiren, indem man auf der Normale nach beiden Seiten die Strecke ct aufträgt.

§. 121.

Die Differentialgleichung für die gedämpfte Welle.

Wir beschäftigen uns jetzt mit der Integration der allgemeineren Gleichung (6), §. 119, die wir so darstellen:

$$c^2 \Delta U = \alpha^2 \frac{\partial^2 U}{\partial t^2} + 2\beta \frac{\partial U}{\partial t}. \tag{1}$$

Sie geht in jene Form über, wenn wir $\alpha^2 = \varepsilon \mu$, $\beta = 2\pi\lambda\mu$ setzen; wir wollen c^2, α^2, β hier als positive Constanten betrachten, und wenn wir daran festhalten, dass c eine Geschwindigkeit sei, so ist α eine Zahl, β eine reciproke Zeit. Diese Gleichung wäre für die Fortpflanzung des Lichtes in einem absorbirenden Medium anzuwenden, in dem die Absorption durch den Coëfficienten β gemessen wird. Auch die Elektricitätsbewegung in Leitern wird durch diese Gleichung bestimmt. Setzt man $\alpha = 1$, $\beta = 0$, so erhält man die Wellengleichung, die wir im vorigen Paragraphen behandelt haben. Für $\alpha = 0$ erhalten wir die Gleichung für die Wärmeleitung (§. 32).

Wir betrachten zunächst den speciellen Fall [§. 119 (7)], dass die Function U nur von einer räumlichen Coordinate x abhängig ist, die Gleichung (1) also die Form annimmt:

$$c^2 \frac{\partial^2 U}{\partial x^2} = \alpha^2 \frac{\partial^2 U}{\partial t^2} + 2\beta \frac{\partial U}{\partial t}. \tag{2}$$

Diese Gleichung gilt für die Fortpflanzung ebener Wellen in einem unbegrenzten Medium. Sie gilt auch, wie wir später noch genauer begründen werden (§. 128), unter gewissen vereinfachenden Voraussetzungen für die Bewegung der Elektricität in Drähten, und wird aus diesem Grunde auch die Telegraphengleichung genannt.

Die Gleichung (2) wird auf eine etwas einfachere Form gebracht durch die Substitution

$$U = e^{-\frac{\beta t}{\alpha^2}} u. \tag{3}$$

Es ist dann

$$\frac{\partial U}{\partial t} = e^{-\frac{\beta t}{\alpha^2}} \left(\frac{\partial u}{\partial t} - \frac{\beta}{\alpha^2} u\right),$$

$$\frac{\partial^2 U}{\partial t^2} = e^{-\frac{\beta t}{\alpha^2}} \left(\frac{\partial^2 u}{\partial t^2} - \frac{2\beta}{\alpha^2} \frac{\partial u}{\partial t} + \frac{\beta^2}{\alpha^4} u\right),$$

und wir erhalten aus (2)

$$(4) \qquad c^2 \frac{\partial^2 u}{\partial x^2} = \alpha^2 \frac{\partial^2 u}{\partial t^2} - \frac{\beta^2}{\alpha^2} u,$$

oder wenn man

$$(5) \qquad \frac{\alpha c}{\beta} x \text{ für } x, \qquad \frac{\alpha^2}{\beta} y \text{ für } t$$

setzt:

$$(6) \qquad \frac{\partial^2 u}{\partial x^2} - \frac{\partial^2 u}{\partial y^2} + u = 0.$$

Diese Gleichung lässt sich in ähnlicher Weise wie die Differentialgleichung der schwingenden Saite durch Anwendung der Riemann'schen Methode integriren.

Die einfachste Annahme über die Nebenbedingungen wäre die, dass U und $\partial U / \partial t$ für $t = 0$ in Functionen von x übergehen, die für alle Werthe der Variablen gegeben sind. Dasselbe gilt dann auch für u und $\partial u / \partial y$ für $y = 0$. Es können aber auch, ähnlich wie bei der schwingenden Saite, noch Grenzbedingungen dazu kommen. Wir wollen zunächst, wie in §. 90, die Annahme machen, dass an einer nicht geschlossenen Linie c die Function u und ihr nach der Normale von c genommener Differentialquotient $\partial u / \partial n$ gegeben sei. Es sind damit zugleich die beiden partiellen Ableitungen $\partial u / \partial x$, $\partial u / \partial y$ an der Curve c gegeben. Wenn wir eine particulare Lösung v der Gleichung (6) annehmen, also

$$(7) \qquad \frac{\partial^2 v}{\partial x^2} - \frac{\partial^2 v}{\partial y^2} + v = 0$$

setzen, so ergiebt sich

$$v \left(\frac{\partial^2 u}{\partial x^2} - \frac{\partial^2 u}{\partial y^2}\right) - u \left(\frac{\partial^2 v}{\partial x^2} - \frac{\partial^2 v}{\partial y^2}\right) =$$

$$\frac{\partial \left(v \frac{\partial u}{\partial x} - u \frac{\partial v}{\partial x}\right)}{\partial x} - \frac{\partial \left(v \frac{\partial u}{\partial y} - u \frac{\partial v}{\partial y}\right)}{\partial y} = 0$$

und daraus durch Anwendung des Gauss'schen Satzes

$$(8) \qquad \int\left[\left(v\frac{\partial u}{\partial x} - u\frac{\partial v}{\partial x}\right)dy + \left(v\frac{\partial u}{\partial y} - u\frac{\partial v}{\partial y}\right)dx\right] = 0,$$

über die Begrenzung eines Gebietes, in dem u, v stetige Functionen mit stetigen Derivirten sind.

Um ein passendes Gebiet abzugrenzen, nehmen wir, wie im §. 90, den Punkt p mit den Coordinaten x_1, y_1, für den die Function u bestimmt werden soll, und ziehen von ihm aus die Geraden

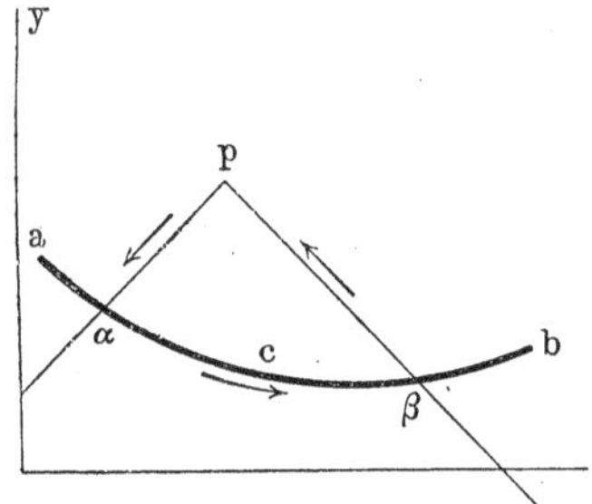

Fig. 47.

$$(9) \qquad \begin{aligned} x - y &= x_1 - y_1, \\ x + y &= x_1 + y_1 \end{aligned}$$

bis zum Schnitt α, β, mit der Curve c. Auf die Begrenzung des dreieckigen Gebietes (α, β, p) (Fig. 47) wenden wir die Integralformel (8) an.

Nun ist $dx = dy$ auf der Linie (α, p) und $dx = -dy$ auf der Linie (β, p), und das Integral (8) zerfällt also in drei Theile, von denen der erste über die Curve c erstreckt ist:

$$(10) \qquad \int\limits_c \left[\left(v\frac{\partial u}{\partial x} - u\frac{\partial v}{\partial x}\right)dy + \left(v\frac{\partial u}{\partial y} - u\frac{\partial v}{\partial y}\right)dx\right]$$
$$- \int\limits_\alpha^p (v\,du - u\,dv) - \int\limits_\beta^p (v\,du - u\,dv) = 0.$$

Wenn es gelingt, die particulare Lösung v so zu bestimmen, dass an den Linien (9) $v = 1$ ist, so ist an diesen Linien $dv = 0$ und aus (10) folgt

$$(11) \qquad 2\,u_p = u_\alpha + u_\beta$$
$$+ \int\limits_c \left[\left(v\frac{\partial u}{\partial x} - u\frac{\partial v}{\partial x}\right)dy + \left(v\frac{\partial u}{\partial y} - u\frac{\partial v}{\partial y}\right)\right] dx,$$

wodurch u_p, d. h. der Werth der Function u in dem Punkte x_1, y_1 durch bekannte Grössen ausgedrückt ist.

§. 122.

Bestimmung der particularen Lösung v.

Die Anwendung der Formel (11) des vorigen Paragraphen setzt die Kenntniss einer Function v voraus, die den Bedingungen genügt:

$$(1) \qquad \frac{\partial^2 v}{\partial x^2} - \frac{\partial^2 v}{\partial y^2} + v = 0,$$

die an den beiden Geraden

$$(2) \quad (x - x_1) - (y - y_1) = 0, \qquad (x - x_1) + (y - y_1) = 0$$

den constanten Werth 1 hat, und in dem zwischen diesen Geraden enthaltenen Winkelraum $(\alpha p \beta)$ (Fig. 47) mit den ersten Derivirten endlich und stetig ist. Diese Bedingungen sind wesentlich einfacher als die für die Function u, da sie nichts mehr von der Curve c und nichts von den an dieser Curve willkürlich gegebenen Bedingungen für u enthalten.

Um die Function v zu bestimmen, bemerken wir, dass die Function

$$(3) \qquad z = \sqrt{(y - y_1)^2 - (x - x_1)^2}$$

an beiden Linien (2) verschwindet, und in dem Gebiete, in dem v zu bestimmen ist, reelle Werthe hat, weil hier

$$(y - y_1) - (x - x_1) \text{ und } (y - y_1) + (x - x_1)$$

beide negativ sind. Wir wollen versuchen, die Gleichung (1) unter der Voraussetzung zu integriren, dass v eine Function von z allein sei. Es ergiebt sich bei dieser Annahme

$$\frac{\partial v}{\partial x} = - \frac{dv}{dz} \frac{x - x_1}{z}, \qquad \frac{\partial v}{\partial y} = \frac{dv}{dz} \frac{y - y_1}{z},$$

$$\frac{\partial^2 v}{\partial x^2} = \frac{d \frac{1}{z} \frac{dv}{dz}}{dz} \frac{(x - x_1)^2}{z} - \frac{1}{z} \frac{dv}{dz},$$

$$\frac{\partial^2 v}{\partial y^2} = \frac{d \frac{1}{z} \frac{dv}{dz}}{dz} \frac{(y - y_1)^2}{z} + \frac{1}{z} \frac{dv}{dz},$$

und hiernach geht (1) in die Differentialgleichung mit der einen unabhängigen Variablen z über:

$$-z\frac{d\frac{1}{z}\frac{dv}{dz}}{dz}-\frac{2}{z}\frac{dv}{dz}+v=0,$$

oder

$$\frac{d^2v}{dz^2}+\frac{1}{z}\frac{dv}{dz}-v=0, \tag{4}$$

und dies ist die Differentialgleichung für die Bessel'sche Function der Ordnung 0 und vom rein imaginären Argument iz [Bd. I, §. 68 (4), §. 69 (13)]

$$v=J(iz)=1+\frac{z^2}{2^2}+\frac{z^4}{2^2.4^2}+\frac{z^6}{2^2.4^2.6^2}+\cdots, \tag{5}$$

die, wie von der Function v verlangt wurde, für $z=0$ in den Werth 1 übergeht.

§. 123.

Gegebener Anfangszustand im unbegrenzten Mittel.

Wir wollen zunächst den Fall betrachten, dass der Anfangszustand für alle Werthe von x gegeben sei, dann haben wir an Stelle der Curve c die x-Axe zu setzen, und es ist also

$$u=f(x),\quad \frac{\partial u}{\partial y}=F(x)\quad \text{für } y=0, \tag{1}$$

worin $f(x)$ und $F(x)$ gegebene Functionen von x sind.

Die Abscissen der Punkte α, β in §. 121 (11) sind dann x_1-y_1, x_1+y_1 und es ist in dem Integral $dy=0$ zu setzen. Es wird für $y=0$

$$z=\sqrt{y_1^2-(x-x_1)^2},\quad \frac{\partial v}{\partial y}=-\frac{y_1}{z}\frac{dv}{dz}, \tag{2}$$

und folglich nach §. 121 (11)

$$2u(x_1y_1)=f(x_1-y_1)+f(x_1+y_1)+\int_{x_1-y_1}^{x_1+y_1}vF(x)\,dx \tag{3}$$

$$+y_1\int_{x_1-y_1}^{x_1+y_1}\frac{1}{z}\frac{dv}{dz}f(x)\,dx,$$

worin

$$(4)\qquad \frac{1}{z}\frac{dv}{dz} = \frac{1}{2} + \frac{z^2}{2^2 . 4} + \frac{z^4}{2^2 . 4^2 . 6} + \cdots$$

für $z = 0$ endlich bleibt.

Um von der Bedeutung dieses Resultates eine Anschauung zu bekommen, wollen wir annehmen, die anfängliche Gleichgewichtsstörung sei auf ein endliches Gebiet beschränkt. Es seien also

$$f(x) = 0, \quad F(x) = 0, \quad \text{wenn } x < h_1 \text{ oder } x > h_2,$$

worin h_1 und h_2 die Abscissen gegebener Punkte sind. Wir nehmen nun einen bestimmten positiven Werth y_1 von y, d. h. einen bestimmten Zeitpunkt. Dann zeigt die Formel (3), dass $u(x_1, y_1) = 0$ ist, wenn

$$(5)\qquad x_1 < h_1 - y_1 \text{ oder } x_1 > h_2 + y_1.$$

Es pflanzen sich also die beiden Enden der Welle mit constanter Geschwindigkeit c/α [§. 121 (5)] nach vorwärts und nach rückwärts fort. Dies ist ebenso wie bei der Differentialgleichung der schwingenden Saite oder bei der ungedämpften Welle. Anders aber verhalten sich die zwischenliegenden Theile des Mediums.

Nehmen wir an, es sei y_1 bereits grösser als $\frac{1}{2}(h_2 - h_1)$ geworden, und betrachten einen Werth von x_1, für den

$$h_2 - y_1 < x_1 < h_1 + y_1,$$

also $x_1 - y_1 < h_1$ und $x_1 + y_1 > h_2$, so sind $f(x_1 - y_1)$ und $f(x_1 + y_1)$ gleich Null und es ergiebt sich aus (3)

$$(6)\qquad 2u_1 = \int_{h_1}^{h_2} v\,F(x)\,dx + y_1 \int_{h_1}^{h_2} \frac{1}{z}\frac{dv}{dz} f(x)\,dx.$$

Es tritt also hier zwischen den beiden Enden der Welle nicht wie bei der schwingenden Saite eine Region der Ruhe ein, sondern u behält auch zwischen beiden Enden einen mit der Zeit veränderlichen Werth.

Es haben also die beiden fortschreitenden Wellen kein hinteres Ende, sondern in den von ihnen überschrittenen Gebieten stellt sich erst nach unendlich langer Zeit der Gleichgewichtszustand wieder her. Hierin unterscheidet sich also das Problem der gedämpften Welle wesentlich von dem der ungedämpften, und nähert sich dem der Wärmeleitung, von dem es sich wieder durch die endliche Fortpflanzungsgeschwindigkeit des vorderen Endes der Welle unterscheidet.

Wenn wir in der Formel (3) die Annahme machen

$$(7) \qquad f(x) = -f(-x), \qquad F(x) = -F(-x),$$

so ergiebt sich $u_1 = 0$ für $x_1 = 0$ und jedes beliebige y_1. Die Formel (3) entspricht dann, wenn $f(x)$ und $F(x)$ für positive Werthe beliebig gegeben sind, z. B. so, dass sie nur in einem endlichen Bereich von Null verschieden sind, einer Reflexion oder Spiegelung der Welle an der Ebene $x = 0$.

Bei der elektromagnetischen Lichttheorie würden diese Annahmen zutreffen, wenn in dem reflectirenden Medium der Coëfficient λ einen sehr grossen Werth hat, im Vergleich zu dem Werthe, den er in den angrenzenden Medien hat. Dann hat man die elektrischen Kräfte in den spiegelnden Medien wenigstens nahezu als verschwindend anzunehmen. Dies trifft bei der Reflexion an Metallflächen zu.

§. 124.

Willkürlicher Anfangszustand im Raume.

Die allgemeine Differentialgleichung für die gedämpfte Welle [§. 121 (1)], in der wir $\alpha = 1$ setzen:

$$(1) \qquad c^2 \Delta U = \frac{\partial^2 U}{\partial t^2} + 2\beta \frac{\partial U}{\partial t},$$

lässt sich auf den speciellen Fall, den wir im vorigen Paragraphen behandelt haben, zurückführen, nach derselben Methode, die wir im §. 120 zur Integration der Differentialgleichung für die ungedämpfte Welle angewandt haben. Wir nehmen einen willkürlichen Punkt p mit den Coordinaten x_1, y_1, z_1 an und bezeichnen mit r den Abstand dieses Punktes von einem variablen Punkte, ferner mit $d\omega$ das Oberflächenelement der um p beschriebenen Einheitskugel. Ist dann

$$(2) \qquad \Omega(r) = \frac{r}{4\pi}\int U\, d\omega,$$

so genügt Ω der aus (1) abzuleitenden Gleichung (§. 120)

$$(3) \qquad c^2 \frac{\partial^2 \Omega}{\partial r^2} = \frac{\partial^2 \Omega}{\partial t^2} + 2\beta \frac{\partial \Omega}{\partial t},$$

und hierzu kommen die Bedingungen für den Anfangszustand:

$$\text{für } t = 0, \quad r > 0 : \Omega = \frac{r}{4\pi} \int f(x, y, z)\, d\omega = \varphi(r),$$

$$\frac{\partial \Omega}{\partial t} = \frac{r}{4\pi} \int F(x, y, z)\, d\omega = \Phi(r),$$

und für $r = 0$

$$\Omega = 0.$$

Demnach setzen wir

$$(4) \qquad \varphi(-r) = -\varphi(r), \qquad \Phi(-r) = -\Phi(r),$$

und können dann unmittelbar die Formel §. 123 (3) anwenden, in der die Functionen φ und Φ / c an Stelle von f und F treten. Wir erhalten mit Rücksicht auf §. 121, (3), (5)

$$(5) \qquad 2\,\Omega\, e^{\beta t} = \varphi(r + ct) + \varphi(r - ct)$$

$$\frac{1}{c} \int\limits_{r-ct}^{r+ct} v\, \Phi(x)\, dx + \frac{\beta^2 t}{c} \int\limits_{r-ct}^{r+ct} \frac{1}{z} \frac{dv}{dz}\, \varphi(x)\, dx,$$

worin v die in §. 122 (5) bestimmte Function von z ist, und z die Bedeutung §. 123 (2) hat:

$$(6) \qquad z = \frac{\beta}{c} \sqrt{c^2 t^2 - (x - r)^2}.$$

Um den Werth von U im Punkte x_1, y_1, z_1 zu erhalten, hat man hieraus den Grenzwerth von Ω / r für $r = 0$ zu bilden, für den man unter Berücksichtigung von (4), (6) und §. 123 (4) den Ausdruck erhält:

$$(7) \qquad U = e^{-\beta t} \Big[\varphi'(ct) + \frac{1}{c}\, \Phi(ct) + \frac{\beta^2 t}{2c}\, \varphi(ct) +$$

$$\frac{\beta^2}{c^3} \int\limits_0^{ct} \frac{1}{z} \frac{dv}{dz}\, x\, \Phi(x)\, dx + \frac{\beta^4 t}{c^3} \int\limits_0^{ct} \frac{1}{z} \frac{d}{dz} \left(\frac{1}{z} \frac{dv}{dz} \right) x\, \varphi(x)\, dx \Big],$$

worin

$$z = \frac{\beta}{c} \sqrt{c^2 t^2 - x^2}.$$

Von einem ursprünglichen endlichen Erschütterungsgebiete geht also auch hier eine nach allen Seiten fortschreitende Welle aus, die eine bestimmte vordere Grenze hat. Diese Welle ist aber nicht schalenförmig, sondern das einmal erschütterte Gebiet geht erst allmählich, und in endlicher Zeit nicht vollkommen, in den ungestörten Zustand zurück [1]).

---

[1]) Die Integration der Differentialgleichung für die gedämpfte Welle ist auf verschiedenen Wegen behandelt von Poincaré, Compt. rend. der Pariser Akademie 117 (1893); Picard, ebend. 118 (1894); Birkeland, ebend. 120 (1895) und Archive de Genève t. 34 (1895).

Sechzehnter Abschnitt.

Lineare elektrische Ströme.

---

§. 125.

Transformation der Maxwell'schen Gleichungen auf krummlinige Coordinaten.

Um auf speciellere Anwendungen einzugehen, ist es nothwendig, die Maxwell'schen Gleichungen auf ein anderes (krummliniges) Coordinatensystem zu transformiren, wozu die Hülfsmittel in §. 90 des ersten Bandes gegeben sind.

Es seien also wie dort p, q, r die Parameter von drei orthogonalen Flächenschaaren, und die Variablen seien so gewählt, dass die Richtungen der wachsenden p, q, r ein Rechtssystem bilden. Es sei ferner das Quadrat des Linienelementes

$$ds^2 = e\,dp^2 + e'\,dq^2 + e''\,dr^2. \tag{1}$$

Wenn wir mit $E_p, E_q, E_r, M_p, M_q, M_r$ die Componenten der elektrischen und magnetischen Kraft in den Richtungen p, q, r bezeichnen, so erhalten wir auf Grund von Band I, §. 90 (5) aus den Formeln I, II, §. 119 dieses Bandes

$$\begin{aligned}
&\frac{c}{\sqrt{e'e''}}\left(\frac{\partial\sqrt{e''}\,M_r}{\partial q} - \frac{\partial\sqrt{e'}\,M_q}{\partial r}\right) = \varepsilon\frac{\partial E_p}{\partial t} + 4\pi\lambda E_p,\\
&\frac{c}{\sqrt{e''e}}\left(\frac{\partial\sqrt{e}\,M_p}{\partial r} - \frac{\partial\sqrt{e''}\,M_r}{\partial p}\right) = \varepsilon\frac{\partial E_q}{\partial t} + 4\pi\lambda E_q,\\
&\frac{c}{\sqrt{e\,e'}}\left(\frac{\partial\sqrt{e'}\,M_q}{\partial p} - \frac{\partial\sqrt{e}\,M_p}{\partial q}\right) = \varepsilon\frac{\partial E_r}{\partial t} + 4\pi\lambda E_r.
\end{aligned} \tag{2}$$

$$(3)\qquad \begin{aligned} \frac{c}{\sqrt{e'e''}}\left(\frac{\partial\sqrt{e''}\,E_r}{\partial q}-\frac{\partial\sqrt{e'}\,E_q}{\partial r}\right) &= -\,\mu\frac{\partial M_p}{\partial t},\\ \frac{c}{\sqrt{e''e}}\left(\frac{\partial\sqrt{e}\,E_p}{\partial r}-\frac{\partial\sqrt{e''}\,E_r}{\partial p}\right) &= -\,\mu\frac{\partial M_q}{\partial t},\\ \frac{c}{\sqrt{e\,e'}}\left(\frac{\partial\sqrt{e'}\,E_q}{\partial p}-\frac{\partial\sqrt{e}\,E_p}{\partial q}\right) &= -\,\mu\frac{\partial M_r}{\partial t}. \end{aligned}$$

Ebenso erhält man, wenn man den Gauss'schen Integralsatz auf ein von den Flächen $p, p+dp, q, q+dq, r, r+dr$ begrenztes Volumenelement anwendet:

$$(4)\qquad \sqrt{e\,e'e''}\;\mathrm{div}\,\mathfrak{E} = \frac{\partial\sqrt{e'e''}\,E_p}{\partial p}+\frac{\partial\sqrt{e''e}\,E_q}{\partial q}+\frac{\partial\sqrt{e\,e'}\,E_r}{\partial r}$$

und also aus §. 119, III, IV

$$(5)\qquad \frac{\partial\sqrt{e'e''}\,E_p}{\partial p}+\frac{\partial\sqrt{e''e}\,E_q}{\partial q}+\frac{\partial\sqrt{e\,e'}\,E_r}{\partial r}=0,$$

$$(6)\qquad \frac{\partial\sqrt{e'e''}\,M_p}{\partial r}+\frac{\partial\sqrt{e''e}\,M_q}{\partial q}+\frac{\partial\sqrt{e\,e'}M_r}{\partial r}=0.$$

§. 126.

Axial symmetrisches Feld.

Wir wollen diese Formeln auf den Fall anwenden, dass das Feld um die x-Axe symmetrisch ist, dass also, wenn wir Cylindercoordinaten einführen und demnach

$$(1)\qquad y = r\cos\vartheta \qquad z = r\sin\vartheta$$

setzen, der Zustand unabhängig von ϑ werde.

Es ist dann

$$ds^2 = dx^2 + r^2 d\vartheta^2 + dr^2,$$

und demnach ist in den Formeln (2) bis (6) §. 125

$$p,\;\; q,\;\; r,\qquad e,\;\; e',\;\; e''$$

durch

$$x,\;\; \vartheta,\;\; r,\qquad 1,\;\; r^2,\;\; 1$$

zu ersetzen. Die sechs Gleichungen (2), (3) §. 125 reduciren sich auf drei, wenn wir

$$E_\vartheta = 0,\quad M_r = 0,\quad M_x = 0$$

setzen, und E_x, E_r, $M_\vartheta = M$ von ϑ unabhängig annehmen:

$$(2)\quad \begin{aligned} -\frac{c}{r}\frac{\partial r M}{\partial r} &= \varepsilon\frac{\partial E_x}{\partial t} + 4\pi\lambda E_x, \\ \frac{c}{r}\frac{\partial r M}{\partial x} &= \varepsilon\frac{\partial E_r}{\partial t} + 4\pi\lambda E_r, \end{aligned}$$

$$(3)\quad c\left(\frac{\partial E_x}{\partial r} - \frac{\partial E_r}{\partial x}\right) = -\mu\frac{\partial M}{\partial t},$$

und aus (5) §. 125 ergiebt sich

$$(4)\quad \frac{\partial E_x}{\partial x} + \frac{1}{r}\frac{\partial r E_r}{\partial r} = 0,$$

während (6) wieder identisch befriedigt ist.

Man kann hieraus eine einzige Differentialgleichung für M herleiten, wenn man die erste Gleichung (2) nach r, die zweite nach x differentiirt, beide von einander subtrahirt und (3) benutzt:

$$(5)\quad c^2\left[r\frac{\partial}{\partial r}\frac{1}{r}\left(\frac{\partial r M}{\partial r}\right) + \frac{\partial^2 r M}{\partial x^2}\right] = \varepsilon\mu\frac{\partial^2 r M}{\partial t^2} + 4\pi\lambda\mu\frac{\partial r M}{\partial t}.$$

Hat man M gefunden, so kann man E_x, E_r aus den Gleichungen (2) durch Quadraturen in Bezug auf t finden, wenn die Anfangswerthe gegeben sind.

Ebenso kann man Differentialgleichungen für die übrigen Componenten ableiten, von denen wir noch die für E_x anführen:

$$(6)\quad c^2\left(\frac{\partial r\frac{\partial E_x}{\partial r}}{r\,\partial r} + \frac{\partial^2 E_x}{\partial x^2}\right) = \mu\varepsilon\frac{\partial^2 E_x}{\partial t^2} + 4\pi\lambda\mu\frac{\partial E_x}{\partial t}.$$

Diese Gleichung ist keine andere als die Gleichung §. 119 (2).

Die Gleichung (5) erhält die gleiche Form:

$$(7)\quad c^2 \Delta U = \varepsilon\mu\frac{\partial^2 U}{\partial t^2} + 4\pi\lambda\mu\frac{\partial U}{\partial t},$$

wenn man sie nach r differentiirt und dann

$$(8)\quad \frac{\partial r M}{\partial r} = r U$$

setzt.

§. 127.

Elektrische Strömung in einem Draht.

Wir betrachten jetzt den Fall, dass das Feld aus einem unbegrenzten leitenden Cylinder mit kreisförmigem Querschnitt vom Radius R besteht, der in einem sonst unbegrenzten Dielektricum liegt. Die Axe dieses Cylinders ist die x-Axe. Es hat dann λ einen constanten positiven Werth, so lange $r < R$ ist, und es ist $\lambda = 0$ für $r > R$.

Wir führen eine sich unmittelbar bietende particulare Lösung an, indem wir E_x, E_r, M von x und von t unabhängig annehmen. Dann sind die Gleichungen (3), (4) und die zweite Gleichung (2) (§. 126) befriedigt, wenn wir

$$E_x = \text{const.} \qquad E_r = 0 \tag{1}$$

setzen, und die erste Gleichung (2) ergiebt:

$$\begin{aligned} M &= \frac{-2\pi\lambda E_x r}{c}, \qquad r < R, \\ M &= \frac{-2\pi\lambda E_x R^2}{c\,r}, \qquad r > R, \end{aligned} \tag{2}$$

wonach M an der Oberfläche des Cylinders stetig bleibt.

Es entspricht diese Lösung einer stationären elektrischen Strömung in einem unbegrenzten, gerade ausgespannten Draht.

Die Annahme (1) entspricht der Voraussetzung, dass E_r bei dem Uebergang aus dem Draht ins Dielektricum stetig sei; E_r ist aber unstetig, wenn eine elektrische Flächenbelegung auf der Drahtoberfläche angenommen wird. Dann würde man E_r ausserhalb des Dielektricums nicht $= 0$, sondern $=$ const.$/r$ anzunehmen haben, wobei sich die Constante aus der Flächendichtigkeit der Elektricität bestimmt.

Nach Bd. I, §. 151 ist λE_x die Dichte des Leitungsstromes, und

$$j = \int \lambda E_x\, dq = 2\pi\lambda \int_0^R r E_x\, dr \tag{3}$$

die Intensität oder Stromstärke des Leitungsstromes. Bezeichnen wir mit w den Leitungswiderstand der Längeneinheit, mit q den Querschnitt des Drahtes, so ist [Bd. I, §. 165 (8)]

$$w = \frac{1}{\lambda q}, \tag{4}$$

$$w j = \frac{1}{q} \int E_x\, dq = \frac{2}{R^2} \int_0^R r E_x\, dr \tag{5}$$

und in (1) ist also die Constante bestimmt durch

$$E_x = w j. \tag{6}$$

Die Formeln (3) und (5) gelten aber auch in dem Falle, wo E_x und mithin auch j nicht constant ist, und dienen dann als Definition von j. Durch j wird aber nach Bd. I, §. 151 hauptsächlich die durch den elektrischen Strom übertragene Energie gemessen, die als Joule'sche Wärme oder in anderer Form auftritt und Verwendung findet; wj^2 ist die in der Längeneinheit des Drahtes entwickelte Joule'sche Wärme (falls von dem Energieverlust der quer verlaufenden Ströme abgesehen wird) und es kommt daher vor allem auf die Kenntniss von j an. Nach der Definition (5) ist j eine Function von nur zwei Variablen t und x. In aller Strenge lässt sich aber die Bestimmung von j nicht trennen von der Bestimmung der Kraftcomponenten für das ganze Feld, die von drei Variablen t, x und r abhängen. Angenähert ist dies aber unter gewissen Voraussetzungen möglich, wie wir jetzt zeigen wollen.

§. 128.

Selbstinduction.

Wir multipliciren die Gleichung (6), §. 126 mit $r\,dr$ und integriren von 0 bis R. Dadurch erhalten wir, mit Rücksicht auf §. 127 (3):

$$c^2 R \left(\frac{\partial E_x}{\partial r}\right)_{r=R} + \frac{c^2}{2\pi\lambda}\frac{\partial^2 j}{\partial x^2} = \frac{\mu\varepsilon}{2\pi\lambda}\frac{\partial^2 j}{\partial t^2} + 2\mu\frac{\partial j}{\partial t}, \tag{1}$$

und unsere Annahme besteht nun darin, dass wir in dieser Gleichung das erste Glied

$$c^2 R \left(\frac{\partial E_x}{\partial r}\right)_{r=R} \tag{2}$$

vernachlässigen dürfen. Dann ergiebt sich für j die Gleichung

$$c^2 \frac{\partial^2 j}{\partial x^2} = \mu\varepsilon\frac{\partial^2 j}{\partial t^2} + 4\pi\mu\lambda\frac{\partial j}{\partial t}, \tag{3}$$

also dieselbe Gleichung, mit deren Integration wir uns in §. 121 beschäftigt haben, und für die wir bereits dort den Namen der Telegraphengleichung gebraucht haben. Sie enthält nur noch die eine unbekannte Function j und die beiden unabhängigen Variablen x, t[1]).

Wir wollen versuchen, uns eine Vorstellung davon zu bilden, inwiefern wir berechtigt sind, das Glied (2) in der Gleichung (1)

---

[1]) Nach der vor-Maxwell'schen Theorie der elektrischen Ströme erhält man diese Gleichung auf folgendem Wege (Heaviside, On the extra current. Electrical Papers Vol. I, p. 93):

Es sei Q die Elektricitätsmenge, die vom Anfangspunkt der Zeit bis zur Zeit t durch einen Querschnitt des Drahtes mit der Abscisse x geflossen ist. Dann ist $\partial Q/\partial t$ die auf die Zeiteinheit bezogene, in dem Zeitelement dt durch diesen Querschnitt geflossene Elektricitätsmenge, d. h. nach der älteren Theorie, die Intensität j des im Drahte fliessenden Stromes. Also ist

$$j = \frac{\partial Q}{\partial t}.$$

Wenn nun C die auf die Längeneinheit bezogene Capacität des Drahtes ist, so ist $C dx$ die Elektricitätsmenge, die erforderlich ist, um in dem Element dx das Potential v um die Einheit zu erhöhen. Es ist hiernach

$$\text{a)} \qquad -\frac{\partial Q}{\partial x} = C v, \qquad -\frac{\partial j}{\partial x} = C \frac{\partial v}{\partial t}.$$

Die in dem Element dx thätige elektromotorische Kraft entspringt zum Theil aus der Spannungsdifferenz, die dazu den Beitrag $(-\partial v/\partial x)\, dx$ giebt und der elektromotorischen Kraft der Selbstinduction $-s\,(\partial j/\partial t)\, dx$, wenn s der auf die Längeneinheit bezogene Selbstinductions-Coëfficient ist; und wenn w, wie oben, der Widerstand der Längeneinheit des Drahtes ist, so ergiebt sich nach dem Ohm'schen Gesetz:

$$\text{b)} \qquad -\frac{\partial v}{\partial x} - s\,\frac{\partial j}{\partial t} = w j.$$

Eliminirt man v aus a) und b), so folgt:

$$\text{c)} \qquad \frac{\partial^2 j}{\partial x^2} = C s\,\frac{\partial^2 j}{\partial t^2} + C w\,\frac{\partial j}{\partial t}.$$

Diese Gleichung stimmt mit der Gleichung (3) überein, wenn wir setzen:

$$\text{d)} \qquad \mu \varepsilon = c^2 C s, \qquad 4 \pi \mu \lambda = c^2 C w.$$

Hierbei ist c die Lichtgeschwindigkeit; C, s, w sind die Capacität, der Selbstinductionscoëfficient, Widerstand der Längeneinheit.

Hier ist λ in elektrostatischem Maass ausgedrückt. In den Producten Cs, Cw ist die Maasseinheit gleichgültig. Wenn man aber λ in elektromagnetischem Maasse ausdrückt, so wird einfacher:

$$\text{e)} \qquad 4 \pi \mu \lambda = C w.$$

Der bedenklichste Punkt in dieser Theorie ist der, dass das Potential v nicht allein von der in dx enthaltenen Elektricitätsmenge, sondern von der ganzen elektrischen Vertheilung abhängt, und dass also auch die Capacität nicht constant, sondern von dieser Vertheilung abhängig ist.

wegzulassen. Es genügt dazu nicht, dass dieses Glied an sich klein sei, sondern es muss klein sein im Vergleich zu einem Werth, den wenigstens eines der anderen Glieder der Gleichung (1) annehmen kann, wenn die Gleichung (3) nach der Vernachlässigung kleiner Glieder noch irgend einen Inhalt haben soll. Bei den nicht-magnetischen Metallen können wir dabei μ nahezu gleich 1 annehmen. Wir denken uns jetzt den Radius des Drahtes sehr klein, jedoch so, dass die Stromintensität j und der Widerstand w endliche Werthe behalten. Es müssen dann die Schwankungen von E_x innerhalb eines Querschnittes hinlänglich klein sein, wenn die Vernachlässigung von (2) gestattet sein soll. Um dies etwas genauer auszudrücken, bezeichnen wir mit $(\partial j / \partial t)$ einen mittleren Werth des Differentialquotienten $\partial j / \partial t$ in dem Bereich der Variablen x, t, in dem die Differentialgleichung (1) angewandt werden soll, dann ist die Gleichung (3) zulässig, wenn der Quotient

$$(4) \qquad \frac{c^2 r \dfrac{\partial E_x}{\partial r}}{\left(\dfrac{\partial j}{\partial t}\right)}$$

für $r = R$ eine gegen 1 zu vernachlässigende Zahl ist.

Hierin können wir nun nach §. 127 (6)

$$\left(\frac{\partial j}{\partial t}\right) = \frac{1}{w}\left(\frac{\partial E_x}{\partial t}\right)$$

setzen, worin $(\partial E_x / \partial t)$ einen mittleren Werth von $\partial E_x / \partial t$ im Bereich der Variablen x, t und $r < R$ bedeutet. Wenn wir

$$(5) \qquad w_m = c^2 w$$

setzen, so ist w_m der Widerstand der Längeneinheit des Drahtes, in elektromagnetischem Maasse ausgedrückt, und die Zahl, die klein sein muss, ist also:

$$(6) \qquad \left[\frac{w_m r \dfrac{\partial E_x}{\partial r}}{\left(\dfrac{\partial E_x}{\partial t}\right)}\right]_{r=R}.$$

Nehmen wir beispielsweise an, es sei E_x in Bezug auf t und r periodisch mit den Perioden T und L (ohne damit sagen zu wollen, dass diese Annahme mit der Differentialgleichung verträglich sei), setzen wir also

$$E_x = A \cos \frac{2\pi t}{T} \cos \frac{2\pi r}{L},$$

worin A von r und t unabhängig ist, so ergiebt sich, dass

$$\frac{w_m R T}{L}$$

eine kleine Zahl sein müsste. Hierin in $w_m R$ der elektromagnetisch gemessene Widerstand eines Drahtstückes von der Länge R, der durch eine Geschwindigkeit gemessen wird, und dieser Widerstand muss also klein sein im Vergleich zu L/T, was wir als die Fortpflanzungsgeschwindigkeit der angenommenen Wellenbewegung bezeichnen können.

§. 129.

Integration der Telegraphengleichung durch die Methode der Particularlösungen.

Im §. 121 haben wir die Gleichung (3) des vorigen Paragraphen nach der Riemann'schen Methode behandelt und unter gewissen Voraussetzungen über die Nebenbedingungen integrirt. Es bietet aber die Behandlung nach der Fourier'schen Methode neue Gesichtspunkte und soll hier daher noch kurz besprochen werden. Wir suchen also zunächst particulare Lösungen der Differentialgleichung

$$c^2 \frac{\partial^2 j}{\partial x^2} = \mu \varepsilon \frac{\partial^2 j}{\partial t^2} + 4\pi \mu \lambda \frac{\partial j}{\partial t},$$

indem wir setzen

$$(2) \qquad j = A e^{i(\alpha x + \beta t)},$$

worin A, α, β reelle oder imaginäre Constanten sind. Um diesen und allen daraus abgeleiteten Ausdrücken eine physikalische Bedeutung zu geben, braucht man nur den reellen Theil beizubehalten.

Die Differentialgleichung (1) wird durch den Ausdruck (2) befriedigt, wenn die Constanten α, β der Bedingung genügen:

$$(3) \qquad \mu \varepsilon \beta^2 - 4\pi \mu \lambda i \beta - \alpha^2 c^2 = 0.$$

Wir wollen zunächst α reell annehmen. Dann ist die durch (2) dargestellte Function j in Bezug auf x periodisch. Die

Periode $2\pi/\alpha$ heisst die Wellenlänge; β wird aus der quadratischen Gleichung (3) bestimmt, aus der sich

$$(4) \qquad \beta = \frac{2\pi i \lambda}{\varepsilon}\left(1 \pm \sqrt{1 - \frac{\alpha^2 c^2 \varepsilon}{4\pi^2 \lambda^2 \mu}}\right)$$

ergiebt.

Man erhält also zwei Werthe β_1, β_2 für β, und die beiden Werthe $i\beta_1$, $i\beta_2$ sind entweder conjugirt imaginär, wenn

$$(5) \qquad \alpha^2 > \frac{4\pi^2 \lambda^2 \mu}{c^2 \varepsilon}$$

oder reell, wenn

$$(6) \qquad \alpha^2 < \frac{4\pi^2 \lambda^2 \mu}{c^2 \varepsilon},$$

immer aber sind die reellen Theile von $i\beta_1$, $i\beta_2$ negativ. Es findet also eine zeitliche Dämpfung des anfangs vorhandenen periodischen Zustandes statt, im ersten Fall, (5), unter immer schwächer werdenden zeitlichen Oscillationen, im zweiten Falle, (6), ohne Oscillationen.

Wenn ein beliebig gegebener Anfangszustand durch die particulare Lösung (2) dargestellt werden soll, so können wir α alle reellen Werthe von $-\infty$ bis $+\infty$ durchlaufen lassen und dann den Fourier'schen Lehrsatz anwenden. Wir haben dann die Bedingung zu erfüllen, dass j und $\partial j/\partial t$ für $t = 0$ in gegebene Functionen von x übergehen, die wir mit $j_0(x)$, $j_0'(x)$ bezeichnen. Wir setzen nach (2), indem wir mit A_1, A_2 Functionen von α bezeichnen:

$$(7) \qquad j = \int_{-\infty}^{+\infty} (A_1 e^{i\beta_1 t} + A_2 e^{i\beta_2 t}) e^{i\alpha x} d\alpha,$$

$$(8) \qquad \frac{\partial j}{\partial t} = i \int_{-\infty}^{+\infty} (\beta_1 A_1 e^{i\beta_1 t} + \beta_2 A_2 e^{i\beta_2 t}) e^{i\alpha x} d\alpha,$$

und wenn wir den Fourier'schen Lehrsatz in der Form anwenden (§. 76):

$$(9) \qquad f(x) = \frac{1}{2\pi} \int_{-\infty}^{+\infty} d\alpha \int_{-\infty}^{+\infty} f(\xi) e^{i\alpha(x-\xi)} d\xi,$$

so ergeben sich zur Bestimmung der Functionen A_1, A_2 die beiden Gleichungen:

$$
(10) \quad \begin{aligned} A_1 + A_2 &= \frac{1}{2\pi} \int_{-\infty}^{+\infty} j_0(\xi)\, e^{-i\alpha\xi}\, d\xi \\ \beta_1 A_1 + \beta_2 A_2 &= -\frac{i}{2\pi} \int_{-\infty}^{+\infty} j_0'(\xi)\, e^{-i\alpha\xi}\, d\xi. \end{aligned}
$$

Die zweite Annahme, die wir machen, wenn nicht der Anfangszustand, sondern eine bestimmte Form der Abhängigkeit von der Zeit gegeben ist, besteht darin, dass β reell, also die particulare Lösung (2) in Bezug auf die Zeit periodisch ist. Die Periode $2\pi/\beta$ heisst dann die Schwingungsdauer. Aus (3) ergiebt sich

$$
(11) \qquad c\alpha = \sqrt{\mu\,\varepsilon\,\beta^2 - 4\,\pi\,\mu\,\lambda\,i\,\beta}.
$$

Es ist also α weder reell noch rein imaginär (ausser für $\beta = 0$). Wählen wir das Vorzeichen der Quadratwurzel in (11) so, dass der reelle Theil von $i\alpha$ negativ wird, so verschwindet der Ausdruck (2) für j für unendlich grosse positive x und wird unendlich für unendlich grosse negative x.

Zur Erhaltung dieses Zustandes ist eine fortwährende Zufuhr von Energie, eine Erregung nothwendig, die wir uns auf der Seite der negativen x im Unendlichen denken, und die wir, damit ihr Einfluss im Endlichen noch merklich sei, unendlich gross annehmen müssen.

Einen allgemeinen, dieser Vorstellung entsprechenden Ausdruck erhalten wir, wenn wir A als eine willkürliche Function von β annehmen, und das Integral bilden

$$
(12) \qquad j = \int_{-\infty}^{+\infty} A\, e^{i(\alpha x + \beta t)}\, d\beta,
$$

und nun kann man die Function A etwa so bestimmen, dass j für $x = 0$ eine gegebene Function von t wird.

§. 130.

Bestimmung des elektromagnetischen Feldes.

Ist j durch Integration der Gleichung (3), §. 128 als Function von x und t bekannt, so bleibt noch übrig, den Zustand des ganzen elektromagnetischen Feldes zu ermitteln. Dazu genügt die Kenntniss der magnetischen Kraft M, die als Function von r, x und t zu bestimmen ist. Setzen wir zur Abkürzung

(1) $$r M = P,$$

so ergeben die Gleichungen §. 126 (2), (5):

(2) $$c \frac{\partial P}{\partial r} = - \varepsilon \frac{\partial r E_x}{\partial t} - 4 \pi \lambda r E_x,$$

und für den Raum des Dielektricums, wo $\lambda = 0$, $\varepsilon = \mu = 1$ ist:

(3) $$c^2 \left(r \frac{\partial}{\partial r} \frac{1}{r} \frac{\partial P}{\partial r} + \frac{\partial^2 P}{\partial x^2} \right) = \frac{\partial^2 P}{\partial t^2}.$$

Die Gleichung (2) wollen wir zwischen den Grenzen 0 und R integriren und erhalten, da M und um so mehr P für $r = 0$ verschwindet, wenn wir mit P_0 den Werth von P für $r = R$ bezeichnen, mit Rücksicht auf §. 127 (3)

(4) $$c P_0 = - \frac{\varepsilon}{2 \pi \lambda} \frac{\partial j}{\partial t} - 2 j,$$

worin sich ε und λ auf den Draht beziehen. Denken wir uns j als Function von x und t bekannt, so ist die Gleichung (4) eine Grenzbedingung, die sich auf $r = R$ bezieht. Wenn wir aber R als unendlich klein annehmen, so können wir unter P_0 auch den Werth von P für $r = 0$ verstehen, und wir werden, wenn wir die Gleichung (3) mit dieser Grenzbedingung integriren, eine Lösung erhalten, die für Werthe von r, die im Vergleich zu R gross sind, eine brauchbare Annäherung giebt.

Ausserdem wollen wir noch die Bedingung hinzunehmen, die wir im Falle des stationären Zustandes bewährt gefunden haben, dass P für $r = \infty$ nicht unendlich werden soll.

Um die Differentialgleichung (3) zu integriren, suchen wir particulare Integrale. Wir setzen

(5) $$P = e^{i(\alpha x + \beta t)} Q,$$

worin α, β Constanten sind, und Q eine Function von r allein sein soll. Dadurch ergiebt sich, wenn

(6) $$\gamma^2 = \alpha^2 - \frac{\beta^2}{c^2}$$

gesetzt wird, für Q die Differentialgleichung

(7) $$r \frac{d}{d r} \frac{1}{r} \frac{d Q}{d r} - \gamma^2 Q = 0.$$

Wenn wir hierin

$$(8) \qquad Q = r \frac{d \Psi}{d r}$$

setzen, so erhalten wir durch Integration nach r, wobei die additive Constante Null gesetzt werden kann, für Ψ die Differentialgleichung:

$$(9) \qquad \frac{1}{r} \frac{d r \frac{d \Psi}{d r}}{d r} - \gamma^2 \Psi = 0$$

oder

$$(10) \qquad \frac{d^2 \Psi}{d r^2} + \frac{1}{r} \frac{d \Psi}{d r} - \gamma^2 \Psi = 0.$$

Dies ist aber die Bessel'sche Differentialgleichung mit den beiden particularen Integralen $J(i \gamma r)$, $K(i \gamma r)$, und nach Bd. I, §. 73 (5), (6) hat diese Gleichung also auch ein particulares Integral der Form:

$$(11) \qquad \Psi = e^{-\gamma r} \sqrt{\frac{\pi}{2 \gamma r}}\, S(2 \gamma r).$$

Ein zweites particulares Integral erhält man daraus, wenn man γ in $-\gamma$ verwandelt. Da aber Ψ für ein unendlich grosses r nicht unendlich werden darf, so können wir, so lange wenigstens γ nicht rein imaginär ist, nur das eine dieser beiden Integrale beibehalten, nämlich das, in dem γ einen positiven reellen Theil hat. Dann verschwindet Ψ für ein unendliches r. Denn $S(z)$ hat für ein unendliches z, wie im §. 75 des ersten Bandes nachgewiesen ist, einen endlichen Werth.

Im Bd. I, §. 74 haben wir die Entwickelung gefunden

$$e^{-\frac{z}{2}} \sqrt{\frac{\pi}{z}}\, S(z) = \sum_{\nu=0}^{\infty} \frac{c_\nu - \log z}{\Pi(\nu)^2} \left(\frac{z}{4}\right)^{2\nu},$$

und hieraus ergiebt sich durch Differentiation:

$$(12) \qquad -z \frac{d}{d z} e^{-\frac{z}{2}} \sqrt{\frac{\pi}{z}} \cdot S(z) =$$

$$1 + \sum_{\nu=1}^{\infty} \frac{2\nu \log z + 1 - 2\nu c_\nu}{\Pi(\nu)^2} \left(\frac{z}{4}\right)^{2\nu},$$

und wenn man hierin $z = 2 \gamma r$ setzt, so erhält man einen Ausdruck, der in (5) für Q gesetzt werden kann. Der Werth von Q wird also $= 1$ für $z = 0$. Diese Function Q kann dann noch mit einem Factor multiplicirt werden, der eine willkürliche Function von α, β ist.

Nehmen wir als einfachstes Beispiel für j einen der Ausdrücke aus §. 129:

$$(13)\qquad j = A\, e^{i(\alpha x + \beta t)}$$

mit der Bedingung:

$$(14)\qquad \mu \varepsilon \beta^2 - 4\pi \mu \lambda i \beta - \alpha^2 c^2 = 0,$$

so ergiebt sich aus (4)

$$(15)\qquad c P_0 = -2A\left(1 + \frac{\varepsilon i \beta}{4\pi\lambda}\right) e^{i(\alpha x + \beta t)},$$

und folglich, wenn $Q(z)$ die durch (12) definirte Bedeutung hat:

$$(16)\qquad c P = -2A\left(1 + \frac{\varepsilon i \beta}{4\pi\lambda}\right) e^{i(\alpha x + \beta t)}\, Q(\gamma r),$$

worin $\gamma^2 = \alpha^2 - \beta^2$ zu setzen und γ mit positivem reellem Theil zu nehmen ist. A kann dann auch eine complexe Constante sein, und um einen Ausdruck mit realer Bedeutung zu erhalten, hat man für P den reellen Theil des Ausdruckes (16) zu nehmen. Diese Ausdrücke kann man dann wie im §. 129 summiren, und kann so z. B. einen willkürlich gegebenen Anfangszustand im Drahte berücksichtigen. Soll auch noch ein gegebener Anfangszustand im Felde befriedigt werden, so muss man eine Lösung der Gleichung (3) hinzufügen, die für $r = 0$ verschwindet und gegebenen Anfangswerthen von M und $\partial M/\partial t$ entspricht. Man setzt, um die Methode von §. 120 anwenden zu können, im §. 126 (7)

$$P = \int_0^r r U d r,$$

oder, was dasselbe ist

$$U = \frac{\partial r M}{r \partial r},$$

und hat dann auch gegebene Anfangswerthe von U und $\partial U/\partial t$. Diese Lösung lässt sich auch durch Bessel'sche Functionen mit reellem Argument darstellen.

Wollen wir die elektrische Componente E_x an irgend einer Stelle des Feldes bestimmen, so führt dazu die erste Gleichung (2), §. 126, die hier so lautet:

$$(17)\qquad -\frac{c}{r}\frac{\partial r M}{\partial r} = \frac{\partial E_x}{\partial t}.$$

Setzen wir hierin nach (5)

$$rM = P = e^{i(\alpha x + \beta t)} Q, \tag{18}$$

so folgt durch Integration in Bezug auf t:

$$E_x = - \frac{c}{i\beta r} \frac{dQ}{dr} e^{i(\alpha x + \beta t)}, \tag{19}$$

und nach (7) und (8) ist

$$\frac{dQ}{dr} = \gamma^2 r \Psi;$$

also erhalten wir

$$E_x = - \frac{c\gamma^2}{i\beta} e^{i(\alpha x + \beta t)} \Psi. \tag{20}$$

Diese Kraft ist es, die in einem etwa an der Stelle x, r angebrachten, zu dem ersten parallelen Draht eine inducirende Wirkung hat, und die Formel (11) zeigt, nach welchem Gesetz diese Induction mit wachsender Entfernung r der beiden Drähte abnimmt.

§. 131.

Nachweis der Uebereinstimmung der beiden Lösungen der Telegraphengleichung.

Die Lösung der Telegraphengleichung bei gegebenem Anfangszustand, die wir im §. 129 (7), (10) gefunden haben, hat eine ganz andere Form, wie die durch die Riemann'sche Methode (§. 123) erhaltene, obwohl die Grenzbedingungen ganz dieselben sind. Es ist nun von Interesse, diese beiden Resultate mit einander zu vergleichen und auf einander zurückzuführen.

Zu diesem Zweck stellen wir zunächst die beiden Formen zusammen. Es handelt sich, wenn wir die geeigneten Variablen einführen, um die Integration der Differentialgleichung:

$$\frac{\partial^2 u}{\partial x^2} - \frac{\partial^2 u}{\partial y^2} + u = 0 \tag{1}$$

unter der Bedingung, dass

$$\text{für } y = 0:\quad u = f(x), \quad \frac{\partial u}{\partial y} = F(x) \tag{2}$$

sei, wo $f(x)$ und $F(x)$ gegebene Functionen von x sind.

Der Lösung, die wir im §. 123 (3) erhalten haben, geben wir die folgende Form, indem wir x_1, y_1 durch x, y und die Integrationsvariable x durch ξ ersetzen:

(3)
$$2u = f(x-y) + f(x+y) + y\int_{x-y}^{x+y} \frac{1}{z}\frac{dv}{dz} f(\xi)\, d\xi + \int_{x-y}^{x+y} v F(\xi)\, d\xi,$$

worin

(4)
$$z = \sqrt{y^2 - (x-\xi)^2},$$

(5)
$$v = J(iz) \quad \text{(Bessel'sche Function)},$$

und hierfür können wir auch setzen

(6)
$$2u = \int_{x-y}^{x+y} v F(\xi) d\xi + \frac{\partial}{\partial y}\int_{x-y}^{x+y} v f(\xi) d\xi.$$

Die Gleichung §. 129 (1) geht aber in (1) über, wenn wir

$$c = 1,\quad \mu = 1,\quad \varepsilon = 1,\quad 2\pi\lambda = 1,\quad j = e^{-t}u$$

setzen und dann y für t schreiben. Die Gleichung §. 129 (3) wird jetzt

$$\beta^2 - 2i\beta - \alpha^2 = 0$$

und ergiebt

$$i\beta = -1 \pm i\sqrt{\alpha^2 - 1}.$$

Hiernach erhalten wir aus §. 129 (7), wenn wir

$$A = A_1 + A_2,\quad B = i(A_1 - A_2)$$

setzen:

(7)
$$u = \int_{-\infty}^{+\infty} [A\cos y\sqrt{\alpha^2-1} + B\sin y\sqrt{\alpha^2-1}]\, e^{i\alpha x}\, d\alpha,$$

und für die Functionen A, B von α erhält man aus §. 129 (10) oder aus dem Fourier'schen Lehrsatz (§. 76):

(8)
$$A = \frac{1}{2\pi}\int_{-\infty}^{+\infty} f(\xi)\, e^{-i\alpha\xi}\, d\xi,$$
$$B = \frac{1}{2\pi\sqrt{\alpha^2-1}}\int_{-\infty}^{+\infty} F(\xi)\, e^{-i\alpha\xi}\, d\xi,$$

also:

(9)
$$2u = \frac{1}{\pi}\int_{-\infty}^{+\infty} d\alpha \int_{-\infty}^{+\infty} d\xi\, e^{i\alpha(x-\xi)} \left[f(\xi)\cos y\sqrt{\alpha^2-1} + \frac{F(\xi)}{\sqrt{\alpha^2-1}}\sin y\sqrt{\alpha^2-1} \right].$$

Dies können wir endlich auch so darstellen:

$$(10)\qquad 2u = \frac{1}{\pi}\int\limits_{-\infty}^{+\infty} d\alpha \int\limits_{-\infty}^{+\infty} d\xi \,\frac{F(\xi)\sin y\sqrt{\alpha^2-1}}{\sqrt{\alpha^2-1}}\, e^{i\alpha(x-\xi)}$$

$$+\frac{1}{\pi}\frac{\partial}{\partial y}\int\limits_{-\infty}^{+\infty} d\alpha \int\limits_{-\infty}^{+\infty} d\xi \,\frac{f(\xi)\sin y\sqrt{\alpha^2-1}}{\sqrt{\alpha^2-1}}\, e^{i\alpha(x-\xi)}.$$

Zum Nachweis der Uebereinstimmung von (6) und (10) genügt es also, wenn für eine willkürliche Function $f(\xi)$ die Richtigkeit der Relation

$$(11)\qquad \frac{1}{\pi}\int\limits_{-\infty}^{+\infty} d\alpha \int\limits_{-\infty}^{+\infty} d\xi\, f(\xi)\,\frac{\sin y\sqrt{\alpha^2-1}}{\sqrt{\alpha^2-1}}\, e^{i\alpha(x-\xi)} = \int\limits_{x-y}^{x+y} v\, f(\xi)\, d\xi$$

bewiesen werden kann, in der v durch (4) und (5) bestimmt ist.

Der Beweis dieser Formel lässt sich mit Hülfe eines bestimmten Integrals aus der Theorie der Bessel'schen Functionen führen.

Wir haben nach Bd. I, §. 68 (6):

$$(12)\qquad J(x) = \frac{1}{2\pi}\int\limits_{-\pi}^{+\pi} e^{ix\cos\omega}\, d\omega$$

und daraus, wenn r, φ gegebene Grössen sind:

$$(13)\qquad \int\limits_{0}^{\pi} J(r\sin\varphi\sin\vartheta)\, e^{ir\cos\varphi\cos\vartheta}\sin\vartheta\, d\vartheta =$$

$$\frac{1}{2\pi}\int\limits_{0}^{\pi}\int\limits_{-\pi}^{+\pi} e^{ir(\cos\varphi\cos\vartheta+\sin\varphi\sin\vartheta\cos\omega)}\sin\vartheta\, d\vartheta\, d\omega.$$

Wir wollen nun φ, ϑ als Seiten, ω als den von ihnen eingeschlossenen Winkel in einem sphärischen Dreieck (abc) (Fig. 48) betrachten, so dass, wenn Θ die dem Winkel ω gegenüberliegende Seite bedeutet,

$$(14)\qquad \cos\Theta = \cos\varphi\cos\vartheta + \sin\varphi\sin\vartheta\cos\omega$$

ist, während $\sin\vartheta\, d\vartheta\, d\omega = do$ ein Flächenelement bei c auf der Einheitskugel ist. Demnach ergiebt das Integral (13)

$$\int_0^\pi J(r \sin\varphi \sin\vartheta)\, e^{ir\cos\varphi\cos\vartheta} \sin\vartheta\, d\vartheta = \frac{1}{2\pi}\int e^{ir\cos\Theta}\, do,$$

worin die Integration nach do über die ganze Kugelfläche auszudehnen ist.

Nehmen wir aber den Punkt b als Pol, so können wir dafür setzen, wenn Ω den der Seite ϑ gegenüberliegenden Winkel bedeutet:

(15) $$\frac{1}{2\pi}\int_0^\pi\int_{-\pi}^{+\pi} e^{ir\cos\Theta} \sin\Theta\, d\Theta\, d\Omega = \frac{e^{ir} - e^{-ir}}{ir},$$

und wir haben also, wenn wir

$$r\cos\varphi = m, \quad r\sin\varphi = n, \quad \cos\vartheta = \lambda$$

setzen, nach (13) die Integralformel:

(16) $$\int_{-1}^{+1} J(n\sqrt{1-\lambda^2})\, e^{im\lambda}\, d\lambda = \frac{2\sin\sqrt{m^2+n^2}}{\sqrt{m^2+n^2}}.$$

Diese Formel ist zunächst für reelle m, n bewiesen; da aber auf beiden Seiten durchaus eindeutige, endliche und stetige Functionen, auch für complexe m, n stehen, so muss diese Gleichung eine Identität sein, und wir können darin also auch m, n irgendwie complex annehmen. Setzen wir also $m = -\alpha y$, $n = iy$, und dann noch λ für $y\lambda$, so folgt:

Fig. 48.

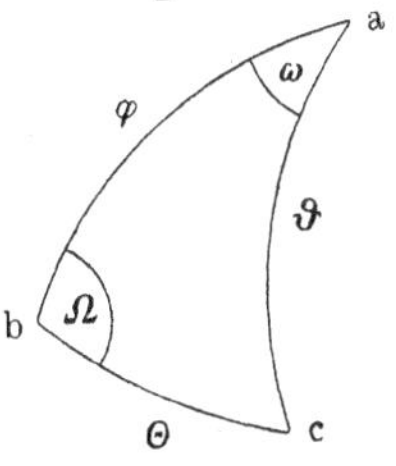

(17) $$\frac{\sin y\sqrt{\alpha^2-1}}{\sqrt{\alpha^2-1}} = \frac{1}{2}\int_{-y}^{+y} J(i\sqrt{y^2-\lambda^2})\, e^{-i\alpha\lambda}\, d\lambda.$$

Dies wenden wir an zur Umformung des Ausdruckes

(18) $$U = \frac{1}{\pi}\int_{-\infty}^{+\infty} d\alpha \int_{-\infty}^{+\infty} d\xi\, f(\xi)\, \frac{\sin y\sqrt{\alpha^2-1}}{\sqrt{\alpha^2-1}}\, e^{i\alpha(x-\xi)}.$$

Wenn wir darin die Integrationsfolge vertauschen, und für den sinus den Ausdruck aus (17) einsetzen, so folgt:

$$(19) \qquad U = \frac{1}{2\pi}\int_{-\infty}^{+\infty} f(\xi)\,d\xi \int_{-\infty}^{+\infty} d\alpha \int_{-y}^{+y} d\lambda\; J(i\sqrt{y^2-\lambda^2})\,e^{i\alpha[(x-\xi)-\lambda]},$$

und nach dem Fourier'schen Lehrsatz [§. 129 (9)] ist:

$$(20) \qquad \frac{1}{2\pi}\int_{-\infty}^{+\infty} d\alpha \int_{-y}^{+y} d\lambda\; J(i\sqrt{y^2-\lambda^2})\;e^{i\alpha[(x-\xi)-\lambda]}$$

$$= J[i\sqrt{y^2-(x-\xi)^2}] \quad \text{wenn } (x-\xi)^2 < y^2,$$
$$= 0 \qquad\qquad\qquad\qquad \text{wenn } (x-\xi)^2 > y^2.$$

Demnach folgt aus (19):

$$(21) \qquad U = \int_{x-y}^{x+y} f(\xi)\,J\,[i\sqrt{y^2-(x-\xi)^2}]\,d\xi,$$

wodurch die Formel (11) bewiesen ist.

Siebenzehnter Abschnitt.

Reflexion elektrischer Schwingungen.

---

§. 132.

Reflexion ebener elektromagnetischer Wellen.

Die elektromagnetischen Grundgleichungen haben sich am besten bewährt bei der Anwendung auf die Theorie der Versuche, die Hertz über die Fortpflanzung elektrischer Wellen angestellt und durch die er alle wesentlichen Eigenschaften der Lichterscheinungen auch an elektrischen Wellen nachgewiesen hat. Um einen Ausgangspunkt für die Theorie dieser Erscheinungen zu gewinnen, betrachten wir zunächst einen ganz einfachen Fall.

In einem unbegrenzten Felde sei ein elektromagnetischer Zustand, der nur von einer räumlichen Coordinate x und von der Zeit t abhängt. Von den sechs Componenten der elektrischen und magnetischen Kraft seien

$$E_x = 0, \quad E_y = E, \quad E_z = 0,$$
$$M_x = 0, \quad M_y = 0, \quad M_z = M$$

und E und M seien Functionen von x und t.

Die Maxwell'schen Gleichungen [Bd. I, §. 152 (4), (5)] reduciren sich bei dieser Annahme auf zwei:

$$(1) \qquad \begin{aligned} \varepsilon \frac{\partial E}{\partial t} + 4\pi\lambda E &= - c \frac{\partial M}{\partial x}, \\ c \frac{\partial E}{\partial x} &= - \mu \frac{\partial M}{\partial t}. \end{aligned}$$

Wir nehmen ferner an, dass ein von der yz-Ebene begrenzter, sonst aber unbegrenzter Leiter mit der Luft oder dem leeren Raum in Berührung stehe. Dann sind:

$$(2)\qquad \begin{array}{l} \text{für } x > 0, \quad \varepsilon = \mu = 1, \quad \lambda = 0, \\ \text{für } x < 0, \quad \varepsilon, \mu, \lambda, \quad \text{positive Constante.} \end{array}$$

Bezeichnen wir mit E, M die Werthe dieser Functionen auf der Seite der positiven x, also im Dielektricum, mit E', M' dieselben Functionen für negative x, also im Leiter, so erhalten wir noch als Grenzbedingung (Bd. I, §. 156, 1):

$$(3)\qquad \text{für } x = 0 \text{ ist} \quad E = E', \quad M = M'.$$

Zur vollständigen Bestimmung von E und M wäre noch die Kenntniss des Anfangszustandes erforderlich. Statt dessen suchen wir particulare Lösungen, wie sie aus der Annahme einfacher Sinus-Schwingungen hervorgehen. Wir setzen also:

$$(4)\qquad \begin{array}{ll} E = U e^{i\alpha t}, & E' = U' e^{i\alpha t}, \\ M = V e^{i\alpha t}, & M' = V' e^{i\alpha t}, \end{array}$$

worin U, V, U', V' Functionen von x allein sind; α ist eine reelle Constante, die mit der Schwingungsdauer der Oscillation, T, durch die Gleichung zusammenhängt:

$$\alpha = \frac{2\pi}{T}.$$

Die Ausdrücke (4) ergeben sich dann in imaginärer Form, von der im Endresultat nur der reelle Theil beizubehalten ist.

Zur Bestimmung der Functionen U, V, U', V', die gleichfalls imaginär sein können, erhalten wir nun aus (1) die folgenden Differentialgleichungen:

$$(5)\qquad \begin{array}{l} i\alpha U = -c\dfrac{dV}{dx}, \\ i\alpha V = -c\dfrac{dU}{dx}, \end{array} \qquad x > 0$$

$$(6)\qquad \begin{array}{l} (i\alpha\varepsilon + 4\pi\lambda)U' = -c\dfrac{dV'}{dx}, \\ i\alpha\mu V' = -c\dfrac{dU'}{dx}, \end{array} \qquad x < 0$$

und durch Integration von (5) erhält man:

$$(7)\qquad \begin{array}{l} U = a_1 e^{\frac{i\alpha}{c}x} + a_2 e^{-\frac{i\alpha}{c}x}, \\ V = -a_1 e^{\frac{i\alpha}{c}x} + a_2 e^{-\frac{i\alpha}{c}x}, \end{array} \qquad x > 0.$$

worin a_1, a_2 Constanten sind, die gleichfalls imaginär sein können. Um (6) zu integriren, haben wir zwei particulare Integrale:

$$(8) \qquad U' = a' e^{\alpha \frac{(\varrho + i\sigma) x}{c}}, \qquad V' = b' e^{\alpha \frac{(\varrho + i\sigma) x}{c}}, \qquad x < 0$$

zu bilden, und erhalten zunächst durch Elimination von a', b' für $\varrho + i\sigma$ die quadratische Gleichung

$$(9) \qquad (\varrho + i\sigma)^2 = i\mu \left(i\varepsilon + \frac{4\pi\lambda}{\alpha}\right) = -\mu\varepsilon + 2i\mu T\lambda.$$

Wenn λ nicht verschwindet, so ist der Ausdruck auf der rechten Seite nicht negativ reell, und folglich kann ϱ nicht gleich Null sein. Wir setzen also

$$(10) \qquad \varrho + i\sigma = \sqrt{-\mu\varepsilon + 2i\mu T\lambda},$$

und behalten von den beiden Werthen der Wurzel nur den einen bei, in dem der reelle Theil ϱ einen positiven Werth hat. Denn bei negativem ϱ würden die Ausdrücke (8) für ein unendlich grosses negatives x unendlich gross werden, was unmöglich ist. Zwischen a' und b' ergiebt sich aus (6) noch die Beziehung

$$(11) \qquad b' = -a' \frac{\varrho + i\sigma}{i\mu},$$

und a' ist eine Constante, die ebenfalls imaginär sein kann.

Um nun das Ergebniss in reelle Form zu bringen, ersetzen wir a_1, a_2, a' durch $a_1 + ib_1$, $a_2 + ib_2$, $a' + ib'$, und verstehen unter $a_1, b_1, a_2, b_2, a', b'$ reelle Constanten. Dann ergiebt sich aus (7), (4):

$$E = (a_1 + ib_1) e^{i\alpha\left(t + \frac{x}{c}\right)} + (a_2 + ib_2) e^{i\alpha\left(t - \frac{x}{c}\right)},$$

und wenn wir nur den reellen Theil beibehalten für $x > 0$:

$$(12) \qquad \begin{aligned} E = {} & a_1 \cos\alpha\left(t + \frac{x}{c}\right) + a_2 \cos\alpha\left(t - \frac{x}{c}\right) \\ & - b_1 \sin\alpha\left(t + \frac{x}{c}\right) - b_2 \sin\alpha\left(t - \frac{x}{c}\right), \end{aligned}$$

und ebenso

$$(13) \qquad \begin{aligned} M = {} & -a_1 \cos\alpha\left(t + \frac{x}{c}\right) + a_2 \cos\alpha\left(t - \frac{x}{c}\right) \\ & + b_1 \sin\alpha\left(t + \frac{x}{c}\right) - b_2 \sin\alpha\left(t - \frac{x}{c}\right). \end{aligned}$$

Diese Ausdrücke sind auch in Bezug auf x periodisch, und ihre Periode L, die die Wellenlänge genannt wird, hängt mit der Schwingungsdauer T durch die Gleichung zusammen:

$$(14) \qquad L = \frac{2\pi c}{\alpha} = c\,T,$$

wonach das Verhältniss zwischen der Wellenlänge und Schwingungsdauer (im leeren Raume und in der Luft) gleich der Lichtgeschwindigkeit ist.

Setzen wir noch, indem wir mit A_1, A_2, α_1, α_2 neue Constanten bezeichnen:

$$(15) \qquad \begin{aligned} a_1 &= A_1 \cos \alpha_1, & b_1 &= A_1 \sin \alpha_1, \\ a_2 &= A_2 \cos \alpha_2, & b_2 &= A_2 \sin \alpha_2, \end{aligned}$$

so erhalten wir

$$(16) \qquad \begin{aligned} E &= \quad A_1 \cos \left[\alpha\left(t + \frac{x}{c}\right) + \alpha_1\right] + A_2 \cos \left[\alpha\left(t - \frac{x}{c}\right) + \alpha_2\right], \\ M &= -A_1 \cos \left[\alpha\left(t + \frac{x}{c}\right) + \alpha_1\right] + A_2 \cos \left[\alpha\left(t - \frac{x}{c}\right) + \alpha_2\right], \end{aligned}$$

wofür wir auch abgekürzt setzen:

$$(17) \qquad \begin{aligned} E &= \quad A_1 \cos \Theta_1 + A_2 \cos \Theta_2, \\ M &= -A_1 \cos \Theta_1 + A_2 \cos \Theta_2. \end{aligned}$$

Der erste Theil in diesen beiden Ausdrücken, der von Θ_1 abhängt, bleibt ungeändert, wenn die Zeit t um ebenso viel wächst, als x/c abnimmt, und stellt daher eine in der Richtung der negativen x-Axe laufende Welle dar. Ebenso stellt der zweite eine in der Richtung der positiven x laufende Welle dar. Betrachten wir die Ebene $x = 0$ als spiegelnde Fläche, so können wir die erste die einfallende, die zweite die reflectirte Welle nennen.

Unter der Phase einer Welle, die durch einen einfachen Cosinus dargestellt ist, versteht man den Ueberschuss des unter dem Cosinus-Zeichen stehenden Winkels über das nächst kleinere Vielfache von 2π. Es haben daher nach (16) die elektrischen und magnetischen Wellen die gleiche Phase. Dagegen wird bei der einfallenden und der reflectirten Welle im Allgemeinen ein Phasenunterschied stattfinden.

Die absoluten Werthe der Coëfficienten A_1, A_2 heissen die Amplituden der beiden Wellen. Nach Bd. I, §. 153 ergiebt sich für die einfallende Welle der Energiestrom in der Richtung der negativen x-Axe $A_1^2 \cos^2 \Theta_1$ und für die reflectirte Welle in der Richtung der positiven x-Axe $A_2^2 \cos^2 \Theta_2$. Die Quadrate der Amplituden A_1^2, A_2^2 heissen die Intensitäten der beiden Wellen. Um aber die Beziehung zwischen den Phasen und Amplituden der beiden Wellen zu finden, müssen wir auf den Vorgang im Leiter, also auf die Ausdrücke E' und M' und die Grenzbedingungen (3) eingehen.

§. 133.

Eindringen der Welle in den Leiter.

Für die in den Leiter eindringende Welle, also für $x < 0$, erhalten wir, wenn wir $a' + ib'$ für a' in (8) einsetzen, nach (4) und (11) (§. 132):

$$\begin{aligned} E' &= \quad (a' + ib')\, e^{\frac{2\pi\varrho x}{Tc}}\, e^{i\alpha\left(t + \frac{\sigma x}{c}\right)}, \\ \mu M' &= -(a' + ib')(\sigma - i\varrho)\, e^{\frac{2\pi\varrho x}{Tc}}\, e^{i\alpha\left(t + \frac{\sigma x}{c}\right)}, \end{aligned} \tag{1}$$

oder wenn wir setzen:

$$a' + ib' = A' e^{i\alpha'}, \qquad \sigma - i\varrho = R e^{ir} \tag{2}$$

und den reellen Theil beibehalten:

$$\begin{aligned} E' &= \quad A' e^{\frac{2\pi\varrho x}{Tc}} \cos\left[\alpha\left(t + \frac{\sigma x}{c}\right) + \alpha'\right], \\ \mu M' &= -R A' e^{\frac{2\pi\varrho x}{Tc}} \cos\left[\alpha\left(t + \frac{\sigma x}{c}\right) + \alpha' + r\right]. \end{aligned} \tag{3}$$

Es dringt also nur eine Welle in das Innere des Leiters vor, und zwar mit der Fortpflanzungsgeschwindigkeit

$$c' = \frac{c}{\sigma}.$$

Die Schwingungsdauer ist dieselbe wie im Dielektricum, aber die Wellenlänge ist

$$L' = \frac{L}{\sigma}.$$

Es findet ausserdem eine Phasendifferenz zwischen der elektrischen und magnetischen Welle statt, die durch die Grösse r ausgedrückt ist.

Beide Componenten E' und M' haben den Factor

(4) $$D = e^{\frac{2\pi\varrho x}{Tc}} = e^{\frac{2\pi\varrho x}{L}},$$

der um so kleiner wird, je grösser $-x$ wird, der also eine Dämpfung der Welle beim Fortschreiten bedeutet.

Um nun die Beziehung zwischen der einfallenden, der reflectirten und der eindringenden Welle zu erhalten, müssen wir auf die Grenzbedingungen §. 132 (3) zurückgehen.

Wir erhalten für $x = 0$ aus (3) und §. 132 (16):

(5) $$\begin{aligned} E &= \quad A_1 \cos(\alpha t + \alpha_1) + A_2 \cos(\alpha t + \alpha_2), \\ M &= -A_1 \cos(\alpha t + \alpha_1) + A_2 \cos(\alpha t + \alpha_2); \end{aligned}$$

(6) $$\begin{aligned} E' &= \quad A' \cos(\alpha t + \alpha'), \\ \mu M' &= -R A' \cos(\alpha t + \alpha' + r), \end{aligned}$$

und da für $x = 0$ und für alle Zeit $E = E'$, $M = M'$ sein soll, so folgt:

(7) $$\begin{aligned} A' \cos\alpha' &= A_1 \cos\alpha_1 + A_2 \cos\alpha_2, \\ A' \sin\alpha' &= A_1 \sin\alpha_1 + A_2 \sin\alpha_2; \end{aligned}$$

(8) $$\begin{aligned} R A' \cos(\alpha' + r) &= \mu(A_1 \cos\alpha_1 - A_2 \cos\alpha_2), \\ R A' \sin(\alpha' + r) &= \mu(A_1 \sin\alpha_1 - A_2 \sin\alpha_2). \end{aligned}$$

Hierin sind R, r, μ als gegebene Constanten zu betrachten, die von der Natur des Mittels und von der Schwingungsdauer des einfallenden Lichtes abhängen [§. 132 (10)], und man hat also in (7) und (8) vier lineare Gleichungen, aus denen $A_2 \cos\alpha_2$, $A_2 \sin\alpha_2$, $A' \cos\alpha'$, $A' \sin\alpha'$ bestimmt werden können, wenn $A_1 \cos\alpha_1$, $A_1 \sin\alpha_1$, d. h. Amplitude und Phase der einfallenden Welle gegeben sind. Der Phasenunterschied $\alpha_1 - \alpha_2$ ist ausser von den Constanten des reflectirenden Mediums von der Schwingungsdauer T abhängig.

Der dämpfende Factor D hängt, wie man aus (4) sieht, vom Leitvermögen λ und von der Wellenlänge L oder der Schwingungsdauer T ab. Nehmen wir das Product $T\lambda$, was eine reine Zahl ist, im Vergleich zu $\varepsilon\mu$ als sehr gross an, so ergiebt sich aus §. 132 (10) (wegen $\sqrt{2i} = 1 + i$) der genäherte Werth

$$\varrho = \sqrt{T\lambda\mu},$$

also

(9) $$\frac{\varrho}{T} = \sqrt{\frac{\lambda\mu}{T}}.$$

Je grösser dieser Werth ist, um so weniger tief wird die Welle in den Leiter merklich eindringen, und bei genügend grossem Werthe wird man das Eindringen gänzlich vernachlässigen können. Solche Körper, bei denen dies gestattet ist, bei denen also von dem Eindringen elektromagnetischer Wellen gänzlich abgesehen werden kann, heissen nach Hertz vollkommene Leiter[1]), und die Metalle können erfahrungsmässig zu diesen gerechnet werden.

Ob aber ein Körper als vollkommener Leiter zu betrachten ist oder nicht, wird ausser von seinem Leitvermögen auch noch von der Wellenlänge oder der Schwingungsdauer der einfallenden Welle abhängen und wird bei schnelleren Oscillationen eher gestattet sein als bei langsamen.

Wenn man einen vollkommenen Leiter annehmen darf, so hat man sich nur noch mit der einfallenden und reflectirten Welle zu befassen, und die Grenzbedingung reducirt sich einfach darauf, dass an der Grenze des Leiters

$$E = 0$$

sein muss.

Die erste Gleichung (5) ergiebt dann für diesen Fall

$$A_2 = -A_1, \qquad \alpha_2 = \alpha_1.$$

Die magnetische Componente wird an der Grenze nicht gleich Null, und es muss, was auch der Factor R in den Formeln (3) anzeigt, noch ein gewisses Eindringen der magnetischen Welle in den Leiter angenommen werden.

---

[1]) Bei den schnellsten von Hertz angewandten Schwingungen ist $T = 22 \, . \, 10^{-10}$ und für ein Metall von hohem Leitvermögen, etwa wie Silber, ist das hier im elektrostatischen Maasse zu messende λ abgerundet gleich $\frac{9}{16} \cdot 10^{15}$, folglich ist

$$\frac{\lambda}{T} = \frac{9 \, . \, 10^{25}}{16 \, . \, 22}$$

oder ungefähr $26 \, . \, 10^{22}$. Für Lichtschwingungen von der Farbe der Natriumlinie ist

$$T = \frac{589}{3} \, 10^{-17}$$

und folglich $\frac{\lambda}{T}$ ungefähr $3 \, . \, 10^{29}$.

§. 134.

Kugelförmiger Leiter.

Wir betrachten nun die elektromagnetischen Wellen, die sich bilden können, wenn ein vollkommener Leiter, wie wir ihn im vorigen Paragraphen definirt haben, von zunächst noch beliebiger Gestalt von einem unbegrenzten Dielektricum umgeben ist. An der Grenze des Leiters sind dann die Tangentialcomponenten der elektrischen Kraft gleich Null anzunehmen, und hierdurch und durch den Anfangszustand und durch das Verhalten im Unendlichen ist nach Bd. I, §. 156 die Lösung des Problems vollständig bestimmt.

Um einen einfachen Fall zu betrachten, wollen wir einen kugelförmigen Leiter annehmen, dessen Radius wir mit a bezeichnen. Wir führen dann naturgemäss Polarcoordinaten r, ϑ, φ ein, und erhalten die Gleichungen aus §. 125 (2), (3). Es ist dann

$$ds^2 = dr^2 + r^2 d\vartheta^2 + r^2 \sin^2\vartheta\, d\varphi^2,$$

und wir haben dann in den erwähnten Gleichungen

$$p,\ q,\ r,\qquad e,\ e',\ e''$$

durch

$$r,\ \vartheta,\ \varphi,\qquad 1,\ r^2,\ r^2\sin^2\vartheta$$

zu ersetzen, weil dr, $d\vartheta$, $d\varphi$ [nach Bd. I, §. 42 (6)] ein Rechtssystem bilden.

Es ergiebt sich dann nach §. 125 (2), (3) für das Dielektricum das folgende System von Differentialgleichungen:

$$(1)\qquad \begin{aligned} \frac{c}{r^2\sin\vartheta}\left(\frac{\partial r\sin\vartheta\, M_\varphi}{\partial\vartheta} - \frac{\partial r M_\vartheta}{\partial\varphi}\right) &= \frac{\partial E_r}{\partial t}, \\ \frac{c}{r\sin\vartheta}\left(\frac{\partial M_r}{\partial\varphi} - \frac{\partial r\sin\vartheta\, M_\varphi}{\partial r}\right) &= \frac{\partial E_\vartheta}{\partial t}, \\ \frac{c}{r}\left(\frac{\partial r M_\vartheta}{\partial r} - \frac{\partial M_r}{\partial\vartheta}\right) &= \frac{\partial E_\varphi}{\partial t}. \end{aligned}$$

$$(2)\qquad \begin{aligned} \frac{c}{r^2\sin\vartheta}\left(\frac{\partial r\sin\vartheta\, E_\varphi}{\partial\vartheta} - \frac{\partial r E_\vartheta}{\partial\varphi}\right) &= -\frac{\partial M_r}{\partial t}, \\ \frac{c}{r\sin\vartheta}\left(\frac{\partial E_r}{\partial\varphi} - \frac{\partial r\sin\vartheta\, E_\varphi}{\partial r}\right) &= -\frac{\partial M_\vartheta}{\partial t}, \\ \frac{c}{r}\left(\frac{\partial r E_\vartheta}{\partial r} - \frac{\partial E_r}{\partial\vartheta}\right) &= -\frac{\partial M_\varphi}{\partial t}. \end{aligned}$$

Für die Oberfläche der Kugel, deren Radius wir mit a bezeichnen, haben wir die Grenzbedingung:

(3) $$E_\vartheta = 0, \qquad E_\varphi = 0 \qquad \text{für } r = a.$$

Hierzu kommen noch die beiden Gleichungen (5), (6), §. 125:

(4) $$\frac{\partial r^2 \sin\vartheta \, E_r}{\partial r} + \frac{\partial r \sin\vartheta \, E_\vartheta}{\partial \vartheta} + \frac{\partial r \, E_\varphi}{\partial \varphi} = 0,$$

(5) $$\frac{\partial r^2 \sin\vartheta \, M_r}{\partial r} + \frac{\partial r \sin\vartheta \, M_\vartheta}{\partial \vartheta} + \frac{\partial r \, M_\varphi}{\partial \varphi} = 0.$$

Wenn man die erste Gleichung (1) nach t differentiirt und dann für $\partial M_\varphi / \partial t$, $\partial M_\vartheta / \partial t$ die Werthe aus (2) setzt, so ergiebt sich mit Benutzung von (4) eine Differentialgleichung für E_r:

(6) $$\frac{\partial^2 E_r}{\partial t^2} = c^2 \left[\frac{\partial^2 r^2 E_r}{r^2 \partial r^2} + \frac{\partial \sin\vartheta \dfrac{\partial E_r}{\partial \vartheta}}{r^2 \sin\vartheta \, \partial \vartheta} + \frac{1}{r^2 \sin^2\vartheta} \frac{\partial^2 E_r}{\partial \varphi^2} \right],$$

und aus (3) und (4) ergiebt sich für E_r die Grenzbedingung

(7) $$\frac{\partial r^2 E_r}{\partial r} = 0 \qquad \text{für } r = a.$$

Mit Benutzung der Umformung des Ausdruckes ΔU auf Polarcoordinaten [Bd. I, §. 42 (11)] können wir die Gleichung (6) auch in der Form der Wellengleichung darstellen:

(8) $$\frac{\partial^2 r E_r}{\partial t^2} = c^2 \Delta (r E_r).$$

Es kommt ausserdem noch eine Bedingung im Unendlichen hinzu, die von der besonderen Natur der Aufgabe abhängt.

Um ein Beispiel zu geben, wollen wir annehmen, dass ein in der Richtung der positiven z-Axe fortschreitender ebener Wellenzug auf die Kugel trifft. Im Unendlichen ist dann der Einfluss der Kugel nicht mehr merklich, und die Bewegung geschieht so, als wenn die Kugel nicht vorhanden wäre. Wir wollen annehmen, dass bei der ebenen Welle die elektrische Kraft parallel der x-Axe sei. Dann können wir, wenn wir mit C die Amplitude bezeichnen, nach §. 132 den elektrischen Vector so darstellen:

(9) $$E_x = C e^{ik(ct-z)},$$

worin k eine Constante ist, die bei einer rein periodischen Bewegung reell ist, bei einer gedämpften Bewegung einen negativen imaginären Bestandtheil hat. Wäre die Kugel also nicht vorhanden, so wäre

$$E_r = E_x \cos(r, x) = E_x \sin\vartheta \cos\varphi,$$

wenn wir das Azimuth φ von der xz-Ebene aus rechnen.

Wir erhalten also für unendlich grosse Werthe von r die Bedingung

(10) $$E_r = C e^{ik(ct - r\cos\vartheta)} \sin\vartheta \cos\varphi.$$

Wir wollen diese Bedingung etwas allgemeiner fassen und annehmen, es sei Φ irgend eine gegebene Function, die im ganzen Felde der Bedingung

(11) $$\frac{\partial^2 \Phi}{\partial t^2} = c^2 \Delta \Phi$$

genügt, der sich die Function $r E_r$ im Unendlichen asymptotisch anschliesst. Setzen wir dann

(12) $$r E_r - \Phi = W,$$

so hat W nach (8) und (11) den Bedingungen zu genügen:

(13) $$\frac{\partial^2 W}{\partial t^2} = c^2 \Delta W,$$

im ganzen Felde ausserhalb der Kugel,

(14) $$W = 0 \quad \text{im Unendlichen},$$

(15) $$\frac{\partial r W}{\partial r} + \frac{\partial r \Phi}{\partial r} = 0 \quad \text{für } r = a \text{ [nach (7)].}$$

Hierdurch sind die Bedingungen für die Componente E_r vollständig von den übrigen getrennt, und man kann diese Componente für sich bestimmen. Wenn aber diese Bestimmung auch gelungen ist, so können damit die übrigen Componenten doch noch nicht ohne neue Integration bestimmt werden. Man muss etwa noch die Function M_r ermitteln, für die man dieselbe Differentialgleichung erhält wie für E_r, nämlich:

(16) $$\frac{\partial^2 r M_r}{\partial t^2} = c^2 \Delta (r M_r),$$

und aus der ersten Gleichung (2) erhält man als Grenzbedingung die, dass M_r für $r = a$ von der Zeit unabhängig sein soll.

Wenn man M_r und E_r als bekannt ansieht, so erhält man aus (2) und (4) Differentialgleichungen für E_φ und E_ϑ, in denen nach der Variablen r nicht mehr differentiirt ist.

Wir wollen im Folgenden noch Einiges über die Integration der Differentialgleichung (16) ausführen, unter der Voraussetzung, dass M_r an der Oberfläche der Kugel gleich Null oder gleich einer gegebenen Function vom Ort und von der Zeit sein soll. Aehnliche Betrachtungen lassen sich über E_r machen, nur dass da nach (7) nicht die Function E_r selbst, sondern $\partial r^2 E_r / \partial r$ an der Oberfläche gegeben ist.

§. 135.

Particulare Integrale.

Die Differentialgleichung §. 134 (16) nimmt, wenn $rM = U$ gesetzt wird, auf Polarcoordinaten bezogen, die Gestalt an:

$$(1)\quad \frac{\partial^2 U}{\partial t^2} = c^2 \left(\frac{\partial^2 r U}{r \partial r^2} + \frac{1}{r^2 \sin\vartheta} \frac{\partial \sin\vartheta \dfrac{\partial U}{\partial \vartheta}}{\partial \vartheta} + \frac{1}{r^2 \sin^2\vartheta} \frac{\partial^2 U}{\partial \varphi^2} \right),$$

und es ist leicht, particulare Integrale von ihr zu finden. Wir setzen

$$(2)\quad U = e^{ikt} R Z_n$$

und verstehen unter k eine Constante, die reell oder complex sein kann, unter Z_n eine allgemeine Kugelfunction n^{ter}-Ordnung, d. h. eine Lösung der Differentialgleichung:

$$(3)\quad \frac{1}{\sin\vartheta} \frac{\partial \sin\vartheta \dfrac{\partial Z_n}{\partial \vartheta}}{\partial \vartheta} + \frac{1}{\sin^2\vartheta} \frac{\partial^2 Z_n}{\partial \varphi^2} + n(n+1) Z_n = 0.$$

Soll dann Z_n auf der ganzen Kugelfläche endlich und stetig sein, so muss, wie im §. 116 des ersten Bandes gezeigt ist, n eine ganze Zahl sein, die wir $\gtreqless 0$ annehmen können. Die Function Z_n enthält [Bd. I, §. 115 (12)] $2n + 1$ unbestimmte constante Coëfficienten, die hier auch complex angenommen werden können.

Von R nehmen wir an, dass es eine Function von r allein sei, und erhalten daraus nach (1) die Differentialgleichung für R:

$$(4)\quad \frac{d^2 r R}{r\, d r^2} + \left(\frac{k^2}{c^2} - \frac{n(n+1)}{r^2} \right) R = 0.$$

Auf diese Differentialgleichung sind wir bereits bei der Theorie der Wärmeleitung in der Kugel gekommen und haben dort dafür die Integrale gefunden [§. 55 (8), §. 56 (5)]:

(5)
$$R_1 = e^{+\frac{ikr}{c}} \sum_{\nu=0}^{n} \left(-\frac{2ikr}{c}\right)^{-\nu-1} \frac{\Pi(n+\nu)}{\Pi(n-\nu)\Pi(\nu)},$$
$$R_2 = e^{-\frac{ikr}{c}} \sum_{\nu=0}^{n} \left(+\frac{2ikr}{c}\right)^{-\nu-1} \frac{\Pi(n+\nu)}{\Pi(n-\nu)\Pi(\nu)}.$$

Für R kann eine lineare Combination $A_1 R_1 + A_2 R_2$ dieser beiden particularen Lösungen gesetzt werden, worin A_1 und A_2 auch complex sein können, und man erhält so aus (2) einen complexen Ausdruck, von dem im Endresultat nur der reelle Theil beizubehalten ist.

§. 136.

Anfangszustand.

Wenn U an der Kugeloberfläche, also für $r = a$ verschwinden soll, so kann man das Verhältniss der Constanten A_1, A_2 in $A_1 R_1 + A_2 R_2$ so bestimmen, dass R für $r = a$ verschwindet. Man setze etwa:

(1)
$$iR = R_2(a) R_1(r) - R_1(a) R_2(r),$$

so dass R reell wird. Dann ergiebt sich aus (2), §. 135:

(2)
$$U = e^{ikt} R(X_n + i Y_n),$$

wenn $Z_n = X_n + i Y_n$ gesetzt ist und X_n, Y_n reelle Kugelfunctionen bedeuten. In reeller Form ergiebt sich

(3)
$$U = R(X_n \cos kt - Y_n \sin kt).$$

Für k ergiebt sich hier nun keine weitere Bedingung, und wir können dem k alle reellen positiven Werthe beilegen. Die Constanten der Kugelfunctionen X_n, Y_n können willkürliche Functionen von k sein, und man kann eine Summe solcher Ausdrücke U nehmen. Es ergiebt sich dann:

(4)
$$U = \sum_{n=0}^{\infty} \int_0^{\infty} R(X_n \cos kt + Y_n \sin kt)\, dk,$$

und es müssten also, wenn $U = f$, $\partial U / \partial t = F$ für $t = 0$ gegebene Ortsfunctionen sind, diese willkürlichen Functionen so bestimmt werden, dass

$$(5)\qquad \begin{aligned} f &= \sum_{n=0}^{\infty} \int_0^{\infty} R\, X_n\, dk, \\ F &= \sum_{n=0}^{\infty} \int_0^{\infty} R\, Y_n\, k\, dk. \end{aligned}$$

Wenn man die Functionen f, F für ein unbestimmtes r nach Kugelfunctionen entwickelt, so erhält man aus (5) die Aufgabe, eine gegebene Function $\psi(r)$ von r durch Bestimmung der Function $\varphi(k)$ durch ein Integral der Form

$$(6)\qquad \psi(r) = \int_0^{\infty} R\, \varphi(k)\, dk$$

darzustellen. Eine solche Darstellung wäre analog dem Fourier'schen Lehrsatze.

Anders verhält sich die Sache, wenn wir eine von zwei concentrischen Kugelflächen begrenzte Schale betrachten, und annehmen, dass an beiden Kugelflächen $U = 0$ sein soll. Dann ergiebt sich, wenn a und b die beiden Kugelradien sind, aus (1) die Gleichung

$$(7)\qquad R_2(a)\, R_1(b) - R_1(a)\, R_2(b) = 0,$$

was eine transcendente Gleichung für k ist, von der sich nachweisen lässt, dass sie nur reelle Wurzeln hat. Während also im vorigen Falle alle Werthe von k vorkamen, bleiben hier nur gewisse discrete Werthe, die den Eigenschwingungen der Kugelschale entsprechen. Es ergiebt sich dann anstatt der Gleichung (4):

$$(8)\qquad U = \sum_{n=0}^{\infty} \sum_{k} R\,(X_n \cos k t + Y_n \sin k t),$$

worin sich die Summation in Bezug auf k auf alle Wurzeln der transcendenten Gleichung (7) bezieht, und die Bestimmung der Coëfficienten aus dem Anfangszustande fordert dann die Darstellung einer gegebenen Function $\psi(r)$ durch eine Reihe von der Form:

$$(9)\qquad \psi(r) = \sum_{k} A_k\, R_k,$$

worin die A_k Constanten sind, wenn mit R_k die Function R für ein bestimmtes k bezeichnet wird.

Setzen wir aber in der Differentialgleichung §. 135 (4) für k zwei verschiedene Werthe k_1, k_2, so ergiebt sich:

$$\frac{d^2 r R_{k_1}}{d r^2} = \left(\frac{n(n+1)}{r^2} - \frac{k_1^2}{c^2}\right) r R_{k_1},$$

$$\frac{d^2 r R_{k_2}}{d r^2} = \left(\frac{n(n+1)}{r^2} - \frac{k_2^2}{c^2}\right) r R_{k_2},$$

und wenn man die erste dieser Gleichungen mit $r R_{k_2}$, die zweite mit $r R_{k_1}$ multiplicirt und subtrahirt, so folgt:

$$\frac{d}{dr}\left(r R_{k_2} \frac{d r R_{k_1}}{d r} - r R_{k_1} \frac{d r R_{k_2}}{d r}\right) = \frac{k_2^2 - k_1^2}{c^2} r^2 R_{k_1} R_{k_2},$$

und folglich durch Integration zwischen den Grenzen a und b, wenn k_1^2 und k_2^2 von einander verschieden sind, da R_{k_1}, R_{k_2} an beiden Grenzen verschwinden:

$$(10) \qquad \int_a^b R_{k_1} R_{k_2} r^2 d r = 0,$$

und hierdurch lassen sich in der Entwickelung (9) die Coëfficienten A_k nach der Fourier'schen Methode bestimmen. Hieraus würde sich wohl auch durch den Grenzübergang zu $b = \infty$ die Integraldarstellung (6) ableiten lassen.

§. 137.

Periodische Lösungen.

Wenn die Function U an der Kugeloberfläche gleich einer gegebenen Function Φ der Zeit sein soll, so ist dadurch die Function nicht völlig bestimmt, sondern man kann eine beliebige Lösung hinzufügen, die an der Oberfläche verschwindet, wie wir sie im vorigen Paragraphen betrachtet haben, d. h. man kann noch einen beliebigen Anfangszustand hinzufügen. Andererseits kann man, wenn irgend eine particulare Lösung U gefunden ist, die an der Oberfläche in Φ übergeht, daraus jede andere Lösung herleiten, indem man einen geeigneten Anfangszustand annimmt.

Wir wollen hier die particulare Lösung §. 135 (2):

$$(1) \qquad U = e^{ikt} R Z_n$$

betrachten, worin wir unter k eine irgend wie gegebene Constante verstehen. Ist k reell, so ist durch (1) ein in Bezug auf die Zeit periodischer Zustand, eine Wellenbewegung, dargestellt.

Um die Bedeutung dieses Ausdruckes etwas näher zu discutiren, setzen wir, um in den Functionen §. 135 (5) das Reelle vom Imaginären zu trennen:

$$(2)\quad \sum_{\nu=0}^{n}\left(\frac{2ikr}{c}\right)^{-\nu-1}\frac{\Pi(n+\nu)}{\Pi(n-\nu)\Pi(\nu)} = i(S_1+iS_2) = iSe^{ik\varrho},$$

also

$$S_1 = S\cos k\varrho,\qquad S_2 = S\sin k\varrho$$

und erhalten

$$(3)\quad \begin{aligned} R_1 &= -\,iSe^{ik\left(\frac{r}{c}-\varrho\right)},\\ R_2 &= \quad iSe^{-ik\left(\frac{r}{c}-\varrho\right)}, \end{aligned}$$

und hierin sind S und ϱ reelle Functionen von r. Die Function

$$S = \sqrt{S_1^2+S_2^2}$$

verschwindet mit unendlich wachsendem r. Die Reihe S_1 beginnt mit der $(-1)^{\text{ten}}$, S_2 mit der $(-2)^{\text{ten}}$ Potenz von r; also verschwindet $S_2 / S_1 = \operatorname{tang} k\varrho$ für ein unendlich wachsendes r, und folglich nähert sich ϱ der Grenze Null.

Ebenso setzen wir

$$(4)\quad iZ_n = iX_n - Y_n = Pe^{ik\Theta},$$

worin P und Θ reelle Functionen auf der Einheitskugel sind, die überall endliche Werthe haben, und die noch $4n+2$ willkürliche reelle Constanten enthalten. Einen willkürlichen complexen constanten Factor des ganzen Ausdruckes brauchen wir dann nicht mehr zu berücksichtigen.

Wir erhalten demnach aus (1), (3) und (4) die beiden particularen Lösungen:

$$\begin{aligned} U_1 &= -\,PSe^{ik\left(t+\frac{r}{c}-\varrho+\Theta\right)},\\ U_2 &= \quad PSe^{ik\left(t-\frac{r}{c}+\varrho+\Theta\right)}, \end{aligned}$$

oder in reeller Form:

$$\begin{aligned} U_1 &= -\,PS\cos k\left(t+\frac{r}{c}-\varrho+\Theta\right),\\ U_2 &= \quad PS\cos k\left(t-\frac{r}{c}+\varrho+\Theta\right), \end{aligned}$$

von denen die erste eine aus dem Unendlichen mit der Geschwindigkeit c hereinlaufende, die zweite eine mit derselben Geschwindigkeit ins Unendliche hinauslaufende Welle darstellt.

§. 138.

Zusammenziehung der Maxwell'schen Gleichungen.

Die Integration, die wir im §. 135 durchgeführt haben, lieferte uns zunächst nur die eine Componente E_r oder M_r, und es ist darum ein Verfahren wünschenswerth, das uns die sämmtlichen Componenten mit einem Schlage liefert, oder wenigstens particulare Werthe, aus denen man durch willkürliche Constanten die allgemeinen Ausdrücke zusammensetzen kann, mit denen man noch gegebenen Grenz- und Anfangsbedingungen genügen kann.

Für den Fall der Polarcoordinaten ist diese Aufgabe dadurch complicirt, dass die in den einzelnen Componenten auftretenden Kugelfunctionen nicht dieselben Constanten enthalten. Trotzdem lässt sich auf dem folgenden Wege eine allgemeine Lösung finden.

Für die Schwingungen im Dielektricum ($\mu = \varepsilon = 1$, $\lambda = 0$) haben wir die beiden Maxwell'schen Vectorgleichungen (§. 119, I, II):

$$(1) \qquad \begin{aligned} c \operatorname{curl} \mathfrak{M} &= \frac{\partial \mathfrak{E}}{\partial t}, \\ c \operatorname{curl} \mathfrak{E} &= -\frac{\partial \mathfrak{M}}{\partial t}, \end{aligned}$$

und diese beiden Gleichungen lassen sich zu einer vereinigen, wenn wir die erste mit i multipliciren und zur zweiten addiren:

$$(2) \qquad c \operatorname{curl} (\mathfrak{E} + i \mathfrak{M}) = i \frac{\partial (\mathfrak{E} + i \mathfrak{M})}{\partial t}.$$

Eine ähnliche Reduction lässt sich aber mit geringen Modificationen auch anwenden, wenn Leiter im Felde sind, vorausgesetzt, dass ε, μ, λ Constanten sind, die übrigens in verschiedenen Theilen des Feldes verschiedene Werthe haben können. Es gelten dann die allgemeinen Gleichungen:

$$(3) \qquad \begin{aligned} c \operatorname{curl} \mathfrak{M} &= \varepsilon \frac{\partial \mathfrak{E}}{\partial t} + 4 \pi \lambda \mathfrak{E}, \\ c \operatorname{curl} \mathfrak{E} &= -\mu \frac{\partial \mathfrak{M}}{\partial t}. \end{aligned}$$

Wir machen, um particulare Integrale zu ermitteln, zunächst, ähnlich wie im §. 135, die Annahme:

$$(4) \qquad \mathfrak{E} = e^{ikt}\,\mathfrak{E}_1, \qquad \mathfrak{M} = e^{ikt}\,\mathfrak{M}_1,$$

worin $\mathfrak{E}_1$, $\mathfrak{M}_1$ Vectoren bedeuten, die von t unabhängig sind. Ist k reell, so stellen die Ausdrücke (4) einen zeitlich periodischen Vorgang dar. Hat k einen positiv imaginären Bestandtheil, so findet eine zeitliche Dämpfung statt.

Für $\mathfrak{E}_1$ und $\mathfrak{M}_1$ erhalten wir aus (3) die Gleichungen:

$$c \operatorname{curl} \mathfrak{M}_1 = (\varepsilon ik + 4\pi\lambda)\,\mathfrak{E}_1$$
$$c \operatorname{curl} \mathfrak{E}_1 = -\mu ik\,\mathfrak{M}_1$$

und wenn man die erste von diesen Gleichungen mit einem unbestimmten constanten Coëfficienten σ multiplicirt und beide addirt:

$$(5) \qquad c \operatorname{curl} (\mathfrak{E}_1 + \sigma\,\mathfrak{M}_1) = (\varepsilon ik + 4\pi\lambda)\,\sigma\,\mathfrak{E}_1 - \mu ik\,\mathfrak{M}_1.$$

Wir bestimmen nun σ so, dass

$$-\mu ik = (\varepsilon ik + 4\pi\lambda)\,\sigma^2$$

wird, also

$$(6) \qquad \sigma = \sqrt{\frac{-\mu ik}{\varepsilon ik + 4\pi\lambda}}$$

und setzen noch

$$(7) \qquad ch = (\varepsilon ik + 4\pi\lambda)\sigma = \sqrt{-\mu ik(\varepsilon ik + 4\pi\lambda)},$$

$$(8) \qquad \mathfrak{E}_1 + \sigma\,\mathfrak{M}_1 = \mathfrak{A}.$$

Dann ergiebt sich aus (5) für den Vector $\mathfrak{A}$ die Gleichung:

$$(9) \qquad \operatorname{curl} \mathfrak{A} = h\,\mathfrak{A},$$

aus der nun die Componenten von $\mathfrak{A}$ zu bestimmen sind. Der Factor σ, der für den besonderen Fall $\lambda = 0$, $\mu = \varepsilon = 1$ in $\pm i$ übergeht, ist durch (6) wegen des doppelten Vorzeichens der Wurzel auf zwei Arten bestimmt. Entsprechend ergeben sich aus (7) zwei Werthe von ch, die für den eben erwähnten speciellen Fall in $\mp k$ übergehen. Demnach sind, wenn $\mathfrak{A}$ für beide Zeichen von σ bestimmt ist, aus (8) $\mathfrak{E}_1$ und $\mathfrak{M}_1$ zu berechnen.

Man erhält natürlich $\mathfrak{A}$ und folglich $\mathfrak{E}_1$, $\mathfrak{M}_1$ in complexer Form, und kann in den Endformeln (4) noch i in $-i$ verwandeln.

§. 139.

Der Vector $\mathfrak{A}$ in rechtwinkligen und in Polarcoordinaten.

Die Vectorgleichung (9) §. 138 liefert in rechtwinkligen Coordinaten die drei Gleichungen für die Componenten A_x, A_y, A_z:

$$
(1) \qquad \begin{aligned}
\frac{\partial A_z}{\partial y} - \frac{\partial A_y}{\partial z} &= h A_x, \\
\frac{\partial A_x}{\partial z} - \frac{\partial A_z}{\partial x} &= h A_y, \\
\frac{\partial A_y}{\partial x} - \frac{\partial A_x}{\partial y} &= h A_z.
\end{aligned}
$$

Versteht man unter $a, b, c, \alpha, \beta, \gamma$ Constanten, und setzt

$$
(2) \qquad \begin{aligned}
A_x &= a\, e^{i(\alpha x + \beta y + \gamma z)}, \\
A_y &= b\, e^{i(\alpha x + \beta y + \gamma z)}, \\
A_z &= c\, e^{i(\alpha x + \beta y + \gamma z)},
\end{aligned}
$$

so ergiebt sich aus (1)

$$
(3) \qquad \begin{aligned}
b\gamma - c\beta &= iha, \\
c\alpha - a\gamma &= ihb, \\
a\beta - b\alpha &= ihc.
\end{aligned}
$$

Die Elimination von a, b, c aus diesen Gleichungen ergiebt

$$
(4) \qquad h^2 = \alpha^2 + \beta^2 + \gamma^2,
$$

und dann sind aus (3) die Verhältnisse $a : b : c$ zu bestimmen.

Führen wir aber in (9) §. 138 Polarcoordinaten r, ϑ, φ ein, so ergeben sich, wie in §. 134 aus Bd. I, §. 90 (5) die Gleichungen:

$$
(5) \qquad \begin{aligned}
\frac{1}{r^2 \sin\vartheta}\left(\frac{\partial r \sin\vartheta\, A_\varphi}{\partial \vartheta} - \frac{\partial r A_\vartheta}{\partial \varphi}\right) &= h A_r, \\
\frac{1}{r \sin\vartheta}\left(\frac{\partial A_r}{\partial \varphi} - \frac{\partial r \sin\vartheta\, A_\varphi}{\partial r}\right) &= h A_\vartheta, \\
\frac{1}{r}\left(\frac{\partial r A_\vartheta}{\partial r} - \frac{\partial A_r}{\partial \vartheta}\right) &= h A_\varphi.
\end{aligned}
$$

Diese Gleichungen vereinfachen wir weiter, indem wir

$$
(6) \qquad \begin{aligned}
A_r &= B_r\, e^{im\varphi}, \\
A_\vartheta &= B_\vartheta\, e^{im\varphi}, \\
A_\varphi &= B_\varphi\, e^{im\varphi}
\end{aligned}
$$

setzen, worin die B_r, B_ϑ, B_φ von φ unabhängig sein sollen. Unter m wollen wir eine ganze Zahl verstehen, damit der Vector $\mathfrak{A}$ in Bezug auf φ periodisch mit der Periode 2π werde. Ist m von Null verschieden, so bekommen wir aus (6) je zwei Lösungen, die zwei gleichen und entgegengesetzten Werthen von m entsprechen.

Nach dieser Annahme ergeben sich aus (5) für die B die folgenden Gleichungen:

$$\frac{\partial r \sin\vartheta B_\varphi}{\partial \vartheta} = h r^2 \sin\vartheta B_r + i m r B_\vartheta, \tag{7}$$

$$\frac{\partial r \sin\vartheta B_\varphi}{\partial r} = -h r \sin\vartheta B_\vartheta + i m B_r, \tag{8}$$

$$\frac{\partial r B_\vartheta}{\partial r} - \frac{\partial B_r}{\partial \vartheta} = h r B_\varphi. \tag{9}$$

Hieraus leitet man zuerst durch Elimination von B_ϑ, B_φ eine partielle Differentialgleichung für B_r ab. Wir erhalten zunächst, wenn wir die Gleichung (7) nach r, die Gleichung (8) nach ϑ differentiiren und dann subtrahiren, mit Benutzung der Gleichung (9):

$$\sin\vartheta \frac{\partial r^2 B_r}{\partial r} + r \frac{\partial \sin\vartheta B_\vartheta}{\partial \vartheta} = -i m r B_\varphi. \tag{10}$$

Eliminirt man ferner B_ϑ aus den Gleichungen (7) und (8), indem man die erste mit h, die zweite mit $im/\sin\vartheta$ multiplicirt, und dann beide addirt, so folgt

$$h \frac{\partial r \sin\vartheta B_\varphi}{\partial \vartheta} + i m \frac{\partial r B_\varphi}{\partial r} = \sin\vartheta \left(h^2 r^2 - \frac{m^2}{\sin^2\vartheta}\right) B_r. \tag{11}$$

Endlich eliminirt man noch B_ϑ aus (9) und (10). Dazu multiplicirt man (9) mit $\sin\vartheta$ und differentiirt nach ϑ; die Gleichung (10) differentiirt man nach r und subtrahirt dann die erste von der zweiten; so folgt:

$$\sin\vartheta \frac{\partial^2 r^2 B_r}{\partial r^2} + \frac{\partial \sin\vartheta \frac{\partial B_r}{\partial \vartheta}}{\partial \vartheta} = -h \frac{\partial r \sin\vartheta B_\varphi}{\partial \vartheta} - i m \frac{\partial r B_\varphi}{\partial r}, \tag{12}$$

und wenn man hierin (11) benutzt, so folgt

$$\frac{\partial^2 r^2 B_r}{\partial r^2} + \frac{\partial \sin\vartheta \frac{\partial B_r}{\partial \vartheta}}{\sin\vartheta \, \partial \vartheta} + \left(h^2 r^2 - \frac{m^2}{\sin^2\vartheta}\right) B_r = 0, \tag{13}$$

und dies ist die gesuchte Gleichung für B_r.

§. 140.

Particulare Integrale für B_r.

Wir haben jetzt zunächst particulare Integrale der Differentialgleichung (13) §. 139 zu suchen. Dazu setzen wir

$$(1)\qquad r B_r = R\,\Theta$$

und nehmen an, dass R nur von r, Θ nur von ϑ abhängig sei. Substituiren wir dies, so ergiebt sich nach Division mit $R\,\Theta$:

$$(2)\qquad r\frac{d^2 r R}{R\,d r^2} + h^2 r^2 = -\frac{d \sin\vartheta \dfrac{d\Theta}{d\vartheta}}{\sin\vartheta\,\Theta\,d\vartheta} + \frac{m^2}{\sin^2\vartheta},$$

und da hierin die linke Seite nicht von ϑ, die rechte nicht von r abhängt, so folgt, dass beide Seiten einer Constanten, die wir mit $n(n+1)$ bezeichnen, gleich sein müssen. Wir erhalten so die beiden Differentialgleichungen:

$$(3)\qquad \frac{d \sin\vartheta \dfrac{d\Theta}{d\vartheta}}{\sin\vartheta\,d\vartheta} + \left[n(n+1) - \frac{m^2}{\sin^2\vartheta}\right]\Theta = 0,$$

$$(4)\qquad \frac{d^2 r R}{d r^2} + \left[h^2 - \frac{n(n+1)}{r^2}\right] r R \quad = 0.$$

Die erste dieser Gleichungen führt auf die Kugelfunctionen, und aus den Sätzen von Bd. I, §. 116 folgt, dass, wenn es sich um Functionen handelt, die für alle Werthe von ϑ, φ endlich und stetig sind, n eine ganze Zahl sein muss, die $\gtreqless m$ ist. Zu diesem Ergebnisse gelangen wir auch auf folgendem Wege:

Setzen wir $x = \cos\vartheta$, so wird die Gleichung (3)

$$(5)\ (1-x^2)^2\frac{d^2\Theta}{d x^2} - 2x(1-x^2)\frac{d\Theta}{dx} + [n(n+1)(1-x^2) - m^2]\,\Theta = 0,$$

und hieraus ergiebt sich, dass Θ eine P-Function ist mit den singulären Punkten $x = +1$, $x = -1$, $x = \infty$. Wenn man die Anfänge der Entwickelungen nach Potenzen von $1-x$, $1+x$, $1/x$ sucht, so ergiebt sich (§. 16)

$$(6)\qquad \Theta = P\begin{pmatrix} 1, & \infty, & -1 & \\ \dfrac{m}{2}, & -n, & \dfrac{m}{2} & x \\ -\dfrac{m}{2}, & n+1, & -\dfrac{m}{2} & \end{pmatrix}.$$

Es ist aber $1 - x = 2 \sin^2 \frac{\vartheta}{2}$, und daher können wir nach §. 17, (2), (3) dafür auch setzen:

$$(7) \qquad \Theta = P \begin{pmatrix} \frac{m}{2}, & -n, & \frac{m}{2} & \\ & & & \sin^2 \frac{\vartheta}{2} \\ -\frac{m}{2}, & 1+n, & -\frac{m}{2} & \end{pmatrix}.$$

Um die Schwierigkeit zu vermeiden, dass die Differenz eines Exponentenpaares eine ganze Zahl sei, wollen wir m und n zunächst noch unbestimmt lassen. Dann hat die P-Function (7) nur einen Zweig, der für $\vartheta = 0$ endlich und stetig bleibt, und für diesen erhält man nach der ersten Formel §. 20 (1) den Ausdruck durch eine hypergeometrische Reihe

$$(8) \qquad \Theta = \left(\operatorname{tg} \frac{\vartheta}{2}\right)^m F\left(-n, n+1, m+1, \sin^2 \frac{\vartheta}{2}\right)$$

oder wenn wir

$$\sin^2 \frac{\vartheta}{2} = z$$

setzen:

$$(9) \qquad \Theta = z^{\frac{m}{2}} (1-z)^{-\frac{m}{2}} F(-n, n+1, m+1, z),$$

und diese Function wird dann auch in dem zunächst ausgeschlossenen Fall, wenn m oder n oder beide ganze Zahlen sind, der Differentialgleichung (3) genügen. Ist m positiv oder Null, so ist der Ausdruck (9) für $z = 0$ endlich, während das andere particulare Integral bei $z = 0$ nicht endlich ist. Wir nehmen also jetzt wieder m als ganze Zahl, $\gtreqless 0$, an. Nun muss aber Θ auch für $\vartheta = \pi$, also für $z = 1$ endlich bleiben. Es ist aber nach dem Gauss'schen Satze (am Schluss von §. 13)

$$(10) \quad F(-n, n+1, m+1, 1) = \frac{\Pi(m)\,\Pi(m-1)}{\Pi(m+n)\,\Pi(m-n-1)},$$

und dies ist endlich und von Null verschieden, und folglich Θ für $z = 1$ unendlich, ausser wenn $m + n$ oder $m - n - 1$ eine negative ganze Zahl ist (§. 12). Es muss also einer dieser beiden Fälle eintreten, und da die Vertauschung von n mit $-n-1$ in der Differentialgleichung (3) nichts ändert, so beschränken wir die Allgemeinheit nicht weiter, wenn wir annehmen, dass $m - n - 1$ eine negative ganze Zahl, also n eine ganze Zahl und

(11) $$n \gtreqless m$$

sein soll.

Dass Θ für $z = 1$ in der That endlich bleibt, ersieht man aus der anderen Darstellung (§. 7, I, 3.):

(12) $$\Theta = z^{\frac{m}{2}} (1 - z)^{\frac{m}{2}} F(m - n, m + n + 1, m + 1, z),$$

in der die F-Function eine ganze rationale Function von z und folglich für $z = 1$ endlich ist.

Diese Functionen Θ sind dieselben, die wir schon in Bd. I, §. 115 betrachtet haben, und man erhält, wenn $P_n(x)$ die einfache Kugelfunction n^{ter} Ordnung bedeutet:

(13) $$\Theta = (\sin \vartheta)^m \frac{d^m P_n(x)}{d x^m}.$$

Nachdem Θ bestimmt ist, ergiebt sich R aus der Differentialgleichung (4). Diese Gleichung haben wir schon im §. 135 integrirt und haben dort die beiden Integrale gefunden:

(14) $$R = e^{\pm i h r} \sum_{\nu=0}^{n} (\mp 2 i h r)^{-\nu-1} \frac{\Pi(n+\nu)}{\Pi(n-\nu)\, \Pi(\nu)},$$

und die Bestimmung von B_r, die wir hier durchgeführt haben, ist überhaupt nicht wesentlich verschieden von der Bestimmung von E_r oder M_r nach §. 134, 135. Die Zerlegung der Kugelfunction Z_n in ihre Bestandtheile $e^{im\varphi}\,\Theta$ ist aber nothwendig für die Bestimmung der anderen Componenten.

§. 141.

Bestimmung von B_φ und B_ϑ.

Aus dem gefundenen Ausdruck für B_r lassen sich in völlig eindeutiger Weise, ohne neue Integration, die zugehörigen Ausdrücke von B_φ, B_ϑ bestimmen, die den drei Gleichungen §. 139 (7), (8), (9) genügen müssen. Diese Gleichungen sind

(1) $$\frac{\partial r \sin \vartheta B_\varphi}{\partial \vartheta} = h r^2 \sin \vartheta B_r + i m r B_\vartheta,$$

(2) $$\frac{\partial r B_\varphi}{\partial r} = - h r B_\vartheta + \frac{i m}{\sin \vartheta} B_r,$$

(3) $$\frac{\partial r B_\vartheta}{\partial r} = h r B_\varphi + \frac{\partial B_r}{\partial \vartheta}.$$

Hierin setzen wir nach §. 140 (1)

(4) $$r B_r = R\Theta$$

und denken uns für Θ, R je ein Integral der Differentialgleichungen §. 140 (3), (4) gesetzt.

Wenn wir die Gleichung (3) mit $\pm i$ multipliciren und zu (2) addiren, so erhalten wir, wenn zur Abkürzung

$$\begin{aligned} \Omega_1 &= r(B_\varphi + i B_\vartheta), \\ \Omega_2 &= r(B_\varphi - i B_\vartheta) \end{aligned} \tag{5}$$

gesetzt wird:

$$\begin{aligned} \frac{\partial \Omega_1}{\partial r} - h i \Omega_1 &= i\left(\frac{m}{\sin\vartheta} B_r + \frac{\partial B_r}{\partial \vartheta}\right), \\ \frac{\partial \Omega_2}{\partial r} + h i \Omega_2 &= i\left(\frac{m}{\sin\vartheta} B_r - \frac{\partial B_r}{\partial \vartheta}\right). \end{aligned} \tag{6}$$

Wenn Ω_1, Ω_2 bekannt sind, so sind aus (5) auch sofort B_φ B_ϑ bestimmt, nämlich

$$2 r B_\varphi = \Omega_1 + \Omega_2, \quad 2 i r B_\vartheta = \Omega_1 - \Omega_2, \tag{7}$$

und wenn die beiden Gleichungen (6) befriedigt sind, so sind auch (2), (3) befriedigt, und umgekehrt. Um diese Gleichungen zu befriedigen, setzen wir

$$\Omega_1 = R_1 \Theta_1, \quad \Omega_2 = R_2 \Theta_2 \tag{8}$$

und nehmen an, dass R_1, R_2 Functionen von r allein, Θ_1, Θ_2 Functionen von ϑ allein seien. Wenn man dies und den Ausdruck (4) für B_r in (6) substituirt, so folgt:

$$\begin{aligned} \Theta_1\left(\frac{dR_1}{dr} - h i R_1\right) &= \frac{iR}{r}\left(\frac{m\Theta}{\sin\vartheta} + \frac{d\Theta}{d\vartheta}\right), \\ \Theta_2\left(\frac{dR_2}{dr} + h i R_2\right) &= \frac{iR}{r}\left(\frac{m\Theta}{\sin\vartheta} - \frac{d\Theta}{d\vartheta}\right), \end{aligned} \tag{9}$$

oder:

$$\begin{aligned} \frac{r}{iR}\left(\frac{dR_1}{dr} - h i R_1\right) &= \frac{1}{\Theta_1}\left(\frac{m\Theta}{\sin\vartheta} + \frac{d\Theta}{d\vartheta}\right), \\ \frac{r}{iR}\left(\frac{dR_2}{dr} + h i R_2\right) &= \frac{1}{\Theta_2}\left(\frac{m\Theta}{\sin\vartheta} - \frac{d\Theta}{d\vartheta}\right). \end{aligned} \tag{10}$$

Da in den beiden Gleichungen die linken Seiten nicht von ϑ, die rechten nicht von r abhängen, so müssen beide Seiten Constanten gleich sein, und wir beschränken die Allgemeinheit nicht, wenn wir diese Constante $= 1$ annehmen, weil die Ausdrücke (8) ungeändert bleiben, wenn R_1, Θ_1, R_2, Θ_2 durch aR_1,

$a^{-1}\Theta_1$, bR_2, $b^{-1}\Theta_2$ ersetzt werden, worin a, b willkürliche Constanten sind. Hiernach erhält man aus (10) die folgenden Gleichungen:

$$\Theta_1 = \frac{m\Theta}{\sin\vartheta} + \frac{d\Theta}{d\vartheta},\quad \Theta_2 = \frac{m\Theta}{\sin\vartheta} - \frac{d\Theta}{d\vartheta}, \tag{11}$$

$$\frac{dR_1}{dr} - hiR_1 = \frac{iR}{r},\quad \frac{dR_2}{dr} + hiR_2 = \frac{iR}{r}. \tag{12}$$

Θ_1 und Θ_2 sind also durch (11) unmittelbar gegeben, und man könnte R_1, R_2 durch Integration von (12) bestimmen. Dabei würden aber noch unbestimmte Constanten eingeführt, die nachträglich noch bestimmt werden müssten. Es ist darum von Wichtigkeit, dass sich auch R_1, R_2 ohne Integration ableiten lassen, und zwar haben wir hierzu die Gleichung (1), die ja auch noch befriedigt werden muss. Diese Gleichung giebt, wenn wir für rB_φ, rB_ϑ, rB_r die Ausdrücke (4), (7), (8) einführen:

$$R_1\left(\frac{d\sin\vartheta\,\Theta_1}{d\vartheta} - m\Theta_1\right) + R_2\left(\frac{d\sin\vartheta\,\Theta_2}{d\vartheta} + m\Theta_2\right) = 2hr\sin\vartheta\,\Theta R. \tag{13}$$

Aus (11) aber ergiebt sich

$$\frac{d\sin\vartheta\,\Theta_1}{d\vartheta} - m\Theta_1 = \frac{d\sin\vartheta\,\frac{d\Theta}{d\vartheta}}{d\vartheta} - \frac{m^2}{\sin\vartheta}\Theta,$$

$$\frac{d\sin\vartheta\,\Theta_2}{d\vartheta} + m\Theta_2 = -\frac{d\sin\vartheta\,\frac{d\Theta}{d\vartheta}}{d\vartheta} + \frac{m^2}{\sin\vartheta}\Theta,$$

und daher mit Benutzung der Differentialgleichung für Θ [§. 140 (3)]

$$\frac{d\sin\vartheta\,\Theta_1}{d\vartheta} - m\Theta_1 = -n(n+1)\sin\vartheta\,\Theta,$$

$$\frac{d\sin\vartheta\,\Theta_2}{d\vartheta} + m\Theta_2 = n(n+1)\sin\vartheta\,\Theta,$$

woraus sich nach (13) ergiebt:

$$n(n+1)(R_1 - R_2) = -2hrR. \tag{14}$$

Subtrahirt man die beiden Gleichungen (12), so folgt:

$$\frac{d\,(R_1 - R_2)}{d\,r} = h\,i\,(R_1 + R_2)$$

und folglich mit Benutzung von (14)

$$n\,(n+1)\,(R_1 + R_2) = 2\,i\,\frac{d\,r\,R}{d\,r} \tag{15}$$

und aus (14) und (15)

$$\begin{aligned} n\,(n+1)\,R_1 &= -\,h\,r\,R + i\,\frac{d\,r\,R}{d\,r}, \\ n\,(n+1)\,R_2 &= h\,r\,R + i\,\frac{d\,r\,R}{d\,r}, \end{aligned} \tag{16}$$

und hierdurch sind also R_1 und R_2 durch R ausgedrückt in einer ganz ähnlichen Form, wie Θ_1 und Θ_2 durch Θ [nach (11)].

Wenn man diese Ausdrücke für R_1, R_2 in (12) substituirt, so ergiebt sich aus beiden die Differentialgleichung §. 140 (4), die durch R erfüllt ist, und es sind also durch (11) und (16) alle Bedingungen wirklich befriedigt.

Hierdurch ist ein System der Particularlösungen gefunden, in denen die sechs Componenten der elektrischen und der magnetischen Kraft vollständig bis auf einen unbestimmten (auch complexen), gemeinschaftlichen, constanten Coëfficienten dargestellt sind. Es ist dabei nicht ausgeschlossen, dass die Leitfähigkeit und die Constanten ε, μ in verschiedenen concentrischen Kugelschalen verschiedene constante Werthe haben. Es enthalten die Ausdrücke noch die willkürliche Constante k (von der h abhängt) und die willkürlichen ganzen Zahlen m, n. Indem man diesen willkürlichen Elementen unendlich viele verschiedene Werthe beilegt und die Summen bildet, erhält man die Möglichkeit, den Grenzbedingungen zu genügen, wie sie die grosse Mannigfaltigkeit der hierher gehörigen elektromagnetischen oder optischen Probleme bieten.

FÜNFTES BUCH.

HYDRODYNAMIK.

Achtzehnter Abschnitt.

Allgemeine Grundsätze.

§. 142.

Hydrostatik.

Wir haben in §. 59 f. allgemeine Gesetze kennen gelernt, die für die Druckkräfte in einer deformirbaren Substanz gültig sind. Wir wenden diese Gesetze auf den Fall einer Flüssigkeit an, worunter wir sowohl ein Gas als eine tropfbare Flüssigkeit verstehen.

Für eine Flüssigkeit besteht über den inneren Druck das folgende Gesetz, das unter dem Namen des Gesetzes des isotropen Druckes bekannt ist.

I. Der Druck Π_ν, der an einer Stelle der Flüssigkeit gegen ein Flächenelement mit der Normalen ν wirkt, steht senkrecht auf der Fläche und ist von der Richtung von ν unabhängig.

So lange wir nur den Ruhezustand einer im Gleichgewicht befindlichen flüssigen Masse betrachten, gilt dies Gesetz auch noch, wenn Reibung und Zähigkeit berücksichtigt werden. Anders ist es aber bei bewegten Massen, wo durch diese beiden Einflüsse bei der Bewegung selbst noch besondere Kräfte geweckt werden. Können wir auch im Falle der Bewegung von diesen beiden Einflüssen absehen, so nennen wir die Flüssigkeit eine vollkommene oder auch ideale Flüssigkeit.

Grenzen wir im Inneren der Flüssigkeit ein Volumen τ' ab, so wirkt erfahrungsgemäss der Druck gegen die Oberfläche von

τ' in der Richtung der inneren Normale; wenigstens wollen wir ihn positiv rechnen, wenn er in dieser Richtung wirkt. Bezeichnen wir ihn also mit p, so haben wir, um die Formeln des §. 60 anzuwenden, $\Pi_\nu = -p$ zu setzen.

Eine Folge der Annahme I. ist die, dass auch der äussere Druck P senkrecht gegen die freie Oberfläche der Flüssigkeit wirkt. Ist die Oberfläche der Flüssigkeit nicht überall frei, sondern ganz oder zum Theil durch feste Wände begrenzt, so ist an diesen festen Wänden der Druck nicht mehr als gegeben, sondern als durch die Bedingungen der Aufgabe bestimmt anzusehen. Der Druck p an irgend einer Stelle im Inneren ist nach I. ein Scalar, also eine Function der Coordinaten x, y, z der Stelle.

Um die Gleichgewichtsbedingungen aufzustellen, haben wir in den Gleichungen (10), (11), §. 60

$$X_y = 0, \quad X_z = 0, \quad Y_x = 0, \quad Y_z = 0, \quad Z_x = 0, \quad Z_y = 0$$
$$X_x = Y_y = Z_z = -p$$

zu setzen, und erhalten, wenn X, Y, Z die Componenten der äusseren Kraft sind:

$$\varrho X = \frac{\partial p}{\partial x}, \quad \varrho Y = \frac{\partial p}{\partial y}, \quad \varrho Z = \frac{\partial p}{\partial z}, \tag{1}$$

und für die freie Oberfläche

$$p = P. \tag{2}$$

Die Dichtigkeit ϱ betrachten wir bei den tropfbaren Flüssigkeiten als eine Constante und nennen diese daher auch incompressible Flüssigkeiten. Diese Annahme stimmt zwar nicht in aller Strenge, wohl aber mit grosser Annäherung mit der Wirklichkeit überein.

Bei den Gasen ist ϱ eine Function des Druckes p (oder auch p eine Function von ϱ). Die Natur dieser Function muss durch physikalische Thatsachen gegeben sein, und kann natürlich nicht aus den allgemeinen mechanischen Differentialgleichungen geschlossen werden.

Es ist aber, wie bekannt, die Dichtigkeit eines Gases ausser von dem Druck auch noch von der Temperatur abhängig, und die Temperatur ist abhängig von der Aufnahme oder Abgabe von Wärme. Bei einer vollständigen, strengen und allgemeinen Behandlung des Problems müssten wir also gleichzeitig mit den hydrodynamischen Gleichungen auch noch die Gleichungen der Wärmeleitung und Strahlung berücksichtigen; aber in dieser Allgemeinheit ist uns das Problem so gut wie unzugänglich. Wir beschränken uns daher auf die Betrachtung zweier extremer Fälle.

Für die Abhängigkeit zwischen Druck, Dichtigkeit und Temperatur gilt bei vollkommenen Gasen das Boyle-Gay-Lussac'sche Gesetz:

$$pv = RT, \tag{3}$$

worin p der Druck, v das Volumen der Masseneinheit, also $v = 1/\varrho$, T die sogenannte absolute Temperatur, also die Temperatur in Centesimalgraden, von -273^0 an gerechnet, bedeutet. R ist eine Constante.

Nehmen wir T als Zahl an, so sind die Dimensionen der hierin vorkommenden Grössen

$$[p] = [m\,l^{-1}\,t^{-2}], \quad v = [m^{-1}\,l^3], \quad \varrho = [m\,l^{-3}], \quad R = [l^2\,t^{-2}].$$

Es ist also R das Quadrat einer Geschwindigkeit und im Gr.-Cent.-Sec.-System ist für Wasserstoff

$$R = 41{,}3\,.\,10^6\ ^{1)}.$$

Für andere Gase hat R nach dem Gesetze von Avogadro denselben Werth, wenn unter v nicht das Volumen der Masseneinheit verstanden wird, sondern ein Volumen, das die gleiche Anzahl Molecüle enthält, wie ein Gramm Wasserstoff.

Wenn man die Temperatur als constant betrachten kann, so sind also Druck und Dichtigkeit mit einander proportional

$$p = \varrho \text{ const.} \tag{4}$$

und es ist die eine von beiden Grössen aus den mechanischen Gleichungen zu bestimmen. Dies können wir aber nur im Falle des Gleichgewichtes annehmen, wenn keine Verdichtungen und Verdünnungen vorkommen, oder wenn die durch die Volumenänderungen erzeugten Temperaturverschiedenheiten sich so schnell durch Leitung ausgleichen, dass wir die Temperatur als constant betrachten dürfen.

Bei Bewegungen von der Art der Schallschwingungen in der Luft kommt aber wahrscheinlich die entgegengesetzte Annahme

---

[1]) Da der Wasserstoff das Moleculargewicht 2 hat, so wäre, wenn man unter v das Volumen einer Grammmolekel (2 Gramm) versteht, R gleich dem Doppelten dieser Zahl ($= 82{,}6\,.\,10^6$) zu setzen (Planck, Thermodynamik).

der Wirklichkeit noch näher, dass nämlich der Vorgang adiabatisch sei, d. h., dass der Wärmeaustausch zwischen den Gastheilen ganz zu vernachlässigen sei.

Unter dieser Voraussetzung ergiebt sich die Abhängigkeit zwischen Druck und Dichtigkeit durch folgende Betrachtung.

Es bedeute

c die specifische Wärme des Gases bei constantem Druck,

c' die specifische Wärme des Gases bei constantem Volumen,

d. h. es sei c die Wärmemenge, die der Masseneinheit des Gases zugeführt werden muss, um die Temperatur um einen Grad zu erhöhen, wenn es sich dabei unter einem constanten Druck ausdehnen kann, und c' die Wärmemenge, die denselben Erfolg hat, wenn das Volumen constant gehalten wird.

Wenn sich also gleichzeitig p um dp, v um dv, T um dT ändern, so ist nach (3)

$$\frac{dp}{p} + \frac{dv}{v} = \frac{dT}{T}. \tag{5}$$

Ist also $dp = 0$, so ergiebt sich die Temperaturerhöhung, die eintritt, wenn sich das Gas bei constantem Druck um dv ausdehnt, gleich Tdv/v, und $cTdv/v$ ist die dazu erforderliche Wärmemenge; ebenso ist Tdp/p die Temperaturerhöhung und $c'Tdp/p$ die dazu erforderliche Wärmemenge, wenn der Druck bei constantem Volumen um dp wächst. Demnach ist die gesammte, der Temperaturerhöhung dT entsprechende Wärmemenge

$$\frac{cTdv}{v} + \frac{c'Tdp}{p}, \tag{6}$$

und wenn also kein Wärmeaustausch stattfindet, so ist diese Grösse $= 0$. Daraus folgt

$$c\,d\log v + c'\,d\log p = 0$$

oder wenn wir

$$\frac{c}{c'} = k$$

setzen:

$$\log p = -k\log v + \text{const.}$$

oder also, wenn wir $v = 1/\varrho$ setzen:

$$p = \varrho^k \text{ const.} \tag{7}$$

Nach den Beobachtungen sind die beiden specifischen Wärmen von Druck und Temperatur unabhängig, und es ist daher k eine Constante.

Die Formel (7) gilt aber, wie gesagt, nur unter der Voraussetzung, dass kein Wärmeaustausch stattfindet, ist also für den Gleichgewichtszustand nicht anwendbar. Für diesen Fall ist ϱ als Function von p nach dem Boyle-Gay-Lussac'schen Gesetz erst dann bestimmt, wenn die Temperatur als Function des Ortes bekannt ist.

Die Annahme, dass p mit einer Potenz von ϱ proportional sei, hat Poisson zuerst gemacht. Die theoretische Begründung aus der mechanischen Wärmetheorie ist von Riemann. Wir wollen in der Folge die Formel (7) der Kürze wegen als das Poisson'sche Gesetz bezeichnen[1]).

§. 143.

Hydrostatische Probleme.

Die Aufgabe der Hydrostatik besteht nun darin, aus den Grundgleichungen (1), (2), §. 142, die Gestalt der Oberfläche und

---

[1]) Für k berechnet Riemann (Ueber die Fortpflanzung ebener Luftwellen von endlicher Schwingungsweite, Werke S. 156) aus Beobachtungen von Regnault und Joule den Werth $k = 1{,}4101$. Neuere Beobachtungen von Mason ergeben für atmosphärische Luft, Sauerstoff, Wasserstoff, Stickstoff und wahrscheinlich für alle zweiatomigen Gase den Werth $k = 1{,}405$. Für einatomige Gase, z. B. für Quecksilberdampf, ist k grösser ($k = 1{,}666$). Wenn die Temperatur constant bleibt, während p und v um dp und dv wachsen, so ergiebt sich aus (3)

$$\text{a)}\quad p\,dv + v\,dp = 0.$$

Die gegen den Druck geleistete äussere Arbeit ist hierbei gleich

$$\text{b)}\quad p\,dv = -v\,dp.$$

Die aufgenommene Wärmemenge ist nach (6)

$$\text{c)}\quad T(c - c')\,d\log v.$$

Nach der Annahme von Mayer und Clausius, die durch die Versuche von Joule bestätigt ist, nimmt aber ein bei constanter Temperatur sich ausdehnendes Gas nur so viel Wärme auf, als zur Erzeugung der äusseren Arbeit erforderlich ist, und daraus ergiebt sich, wenn wir Wärmemengen nach mechanischem Maass (als Arbeitsgrössen) messen, durch Gleichsetzen von b) und c) mit Benutzung von (3)

$$c - c' = R.$$

die Vertheilung des Druckes im Inneren abzuleiten. Dies ist leicht, wenn die äusseren Kräfte X, Y, Z als Functionen des Ortes von vornherein gegeben sind, dagegen fehlt jeder allgemeine Ansatz in den Fällen, wo diese Kräfte von der noch unbekannten Oberflächengestalt abhängen. Es bleibt dann kaum ein anderer Weg übrig, als eine hypothetische Annahme über die Gestalt zu machen, die noch einige verfügbare Parameter enthält, und diese Parameter dann, wenn die Annahme eine zulässige war, nachträglich zu bestimmen.

Die Grundgleichungen §. 142 (1) zeigen zunächst, dass ein Gleichgewicht der Flüssigkeit nur dann möglich ist, wenn der Ausdruck

$$\varrho(X dx + Y dy + Z dz) = dp \tag{1}$$

ein vollständiges Differential ist, und wenn also ϱ constant oder eine Function von p ist, so muss auch

$$X dx + Y dy + Z dz = d V \tag{2}$$

ein vollständiges Differential sein.

Ist die Function V bekannt, so ergiebt sich bei constantem ϱ

$$p = \varrho V + \text{const.} \tag{3}$$

und die Constante wird bestimmt, wenn der Druck an einer Stelle, etwa einem Oberflächenpunkte, bekannt ist. Die Gleichung der Oberfläche wird dann $p = P$, also

$$P = \varrho V + \text{const.} \tag{4}$$

Der einfachste Fall ist der, dass der Oberflächendruck P constant ist (z. B. gleich dem Atmosphärendruck oder, im leeren Raume, $P = 0$). Dann ist an der freien Oberfläche auch V constant.

Das interessanteste und wichtigste Beispiel ist das einer rotirenden Flüssigkeitsmasse, deren Theile einander nach dem Newton'schen Gravitationsgesetz anziehen. Streng genommen handelt es sich hier zwar um ein dynamisches und kein statisches Problem. Wenn wir aber die Annahme machen, dass die flüssige Masse ohne Verschiebung ihrer Theile gegen einander, also wie ein starrer Körper, mit unveränderlicher Winkelgeschwindigkeit rotirt, so können wir den Zustand auf ein mitrotirendes Coordinatensystem beziehen, müssen dann aber die Centrifugalkraft als äussere Kraft einführen.

Wenn ein Punkt m mit der Winkelgeschwindigkeit ω eine Kreisbahn mit dem Radius r beschreibt, so wird er in dem Zeitelement dt um die Strecke $\frac{1}{2} r \omega^2 dt^2$ von der geradlinigen Bahn nach dem Kreismittelpunkte hin abgelenkt. Es ist also $\frac{1}{2} r \omega^2 dt$ die mittlere Geschwindigkeit, mit der er diese Strecke durchläuft; die Anfangsgeschwindigkeit ist Null und die Endgeschwindigkeit also $r \omega^2 dt$; folglich ist $r \omega^2$ die Beschleunigung in der Richtung des Radius.

Die Masseneinheit in dem Punkte m wird daher gegen das Hinderniss, das sie in jedem Augenblick in die Kreisbahn zwingt, eine Kraft von der Grösse $r\omega^2$ in der Richtung des wachsenden r ausüben. Ist die Rotationsaxe die z-Axe, also die Bewegung der xy-Ebene parallel und $r^2 = x^2 + y^2$, so sind die Componenten dieser Centrifugalkraft

$$(5) \qquad \begin{aligned} X_1 &= x\omega^2 = \frac{\partial V_1}{\partial x}, \\ Y_1 &= y\omega^2 = \frac{\partial V_1}{\partial y}, \\ Z_1 &= \;\; 0 \;\; = \frac{\partial V_1}{\partial z}, \end{aligned}$$

worin

$$(6) \qquad V_1 = \tfrac{1}{2} r^2 \omega^2 = \tfrac{1}{2}(x^2 + y^2)\,\omega^2.$$

Dazu kommen noch die Componenten X_2, Y_2, Z_2 der Anziehung der gesammten Flüssigkeit auf den Punkt mit den Coordinaten x, y, z. Diese können wir erst berechnen, wenn die Gestalt der Oberfläche, die wir suchen, bekannt ist. Wenn wir aber annehmen, die Oberfläche habe die Gestalt eines Ellipsoids mit den noch unbekannten Halbaxen a, b, c, und die Axen x, y, z fallen mit den Hauptaxen zusammen, so können wir die anziehenden Kräfte als Functionen der a, b, c darstellen.

Wir haben in §. 107 des ersten Bandes das Potential eines Ellipsoids bestimmt. Für unser jetziges Problem kommt nur das Potential für einen Oberflächenpunkt in Betracht, und wenn wir mit f die anziehende Kraft der Masseneinheit auf die Masseneinheit in der Einheit der Entfernung bezeichnen[1]) und

---

[1]) Ist g die Beschleunigung der Schwere an der Erdoberfläche, M die Masse der Erde, R der Erdradius, so ist, wenn wir die Erde als Kugel betrachten, und von dem Einfluss der Erdrotation auf die Schwere absehen, $f = gR^2/M$. Die Dimension von f ist $[f] = [l^3\, t^{-2}\, m^{-1}]$.

$$(7) \qquad V_2 = \pi \varrho f \int\limits_0^\infty \left(1 - \frac{x^2}{a^2 + s} - \frac{y^2}{b^2 + s} - \frac{z^2}{c^2 + s}\right) \frac{ds}{D},$$

$$(8) \qquad D = \sqrt{\left(1 + \frac{s}{a^2}\right)\left(1 + \frac{s}{b^2}\right)\left(1 + \frac{s}{c^2}\right)}$$

setzen, so ist

$$(9) \qquad X_2 = \frac{\partial V_2}{\partial x}, \quad Y_2 = \frac{\partial V_2}{\partial y}, \quad Z_2 = \frac{\partial V_2}{\partial z}.$$

Damit nun das Ellipsoid, unter Voraussetzung eines constanten Oberflächendruckes, Gleichgewichtsfigur sein kann, muss die Gleichung

$$(10) \qquad V_1 + V_2 = \text{const.}$$

an der Oberfläche erfüllt sein, d. h. diese Gleichung muss mit der Gleichung des Ellipsoids

$$(11) \qquad \frac{x^2}{a^2} + \frac{y^2}{b^2} + \frac{z^2}{c^2} = 1$$

übereinstimmen. Es ergiebt sich hieraus, dass sich die Coëfficienten von x^2, y^2, z^2 in (10), nämlich die drei Grössen

$$(12) \qquad \tfrac{1}{2}\omega^2 - \pi \varrho f \int\limits_0^\infty \frac{ds}{(a^2 + s) D}, \quad \tfrac{1}{2}\omega^2 - \pi \varrho f \int\limits_0^\infty \frac{ds}{(b^2 + s) D},$$

$$- \pi \varrho f \int\limits_0^\infty \frac{ds}{(c^2 + s) D}$$

zu einander verhalten müssen wie $\frac{1}{a^2} : \frac{1}{b^2} : \frac{1}{c^2}$, und es finden sich also, wenn wir zur Abkürzung

$$(13) \qquad \frac{\omega^2}{2 \pi \varrho f} = \tau$$

setzen, und einen Proportionalitätsfactor h einführen, die drei Gleichungen:

$$(14)\qquad \begin{aligned} \int_0^\infty \frac{ds}{(a^2+s)D} &= \tau + \frac{h}{a^2}, \\ \int_0^\infty \frac{ds}{(b^2+s)D} &= \tau + \frac{h}{b^2}, \\ \int_0^\infty \frac{ds}{(c^2+s)D} &= \qquad \frac{h}{c^2}. \end{aligned}$$

Ist τ und die Gesammtgrösse der rotirenden Masse, also das Product abc gegeben, so enthalten diese drei Gleichungen noch drei Unbekannte, aber in transcendenter Form. Eliminiren wir zunächst h, so folgt

$$(15)\qquad \begin{aligned} a^2\tau &= \int_0^\infty \frac{(a^2-c^2)\,s\,ds}{(a^2+s)\,(c^2+s)\,D}, \\ b^2\tau &= \int_0^\infty \frac{(b^2-c^2)\,s\,ds}{(b^2+s)\,(c^2+s)\,D}, \end{aligned}$$

woraus man zunächst schliesst, dass (a^2-c^2) und (b^2-c^2) positiv sein müssen, dass also die Rotationsaxe die kleinste der drei Axen ist. Endlich ergiebt sich aus (15) durch Elimination von τ:

$$(16)\qquad 0 = (a^2-b^2)\int_0^\infty \frac{s\,ds}{D^3}\,\{(a^2-c^2)\,(b^2-c^2) - c^2(c^2+s)\}.$$

Diese Gleichung wird befriedigt durch die Annahme

$$(17)\qquad a = b,$$

d. h. durch ein Rotationsellipsoid. Machen wir diese Annahme, so ergiebt eine der Gleichungen (15)

$$\tau = \int_0^\infty \frac{(a^2-c^2)\,s\,ds}{(a^2+s)^2\,(c^2+s)\sqrt{1+\frac{s}{c^2}}},$$

oder, indem man

$$\frac{a^2-c^2}{c^2} = \lambda^2, \qquad 1 + \frac{s}{c^2} = u^2$$

setzt:

(18) $$\tau = 2\lambda^2 \int_1^\infty \frac{(u^2 - 1)\,du}{(\lambda^2 + u^2)^2 u^2},$$

oder, indem man dieses Integral ausrechnet:

(19) $$\tau = -\frac{3}{\lambda^2} + \frac{3 + \lambda^2}{\lambda^3} \text{ arc tang } \lambda,$$

worin der Bogen arc tang λ zwischen 0 und $\frac{\pi}{2}$ zu nehmen ist. Die Grösse λ kann jeden Werth von 0 bis ∞ haben, und zu jedem dieser Werthe ergiebt sich aus (19) ein Werth von τ, also eine bestimmte Rotationsgeschwindigkeit. Es kann also jedes abgeplattete Rotationsellipsoid Gleichgewichtsfigur sein, und zwar für eine bestimmte Rotationsgeschwindigkeit.

Lassen wir in (19) [oder einfacher noch in (18)] λ positive Werthe durchlaufen, so bleibt τ positiv und verschwindet für $\lambda = 0$ und $\lambda = \infty$. Es erhält also τ für irgend einen Werth $\lambda = \lambda_0$ einen Maximalwerth τ_0, den man durch Näherungsrechnung finden kann. Man erhält genähert:

(20) $$\lambda_0 = 2{,}5293, \quad \tau_0 = 0{,}2246.$$

Nehmen wir also die Rotationsgeschwindigkeit und damit nach (13) auch τ als gegeben an, so erhält man zwei, ein oder kein Rotationsellipsoid als mögliche Gleichgewichtsfigur, je nachdem τ kleiner, gleich oder grösser als τ_0 ist.

Man kann aber die Gleichung (16) auch dadurch befriedigen, dass man

(21) $$\int_0^\infty \frac{s\,ds}{D^3} \left[(a^2 - c^2)(b^2 - c^2) - c^2(c^2 + s)\right] = 0$$

setzt. Hält man hierin b und c fest, und nimmt $b > c$ an, so hat die linke Seite dieser Gleichung für ein unendlich grosses a einen positiven, für $a = c$ einen negativen Werth, und geht also, wenn a von c bis unendlich geht, einmal durch Null. Es giebt also unendlich viele dreiaxige Ellipsoide, die Gleichgewichtsfiguren sein können, und es können dabei die beiden Axen b und c beliebig gewählt werden. Ein solches dreiaxiges Ellipsoid geht nur dann in ein Rotationsellipsoid über, wenn die beiden Axen b, c der Bedingung genügen:

$$(22) \qquad \int_0^\infty \frac{(b^4 - 2b^2c^2 - c^2 s) s\, ds}{\sqrt{\left(1 + \frac{s}{c^2}\right)^3 \left(1 + \frac{s}{b^2}\right)^3}} = 0$$

und diese Gleichung hat für jedes c eine Wurzel b, die grösser als c ist. Ist b_0 die Wurzel von (22), so ist, wenn $b < b_0$ ist, das aus (21) bestimmte $a > b_0$ und umgekehrt.

Soll zu einer gegebenen Rotationsgeschwindigkeit, also zu einem gebenen τ eine dreiaxige Ellipsoidfläche als Gleichgewichtsfigur bestimmt werden, so hat man gleichzeitig eine der Gleichungen (15) und die Gleichung (21) zu untersuchen. Es ergeben sich dabei die folgenden Resultate.

Wenn τ zwischen den Grenzen 0 und 0,18711 liegt, so existiren drei ellipsoidische Gleichgewichtsfiguren, ein dreiaxiges und zwei Rotationsellipsoide.

Ist $\tau = 0{,}18711$, so fallen das dreiaxige und das weniger abgeplattete der beiden Rotationsellipsoide in eines zusammen.

Liegt τ zwischen den Grenzen 0,18711 und 0,2246, so existiren nur noch zwei Rotationsellipsoide als Gleichgewichtsfiguren, die bei der oberen Grenze von τ in eines zusammenfallen.

Ist endlich τ grösser als 0,2246, so existirt gar keine ellipsoidische Gleichgewichtsfigur mehr[1]).

§. 144.

Die Differentialgleichungen der Bewegung. Erste Form.

Aus den Gleichgewichtsbedingungen lassen sich durch das d'Alembert'sche Princip die Bedingungen der Bewegung herleiten, indem man zu den thatsächlich wirkenden, auf die Massen-

[1]) C. O. Meyer, „de aequilibrii formis ellipsoidicis", Crelle's Journal, Bd. 24 (1842). Die Möglichkeit eines dreiaxigen Ellipsoids als Gleichgewichtsfigur ist von Jacobi entdeckt. Die Rechnungen, die zu den eben angegebenen Resultaten führen, sind mühsam, aber ohne principielle Schwierigkeiten. Methoden zur numerischen Berechnung der Axenverhälthältnisse aus gegebenem τ hat Kostka gegeben (Monatsberichte der Berliner Akademie 1870). Er findet für den Werth $\tau = 0{,}0022997$, der den Verhältnissen bei der Erde entspricht, für die beiden Rotationsellipsoide

$$\frac{a}{c} = 1{,}00433467, \qquad \frac{a}{c} = 680{,}4939$$

einheit bezogenen äusseren Kräften X, Y, Z die in entgegengesetztem Sinne genommenen Beschleunigungen hinzufügt, also nach der Annahme von d'Alembert fordert, dass, wenn x'', y'', z'' die Componenten der Beschleunigung sind, der bewegte Zustand in jedem Augenblick den Gleichgewichtsbedingungen genügen soll, wenn die äusseren Kräfte X, Y, Z durch

$$X - x'', \qquad Y - y'', \qquad Z - z''$$

ersetzt werden. Es ergeben sich also aus den Gleichungen §. 142 (1) die für die Bewegung gültigen Gleichungen:

$$(1) \qquad \begin{aligned} \varrho(X - x'') &= \frac{\partial p}{\partial x}, \\ \varrho(Y - y'') &= \frac{\partial p}{\partial y}, \\ \varrho(Z - z'') &= \frac{\partial p}{\partial z}. \end{aligned}$$

Hierin besteht zwischen der Dichtigkeit ϱ und dem Druck p eine Relation, die von der Natur der Aufgabe abhängt, wie wir im §. 142 gesehen haben.

Die Oberflächenbedingung

$$(2) \qquad p = P$$

bleibt hier unveränderlich bestehen.

Es kommt nun zunächst darauf an, die Beschleunigungen durch die Unbekannten des Problems auszudrücken, um Differentialgleichungen bilden zu können. Man kann dabei von zwei verschiedenen Gesichtspunkten ausgehen, und erhält dem entsprechend die Differentialgleichungen der Bewegung in zwei verschiedenen Formen. Wir betrachten zunächst die Form der Differentialgleichungen, die man nach Lagrange benennt[1]).

Wenn danach x, y, z die Coordinaten nicht eines bestimmten Raumpunktes, sondern eines Massenelementes der

---

und für das dreiaxige Ellipsoid (abweichend von Meyer)

$$\frac{a}{c} = 52{,}4425, \quad \frac{b}{c} = 1{,}0023134.$$

Eingehende Untersuchungen allgemeinerer Art über Gleichgewichtsfiguren rotirender gravitirender Flüssigkeiten, in denen besonders auch die Frage nach der Stabilität Berücksichtigung findet, sind von Poincaré angestellt (Acta Mathematica, Bd. 7, 1885).

[1]) Lagrange, Mécanique analytique. Tome II, section XI, 1815.

Flüssigkeit sind, so haben wir x, y, z als Functionen der Zeit zu betrachten, und es ist, wie in der Mechanik materieller Punkte

$$x'' = \frac{\partial^2 x}{\partial t^2}, \qquad y'' = \frac{\partial^2 y}{\partial t^2}, \qquad z'' = \frac{\partial^2 z}{\partial t^2}.$$

Da aber, wie wir annehmen, die Flüssigkeit während der ganzen Bewegung einen Raum stetig erfüllt, so sind x, y, z noch Functionen von drei anderen unabhängigen Variablen a, b, c, durch deren Werthe sich die verschiedenen Flüssigkeitselemente von einander unterscheiden. Am einfachsten ist es, für diese Variablen a, b, c die Werthe zu nehmen, die die Coordinaten x, y, z in irgend einem Moment, etwa für $t = 0$, haben (die Anfangswerthe). Es können aber auch die a, b, c irgend drei von einander unabhängige Functionen dieser Anfangswerthe sein.

Der Druck p geht bei dieser Darstellung aus einer Function von x, y, z in eine Function von a, b, c über, und wir haben also

$$(3) \qquad \frac{\partial p}{\partial a} = \frac{\partial p}{\partial x}\frac{\partial x}{\partial a} + \frac{\partial p}{\partial y}\frac{\partial y}{\partial a} + \frac{\partial p}{\partial z}\frac{\partial z}{\partial a}$$

und zwei ähnliche Gleichungen, und wir erhalten aus (1):

$$(4) \quad \left(X - \frac{\partial^2 x}{\partial t^2}\right)\frac{\partial x}{\partial a} + \left(Y - \frac{\partial^2 y}{\partial t^2}\right)\frac{\partial y}{\partial a} + \left(Z - \frac{\partial^2 z}{\partial t^2}\right)\frac{\partial z}{\partial a} = \frac{1}{\varrho}\frac{\partial p}{\partial a}.$$

Wenn eine Kräftefunction V existirt, wie wir jetzt annehmen wollen, so ist $X = \partial V/\partial x$, $Y = \partial V/\partial y$, $Z = \partial V/\partial z$, und folglich

$$X\frac{\partial x}{\partial a} + Y\frac{\partial y}{\partial a} + Z\frac{\partial z}{\partial a} = \frac{\partial V}{\partial a}.$$

Demnach ergiebt sich aus (4) und den beiden entsprechenden Gleichungen für b, c das System:

$$(5) \qquad \begin{aligned} \frac{\partial x}{\partial a}\frac{\partial^2 x}{\partial t^2} + \frac{\partial y}{\partial a}\frac{\partial^2 y}{\partial t^2} + \frac{\partial z}{\partial a}\frac{\partial^2 z}{\partial t^2} &= \frac{\partial V}{\partial a} - \frac{1}{\varrho}\frac{\partial p}{\partial a} \\ \frac{\partial x}{\partial b}\frac{\partial^2 x}{\partial t^2} + \frac{\partial y}{\partial b}\frac{\partial^2 y}{\partial t^2} + \frac{\partial z}{\partial b}\frac{\partial^2 z}{\partial t^2} &= \frac{\partial V}{\partial b} - \frac{1}{\varrho}\frac{\partial p}{\partial b} \\ \frac{\partial x}{\partial c}\frac{\partial^2 x}{\partial t^2} + \frac{\partial y}{\partial c}\frac{\partial^2 y}{\partial t^2} + \frac{\partial z}{\partial c}\frac{\partial^2 z}{\partial t^2} &= \frac{\partial V}{\partial c} - \frac{1}{\varrho}\frac{\partial p}{\partial c}. \end{aligned}$$

Hierzu kommt noch eine Gleichung, die wir als die Gleichung der Erhaltung der Masse bezeichnen können. Bezeichnen wir mit $d\tau$ ein Volumenelement der Flüssigkeit, mit ϱ die zugehörige Dichtigkeit, so ist das Integral

$$\int \varrho \, d\tau,$$

wenn man es in einem bestimmten Augenblick auf irgend einen Theil der bewegten Masse bezieht, mit der Zeit unveränderlich. Drücken wir das Integral in den Variablen a, b, c aus, so sind seine Grenzen von der Zeit unabhängig, und ϱ ist eine Function von a, b, c, t. Das Integral erhält dann die Form

$$\int \varrho \, \Theta \, da \, db \, dc,$$

worin der Ausdruck Θ nach Band I, §. 37 (8) zu bilden ist. Man hat nach der dortigen Bezeichnung

$$\Theta = \sqrt{e e' e'' - g^2 e - g'^2 e' - g''^2 e'' + 2 g g' g''},$$

worin

$$e = \left(\frac{\partial x}{\partial a}\right)^2 + \left(\frac{\partial y}{\partial a}\right)^2 + \left(\frac{\partial z}{\partial a}\right)^2,$$

$$g = \frac{\partial x}{\partial b}\frac{\partial x}{\partial c} + \frac{\partial y}{\partial b}\frac{\partial y}{\partial c} + \frac{\partial z}{\partial b}\frac{\partial z}{\partial c} \text{ etc.}$$

und man kann daher nach einem bekannten Determinantensatze

$$(6) \qquad \Theta = \sum \pm \frac{\partial x}{\partial a}\frac{\partial y}{\partial b}\frac{\partial z}{\partial c} = \begin{vmatrix} \frac{\partial x}{\partial a}, & \frac{\partial x}{\partial b}, & \frac{\partial x}{\partial c} \\ \frac{\partial y}{\partial a}, & \frac{\partial y}{\partial b}, & \frac{\partial y}{\partial c} \\ \frac{\partial z}{\partial a}, & \frac{\partial z}{\partial b}, & \frac{\partial z}{\partial c} \end{vmatrix}$$

setzen. Die Bedingung der Erhaltung der Masse ergiebt daher

$$(7) \qquad \frac{\partial \varrho \Theta}{\partial t} = 0$$

oder durch Integration, wenn wir mit $\varrho_0 \, \Theta_0$ die Werthe dieser Functionen für $t = 0$ bezeichnen:

$$(8) \qquad \varrho \, \Theta = \varrho_0 \, \Theta_0.$$

In der Formel (6) wäre, da Θ nach seiner Definition eine wesentlich positive Grösse ist, das Vorzeichen noch unbestimmt. Da aber nach (8) Θ immer dasselbe Zeichen hat wie Θ_0, so können wir die Variablen a, b, c immer so annehmen, dass die Determinante positiv ist, und dann ist also das Vorzeichen in (6) richtig. Dies ist z. B. dann der Fall, wenn wir für a, b, c die Anfangswerthe der Variablen x, y, z wählen.

Dann ist nämlich für $t = 0$

$$(9)\qquad \begin{array}{lll} \dfrac{\partial x}{\partial a} = 1, & \dfrac{\partial y}{\partial a} = 0, & \dfrac{\partial z}{\partial a} = 0, \\[2ex] \dfrac{\partial x}{\partial b} = 0, & \dfrac{\partial y}{\partial b} = 1, & \dfrac{\partial z}{\partial b} = 0, \\[2ex] \dfrac{\partial x}{\partial c} = 0, & \dfrac{\partial y}{\partial c} = 0, & \dfrac{\partial z}{\partial c} = 1, \end{array}$$

und folglich $\Theta_0 = 1$. Die Formel (8) ergiebt daher

$$(10)\qquad \Theta = \frac{\varrho_0}{\varrho},$$

die in dem Falle einer incompressiblen Flüssigkeit, bei der $\varrho = \varrho_0$ ist, in

$$(11)\qquad \Theta = 1$$

übergeht.

Hierzu sind noch zwei Bemerkungen zu machen:

Die Functionen x, y, z sind für ein bestimmtes Werthsystem a, b, c stetige Functionen von t, da ein Flüssigkeitstheilchen nicht plötzlich von einem Orte zu einem davon verschiedenen fortgetragen werden kann. Es müssen aber auch für einen constanten Werth von t die x, y, z stetige Functionen von a, b, c sein; denn unserer ganzen Betrachtung liegt die Voraussetzung zu Grunde, dass benachbarte Flüssigkeitstheile im Verlauf der Bewegung benachbart bleiben.

Endlich müssen wir aber auch noch verlangen, dass zu verschiedenen Werthen von a, b, c auch verschiedene Werthe von x, y, z gehören, d. h. dass a, b, c eindeutige Functionen von x, y, z sind. Wären sie nämlich das nicht, so würden verschiedene Flüssigkeitstheile im Verlaufe der Bewegung gleichzeitig an dieselbe Stelle kommen. Sie müssen dann auf einander stossen, und es treten Unstetigkeiten ein, über die unsere Gleichungen keine Auskunft mehr geben. Hierhin gehören solche Bewegungen, die sich durch Spritzen oder Branden zu erkennen geben.

Eine zweite Bemerkung bezieht sich auf den Druck. Da eine negative Dichtigkeit bei Flüssigkeiten keinen Sinn hat, so kann bei Gasen schon wegen des Zusammenhanges zwischen Druck und Dichtigkeit auch der Druck nicht negativ werden. Bei tropfbaren Flüssigkeiten würde ein negativer Druck, der in einem Raumtheil herrscht, als eine Zugkraft gegen die Oberfläche wirken. Nach der Vorstellung, die wir von dem Wesen einer incompressiblen Flüssigkeit haben, würde sie aber einem solchen Zuge nicht widerstehen können, sondern zerreissen müssen. Bei einer stetigen Flüssigkeitsbewegung, bei der der Zusammenhang der Theile erhalten bleibt, kann also der Druck nirgends negativ werden.

In der Natur wird vielleicht eine Flüssigkeit auch einer Zugkraft bis zu einer gewissen Grenze widerstehen können. Dann aber würde immerhin bei einer stetigen Bewegung der Druck nicht unter eine von der Natur der Flüssigkeit abhängige Grenze herabsinken können.

Was die Grenzbedingungen betrifft, so haben wir zwischen einer freien Oberfläche und der Berührungsfläche der Flüssigkeit mit einer festen Wand zu unterscheiden. An der ersten gilt die Grenzbedingung (2), d. h. der Druck an einer solchen Stelle ist eine gegebene constante Grösse. Für die Berührungsflächen zwischen der Flüssigkeit und der Wand nehmen wir an, dass ein an der Wand befindliches Flüssigkeitstheilchen während der ganzen Dauer einer den Differentialgleichungen entsprechenden Bewegung mit der Wand in Berührung bleibt.

§. 145.

Die Differentialgleichungen der Bewegung. Zweite Form.

Man kann bei der Aufstellung der Differentialgleichungen der Bewegung noch von einem anderen Gesichtspunkte ausgehen: man kann nämlich den mit bewegter Flüssigkeit erfüllten Raum als ein Geschwindigkeitsfeld auffassen (Bd. I, §. 85), in dem es sich dann um die Bestimmung der Geschwindigkeit als Vector und des Druckes als Scalar handelt.

Gegeben ist dabei in demselben Felde der Vector der äusseren Kraft.

Alle Grössen des Feldes und auch das Feld selbst, d. h. seine Begrenzung, können noch Functionen der Zeit sein. Wenn nun Ω irgend einen mit der Zeit veränderlichen Scalar des Feldes, also eine Function von x, y, z, t bedeutet, so wird ein bewegtes Massentheilchen m im Verlauf der Bewegung zu immer anderen und anderen Werthen von Ω gelangen. Sind x, y, z die Coordinaten und u, v, w die Geschwindigkeitscomponenten von m zur Zeit t, so sind nach Verlauf des Zeitelementes dt die Coordinaten von m

$$x + u\,dt, \qquad y + v\,dt, \qquad z + w\,dt,$$

und folglich hat der Werth von Ω für das Theilchen m in dem Zeitelement dt um

$$\left(\frac{\partial \Omega}{\partial t} + u\frac{\partial \Omega}{\partial x} + v\frac{\partial \Omega}{\partial y} + w\frac{\partial \Omega}{\partial z}\right) dt$$

zugenommen. Diese Grösse können wir als das vollständige Differential von Ω bezeichnen, und wir setzen demnach:

$$(1) \qquad \frac{d\Omega}{dt} = \frac{\partial \Omega}{\partial t} + u\frac{\partial \Omega}{\partial x} + v\frac{\partial \Omega}{\partial y} + w\frac{\partial \Omega}{\partial z}.$$

Die Componenten der Beschleunigung des Theilchens erhalten wir hieraus, wenn wir $\Omega = u, v, w$ setzen, also

$$x'' = \frac{du}{dt}, \qquad y'' = \frac{dv}{dt}, \qquad z'' = \frac{dw}{dt}.$$

Diese Ausdrücke haben wir in den Formeln §. 144 (1) einzusetzen, um die Differentialgleichungen der Bewegung zu erhalten:

$$(2) \qquad \begin{aligned}
\frac{du}{dt} &= \frac{\partial u}{\partial t} + u\frac{\partial u}{\partial x} + v\frac{\partial u}{\partial y} + w\frac{\partial u}{\partial z} = X - \frac{1}{\varrho}\frac{\partial p}{\partial x},\\
\frac{dv}{dt} &= \frac{\partial v}{\partial t} + u\frac{\partial v}{\partial x} + v\frac{\partial v}{\partial y} + w\frac{\partial v}{\partial z} = Y - \frac{1}{\varrho}\frac{\partial p}{\partial y},\\
\frac{dw}{dt} &= \frac{\partial w}{\partial t} + u\frac{\partial w}{\partial x} + v\frac{\partial w}{\partial y} + w\frac{\partial w}{\partial z} = Z - \frac{1}{\varrho}\frac{\partial p}{\partial z}.
\end{aligned}$$

Zur Bestimmung der vier Functionen u, v, w, p ist noch eine Gleichung nothwendig, die wir leicht aus der allgemeinen Vector-Theorie ableiten können. Bezeichnen wir nämlich mit $\mathfrak{A}$ den Geschwindigkeitsvector, und grenzen in dem Felde irgend ein Volumen τ ab, so ist, wenn A_n die Normalcomponente der Geschwindigkeit an der Oberfläche von τ, ins Innere positiv gerechnet, und do ein Element der Oberfläche von τ bedeutet, $\int \varrho A_n do$ die in der Einheit der Zeit einströmende Flüssigkeitsmenge. Ist nun ϱ im Zeitelement dt um $(\partial \varrho / \partial t) dt$ gewachsen, so ist die Massenzunahme im Volumen τ in der Zeiteinheit gleich $\int (\partial \varrho / \partial t) d\tau$ und es ist also mit Rücksicht auf den Gauss'schen Satz

$$\int \frac{\partial \varrho}{\partial t} d\tau = \int \varrho A_n do = - \int \operatorname{div} \varrho \mathfrak{A} \, d\tau.$$

Da dies für jedes beliebige Volumen τ gelten muss, so folgt [Bd. I, §. 91, mit der Vorzeichenberichtigung in Formel (5)]:

$$\frac{\partial \varrho}{\partial t} + \operatorname{div} \varrho \mathfrak{A} = 0, \tag{3}$$

oder ausführlich geschrieben

$$\frac{\partial \varrho}{\partial t} + \frac{\partial \varrho u}{\partial x} + \frac{\partial \varrho v}{\partial y} + \frac{\partial \varrho w}{\partial z} = 0, \tag{4}$$

oder endlich noch

$$\frac{d \varrho}{d t} + \varrho \left(\frac{\partial u}{\partial x} + \frac{\partial v}{\partial y} + \frac{\partial w}{\partial z} \right) = 0. \tag{5}$$

Im Falle einer incompressiblen Flüssigkeit ist ϱ constant, und dann wird diese Gleichung einfach:

$$\frac{\partial u}{\partial x} + \frac{\partial v}{\partial y} + \frac{\partial w}{\partial z} = 0. \tag{6}$$

Für eine freie Grenze ergiebt sich noch, wenn P der gegebene äussere Druck ist, die Bedingung

$$p = P. \tag{7}$$

Ist die Flüssigkeit mit festen Wänden in Berührung, so kommt die Bedingung dazu, dass die Flüssigkeitsbewegung nur in der Richtung der Wand vor sich gehen kann, und dies giebt wenn die Wand in Ruhe ist, und n die Richtung der Normale bedeutet, die Bedingung:

$$A_n = 0; \tag{8}$$

und wenn die Wand selbst eine Geschwindigkeit hat, deren Componente in der Richtung n gleich N ist:

$$A_n = N. \tag{9}$$

Wenn man aus diesen Bedingungen die Functionen u, v, w bestimmt hat, so erhält man die Bahn des Flüssigkeitstheilchens m durch Integration des Systems gewöhnlicher Differentialgleichungen:

$$\frac{dx}{dt} = u, \quad \frac{dy}{dt} = v, \quad \frac{dz}{dt} = w, \tag{10}$$

und die vollständige Integration dieses Systems giebt dann x, y, z als Functionen von t und den Anfangswerthen a, b, c. Dadurch ist der Uebergang von den Differentialgleichungen der Hydrodynamik in der zweiten Form zu denen in der ersten Form gegeben.

Diese zweite Form der hydrodynamischen Differentialgleichungen wird die Euler'sche genannt[1]). Sie ist in solchen Fällen mit Vortheil anzuwenden, in denen die Begrenzung der Flüssigkeitsmasse mit der Zeit unveränderlich ist, weil dann die Variablen x, y, z einen unveränderlichen Bereich haben. Ist aber die äussere Begrenzung veränderlich, so ist es gerathen, die erste Form anzuwenden, weil dabei die unabhängigen Variablen a, b, c immer einen unveränderlichen Bereich haben.

§. 146.

Uebergang von der Euler'schen zu der Lagrange'schen Form.

Nach Integration der Differentialgleichungen (10) §. 145 sind x, y, z als Functionen von t, a, b, c bestimmt, und man kann von der zweiten Form wieder zur ersten zurückkehren, wenn man a, b, c als unabhängige Variable einführt. Ist dies geschehen, so ist die partielle Differentiation nach t, die im §. 144

[1]) Euler: Principes généraux du mouvement des fluides (Hist. de l'Acad. de Berlin 1755). Auch die erste, nach Lagrange benannte Form der hydrodynamischen Differentialgleichungen stammt ursprünglich von Euler: De principiis motus fluidorum. (Novi comm. Petropolitanae 1759. Cap. 6. De motu fluidorum ex statu initiali definiendo.) H. Hankel (Zur allgemeinen Theorie der Bewegung der Flüssigkeiten, Göttingen 1861), dem wir diese historische Bemerkung verdanken, führt sie auf Riemann zurück.

mit $\partial/\partial t$ bezeichnet war, dasselbe, was wir im vorigen Paragraphen mit d/dt bezeichnet haben.

Um die Transformation von den einen zu den anderen Variablen zu bewirken, hat man die bekannten Formeln zu benutzen:

$$
(1) \qquad
\begin{aligned}
\Theta \frac{\partial a}{\partial x} &= \frac{\partial y}{\partial b}\frac{\partial z}{\partial c} - \frac{\partial y}{\partial c}\frac{\partial z}{\partial b} = \frac{\partial \Theta}{\partial \frac{\partial x}{\partial a}} \\
\Theta \frac{\partial a}{\partial y} &= \frac{\partial z}{\partial b}\frac{\partial x}{\partial c} - \frac{\partial z}{\partial c}\frac{\partial x}{\partial b} = \frac{\partial \Theta}{\partial \frac{\partial y}{\partial a}}, \\
\Theta \frac{\partial a}{\partial z} &= \frac{\partial x}{\partial b}\frac{\partial y}{\partial c} - \frac{\partial x}{\partial c}\frac{\partial y}{\partial b} = \frac{\partial \Theta}{\partial \frac{\partial z}{\partial a}}
\end{aligned}
$$

etc., worin, wie früher (§. 144), Θ die Determinante

$$
(2) \qquad \Theta = \sum \pm \frac{\partial x}{\partial a}\frac{\partial y}{\partial b}\frac{\partial z}{\partial c}
$$

bedeutet.

Hiernach folgt aus (10) §. 145, da die Differentiationen nach dt und ∂a, ∂b, ∂c mit einander vertauschbar sind:

$$
\begin{aligned}
\frac{\partial u}{\partial x} &= \frac{\partial}{\partial x}\frac{dx}{dt} = \frac{\partial a}{\partial x}\frac{d}{dt}\frac{\partial x}{\partial a} + \frac{\partial b}{\partial x}\frac{d}{dt}\frac{\partial x}{\partial b} + \frac{\partial c}{\partial x}\frac{d}{dt}\frac{\partial x}{\partial c}, \\
\frac{\partial v}{\partial y} &= \frac{\partial}{\partial y}\frac{dx}{dt} = \frac{\partial a}{\partial y}\frac{d}{dt}\frac{\partial y}{\partial a} + \frac{\partial b}{\partial y}\frac{d}{dt}\frac{\partial y}{\partial b} + \frac{\partial c}{\partial y}\frac{d}{dt}\frac{\partial y}{\partial c}, \\
\frac{\partial w}{\partial z} &= \frac{\partial}{\partial z}\frac{dz}{dt} = \frac{\partial a}{\partial z}\frac{d}{dt}\frac{\partial z}{\partial a} + \frac{\partial b}{\partial z}\frac{d}{dt}\frac{\partial z}{\partial b} + \frac{\partial c}{\partial z}\frac{d}{dt}\frac{\partial z}{\partial c},
\end{aligned}
$$

und mithin nach (1):

$$
\Theta \left(\frac{\partial u}{\partial x} + \frac{\partial v}{\partial y} + \frac{\partial w}{\partial z}\right) = \frac{d\Theta}{dt}.
$$

Daraus ergiebt sich

$$
(3) \qquad \frac{d\varrho}{dt} + \varrho \left(\frac{\partial u}{\partial x} + \frac{\partial v}{\partial y} + \frac{\partial w}{\partial z}\right) = \frac{1}{\Theta}\frac{d\varrho\Theta}{dt},
$$

und hiernach geht die Gleichung §. 145 (5) in §. 144 (7) über.

Die Gleichungen §. 145 (2) ergeben durch Multiplication mit $\frac{\partial x}{\partial a}, \frac{\partial y}{\partial a}, \frac{\partial z}{\partial a}$ und Addition unmittelbar die erste der Gleichungen §. 144 (5).

§. 147.

Erhaltung der Wirbelmomente.

Wir wollen jetzt den hydrodynamischen Gleichungen noch eine andere Form geben, aus der sich am einfachsten gewisse allgemeine Integralgleichungen ergeben. Wir setzen dabei voraus, dass die äusseren Kräfte eine Kräftefunction haben, und gehen demnach von den Gleichungen (5) §. 144 aus, in denen wir jetzt unter a, b, c die Anfangswerthe der Coordinaten x, y, z verstehen. Wir bezeichnen mit u, v, w die Geschwindigkeitscomponenten eines Massentheilchens und mit u_0, v_0, w_0 deren Anfangswerthe, setzen also in der Bezeichnung von §. 144

$$(1) \qquad \frac{\partial x}{\partial t} = u, \quad \frac{\partial y}{\partial t} = v, \quad \frac{\partial z}{\partial t} = w.$$

Dann ist

$$\begin{aligned} \frac{\partial x}{\partial a}\frac{\partial^2 x}{\partial t^2} &= \frac{\partial}{\partial t}\left(u\frac{\partial x}{\partial a}\right) - u\frac{\partial^2 x}{\partial a\,\partial t} \\ &= \frac{\partial}{\partial t}\left(u\frac{\partial x}{\partial a}\right) - \frac{1}{2}\frac{\partial u^2}{\partial a}, \end{aligned}$$

und Aehnliches gilt für die anderen Glieder der Gleichungen §. 144 (5). Wenn wir daher

$$(2) \qquad \chi = \int_0^t \left[V - \int \frac{dp}{\varrho} + \tfrac{1}{2}(u^2 + v^2 + w^2)\right] dt$$

setzen, so können wir die Gleichungen §. 144 (5) in Beziehung auf t integriren, und erhalten mit Rücksicht auf §. 144 (9):

$$(3) \qquad \begin{aligned} u\frac{\partial x}{\partial a} + v\frac{\partial y}{\partial a} + w\frac{\partial z}{\partial a} &= u_0 + \frac{\partial \chi}{\partial a}, \\ u\frac{\partial x}{\partial b} + v\frac{\partial y}{\partial b} + w\frac{\partial z}{\partial b} &= v_0 + \frac{\partial \chi}{\partial b}, \\ u\frac{\partial x}{\partial c} + v\frac{\partial y}{\partial c} + w\frac{\partial z}{\partial c} &= w_0 + \frac{\partial \chi}{\partial c} \end{aligned}$$ [1]).

[1]) H. Weber, Ueber eine Transformation der hydrodynamischen Gleichungen: Crelle's Journal Bd. 68 (1868).

Multipliciren wir diese Gleichungen der Reihe nach mit da, db, dc und addiren, so folgt:

(4) $udx + vdy + wdz = u_0\,da + v_0\,db + w_0\,dc + d\chi$,

worin bei der Bildung der Differentiale dx, dy, dz, $d\chi$ die Zeit nicht als variabel gilt.

Nun nehmen wir im Gebiete der Variablen a, b, c irgend einen Bereich, in dem die Function χ endlich, stetig und eindeutig ist, nehmen in diesem Gebiete eine geschlossene Curve S_0 und legen durch diese eine Fläche F_0. Diese Curve und diese Fläche werden mit den Flüssigkeitstheilchen, die sie zur Zeit $t = 0$ erfüllen, mit der Zeit fortfliessen, und zur Zeit t eine Curve S und eine Fläche F erfüllen, deren Punkte die Coordinaten x, y, z haben. Integriren wir die Gleichung (4) auf der rechten Seite über die Curve S_0, so müssen wir auf der linken über S integriren, und das Integral $\int d\chi$ verschwindet wegen der vorausgesetzten Eindeutigkeit von χ. Bezeichnen wir aber mit ds und ds_0 entsprechende Linienelemente der Curven S und S^0 und mit A_s und A_s^0 die Componenten der Geschwindigkeit in der Richtung von ds und von ds_0 (zur Zeit t und 0), so ergiebt sich aus (4):

$$\int A_s\,ds = \int A_s^0\,ds_0, \tag{5}$$

und wenn wir den Curl der Geschwindigkeit mit $\mathfrak{C}$ und $\mathfrak{C}^0$ bezeichnen, nach dem Stokes'schen Satz (Bd. I, §. 89, II):

$$\int C_n\,df = \int C_n^0\,df_0, \tag{6}$$

worin sich die Integrationen auf alle Flächenelemente df und df_0 der Flächen F und F_0 beziehen, und n die Richtung der Normale an df und df_0 bedeutet.

Wenn wir in Verallgemeinerung eines im §. 91 des ersten Bandes eingeführten Ausdruckes das Integral

$$M = \int C_n\,df$$

das Wirbelmoment der Fläche F nennen, so können wir hiernach den wichtigen Satz aussprechen:

1. Das Wirbelmoment einer beliebigen, aus Flüssigkeitstheilchen gebildeten Fläche bleibt im Verlauf der Bewegung dieser Fläche ungeändert.

Es ist aber dabei wohl zu beachten, dass die Constanz des Wirbelmomentes nicht am absoluten Raume, sondern an der bewegten Masse haftet.

Im §. 91 des ersten Bandes haben wir als Wirbellinien solche Linien definirt, die in jedem ihrer Punkte die Richtung des Curls haben, die also durch die Differentialgleichungen

$$dx : dy : dz = C_x : C_y : C_z$$

bestimmt sind. Wenn also die Fläche F_0 aus Wirbellinien gebildet ist, so ist in jedem ihrer Punkte $C_n^0 = 0$. Die Gleichung (6) zeigt dann, dass im Verlauf der Bewegung auch $C_n = 0$ sein muss; wendet man dies auf einen unendlich schmalen Streifen längs einer Wirbellinie an, so folgt:

2. Die Flüssigkeitstheilchen, die im Anfange auf einer Wirbellinie liegen, bleiben im Verlauf der Bewegung auf einer Wirbellinie.

Wir lassen jetzt die Annahme wieder fallen, dass F und F_0 aus Wirbellinien gebildet seien, und legen durch alle Punkte der Begrenzung der Fläche F_0 die Wirbellinien. So erhalten wir einen Wirbelcanal und jede Querschnittsfläche eines solchen Canals hat dasselbe Wirbelmoment, das wir das Moment des Wirbelcanals genannt haben (Bd. I, §. 91). Wir haben also aus 1. und 2. den Satz:

3. Die Flüssigkeitsmasse, die am Anfang einen Wirbelcanal erfüllt, bildet auch im Verlauf der Bewegung einen Wirbelcanal, dessen Moment mit der Zeit unveränderlich ist.

Von besonderem Interesse ist der Fall, dass der Curl der Geschwindigkeit gleich Null ist. Wenn dies am Anfang der Fall ist, so bleibt diese Eigenschaft nach 1. während der ganzen Dauer der Bewegung erhalten. Dann ist also die Deformation, die die Flüssigkeitsmasse in jedem Zeitelement erfährt, rotationslos oder wirbelfrei.

Der Vector $\mathfrak{A}$ ist in diesem Falle ein Potentialvector, d. h. es giebt eine Function φ der Coordinaten x, y, z und der Zeit, so dass

$$u = \frac{\partial \varphi}{\partial x}, \quad v = \frac{\partial \varphi}{\partial y}, \quad w = \frac{\partial \varphi}{\partial z}$$

ist. Diese Function φ heisst nach Helmholtz das Geschwindigkeitspotential[1]).

Im Allgemeinen wird das Geschwindigkeitspotential φ noch von der Zeit abhängen. Ist es unabhängig von der Zeit, so ist der Zustand stationär.

Die Stromlinien sind die orthogonalen Trajectorien der Flächen $\varphi =$ const. Man erhält sie durch Integration des Systems

$$dx : dy : dz = \frac{\partial \varphi}{\partial x} : \frac{\partial \varphi}{\partial y} : \frac{\partial \varphi}{\partial z}.$$

Im stationären Zustande sind diese Stromlinien mit der Zeit unveränderlich. Im nicht stationären Zustande beziehen sie sich auf einen bestimmten Augenblick.

§. 148.

Wirbelfreie Bewegung.

Wenn wir die Existenz eines Geschwindigkeitspotentials φ und zugleich eines Kraftepotentials V voraussetzen, und demnach

$$(1) \qquad \frac{\partial w}{\partial y} = \frac{\partial v}{\partial z}, \quad \frac{\partial u}{\partial z} = \frac{\partial w}{\partial x}, \quad \frac{\partial v}{\partial x} = \frac{\partial u}{\partial y},$$

$$(2) \qquad u = \frac{\partial \varphi}{\partial x}, \quad v = \frac{\partial \varphi}{\partial y}, \quad w = \frac{\partial \varphi}{\partial z}$$

setzen, so folgt:

$$\frac{du}{dt} = \frac{\partial u}{\partial t} + u\frac{\partial u}{\partial x} + v\frac{\partial u}{\partial y} + w\frac{\partial u}{\partial z}$$

$$= \frac{\partial u}{\partial t} + u\frac{\partial u}{\partial x} + v\frac{\partial v}{\partial x} + w\frac{\partial w}{\partial x}$$

$$= \frac{\partial}{\partial x}\left[\frac{\partial \varphi}{\partial t} + \tfrac{1}{2}(u^2 + v^2 + w^2)\right],$$

$$X - \frac{1}{\varrho}\frac{\partial p}{\partial x} = \frac{\partial}{\partial x}\left(V - \int \frac{dp}{\varrho}\right),$$

und die Euler'schen Differentialgleichungen §. 145 (2) zeigen, dass

$$(3) \qquad \frac{\partial \varphi}{\partial t} + \tfrac{1}{2}(u^2 + v^2 + w^2) - V + \int \frac{dp}{\varrho} = C$$

[1]) Helmholtz, Ueber Integrale der hydrodynamischen Gleichungen, welche den Wirbelbewegungen entsprechen (Crelle's Journal Bd. 57).

von x, y, z unabhängig, also constant oder nur eine Function der Zeit ist. Es ergiebt sich also:

$$(4) \qquad \frac{\partial \varphi}{\partial t} = V - \int \frac{dp}{\varrho} - \frac{1}{2}(u^2 + v^2 + w^2) + C$$

oder nach (2)

$$(5) \quad \frac{\partial \varphi}{\partial t} = V - \int \frac{dp}{\varrho} - \frac{1}{2}\left[\left(\frac{\partial \varphi}{\partial x}\right)^2 + \left(\frac{\partial \varphi}{\partial y}\right)^2 + \left(\frac{\partial \varphi}{\partial z}\right)^2\right] + C.$$

Hierzu kommt noch die Differentialgleichung §. 145 (4):

$$(6) \qquad \frac{\partial \varrho}{\partial t} + \frac{\partial \varrho \frac{\partial \varphi}{\partial x}}{\partial x} + \frac{\partial \varrho \frac{\partial \varphi}{\partial y}}{\partial y} + \frac{\partial \varrho \frac{\partial \varphi}{\partial z}}{\partial z} = 0,$$

und (5) und (6) sind jetzt die beiden allgemeinen Differentialgleichungen für die Functionen φ und p (oder ϱ). Als Grenzbedingung ergiebt sich für eine ruhende oder in gegebener Bewegung begriffene Wand aus §. 145 (9) die Gleichung

$$(7) \qquad \frac{\partial \varphi}{\partial n} = N,$$

wenn N die Componente der gegebenen Geschwindigkeit eines Wandpunktes in der Richtung der Normalen n an diese Wand bedeutet.

An einer freien Oberfläche der Flüssigkeit, an der wir den Druck constant annehmen, müssen die beiden Grenzbedingungen

$$(8) \qquad p = \text{const.}, \qquad \frac{dp}{dt} = 0$$

bestehen, von denen die zweite sich auch so darstellen lässt:

$$(9) \qquad \frac{\partial p}{\partial t} + \frac{\partial \varphi}{\partial x}\frac{\partial p}{\partial x} + \frac{\partial \varphi}{\partial y}\frac{\partial p}{\partial y} + \frac{\partial \varphi}{\partial z}\frac{\partial p}{\partial z} = 0.$$

Sie besagt, dass die Flüssigkeitstheilchen, die an der Oberfläche liegen, auch im weiteren Verlaufe der Bewegung an der Oberfläche bleiben.

§. 149.

Wasserwirbel.

Wir wollen ein einfaches Beispiel für die stationäre Bewegung betrachten. Wir nehmen als wirkende Kraft die Schwerkraft an, die die Richtung der positiven z-Axe haben mag, so dass $V = gz$ ist, wenn g die Beschleunigung der Schwere bedeutet. Setzen wir die Dichtigkeit ϱ constant, $= 1$, so wird die Differentialgleichung §. 148 (6)

$$\Delta \varphi = 0,$$

oder wenn wir auf Cylindercoordinaten r, ϑ, z transformiren [(Bd. I, §. 42 (4)]:

$$\frac{1}{r} \frac{\partial r \frac{\partial \varphi}{\partial r}}{\partial r} + \frac{1}{r^2} \frac{\partial^2 \varphi}{\partial \vartheta^2} + \frac{\partial^2 \varphi}{\partial z^2} = 0, \tag{1}$$

und aus der Gleichung §. 148 (5) erhalten wir, weil beim stationären Zustand $\partial \varphi / d t = 0$ ist:

$$p = g z - \frac{1}{2} \left\{ \left(\frac{\partial \varphi}{\partial r}\right)^2 + \frac{1}{r^2} \left(\frac{\partial \varphi}{\partial \vartheta}\right)^2 + \left(\frac{\partial \varphi}{\partial z}\right)^2 \right\} + C, \tag{2}$$

worin C eine Constante ist.

Nehmen wir an, dass die Flüssigkeit um die z-Axe rotire, so dass jedes Theilchen einen horizontalen Kreis mit constanter Geschwindigkeit durchläuft, so muss φ eine Function von ϑ allein sein und wir können setzen:

$$\varphi = k \vartheta, \tag{3}$$

worin k eine Constante ist. Die Geschwindigkeit, mit der sich ein Theilchen im Kreise bewegt, ist $\partial \varphi / r \partial \vartheta$ oder k/r, und folglich ist die Winkelgeschwindigkeit

$$\omega = \frac{k}{r^2}, \tag{4}$$

und für die Geschwindigkeitscomponenten u, v, w erhält man

$$\begin{aligned} u &= \frac{\partial \varphi}{\partial x} = - \frac{k y}{r^2} \\ v &= \frac{\partial \varphi}{\partial y} = + \frac{k x}{r^2} \\ w &= 0. \end{aligned} \tag{5}$$

Es befindet sich also bei dieser Annahme die Flüssigkeit für unendlich grosse Werthe von r in Ruhe.

Die Gleichung (1) ist durch diese Annahme erfüllt, und (2) giebt

$$p = g z - \frac{1}{2} \frac{k^2}{r^2} + C. \tag{6}$$

Die Gleichung der Oberfläche erhalten wir hieraus, wenn wir p gleich einer Constanten setzen, und wenn wir den Anfangspunkt der Coordinaten passend legen, können wir also die Gleichung der Oberfläche in die Form setzen:

$$z = \frac{k^2}{2 g r^2}. \tag{7}$$

Es ist eine Rotationsfläche, deren erzeugende Curve von der dritten Ordnung ist, und die Linie $z = 0$ und $r = 0$ zu Asymptoten hat.

Die Gestalt der Oberfläche ist also trichterförmig und geht an der z-Axe in unendliche Tiefe. Dies erklärt sich daraus, dass die Winkelgeschwindigkeit nach (4) in der Axe selbst unendlich gross wird.

Man kann auch eine Bewegung angeben, bei der die Geschwindigkeit in der Axe nicht unendlich wird. Man muss aber dann in einem Theil der Flüssigkeitsmasse auf ein Geschwindigkeitspotential verzichten.

Wenn nämlich ω_0 und C Constanten bedeuten, so genügt die Annahme

$$u = -\omega_0 y, \qquad v = \omega_0 x, \qquad w = 0,$$

$$p = g z + \frac{\omega_0^2}{2} r^2 + C,$$

den Differentialgleichungen §. 145 (2), (6). Die Flüssigkeit dreht sich dann mit constanter Winkelgeschwindigkeit wie ein starrer

Fig. 49.

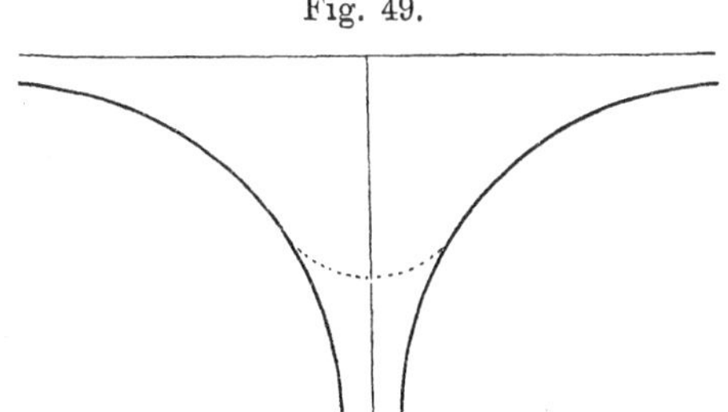

Körper, und die Flächen $p =$ const., also auch die freie Oberfläche, sind Rotationsparaboloide, die ihre Höhlung nach oben kehren.

Man kann diese beiden Bewegungen in folgender Weise mit einander combiniren (Fig. 49 a. v. S.): Man nehme eine beliebige constante Länge c an, und setze

$$(8)\qquad \begin{aligned} u = -\omega_0 y, \qquad v = \omega_0 x, \qquad w = 0 \\ p = g z + \frac{\omega_0^2}{2} r^2 + C_1 \end{aligned} \qquad \text{für } r < c$$

$$(9)\qquad \begin{aligned} u = -\frac{k y}{r^2}, \qquad v = \frac{k x}{r^2}, \qquad w = 0, \\ p = g z - \frac{1}{2} \frac{k^2}{r^2} + C_2, \end{aligned} \qquad \text{für } r > c$$

und damit die Geschwindigkeiten stetige Functionen des Ortes seien, muss man

$$(10)\qquad \omega_0 = \frac{k}{c^2}$$

setzen. Wenn wir C_2 gleich dem gegebenen Druck an der Oberfläche setzen, so wird die Gleichung der Oberfläche

$$(11)\qquad z = \frac{1}{2 g} \frac{k^2}{r^2}, \qquad \text{für } r > c$$

und die Oberfläche hat die Ebene $z = 0$ zur Asymptotenebene. Für $r < c$ wird die Gleichung der Oberfläche nach (8) und (10)

$$g z + \frac{k^2}{2 c^4} r^2 + C_1 - C_2 = 0,$$

und diese schliesst sich bei $r = c$ stetig an die Oberfläche (11) an, wenn

$$C_2 - C_1 = \frac{k^2}{c^2}$$

gesetzt wird. Dann wird für $r < c$ die Gleichung der Oberfläche

$$(12)\qquad z = \frac{k^2}{2 g c^4} (2 c^2 - r^2),$$

und dann haben beide Oberflächen für $r = c$ auch dieselbe Tangentialebene. Auch der Druck p erhält für $r = c$ nach (9) und (10) denselben Werth

$$p = g z - \frac{k^2}{2 c^2} + C_2.$$

Für $r > c$ ist diese Bewegung wirbelfrei. Es existirt ein, allerdings mehrwerthiges, Geschwindigkeitspotential $\varphi = k \vartheta$. Für

$r < c$ existirt aber kein Geschwindigkeitspotential. Im Inneren dieses Cylinders findet eine wirbelnde Bewegung statt. Die Tiefe des Trichters ist hier endlich, nämlich [nach (12)] gleich k^2/gc^2, oder wenn wir die Rotationsgeschwindigkeit ω_0 einführen, gleich $\omega_0^2\, c^2/g$. Dieser theoretisch mögliche Fall dürfte ein ziemlich gutes Bild von dem wahren Bewegungsvorgange bei Wasserwirbeln geben, wenigstens so lange man von dem Einflusse der Reibung absehen kann[1]).

---

[1]) Lamb, Hydrodynamics. Cambridge 1895. S. 29.

Neunzehnter Abschnitt.

Bewegung eines starren Körpers in einer Flüssigkeit. Hydrodynamischer Theil.

---

§. 150.

Grenzbedingungen für die Bewegung eines starren Körpers in einer Flüssigkeit.

Wir betrachten jetzt den Fall, dass sich ein starrer Körper von beliebiger Gestalt in einer allseitig unendlich ausgedehnten incompressiblen Flüssigkeit bewegt. Wir setzen dabei voraus, dass die Bewegung der Flüssigkeit wirbelfrei sei, dass also überall ein Geschwindigkeitspotential φ existire. Dies trifft nach §. 147 unter der Annahme von Potentialkräften immer zu, wenn es in einem Augenblick der Fall war, also z. B., wenn die Bewegung von der Ruhelage aus durch die Einwirkung von Potentialkräften entstanden ist.

Endlich nehmen wir noch an, dass die Flüssigkeit im Unendlichen in Ruhe sei.

Nach §. 148 hat hier die Function φ in dem ganzen Raume ausserhalb des gegebenen Körpers die Bedingung zu befriedigen:

$$(1) \qquad \Delta \varphi = \frac{\partial^2 \varphi}{\partial x^2} + \frac{\partial^2 \varphi}{\partial y^2} + \frac{\partial^2 \varphi}{\partial z^2} = 0.$$

An der Oberfläche des eingetauchten Körpers besteht dann noch weiter die Bedingung

$$(2) \qquad \frac{\partial \varphi}{\partial n} = N,$$

wenn n die Richtung der Normalen an einer Stelle der Oberfläche — wir wollen annehmen, in der Richtung vom Körper in die Flüssigkeit hinein positiv gerechnet — bedeutet, und N die als gegeben zu betrachtende Componente der Geschwindigkeit der Oberfläche nach der Richtung n.

Soll im Unendlichen Ruhe sein, so muss der Gradient von φ im Unendlichen gleich Null, φ selbst also constant sein. Wir wollen annehmen, dass die Abnahme der Geschwindigkeit so stark sei, dass das über eine allseitig ins Unendliche hinausrückende Oberfläche Ω genommene Integral

$$\int \frac{\partial \varphi}{\partial n}\, d\Omega \tag{3}$$

und zugleich jeder beliebige Theil dieses Integrals verschwindend klein werde, mit anderen Worten, dass die Gesammtmenge der in der Zeiteinheit durch irgend ein im Unendlichen gelegenes Flächenstück hindurchtretenden Flüssigkeit unendlich klein sei.

Nimmt man für Ω eine Kugel mit dem veränderlichen Radius R, so erhält diese Forderung auch den Ausdruck:

$$\operatorname*{Lim}_{R=\infty} R^2 \frac{\partial \varphi}{\partial R} = 0. \tag{4}$$

Wegen der Differentialgleichung $\Delta \varphi = 0$ können wir φ als Newton'sches Potential von Massen ansehen, die im Inneren oder auf der Oberfläche des eingetauchten Körpers gelagert sind. Die Bedingung (4) besagt dann, dass die Gesammtheit der Massen, die dieses Potential erzeugen, gleich Null sein muss, und man kann ihr also auch die Form geben:

$$\operatorname*{Lim}_{R=\infty} R\varphi = 0. \tag{5}$$

Weitere Bedingungen sind dann nicht zu berücksichtigen, wenn wir keine freie Oberfläche der Flüssigkeit annehmen.

Dieselben Gleichungen gelten auch für den Fall, dass mehrere starre oder in ihrer Gestalt in gegebener Weise veränderliche Körper in die Flüssigkeit eintauchen. Wir beschränken uns aber auf den Fall eines einzigen starren Körpers, und drücken zunächst die Bedingungen (2) durch die gegebene Bewegung des Körpers aus.

Wir sehen fürs erste von dem zeitlichen Verlaufe ab, betrachten also den Zustand in einem bestimmten Augenblick; mit anderen Worten, wir betrachten die Zeit t als einen Parameter, nach dem nicht differentiirt wird.

Wir nehmen ein Coordinatensystem x, y, z, dessen Anfangspunkt in dem bewegten Körper liegen mag und nehmen den Bewegungszustand des Körpers dadurch als gegeben an, dass die Geschwindigkeitscomponenten

$$U, \quad V, \quad W$$

des Anfangspunktes nach den Richtungen der Axen x, y, z und die Componenten der Rotationsgeschwindigkeiten

$$P, \quad Q, \quad R$$

in Bezug auf dieselben Axen gegeben seien.

Wenn nun x, y, z die Coordinaten irgend eines Punktes π des Körpers bedeuten, so können wir die Geschwindigkeitscomponenten u, v, w dieses Punktes nach Bd. I, §. 82 bestimmen. Es ist nämlich in den dortigen Formeln (2), die sich auf die relative Verschiebung des Punktes π gegen den Coordinatenanfangspunkt beziehen:

$$\begin{array}{lll} x' - x = (u - U)\,dt, & y' - y = (v - V)\,dt, & (z' - z) = (w - W)\,dt, \\ p \;=\; P\,dt & q \;=\; Q\,dt & r \;=\; R\,dt, \end{array}$$

zu setzen, und so ergiebt sich:

$$\begin{aligned} u &= U - Ry + Qz, \\ v &= V - Pz + Rx, \\ w &= W - Qx + Py. \end{aligned} \tag{6}$$

Hierin sind U, V, W, P, Q, R (für einen gegebenen Augenblick) als gegebene Constanten zu betrachten.

Wenden wir die Formeln (6) auf einen Punkt der Oberfläche an, so ergiebt sich für die Normalcomponente der Geschwindigkeit:

$$N = u\cos(nx) + v\cos(ny) + w\cos(nz),$$

also:

$$\begin{aligned} N = {} & U\cos(nx) + V\cos(ny) + W\cos(nz) \\ & + P[y\cos(nz) - z\cos(ny)] + Q[z\cos(nx) - x\cos(nz)] \\ & + R[x\cos(ny) - y\cos(nx)]. \end{aligned} \tag{7}$$

Wir bemerken noch die Formel:

$$\int N\,do = 0, \tag{8}$$

wenn do ein Element der Körperoberfläche bedeutet und das Integral über die ganze Oberfläche des Körpers ausgedehnt wird. Man kann diese Formel leicht analytisch (aus dem Satze von Gauss) ableiten. Sie ergiebt sich aber auch aus der Bedeutung des Integrals. Denn das Integral (8) giebt, mit dem Zeitelement dt multiplicirt, das durch die Bewegung des Körpers in der Zeit dt neu bedeckte Volumen, vermindert um das freigewordene Volumen; und da das Gesammtvolumen des Körpers ungeändert geblieben ist, so muss die Summe gleich Null sein.

Die Gleichung (8) ist eine nothwendige Voraussetzung dafür, dass die Gleichung (1) unter den Bedingungen (2), (3) eine Lösung hat [Bd. I, §. 96 (1)].

Aendert der Körper bei seiner Bewegung das Volumen, so ist die Bedingung (8) nicht mehr befriedigt. Dann ist aber auch die Bedingung (3) nicht mehr erfüllbar, weil dann durch jede den Körper umschliessende Fläche ein der Volumänderung des Körpers gleiches Flüssigkeitsvolumen aus- oder eintreten muss.

§. 151.

Eindeutigkeit der Lösung.

Um die Frage zu beantworten, in wie weit durch die Bedingungen des vorigen Paragraphen das Geschwindigkeitspotential φ bestimmt ist, verfahren wir ähnlich wie bei dem nahe verwandten Problem der stationären elektrischen Ströme im §. 163 des ersten Bandes. Wir bilden einen Ausdruck für die kinetische Energie der Flüssigkeit, der uns auch später noch nützlich sein wird, und der nur dann verschwinden kann, wenn die Flüssigkeit überall in Ruhe ist.

Es ist nämlich identisch:

$$\left(\frac{\partial \varphi}{\partial x}\right)^2 + \left(\frac{\partial \varphi}{\partial y}\right)^2 + \left(\frac{\partial \varphi}{\partial z}\right)^2$$
$$= -\operatorname{div} \varphi \operatorname{grad} \varphi - \varphi \Delta \varphi,$$

und da $\Delta \varphi = 0$ ist, nach dem Gauss'schen Satze, wenn die Normale n aus dem Körper in die Flüssigkeit hinein positiv gerechnet wird:

$$(1) \quad \int \left\{ \left(\frac{\partial \varphi}{\partial x}\right)^2 + \left(\frac{\partial \varphi}{\partial y}\right)^2 + \left(\frac{\partial \varphi}{\partial z}\right)^2 \right\} d\tau = -\int \varphi \frac{\partial \varphi}{\partial n} do,$$

und darin ist, wenn τ das ganze unendliche Feld ausserhalb des Körpers bedeutet, wegen der Bedingung §. 150 (3) das Integral in Bezug auf do nur über die Oberfläche des Körpers auszudehnen.

Nehmen wir der Einfachheit halber die Dichtigkeit der Flüssigkeit gleich 1 an, so ist

$$\frac{1}{2} \left\{ \left(\frac{\partial \varphi}{\partial x}\right)^2 + \left(\frac{\partial \varphi}{\partial y}\right)^2 + \left(\frac{\partial \varphi}{\partial z}\right)^2 \right\} d\tau$$

die kinetische Energie der in dem Volumenelement $d\tau$ enthaltenen Masse, und wenn wir daher mit T_1 die lebendige Kraft der gesammten Flüssigkeitsmasse bezeichnen, so ist nach (1) und nach §. 150 (2)

$$(2) \quad 2 T_1 = -\int \varphi N do.$$

Hieraus folgt, dass, wenn $N = 0$ ist, auch $T_1 = 0$, also $\varphi = \text{const.}$ sein muss und dass folglich die Geschwindigkeit überall gleich Null ist. Es kann also auch für ein und dasselbe N nicht zwei verschiedene Geschwindigkeitszustände geben. Denn sind φ und φ' zwei zu demselben N gehörige Functionen φ, so gehört ihre Differenz $\varphi - \varphi'$ zu $N = 0$ und diese Differenz ist also eine Constante.

Vorausgesetzt ist hierbei aber, dass nicht nur die Geschwindigkeit, also der Gradient von φ, sondern auch die Function φ selbst stetig sei. Die Stetigkeit von φ folgt aber nur dann aus der Stetigkeit des Geschwindigkeitsvectors, wenn das Feld τ einfach zusammenhängend ist, und es gilt also der Satz:

> Dass in einem einfach zusammenhängenden Felde, dessen Wände in Ruhe sind, eine incompressible Flüssigkeit, die im Unendlichen in Ruhe ist, keine wirbelfreie stetige Bewegung haben kann.

Dieser Satz gilt nicht mehr für mehrfach zusammenhängende Felder, in denen mehrwerthige Geschwindigkeitspotentiale existiren können.

§. 152.
Mehrfach zusammenhängende Felder.

Ist der mit Flüssigkeit erfüllte Raum mehrfach zusammenhängend, so können wir gewisse berandete Flächen annehmen, an denen das Potential eine über die ganze Fläche constante sprungweise Werthänderung erleidet (Bd. I, §. 93). Die Randlinien dieser Querschnittsflächen liegen auf den begrenzenden Wänden. Der Einfachheit halber nehmen wir nur eine solche Fläche σ an, deren Randcurve mit λ bezeichnet sei. Man denke etwa an einen in der sonst unbegrenzten Flüssigkeit eingetauchten Ring, und eine durch den inneren Aequatorialkreis dieses Ringes begrenzte Fläche.

Wir haben in §§. 99, 100 des ersten Bandes Potentiale von Doppelschichten betrachtet, die solche Unstetigkeiten aufweisen.

Ist r die Entfernung eines veränderlichen Punktes q mit den Coordinaten x, y, z von dem Element $d\sigma$ der Fläche σ, also wenn mit a, b, c die Coordinaten von $d\sigma$ bezeichnet werden:

$$(1) \qquad r = \sqrt{(x-a)^2 + (y-b)^2 + (z-c)^2},$$

und wird, wenn ν die Normale an $d\sigma$ in einer beliebig gewählten, aber dann festgehaltenen Richtung positiv gerechnet, bedeutet:

$$(2) \qquad \Phi = \frac{1}{4\pi} \int \frac{\partial \frac{1}{r}}{\partial \nu} d\sigma$$

gesetzt, so ist an der Fläche σ

$$(3) \qquad \Phi^+ - \Phi^- = 1 \quad [\text{Bd. I, §. 99 (7)}].$$

Ausserdem ist im ganzen Raume $\Delta \Phi = 0$.

Die Function Φ hat eine einfache Bedeutung: Wir betrachten den ganzen unendlichen Raum, in dem die Fläche σ mit der Randlinie λ als Schnitt betrachtet werden soll, über den der Punkt q in seiner Bewegung nicht hinausgehen darf. Nehmen wir die Richtung von r positiv von dem Element $d\sigma$ nach dem Punkte q hin, so ist, da, wenn der Winkel (r, ν) spitz ist, dr bei positivem $d\nu$ negativ ist (Fig. 50 a. f. S.):

$$\frac{\partial r}{\partial \nu} = -\cos(r, \nu)$$

und folglich

$$\frac{\partial \frac{1}{r}}{\partial \nu} d\sigma = \frac{\cos(r, \nu)\, d\sigma}{r^2}.$$

Wir nennen den Kegelraum, der durch die von q aus nach den Punkten einer Fläche σ gezogenen Strahlen erzeugt wird, den Sehkegel dieser Fläche σ (für den Punkt q), und das Flächenstück, das dieser Kegel aus einer um q beschriebenen Kugelfläche ausschneidet, gemessen durch die ganze Kugelfläche als Einheit, die scheinbare Grösse der Fläche σ, von dem Punkte q aus gesehen. Dann ist

Fig. 50.

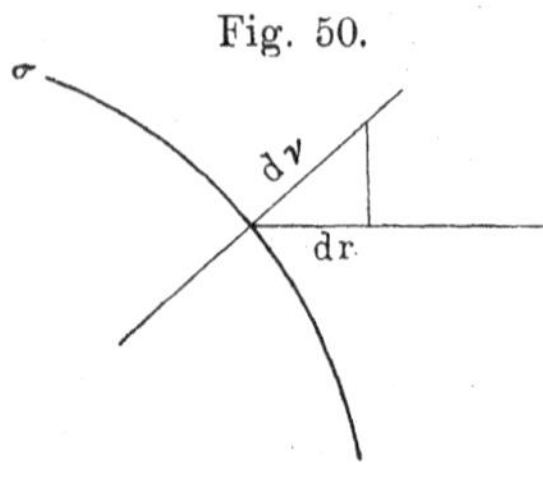

(4)
$$\frac{\cos(r, \nu)\, d\sigma}{4\pi r^2} = d\omega$$

die scheinbare Grösse des Flächenelementes $d\sigma$, wenn der Punkt q auf der Seite der positiven Normale liegt; im entgegengesetzten Falle ist $-d\omega$ die scheinbare Grösse.

Es ist daher

(5)
$$\Phi = \int d\omega$$

die scheinbare Grösse der Fläche σ, wenn wir annehmen, dass keine Tangentialebene an irgend einem Punkte der Fläche σ durch den Punkt q gehe, oder mit anderen Worten, wenn sich die positive Normalenrichtung ν an der ganzen Fläche σ so festsetzen lässt, dass der Punkt q überall auf der Seite der positiven ν liegt. Um der Function Φ auch in anderen Fällen dieselbe Bedeutung zu geben, zerlegen wir die Fläche σ in Theile, deren jeder für sich die hier gemachte Annahme erfüllt. (Wenn wir annehmen, dass die Tangentialebene ihre Richtung überall stetig ändert, werden diese Theile von einander geschieden durch solche Curven, längs deren die Tangentialebenen an σ durch den Punkt q gehen.) Wir nehmen dann in der ganzen Fläche σ eine sich stetig ändernde positive Normalrichtung an, und setzen die scheinbare Grösse der ganzen Fläche aus den scheinbaren Grössen ihrer Theile zusammen, wobei dann immer daran festgehalten wird, dass ein solcher Theil positiv oder negativ zu rechnen ist, je nachdem q auf der Seite der positiven oder der

Seite der negativen ν gelegen ist[1]). Dann können wir allgemein sagen:

Die Function Φ ist die scheinbare Grösse der Fläche σ. Diese Bedeutung der Function Φ veranschaulicht sehr deutlich die Relation (3). Denn ziehen wir von einem Punkte der Fläche σ die Strahlen nach der Grenze λ, so erhalten wir auf der Kugelfläche eine geschlossene Linie, von der wir annehmen wollen, dass sie sich nirgends selbst durchschneidet. Die scheinbare Grösse von σ ist der eine oder der andere der beiden Theile, in die die Kugelfläche von dieser Linie zerlegt wird, je nachdem wir das Centrum auf der positiven oder der negativen Seite von σ nehmen. Beide ergänzen sich also zu 1, und wir haben also mit Rücksicht auf die Vorzeichenbestimmung die Relation (3).

Aendert man die Fläche σ, ohne ihre Begrenzung λ zu ändern, so bleibt die Function Φ ungeändert, so lange die Aenderung von σ nicht so weit getrieben wird, dass der Punkt q auf ihre andere Seite tritt.

Nehmen wir z. B. σ als die Fläche eines Kreises und also λ als Kreisperipherie an, so wird die Function Φ als Flächeninhalt einer sphärischen Ellipse dargestellt, und die Aufgabe führt auf ein elliptisches Integral, dessen Modul von der Lage des Punktes q abhängt. Die Aequipotentialflächen $\Phi =$ const. gehen alle durch den Kreis λ. Die Kreisfläche selbst und der Theil der Ebene ausserhalb λ gehören selbst zu diesen Flächen, es entsprechen ihnen aber zwei um $1/2$ verschiedene Werthe von Φ. Die Schaar der Flächen $\Phi =$ const. hat einige Aehnlichkeit mit einem Kugelbüschel, dessen Schnittlinie die Curve λ ist.

Die orthogonalen Trajectorien dieser Flächenschaar sind die Stromlinien. Sie verlaufen in den Meridianlinien und liegen auf ringförmigen Rotationsflächen, in deren Inneren die Linie λ verläuft. Denkt man sich einen solchen Ring als feste Wand, so erhält man eine mögliche wirbelfreie Bewegung in einem zweifach zusammenhängenden Felde. Der Querschnitt eines solchen Ringes ist aber kein genauer Kreis.

In der Linie λ selbst werden die Ableitungen von Φ, also die Geschwindigkeiten, unendlich gross, und darum ist eine solche

[1]) Diese Bestimmung würde bei den sogenannten Flächen mit nur einer Seite versagen. Solche Fälle schliessen wir hier aus.

Flüssigkeitsbewegung ohne eine feste Wand, die die Linie λ umschliesst, physisch nicht möglich.

Ist nun irgend ein ringförmiger Körper K in die Flüssigkeit eingetaucht, so ist die Bewegung der Flüssigkeit, in dem zweifach zusammenhängenden Felde, auch bei Voraussetzung wirbelfreier Bewegung nicht mehr durch die Bewegung des Körpers allein bestimmt; es kann für das Geschwindigkeitspotential φ noch eine sprungweise Aenderung A an der Sperrfläche σ vorgeschrieben sein:

$$(6) \qquad \varphi^{+} - \varphi^{-} = A.$$

Wenn dann ausserdem noch

$$(7) \qquad \frac{\partial \varphi}{\partial n} = N$$

an der Oberfläche von K gegeben ist, so ist dadurch die Function φ eindeutig bestimmt, was man wie in §. 151 beweist. Um die Aufgabe auf eine einfachere zurückzuführen, setze man

$$(8) \qquad \varphi = A\Phi + \psi,$$

und erhält für die Function ψ die Differentialgleichung

$$(9) \qquad \Delta\psi = 0.$$

Nach (6) und (3) muss aber ψ an der Fläche σ stetig sein, und aus (7) ergiebt sich

$$(10) \qquad \frac{\partial \psi}{\partial n} = N - A\frac{\partial \Phi}{\partial n}.$$

Die Aufgabe ist also auf die Auffindung eines stetigen Potentials zurückgeführt, dessen nach der Normale genommene Ableitung an der Oberfläche gegeben ist.

Es ist hier noch zu bemerken, dass die Function Φ zwar von der Gestalt der Fläche σ, nicht aber von der der Curve λ unabhängig ist, während doch im Endresultat, nämlich in der Function φ, auch der Einfluss der Curve λ weggefallen ist, wenn diese Curve so gezogen wird, dass sie ganz im Körper K oder an dessen Oberfläche verläuft, und zugleich nicht die ganze Begrenzung eines im Inneren des Körpers gelegenen Flächenstückes ist.

§. 153.

Einwerthige Geschwindigkeitspotentiale.

Wir berücksichtigen jetzt nur noch den Fall der einwerthigen Geschwindigkeitspotentiale, und nehmen einen in die Flüssigkeit eingetauchten starren Körper an, der in irgend einer Bewegung begriffen ist. Die Aufgabe gestattet dann eine weitere Vereinfachung. Hier hat nämlich nach §. 150 (7) die Normalcomponente N den Ausdruck:

$$(1)\quad \begin{aligned} N = {} & U\cos(nx) + V\cos(ny) + W\cos(nz) \\ & + P[y\cos(nz) - z\cos(ny)] + Q[z\cos(nx) - x\cos(nz)] \\ & + R[x\cos(ny) - y\cos(nx)], \end{aligned}$$

und wir setzen demnach

$$(2)\quad \varphi = U\varphi_1 + V\varphi_2 + W\varphi_3 + P\varphi_4 + Q\varphi_5 + R\varphi_6$$

und nehmen an, dass die Functionen $\varphi_1, \varphi_2 \ldots \varphi_6$ einzeln der Differentialgleichung

$$\Delta\varphi_k = 0, \qquad k = 1, 2, 3, 4, 5, 6$$

und der Bedingung im Unendlichen [§. 150 (5)] genügen. Aus (1) ergeben sich aber die Grenzbedingungen:

$$(3)\quad \begin{aligned} \frac{\partial\varphi_1}{\partial n} &= \cos(nx), & \frac{\partial\varphi_4}{\partial n} &= y\cos(nz) - z\cos(ny), \\ \frac{\partial\varphi_2}{\partial n} &= \cos(ny), & \frac{\partial\varphi_5}{\partial n} &= z\cos(nx) - x\cos(nz), \\ \frac{\partial\varphi_3}{\partial n} &= \cos(nz), & \frac{\partial\varphi_6}{\partial n} &= x\cos(ny) - y\cos(nx), \end{aligned}$$

und wenn die Functionen φ_k diesen Bedingungen gemäss bestimmt sind, so genügt φ allen Bedingungen, die an diese Function gestellt sind.

Die Functionen φ_k sind specielle Fälle der allgemeinen Function φ. Die Functionen φ_k enthalten aber nichts mehr, was von dem besonderen Bewegungszustande des Körpers, d. h. von U, V, W, P, Q, R abhängt.

Sie sind durch die geometrische Natur der Begrenzung des Körpers allein vollständig bestimmt.

Es lässt sich auch leicht die Abhängigkeit dieser Functionen von der Lage des Coordinatensystems näher angeben. Führen wir nämlich an Stelle des Coordinatensystems x, y, z ein anderes gleichfalls rechtwinkeliges x', y', z' ein, indem wir

$$(4)\quad \begin{aligned} x' &= a + a_1 x + a_2 y + a_3 z, \\ y' &= b + b_1 x + b_2 y + b_3 z, \\ z' &= c + c_1 x + c_2 y + c_3 z \end{aligned}$$

setzen, worin die Coëfficienten $a_1, a_2 \ldots c_3$ den bekannten Relationen für die rechtwinkelige Coordinatentransformation genügen, und a, b, c die Coordinaten des alten Anfangspunktes im neuen System bedeuten, so ergiebt sich, wenn die auf das neue System bezogenen Functionen φ_k mit φ'_k bezeichnet werden:

$$\frac{\partial \varphi'_1}{\partial n} = \cos(n, x') = a_1 \cos(n x) + a_2 \cos(n y) + a_3 \cos(n z),$$

und mit Benutzung der bekannten Formeln $a_1 = b_2 c_3 - b_3 c_2$ etc.:

$$\begin{aligned} \frac{\partial \varphi'_4}{\partial n} &= y' \cos(n z') - z' \cos(n y') \\ &= b \cos(n z') - c \cos(n y') + a_1 [y \cos(n z) - z \cos(n y)] \\ &+ a_2 [z \cos(n x) - x \cos(n z)] + a_3 [x \cos(n y) - y \cos(n x)] \end{aligned}$$

und entsprechend die übrigen Formeln. Diesen Bedingungen aber genügen folgende Functionen:

$$(5) \qquad \begin{aligned} \varphi'_1 &= a_1 \varphi_1 + a_2 \varphi_2 + a_3 \varphi_3, \\ \varphi'_2 &= b_1 \varphi_1 + b_2 \varphi_2 + b_3 \varphi_3, \\ \varphi'_3 &= c_1 \varphi_1 + c_2 \varphi_2 + c_3 \varphi_3; \end{aligned}$$

$$(6) \qquad \begin{aligned} \varphi'_4 &= b \varphi'_3 - c \varphi'_2 + a_1 \varphi_4 + a_2 \varphi_5 + a_3 \varphi_6, \\ \varphi'_5 &= c \varphi'_1 - a \varphi'_3 + b_1 \varphi_4 + b_2 \varphi_5 + b_3 \varphi_6, \\ \varphi'_6 &= a \varphi'_2 - b \varphi'_1 + c_1 \varphi_4 + c_2 \varphi_5 + c_3 \varphi_6. \end{aligned}$$

Wenn die drei Functionen $\varphi_1, \varphi_2, \varphi_3$ bestimmt sind, so ist damit zugleich noch ein anderes Bewegungsproblem gelöst. Es ist nämlich, wenn wir x, y, z als Functionen von n betrachten:

$$\cos(n x) = \frac{\partial x}{\partial n}, \quad \cos(n y) = \frac{\partial y}{\partial n}, \quad \cos(n z) = \frac{\partial z}{\partial n},$$

und es ist also, wenn α, β, γ Constanten sind, und wenn wir

$$(7) \qquad \varphi = \alpha(x - \varphi_1) + \beta(y - \varphi_2) + \gamma(z - \varphi_3)$$

setzen, überall in der Flüssigkeit $\Delta \varphi = 0$, an der Oberfläche des Körpers $\partial \varphi / \partial n = 0$, im Unendlichen ist aber die Geschwindigkeit nicht mehr Null, sondern ihre Componenten haben die constanten Werthe α, β, γ. Es ist also damit das Problem gelöst, die Bewegung des Wassers zu bestimmen, wenn ein starrer Körper in einen unendlichen Strom getaucht und festgehalten wird. Dies Problem ist mathematisch mit dem elektrischen Problem identisch, dass ein nichtleitender Körper in einem constanten elektrischen Stromfelde liegt (Bd. I, §. 183).

§. 154.

Kugel in der Flüssigkeit.

Die Bestimmung der Functionen φ_k lässt sich in einigen Fällen durchführen. Wir nehmen zunächst den festen Körper als Kugel an[1]).

Bezeichnen wir mit r den Abstand eines variablen Punktes q mit den Coordinaten x, y, z vom Kugelmittelpunkt, so dass

$$r^2 = x^2 + y^2 + z^2$$

ist, so fällt die Richtung von n mit der Richtung von r zusammen, und es ist

$$\cos(n x) = \frac{x}{r}, \quad \cos(n y) = \frac{y}{r}, \quad \cos(n z) = \frac{z}{r}.$$

Es ist also

$$y \cos(n z) - z \cos(n y) = 0,$$

und daraus folgt, nach §. 153 (3), dass φ_4, und ebenso φ_5, φ_6 Constanten sind, die gleich Null gesetzt werden können.

Zur Bestimmung von φ_1 haben wir, wenn c den Kugelradius bedeutet, und der Winkel $(r x)$ mit ϑ bezeichnet wird, die Bedingungen:

$$\Delta \varphi_1 = 0, \tag{1}$$

$$\frac{\partial \varphi_1}{\partial r} = \cos \vartheta, \quad \text{für } r = c. \tag{2}$$

Es ist aber bekanntlich

$$\Delta \frac{1}{r} = 0,$$

also auch

$$\frac{\partial \Delta \frac{1}{r}}{\partial x} = \Delta \frac{-x}{r^3} = 0,$$

und wenn wir daher

---

[1]) Dies ist der von Dirichlet zuerst durchgeführte Fall: „Ueber die Bewegung eines festen Körpers in einem incompressiblen flüssigen Medium“. Berichte der Berliner Akademie 1852. Dirichlet's Werke, Bd. 2, S. 115.

(3) $$\varphi_1 = \frac{-c^3 x}{2 r^3} = \frac{-c^3 \cos\vartheta}{2 r^2}$$

setzen, so ist die Bedingung (1) erfüllt. Wenn wir aber nach r differentiiren, indem wir ϑ constant lassen, so ergiebt sich

$$\frac{\partial \varphi_1}{\partial r} = \frac{c^3}{r^3} \cos\vartheta = \frac{c^3 x}{r^4},$$

und es ist also auch die Bedingung (2) für $r = c$ erfüllt. Ebenso findet man die Functionen φ_2, φ_3.

Hiernach lässt sich leicht die kinetische Energie der bewegten Flüssigkeit berechnen. Es ist nämlich:

$$-\int \varphi_1 \frac{\partial \varphi_1}{\partial r} d o = \frac{1}{2c} \int x^2 d o = \frac{2\pi c^3}{3},$$

$$-\int \varphi_1 \frac{\partial \varphi_2}{\partial r} d o = \frac{1}{2c} \int x y \, d o = 0 \quad \text{etc.},$$

und folglich ergiebt sich nach §. 151 für die kinetische Energie der Flüssigkeit, wenn V die Geschwindigkeit des Kugelmittelpunktes bedeutet:

$$T_1 = \frac{\pi c^3}{3} V^2.$$

Da wir die Dichtigkeit des Wassers gleich 1 genommen haben, so ist das Kugelvolumen $4\pi c^3/3$ zugleich die von der Kugel verdrängte Wassermasse und wir erhalten, wenn wir diese Masse mit m bezeichnen:

$$2 T_1 = \tfrac{1}{2} m V^2,$$

oder, wenn u, v, w die Componenten der Geschwindigkeit des Kugelmittelpunktes sind:

(4) $$2 T_1 = \tfrac{1}{2} m (u^2 + v^2 + w^2).$$

Um die Strömung der Flüssigkeit an einer feststehenden Kugel zu bestimmen, geben wir dem Strome die Geschwindigkeit 1 in der x-Richtung, und setzen nach (3) und §. 153 (7):

(5) $$\varphi = x - \varphi_1 = x\left(1 + \frac{c^3}{2 r^3}\right) = \cos\vartheta \left(r + \frac{c^3}{2 r^2}\right).$$

Die Stromlinien verlaufen in den durch die x-Axe gelegten Meridianebenen, und liegen auf gewissen Rotationsflächen. Sie werden also durch eine Relation zwischen r und ϑ ausgedrückt. Es sind die Curven, die auf den Flächen $\varphi =$ const. senkrecht stehen, und man hat also, um sie zu finden, die Differentialgleichung

$$\frac{dr}{r^2 d\vartheta} = \frac{\varphi'(r)}{\varphi'(\vartheta)} = -\operatorname{cotg}\vartheta \frac{1 - \frac{c^3}{r^3}}{r + \frac{c^3}{2r^2}}$$

oder

$$-2 \operatorname{cotg}\vartheta\, d\vartheta = \frac{2r^3 + c^3}{r^3 - c^3} \frac{dr}{r}$$

zu integriren, deren Integral sich leicht durch Ausführung von zwei einfachen Quadraturen bestimmen lässt. Man erhält, wenn man

$$\frac{2r^3 + c^3}{r^3 - c^3} \frac{1}{r} = \frac{3r^2}{r^3 - c^3} - \frac{1}{r}$$

setzt und mit k die Integrationsconstante bezeichnet:

(6) $$\frac{kr}{r^3 - c^3} = \sin^2\vartheta.$$

Für $k = 0$ ist entweder $\sin\vartheta = 0$ oder $r = c$, d. h. die diesem Werthe von k entsprechende Stromlinie setzt sich zusammen aus dem Kreise $r = c$ und dem im Inneren der Flüssigkeit gelegenen Theile der reellen Axe. Die Constante k kann keine negativen Werthe erhalten, und je grösser k wird, um so mehr nähern sich die durch (6) dargestellten Linien den zur x-Axe parallelen Geraden $r \sin\vartheta = \text{const.}$

§. 155.

Ellipsoid in einer Flüssigkeit.

In ähnlich einfacher Weise lässt sich die Bestimmung der Functionen φ_k für ein Ellipsoid durchführen[1]).

Wir können hierbei an die Resultate von Bd. I, §. 148 über magnetische Induction in einem Ellipsoid anknüpfen, weil unser Problem mit dem dort behandelten fast identisch ist. Wir beziehen die Gleichung des Ellipsoids auf seine Hauptaxen, und nehmen sie in der Form an:

(1) $$\frac{x^2}{a^2} + \frac{y^2}{b^2} + \frac{z^2}{c^2} = 1.$$

[1]) Clebsch, Crelle's Journal, Bd. 52, S. 103.

Dann ist, wenn wir zur Abkürzung

$$\varrho = \sqrt{\frac{x^2}{a^4} + \frac{y^2}{b^4} + \frac{z^2}{c^4}}$$

setzen, für einen Punkt der Oberfläche:

$$(2) \qquad \cos(n x) = \frac{x}{\varrho a^2}, \quad \cos(n y) = \frac{y}{\varrho b^2}, \quad \cos(n z) = \frac{z}{\varrho c^2},$$

und die Grenzbedingungen §. 153 (3) lauten also hier:

$$(3) \qquad \begin{aligned} \frac{\partial \varphi_1}{\partial n} &= \frac{x}{\varrho a^2}, & \frac{\partial \varphi_4}{\partial n} &= \frac{y z (b^2 - c^2)}{\varrho b^2 c^2}, \\ \frac{\partial \varphi_2}{\partial n} &= \frac{y}{\varrho b^2}, & \frac{\partial \varphi_5}{\partial n} &= \frac{z x (c^2 - a^2)}{\varrho c^2 a^2}, \\ \frac{\partial \varphi_3}{\partial n} &= \frac{z}{\varrho c^2}, & \frac{\partial \varphi_6}{\partial n} &= \frac{x y (a^2 - b^2)}{\varrho a^2 b^2}. \end{aligned}$$

Es sind nun, wenn x, y, z ein äusserer Punkt ist, λ die positive Wurzel der cubischen Gleichung

$$(4) \qquad \frac{x^2}{a^2 + \lambda} + \frac{y^2}{b^2 + \lambda} + \frac{z^2}{c^2 + \lambda} - 1 = 0$$

bedeutet, die für die Punkte der Oberfläche in Null übergeht, und

$$D = \sqrt{\left(1 + \frac{s}{a^2}\right)\left(1 + \frac{s}{b^2}\right)\left(1 + \frac{s}{c^2}\right)}$$

gesetzt ist,

$$(5) \qquad \begin{aligned} X &= -2x \int_\lambda^\infty \frac{ds}{(a^2 + s) D}, \\ Y &= -2y \int_\lambda^\infty \frac{ds}{(b^2 + s) D}, \\ Z &= -2z \int_\lambda^\infty \frac{ds}{(c^2 + s) D} \end{aligned}$$

die Componenten der Anziehung des mit homogener Masse erfüllt gedachten Ellipsoides und

$$(6) \qquad X_0 = 2 \int_0^\infty \frac{ds}{(a^2 + s) D}, \quad Y_0 = 2 \int_0^\infty \frac{ds}{(b^2 + s) D},$$

$$Z_0 = 2 \int_0^\infty \frac{ds}{(c^2 + s) D}$$

sind Constanten, die nur von den Axen a, b, c des Ellipsoides abhängen.

Nun genügt die Function X als Ableitung des Newton'schen Potentials für einen äusseren Punkt der Differentialgleichung $\Delta X = 0$, und an den Oberflächen der Bedingung [Bd. I, §. 148 (8)]:

$$\frac{\partial X}{\partial n} = \frac{x}{\varrho a^2}(4 - X_0), \tag{7}$$

und da sich die Function X ausserdem im Unendlichen verhält wie die -2te Potenz der Entfernung von einem Punkte im Endlichen, so ergiebt sich nach (3)

$$X = \varphi_1 (4 - X_0) \tag{8}$$

und ebenso

$$\begin{aligned} Y &= \varphi_2 (4 - Y_0), \\ Z &= \varphi_3 (4 - Z_0), \end{aligned} \tag{9}$$

wodurch die drei Functionen φ_1, φ_2, φ_3 bestimmt sind.

Betrachten wir ferner die Function

$$\Xi = Zy - Yz = -2 \int_\lambda^\infty \frac{y z (b^2 - c^2)\, d s}{D (b^2 + s)(b^2 + s)}, \tag{10}$$

so ergiebt sich durch Differentiation:

$$\begin{aligned} \frac{\partial \Xi}{\partial x} &= y \frac{\partial Z}{\partial x} - z \frac{\partial Y}{\partial x} \\ \frac{\partial \Xi}{\partial y} &= y \frac{\partial Z}{\partial y} - z \frac{\partial Y}{\partial y} + Z, \\ \frac{\partial \Xi}{\partial z} &= y \frac{\partial Z}{\partial z} - z \frac{\partial Y}{\partial z} - Y, \end{aligned} \tag{11}$$

und daraus durch abermalige Differentiation und Addition:

$$\Delta \Xi = y \Delta Z - z \Delta Y + 2 \left(\frac{\partial Z}{\partial y} - \frac{\partial Y}{\partial z}\right),$$

und dies ist $= 0$, weil ΔY, ΔZ verschwinden und

$$X d x + Y d y + Z d z$$

ein vollständiges Differential ist.

Weiter folgt aber aus (11)

$$\frac{\partial \Xi}{\partial n} = y \frac{\partial Z}{\partial n} - z \frac{\partial Y}{\partial n} + Z \cos(n y) - Y \cos(n z).$$

Der letzte Ausdruck ist für die Punkte der Oberfläche zu nehmen. Dort ist aber nach (5), (6) und (7)

$$Y = -y Y_0, \qquad Z = -z Z_0,$$

$$\frac{\partial Y}{\partial n} = \frac{y}{\varrho b^2}(4 - Y_0), \qquad \frac{\partial Z}{\partial n} = \frac{z}{\varrho c^2}(4 - Z_0),$$

und folglich:

$$(12) \qquad \frac{\partial \Xi}{\partial n} = \frac{y z}{\varrho b^2 c^2}\left\{4(b^2 - c^2) + (Y_0 - Z_0)(b^2 + c^2)\right\}.$$

Da nun, wie aus dem Ausdrucke (10) leicht einzusehen ist, die Function Ξ im Unendlichen in der Weise verschwindet, wie es von den Functionen φ verlangt war, so sind die Bedingungen befriedigt, wenn wir setzen:

$$(13) \qquad \varphi_4 = \frac{(y Z - z Y)(b^2 - c^2)}{4(b^2 - c^2) + (Y_0 - Z_0)(b^2 + c^2)},$$

und daraus ergeben sich φ_5, φ_6 durch cyklische Vertauschung.

§. 156.

Ring in einer Flüssigkeit.

Wir betrachten noch den Fall, dass der in die Flüssigkeit eingetauchte Körper die Form eines Ringes hat, der durch die Rotation eines Kreises um eine seine Peripherie nicht schneidende in seiner Ebene gelegene Axe erzeugt wird[1]).

Wir führen die Coordinaten ϱ, ω, ϑ ein, die wir im §. 44 des ersten Bandes betrachtet haben. Das rechtwinkelige Coordinatensystem x, y, z habe die Rotationsaxe zur z-Axe und die Aequatorebene zur xy-Ebene. Wir setzen, indem wir mit b eine Constante bezeichnen und das dort gebrauchte $\lambda = \log \varrho$ setzen, nach Bd. I, §. 44 (8):

---

[1]) In seiner Vorlesung im Winter 1860/61 hat Riemann, wie auch Hattendorff angiebt (Vorrede zur dritten Auflage. S. VI), dieses Problem behandelt und den Weg der Lösung angegeben. Es liegt mir darüber ein Heft von Reye vor, der diese Vorlesung gehört hat. Es bezieht sich darauf auch eine aus Riemann's Nachlass hergestellte Note: „Ueber das Potential eines Ringes" (Nr. XXIV der zweiten Auflage von Riemann's Werken). Verwandten Inhalts ist die Schrift von C. Neumann: „Theorie der Elektricitäts- und Wärmevertheilung in einem Ringe". Halle 1864.

(1) $$x = r\cos\vartheta, \qquad y = r\sin\vartheta,$$

(2) $$r = \frac{b(1-\varrho^2)}{1+2\varrho\cos\omega+\varrho^2},$$

(3) $$z = -\frac{2b\varrho\sin\omega}{1+2\varrho\cos\omega+\varrho^2},$$

und für das Quadrat des Linienelementes ds^2 erhalten wir nach Bd. I, §. 44 (9) den Ausdruck

(4) $$ds^2 = \frac{4r^2(d\varrho^2+\varrho^2 d\omega^2)}{(1-\varrho^2)^2} + r^2 d\vartheta^2.$$

Wir erhalten jeden Punkt des Raumes, und, von den Punkten der Axe abgesehen, jeden nur einmal, wenn wir die drei Variabeln ϱ, ω, ϑ auf die Intervalle beschränken:

$$0 \leqq \varrho \leqq 1,$$
$$-\pi < \omega \leqq \pi,$$
$$-\pi < \vartheta \leqq \pi.$$

Einem constanten Werth ϱ_0 von ϱ entspricht eine Ringfläche, die durch einen Kreis erzeugt wird, dessen Radius a und Mittelpunktsabstand c durch die Gleichungen:

(5) $$\frac{1-\varrho_0^2}{2\varrho_0} = \frac{b}{a}, \quad \frac{1+\varrho_0^2}{2\varrho_0} = \frac{c}{a} \quad \text{[Bd. I, §. 44 (6)]}$$

bestimmt sind. Den Punkten ausserhalb dieser Ringfläche entspricht das Intervall

(6) $$\varrho_0 < \varrho \leqq 1.$$

Den Werthen

$$\varrho = 1, \qquad \omega = 0$$

bei beliebigen ϑ entspricht der Nullpunkt, und den Werthen

$$\varrho = 1, \qquad \omega = \pm\pi$$

die unendlich fernen Punkte.

Durch die Umformung Bd. I, §. 44 (12) ist die Differentialgleichung $\Delta\varphi = 0$ in die Gestalt gebracht:

(7) $$\left(\frac{1-\varrho^2}{2\varrho}\right)^2\left(\frac{\partial^2\sqrt{r}\,\varphi}{\partial\log\varrho^2} + \frac{\partial^2\sqrt{r}\,\varphi}{\partial\omega^2}\right) + \frac{\partial^2\sqrt{r}\,\varphi}{\partial\vartheta^2} + \frac{\sqrt{r}\,\varphi}{4} = 0.$$

Von dieser Differentialgleichung lassen sich particulare Integrale von der Form

(8) $$\sqrt{r}\,\varphi = S e^{i(m\omega+n\vartheta)}$$

finden, in denen S allein von ϱ abhängt, und wenn wir voraussetzen, dass φ eine einwerthige und stetige Function des

Ortes, also eine um 2π periodische Function von ω und ϑ sein soll, so müssen m und n ganze Zahlen sein.

Für S ergiebt sich dann aus (7) die Differentialgleichung

$$(9) \qquad \left(\frac{1-\varrho^2}{2\varrho}\right)^2 \left(\frac{d^2 S}{d \log \varrho^2} - m^2 S\right) - (n^2 - \tfrac{1}{4}) S = 0.$$

Um die allgemeine Theorie der P-Function auf diese Gleichung anwenden zu können, wollen wir zunächst m und n als unbestimmte Grössen ansehen. Betrachtet man ϱ^2 als Argument, so sind $0, 1, \infty$ die singulären Punkte für diese Differentialgleichung, und man findet, wenn man nach steigenden und fallenden Potenzen von ϱ^2 und nach steigenden Potenzen von $1 - \varrho^2$ entwickelt, dass diese Entwickelungen mit den Potenzen

$$\varrho^{\pm m}, \qquad \varrho^{\pm m}, \qquad (1-\varrho^2)^{\frac{1}{2} \pm n}$$

anfangen müssen. Demnach wird die Differentialgleichung (9) durch die P-Function

$$(10) \qquad S = P\begin{pmatrix} \frac{m}{2}, & \frac{m}{2}, & \frac{1}{2} + n & \\ & & & \varrho^2 \\ -\frac{m}{2}, & -\frac{m}{2}, & \frac{1}{2} - n & \end{pmatrix}$$

oder durch

$$(11) \qquad S = P\begin{pmatrix} \frac{1}{2} + n, & \frac{m}{2}, & \frac{m}{2} & \\ & & & 1 - \varrho^2 \\ \frac{1}{2} - n, & -\frac{m}{2}, & -\frac{m}{2} & \end{pmatrix}$$

integrirt.

Wir haben aber hier den Fall des §. 22, in dem zwei Exponentenpaare identisch sind, und es lassen sich also noch viele andere Formen der P-Functionen finden, durch die diese Differentialgleichung integrirt wird. So ergiebt sich die Formel:

$$(12) \qquad S = P\begin{pmatrix} 0, & \frac{1+2n}{4}, & \frac{m}{2} & \\ & & & \left(\frac{\varrho^2+1}{\varrho^2-1}\right)^2 \\ \frac{1}{2}, & \frac{1-2n}{4}, & -\frac{m}{2} & \end{pmatrix}$$

$$= P\begin{pmatrix} 0, & \frac{m}{2}, & \frac{1+2n}{4} & \\ & & & \frac{(\varrho^2+1)^2}{4\varrho^2} \\ \frac{1}{2}, & -\frac{m}{2}, & \frac{1-2n}{4} & \end{pmatrix}$$

und durch nochmalige Anwendung der Formel:

$$= P\begin{pmatrix} \frac{1+2n}{4}, & \frac{1+2n}{4}; & m & \\ & & & \left(\frac{\varrho - 1}{\varrho + 1}\right)^2 \\ \frac{1-2n}{4}, & \frac{1-2n}{4}, & -m & \end{pmatrix},$$

und hieraus lassen sich noch viele ähnliche Formeln herleiten.

§. 157.

Bestimmung der Coëfficienten.

Wir wollen der Einfachheit halber jetzt nur noch einen in Bezug auf die Rotationsaxe symmetrischen Zustand betrachten, weil bei dieser Annahme die Schwierigkeit, die das Problem noch bietet, bereits hinlänglich hervortritt. Dann haben wir in den Formeln des vorigen Paragraphen $n = 0$ zu setzen, und wir erhalten aus (11) [mit Rücksicht auf §. 19, (4)]:

$$S = P\begin{pmatrix} \frac{1}{2}, & \frac{m}{2}, & \frac{m}{2} & \\ & & & 1 - \varrho^2 \\ \frac{1}{2}, & -\frac{m}{2}, & -\frac{m}{2} & \end{pmatrix}$$

$$= \varrho^m \sqrt{1 - \varrho^2}\, P\begin{pmatrix} 0, & m + \frac{1}{2}, & 0 & \\ & & & 1 - \varrho^2 \\ 0, & \frac{1}{2}, & -m & \end{pmatrix},$$

und aus §. 156 (8) ergeben sich, wenn man für $\sqrt{r}$ den Werth aus §. 156 (2) einsetzt, die Integrale

(1) $$\varphi = \sqrt{1 + 2\varrho \cos\omega + \varrho^2}\, \varrho^m P\begin{pmatrix} 0, & m + \frac{1}{2}, & 0 & \\ & & & 1 - \varrho^2 \\ 0, & \frac{1}{2}, & -m & \end{pmatrix} e^{im\omega}.$$

Die hier vorkommende P-Function hat nur einen Zweig, der für $\varrho = 1$ endlich bleibt (§. 10, §. 20), nämlich die hypergeometrische Reihe

(2) $$K_m = F(m + \tfrac{1}{2},\ \tfrac{1}{2},\ 1,\ 1 - \varrho^2),$$

die sich nach §. 13 (3) auch durch das elliptische Integral

$$(3) \qquad K_m = \frac{2}{\pi} \int\limits_0^{\frac{\pi}{2}} \frac{d\vartheta}{(\cos^2\vartheta + \varrho^2 \sin^2\vartheta)^{m+\frac{1}{2}}}$$

darstellen lässt.

Nehmen wir zur weiteren Vereinfachung an, dass φ eine ungerade Function von ω sei, wie es etwa eintritt, wenn ein ruhender Ring einer der z-Axe parallelen Strömung ausgesetzt wird, so ergiebt sich, wenn wir mit a_m noch zu bestimmende Constanten bezeichnen:

$$(4) \qquad \varphi = \sqrt{1 + 2\varrho\cos\omega + \varrho^2} \sum_{m=1}^{\infty} a_m \varrho^m K_m \sin m\omega.$$

Die Constanten a_m sind nun aus der Bedingung zu bestimmen, dass an der Oberfläche des Ringes, also für $\varrho = \varrho_0$, der nach der Normalen genommene Differentialquotient $\partial\varphi/\partial n$ eine gegebene Function $F(\omega)$ von ω sein soll, die wir natürlich auch als ungerade Function voraussetzen müssen.

Der Bedingung §. 150 (5), nach der $R\varphi$ im Unendlichen verschwinden muss, genügt jedes einzelne Glied dieser Reihe:

$$\sqrt{1 + 2\varrho\cos\omega + \varrho^2}\, \varrho^m K_m \sin m\omega = \varphi_m.$$

Es ist nämlich nach (2) und (3), §. 156

$$R = \sqrt{r^2 + z^2} = b\, \frac{\sqrt{(1-\varrho^2)^2 + 4\varrho^2 \sin^2\omega}}{1 + 2\varrho\cos\omega + \varrho^2}$$

$$= b \sqrt{\frac{1 - 2\varrho\cos\omega + \varrho^2}{1 + 2\varrho\cos\omega + \varrho^2}}$$

und folglich

$$R\varphi_m = b\sqrt{1 - 2\varrho\cos\omega + \varrho^2}\, \varrho^m K_m \sin m\omega.$$

Es ist aber im Unendlichen $\varrho = 1$, $\omega = \pi$ und da

$$\varrho^m K_m = 1 \quad \text{für} \quad \varrho = 1,$$

so ist $R\varphi_m$ im Unendlichen $= 0$.

Nach §. 156 (4) ist aber, wenn $d\omega = 0$, $d\vartheta = 0$ und $ds = dn$ gesetzt werden:

$$dn = \frac{2r\,d\varrho}{1 - \varrho^2},$$

und nach §. 156 (2):

$$d n = \frac{2 b \, d \varrho}{1 + 2 \varrho \cos \omega + \varrho^2}.$$

Folglich ist

$$\frac{\partial \varphi}{\partial n} = \frac{1 + 2 \varrho \cos \omega + \varrho^2}{2 b} \frac{\partial \varphi}{\partial \varrho},$$

und folglich für $\varrho = \varrho_0$:

$$\frac{\partial \varphi}{\partial \varrho} = \frac{2 b F(\omega)}{1 + 2 \varrho \cos \omega + \varrho^2}. \tag{5}$$

Andererseits ergiebt sich aus (4) durch Differentiation:

$$\sqrt{1 + 2 \varrho \cos \omega + \varrho^2} \frac{\partial \varphi}{\partial \varrho} =$$

$$\sum a_m \sin m \omega \left((\varrho + \cos \omega) \varrho^m K_m + (1 + \varrho^2 + 2 \varrho \cos \omega) \frac{d \varrho^m K_m}{d \varrho} \right),$$

oder, wenn wir die Abkürzung

$$\varrho^{m+1} K_m + (1 + \varrho^2) \frac{d \varrho^m K_m}{d \varrho} = P_m,$$

$$\varrho^m K_m + 2 \varrho \frac{d \varrho^m K_m}{d \varrho} = 2 Q_m$$

einführen:

$$\sqrt{1 + 2 \varrho \cos \omega + \varrho^2} \frac{\partial \varphi}{\partial \varrho} = \sum_{m=1}^{\infty} a_m (P_m + 2 Q_m \cos \omega) \sin m \omega. \tag{6}$$

Setzen wir also für $\varrho = \varrho_0$

$$\frac{2 b F(\omega)}{\sqrt{1 + 2 \varrho \cos \omega + \varrho^2}} = f(\omega), \tag{7}$$

so ist $f(\omega)$ gleichfalls eine gegebene ungerade Function von ω, die wir in eine Sinus-Reihe entwickelt annehmen können, also:

$$f(\omega) = \sum_{m=1}^{\infty} A_m \sin m \omega,$$

worin dann die A_m gegebene Constanten sind. Aus (5) und (6) ergiebt sich hiernach

$$\sum_{m=1}^{\infty} A_m \sin m \omega = \sum_{m=1}^{\infty} a_m (P_m + 2 Q_m \cos \omega) \sin m \omega, \tag{8}$$

wenn P_m und Q_m für $\varrho = \varrho_0$ genommen sind.

Es ist aber

$$2 \cos \omega \sin m \omega = \sin (m + 1) \omega + \sin (m - 1) \omega,$$

und demnach wird die rechte Seite von (8):

$$\sum_{m=1}^{\infty} a_m P_m \sin m\omega + \sum_{m=1}^{\infty} a_m Q_m \sin(m-1)\omega$$

$$+ \sum_{m=1}^{\infty} a_m Q_m \sin(m+1)\omega,$$

oder

$$\sum (a_m P_m + a_{m+1} Q_{m+1} + a_{m-1} Q_{m-1}) \sin m\omega,$$

worin, wenn die Summe von $m = 1$ bis $m = \infty$ genommen werden soll, $a_0 = 0$ zu setzen ist. Es folgt also aus (8) das folgende System von Gleichungen:

$$(9) \qquad \begin{aligned} A_1 &= a_2 Q_2 + a_1 P_1, \\ A_2 &= a_3 Q_3 + a_2 P_2 + a_1 Q_1, \\ A_3 &= a_4 Q_4 + a_3 P_3 + a_2 Q_2, \\ A_4 &= a_5 Q_5 + a_4 P_4 + a_3 Q_3, \\ &\ldots\ldots\ldots\ldots \end{aligned}$$

und allgemein:

$$(10) \qquad A_m = a_{m+1} Q_{m+1} + a_m P_m + a_{m-1} Q_{m-1}.$$

Aus diesen Gleichungen kann man etwa $a_2, a_3, a_4, \ldots$ successive berechnen, wenn a_1 bekannt ist. Zur vollständigen Bestimmung der Coëfficienten $a_1, a_2, a_3 \ldots$ reichen aber die Gleichungen (9) nicht aus. Es fehlt dazu noch eine Bedingung und diese kann in nichts anderem bestehen, als in der Forderung der Convergenz der Reihe (4). Da nämlich die $\varrho^m K_m$ mit unendlich wachsendem m unendlich werden, so müssen die a_m in einer gewissen Weise gegen Null convergiren, und da unsere Bedingungen zur Bestimmung der Function φ ausreichend sind, so kann diese Forderung nur auf eine Weise mit den Gleichungen (9) vereinbar sein.

Wenn wir die Grössen x_n und y_n als specielle Fälle der a_n in der Weise bestimmen, dass wir, um x_n zu erhalten, in (9) $a_1 = 0$ setzen, also:

$$(11) \qquad \begin{aligned} A_1 &= x_2 Q_2, \qquad A_2 = x_3 Q_3 + x_2 P_2, \\ A_3 &= x_4 Q_4 + x_3 P_3 + x_2 Q_2, \ldots, \end{aligned}$$

und um y_n zu erhalten, $A_1 = 0$, $A_2 = 0, \ldots, a_1 = 1$ setzen, also:

$$(12) \qquad \begin{aligned} 0 &= y_2 Q_2 + P_1, \\ 0 &= y_3 Q_3 + y_2 P_2 + Q_1, \\ &\ldots\ldots\ldots\ldots \end{aligned}$$

so wird der allgemeine Ausdruck von a_n

$$a_n = x_n + a_1 y_n,$$

die x_n, y_n sind aus (11) und (12) vollständig bestimmt, und es ergiebt sich, da $\operatorname{Lim} a_n = 0$ sein muss:

$$(13) \qquad a_1 = -\operatorname*{Lim}_{n=\infty} \frac{x_n}{y_n}\,[1].$$

---

[1]) Die Bestimmung der Coëfficienten a_n ist zuerst klargestellt von Hicks „On Toroidal Functions", Philosophical Transactions 1881, p. 644. In der Theorie der Bewegung zweier Kugeln in einer Flüssigkeit tritt dieselbe Schwierigkeit auf. Dieses Problem ist eingehend behandelt von C. Neumann (Hydrodynamische Untersuchungen, Leipzig 1883).

Zwanzigster Abschnitt.

Bewegung eines festen Körpers in einer Flüssigkeit. Mechanischer Theil.

---

§. 158.

Kinetische Energie.

Im vorhergehenden Abschnitt haben wir uns mit der Bestimmung des Geschwindigkeitspotentials, also der Ermittelung der Bewegung der Flüssigkeit, unter der Voraussetzung beschäftigt, dass ein starrer Körper von gegebener Form in die Flüssigkeit eingetaucht und darin in einer gegebenen Bewegung begriffen ist.

Die Zerlegung des Geschwindigkeitspotentials, die wir im §. 153 kennen gelernt haben, ermöglicht es aber, die andere Aufgabe, nämlich die Bestimmung der Bewegung des Körpers in der Flüssigkeit unter dem Einflusse gegebener Kräfte, unabhängig von der ersten, in Angriff zu nehmen. Das Mittel hierzu bietet uns das Hamilton'sche Princip, das die Bewegungsgleichungen für irgend ein System aufzustellen gestattet, wenn die Ausdrücke der potentiellen und der kinetischen Energie durch die die Lage des Systems bestimmenden Variablen (die Coordinaten des Systems) bekannt sind.

Ehe wir aber zur Formulirung des Hamilton'schen Principes für diesen Fall übergehen, wollen wir den Ausdruck der lebendigen Kraft des Systems einer eingehenden Discussion unterwerfen.

Wir betrachten zunächst den Fall, dass ein starrer Körper in eine unendlich ausgedehnte Flüssigkeit eingetaucht ist, und betrachten in der Flüssigkeit nur wirbelfreie Bewegung und eindeutige Geschwindigkeitspotentiale.

Wir wählen ein Coordinatensystem x, y, z, das wir uns in fester Verbindung mit dem Körper denken, und das durch die geometrische oder mechanische Beschaffenheit des Körpers definirt ist, z. B. nehmen wir, wenn die Körperoberfläche die Symmetrieverhältnisse eines Ellipsoides hat, den Mittelpunkt zum Coordinatenanfangspunkt, die Hauptaxen zu Coordinatenaxen. In anderen Fällen können wir etwa den Schwerpunkt zum Anfangspunkt und die Hauptträgheitsaxen zu Coordinatenaxen wählen.

Es mögen u, v, w die Componenten der Geschwindigkeit des Anfangspunktes, p, q, r die Componenten der Rotationsgeschwindigkeit des Körpers für die Axen x, y, z bedeuten.

Sind x, y, z die Coordinaten eines Massenelementes dm des Körpers, so sind nach Band I, §. 82 (2)

$$(-ry + qz)\,dt, \quad (-pz + rx)\,dt, \quad (-qx + py)\,dt$$

die Componenten der relativen Verschiebung von dm im Zeitelement dt in Bezug auf den Coordinatenanfangspunkt in seiner augenblicklichen Lage (zur Zeit t), und folglich sind

$$(1) \qquad u - ry + qz, \qquad v - pz + rx, \qquad w - qx + py$$

die Componenten der Geschwindigkeit von dm. Danach erhalten wir für die kinetische Energie des Körpers den Ausdruck

$$(2) \quad \frac{1}{2}\int [(u - ry + qz)^2 + (v - pz + rx)^2 + (w - qx + py)^2]\,dm.$$

1. Die kinetische Energie des Körpers ist also eine homogene Function zweiten Grades von den sechs Grössen

$$u,\ v,\ w,\ p,\ q,\ r,$$

deren Coëfficienten durch die Gestalt und Massenvertheilung des Körpers bestimmt sind.

Es ist aus der Mechanik bekannt, dass man diesen Ausdruck durch passende Wahl des Anfangspunktes und der Axenrichtung sehr vereinfachen kann. Er lässt sich nämlich, wenn man den Schwerpunkt zum Anfangspunkt und die Hauptträgheitsaxen zu Coordinatenaxen macht, auf die Form

$$\tfrac{1}{2}[M(u^2 + v^2 + w^2) + Ap^2 + Bq^2 + Cr^2]$$

bringen, wenn M die Gesammtmasse des Körpers und A, B, C seine Hauptträgheitsmomente sind. Wir machen aber hier von dieser Vereinfachung keinen Gebrauch.

Nach §. 153 hat das Geschwindigkeitspotential φ in einem beliebigen Punkt x, y, z der Flüssigkeit den Ausdruck

$$\varphi = u\varphi_1 + v\varphi_2 + w\varphi_3 + p\varphi_4 + q\varphi_5 + r\varphi_6,$$

worin die Functionen $\varphi_1, \varphi_2, \ldots$ nur von der Gestalt der Oberfläche des Körpers abhängen, aber freilich erst durch Integration von partiellen Differentialgleichungen gefunden werden.

2. Die kinetische Energie der gesammten Flüssigkeitsmasse ist nach §. 151 (1)

(3) $$-\frac{1}{2}\varrho\int\varphi\frac{\partial\varphi}{\partial n}\,do,$$

und ist also ebenfalls eine homogene Function zweiten Grades von

$$u,\ v,\ w,\ p,\ q,\ r.$$

Hierin ist ϱ die Dichtigkeit der Flüssigkeit, do ein Oberflächenelement des Körpers und n die in das Innere der Flüssigkeit positiv gerechnete Normale.

Hieraus ergiebt sich, dass die kinetische Energie T des ganzen, aus Körper und Flüssigkeit zusammengesetzten Systems ebenfalls eine homogene Function zweiten Grades der sechs Variablen in 1. ist. Wir setzen, indem wir zur Vereinfachung der Schreibweise

$$u,\ v,\ w,\quad p,\ q,\ r$$

durch

$$x_1,\ x_2,\ x_3,\quad x_4,\ x_5,\ x_6$$

bezeichnen:

(4) $$2T = \sum_{1,6}^{i,k} c_{ik}\,x_i\,x_k.$$

Ihrer Bedeutung nach ist diese quadratische Function positiv und sie kann nur verschwinden, wenn die Variablen x_i alle zugleich verschwinden.

Die Coëfficienten $c_{ik} = c_{ki}$ sind Constanten, die nur von der Beschaffenheit des Körpers und ausserdem von der Dichtigkeit ϱ der Flüssigkeit abhängen. Ihre theoretische Berechnung würde die Kenntniss der Functionen φ_i, also die Integration gewisser partieller Differentialgleichungen erfordern. Man kann sich diese Constanten aber auch experimentell bestimmt denken, etwa wie die Masse und die Trägheitsmomente des Körpers.

§. 159.

Vereinfachung des Ausdrucks für die kinetische Energie bei Symmetrie.

Die Coëfficienten c_{ik} in dem Ausdruck für $2T$ haben eine einfache mechanische Bedeutung, durch die sie sehr anschaulich werden. Es ist nämlich $\frac{1}{2} c_{ii} x_i^2$ die kinetische Energie des Systems, die einer Bewegung entspricht, bei der alle Variablen $x_1, x_2 \ldots x_6$ mit Ausnahme von x_i verschwinden. Demnach können wir z. B. c_{11} als die gesammte Masse betrachten, die bei einer Parallelverschiebung in der Richtung der x-Axe in Bewegung gesetzt wird. Ebenso ist c_{44} das Gesammtträgheitsmoment, das einer Drehung um die x-Axe entspricht mit Berücksichtigung der bei der Drehung mitgerissenen Flüssigkeitsmasse.

Setzen wir alle x, mit Ausnahme von zweien, x_i, x_k gleich Null, so erhält T den Ausdruck

$$(1) \qquad T_{ik} = \tfrac{1}{2} c_{ik} x_i^2 + c_{ik} x_i x_k + \tfrac{1}{2} c_{kk} x_k^2,$$

und es ist also

$$2 c_{ik} = \overset{+}{T}_{ik} - \overset{-}{T}_{ik}$$

der Unterschied zwischen den Werthen der kinetischen Energie, wie er den beiden Annahmen

$$x_i = +1, \qquad x_k = +1$$
$$x_i = +1, \qquad x_k = -1$$

entspricht. Ist z. B. $x_i = u$, $x_k = p$, so ist die erste dieser Bewegungen eine Rechtsschraubung, die zweite eine Linksschraubung.

Man kann allgemein den Ausdruck für $2T$ durch passende Wahl des Coordinatensystems auf eine einfachere Form bringen, und zwar kann man, da in dem rechtwinkligen Coordinatensystem der Anfangspunkt und drei Winkel verfügbar sind, die 21 Constanten c_{ik} auf 15 reduciren.

Wenn man zunächst bloss die Axenrichtungen ändert, so transformiren sich die Geschwindigkeiten u, v, w durch dieselben

Formeln, wie die Coordinaten selbst. Wählt man daher zu Coordinatenaxen die Hauptaxen des Ellipsoides

(2) $c_{11}x^2 + c_{22}y^2 + c_{33}z^2 + 2c_{23}yz + 2c_{31}zx + 2c_{12}xy = 1,$

so verschwinden in dem auf diese Axen bezogenen Ausdruck für $2T$ die Coëfficienten c_{23}, c_{31}, c_{12}.

Hält man diese Axenrichtungen fest, wählt aber einen Punkt, dessen Coordinaten a, b, c sind, zum neuen Anfangspunkt, so erhält man nach §. 158 (1), wenn die Geschwindigkeitscomponenten dieses neuen Anfangspunktes mit u', v', w' bezeichnet werden:

(3)
$$\begin{aligned} u &= u' + rb - qc, \\ v &= v' + pc - ra, \\ w &= w' + qa - pb. \end{aligned}$$

In dem umgeformten Ausdruck für $2T$ kommen also die Glieder mit $v'w'$, $w'u'$, $u'v'$ nicht vor, und man erhält die Glieder

$$\begin{aligned} &2u'q(c_{15} - c_{11}c) + 2u'r(c_{16} + c_{11}b) \\ &+ 2v'r(c_{26} - c_{22}a) + 2v'p(c_{24} + c_{22}c) \\ &+ 2w'p(c_{34} - c_{33}b) + 2w'q(c_{35} + c_{33}a). \end{aligned}$$

Man kann nun die a, b, c so bestimmen, dass

$$\begin{aligned} c_{26} - c_{22}a &= c_{35} + c_{33}a, \\ c_{34} - c_{33}b &= c_{16} + c_{11}b, \\ c_{15} - c_{11}c &= c_{24} + c_{22}c \end{aligned}$$

wird, und zwar ist diese Bestimmung, weil c_{11}, c_{22}, c_{33} wesentlich positiv sind, unter allen Umständen eindeutig.

Man kann also den Anfangspunkt des Coordinatensystems so bestimmen, dass

$$c_{26} = c_{35}, \quad c_{34} = c_{16}, \quad c_{15} = c_{24}$$

wird.

Wenn wir daher der besseren Uebersicht wegen die Bezeichnung der Coëfficienten c_{ik} ändern, so können wir die lebendige Kraft des Systems durch den Ausdruck darstellen:

(4)
$$\begin{aligned} 2T = {} & au^2 + bv^2 + cw^2 + 2a'pu + 2b'qv + 2c'rw \\ & + 2\alpha(qw + rv) + 2\beta(ru + pw) + 2\gamma(pv + qu) \\ & + Ap^2 + Bq^2 + Cr^2 + 2A'qr + 2B'rp + 2C'pq. \end{aligned}$$

Der Coordinatenanfangspunkt ist hierbei unter allen Umständen ein in Bezug auf die Gestalt des Körpers eindeutig bestimmter Punkt, den wir das Bewegungscentrum nennen wollen. Die Axenrichtungen, die die Hauptaxen der Bewegung heissen mögen, sind im Allgemeinen ebenfalls vollständig bestimmt; wenn aber die Fläche (2) eine Rotationsfläche ist, so ist nur eine der Axen bestimmt, und wenn diese Fläche eine Kugel ist, so können irgend drei auf einander rechtwinklige Axen als Hauptaxen bezeichnet werden [1]).

Wenn eine Symmetrieebene vorhanden ist, d. h. eine Ebene, für die nicht nur die Figur, sondern auch die Massenvertheilung des Körpers symmetrisch ist, so muss das Centrum jedenfalls auf dieser Ebene liegen, weil sonst der Spiegelpunkt des Centrums ebenfalls Centrum sein müsste, während doch nur ein Centrum vorhanden sein kann. Aus dem gleichen Grunde muss eine der Hauptaxen der Bewegung auf der Symmetrieebene senkrecht stehen.

Für diesen Fall treten noch weitere Vereinfachungen in dem Ausdruck für $2T$ ein. Nehmen wir die Symmetrieebene zur xy-Ebene, so wird, wenn wir w, q, v, r gleich Null setzen und nur u und p von Null verschieden annehmen, die Vorzeichenänderung von p nichts ändern können, weil dadurch nur die ganze Bewegung in eine spiegelbildlich gleiche umgewandelt wird, und folglich muss der Coëfficient von up verschwinden. Aus demselben Grunde verschwinden die Coëfficienten von

$$up, \quad vp, \quad uq, \quad vq, \quad pr, \quad qr, \quad wu, \quad wv, \quad wr,$$

und es bleibt für $2T$ der Ausdruck

$$(5) \qquad \begin{aligned} 2T = au^2 + bv^2 + cw^2 + 2\alpha(qw + rv) + 2\beta(ru + pw) \\ + Ap^2 + Bq^2 + Cr^2 + 2C'pq. \end{aligned}$$

Ist eine zweite Symmetrieebene vorhanden, die auf der ersten senkrecht steht, so nehmen wir ihre Schnittlinie, auf der das Centrum liegen muss, und in die eine der Hauptaxen fällt, zur z-Axe. Es muss dann die Form (5) erhalten bleiben, wenn wir x oder y mit z vertauschen, und folglich wird

$$(6) \qquad \begin{aligned} 2T = au^2 + bv^2 + cw^2 + 2\gamma(pv + qu) \\ + Ap^2 + Bq^2 + Cr^2, \end{aligned}$$

und wenn drei auf einander rechtwinklige Symmetrieebenen vorhanden sind, wie etwa bei einem Ellipsoid, so erhalten wir

[1]) Eine andere Normalform des Ausdruckes für die lebendige Kraft, die für die Bildung der allgemeinen Integralgleichungen geeignet ist, hat Minkowski gegeben (Sitzungsberichte der Berliner Akademie 1888).

(7) $$2\,T = a u^2 + b v^2 + c w^2 + A p^2 + B q^2 + C r^2.$$

Kehren wir zu dem Falle (6) zurück und nehmen an, dass die beiden Symmetrieebenen gleichartig sind, so dass der Körper durch eine Drehung um die z-Axe um 90^0 mit sich selbst zur Deckung kommt, wie etwa bei einem Rotationskörper oder bei einer quadratischen Pyramide, so muss der Ausdruck (6) dasselbe ergeben für die beiden Annahmen

$$w = 0, \quad r = 0, \quad u = 0, \quad q = 0, \quad p = 1, \quad v = 1,$$
$$w = 0, \quad r = 0, \quad v = 0, \quad p = 0, \quad q = -1, \quad u = 1,$$

und daraus folgt

$$a = b, \quad A = B, \quad \gamma = -\gamma = 0,$$

also

(8) $$2\,T = a(u^2 + v^2) + c w^2 + A(p^2 + q^2) + C r^2,$$

und diese Form bleibt auch bestehen, wenn die Symmetrie so beschaffen ist, wie etwa bei einer regulär sechsseitigen Pyramide.

Hat der Körper die Gestalt einer Kugel, so ist nach §. 154 (4) die lebendige Kraft der bewegten Flüssigkeit für sich

$$\tfrac{1}{4} m (u^2 + v^2 + w^2),$$

wenn m die von der Kugel verdrängte Wassermasse bedeutet. Es ist also in diesem Falle

(9) $$2\,T = \tfrac{1}{2} m (u^2 + v^2 + w^2) + 2\,T',$$

wenn T' die lebendige Kraft der bewegten Kugel ist. Dieser Ausdruck bleibt auch dann gültig, wenn die Massenvertheilung im Inneren der Kugel nicht homogen ist. Der Ausdruck T' ist dann nach den Regeln der Mechanik starrer Massen zu berechnen. Wenn die Kugel homogen ist, die Masse M und den Radius c hat, so hat $2\,T'$ den Ausdruck

(10) $$2\,T' = M(u^2 + v^2 + w^2) + \mu(p^2 + q^2 + r^2),$$

wenn

$$\mu = \frac{2\,M}{5}\, c^2$$

das Trägheitsmoment der Kugel in Bezug auf eine durch ihren Mittelpunkt gehende Axe ist.

Die kinetische Energie wird also durch den Einfluss des Wassers so modificirt, als ob die Hälfte der verdrängten Wassermasse ohne Rotation mit der Geschwindigkeit des Kugelmittelpunktes fortgeführt würde.

§. 160.

Verallgemeinerung.

Wir betrachten jetzt noch einen etwas allgemeineren Fall: Wir wollen annehmen, es seien in die Flüssigkeit eine beliebige Zahl starrer Körper eingetaucht, die auch noch in ihrer Beweglichkeit durch irgend welche Bedingungen beschränkt sein können. Die Lage dieses Körpersystems denken wir uns bestimmt durch eine endliche Anzahl von einander unabhängiger Variablen

(1) $$q_1, q_2, q_3, \ldots$$

Wenn die Körper in Bewegung sind, so sind die Variablen q_i Functionen der Zeit t, deren Differentialquotienten dq_i/dt wir mit

(2) $$q'_1, q'_2, q'_3, \ldots$$

bezeichnen.

Um eine solche Bewegung analytisch darzustellen, nehmen wir ein im Raume festes Coordinatensystem x, y, z, das wir mit S bezeichnen wollen, und ausserdem in jedem einzelnen der Körper $K_1, K_2, \ldots$ ein mit diesem fest verbundenes und also mit ihm bewegliches Coordinatensystem $\sigma_1, \sigma_2, \ldots$ Ist p ein Punkt des ersten Körpers K_1, dessen Coordinaten in Bezug auf σ_1 mit ξ, η, ζ bezeichnet werden, so sind die Coordinaten von p im System S ausgedrückt durch Gleichungen von folgender Form:

(3) $$\begin{aligned} x &= a + a_1 \xi + a_2 \eta + a_3 \zeta \\ y &= b + b_1 \xi + b_2 \eta + b_3 \zeta \\ z &= c + c_1 \xi + c_2 \eta + c_3 \zeta \end{aligned}$$

Darin sind die Coëfficienten $a, a_1, \ldots$, die den Bedingungen für die rechtwinklige Coordinatentransformation genügen, Functionen der q_i und die ξ, η, ζ sind von der Zeit unabhängig; sie dienen nur dazu, die einzelnen Punkte des ersten Körpers von einander zu unterscheiden. Die Geschwindigkeitscomponenten des Punktes p erhalten wir aus (3) durch Differentiation nach der Zeit, z. B.

$$\frac{dx}{dt} = \frac{\partial x}{\partial q_1} q'_1 + \frac{\partial x}{\partial q_2} q'_2 + \cdots,$$

und diese sind also lineare Functionen der $q_1', q_2', q_3' \ldots$ Folglich ist auch die Normalcomponente N der Geschwindigkeit an irgend einem Oberflächenpunkt eine lineare Function der q_i'. Wir setzen

$$(4) \qquad N = N_1 q_1' + N_2 q_2' + N_3 q_3' + \cdots,$$

worin die Coëfficienten $N_1, N_2, N_3, \ldots$ Functionen der q_i sind, und ausserdem noch von den ξ, η, ζ abhängen, durch die die einzelnen Oberflächenpunkte von einander unterschieden werden.

Wenn wir nun das Geschwindigkeitspotential φ der Flüssigkeit bestimmen wollen, so können wir setzen

$$(5) \qquad \varphi = q_1' \varphi_1 + q_2' \varphi_2 + q_3' \varphi_3 + \cdots$$

und haben die Functionen φ_i den Bedingungen zu unterwerfen

$$\Delta \varphi_i = 0, \quad \overline{\frac{\partial \varphi_i}{\partial n}} = N_i,$$

wodurch, wenn noch die allgemeine Bedingung für das Unendliche hinzugenommen wird, die Functionen φ_i eindeutig, und zwar unabhängig von den q_i, bestimmt sind.

Hieraus ergiebt sich:

Die kinetische Energie des Systems ist eine homogene Function zweiten Grades der Variablen q_i':

$$2\,T = F(q_1', q_2', q_3', \ldots),$$

deren Coëfficienten Functionen der Variablen $q_1, q_2, q_3, \ldots$ sind.

§. 161.

Das Archimedische Princip.

Wir nehmen jetzt an, dass in jedem Punkte des Raumes auf ein Massenelement eine der Masse proportionale Kraft wirke, deren Componenten, bezogen auf die Masseneinheit X, Y, Z, stetige Functionen des Ortes seien. Diese Kraft soll ein stetiges Potential P haben, d. h. es soll

$$(1) \qquad X = \frac{\partial P}{\partial x}, \qquad Y = \frac{\partial P}{\partial y}, \qquad Z = \frac{\partial P}{\partial z}$$

sein. Der Raum ist nun von einer Flüssigkeit mit der constanten Dichte ϱ_0 erfüllt, in die beliebige starre Körper eingetaucht sind, in denen die Dichtigkeit ϱ nicht constant zu sein braucht. Jedem Massenelement dm des so definirten Feldes ertheilen wir eine unendlich kleine virtuelle Verrückung mit den Componenten δx, δy, δz. Die Bedingungen des Systems bestehen aber für einen Punkt der Flüssigkeit nur in der Incompressibilität, d. h. in der Gleichung

$$\frac{\partial\,\delta x}{\partial x} + \frac{\partial\,\delta y}{\partial y} + \frac{\partial\,\delta z}{\partial z} = 0 \tag{2}$$

und für die Punkte der Körper in der Starrheit, verbunden mit den sonstigen Bedingungsgleichungen, denen die Körper noch unterworfen sein mögen.

Ausserdem sollen die Wassertheilchen, die einer Körperoberfläche anliegen, nicht von ihr getrennt werden. Bezeichnen wir also mit δn_1 und δn_2 die Normalcomponenten der Verschiebung eines Körperpunktes und des anliegenden Wassertheilchens, so ist

$$\delta n_1 = \delta n_2. \tag{3}$$

Endlich sollen die Verschiebungen δx, δy, δz in unendlicher Entfernung R, wo wir die Kraftcomponenten X, Y, Z endlich annehmen, stärker als $1/R^2$ verschwinden. Die bei diesem Verschiebungssystem von den wirkenden Kräften geleistete Arbeit ist

$$\delta U = \int (X\delta x + Y\delta y + Z\delta z)\,dm, \tag{4}$$

worin die Integration über den ganzen unendlichen Raum, Flüssigkeit und feste Körper, auszudehnen ist.

Die Summe δU zerfällt in zwei Theile,

$$\delta U = \delta U_1 + \delta U_2, \tag{5}$$

von denen sich der erste auf die starren Körper bezieht, und wenn dm_1 ein Massenelement dieser Körper bedeutet, den Ausdruck hat:

$$\delta U_1 = \int \left(\frac{\partial P}{\partial x}\,\delta x + \frac{\partial P}{\partial y}\,\delta y + \frac{\partial P}{\partial z}\,\delta z\right) dm_1 = \int \delta P dm_1. \tag{6}$$

Wenn wir also eine Function

$$U_1 = \int P dm_1 \tag{7}$$

einführen, worin die Integration nach dm_1 über die sämmtlichen Massenelemente der starren Körper erstreckt ist, so können wir δU_1 als die Variation dieser Function U_1 betrachten, die durch die Verschiebung der Körper hervorgebracht wird.

Der zweite Theil δU_2 von δU bezieht sich auf die Flüssigkeitselemente dm_2 und hat den Ausdruck

$$\delta U_2 = \int \left(\frac{\partial P}{\partial x} \delta x + \frac{\partial P}{\partial y} \delta y + \frac{\partial P}{\partial z} \delta z \right) dm_2 \tag{8}$$

oder wenn wir mit $d\tau_2$ ein Volumenelement bezeichnen und $dm_2 = \varrho_0 \, d\tau_2$ setzen:

$$\delta U_2 = \varrho_0 \int \left(\frac{\partial P}{\partial x} \delta x + \frac{\partial P}{\partial y} \delta y + \frac{\partial P}{\partial z} \delta z \right) d\tau_2. \tag{9}$$

Diesen Ausdruck formen wir nach dem Gauss'schen Theorem um, und erhalten, indem wir wegen (2)

$$\frac{\partial P}{\partial x} \delta x + \frac{\partial P}{\partial y} \delta y + \frac{\partial P}{\partial z} \delta z = \frac{\partial P \delta x}{\partial x} + \frac{\partial P \delta y}{\partial y} + \frac{\partial P \delta z}{\partial z}$$

setzen, mit Rücksicht auf (3)

$$\delta U_2 = - \varrho_0 \int P \delta n_2 \, do = - \varrho_0 \int P \delta n_1 \, do, \tag{10}$$

ausgedehnt über alle Elemente do der Körperoberflächen, wenn δn_1 und δn_2 in die Flüssigkeit hinein positiv gerechnet sind.

Dieses Flächenintegral (10) können wir aber auch wieder nach demselben Gauss'schen Satze umformen in ein Raumintegral über das Volumen der Körper. Es ist nämlich, wenn $d\tau_1$ ein Volumenelement eines der Körper ist,

$$\int P \delta n_1 \, do = \int \left(\frac{\partial P \delta x}{\partial x} + \frac{\partial P \delta y}{\partial y} + \frac{\partial P \delta z}{\partial z} \right) d\tau_1, \tag{11}$$

und da nun auch für die Verschiebung eines starren Körpers, bei dem ja auch das Volumen eines jeden Elementes ungeändert bleibt,

$$\frac{\partial \delta x}{\partial x} + \frac{\partial \delta y}{\partial y} + \frac{\partial \delta z}{\partial z} = 0 \quad \text{(Bd. I, §. 82)}$$

ist (es ist sogar $\partial \delta x / \partial x$, $\partial \delta y / \partial y$, $\partial \delta z / \partial z$ einzeln $= 0$), so folgt aus (10) und (11):

$$\delta U_2 = - \varrho_0 \int (X \delta x + Y \delta y + Z \delta z) \, d\tau_1. \tag{12}$$

Denken wir uns den Raum der starren Körper von einer

Materie mit der constanten Dichte ϱ_0 erfüllt und setzen $\varrho_0 \, d\tau_1 = dm_0$, so ist also

$$\delta U_2 = -\int \left(\frac{\partial P}{\partial x} \delta x + \frac{\partial P}{\partial y} \delta y + \frac{\partial P}{\partial z} \delta z \right) dm_0$$

$$= -\delta \int P dm_0.$$

Wenn wir also

(13) $$U_2 = -\int P dm_0$$

und

(14) $$U = \int P (dm_1 - dm_0)$$

setzen, so ist die Arbeit der gegebenen Kräfte gleich der Variation dieser Function U.

Die Arbeit, die bei irgend einer virtuellen Verschiebung des ganzen Systems gegen die wirkenden Kräfte geleistet werden muss, ist also dieselbe, als ob die Verschiebung der starren Körper im leeren Raume vor sich ginge, und gleichzeitig jedes Massenelement dm_1 eines der starren Körper um die Masse dm_0 des verdrängten Wassers vermindert würde.

Man sieht, dass in dem Falle, wo die wirkende Kraft die Schwerkraft ist, dieser Satz mit dem Archimedischen Princip vom hydrostatischen Auftrieb übereinstimmt. Denkt man sich die Lage der Körper wie im vorigen Paragraphen durch die unabhängigen Variablen $q_1, q_2, q_3 \ldots$ dargestellt, so wird auch die Function U eine Function dieser Variablen sein.

Eine virtuelle Verschiebung des Systems der Körper wird ausgedrückt durch ein System von Variationen $\delta q_1, \delta q_2, \delta q_3, \ldots$ dieser Variablen, und so wird

(15) $$\delta U = Q_1 \delta q_1 + Q_2 \delta q_2 + Q_3 \delta q_3 + \cdots,$$

worin die Coëfficienten $Q_1, Q_2, Q_3, \ldots$ nur noch von den Variablen $q_1, q_2, q_3 \ldots$ abhängen, nämlich

(16) $$Q_1 = \frac{\partial U}{\partial q_1}, \quad Q_2 = \frac{\partial U}{\delta q_2}, \quad Q_3 = \frac{\partial U}{\partial q_3}, \ldots$$

Jedes Glied dieser Summe hat seine besondere Bedeutung: es ist nämlich $Q_1 \delta q_1$ die Arbeit der gegebenen Kräfte bei der

Veränderung von q_1 in $q_1 + \delta q_1$ mit unverändertem $q_2, q_3, \ldots$ und ähnliche Bedeutung haben die übrigen Glieder.

§. 162.

Variation der Flüssigkeitsbewegung.

Das Hamilton'sche Princip bietet uns nun die Mittel, um die Differentialgleichungen der Bewegung eines Körpersystems in einer Flüssigkeit unter dem Einflusse gegebener Kräfte aufzustellen. Diese Anwendung des Hamilton'schen Princips ist zuerst von Thomson und Tait[1]) gemacht. Sie ist durch Kirchhoff[2]) weitergeführt und hat eine Berichtigung durch Boltzmann[3]) gefunden; noch vollständiger, auch mit Berücksichtigung mehrwerthiger Geschwindigkeitspotentiale bei mehrfach zusammenhängenden Räumen, hat C. Neumann[4]) die Anwendung des Hamilton'schen Princips begründet. Eine klare Einsicht in die Berechtigung dieser Anwendung erfordert eine etwas eingehendere Entwickelung, wie wir sie hier im Anschluss an die Betrachtungen im Bd. I, §. 122 geben wollen.

Wir nehmen, wie in den beiden letzten Paragraphen, ein beliebiges System $\mathfrak{K}$ von eingetauchten Körpern in irgend einer Bewegung begriffen an. Dann wissen wir, dass für jede Lage und jeden Geschwindigkeitszustand des Systems $\mathfrak{K}$ ein einwerthiges Geschwindigkeitspotential φ für jeden Punkt x, y, z der Flüssigkeit eindeutig bestimmt ist.

Wir betrachten jetzt den Uebergang des Systems $\mathfrak{K}$ aus einer Anfangslage A zur Zeit t_0 in eine Endlage B zur Zeit t_1 und bezeichnen mit C die zu irgend einer Zeit t erreichte Zwischenlage.

Nun nehmen wir einen zweiten, davon unendlich wenig abweichenden, möglichen Uebergang von $\mathfrak{K}$ aus der Lage A in die Lage B zwischen denselben Zeitpunkten t_0, t_1 und bezeichnen die

---

[1]) Thomson u. Tait: „Natural Philosophy". Deutsch von Helmholtz und Wertheim. Braunschweig 1871. Bd. 1, S. 292 f.

[2]) Kirchhoff: Crelle's Journal für Mathematik, Bd. 71, S. 237 (1869). Vorlesungen über mathematische Physik. Mechanik. Leipzig 1876.

[3]) Boltzmann: Crelle's Journal für Mathematik. Bd. 73, S. 111 (1870).

[4]) C. Neumann: Hydrodynamische Untersuchungen.

zur Zeit t erreichte Lage von $\mathfrak{K}$ mit C'. Es ist dann C' von C unendlich wenig verschieden.

Wir nehmen an, dass bei beiden Bewegungen auch alle Flüssigkeitstheilchen von der gleichen Anfangslage bei A ausgehen, können aber im Allgemeinen nicht sagen, dass sie bei B wieder dieselbe Endlage erreicht haben.

Wir denken uns nun für jede der Lagen C und C' das Geschwindigkeitspotential φ und φ' als Function der auf ein festes System bezogenen Coordinaten x, y, z bestimmt, und erhalten die Bahn eines Wassertheilchens m, das zur Zeit $t = t_0$ die Coordinaten a, b, c hat, beim Uebergang von A nach C und C' durch Integration der Differentialgleichungen

$$(1) \qquad \frac{dx}{dt} = \frac{\partial \varphi}{\partial x}, \quad \frac{dy}{dt} = \frac{\partial \varphi}{\partial y}, \quad \frac{dz}{dt} = \frac{\partial \varphi}{\partial z},$$

$$(2) \qquad \frac{dx'}{dt} = \frac{\partial \varphi'}{\partial x'}, \quad \frac{dy'}{dt} = \frac{\partial \varphi'}{\partial y'}, \quad \frac{dz'}{dt} = \frac{\partial \varphi'}{\partial z'}.$$

Wenn sich x, y, z und $x'\ y'\ z'$ auf dasselbe Wassertheilchen m beziehen, so ist für $t = t_0$

$$x = x' = a, \qquad y = y' = b, \qquad z = z' = c,$$

und durch (1) und (2) werden x, y, z und x', y', z' als Functionen von a, b, c, t bestimmt.

Setzen wir

$$x' = x + \delta x, \qquad y' = y + \delta y, \qquad z' = z + \delta z,$$
$$\varphi' = \varphi + \delta \varphi,$$

so ist $\delta\varphi$ eine Function von x, y, z und es ist bis auf unendlich kleine Grössen zweiter Ordnung dasselbe, ob wir $\delta\varphi$ für $x\ y\ z$ oder für $x'\ y'\ z'$ nehmen. Demnach ergeben die Gleichungen (2)

$$(3) \qquad \frac{d\,\delta x}{dt} = \frac{\partial\,\delta\varphi}{\partial x}, \quad \frac{d\,\delta y}{dt} = \frac{\partial\,\delta\varphi}{\partial y}, \quad \frac{d\,\delta z}{dt} = \frac{\partial\,\delta\varphi}{\partial z},$$

mit der Bedingung, dass $\delta x, \delta y, \delta z$ für $t = t_0$ verschwinden. Wenn wir also x, y, z als Functionen von a, b, c, t darstellen, so ist

$$(4) \quad \delta x = \int_{t_0}^{t} \frac{\partial\,\delta\varphi}{\partial x}\,dt, \quad \delta y = \int_{t_0}^{t} \frac{\partial\,\delta\varphi}{\partial y}\,dt, \quad \delta z = \int_{t_0}^{t} \frac{\partial\,\delta\varphi}{\partial z}\,dt,$$

wodurch $\delta x, \delta y, \delta z$ auch als Functionen von a, b, c dargestellt sind, und zwar, wenn $\delta\varphi$ bekannt ist, durch Quadraturen.

Diese Grössen δx, δy, δz sind die Componenten der Verschiebung, die nöthig sind, um das Theilchen m aus der Lage bei C in die Lage bei C' überzuführen.

Wenn man statt a, b, c die Variablen x, y, z einführt, so kann man δx, δy, δz in einem Augenblick t auch als Functionen von x, y, z ansehen, und kann dann δx, δy, δz als Componenten eines für die Lage C bestimmten Vectors $\mathfrak{D}$ betrachten. Dieser Vector $\mathfrak{D}$ hat folgende Eigenschaften:

Da ein Theilchen m, das anfänglich an der Oberfläche eines der Körper $\mathfrak{K}$ lag, sowohl bei der Bewegung ACB als bei $AC'B$ an der Oberfläche bleibt, so ist

$$D_n = \delta n, \tag{5}$$

wenn δn die Normalcomponente der Verschiebung des Oberflächenpunktes beim Uebergang von C nach C' bedeutet.

Da der Vector $\mathfrak{D}$ die Verschiebung einer incompressiblen Flüssigkeit darstellt, so muss

$$\operatorname{div} \mathfrak{D} = 0 \tag{6}$$

oder ausführlich

$$\frac{\partial \delta x}{\partial x} + \frac{\partial \delta y}{\partial y} + \frac{\partial \delta z}{\partial z} = 0 \tag{7}$$

sein. Dies ist zwar nicht ohne Weiteres aus den Gleichungen (3) zu ersehen, weil die Differentiationen $\frac{\partial}{\partial x}$ und $\frac{d}{dt}$ nicht vertauschbar sind. Es ist aber, wenn

$$\Theta = \sum \pm \frac{\partial x}{\partial a} \frac{\partial y}{\partial b} \frac{\partial z}{\partial c}$$

ist, eine Folge aus $\Theta = 1$, wonach

$$\begin{aligned} \delta \Theta &= \frac{\partial \delta x}{\partial a} \frac{\partial \Theta}{\partial \frac{\partial x}{\partial a}} + \frac{\partial \delta y}{\partial a} \frac{\partial \Theta}{\partial \frac{\partial y}{\partial a}} + \cdots \\ &= \frac{\partial \delta x}{\partial x} + \frac{\partial \delta y}{\partial y} + \frac{\partial \delta z}{\partial z} \quad [\text{§. 146 (1)}] \end{aligned}$$

gleich Null sein muss.

§. 163.

Das Hamilton'sche Princip.

Wenn die kinetische Energie der Flüssigkeit in der Lage C, C' mit T_2, T'_2 bezeichnet wird, und dm ein Massenelement der Flüssigkeit bedeutet, so ist

$$T_2 = \frac{1}{2} \int \left[\left(\frac{dx}{dt} \right)^2 + \left(\frac{dy}{dt} \right)^2 + \left(\frac{dz}{dt} \right)^2 \right] dm$$

und folglich

$$\delta T_2 = T'_2 - T_2 = \int \left(\frac{dx}{dt} \frac{d\delta x}{dt} + \frac{dy}{dt} \frac{d\delta y}{dt} + \frac{dz}{dt} \frac{d\delta z}{dt} \right) dm.$$

Es ist aber

$$\frac{dx}{dt} \frac{d\delta x}{dt} = \frac{d \delta x \dfrac{dx}{dt}}{dt} - \delta x \frac{d^2 x}{dt^2} \text{ etc.}$$

und folglich

$$\begin{aligned} (1) \qquad \delta T_2 = \frac{d}{dt} & \int \left(\frac{dx}{dt} \delta x + \frac{dy}{dt} \delta y + \frac{dz}{dt} \delta z \right) dm \\ & - \int \left(\frac{d^2 x}{dt^2} \delta x + \frac{d^2 y}{dt^2} \delta y + \frac{d^2 z}{dt^2} \delta z \right) dm. \end{aligned}$$

Setzen wir zur Abkürzung

$$M = \int \left(\frac{dx}{dt} \delta x + \frac{dy}{dt} \delta y + \frac{dz}{dt} \delta z \right) dm$$

und führen nun an Stelle der a, b, c die x, y, z als unabhängige Variable ein, integriren also über den Raum, der bei der Lage C durch die Flüssigkeit ausgefüllt ist, so können wir M so darstellen:

$$M = \varrho_0 \int \left(\frac{\partial \varphi}{\partial x} \delta x + \frac{\partial \varphi}{\partial y} \delta y + \frac{\partial \varphi}{\partial z} \delta z \right) d\tau,$$

und da wegen §. 162 (7)

$$\frac{\partial \varphi}{\partial x} \delta x + \frac{\partial \varphi}{\partial y} \delta y + \frac{\partial \varphi}{\partial z} \delta z = \operatorname{div} \varphi \mathfrak{D}$$

ist, so erhalten wir nach dem Gauss'schen Theorem

$$(2) \qquad M = - \varrho_0 \int \varphi \, \delta n \, do,$$

wenn die Normalcomponente δn der Oberflächenverschiebung von dem Körper in die Flüssigkeit positiv gerechnet ist. Ebenso setzen wir

$$N = \int \left(\frac{d^2 x}{dt^2}\delta x + \frac{d^2 y}{dt^2}\delta y + \frac{d^2 z}{dt^2}\delta z\right) dm$$
$$= \varrho_0 \int \left(\frac{d^2 x}{dt^2}\delta x + \frac{d^2 y}{dt^2}\delta y + \frac{d^2 z}{dt^2}\delta z\right) d\tau.$$

Nun ist aber, wenn p der Druck und X, Y, Z die Componenten der beschleunigenden Kraft sind, nach §. 144 (1)

$$\varrho_0 \frac{d^2 x}{dt^2} = \varrho_0 X - \frac{\partial p}{\partial x}, \dots$$

und folglich

(3) $$N = \varrho_0 \int (X\delta x + Y\delta y + Z\delta z)\, d\tau$$
$$- \int \left(\frac{\partial p}{\partial x}\delta x + \frac{\partial p}{\partial y}\delta y + \frac{\partial p}{\partial z}\delta z\right) d\tau.$$

Hierin ist nun

$$\varrho_0 \int (X\delta x + Y\delta y + Z\delta z)\, d\tau = \delta U_2 \quad [\S.\ 161\ (8)]$$

die der Verschiebung $\mathfrak{D}$ entsprechende **Arbeit** der wirkenden Kräfte, und das zweite Integral können wir, ebenso wie M, durch das Gauss'sche Theorem in ein Oberflächenintegral verwandeln:

$$\int \left(\frac{\partial p}{\partial x}\delta x + \frac{\partial p}{\partial y}\delta y + \frac{\partial p}{\partial z}\delta z\right) d\tau = - \int p\, \delta n\, do,$$

und daraus folgt also nach (1), (2), (3)

(4) $$\delta T_2 + \delta U_2 = \frac{dM}{dt} - N + \delta U_2 =$$
$$- \frac{d}{dt}\varrho_0 \int \varphi\, \delta n\, \delta o - \int p\, \delta n\, do.$$

Integriren wir diesen Ausdruck zwischen den Grenzen t_0 und t_1 und beachten, dass die Anfangs- und Endlagen der Körper nicht variirt sind, dass also δn für $t = t_0$ und $t = t_1$ verschwindet, so folgt

(5) $$\int_{t_0}^{t_1} (\delta T_2 + \delta U_2)\, dt = - \int_{t_0}^{t_1} dt \int p\, \delta n\, do.$$

Jetzt betrachten wir die Bewegung des Systems $\mathfrak{K}$ der eingetauchten Körper unter dem Einfluss der gegebenen Kräfte. Diese können wir uns auch entstanden denken als eine Bewegung derselben Körper im leeren Raume, wenn wir zu den thatsächlich wirkenden äusseren Kräften X, Y, Z noch die Druckkräfte hinzufügen, die von der Flüssigkeit gegen die Körperoberflächen ausgeübt werden. Diese wirken gegen ein Flächenelement do in der Stärke $p\,do$ und in der Richtung der nach innen gekehrten, also negativen Normalen. Die Arbeit δA, die bei einer Verschiebung des Körpersystems gegen alle in Betracht kommenden Kräfte geleistet wird, ist also

$$\delta A = -\int (X\delta x + Y\delta y + Z\delta z)\,dm_1 + \int p\,\delta n\,do,$$

worin die Integration nach dm_1 über die Masse, die nach do über die Gesammtoberfläche der Körper $\mathfrak{K}$ auszudehnen ist. Den ersten Theil dieses Ausdruckes haben wir bereits in §. 161 (6) mit $-\delta U_1$ bezeichnet, und folglich ist

$$(6) \qquad \delta A = -\delta U_1 + \int p\,\delta n\,do.$$

Denken wir uns aber die Körper im leeren Raume bewegt, so können wir das Hamilton'sche Princip in der Form anwenden, wie wir es im §. 123 des ersten Bandes abgeleitet haben, nämlich, wenn δT_1 die Variation der kinetischen Energie der Körper bedeutet:

$$\int_{t_0}^{t_1} (\delta T_1 - \delta A)\,dt = 0 \qquad \text{[Bd. I, §. 123 (1)]}$$

oder nach (6)

$$(7) \qquad \int_{t_0}^{t_1} (\delta T_1 + \delta U_1)\,dt = \int_{t_0}^{t_1} dt \int p\,\delta n\,do.$$

Wenn wir also

$$(8) \qquad \begin{aligned} \delta T &= \delta T_1 + \delta T_2, \\ \delta U &= \delta U_1 + \delta U_2 \end{aligned}$$

setzen, so ergiebt sich durch Addition von (5) und (7)

$$(9) \qquad \int_{t_0}^{t_1} (\delta T + \delta U)\,dt = 0,$$

und dies ist das Hamilton'sche Princip für das ganze aus Flüssigkeit und starren Körpern zusammengesetzte System.

Wenn wir wie im §. 160 die Lage der Körper durch die unabhängigen Variablen $q_1, q_2, q_3 \ldots$ darstellen, so ist

$$T = F(q_1', q_2', q_3', \ldots)$$

eine homogene Function zweiten Grades der q_i', deren Coëfficienten von den q_i selbst abhängen, und es ist also

$$\delta T = \sum^i \left(\frac{\partial T}{\partial q_i'}\delta q_i' + \frac{\partial T}{\partial q_i}\delta q_i\right),$$

oder weil $\delta q_i' = d\delta q_i / dt$ ist,

$$(10)\qquad \delta T = \frac{d}{dt}\sum \frac{\partial T}{\partial q_i'}\delta q_i - \sum \frac{d\frac{\partial T}{\partial q_i'}}{dt}\delta q_i + \sum \frac{\partial T}{\partial q_i}\delta q_i.$$

Ebenso ist nach §. 161 (15), (16)

$$(11)\qquad \delta U = \sum \frac{\partial U}{\partial q_i}\delta q_i,$$

worin U eine Function der Variablen q_i ist, die aus der Natur der wirkenden Kräfte gefunden werden kann. Da nun δq_i bei $t = t_0$ und $t = t_1$ Null sind, so fällt bei der Integration nach t das erste Glied des Ausdruckes (10) weg und es ergiebt sich aus (9):

$$(12)\qquad \int_{t_0}^{t_1} \sum \left(\frac{\partial (T + U)}{\partial q_i} - \frac{d}{dt}\frac{\partial T}{\partial q_i'}\right)\delta q_i\, dt = 0$$

und wegen der Willkürlichkeit der δq_i:

$$(13)\qquad \frac{d}{dt}\frac{\partial T}{\partial q_i'} = \frac{\partial (T + U)}{\partial q_i},$$

was vollständig mit der zweiten Lagrange'schen Form der Bewegungsgleichungen übereinstimmt [Bd. I, §. 123 (5)].

§. 164.

Anwendung auf die Pendelbewegung.

Wir wollen nun einige Beispiele für die Integration dieser Gleichungen behandeln.

Wir nehmen zunächst die Bewegung eines Pendels in einer Flüssigkeit. Dieses Problem hat wegen des Einflusses der Luft bei Pendelbeobachtungen ein grosses Interesse, und unsere Theorie wird, obwohl sie sich auf incompressible Flüssigkeiten bezieht, wohl einige, wenn auch keine genaue, Gültigkeit bei der Bewegung in Gasen beanspruchen dürfen, besonders, wenn die Bewegungen so langsam vor sich gehen, dass nur geringe Verdünnungen und Verdichtungen der Luft zu erwarten sind. Uebrigens hat Bessel bei seinen Pendelbeobachtungen zur Controle gewisser Voraussetzungen das Pendel auch Schwingungen im Wasser ausführen lassen [1]).

Wir nehmen also zunächst einen Körper von beliebiger Gestalt, der um eine horizontale Axe drehbar ist, und berücksichtigen als wirkende Kraft nur die Schwere. Wir wollen die positive y-Axe vertical nach unten, die x-Axe horizontal, die z-Axe mit der festen Drehungsaxe zusammenfallend nehmen.

Unter dem Schwerpunkt S verstehen wir jetzt nicht den Schwerpunkt des Körpers, sondern den Mittelpunkt der Schwerkräfte und des hydrostatischen Auftriebes. Es ist der Punkt, den man als Schwerpunkt erhalten würde, wenn die Dichtigkeit ϱ im Körper überall auf $\varrho - \varrho_0$ herabgemindert wäre. Er fällt mit dem geometrischen Schwerpunkt des Körpers zusammen, wenn der Körper homogen, also ϱ constant ist. Die Entfernung dieses Punktes von der Drehungsaxe bezeichnen wir mit s, und den Winkel, den die Richtung s in seiner augenblicklichen Lage mit der Verticalen bildet, von der positiven y-Axe nach der positiven x-Axe positiv gerechnet, mit ϑ (Fig. 51). Ist M die Masse des Körpers, m die Masse der verdrängten Flüssigkeit, so ist die Function U, durch deren Veränderung die Arbeit gemessen wird,

Fig. 51.

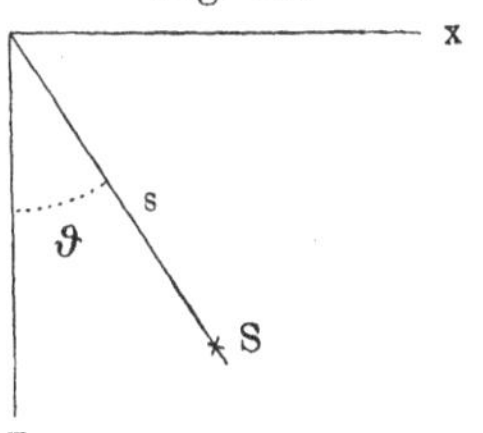

$$(1) \qquad U = (M - m)\, g\, s \cos\vartheta.$$

Um die kinetische Energie nach §. 158 (4) zu berechnen, haben wir

[1]) Bessel, „Untersuchungen über die Länge des einfachen Secundenpendels“, Abhandlungen der Berliner Akademie 1826, Art. 13, 14.

$$u = 0,\quad v = 0,\quad w = 0,\quad p = 0,\quad q = 0,\quad r = \frac{d\vartheta}{dt}$$

zu setzen, und erhalten

$$2\,T = \mu \left(\frac{d\vartheta}{dt}\right)^2,$$

worin μ eine Constante ist, die wir als das Trägheitsmoment des ganzen Systems bezeichnen können. Diese Constante setzt sich aus zwei Theilen zusammen

$$\mu = \mu' + \mu'',$$

worin μ' das Trägheitsmoment des Körpers, μ'' eine nur von der Gestalt des Körpers abhängige und der Dichtigkeit ϱ_0 der Flüssigkeit proportionale Grösse ist, die wir als das Trägheitsmoment der mitgeführten Flüssigkeitsmasse bezeichnen können. Die Differentialgleichung der Bewegung wird also nach §. 163 (13)

$$\text{(2)}\qquad \mu\,\frac{d^2\vartheta}{dt^2} = -\,(M - m)\,g\,s\sin\vartheta,$$

und stimmt der Form nach mit der für ein gewöhnliches einfaches Pendel überein:

$$\frac{d^2\vartheta}{dt^2} = -\,\frac{g}{l}\sin\vartheta,$$

so dass sich für die Länge des correspondirenden einfachen Pendels der Ausdruck ergiebt

$$\text{(3)}\qquad l = \frac{\mu' + \mu''}{s\,(M - m)}.$$

Diese Länge vergrössert sich also gegenüber der Schwingung im leeren Raume aus einem doppelten Grunde, erstens durch eine Verminderung der Schwere durch den hydrostatischen Auftrieb, und zweitens durch Vergrösserung des Trägheitsmomentes durch die mitgeführte Flüssigkeit.

Der letztere Einfluss ist zuerst von Bessel bei seinen Pendelbeobachtungen bemerkt und berücksichtigt worden. Man kann ihn aus den Beobachtungen ermitteln, wenn man die Schwingungen von Pendeln von verschiedener Substanz, aber gleicher Form, bei dem μ' verschieden, aber μ'' gleich ist, mit einander vergleicht.

Wenn das Pendel aus einer homogenen Kugel besteht, die an einem Faden, dessen Masse nicht berücksichtigt wird, aufgehängt ist, so können wir μ', μ'' aus §. 159 (9) und (10) berechnen, müssen dabei aber berücksichtigen, dass dort der Coordinatenanfangspunkt nicht der Aufhängepunkt, sondern der Kugelmittelpunkt ist, der jetzt mit dem Schwerpunkt S zusammenfällt.

Man hat daher in den dort angegebenen Formeln

$$u^2 + v^2 + w^2 = s^2 \left(\frac{d\vartheta}{dt}\right)^2, \quad p = 0, \quad q = 0, \quad r = \frac{d\vartheta}{dt}$$

zu setzen und erhält

$$\mu = M s^2 + \frac{2M}{5} c^2 + \tfrac{1}{2} m s^2,$$

also:

$$\mu' = M s^2 + \frac{2M}{5} c^2, \quad \mu'' = \tfrac{1}{2} m s^2.$$

Bessel hat die hiermit übereinstimmende Annahme gemacht, dass die Correction μ'' des Trägheitsmomentes proportional sei mit dem Trägheitsmoment der im Kugelmittelpunkt vereinigten Masse der verdrängten Flüssigkeit, also $\mu = kms^2$ gesetzt. Den Coëfficienten k hat er durch verschiedene Messungen bestimmt, auch durch Schwingung im Wasser, hat ihn aber freilich nicht gleich $1/2$, sondern grösser (0,9459) gefunden, was im Hinblick auf die mannigfachen Umstände, die in der Theorie nicht berücksichtigt sind, und die alle auf Vergrösserung der mitgeführten Massen wirken, nicht zu verwundern ist.

Schon Dirichlet hat darauf hingewiesen[1]), dass die Ergebnisse der Theorie nicht mit der Vorstellung übereinstimmen, die man sich von dem Widerstand einer Flüssigkeit bildet.

Danach würde man z. B. erwarten, dass der Widerstand der Flüssigkeit die Amplitude des Pendels allmählich verkleinert, wie es ja thatsächlich eintritt, aus der Theorie aber nicht zu schliessen ist. Auch dies erklärt sich daraus, dass der eigentliche Widerstand einer Flüssigkeit ohne Zweifel auf Kräften nach Art der Reibung beruht, die in dieser Theorie nicht berücksichtigt sind.

[1]) Gesammelte Werke, Bd. II, S. 120.

§. 165.

Schraubenbewegung.

Wir nehmen einen Körper an, dessen Beweglichkeit bis auf zwei Freiheitsgrade gemindert ist. Seine Beweglichkeit soll nur bestehen in einer Parallelverschiebung längs der x-Axe und in einer Drehung um diese Axe; diese beiden Beweglichkeiten sollen aber unbeschränkt sein, so dass der Körper jede Schraubenbewegung um die x-Axe ausführen kann. Die Lage des Körpers werde bestimmt durch die Abscisse x eines seiner Punkte auf der Axe und durch den Winkel ϑ, den eine durch die x-Axe gehende Ebene des Körpers mit der xy-Ebene einschliesst. Dieser Körper bewege sich in einer incompressiblen Flüssigkeit. Ist

$$x' = \frac{dx}{dt}, \quad \vartheta' = \frac{d\vartheta}{dt},$$

so ist die doppelte lebendige Kraft des Systems nach §. 158

$$2T = ax'^2 + 2bx'\vartheta' + c\vartheta'^2,$$

worin a, b, c Constanten sind. Es ist $\frac{1}{2}a$ die lebendige Kraft, die einer Parallelverschiebung, $\frac{1}{2}c$ die lebendige Kraft, die einer reinen Drehung mit der Geschwindigkeit 1 entspricht.

Setzen wir $x' = +1$, $\vartheta' = +1$ oder $\vartheta' = -1$, so beschreibt der Körper eine Rechtsschraubung oder eine Linksschraubung mit der Schraubengeschwindigkeit 1, und der Unterschied zwischen diesen beiden lebendigen Kräften ist gleich $2b$.

Hat der Körper selber die Gestalt einer Rechtsschraube, so wird offenbar mehr Masse bewegt bei einer Linksschraubung, bei der die Breitseite vorangeht, als bei einer Rechtsschraubung, bei der sich der Körper gewissermaassen durch die Flüssigkeit hindurchschraubt, und folglich ist b bei einer Rechtsschraube negativ, und bei einer Linksschraube positiv, und der absolute Werth von b wird um so grösser sein, je stärker der Unterschied zwischen rechts und links, d. h. je deutlicher der Schraubencharakter in der Gestalt des Körpers ausgeprägt ist.

Wenn auf den Körper eine Kraft α in der Richtung der x-Axe und ein Drehungsmoment β um die x-Axe wirken, die constant oder nur von der Zeit abhängig sind, so ist $\alpha\delta x + \beta\delta\vartheta$ die bei der Verschiebung δx, $\delta\vartheta$ geleistete Arbeit dieser Kräfte, und in den Formeln §. 163 (13) ist $U = \alpha x + \beta \vartheta$ zu setzen. Demnach erhalten wir die Gleichungen:

$$\frac{d(a x' + b \vartheta')}{dt} = \alpha$$

$$\frac{d(b x' + c \vartheta')}{dt} = \beta$$

oder, wenn die Bewegung von der Ruhe ausgeht:

$$a x' + b \vartheta' = \int_{t_0}^{t} \alpha \, dt, \qquad b x' + c \vartheta' = \int_{t_0}^{t} \beta \, dt.$$

Nehmen wir an, dass α und β nur in der Zeit von t_0 bis t_1 von Null verschieden sind und setzen

$$\int_{t_0}^{t_1} \alpha \, dt = A, \qquad \int_{t_0}^{t_1} \beta \, dt = B,$$

so sind A und B Constanten, und es ergiebt sich, wenn $t > t_1$ ist

$$(1) \qquad x' = \frac{Ac - Bb}{ac - b^2}, \quad \vartheta' = \frac{-Ab + Ba}{ac - b^2},$$

worin $ac - b^2$ stets positiv ist. Wenn etwa $A = 0$ ist, also

$$x' = -\frac{Bb}{ac - b^2}, \qquad \vartheta' = \frac{Ba}{ac - b^2},$$

so ergiebt sich, dass das Drehungsmoment B nicht bloss eine Drehung, sondern gleichzeitig eine fortschreitende Geschwindigkeit hervorruft. Ist B positiv, so ist ϑ' positiv und x' bei der Rechtsschraube gleichfalls positiv. Das Fortschreiten geschieht also im Sinne der Schraube.

Das Verhältniss der beiden Geschwindigkeiten ist

$$x' : \vartheta' = - b : a.$$

Dies ist der Fall der Schiffsschraube, die also um so wirksamer ist, je grösser das Verhältniss $b : a$.

Ebenso würde sich ergeben, wenn wir $B = 0$ annehmen, dass eine der Axe parallele Kraft nicht nur eine Geschwindigkeit in ihrer Richtung, sondern eine gleichzeitige Drehung bewirkt, wobei das Verhältniss beider Geschwindigkeiten $c : b$ ist. Dies ist der Fall der Windmühlen und Turbinen.

§. 166.

Bewegung eines schweren Rotationskörpers mit unveränderlicher Axenrichtung.

Wir betrachten noch die Bewegung eines Körpers, der etwa von einer Rotationsfläche begrenzt sei, der in seiner Bewegung so beschränkt ist, dass die Axe in einer verticalen Ebene und sich selbst immer parallel bleibt. Wir wollen ausserdem annehmen, dass der Körper der Schwerkraft unterworfen sei. Diese Voraussetzungen sind mit einer gewissen Annäherung bei der Bewegung eines Geschosses durch die Luft erfüllt.

Wir erhalten, wenn wir die Verticalebene, in der die Bewegung stattfindet, zur xy-Ebene wählen, für die lebendige Kraft nach §. 159 (7)

$$2T = au^2 + bv^2 + Ap^2. \tag{1}$$

Hierin sind u und v die Componenten der Geschwindigkeit in der Richtung der Körperaxe und senkrecht dazu, während p die Geschwindigkeit der Rotation um die Körperaxe bedeutet. Bei einem abgeplatteten Körper ist $a > b$, bei einem eiförmigen $b > a$.

Bezeichnen wir den constanten Winkel, den die Axe mit der Horizontalen bildet, mit ϑ, und legen die y-Axe vertical nach oben, so ist, wenn x, y die Coordinaten des Bewegungscentrums (§. 159) und folglich dx/dt, dy/dt die Componenten der Geschwindigkeit nach der x- und y-Axe sind:

$$u = \frac{dx}{dt}\cos\vartheta + \frac{dy}{dt}\sin\vartheta,$$

$$v = -\frac{dx}{dt}\sin\vartheta + \frac{dy}{dt}\cos\vartheta.$$

In den Differentialgleichungen §. 163 (13) hat man, wenn man x, y und den Winkel $\int p\,dt$ als die die Lage des Körpers bestimmenden Variablen einführt und mit G das Gewicht des Körpers in der Flüssigkeit bezeichnet, $U = -Gy$ zu setzen und erhält:

$$A\frac{dp}{dt} = 0, \tag{2}$$

$$(3) \qquad \frac{d(au\cos\vartheta - bv\sin\vartheta)}{dt} = 0, \qquad \frac{d(au\sin\vartheta + bv\cos\vartheta)}{dt} = -G,$$

woraus folgt, dass p constant bleibt, während sich für x, y durch Integration von (3) die Gleichungen ergeben:

$$(4) \qquad \begin{aligned} (a\cos^2\vartheta + b\sin^2\vartheta)x + (a-b)\sin\vartheta\cos\vartheta\, y &= c_1 t + c_1', \\ (a-b)\sin\vartheta\cos\vartheta\, x + (a\sin^2\vartheta + b\cos^2\vartheta)\, y &= -\tfrac{1}{2}Gt^2 + c_2 t + c_2', \end{aligned}$$

in denen c_1, c_2, c_1', c_2' die Integrationsconstanten sind.

Die Elimination von t ergiebt hier für die Bahn die Gleichung einer schiefen Parabel. Wenn wir die linke Seite der ersten Gleichung (4) $= 0$ setzen, so erhalten wir die Gleichung einer zur Parabelaxe parallelen Geraden und wenn also Θ den Winkel bedeutet, den die Parabelaxe mit der Horizontalen einschliesst, so ist

$$(5) \qquad \operatorname{tang}\Theta = -\frac{a\cos^2\vartheta + b\sin^2\vartheta}{(a-b)\sin\vartheta\cos\vartheta}.$$

Nehmen wir ϑ zwischen 0 und 90° an, so sind $\sin\vartheta$ und $\cos\vartheta$ positiv; a und b sind gleichfalls positiv, und es ist also der

Fig. 52.

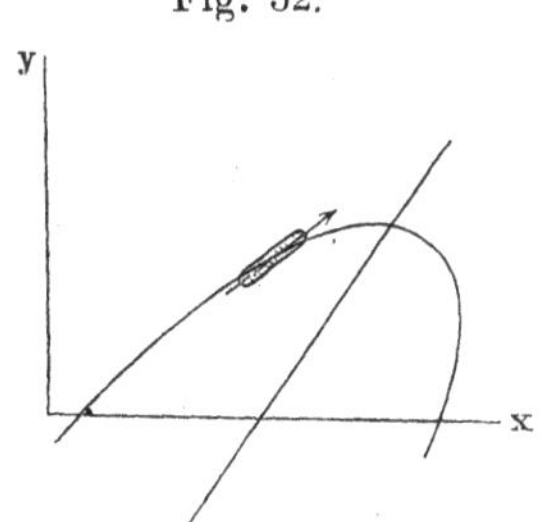

Fig. 53.

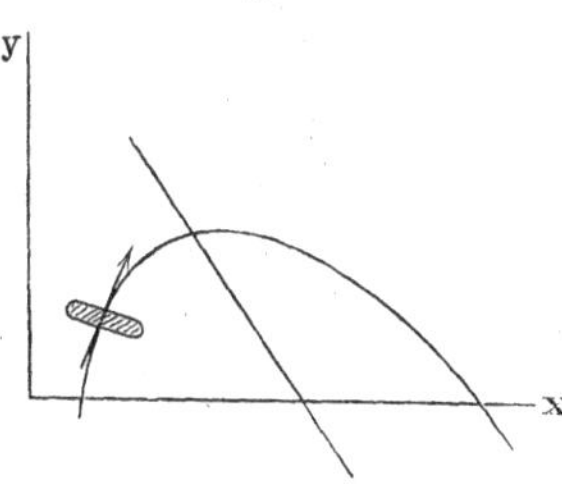

Winkel Θ spitz, wenn $a < b$, stumpf, wenn $a > b$ ist. Die Parabelaxe ist also beim eiförmigen Körper gegen die Körperaxe hin, beim abgeplatteten Körper in entgegengesetztem Sinne geneigt (Fig. 52 und 53).

§. 167.

Oscillationen der Axe eines Rotationskörpers.

Wenn der eingetauchte Körper eine Symmetrieebene hat, so wird, wenn die Bewegungen der Körperpunkte in einem Augenblick alle mit dieser Symmetrieebene parallel sind, die Bewegung der Flüssigkeitstheilchen symmetrisch zu dieser Ebene sein, und wenn also von der Wirkung äusserer Kräfte abgesehen wird, so wird die Bewegung auch im weiteren Verlaufe diesen Charakter behalten, da kein Grund vorhanden ist, dass eine Aenderung eher im einen wie im anderen Sinne erfolgen sollte. Wenn wir also die Symmetrieebene, die dann auch im Raume fest bleibt, zur xy-Ebene machen, so wird ein Zustand, bei dem $w = 0$, $p = 0$, $q = 0$ ist, erhalten bleiben, und der Ausdruck §. 159 (5) giebt für die lebendige Kraft den Ausdruck

$$2T = au^2 + bv^2 + 2\alpha ur + 2\beta vr + Cr^2.$$

Nehmen wir noch eine zweite auf der ersten senkrechte Symmetrieebene an, so kann die Aenderung des Vorzeichens von r diesen Ausdruck nicht verändern und wir erhalten:

$$2T = au^2 + bv^2 + Cr^2. \tag{1}$$

Wir beschränken die Allgemeinheit jetzt nicht weiter, wenn wir annehmen, dass

$$a > b$$

sei. Nur ist dann, wenn der Körper z. B. ein Rotationskörper ist, bei einem abgeplatteten Körper u und bei einem ovalen Körper v in der Richtung der Rotationsaxe zu messen.

Wir behalten nun die Bezeichnung wie im vorigen Paragraphen bei, nur dass jetzt der Winkel ϑ nicht constant ist, und setzen also, wenn die Differentiation nach der Zeit durch Accente angedeutet wird

$$\begin{aligned} u &= x' \cos\vartheta + y' \sin\vartheta, \\ v &= -x' \sin\vartheta + y' \cos\vartheta. \end{aligned} \tag{2}$$

Es ist dann noch $r = \vartheta'$ zu setzen, und x, y, ϑ bestimmen die Lage des Körpers. Die Differentialgleichungen der Bewegung lauten jetzt, da T nicht von den Variablen x, y abhängt:

$$\frac{d}{dt}\frac{\partial T}{\partial x'} = 0, \quad \frac{d}{dt}\frac{\partial T}{\partial y'} = 0, \tag{3}$$

$$\frac{d}{dt}\frac{\partial T}{\partial \vartheta'} = \frac{\partial T}{\partial \vartheta}. \tag{4}$$

Die Integration der beiden Gleichungen (3) ergiebt, wenn α, β Integrationsconstanten sind:

$$(5)\qquad \begin{aligned} \frac{\partial T}{\partial x'} &= au\cos\vartheta - bv\sin\vartheta = \alpha \\ \frac{\partial T}{\partial y'} &= au\sin\vartheta + bv\cos\vartheta = \beta. \end{aligned}$$

Die Constanten α, β sind durch die Anfangswerthe u_0, v_0, ϑ_0 von u, v, ϑ bestimmt:

$$\left(\frac{\partial T}{\partial x'}\right)_0 = a u_0 \cos\vartheta_0 - b v_0 \sin\vartheta_0 = \alpha,$$

$$\left(\frac{\partial T}{\partial y'}\right)_0 = a u_0 \sin\vartheta_0 + b v_0 \cos\vartheta_0 = \beta,$$

und da hier keine Richtung in der xy-Ebene vor der anderen ausgezeichnet ist, so können wir die x-Axe so wählen, dass $\beta = 0$ wird. Dadurch ist die Allgemeinheit der Voraussetzungen nicht beschränkt. Es hat aber die x-Axe eine durch den Anfangszustand bestimmte Richtung bekommen. Wir können sagen, die x-Axe hat die Richtung des anfänglichen Impulses, durch den die Bewegung eingeleitet ist, und α ist die Grösse dieses Impulses. Denn lässt man während einer unendlich kurzen Zeit τ auf den ruhenden Körper eine Kraft wirken, deren Componenten α/τ, β/τ sind, so ist die Bewegung von der Ruhelage aus durch die Gleichungen §. 163 (13) bestimmt:

$$\frac{d}{dt}\frac{\partial T}{\partial x'} = \frac{\alpha}{\tau}, \quad \frac{d}{dt}\frac{\partial T}{\partial y'} = \frac{\beta}{\tau},$$

woraus durch Integration über den Zeitraum τ:

$$\left(\frac{\partial T}{\partial x'}\right)_0 = \alpha, \quad \left(\frac{\partial T}{\partial y'}\right)_0 = \beta.$$

Aus (5) ergiebt sich also:

$$(6)\qquad \begin{aligned} au\cos\vartheta - bv\sin\vartheta &= \alpha, \\ au\sin\vartheta + bv\cos\vartheta &= 0, \end{aligned}$$

und hieraus:

$$(7)\qquad au = \alpha\cos\vartheta, \quad bv = -\alpha\sin\vartheta.$$

Nun ergiebt die Gleichung (4) nach (1)

$$C\frac{d^2\vartheta}{dt^2} = au\frac{\partial u}{\partial\vartheta} + bv\frac{\partial v}{\partial\vartheta},$$

und nach (2) ist

$$\frac{\partial u}{\partial \vartheta} = v, \quad \frac{\partial v}{\partial \vartheta} = -u,$$

also:

$$C \frac{d^2 \vartheta}{d t^2} = (a - b) u v$$

und nach (7)

$$(8) \qquad C \frac{d^2 \vartheta}{d t^2} = -\frac{a - b}{a b} \alpha^2 \sin \vartheta \cos \vartheta.$$

Führen wir durch die Gleichung

$$(9) \qquad \varphi = 2 \vartheta$$

einen neuen Winkel ein, so erhält die Gleichung (8) die Form

$$(10) \qquad \frac{d^2 \varphi}{d t^2} = -\frac{(a - b) \alpha^2}{a b C} \sin \varphi.$$

und dies geht über in die Gleichung für die Bewegung des einfachen Pendels:

$$(11) \qquad \frac{d^2 \varphi}{d t^2} = -\frac{g}{l} \sin \varphi,$$

wenn

$$(12) \qquad l = \frac{a b C g}{(a - b) \alpha^2}$$

gesetzt wird.

Die Oscillationen um das Bewegungscentrum vollziehen sich also nach dem Pendelgesetz, nur dass der Winkel ϑ jederzeit nur die Hälfte des Ausschlagswinkels φ des Pendels ist. Den beiden Gleichgewichtslagen des Pendels $\varphi = 0$ und $\varphi = \pi$ entsprechen die Werthe $\vartheta = 0$ und $\vartheta = \frac{1}{2}\pi$, und es ergeben sich hiernach zwei Richtungen, in denen sich der Körper ohne Drehung mit constanter Geschwindigkeit fortbewegen kann.

Von diesen beiden Bewegungen ist aber nur die eine, für die $\vartheta = 0$ ist, stabil. Eine kleine Ablenkung hat hier nur kleine Oscillationen zur Folge, während bei dem Falle $\vartheta = \frac{1}{2}\pi$, entsprechend dem labilen Gleichgewichtszustande des Pendels, die kleinste Störung ein vollständiges Umschlagen zur Folge hat. Die Bewegung ist also dann stabil, wenn die mitbewegte flüssige Masse so gross wie möglich ist, wenn also die Breitseite bei der Bewegung voran geht.

Im Allgemeinen sind, wie beim Pendel, zweierlei Arten der Bewegung zu unterscheiden: nämlich eine Oscillation um die Lage $\vartheta = 0$ und eine umwälzende Bewegung. Welche dieser beiden Arten eintritt, das hängt von dem Werth ϑ'_0 ab, den ϑ' in dem Augenblick hat, wo $\vartheta = 0$ ist; der erste oder zweite Fall tritt ein, wenn (dem absoluten Werthe nach)

$$\vartheta'_0 < \alpha \sqrt{\frac{a-b}{a\,b\,C}} \text{ oder } > \alpha \sqrt{\frac{a-b}{a\,b\,C}}. \tag{13}$$

Um die Bewegung des Centrums zu erhalten, haben wir aus den Gleichungen (7)

$$x' \cos\vartheta + y' \sin\vartheta = \frac{\alpha}{a} \cos\vartheta$$

$$x' \sin\vartheta - y' \cos\vartheta = \frac{\alpha}{b} \sin\vartheta$$

x' und y' zu bestimmen. Man erhält:

$$\begin{aligned} x' &= \alpha \left(\frac{\cos^2\vartheta}{a} + \frac{\sin^2\vartheta}{b}\right) = \alpha \left(\frac{1}{a} + \frac{a-b}{ab} \sin^2\vartheta\right) \\ y' &= -\frac{\alpha(a-b)}{ab} \sin\vartheta \cos\vartheta. \end{aligned} \tag{14}$$

Die erste dieser Gleichungen zeigt, dass x' sein Vorzeichen nicht ändert, dass also x, je nach dem Vorzeichen von α, fortwährend wächst oder fortwährend abnimmt.

Die zweite Gleichung ergiebt nach (8):

$$y' = \frac{C}{\alpha} \frac{d^2\vartheta}{dt^2} \tag{15}$$

und durch Integration, wenn wir den Anfangspunkt der y passend bestimmen

$$y = \frac{C\vartheta'}{\alpha}. \tag{16}$$

Durch die Differentialgleichung (8) werden die Functionen ϑ', $\sin\vartheta$, $\cos\vartheta$ als elliptische Functionen der Zeit bestimmt, und damit ist zugleich y' und x' bestimmt. Durch (16) ist zugleich y gegeben, während x erst durch ein elliptisches Integral zweiter Gattung dargestellt wird. Nach (16) bleibt die Ordinate y immer zwischen endlichen Grenzen eingeschlossen.

Stellen wir die Bahncurve dar, indem wir y als Function von x ansehen, so ergiebt sich aus (14)

$$(17) \qquad \frac{dy}{dx} = -(a-b)\frac{\sin\vartheta\cos\vartheta}{b\cos^2\vartheta + a\sin^2\vartheta},$$

$$(18) \qquad \frac{d^2y}{dx^2} = -\frac{\vartheta'(a-b)ab}{\alpha}\frac{b\cos^2\vartheta - a\sin^2\vartheta}{(b\cos^2\vartheta + a\sin^2\vartheta)^3},$$

und hieraus lassen sich die wesentlichsten geometrischen Eigenschaften der Curve ableiten.

Wenn der Körper oscillirt, so durchkreuzt er nach (16) die x-Axe, wenn $\vartheta' = 0$ ist, also in den äussersten Lagen. y erreicht abwechselnd ein Maximum und ein Minimum, wenn ϑ durch 0 geht. Die Bahncurve hat einen Wendepunkt, wenn $\vartheta' = 0$ ist, und sie hat, wenn Θ die Amplitude der Schwingung ist, noch weitere Wendepunkte, wenn

$$\operatorname{tg}^2\Theta > \frac{b}{a}$$

ist, weil dann $b\cos^2\vartheta - a\sin^2\vartheta$ im Verlauf der Bewegung Null wird.

Wenn vollständige Umwälzungen stattfinden, so ändert ϑ' sein Vorzeichen nicht, es geht also die Curve nicht durch die

Fig. 54.

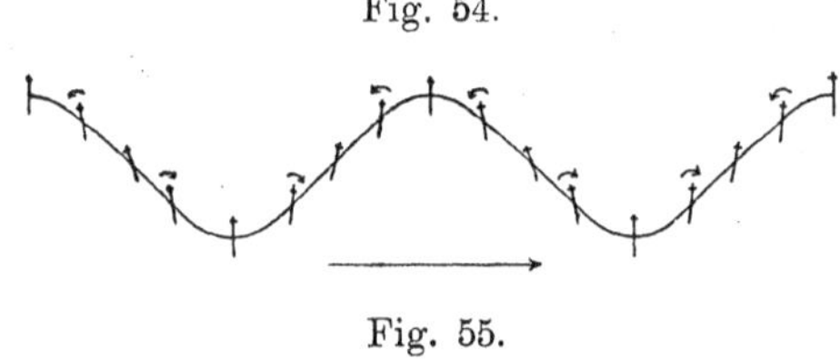

Fig. 55.

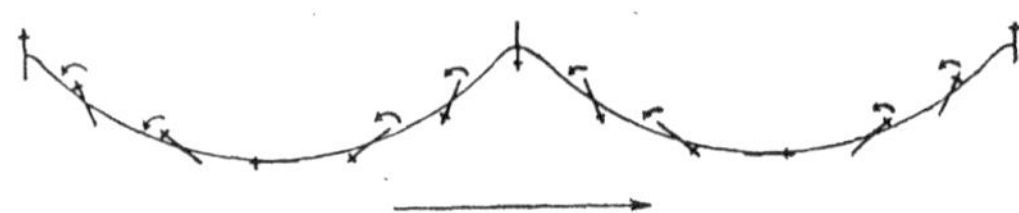

x-Axe. Sie erreicht ihren höchsten und tiefsten Stand y_0 und y_1, wenn sich ϑ um ein Vielfaches von π von 0 oder von $\frac{1}{2}\pi$ unterscheidet. Die Curve hat Wendepunkte, wenn $\operatorname{tg}^2\vartheta = b/a$ ist, und für die höchsten und tiefsten Stellen ist

$$\left(\frac{d^2y}{dx^2}\right)_0 = -\frac{\vartheta_0'(a-b)a}{\alpha b},$$

$$\left(\frac{d^2y}{dx^2}\right)_1 = \frac{\vartheta_1'(a-b)b}{\alpha a}.$$

Da $\vartheta_0' > \vartheta_1'$ und $a > b$, so ist hiernach die Curve an dem höchsten Punkte stärker gekrümmt, als an dem tiefsten. Die Figuren 54 und 55 geben ein ungefähres Bild von dieser Bewegung.

Die gleichzeitige Bewegung mehrerer starrer Körper in einer Flüssigkeit bietet selbst unter den einfachsten Voraussetzungen der mathematischen Behandlung grosse Schwierigkeiten. Am leichtesten zugänglich ist die Bewegung zweier Kugeln, die in Folge der hydrodynamischen Druckkräfte Anziehungen auf einander auszuüben scheinen, die von Bjerknes auch experimentell nachgewiesen sind, auch unter der Voraussetzung, dass die Radien der Kugeln pulsirende Veränderungen erleiden. (Vorlesungen über hydrodynamische Fernkräfte nach C. A. Bjerknes' Theorie von V. Bjerknes, Bd. I, Leipzig 1900.)

Die mathematische Theorie der Bewegung unveränderlicher Kugeln in der Flüssigkeit ist eingehend untersucht von C. Neumann (Hydrodynamische Untersuchungen, Leipzig 1883).

Einundzwanzigster Abschnitt.

Unstetige Bewegung von Flüssigkeiten.

---

§. 168.

Grenzbedingung an Unstetigkeitsflächen.

Die Differentialgleichung $\Delta \varphi = 0$, von der das Geschwindigkeitspotential φ der wirbelfreien Bewegung einer incompressiblen Flüssigkeit abhängt, ist dieselbe, von der das Potential einer stationären elektrischen Strömung abhängt. Trotzdem zeigen die beiden Arten der Bewegung einen sehr wesentlichen Unterschied, der erst durch Helmholtz mit den Formeln der Theorie in Einklang gebracht worden ist [1]).

Wenn nämlich ein räumlich ausgedehnter Leiter von elektrischen Strömungen durchflossen ist, so giebt es niemals einen Theil des Leiters, der stromfrei wäre. Die Strömungen verbreiten sich von den Elektroden aus nach allen Theilen des Leiters. Bei den Flüssigkeitsbewegungen ist das anders. Wenn z. B. einem Strome der Flüssigkeit eine Wand mit einer engen Oeffnung entgegengestellt wird, so wird sich der Strom hinter dieser Oeffnung nicht sofort allseitig ausbreiten, sondern die Flüssigkeit wird in einem Strahle, dessen Querschnitt kleiner wird als die Fläche der Oeffnung, aus dieser heraustreten.

Dass Bewegungen der ersten Art, wie sie bei elektrischen Strömen vorkommen, bei Flüssigkeiten unmöglich sind, hat darin

---

[1]) Helmholtz: Ueber discontinuirliche Flüssigkeitsbewegungen. Monatsberichte der Berliner Akademie vom 23. April 1868.

Kirchhoff: Zur Theorie freier Flüssigkeitsstrahlen. Crelle's Journal, Bd. 70 (1869).

seinen Grund, dass da, wo die Flüssigkeit um eine scharfe Kante herumströmen würde, die Geschwindigkeit unendlich gross und damit der Druck negativ unendlich werden müsste, während ein negativer Druck gar nicht oder doch nur bis zu einer gewissen Grösse möglich ist (§. 144). Dagegen sind bei Flüssigkeiten nach der Theorie auch Bewegungen möglich, bei denen die Geschwindigkeit eine unstetige Function des Ortes ist, und von dieser Art ist der Ausfluss eines Strahles aus einer Oeffnung. Wir haben zunächst die Grenzbedingung für eine solche Unstetigkeitsfläche aufzusuchen. Wir beschränken uns der Einfachheit halber auf die Betrachtung wirbelfreier stationärer Bewegungen incompressibler Flüssigkeiten.

Wir gehen aus von der allgemeinen Gleichung §. 148 (5):

$$(1) \qquad \frac{\partial \varphi}{\partial t} = V - \int \frac{dp}{\varrho} - \frac{1}{2}\left\{\left(\frac{\partial \varphi}{\partial x}\right)^2 + \left(\frac{\partial \varphi}{\partial y}\right)^2 + \left(\frac{\partial \varphi}{\partial z}\right)^2\right\} + C,$$

in der φ das Geschwindigkeitspotential, V das Potential der äusseren Kräfte und C eine Constante oder eine Function der Zeit allein bedeutet. Nehmen wir $\varrho = 1$ an und bezeichnen mit v die Geschwindigkeit, so können wir diese Gleichung für den stationären Fall, wo $\partial \varphi / dt = 0$ ist, so darstellen:

$$(2) \qquad p + \tfrac{1}{2} v^2 = V + C.$$

Das Potential V setzen wir als stetige Function des Ortes voraus. Wenn nun v an einer Fläche unstetig ist, so denken wir uns einen Elementarcylinder vom Volumen $do\,d\nu$, dessen beide Endflächen do zu beiden Seiten der Unstetigkeitsfläche liegen (Fig. 56). Unterscheiden wir die Werthe, die eine Function auf beiden Seiten der Unstetigkeitsfläche hat, durch die Indices 1 und 2, so ist nach der Voraussetzung

Fig. 56.

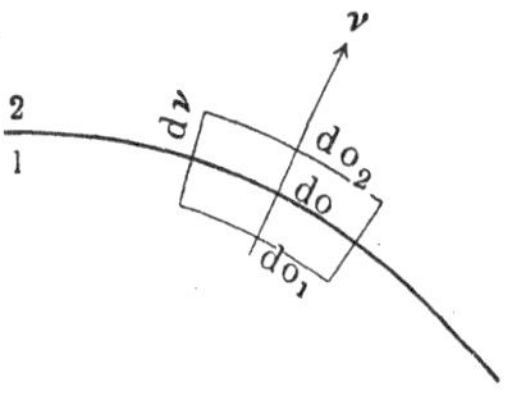

$$(3) \qquad V_1 = V_2.$$

Ist N die Normalcomponente der Geschwindigkeit (von 1 nach 2 positiv gerechnet), so ist, wenn wir $d\nu$ in Vergleich zu den Dimensionen von do als unendlich klein annehmen, die in der Zeiteinheit in das Element einströmende Flüssigkeitsmenge $(N_1 - N_2)\,do$, und da diese Grösse verschwinden muss, so ist

$$N_1 = N_2 \text{ [1]}. \tag{4}$$

Die Druckkraft, die auf das Element wirkt, ist $(p_1 - p_2)\,d\,o$, und folglich wirkt auf die Masseneinheit die Druckkraft $(p_1 - p_2)/d\boldsymbol{v}$. Da diese Druckkraft aber nicht unendlich sein kann, so muss

$$p_1 = p_2 \tag{5}$$

sein. Hieraus ergiebt sich nach der Formel (2), in der die Constante C auf beiden Seiten verschiedene Werthe haben kann:

$$v_1^2 - v_2^2 = \text{Const.} \tag{6}$$

Wenn also angenommen wird, dass die Flüssigkeit auf der Seite 2 der Unstetigkeitsfläche in Ruhe sei, so folgt aus (4)

$$N_1 = 0, \tag{7}$$

und aus (6)

$$v_1^2 = \text{Const.} \tag{8}$$

Da also die Normalcomponente auch auf der Seite der bewegten Flüssigkeit Null ist, so findet die Strömung längs der Unstetigkeitsfläche nur in tangentialer Richtung statt, und wegen (8) ist die Geschwindigkeit über die ganze Fläche constant [2].

§. 169.

Zweidimensionale Bewegungen.

Wir schaffen uns Fälle, in denen die Integration möglich ist, durch dasselbe Mittel, das wir im ersten Bande mehrfach auf elektrische Probleme angewandt haben, indem wir annehmen,

---

[1]) Dies würde anders sein bei Gasen, wo die Dichtigkeit an derselben Fläche unstetig sein kann (vergl. Abschnitt XXII).

[2]) Wir haben hier nicht, wie es gewöhnlich geschieht, $V = 0$ angenommen, und sind zu Grenzbedingungen gelangt, die von V unabhängig sind. Anders würde es sein, wenn zu beiden Seiten der Unstetigkeitsfläche verschiedene Dichtigkeiten wären. So ergeben sich z. B. für den in der Luft oder im leeren Raum austretenden Strahl die Bedingungen für die Oberfläche des Strahles, dass der Druck p constant, und zwar gleich dem äusseren Drucke (Atmosphärendruck oder Null) sein muss, dass die Normalcomponente der Geschwindigkeit Null sein muss, und dass

$$\frac{1}{2}\,v^2 = V + \text{const.}$$

sei. Die Schwierigkeit, die die Integration bietet, besteht darin, dass die Grenze, an der diese Bedingungen gelten sollen, nicht gegeben ist.

dass die gesuchten Functionen nur von zwei Variablen x, y abhängen, dass also der Zustand der Flüssigkeit an allen Stellen einer jeden zur xy-Ebene senkrechten Geraden derselbe sei. Dann können wir die Hülfsmittel der Functionentheorie nutzbar machen.

Ist nämlich φ nur von x, y abhängig, so besagt die Gleichung $\Delta\varphi = 0$, dass φ der reelle Theil einer Function

$$(1) \qquad \chi = \varphi + i\psi = f(z)$$

des complexen Argumentes

$$(2) \qquad z = x + iy$$[1]

ist, wenn ψ aus den Gleichungen

$$(3) \qquad \frac{\partial\varphi}{\partial x} = \frac{\partial\psi}{\partial y}, \quad \frac{\partial\varphi}{\partial y} = -\frac{\partial\psi}{\partial x}$$

bestimmt wird. Wir erhalten in der xy-Ebene zwei orthogonale Curvenschaaren $\varphi =$ const. und $\psi =$ const., von denen die erste die Aequipotentialcurven, die zweite die Stromcurven enthält. Alle Linien in der xy-Ebene sind die Spuren von Cylinderflächen im Raume.

Wir betrachten jetzt den Fall, dass die bewegte Flüssigkeit theils von festen Wänden, theils von freien Grenzen begrenzt ist, wobei unter freien Grenzen solche Flächen im Raume oder Curven in der xy-Ebene zu verstehen sind, wo der Strom unmittelbar an ruhender Flüssigkeit herfliesst. Das Flächengebiet in der xy-Ebene, das von der bewegten Flüssigkeit überdeckt ist, nennen wir die Fläche Z.

Die Bewegung in diesem Gebiete Z ist durch das Geschwindigkeitspotential φ bestimmt. Ist Z mehrfach zusammenhängend, so kann φ mehrwerthig sein, es wird dann einwerthig in einem einfach zusammenhängenden Gebiete Z', das durch Querschnitte aus Z entstanden ist; weil aber die Differentialquotienten $\partial\varphi/\partial x$, $\partial\varphi/\partial y$ in Z einwerthig und stetig sein müssen, so ist φ selbst an den Querschnitten entweder stetig oder hat zu beiden Seiten constante Werthdifferenzen.

Die Function ψ wird aus φ durch eine Quadratur abgeleitet:

$$\psi = \int\left(\frac{\partial\varphi}{\partial x}\,dy - \frac{\partial\varphi}{\partial y}\,dx\right),$$

[1]) Es ist hier natürlich z nicht zu verwechseln mit der dritten Raumcoordinate.

auch ψ kann an den Querschnitten constante Werthdifferenzen erhalten, und zwar auch dann, wenn φ daselbst stetig ist.

Betrachten wir φ und ψ als Coordinaten in einer χ-Ebene, so erhalten wir ein conformes Abbild X des Flächenstückes Z. Während aber Z seiner Bedeutung nach über der z-Ebene einfach ausgebreitet ist, kann X die χ-Ebene auch mehrfach bedecken.

1. Da die Begrenzung von Z immer durch Stromlinien gebildet ist, so kann die Begrenzung von X nur aus geraden Linien bestehen, die der φ-Axe parallel sind.

Die festen Grenzen des Gebietes Z sind durch die Aufgabe selbst gegeben. Für sie ist die einzige Grenzbedingung $\psi = \text{const.}$ Die freien Grenzen dagegen sind nicht gegeben, sondern sollen erst bestimmt werden. Für sie haben wir noch die Bedingung, dass die Geschwindigkeit constant sein soll. Führen wir also noch eine dritte complexe Variable $w = u + iv$ ein, deren reeller Theil u die x-Componente, während der Coëfficient v von i die mit negativem Zeichen genommene y-Componente der Geschwindigkeit ist, also:

$$(4) \qquad u = \frac{\partial \varphi}{\partial x} = \frac{\partial \psi}{\partial y}, \qquad v = -\frac{\partial \varphi}{\partial y} = \frac{\partial \psi}{\partial x},$$

so ist

$$(5) \qquad w = u + iv = \frac{\partial (\varphi + i\psi)}{\partial x} = \frac{d\chi}{dz},$$

und die Grenzbedingung für die freien Grenzen besteht darin, dass der absolute Werth von w

$$(6) \qquad |w| = \sqrt{u^2 + v^2}$$

constant sein muss.

Wir erhalten also auch in der w-Ebene ein conformes Abbild W von Z und X, in welchem den freien Grenzen Stücke von concentrischen Kreisen entsprechen, deren Mittelpunkt im Coordinatenanfangspunkte $w = 0$ liegt.

Dagegen ist über die Gestalt der Begrenzungsstücke von W, die den festen Grenzen entsprechen, im Allgemeinen nichts bekannt. Wenn man also lösbare Aufgaben finden will, so muss man das Flächenstück W beliebig annehmen, und erhält dann durch conforme Abbildung das Flächenstück Z, bei dem die Begrenzungstheile, denen in der Fläche W Kreise um den Nullpunkt entsprechen, freie Grenzen sein können, während die übrigen Begrenzungstheile von Z feste Grenzen sind.

Nur in einem Falle können wir die Natur der Begrenzungslinien in W von vornherein angeben. Denken wir uns nämlich eine feste Grenze der Fläche Z dadurch gegeben, dass y eine gegebene Function von x ist, so ist an dieser Grenze $\psi =$ const., also

$$\frac{\partial \psi}{\partial x} + \frac{d y}{d x} \frac{\partial \psi}{\partial y} = 0,$$

oder nach (4)

(7) $$v + u \frac{d y}{d x} = 0.$$

Wenn nun die Begrenzung von Z, um die es sich handelt, geradlinig ist, so ist $dy/dx = \alpha$ constant, und wir erhalten aus (7)

(8) $$v + \alpha u = 0.$$

Dies ist aber die Gleichung einer vom Nullpunkt auslaufenden geraden Linie in der W-Ebene.

2. Wenn also die festen Grenzen in der z-Ebene gerade Linien sind, so ist die Begrenzung von W gebildet durch concentrische Kreise und radiale Linien.

Die Begrenzung von X ist ihrer Natur nach ebenfalls bekannt (parallele gerade Linien) und wir erhalten also zur Bestimmung der Abhängigkeit zwischen χ und w ein Abbildungsproblem. Ist dieses gelöst, also w als Function von χ bestimmt, so erhält man aus (5) z durch eine Quadratur:

(9) $$z = \int \frac{d\chi}{w}$$

gleichfalls als Function von χ. Es sind also hier nicht direct φ und ψ als Functionen von x, y bestimmt, sondern umgekehrt x, y als Function von φ und ψ. Um aber die Stromlinien, und damit also auch die Grenzen von Z zu erhalten, hat man ψ gleich einer Constanten zu setzen, und erhält dann die Curve in sogenannter „Parameterdarstellung", d. h. x und y als Functionen einer Variablen φ.

Die Gleichung §. 168 (2) ergiebt hier

$$p = -\tfrac{1}{2}|w|^2 + V + C,$$

und sie zeigt, dass, wenn w unendlich wird, der Druck p negativ unendlich wird, was nicht zulässig ist. Hieraus folgt:

3. Das Flächenstück W darf nur einen endlichen Theil der w-Ebene bedecken.

Es ist aber nicht ausgeschlossen, dass W Theile der w-Ebene mehrfach bedeckt. Die Function w ist in Z überall stetig und eindeutig, und wenn also Z mehrfach zusammenhängend ist, so muss W dieselbe Ordnung des Zusammenhanges haben.

Wenn auf der Begrenzung von Z bei einem Punkte $z = c$ eine Ecke vom Winkel $\alpha\pi$ vorkommt, so lässt sich die Function χ in der Umgebung des Punktes $z = c$ nach Potenzen von $(z - c)^{1/\alpha}$ entwickeln. Ist aber

$$\chi = \chi_0 + \chi_1 (z - c)^{\frac{1}{\alpha}} + \cdots,$$

so folgt

$$w = \frac{\chi_1}{\alpha}(z - c)^{\frac{1}{\alpha} - 1} + \cdots \tag{10}$$

Ist die Ecke gegen die strömende Flüssigkeit convex, so ist α grösser als 1, und w wird nach (10) unendlich bei $z = c$. Dies darf nicht vorkommen.

4. Wenn daher die feste Wand, an der die Flüssigkeit zu bleiben gezwungen ist, eine gegen die Flüssigkeit convexe Ecke hat, so muss von dieser eine freie Grenze auslaufen.

Die Fläche Z kann sich nach verschiedenen Seiten ins Unendliche erstrecken. Den verschiedenen Zweigen im Unendlichen werden verschiedene Geschwindigkeiten, also verschiedene Punkte in der w-Ebene entsprechen. Ist irgendwo die Flüssigkeit in Ruhe, so entspricht dieser Stelle der Nullpunkt der w-Ebene. Dies findet, wie man aus der Formel (10) für $\alpha < 1$ ersieht, immer an solchen Stellen statt, wo die Grenze eine concave Ecke gegen die Flüssigkeit bildet.

5. Eine gegen die Flüssigkeit concave Ecke der festen Grenzen wird also im Nullpunkte der w-Ebene abgebildet.

Wenn in einem inneren Punkte $w = 0$ ist, so ist ein solcher Punkt ein Kreuzungspunkt. Die Strömung hat den Charakter, wie er auf Seite 435 des ersten Bandes dargestellt ist. Ist $z = c$

ein solcher Punkt, so hat die Entwickelung von χ in seiner Umgebung die Form

$$\chi = \chi_0 + \chi_1 (z - c)^2 + \cdots$$

und der Punkt $\chi = \chi_0$ ist ein Verzweigungspunkt in der χ-Ebene.

6. Wenn also dem Nullpunkt der w-Ebene ein Punkt im Endlichen der z-Ebene im Inneren von Z entspricht, so entspricht ihm in der χ-Ebene ein Verzweigungspunkt.

Wenn χ unendlich wird, so muss nothwendig z unendlich sein, da in jedem endlichen Punkte ein endliches Geschwindigkeitspotential vorhanden ist. Wird z für einen anderen Werth von χ unendlich, so ist da auch $dz/d\chi$ unendlich, und folglich $d\chi/dz = w = 0$.

Also können wir noch beifügen:

7. Die unendlich fernen Punkte der Fläche Z entsprechen entweder dem Punkte $\chi = \infty$ oder dem Punkte $w = 0$.

§. 170.

Beispiel I.

Als erstes Beispiel nehmen wir für das Flächenstück W den Einheitskreis in der w-Ebene. Wir erhalten dann in der z-Ebene eine freie Grenze und keine festen Grenzen.

Da der Punkt $w = 0$ dem Inneren des Gebietes W angehört, so müssen wir in dem Flächenstück X einen Verzweigungspunkt annehmen. Wir legen diesen Verzweigungspunkt auf die imaginäre Axe der χ-Ebene in den Punkt

$$\varphi = 0, \qquad \psi = i$$

und nehmen für die Fläche X die doppelt bedeckte Halbebene in der χ-Ebene, in der ψ positive Werthe hat. Die beiden (im Unendlichen zusammenhängenden) Linien $\psi = 0$ sollen der Begrenzung von W entsprechen. Wir denken uns die χ-Ebene in ihrer ganzen Ausdehnung mit einer Doppelfläche X' überdeckt, die in den beiden Punkten $\chi = \pm i$ je einen Verzweigungspunkt hat. Diese Doppelfläche, deren beide Blätter im

Unendlichen nicht zusammenhängen, ist einfach zusammenhängend.

Wir haben im §. 51 des ersten Bandes die Abbildung eines Kreises auf eine einfache Halbebene kennen gelernt. Danach ist, wenn wir eine neue complexe Variable

$$\zeta = \xi + i\eta$$

einführen und

$$(1) \qquad w = \frac{1 + \zeta}{1 - \zeta}$$

setzen, der absolute Werth von w gleich 1, wenn ζ rein imaginär ist. Es ist $w = 0$, wenn $\zeta = -1$, und $w = \infty$, wenn $\zeta = +1$ ist, und folglich ist der Einheitskreis W auf die Halbebene ζ abgebildet, in der ξ negativ ist. Wir erhalten also die Abbildung von W auf die Fläche X, wenn wir die einfache ζ-Ebene so auf die doppelte χ-Ebene abbilden, dass rein imaginären Werthen von ζ reelle Werthe von χ entsprechen, und dass den Punkten $\zeta = \mp 1$ die Punkte $\chi = \pm i$ als Verzweigungspunkte der χ-Ebene entsprechen. Diese Abbildung aber wird vermittelt durch folgende Substitution:

$$(2) \qquad w^2 = \left(\frac{1 + \zeta}{1 - \zeta}\right)^2 = \frac{\chi - i}{\chi + i}$$

oder nach χ aufgelöst:

$$(3) \qquad \chi = -i\,\frac{1 + \zeta^2}{2\zeta}.$$

Es ist also $\chi = \infty$ für $\zeta = 0$ und $\zeta = \infty$, und es ist $\chi = 0$ für $\zeta = \pm i$.

Um nun z als Function von χ zu bestimmen, hat man die Formel

$$(4) \qquad dz = \frac{d\chi}{w} = d\chi \sqrt{\frac{\chi + i}{\chi - i}}$$

zu integriren, und erhält, wenn man die Constante so wählt, dass z für $\chi = i$ verschwindet:

$$(5) \qquad z = \sqrt{\chi^2 + 1} + i \log \frac{\sqrt{\chi^2 + 1} + \chi}{i},$$

und der Logarithmus ist dann durch die Bedingung, dass sein imaginärer Theil zwischen $-i\pi$ und $+i\pi$ liegen soll, in der ganzen Fläche X eindeutig bestimmt [weil ψ in der ganzen

Fläche X nicht negativ und folglich $i(\sqrt{\chi^2+1}+\chi)$ nicht reell und positiv ist].

Wir erhalten aus (5) die Gleichungen der freien Grenze, wenn wir $\chi = \varphi$ reell annehmen, und erhalten für die beiden Vorzeichen der Wurzel zwei symmetrisch gelegene Curvenzweige, deren Bilder die beiden Geraden $\psi = 0$ in der Fläche X sind:

$$(6) \quad \begin{aligned} x &= \sqrt{\varphi^2+1}+\frac{\pi}{2}, & x &= -\sqrt{\varphi^2+1}-\frac{\pi}{2}, \\ y &= \log\left(\sqrt{\varphi^2+1}+\varphi\right), & y &= \log\left(\sqrt{\varphi^2+1}-\varphi\right), \end{aligned}$$

worin $\sqrt{\varphi^2+1}$ positiv zu nehmen ist.

Da die Strömung die Richtung der wachsenden φ hat, so ist sie, wie der Ausdruck $dy = \pm\, d\varphi/\sqrt{\varphi^2+1}$ zeigt, auf dem ersten Zweig von negativen zu positiven, auf dem zweiten von

Fig. 57. Fig. 58.

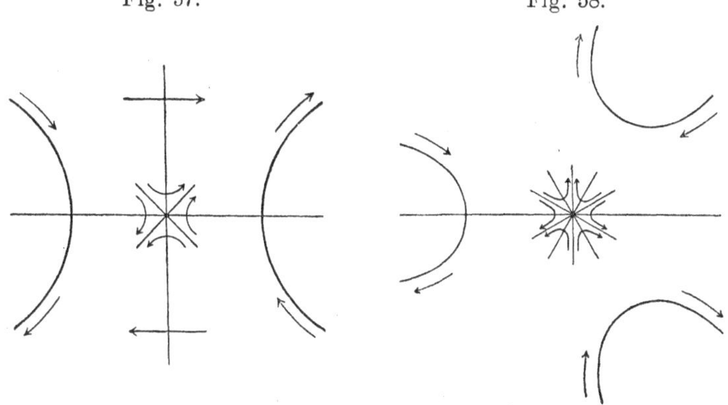

positiven zu negativen y gerichtet. Der Coordinatenanfangspunkt in der xy-Ebene ist der Punkt, in dem die Geschwindigkeit Null ist; ihm entspricht in der Fläche X ein Verzweigungspunkt, in dem $\chi = i$ ist, und in seiner Umgebung hat die Strömung die in der Fig. 57 durch die Pfeile angedeutete Richtung.

Den Linien $\varphi = 0$, $\psi > 1$ in beiden Blättern der Fläche X entspricht in der z-Ebene die positive und negative y-Axe. Den beiden Strecken $\varphi = 0$, $0 < \psi < 1$ entsprechen die Strecken $\overline{0\,a}$ und $\overline{0\,a'}$ der x-Axe, deren Enden die Abscissen

$$\pm\left(1+\frac{\pi}{2}\right)$$

haben.

Allgemeinere Fälle dieser Bewegung kann man bilden, wenn man in X statt eines einfachen einen $n$fachen Verzweigungspunkt annimmt. Es ist dann zu setzen:

$$w = \sqrt[n]{\frac{\chi - i}{\chi + i}}, \tag{7}$$

und man erhält die Gleichungen der freien Grenze aus dem Integral:

$$z = \int \sqrt[n]{\frac{\varphi + i}{\varphi - i}}\, d\varphi,$$

macht man die Substitution

$$\varphi = \operatorname{cotang} \vartheta, \qquad d\varphi = -\frac{d\vartheta}{\sin^2 \vartheta},$$

so ergiebt sich

$$z = -\int \frac{e^{\frac{2i\vartheta}{n}}\, d\vartheta}{\sin^2 \vartheta}$$

oder

$$x = -\int \frac{\cos \frac{2\vartheta}{n}\, d\vartheta}{\sin^2 \vartheta}, \qquad y = -\int \frac{\sin \frac{2\vartheta}{n}\, d\vartheta}{\sin^2 \vartheta}.$$

Die Curve besteht hier aus n congruenten Zweigen, die durch Drehung um den Winkel $2\pi/n$ in einander übergehen (in Fig. 58 a. v. S. ist $n = 3$ angenommen).

§. 171.

Beispiel II.

Wenn wir in der w-Ebene irgend eine Figur W nehmen, die von concentrischen Kreisbögen und radialen Linien begrenzt ist, und diese Figur auf die einfache Halbebene χ abbilden, so erhalten wir in der z-Ebene einen Flüssigkeitsstrom, der eine einzige Linie zur Grenze hat, längs der die Strömung aus dem Unendlichen ins Unendliche überall in demselben Sinne erfolgt. Diese Grenze ist theils aus geradlinigen festen, theils aus freien Grenzen gebildet, entsprechend den radialen und den kreisförmigen Begrenzungsstücken.

Interessantere Fälle erhält man aber, wenn man eine solche Figur nicht auf die ganze χ-Halbebene, sondern nur auf einen

Theil von ihr abbildet, und da die Begrenzung in der χ-Ebene immer durch parallele Gerade gebildet sein muss, so ist hier der einfachste Fall, der zugleich die meisten der bisher gemachten Anwendungen umfasst, der, dass wir einen Streifen, der von zwei zur reellen Axe parallelen Geraden begrenzt ist, als Fläche X wählen. Durch Verfügung über die Einheiten können wir erreichen, dass die Grenzen eines solchen Streifens durch die beiden Geraden $\psi = 0$ und $\psi = \pi$ gebildet sind (Fig. 62, 63, S. 460). Diesen Streifen können wir zunächst auf eine Halbebene X_1 in einer χ_1-Ebene abbilden, wenn wir setzen:

$$(1) \qquad \chi_1 = \varphi_1 + i\psi_1 = e^{\chi} = e^{\varphi + i\psi}.$$

Den beiden Grenzen des Streifens χ entspricht die Axe der reellen χ_1, und zwar der Linie $\psi = 0$ die positiven, der Linie $\psi = \pi$ die negativen Werthe von φ_1. Die Punkte 0 und ∞ in der χ_1-Ebene entsprechen negativ und positiv unendlichen Werthen von φ. Verstehen wir noch unter A, B, C, D reelle Constanten und setzen

$$(2) \qquad \chi_1 = \frac{A\chi_2 + B}{C\chi_2 + D},$$

so erhalten wir ein weiteres Abbild X_2 von X_1, und wir können die Constanten so wählen, dass drei beliebig gegebenen reellen Werthen von χ_1 drei ebenfalls beliebig gegebene reelle Werthe von χ_2 entsprechen.

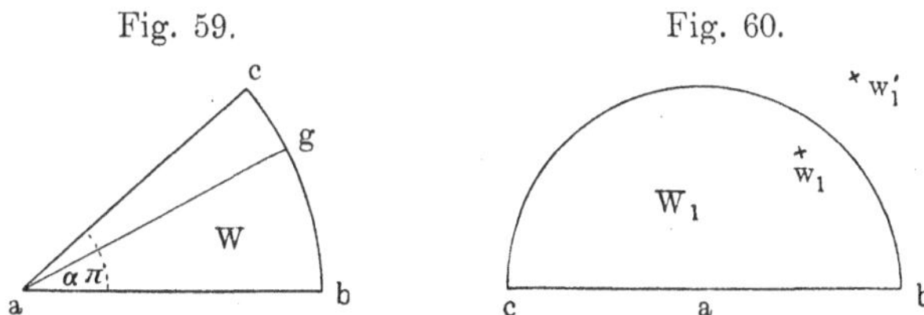

Fig. 59. Fig. 60.

Für die Fläche W wollen wir zunächst einen Kreissector a, b, c annehmen, der von einem Bogen bc des Einheitskreises und zwei Radien ab, ac begrenzt ist (Fig. 59). Ohne Beschränkung der Allgemeinheit können wir annehmen, dass der eine dieser Radien in die u-Axe falle.

Den Winkel des Kreissectors bei a bezeichnen wir mit $\alpha\pi$

Da wir in der Fläche X keinen Verzweigungspunkt haben, so muss $w = 0$ einem unendlichen Werth von χ entsprechen (§. 169, 6.), und wenn wir annehmen, dass die Flüssigkeit von daher strömt, so haben wir die Bedingung:

(3) für $w = 0$ ist $\chi = -\infty$, $\chi_1 = 0$.

Wenn der Strahl ins Unendliche abfliessen soll, so können wir auf dem Kreisbogen einen beliebigen Punkt g annehmen, in dem $\chi = +\infty$ werden soll. Also haben wir

(4) für $w = g$ ist $\chi = +\infty$, $\chi_1 = \infty$.

Wir können die Aufgabe weiter dadurch vereinfachen, dass wir den Kreissector (a, b, c) auf einen Halbkreis W_1 abbilden durch die Substitution

(5) $$w = w_1^\alpha,$$

und es bleibt uns also die Aufgabe, den Halbkreis W_1 auf die Halbebene X_1 abzubilden. Wir suchen zunächst eine Abbildung χ_2, bei der den Punkten b, c, d. h. $w_1 = \pm 1$ die Werthe

Fig. 61.

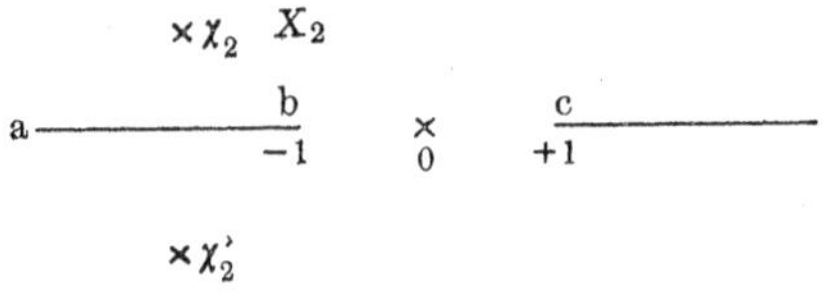

$\chi_2 = \pm 1$ und dem Punkt $w_1 = 0$ der Punkt $\chi_2 = \infty$ entspricht. Wir wollen die Function w_1 dadurch über die ganze χ_2-Ebene ausdehnen, dass wir zwei symmetrisch gelegenen Punkten χ_2, χ_2' zwei harmonische Pole w_1, w_1' entsprechen lassen. Diese Function ist dann an bc (Fig. 61) stetig, während an den Strecken ab und ac die Beziehung $w_1' = 1/w_1$ besteht. Folglich ist die Function

$$w_1 + \frac{1}{w_1}$$

in der ganzen χ_2-Ebene stetig und also eine rationale Function von χ_2. Sie wird nur unendlich in der ersten Ordnung für $\chi_2 = \infty$ und wird gleich ± 1 für $w_1 = \pm 1$.

Daraus folgt:

(6) $$\chi_2 = \frac{1}{2}\left(w_1 + \frac{1}{w_1}\right),$$

und daraus:

(7) $$w_1 = \chi_2 + \sqrt{\chi_2^2 - 1}.$$

Daraus leiten wir mittelst der Bedingungen (3), (4) die Function χ_1 her, nämlich

$$(8) \qquad \chi_1 = \frac{C}{w_1 + w_1^{-1} - g_1 - g_1^{-1}},$$

worin $g = g_1^\alpha$ und C eine Constante ist.

Bezeichnen wir den Bogen $(b\,g)$ (Fig. 59) mit γ, so können wir

$$(9) \qquad g = e^{i\gamma}, \qquad g_1 = e^{i\gamma_1} = e^{\frac{i\gamma}{\alpha}}$$

setzen. Für die Punkte des Kreisbogens ist

$$w = e^{i\vartheta}, \qquad w_1 = e^{\frac{i\vartheta}{\alpha}},$$

und demnach ergiebt die Formel (8):

$$(10) \qquad \chi_1 = \frac{\frac{1}{2}C}{\cos\frac{\vartheta}{\alpha} - \cos\frac{\gamma}{\alpha}} = \frac{\frac{1}{4}C}{\sin\frac{\gamma+\vartheta}{2\alpha}\sin\frac{\gamma-\vartheta}{2\alpha}}.$$

Da χ reell und folglich χ_1 reell und positiv sein soll, so lange ϑ zwischen 0 und γ liegt, so muss die Constante C reell und positiv sein.

Um z als Function von χ oder von w zu erhalten, wendet man die Formel §. 169 (9) an:

$$d\,z = \frac{d\,\chi}{w} = \frac{d\log\chi_1}{w}.$$

Fügt man noch eine ähnliche Vergrösserung oder Verkleinerung der Figur in der z-Ebene hinzu, so kann man auch setzen

$$d\,z = h\,\frac{d\log\chi_1}{w},$$

worin h eine reelle Constante bedeutet.

Die Einführung von w_1 als unabhängige Variable ergiebt nach (8):

$$(11) \qquad d\,z = h\,\frac{w_1^{-1} - w_1}{w_1^{-1} + w_1 - 2\cos\gamma_1}\,\frac{d\,w_1}{w_1^{\alpha+1}}.$$

Für die freie Grenze kann man auch die Variable ϑ anwenden, und findet:

$$(12) \qquad d\,z = h\,\frac{e^{-i\vartheta}\sin\frac{\vartheta}{\alpha}\,d\,\vartheta}{2\,\alpha\sin\frac{\gamma+\vartheta}{2\,\alpha}\sin\frac{\gamma-\vartheta}{2\,\alpha}},$$

und durch Trennung des reellen vom imaginären Bestandtheil:

$$
(13) \qquad
\begin{aligned}
x &= \quad h \int \frac{\cos\vartheta \sin\dfrac{\vartheta}{\alpha}\, d\vartheta}{2\alpha \sin\dfrac{\gamma+\vartheta}{2\alpha}\sin\dfrac{\gamma-\vartheta}{2\alpha}}, \\
y &= -h \int \frac{\sin\vartheta \sin\dfrac{\vartheta}{\alpha}\, d\vartheta}{2\alpha \sin\dfrac{\gamma+\vartheta}{2\alpha}\sin\dfrac{\gamma-\vartheta}{2\alpha}}.
\end{aligned}
$$

Ist der Kreissector abc und der Punkt g gegeben, so findet man die Richtungen der festen Grenzen in der z-Ebene nach §. 169 (8) daraus, dass sie mit der x-Axe den entgegengesetzten

Fig. 62. Fig. 63.

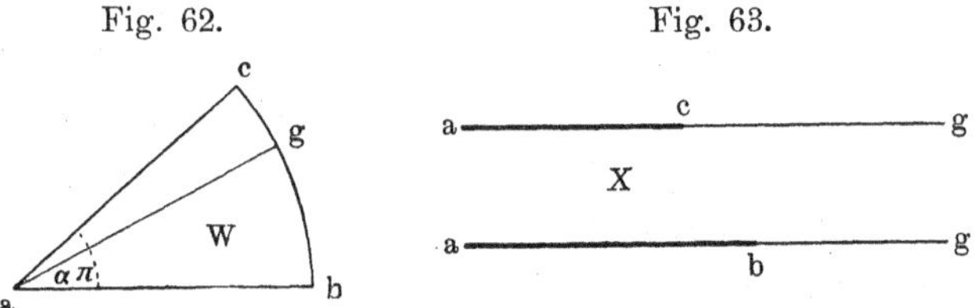

Winkel bilden müssen, wie der entsprechende Radius ab oder ac mit der u-Axe, und ebenso findet man die Richtung, mit der der Strahl ins Unendliche geht aus $dy/dx = -\operatorname{tang}\gamma$.

Fig. 64.

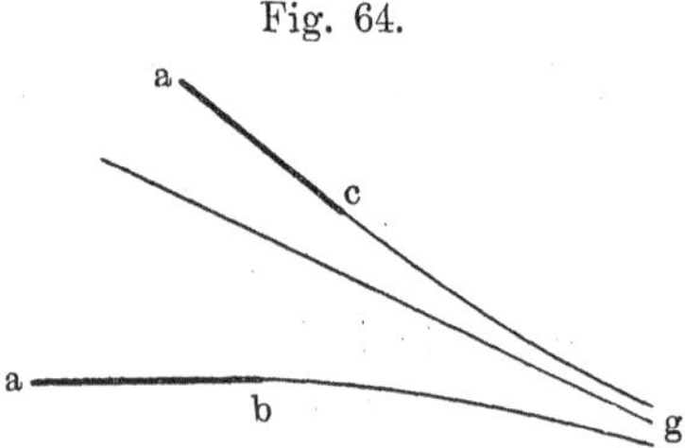

Den Punkt b in der z-Ebene kann man in den Coordinatenanfangspunkt legen, indem man $z = 0$ annimmt für $w = 1$. Der Punkt c in der z-Ebene ist aber durch α und γ bestimmt. Man erhält aus (11) durch Integration

$$
(14) \qquad z_b - z_c = h \int_{-1}^{+1} \frac{w_1^{-1} - w_1}{w_1^{-1} + w_1 - 2\cos\gamma_1} \frac{d w_1}{w_1^{\alpha+1}},
$$

wobei der Integrationsweg im Inneren des Halbkreises W_1 verlaufen muss, und weder den Punkt 0 noch den Punkt g_1 berühren darf.

Sind die festen Wände mit ihren Endpunkten in der z-Ebene gegeben, so ist dadurch zunächst α direct bestimmt, und aus (14) erhält man zwei Gleichungen zur Bestimmung von γ und h.

Das Integral (14) kann man etwa über den in der Fig. 65 mit 1 bezeichneten Weg nehmen. Man kann es statt dessen

Fig. 65.

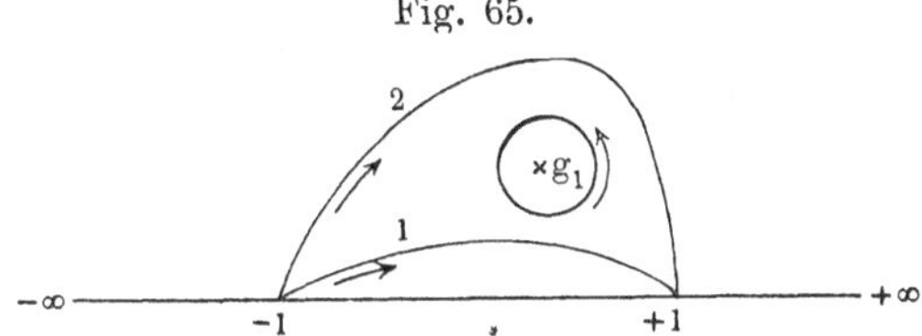

aber auch nach dem Cauchy'schen Satze über den Weg 2 nehmen, und ein um den Punkt g_1 herum geführtes Integral hinzufügen. Man erhält so, wenn man der Einfachheit halber $h = 1$ setzt [Bd. I, §. 48, (2.)]:

$$(15)\quad z_b - z_c = -2\pi i g_1^{-\alpha} + \int_{-1}^{+1} \frac{(w_1^{-1} - w_1)}{w_1^{-1} + w_1 - 2\cos\gamma_1} \frac{d w_1}{w_1^{\alpha+1}},$$

wo jetzt das Integral über den Weg (2) zu nehmen ist. Dieses Integral kann aber in ein geradliniges verwandelt werden, das von -1 bis $-\infty$ und dann von $+\infty$ bis $+1$ geht. Macht man die Substitution

$$(16)\quad w_1 = \frac{1}{t},$$

so geht t auf reellem Wege von -1 bis $+1$ und man erhält nach (9)

$$(17)\quad z_b - z_c = -2\pi i e^{-i\gamma} - \int_{-1}^{+1} \frac{t - t^{-1}}{t + t^{-t} - 2\cos\frac{\gamma}{\alpha}} t^{\alpha-1}\, dt.$$

Hierin ist die Potenz t^α für positive Werthe von t reell und positiv zu nehmen, während $t^\alpha e^{\alpha\pi i}$ für negative t reell und positiv ist [nach (16), weil $w e^{-\alpha\pi i}$ auf dem Radius ac (Fig. 62) positiv ist]. Man kann demnach das Integral (17) auch so zerlegen:

$$(18) \qquad z_b - z_c = -2\pi i e^{-i\gamma}$$
$$-\int_0^1 \frac{t-t^{-1}}{t+t^{-1}-2\cos\frac{\gamma}{\alpha}}\, t^{\alpha-1}\, dt + e^{-\alpha\pi i}\int_0^1 \frac{t-t^{-1}}{t+t^{-1}+2\cos\frac{\gamma}{\alpha}}\, t^{\alpha-1}\, dt,$$

und durch Trennung des reellen von dem imaginären Bestandtheil:

$$x_b - x_c = -2\pi\sin\gamma + \cos\alpha\pi\int_0^1 \frac{t-t^{-1}}{t+t^{-1}+2\cos\frac{\gamma}{\alpha}}\, t^{\alpha-1}\, dt,$$

$$(19) \qquad -\int_0^1 \frac{t-t^{-1}}{t+t^{-1}-2\cos\frac{\gamma}{\alpha}}\, t^{\alpha-1}\, dt,$$

$$y_b - y_c = -2\pi\cos\gamma - \sin\alpha\pi\int_0^1 \frac{t-t^{-1}}{t+t^{-1}+2\cos\frac{\gamma}{\alpha}}\, t^{\alpha-1}\, dt.$$

§. 172.

Besondere Fälle.

Im Allgemeinen lassen sich die Integrationen, auf die wir im vorigen Paragraphen die Aufgabe zurückgeführt haben, nicht weiter reduciren. Ist aber $\alpha = m/n$ eine rationale Zahl, so erhält man aus §. 171 (11), wenn man $h = 1$ setzt, und die Substitution

$$(1) \qquad w_1 = t^{-n}$$

macht:

$$(2) \qquad z = -n\int \frac{t^n - t^{-n}}{t^n + t^{-n} - 2\cos\frac{n\gamma}{m}}\, t^{m-1}\, dt,$$

also ein Integral einer rationalen Function von t. Der Ausdruck durch Logarithmen wird aber um so complicirter, je grösser die ganzen Zahlen m und n sind.

Um den einfachsten Fall zu betrachten, nehmen wir $\alpha = 1$, also $m = n = 1$, $w = w_1 = t^{-1}$, und erhalten durch Integration mittelst Zerlegung in Partialbrüche:

$$(3) \qquad z = -t - g \log(t - g) - g^{-1} \log(t - g^{-1}),$$

und hieraus erhält man die Gleichungen für die freie Grenze, wenn man $t = e^{-i\vartheta}$ setzt.

Aus §. 171 (19) ergiebt sich für diesen Fall

$$(4) \qquad \begin{aligned} x_b - x_c &= -2 - \pi \sin\gamma - 2 \cos\gamma \log \operatorname{tang} \frac{\gamma}{2}, \\ y_b - y_c &= -2\pi \cos\gamma, \end{aligned}$$

und es ist also, wenn γ zwischen 0 und $\pi/2$ liegt, $y_b < y_c$, und wenn γ zwischen $\pi/2$ und π liegt, $y_b > y_c$. Für $\gamma = \pi/2$ ist $y_b = y_c$. Die Differenz $x_b - x_c$ wird für $\gamma = 0$ positiv unendlich

Fig. 66. Fig. 67.

und ist negativ für $\gamma = \pi/2$ und auch noch für $\gamma = \pi/4$. Die Figuren 66, 67 zeigen die Art der Strömung, von denen die erste etwa für $\gamma = \pi/4$, die zweite für $\gamma = \pi/2$ gilt.

Der Grenzfall $\gamma = 0$ (ebenso $\gamma = \pi$) bedarf noch einer besonderen Betrachtung; in diesem Falle bleibt nur eine ins Unendliche verlaufende freie Grenze übrig. Betrachten wir der Einfachheit halber nur den Fall $\alpha = 1$, so können wir das Resultat aus der Formel (3) ableiten:

$$(5) \qquad z = -t - 2\log(t - 1) = -\frac{1}{w} - 2\log\frac{1 - w}{w}.$$

So lange w reell ist, und zwischen 0 und 1 liegt, ist $z = x + iy$ reell, und x geht von $-\infty$ zu $+\infty$. Ist w zwischen 0 und -1 gelegen, so erhält man den Werth von z, wenn man einen Halbkreis im positiven Sinne um den Nullpunkt beschreibt, und findet also

$$x = -\frac{1}{w} - 2\log\frac{1 - w}{-w}, \quad y = 2\pi.$$

Wenn w von -0 bis -1 geht, so geht x von $+\infty$ bis $1 - 2\log 2$, und y bleibt constant $= 2\pi$. Setzen wir endlich $w = e^{i\vartheta}$, so ergeben sich die Gleichungen der freien Grenze:

$$x = -\cos\vartheta - 2\log\left(2\sin\frac{\vartheta}{2}\right),$$
(6)
$$y = \sin\vartheta + \pi + \vartheta.$$

Für $\vartheta = \pi$ wird $y = 2\pi$ und $x = 1 - 2\log 2$, und für $\vartheta = 0$ wird $x = +\infty$ und $y = \pi$. Die Strömung wird durch Fig. 68. veranschaulicht.

Fügt man das Spiegelbild dieser Strömung an der Ebene $y = 0$ hinzu, so kann man die feste Grenze ab weglassen und erhält so den von Helmholtz zuerst behandelten Fall (Fig. 69),

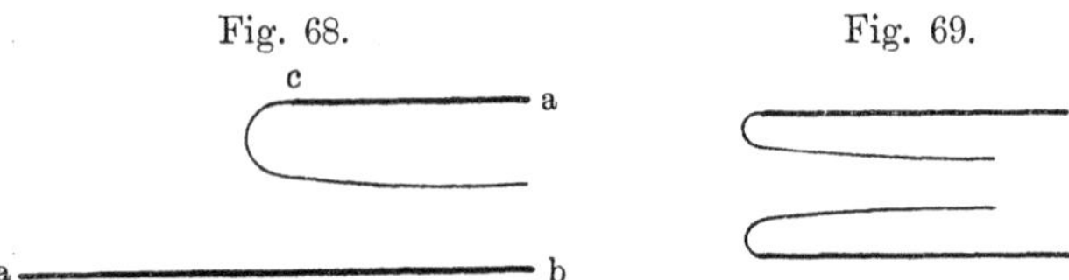

Fig. 68. Fig. 69.

wo ein Flüssigkeitsstrom aus einem unendlichen Behälter in einen von zwei parallelen Wänden begrenzten Canal einströmt.

§. 173.

Beispiel III.

Wir betrachten noch einen Fall, in dem die Geschwindigkeit im ganzen Felde nirgends verschwindet. Wir nehmen für die Fläche W ein Viereck, was von zwei concentrischen Kreisbögen und zwei Radien begrenzt ist.

Die Figuren 70 bis 73 zeigen die Gestalt der Fläche W und ihre Abbildung auf die Flächen X und X_1 und endlich die wahre Strömung durch die Abbildung in der z-Ebene. Es strömt hier ein aus dem Unendlichen kommender Strahl in einen trichterartig verengten Canal, den er mit vergrösserter Geschwindigkeit wieder verlässt. Die analytische Lösung des Problems verlangt die Abbildung des Vierecks W auf eine χ_2-Halbebene. Wenn man diese hat, so kann man durch eine lineare Substitution mit reellen Coëfficienten

$$\chi_1 = \frac{A\chi_2 + B}{C\chi_2 + D}$$

erreichen, dass den Punkten 0 und ∞ in der χ_1-Ebene die gegebenen Punkte g und e entsprechen. Dann erhält man $\chi = \log\chi_1$ und z durch Quadratur.

Wir beschränken die Aufgabe nicht wesentlich, wenn wir annehmen, dass die begrenzenden Bögen von W Halbkreise seien,

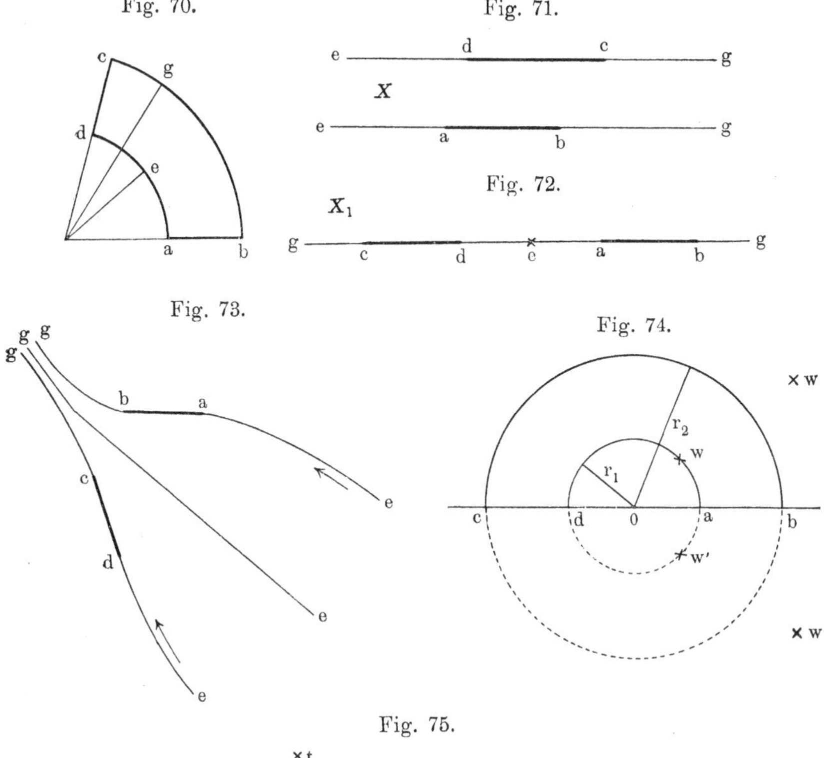

weil wir durch die Substitution $w = w_1^\alpha$ andere Fälle auf diesen zurückführen können.

Eine solche Halb-Ringfläche wollen wir so auf eine t-Halbebene abbilden, dass den Punkten $a\,b\,c\,d$ die Punkte

$$t = +1, \qquad +1/\varkappa, \qquad -1/\varkappa, \qquad -1$$

entsprechen, worin $\varkappa$ ein echter Bruch ist (Fig. 74, 75). Diese Abbildungsaufgabe ist nahe verwandt mit der, die wir im §. 143 des ersten Bandes behandelt haben, und lässt sich wie diese durch Theta-Functionen lösen. Wir wollen hier aber einen anderen — gewissermaassen den umgekehrten — Weg einschlagen, indem wir nicht t als Function von w, sondern w als Function von t darzustellen suchen.

Wenn die Abbildung gelungen ist, so ist w als Function von t für die obere t-Halbebene bestimmt. Wir setzen diese Function dadurch auf die untere Halbebene fort, dass wir conjugirt imaginären Werthen t, t' von t conjugirt imaginäre Werthe w, w' von w entsprechen lassen. Dadurch ist w für alle Werthe von t bestimmt. Diese Function ist in der ganzen t-Ebene stetig, mit Ausnahme der den Kreisbögen entsprechenden Strecken

$$(-1, \ +1) \quad \text{und} \quad \left(-1/\varkappa, \ \infty, \ +\frac{1}{\varkappa}\right);$$

auf diesen ist, wenn r_1 und r_2 die Radien der Kreise sind:

$$w w' = r_1^2 \quad \text{und} \quad w w' = r_2^2.$$

Es ist also, wenn wir längs der reellen t-Axe, wobei r_1 und r_2 constant bleiben, differentiiren:

$$\frac{d \log w}{dt} = - \frac{d \log w'}{dt},$$

und folglich ist

$$\left(\frac{d \log w}{dt}\right)^2 = \Phi(t) \tag{1}$$

in der ganzen t-Ebene stetig und mithin eine rationale Function von t.

Da w in der ganzen t-Ebene nicht verschwindet, so kann $\Phi(t)$ nur in den Stellen unendlich werden, in denen dw/dt unendlich wird, und dies kann nur eintreten in den Verzweigungspunkten ± 1, $\pm 1/\varkappa$. Es ist aber z. B. die Entwickelung von w in der Umgebung des Punktes 1 von der Form:

$$w - r_1 = \sqrt{1 - t}\,[a_0 + a_1 (1 - t) + \cdots],$$

worin a_0 von Null verschieden ist, weil einem halben Umlaufe in der t-Ebene um den Punkt 1 ein Viertel Umlauf um den Punkt a in der w-Ebene entspricht. Daraus aber ergiebt sich, dass

$$\sqrt{1 - t}\,\frac{dw}{dt}$$

für $t = 1$ endlich bleibt. Da Aehnliches für die anderen drei Punkte b, c, d gilt, so folgt, dass

$$(1 - t^2)(1 - \varkappa^2 t^2)\,\Phi(t) \tag{2}$$

in der ganzen t-Ebene endlich und stetig ist.

Für $t = \infty$ hat, wie aus der Symmetrie hervorgeht, w den Werth $i r_2$, und da dieser Punkt kein Verzweigungspunkt ist, so beginnt die Entwickelung von $w - i r_2$ nach fallenden Potenzen von t mit der -1ten Potenz, folglich die von dw/dt mit der -2ten Potenz, und die von $\Phi(t)$ mit der -4ten Potenz von t. Die Function (2) ist also im Unendlichen endlich, und muss daher gleich einer Constanten C^2 sein.

Wir erhalten folglich aus (1):

$$(3) \qquad \frac{d \log w}{dt} = \frac{C}{\sqrt{(1-t^2)(1-\varkappa^2 t^2)}}.$$

Zur Bestimmung der Constanten C und $\varkappa$ und einer additiven Constante der Integration hat man die zusammengehörigen Werthe

$$(4) \qquad \begin{aligned} t &= \pm 1, & w &= \pm r_1, \\ t &= \pm \frac{1}{\varkappa}, & w &= \pm r_2. \end{aligned}$$

Dazu kommt noch, wie man wieder aus der Symmetrie schliessen kann, das zusammengehörige Werthepaar

$$(5) \qquad t = 0, \qquad w = i r_1.$$

Demnach erhalten wir

$$(6) \qquad \log \frac{w}{i r_1} = C \int_0^t \frac{dt}{\sqrt{(1-t^2)(1-\varkappa^2 t^2)}}.$$

Setzt man noch in üblicher Weise

$$(7) \qquad \begin{aligned} K &= \int_0^1 \frac{dt}{\sqrt{(1-t^2)(1-\varkappa^2 t^2)}}, \\ i K' &= \int_1^{\frac{1}{\varkappa}} \frac{dt}{\sqrt{(1-t^2)(1-\varkappa^2 t^2)}} \end{aligned}$$

und bestimmt die Vorzeichen so, dass K und K' positiv sind, so folgt aus (4) und (6):

$$(8) \qquad \begin{aligned} i C K &= \frac{\pi}{2}, \\ i C K' &= \log \frac{r_2}{r_1}, \end{aligned}$$

also:

$$(9) \qquad \frac{\pi K'}{K} = \log \frac{r_2^2}{r_1^2}, \qquad e^{-\frac{\pi K'}{K}} = \frac{r_1^2}{r_2^2} = q.$$

In der Bezeichnungsweise der elliptischen Functionen wird nach (6)

$$(10) \qquad t = \operatorname{sinam}\left(\frac{1}{C} \log \frac{w}{i r_1}\right),$$

woraus man Ausdrücke für t durch $\log w$ mit Hülfe der Theta-Functionen erhalten kann.

Hat man so die Abbildung der Fläche W auf die t-Ebene gefunden, so erhält man χ_1 als lineare gebrochene Function von t und endlich χ und z nach §. 171 (1) und §. 169 (9).

Zweiundzwanzigster Abschnitt.

Fortpflanzung von Stössen in einem Gase.

---

§. 174.

Differentialgleichungen für ebene Luftwellen.

Wir wenden uns nun zu den Problemen der Bewegung gasförmiger Flüssigkeiten, in denen die Dichte ϱ als eine gegebene Function des Druckes betrachtet wird.

Die Differentialgleichungen, die in diesem Falle die unbekannten Functionen, nämlich die Dichte und die Componenten der Geschwindigkeit, bestimmen, sind nicht linear, und ihre Integration bietet daher grosse Schwierigkeiten. Es sind zwei Wege eingeschlagen worden, um diese Differentialgleichungen zugänglich zu machen, und physikalisch verwendbare Resultate daraus zu ziehen. Bei dem ersten werden die Geschwindigkeiten und die Dichtigkeitsänderungen der Gastheilchen als unendlich klein angesehen, und man führt durch diese Annahme die Differentialgleichungen auf lineare zurück, die in speciellen Fällen eine Integration gestatten, durch die dann die wahren Vorgänge mit einer gewissen Annäherung dargestellt werden. Die mathematischen Hülfsmittel, die hierbei anzuwenden sind, sind wesentlich dieselben, die wir im fünfzehnten Abschnitte auf die elektromagnetischen Schwingungen angewandt haben, und wir gehen hier nicht mehr darauf ein.

Mathematisch von weit höherem Interesse ist der Weg, den uns Riemann eröffnet hat, der in gewissen, besonders einfachen Fällen die allgemeinen Differentialgleichungen ohne Vernachlässigung integrirt hat[1]). Wir versuchen, im Folgenden ein Bild und einige specielle Anwendungen dieser Untersuchungen zu geben.

Die vereinfachenden Voraussetzungen, die wir machen, sind die folgenden. Wir sehen zunächst von der Wirkung äusserer Kräfte, wie z. B. der Schwerkraft, gänzlich ab. Der Einfluss solcher Kräfte wird in der That bei Vorgängen, wie es die Schallschwingungen in der Luft sind, unmerklich sein.

Wir nehmen ferner an, dass alle Bewegungen nur parallel mit der x-Axe erfolgen (longitudinale Wellen) und dass der Bewegungszustand in allen Punkten einer Ebene, die auf der x-Axe senkrecht steht, derselbe sei, dass also Geschwindigkeit und Dichtigkeit nur von einer räumlichen Coordinate x abhängen. Wir brauchen hierbei diese Ebenen nicht als unbegrenzt anzunehmen, sondern es passt diese Annahme auch, sofern man von der Reibung des Gases an den Wänden absieht, auf die Bewegung der Luft in cylindrischen Röhren, z. B. in Orgelpfeifen.

Von dem Einflusse einer Begrenzung in der x-Richtung sehen wir gleichfalls ab, denken uns also die Röhre, in der eine solche Bewegung vor sich geht, als unendlich lang.

Den Druck p nehmen wir als eine gegebene Function der Dichtigkeit an, und setzen

(1) $$p = \varphi(\varrho).$$

Insbesondere verfolgen wir die beiden in §. 142 unterschiedenen speciellen Fälle:

(2) $$\varphi(\varrho) = a^2 \varrho,$$

wenn wir die Temperatur als constant annehmen dürfen (isothermischer Zustand, Boyle'sches Gesetz), und

(3) $$\varphi(\varrho) = a^2 \varrho^k,$$

[1]) Ueber die Fortpflanzung ebener Luftwellen von endlicher Schwingungsweite. Abhandlungen der Göttinger Gesellschaft der Wissenschaften, Bd. VIII, 1860. Riemann's Werke, zweite Auflage, S. 156. Vergl. ein Referat von Christoffel, Fortschritte der Physik, Bd. XV, S. 123.

Unabhängig von Riemann und ungefähr gleichzeitig ist eine Untersuchung von Earnshaw (Philosophical Transactions 1860), die das Problem in ähnlicher Weise angreift, aber nicht so weit führt. Ein Versuch einer Verallgemeinerung ist von Lipschitz gemacht (Crelle's Journal, Bd. 100, 1885).

wenn der Vorgang als adiabatisch betrachtet wird, worin dann k den Werth 1,4101 hat (Poisson'sche Annahme). In beiden Fällen ist a eine Constante.

Dann ergeben sich aus §. 145 (2) und (4) für die beiden unbekannten Functionen u und ϱ die Differentialgleichungen:

$$
(4) \qquad \begin{aligned}
\frac{\partial u}{\partial t} + u \frac{\partial u}{\partial x} &= - \varphi'(\varrho) \frac{\partial \log \varrho}{\partial x}, \\
\frac{\partial \log \varrho}{\partial t} + u \frac{\partial \log \varrho}{\partial x} &= - \frac{\partial u}{\partial x}.
\end{aligned}
$$

Nehmen wir für $t = 0$ die Functionen u und $\log \varrho$ als Functionen von x als gegeben an, so erhält man aus (4) die Differentialquotienten $\partial u / \partial t$, $\partial \log \varrho / \partial t$ für $t = 0$ gleichfalls als gegebene Functionen von x, und durch fortgesetzte Differentiation nach t kann man auch die höheren Differentialquotienten bilden. Demnach kann man unter der Voraussetzung des Taylor'schen Lehrsatzes diese Functionen nach Potenzen von t entwickeln und die Entwickelungscoëfficienten sind eindeutig bestimmt. Die Eindeutigkeit der Lösung ist hierdurch aber nur so weit erwiesen, als diese Voraussetzungen zutreffen, und wenn Unstetigkeiten eintreten, so wird es in der That unter Umständen mehrere Zustände geben, die den Bedingungen der Aufgabe formal genügen, wenn auch von diesen voraussichtlich nur einer physisch möglich ist.

Ueber die Function $\varphi(\varrho)$ wollen wir im Allgemeinen nur die Voraussetzung machen, dass sie mit wachsendem ϱ wächst, d. h. dass eine Steigerung des Druckes immer mit einer Volumenverminderung verbunden ist. Dann ist $\varphi'(\varrho)$ positiv, und da nach dem Fundamentalsatz der Differentialrechnung

$$
(5) \qquad \frac{\varphi(\varrho_1) - \varphi(\varrho_2)}{\varrho_1 - \varrho_2} = \varphi'(\varrho')
$$

ist, worin ϱ_1, ϱ_2 zwei verschiedene Werthe von ϱ, und ϱ' ein zwischen ihnen gelegener Werth ist, so ist auch dieser Quotient positiv. Desgleichen ist ϱ selbst, seiner Bedeutung nach, positiv.

§. 175.

Fortpflanzung von Unstetigkeiten.

Aus den Differentialgleichungen (4) sind u und ϱ als Functionen von x und t zu bestimmen, wenn diese Grössen in einem

Augenblick $t = 0$ als Functionen von x gegeben sind. Sind diese Anfangswerthe stetige Functionen von x, so werden sie sich zunächst diesen Differentialgleichungen gemäss ändern, aber es wird, wie wir später noch sehen werden, in den meisten Fällen eintreten, dass sie im Laufe der Zeit in unstetige Functionen von x übergehen. Von da an genügen dann die Differentialgleichungen allein nicht mehr, um den ferneren Verlauf der Functionen zu bestimmen. Es muss für diesen Fall durch besondere Betrachtungen das Gesetz der Fortpflanzung der Unstetigkeiten ermittelt werden.

Es sei also zur Zeit t bei $x = \xi$ eine Stelle, wo sich die Functionen u und ϱ unstetig ändern und wir nehmen zunächst an, dass sich eine solche Unstetigkeitsstelle einheitlich, d. h. ohne sich in mehrere Unstetigkeitsstellen zu theilen, mit der Zeit fortbewege. Das Gesetz dieser Fortbewegung ist aufzustellen, und dies gelingt durch Betrachtungen, die denen ganz analog sind, aus welchen die Differentialgleichungen selbst abgeleitet worden sind.

Wir bezeichnen mit u_1, ϱ_1 die Werthe der Functionen u, ϱ für $x = \xi - 0$ und mit u_2, ϱ_2 die Werthe derselben Functionen an der Stelle $\xi + 0$. Im Zeitelemente dt habe sich die Unstetigkeitsstelle um die Strecke $d\xi$ fortbewegt. Die erste der aufzustellenden Bedingungen drückt die Continuität der Masse aus. Wir betrachten einen der x-Richtung parallelen Cylinder $(x_1 x_2)$ vom Querschnitt ω, der die Stellen ξ und $\xi + d\xi$ in sich enthält, von beliebiger aber unendlich kleiner Höhe $x_2 - x_1$ (Fig. 76). Durch die Grundfläche ω bei x_1 fliesst in der Zeit dt die Gasmasse $u_1 \varrho_1 \omega dt$ in den Cylinder ein, und durch die Endfläche ω bei x_2 fliesst die Gasmasse $u_2 \varrho_2 \omega dt$ aus. Der Gewinn an Masse in dem ganzen Cylinder ist daher

Fig. 76.

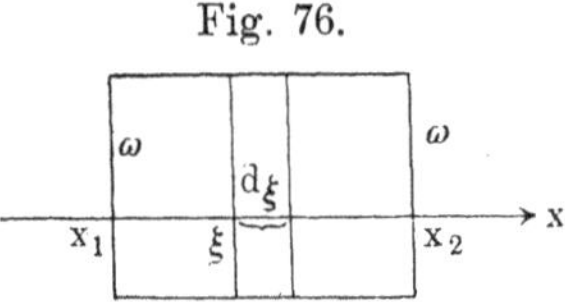

$$(u_1 \varrho_1 - u_2 \varrho_2)\, \omega\, dt.$$

Ist $d\xi$ positiv, so bleibt die Dichtigkeit ϱ zwischen x_1 und ξ (bis auf eine unendlich kleine Grösse) ungeändert gleich ϱ_1 und ebenso zwischen $\xi + d\xi$ und x_2 gleich ϱ_2. In der Strecke $d\xi$ ist aber die Dichtigkeit von ϱ_2 auf ϱ_1 gestiegen, und demnach muss die zugeströmte Masse gleich

$$(\varrho_1 - \varrho_2)\, \omega\, d\xi$$

sein. Hieraus ergiebt sich die erste Bedingung:

$$(1) \qquad u_1 \varrho_1 - u_2 \varrho_2 = (\varrho_1 - \varrho_2) \frac{d\xi}{dt},$$

die auch für negative $d\xi$ unverändert gültig bleibt. Die Geschwindigkeiten der Gasmasse sind (bis auf unendlich kleine Grössen) in dem Cylinder $(x_1 x_2)$ ungeändert geblieben, abgesehen von der Schicht $d\xi$. Setzen wir

$$(2) \qquad v = u - \frac{d\xi}{dt},$$

so ist v die relative Geschwindigkeit, mit der sich ein Gastheilchen, das die Geschwindigkeit u hat, gegen die Unstetigkeitsstelle hin bewegt. Die Bedingung (1) lässt sich dann auch so schreiben:

$$(3) \qquad \varrho_1 v_1 = \varrho_2 v_2,$$

und es ist

$$(4) \qquad \varrho_1 v_1 \omega dt = \varrho_2 v_2 \omega dt$$

die Gasmasse, die in der Zeit dt in der positiven Richtung durch die Unstetigkeitsstelle während deren Bewegung von ξ nach $\xi + d\xi$ hindurchgedrungen ist. Die Geschwindigkeit dieser Gasmasse ist also von u_1 in u_2 übergegangen, und sie hat also die Geschwindigkeitszunahme $u_2 - u_1 = v_2 - v_1$ erfahren. Die Kraft, die diesen Geschwindigkeitsunterschied bewirkt hat, ist aber der Druckunterschied

$$(5) \qquad (p_1 - p_2)\omega.$$

Nach einem Grundgesetz der Mechanik ist aber, wenn eine Stosskraft während einer unendlich kleinen Zeit auf eine Masse wirkt, das Product aus der Kraft und der Zeit gleich dem Producte aus der Masse und dem Geschwindigkeitszuwachse, und es ist also aus (4) und (5)

$$(p_1 - p_2)\omega dt = (v_2 - v_1)\varrho_1 v_1 \omega dt,$$

woraus sich, wenn $p = \varphi(\varrho)$ gesetzt wird, die zweite Bedingung ergiebt:

$$(6) \qquad \varphi(\varrho_1) - \varphi(\varrho_2) = (v_2 - v_1)\varrho_1 v_1.$$

Aus (6) erhält man, wenn man v_2 durch (3) eliminirt:

$$
(7) \qquad
\begin{aligned}
v_1 &= \mp \sqrt{\frac{\varrho_2}{\varrho_1} \frac{\varphi(\varrho_1) - \varphi(\varrho_2)}{\varrho_1 - \varrho_2}}, \\
v_2 &= \mp \sqrt{\frac{\varrho_1}{\varrho_2} \frac{\varphi(\varrho_1) - \varphi(\varrho_2)}{\varrho_1 - \varrho_2}},
\end{aligned}
$$

und in diesen beiden Ausdrücken muss das Vorzeichen nach (3) übereinstimmen. Aus (7) erhält man endlich durch (2):

$$
(8) \qquad
\begin{aligned}
\frac{d\xi}{dt} &= u_1 \pm \sqrt{\frac{\varrho_2}{\varrho_1} \frac{\varphi(\varrho_1) - \varphi(\varrho_2)}{\varrho_1 - \varrho_2}} \\
&= u_2 \pm \sqrt{\frac{\varrho_1}{\varrho_2} \frac{\varphi(\varrho_1) - \varphi(\varrho_2)}{\varrho_1 - \varrho_2}},
\end{aligned}
$$

woraus noch folgt:

$$
(9) \qquad u_1 - u_2 \pm (\varrho_2 - \varrho_1) \sqrt{\frac{\varphi(\varrho_1) - \varphi(\varrho_2)}{\varrho_1 \varrho_2 (\varrho_1 - \varrho_2)}} = 0.
$$

Gelten die oberen Zeichen, so ist $d\xi/dt$ grösser als u_1 und u_2 und die Unstetigkeitsstelle bewegt sich, relativ zu der Gasmasse, in der Richtung der positiven x-Axe. Aus (9) folgt, dass $u_1 - u_2$ und $\varrho_1 - \varrho_2$ das gleiche Zeichen haben. Wir nennen in diesem Falle die Unstetigkeit einen vorwärts schreitenden Stoss, womit nicht gesagt sein soll, dass $d\xi/dt$ positiv sein müsste.

Gelten in (8) und (9) die unteren Zeichen, so sprechen wir in demselben Sinne von einem rückwärts schreitenden Stosse. In diesem Falle haben $u_1 - u_2$ und $\varrho_1 - \varrho_2$ entgegengesetzte Zeichen. Wir haben hiernach vier Fälle zu unterscheiden:

Vorwärts schreitende Stösse:

1. $u_1 - u_2 > 0$, $\varrho_1 - \varrho_2 > 0$, Verdichtungsstoss,
2. $u_1 - u_2 < 0$, $\varrho_1 - \varrho_2 < 0$, Verdünnungsstoss;

Rückwärtsschreitende Stösse:

3. $u_1 - u_2 > 0$, $\varrho_1 - \varrho_2 < 0$, Verdichtungsstoss,
4. $u_1 - u_2 < 0$, $\varrho_1 - \varrho_2 > 0$, Verdünnungsstoss.

In den Fällen 1., 3. bewegen sich die Gastheilchen zu beiden Seiten der Unstetigkeitsstelle gegen einander, und die dichteren Theile folgen den weniger dichten (in der Richtung des Fortschreitens des Stosses). Es werden die Gastheile, die von dem Stosse erreicht werden, eine plötzliche Verdichtung erfahren.

In den Fällen 2. und 4. bewegen sich die Gastheilchen zu beiden Seiten der Unstetigkeitsstelle aus einander. Im Fortschreiten des Stosses erfahren die Gastheile eine plötzliche Verdünnung. Wir werden später noch sehen, dass die Verdünnungsstösse in der Natur nicht vorkommen.

§. 176.

Eine particulare Lösung.

Wir wollen nun den allgemeinen Differentialgleichungen für die Bewegung des Gases:

$$(1)\qquad \begin{aligned} \frac{\partial u}{\partial t} + u\frac{\partial u}{\partial x} &= -\varphi'(\varrho)\frac{\partial \log \varrho}{\partial x}, \\ \frac{\partial \log \varrho}{\partial t} + u\frac{\partial \log \varrho}{\partial x} &= -\frac{\partial u}{\partial x} \end{aligned}$$

unter der speciellen Annahme zu genügen suchen, dass u eine Function von ϱ allein sei. Unter dieser Voraussetzung ergeben die Gleichungen (1):

$$(2)\qquad \begin{aligned} \frac{du}{d\log\varrho}\left(\frac{\partial \log \varrho}{\partial t} + u\frac{\partial \log \varrho}{\partial x}\right) &= -\varphi'(\varrho)\frac{\partial \log \varrho}{\partial x}, \\ \frac{\partial \log \varrho}{\partial t} + u\frac{\partial \log \varrho}{\partial x} &= -\frac{du}{d\log\varrho}\frac{\partial \log \varrho}{\partial x}, \end{aligned}$$

und daraus ergiebt sich, wenn nicht ϱ constant ist:

$$(3)\qquad \left(\frac{du}{d\log\varrho}\right)^2 = \varphi'(\varrho).$$

Wir führen eine Function $f(\varrho)$ durch die Gleichung ein:

$$(4)\qquad f(\varrho) = \int \sqrt{\varphi'(\varrho)}\, d\log\varrho,$$

worin die Quadratwurzel positiv genommen und die Integrationsconstante irgendwie festgelegt ist. Es wird z. B. für das Boyle'sche Gesetz [§. 174 (2)]:

$$(5)\qquad f(\varrho) = a\log\varrho,$$

oder für das Poisson'sche Gesetz [§. 174 (3)]:

$$f(\varrho) = \frac{2a\sqrt{k}}{k-1}\varrho^{\frac{k-1}{2}}. \tag{6}$$

Dann ergiebt sich aus (3), wenn wir mit c eine Constante bezeichnen:

$$u = \pm f(\varrho) + c, \tag{7}$$

worin jedes der beiden Zeichen zulässig ist. Für das obere wird u mit wachsendem ϱ wachsen, für das untere abnehmen. Der eine Fall geht in den anderen über, wenn die x-Richtung entgegengesetzt genommen wird, und beide Fälle sind also nicht wesentlich verschieden.

Führen wir nun diese Annahme in die zweite Gleichung (2) ein, so ergiebt sich

$$\frac{\partial \log \varrho}{\partial t} + [u \pm \sqrt{\varphi'(\varrho)}]\frac{\partial \log \varrho}{\partial x} = 0, \tag{8}$$

worin das Vorzeichen mit dem Vorzeichen in (7) übereinstimmen muss. Führen wir hierin die Function

$$\eta = u \pm \sqrt{\varphi'(\varrho)} = \pm f(\varrho) \pm \sqrt{\varphi'(\varrho)} + c \tag{9}$$

ein, so erhalten wir, wenn wir (8) mit $d\eta / d \log \varrho$ multipliciren, für η die Differentialgleichung:

$$\frac{\partial \eta}{\partial t} + \eta \frac{\partial \eta}{\partial x} = 0. \tag{10}$$

Hierin ist η eine gegebene Function von ϱ, die unter den beiden Annahmen (5) und (6) die Ausdrücke erhält:

$$\eta = \pm a \{\log \varrho + 1\} + c, \tag{11}$$

$$\eta = \pm a\sqrt{k}\frac{k+1}{k-1}\varrho^{\frac{k-1}{2}} + c. \tag{12}$$

Daraus wird, wenn η gefunden ist, ϱ erhalten, und dann ergiebt sich u aus (7).

Die Differentialgleichung (10) ist von derselben Form wie die, die wir im §. 188 und §. 189 des ersten Bandes discutirt haben. Man erhält ihr allgemeines Integral in der Form:

$$\eta = F(x - \eta t), \tag{13}$$

worin F das Zeichen für eine willkürliche Function ist oder auch

$$x = \eta t + G(\eta), \tag{14}$$

wenn G die Umkehrung von F, also gleichfalls eine willkürliche Function ist.

Zur Veranschaulichung denken wir uns x und t als rechtwinklige Coordinaten in einer Ebene, und verlangen, dass η als Function des Ortes in der den positiven Werthen von t entsprechenden Halbebene bestimmt werde. Dann können wir der Gleichung (13) den Ausdruck geben, dass jedem constanten η eine Gerade (14) entspricht, dass also die Function η einen constanten Werth η', den sie in einem Punkte x', t' hat, auf einer geraden Linie von der Gleichung

$$x - \eta' t = x' - \eta' t' \tag{15}$$

unverändert behalten soll. Auf dieser Geraden erhält sich nach (11) und (12) auch ein constanter Werth ϱ' von ϱ, und also nach (7) auch ein constanter Werth u' von u.

Bildet diese Linie mit der x-Axe den Winkel ϑ', so ist

$$\eta' = \operatorname{cotang} \vartheta'.$$

Diese Gerade ist also um so stärker gegen die x-Axe geneigt, je grösser η' ist.

Nach unserer Voraussetzung ist $\eta = \eta_0$ auf der ganzen x-Axe gegeben. Construiren wir also von jedem Punkte x_0 dieser Axe aus eine Gerade unter dem durch

$$\operatorname{cotang} \vartheta_0 = \eta_0$$

bestimmten Winkel, so bleibt der gegebene Werth η_0 auf dieser Geraden erhalten und η ist in jedem Punkte eindeutig bestimmt, so lange sich nicht zwei solche Geraden in einem Punkte schneiden. Dies tritt auf der Seite der positiven t niemals ein, wenn η_0 eine mit wachsendem x wachsende Function ist, und dann ist also η eindeutig und allgemein bestimmt. In anderen Fällen werden die Geraden für positive t eine Enveloppe haben, die nach (14) durch die beiden Gleichungen

$$\begin{aligned} t &= - G'(\eta), \\ x &= \quad G(\eta) - \eta\, G'(\eta) \end{aligned}$$

dargestellt ist, und die Lösung ist nur in dem ausserhalb der Enveloppe gelegenen Stücke der xt-Ebene eindeutig bestimmt (Fig. 74 auf Seite 496 des ersten Bandes). Im Inneren der Enveloppe würde unser Verfahren zwei verschiedene Werthe von η geben, und in diesem Theile der Ebene sind also u und ϱ noch nicht bestimmt. Wir können im Allgemeinen nicht einmal sagen, dass in diesem Stücke die Voraussetzung, dass u eine Function von ϱ ist, noch aufrecht erhalten werden kann.

Wir wollen noch den besonderen Fall betrachten, dass η auf der x-Axe eine gegebene Unstetigkeit bei $x = 0$ hat, und

$$\begin{array}{llll} \text{für } t = 0, & x < 0 & \text{sei} & \eta = \eta_1, \\ \text{„} \quad t = 0, & x > 0 & \text{„} & \eta = \eta_2, \end{array}$$

dabei wollen wir annehmen, dass η_1 und η_2 Constanten seien.

Wir haben zwei Fälle zu unterscheiden:

Erste Annahme $\eta_1 < \eta_2$.

Bestimmen wir die Function η durch Construction der geraden Linien (15), so erhalten wir zwei Gerade (0, 1) und (0, 2), deren Neigungswinkel ϑ_1, ϑ_2 gegen die x-Axe durch

$$(16) \qquad \operatorname{cotang} \vartheta_1 = \eta_1, \qquad \operatorname{cotang} \vartheta_2 = \eta_2$$

Fig. 77.

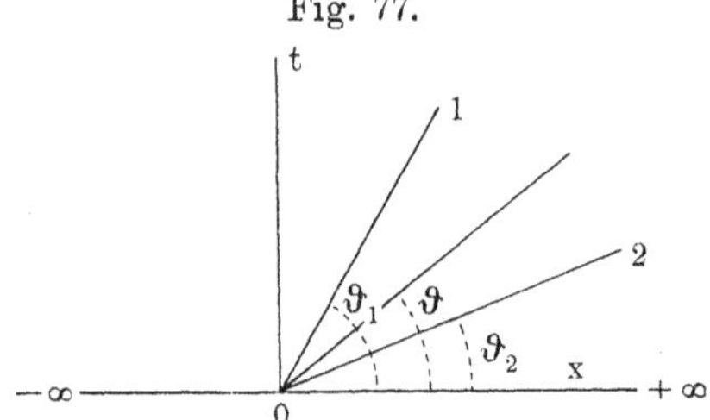

bestimmt sind (Fig. 77). Es ist η constant $= \eta_1$ in dem Sector $(-\infty, 0, 1)$ und $= \eta_2$ in dem Sector $(2, 0, +\infty)$. In dem Sector (1, 0, 2) bleibt η noch unbestimmt.

Man findet aber sehr leicht (vergl. Bd. I, S. 500), dass man der Differentialgleichung (10) in diesem Sector durch die Annahme

$$(17) \qquad \eta = \frac{x}{t} = \operatorname{cotang} \vartheta$$

genügt und diese Werthe von η schliessen sich an den Linien (0, 1) und (0, 2) stetig an die constanten Werthe η_1, η_2 an. Hier können wir also eine für die ganze Halbebene stetige Lösung finden. Nach (8) ist

$$\frac{d \log \varrho}{d t} = \frac{\partial \log \varrho}{\partial t} + u \frac{\partial \log \varrho}{\partial x} = \mp \sqrt{\varphi'(\varrho)} \frac{\partial \log \varrho}{\partial x},$$

und dies ist nach §. 145 (1) die Aenderung von $\log \varrho$, auf die Zeiteinheit berechnet, die ein bestimmtes Gastheilchen erleidet.

Nach (4) und (9) ist aber $\log \varrho$ eine Function von η, und es ist

$$\frac{d\eta}{d\log\varrho} = \pm\left(\sqrt{\varphi'(\varrho)} + \frac{d\sqrt{\varphi'(\varrho)}}{d\log\varrho}\right),$$

und daraus folgt:

$$\frac{d\log\varrho}{dt} = \mp\sqrt{\varphi'(\varrho)}\,\frac{\partial\log\varrho}{\partial x} = \frac{-\sqrt{\varphi'(\varrho)}\,\frac{\partial\eta}{\partial x}}{\sqrt{\varphi'(\varrho)} + \frac{d\sqrt{\varphi'(\varrho)}}{d\log\varrho}};$$

folglich, wenn η durch (17) bestimmt ist:

$$\frac{d\log\varrho}{dt} = -\frac{1}{t\left(1 + \frac{d\log\sqrt{\varphi'(\varrho)}}{d\log\varrho}\right)},$$

also nach dem Boyle'schen Gesetz:

$$\frac{d\log\varrho}{dt} = -\frac{1}{t}$$

und nach dem Poisson'schen Gesetz:

$$\frac{d\log\varrho}{dt} = -\frac{2}{(k+1)t};$$

in beiden Fällen ist also $d\log\varrho/dt$ negativ, d. h. die Dichtigkeit nimmt in jedem Gastheilchen ab, und es breitet sich also von der Unstetigkeitsstelle aus eine stets breiter werdende Verdünnungswelle aus, deren vorderes und hinteres Ende mit constanter Geschwindigkeit fortschreiten.

Damit dieser Bewegungszustand möglich sei, können die Anfangswerthe u_1, ϱ_1, u_2, ϱ_2 nicht ganz willkürlich gegeben sein, sondern es muss zufolge der Gleichung (9), die in dem ganzen Sector (1,0 , 2) und also auch an dessen Grenzen erfüllt sein muss:

$$\begin{aligned} \eta_1 &= u_1 \pm \sqrt{\varphi'(\varrho_1)} = \pm f(\varrho_1) \pm \sqrt{\varphi'(\varrho_1)} + c, \\ \eta_2 &= u_2 \pm \sqrt{\varphi'(\varrho_2)} = \pm f(\varrho_2) \pm \sqrt{\varphi'(\varrho_2)} + c, \end{aligned} \tag{18}$$

also

$$u_1 - u_2 = \pm\,[f(\varrho_1) - f(\varrho_2)] \tag{19}$$

und ausserdem wegen $\eta_1 < \eta_2$:

$$u_1 - u_2 < \mp\left(\sqrt{\varphi'(\varrho_1)} - \sqrt{\varphi'(\varrho_2)}\right) \tag{20}$$

sein.

Für das Boyle'sche Gesetz werden diese Bedingungen

(21) $$u_1 - u_2 = \pm a \log \frac{\varrho_1}{\varrho_2}, \qquad u_1 - u_2 < 0,$$

und für das Poisson'sche Gesetz:

(22) $$u_1 - u_2 =$$
$$\pm \frac{2a\sqrt{k}}{k-1}\left(\varrho_1^{\frac{k-1}{2}} - \varrho_2^{\frac{k-1}{2}}\right) < \mp a\sqrt{k}\left(\varrho_1^{\frac{k-1}{2}} - \varrho_2^{\frac{k-1}{2}}\right);$$

also ist, da $2/(k-1) > 1$ ist, nach beiden Annahmen $u_1 - u_2$ negativ und für den Fall der oberen Zeichen ϱ_1 kleiner als ϱ_2, für den Fall der unteren ϱ_1 grösser als ϱ_2.

Die Gastheilchen werden sich also an der Unstetigkeitsstelle von einander entfernen; die Unstetigkeit löst sich auf, und es geht von ihr, je nachdem die oberen oder die unteren Zeichen gelten, eine vorwärtsschreitende oder eine rückwärtsschreitende Verdünnungswelle aus.

Damit ist wieder nicht gemeint, dass diese Welle im absoluten Raume vorwärts oder rückwärts schreitet, sondern nur, dass die Verdünnung im Fortschreiten die vor ihr oder die hinter ihr liegenden Gasmassen ergreift.

Zweite Annahme $\eta_1 > \eta_2$.

In diesem Falle würde die Construction mit den geraden Linien in dem Sector (1, 0, 2) zwei verschiedene Werthe von η ergeben. Dieser Widerspruch kann nur dadurch gelöst werden, dass von der Unstetigkeitsstelle eine Unstetigkeitslinie, also ein Verdichtungsstoss, ausgeht, der den Bedingungen des §. 175 genügen muss. Diesen Fall werden wir im nächsten Paragraphen allgemeiner erledigen, und brauchen daher hier nicht näher darauf einzugehen.

§. 177.

Das Riemann'sche Beispiel.

Diese Resultate gewähren die Mittel, um das von Riemann gegebene Beispiel (Art. 7 der Riemann'schen Abhandlung, gesammelte Werke, S. 168) allgemein durchzuführen. Die Riemann'sche Annahme besteht darin, dass zur Zeit $t = 0$ zwei Gasmassen mit den constanten Geschwindigkeiten und Dichtigkeiten u_1, ϱ_1; u_2, ϱ_2 an einer Ebene $x = 0$ zusammenstossen.

Wir werden im Folgenden für alle Annahmen über diese Grössen eine Lösung der Differentialgleichungen finden, die für $t = 0$ stetig in diesen Anfangszustand übergeht, und die überall, wo sie unstetig ist, den im §. 175 entwickelten Gesetzen gehorcht.

Zur Erleichterung der Anschauung behalten wir die Darstellung von x und t durch rechtwinkelige Coordinaten in einer Ebene bei.

Die Lösung dieser Aufgabe erhalten wir aus der einfachen Bemerkung, die theils evident ist, theils sich aus den Betrachtungen des vorigen Paragraphen ergiebt, dass die allgemeinen Differentialgleichungen des Problems in einem Theile der xt-Ebene befriedigt sind, wenn

a) u und ϱ constant sind,

b) die beiden Gleichungen

$$u = \pm f(\varrho) + c,$$
$$u = \mp \sqrt{\varphi'(\varrho)} + \frac{x}{t},$$

worin

$$f(\varrho) = \int \sqrt{\varphi'(\varrho)}\, d \log \varrho, \quad [§. 176, (4), (7), (9), (17)]$$

zugleich befriedigt sind, und wir zeigen nun, dass sich alle Möglichkeiten unter den folgenden vier Fällen unterbringen lassen.

I. Zwei Verdichtungsstösse:

Annahme: Von der Unstetigkeitsstelle laufen zwei Verdichtungsstösse mit constanter Geschwindigkeit, der eine vorwärts, der andere rückwärts.

Fig. 78.

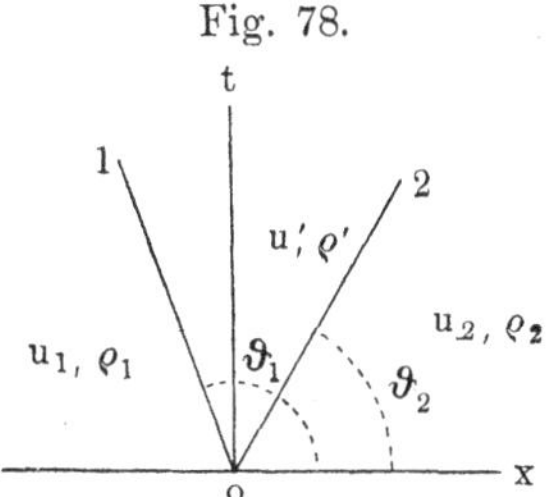

Vor dem ersten Verdichtungsstosse bleiben die constanten Werthe u_2, ϱ_2, hinter dem zweiten die constanten Werthe u_1, ϱ_1, zwischen diesen herrschen constante Werthe u', ϱ' der Functionen u, ϱ, die noch zu bestimmen sind.

Sind ξ_1, ξ_2 die Abscissen dieser Verdichtungsstösse, so ist (Fig. 78 a. v. S.):

$$\text{(1)} \qquad \frac{d\xi_1}{dt} = \operatorname{cotang} \vartheta_1, \quad \frac{d\xi_2}{dt} = \operatorname{cotang} \vartheta_2.$$

Nach §. 175 (8) ergeben sich hierfür die Bedingungen:

$$\text{(2)} \qquad \begin{aligned} \operatorname{cotang} \vartheta_1 &= u_1 - \sqrt{\frac{\varrho'}{\varrho_1} \frac{\varphi(\varrho') - \varphi(\varrho_1)}{\varrho' - \varrho_1}} \\ &= u' - \sqrt{\frac{\varrho_1}{\varrho'} \frac{\varphi(\varrho') - \varphi(\varrho_1)}{\varrho' - \varrho_1}}, \\ \operatorname{cotang} \vartheta_2 &= u_2 + \sqrt{\frac{\varrho'}{\varrho_2} \frac{\varphi(\varrho') - \varphi(\varrho_2)}{\varrho' - \varrho_2}} \\ &= u' + \sqrt{\frac{\varrho_2}{\varrho'} \frac{\varphi(\varrho') - \varphi(\varrho_2)}{\varrho' - \varrho_2}}, \end{aligned}$$

und zugleich muss, da wir Verdichtungsstösse haben wollen, ϱ' grösser als ϱ_1 und ϱ_2 sein. Demnach ergiebt sich aus (2):

$$\text{(3)} \qquad \begin{aligned} u_1 - u' &= \sqrt{\frac{(\varrho' - \varrho_1)[\varphi(\varrho') - \varphi(\varrho_1)]}{\varrho' \varrho_1}}, \\ u' - u_2 &= \sqrt{\frac{(\varrho' - \varrho_2)[\varphi(\varrho') - \varphi(\varrho_2)]}{\varrho' \varrho_2}}, \end{aligned}$$

und daraus durch Addition:

$$\text{(4)} \qquad \begin{aligned} u_1 - u_2 = &\sqrt{\frac{(\varrho' - \varrho_1)[\varphi(\varrho') - \varphi(\varrho_1)]}{\varrho' \varrho_1}} \\ &+ \sqrt{\frac{(\varrho' - \varrho_2)[\varphi(\varrho') - \varphi(\varrho_2)]}{\varrho' \varrho_2}}. \end{aligned}$$

Man bemerkt nun, dass die Function

$$\frac{(\varrho - \varrho_1)[\varphi(\varrho) - \varphi(\varrho_1)]}{\varrho \varrho_1},$$

wenn $\varrho > \varrho_1$ ist, mit ϱ zugleich wächst, denn ihr nach ϱ genommener Differentialquotient

$$\frac{1}{\varrho^2}[\varphi(\varrho) - \varphi(\varrho_1)] + \frac{\varrho - \varrho_1}{\varrho \varrho_1} \varphi'(\varrho)$$

ist unter dieser Voraussetzung positiv.

Wenn also ϱ' grösser als der grössere der beiden Werthe ϱ_1, ϱ_2 ist, so wächst die rechte Seite von (4) mit ϱ' zugleich, und es folgt, dass, wenn die Gleichung (4) erfüllbar sein soll:

$$\text{I.} \quad u_1 - u_2 > \sqrt{\frac{(\varrho_1 - \varrho_2)[\varphi(\varrho_1) - \varphi(\varrho_2)]}{\varrho_1 \varrho_2}}$$

sein muss. Ist diese Bedingung erfüllt, so giebt es einen und nur einen Werth von ϱ', der grösser ist als der grösste der beiden ϱ_1, ϱ_2 und der der Bedingung (4) genügt[1]). Hat man ϱ', so findet man aus einer der beiden Gleichungen (3) den zugehörigen Werth von u'.

Es ist hier $u_1 - u_2$ positiv; es müssen sich also, damit dieser Fall eintrete, zu Anfang die beiden Gasmassen einander entgegenbewegen, und zwar mit einer Geschwindigkeit, die eine von den Anfangswerthen der Dichtigkeit abhängige Grenze überschreiten muss.

Aus den zweiten Darstellungen von cotang ϑ_1, cotang ϑ_2 in (2) ergiebt sich

$$\operatorname{cotang} \vartheta_2 > \operatorname{cotang} \vartheta_1,$$

wie es in der Figur 78 angenommen ist.

Als Grenzfall ist noch der zu erwähnen, wo

$$(5) \qquad u_1 - u_2 = \sqrt{\frac{(\varrho_1 - \varrho_2)[\varphi(\varrho_1) - \varphi(\varrho_2)]}{\varrho_1 \varrho_2}}$$

ist. Ist dann $\varrho_1 > \varrho_2$, so genügen wir den Bedingungen (3), wenn wir $\varrho' = \varrho_1$, $u' = u_1$ setzen, und es bleibt also nur ein vorwärtsschreitender Verdichtungsstoss übrig. Ist aber $\varrho_1 < \varrho_2$, so bleibt nur der rückwärtsschreitende Verdichtungsstoss.

II. Zwei Verdünnungswellen.

Annahme: Von der Unstetigkeitsstelle laufen zwei Verdünnungswellen, die eine vorwärts, die andere rückwärts.

Wir lassen vom Nullpunkt (Fig. 79 a. f. S.) vier gerade Linien 1, 2, 3, 4 unter den Winkeln ϑ_1, ϑ_2, ϑ_3, ϑ_4 gegen die positive x-Axe auslaufen und nehmen an, in dem Sector $(-\infty, 0, 1)$ seien u, ϱ constant gleich den gegebenen Anfangswerthen u_1, ϱ_1, ebenso in $(4, 0, +\infty)$ gleich u_2, ϱ_2, in $(2, 0, 3)$ seien u, ϱ gleichfalls constant $= u'$, ϱ', die aber noch zu bestimmen sind. In

[1]) Für das Boyle'sche Gesetz ergiebt sich für ϱ' eine quadratische Gleichung.

den Sectoren (1, 0, 2) und (3, 0, 4) werden die Functionen u, ϱ nach b) bestimmt, und zwar so, dass u, ϱ im ganzen Gebiete stetig sind.

Fig. 79.

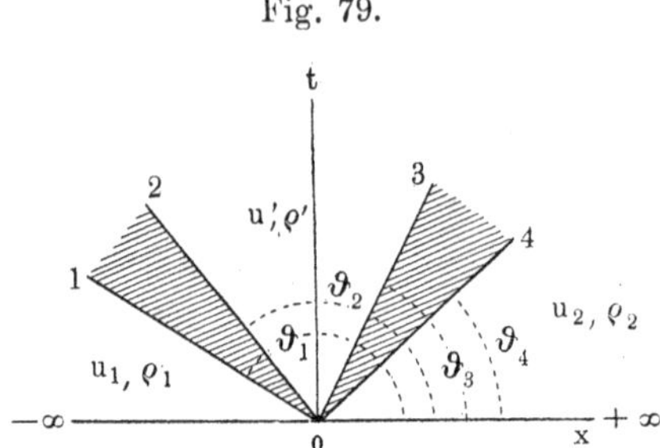

Es ist also, wenn c und c' Constanten sind:

$$
(6)\quad
\begin{aligned}
&\text{in } (-\infty,\ 0,\ 1): u = u_1, && \varrho = \varrho_1,\\
&\text{in } (1,\ 0,\ 2): u = -f(\varrho) + c = \sqrt{\varphi'(\varrho)} + \frac{x}{t},\\
&\text{in } (2,\ 0,\ 3): u = u', && \varrho = \varrho',\\
&\text{in } (3,\ 0,\ 4): u = f(\varrho) + c' = -\sqrt{\varphi'(\varrho)} + \frac{x}{t},\\
&\text{in } (4,\ 0,\ +\infty): u = u_2, && \varrho = \varrho_2.
\end{aligned}
$$

Die Forderung der Stetigkeit an den Linien (0 1), (0 2), (0 3), (0 4) ergiebt nun folgende Bedingungen:

$$
(7)\quad
\begin{aligned}
&1.\ u_1 = -f(\varrho_1) + c = \sqrt{\varphi'(\varrho_1)} + \operatorname{cotang}\vartheta_1,\\
&2.\ u' = -f(\varrho') + c = \sqrt{\varphi'(\varrho')} + \operatorname{cotang}\vartheta_2,\\
&3.\ u' = f(\varrho') + c' = -\sqrt{\varphi'(\varrho')} + \operatorname{cotang}\vartheta_3,\\
&4.\ u_2 = f(\varrho_2) + c' = -\sqrt{\varphi'(\varrho_2)} + \operatorname{cotang}\vartheta_4,
\end{aligned}
$$

und aus diesen acht Gleichungen sind die acht Unbekannten

$$c,\ c',\ u',\ \varrho',\ \vartheta_1,\ \vartheta_2,\ \vartheta_3,\ \vartheta_4$$

zu ermitteln. Wir eliminiren zunächst die Constanten c, c' und erhalten

$$
(8)\quad
\begin{aligned}
u' + f(\varrho') &= u_1 + f(\varrho_1),\\
u' - f(\varrho') &= u_2 - f(\varrho_2)
\end{aligned}
$$

und daraus

$$(9)\quad u_1 - u_2 = 2f(\varrho') - f(\varrho_1) - f(\varrho_2).$$

Da es sich hier um Verdünnungswellen handelt, so ist ϱ' kleiner als der kleinere der beiden Werthe ϱ_1, ϱ_2. Es ist aber der Differentialquotient

$$(10) \qquad f'(\varrho) = \frac{\sqrt{\varphi'(\varrho)}}{\varrho}$$

positiv und daher $f(\varrho)$ eine mit abnehmendem ϱ abnehmende Function. Es folgt also aus (9):

$$\text{II.} \quad \begin{array}{ll} u_1 - u_2 < f(\varrho_2) - f(\varrho_1) < 0, & \text{für } \varrho_1 > \varrho_2, \\ u_1 - u_2 < f(\varrho_1) - f(\varrho_2) < 0, & \text{„ } \varrho_2 > \varrho_1, \end{array}$$

also ist $u_1 - u_2$ negativ und dem absoluten Werthe nach grösser als eine von den Dichtigkeiten abhängige Grösse. Es müssen sich also hier die Gastheilchen zu Anfang an der Unstetigkeitsstelle von einander entfernen. Wenn das Boyle'sche Gesetz gilt, so ist $f(\varrho) = a \log \varrho$ und kann also, wenn ϱ klein genug ist, unter jeden Werth heruntersinken. Wenn also die Bedingung II. erfüllt ist, so giebt die Gleichung (9) für jeden Werth von $u_1 - u_2$ einen und nur einen Werth von ϱ' [1]).

Wenn ϱ' bestimmt ist, so erhält man aus einer der beiden Gleichungen (8) den zugehörigen Werth von u', der zwischen u_1 und u_2 liegt, und die Gleichungen (7) ergeben die Cotangenten der Winkel ϑ_1, ϑ_2, ϑ_3, ϑ_4, d. h. die Fortpflanzungsgeschwindigkeiten der Grenzen der Verdünnungswellen. Man findet daraus

$$(11) \qquad \begin{aligned} \operatorname{cotang} \vartheta_2 - \operatorname{cotang} \vartheta_1 &= u' - u_1 + \sqrt{\varphi'(\varrho_1)} - \sqrt{\varphi'(\varrho')}, \\ \operatorname{cotang} \vartheta_3 - \operatorname{cotang} \vartheta_2 &= 2\sqrt{\varphi'(\varrho')}, \\ \operatorname{cotang} \vartheta_4 - \operatorname{cotang} \vartheta_3 &= u_2 - u' + \sqrt{\varphi'(\varrho_2)} - \sqrt{\varphi'(\varrho')}, \end{aligned}$$

und diese Differenzen sind, wie es sein muss, alle positiv [2]). Die

---

[1]) Bei der Poisson'schen Annahme $\varphi(\varrho) = a^2 \varrho^k$ wird

$$f(\varrho) = \frac{2a\sqrt{k}}{k-1} \varrho^{\frac{k-1}{2}}$$

und nähert sich, weil $k > 1$ ist, mit abnehmendem ϱ der Grenze Null. Demnach hat die Gleichung (9) nur dann eine positive Wurzel ϱ', wenn

$$u_1 - u_2 > - f(\varrho_1) - f(\varrho_2)$$

ist. Nähert sich $u_1 - u_2$ dieser Grenze, so nähert sich ϱ' der Grenze Null, und es treten Verhältnisse ein, bei denen sich unter Voraussetzung des adiabatischen Zustandes die Temperaturen dem absoluten Nullpunkt nähern würden. Hier ist zweifellos die Annahme eines adiabatischen Vorganges nicht mehr zulässig.

[2]) Wenigstens wenn nicht nur $\varphi(\varrho)$, sondern auch $\varphi'(\varrho)$ als eine mit ϱ wachsende oder mit wachsendem ϱ nicht abnehmende Function vorausgesetzt wird, wie es bei beiden speciellen Annahmen über $\varphi(\varrho)$ der Fall ist.

Linien 1, 2, 3, 4 folgen also in der Weise auf einander, wie es die Fig. 79 angiebt.

III. Ein Verdichtungsstoss und eine Verdünnungswelle.

Annahme: Von der Unstetigkeitsstelle läuft ein Verdichtungsstoss nach vorwärts und eine Verdünnungswelle nach rückwäts:

$$\varrho_1 > \varrho_2.$$

Wir ziehen in der xt-Ebene drei Gerade unter den Winkeln ϑ_1, ϑ_2, ϑ_3 gegen die x-Axe. Die Gerade (0 3) entspricht dem

Fig. 80.

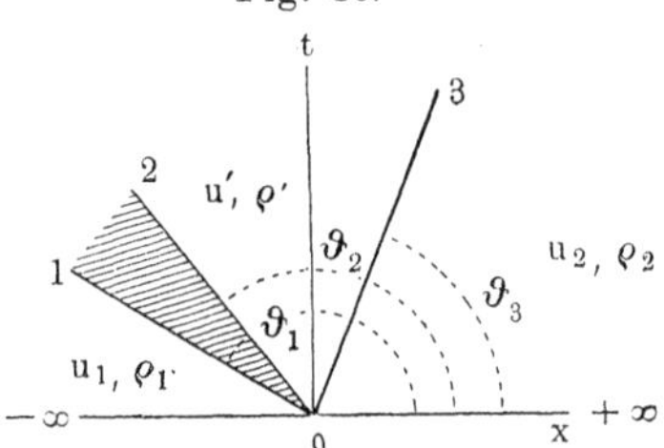

Verdichtungsstosse, der Sector (1, 0, 2) der Verdünnungswelle.

Es sei

in dem Sector $(-\infty, 0, 1)$: $u = u_1, \quad \varrho = \varrho_1$ constant,

" " " $(1, 0, 2)$: $u = -f(\varrho) + c = \sqrt{\varphi'(\varrho)} + \frac{x}{t}$,

" " " $(2, 0, 3)$: $u = u', \quad \varrho = \varrho'$ constant,

" " " $(3, 0, \infty)$: $u = u_2, \quad \varrho = \varrho_2$ constant.

An (0 1) und (0 2) sollen u und ϱ stetig sein, an (0 3) ist nach §. 175 (8):

$$\text{(12)} \qquad \frac{d\xi}{dt} = \operatorname{cotang} \vartheta_3 = u' + \sqrt{\frac{\varrho_2}{\varrho'} \frac{\varphi(\varrho') - \varphi(\varrho_2)}{\varrho' - \varrho_2}}$$
$$= u_2 + \sqrt{\frac{\varrho'}{\varrho_2} \frac{\varphi(\varrho') - \varphi(\varrho_2)}{\varrho' - \varrho_2}}.$$

Die Stetigkeit an (0 1), (0 2) verlangt:

$$\text{(13)} \qquad \begin{aligned} u_1 &= -f(\varrho_1) + c = \sqrt{\varphi'(\varrho_1)} + \operatorname{cotang} \vartheta_1, \\ u' &= -f(\varrho') + c = \sqrt{\varphi'(\varrho')} + \operatorname{cotang} \vartheta_2, \end{aligned}$$

und da es sich um einen Verdichtungsstoss und eine Verdünnungswelle handelt, so muss $\varrho_2 < \varrho' < \varrho_1$ sein.

Aus (12) und (13) ergiebt sich

$$
\begin{aligned}
u_1 - u' &= f(\varrho') - f(\varrho_1), \\
u' - u_2 &= (\varrho' - \varrho_2)\sqrt{\frac{\varphi(\varrho') - \varphi(\varrho_2)}{\varrho'\,\varrho_2\,(\varrho' - \varrho_2)}} \qquad (14) \\
&= \sqrt{\frac{(\varrho' - \varrho_2)[\varphi(\varrho') - \varphi(\varrho_2)]}{\varrho'\,\varrho_2}}
\end{aligned}
$$

und daraus

$$
(15)\quad u_1 - u_2 = f(\varrho') - f(\varrho_1) + \sqrt{\frac{(\varrho' - \varrho_2)[\varphi(\varrho') - \varphi(\varrho_2)]}{\varrho'\,\varrho_2}}.
$$

Die Differentiation nach ϱ' zeigt, dass der Ausdruck auf der rechten Seite von (15) zugleich mit ϱ' wächst und er wächst also, während ϱ' von ϱ_2 bis ϱ_1 geht, von einer unteren zu einer oberen Grenze. Soll also

$$
(16)\qquad \varrho_2 < \varrho' < \varrho_1
$$

sein, so muss

$$
\text{III.}\quad f(\varrho_2) - f(\varrho_1) < u_1 - u_2 < \sqrt{\frac{(\varrho_1 - \varrho_2)[\varphi(\varrho_1) - \varphi(\varrho_2)]}{\varrho_1\,\varrho_2}}
$$

sein, und wenn diese Bedingung erfüllt ist, so giebt es einen und nur einen der Gleichung (15) genügenden Werth von ϱ'. Ist ϱ' gefunden, so ergiebt eine der Gleichungen (14) den zugehörigen Werth von u' und schliesslich erhält man aus (12) und (13) die Winkel $\vartheta_1, \vartheta_2, \vartheta_3$. Es ergiebt sich aus (13)

$$
\operatorname{cotang}\vartheta_2 - \operatorname{cotang}\vartheta_1 = f(\varrho_1) - f(\varrho') + \sqrt{\varphi'(\varrho_1)} - \sqrt{\varphi'(\varrho')},
$$

also positiv und aus (12) und (13)

$$
\operatorname{cotang}\vartheta_3 - \operatorname{cotang}\vartheta_2 = \sqrt{\varphi'(\varrho')} + \sqrt{\frac{\varrho_2}{\varrho'}\,\frac{\varphi(\varrho') - \varphi(\varrho_2)}{\varrho' - \varrho_2}},
$$

also ebenfalls positiv. Es folgen also, wie wir angenommen haben, $\vartheta_1, \vartheta_2, \vartheta_3$ von links nach rechts auf einander.

Hier ergiebt sich der Grenzfall einer einzigen rückwärtslaufenden Verdünnungswelle, wenn

$$
u_1 - u_2 = f(\varrho_2) - f(\varrho_1),
$$

und folglich

$$
\varrho' = \varrho_2, \qquad u' = u_2.
$$

IV. Der Fall eines rückwärtslaufenden Verdichtungsstosses und einer vorwärtslaufenden Verdünnungswelle ist von dem Fall III. nicht wesentlich verschieden. Er ergiebt sich, wenn die Ungleichungen

$$\text{IV.}\quad f(\varrho_1) - f(\varrho_2) < u_1 - u_2 < \sqrt{\frac{(\varrho_1 - \varrho_2)[\varphi(\varrho_1) - \varphi(\varrho_2)]}{\varrho_1 \varrho_2}}$$

$$\varrho_1 < \varrho_2$$

bestehen.

Wir können uns nun leicht davon überzeugen, dass durch I. bis IV. alle Möglichkeiten der Werthe von u_1, u_2, ϱ_1, ϱ_2 erschöpft sind (abgesehen von der in der Anmerkung zu Seite 485 erwähnten Ausnahme). Wir setzen zu diesem Zwecke für den Augenblick

$$\sqrt{\frac{(\varrho_1 - \varrho_2)[\varphi(\varrho_1) - \varphi(\varrho_2)]}{\varrho_1 \varrho_2}} = R,$$

$$u_1 - u_2 = v,$$

$$f(\varrho_1) - f(\varrho_2) = \pm \varDelta,$$

wobei $\varDelta$ positiv angenommen sein soll, also das obere Zeichen gilt für $\varrho_1 > \varrho_2$, das untere für $\varrho_1 < \varrho_2$. Dann haben wir

den Fall I, wenn $v > R$,
" " III, " $R > v > -\varDelta$, $\varrho_1 > \varrho_2$,
" " IV, " $R > v > -\varDelta$, $\varrho_1 < \varrho_2$,
" " II, " $-\varDelta > v$.

Die hier besprochenen vier Fälle, die sich unter der Annahme ergeben haben, dass die Anfangswerthe der Functionen u, ϱ in zwei Abtheilungen je die constanten Werthe u_1, ϱ_1; u_2, ϱ_2 haben, geben aber auch das Verhalten in der Nähe irgend einer Unstetigkeitsstelle im ersten Augenblick, also für unendlich kleine Werthe von x und t, wenn u_1, ϱ_1; u_2, ϱ_2 die Werthe von u, ϱ zu beiden Seiten der Unstetigkeitsstelle $x = 0$ bedeuten, auch wenn die Anfangswerthe von u und ϱ sonst nicht constant sind. Es laufen von einer solchen Unstetigkeitsstelle, je nach den Werthen von u_1, ϱ_1; u_2, ϱ_2, zwei Verdichtungsstösse, zwei Verdünnungswellen oder ein Verdichtungsstoss und eine Verdünnungswelle aus, die aber im Allgemeinen nicht constante Fortpflanzungsgeschwindigkeiten haben.

Die Integration ist in diesen allgemeinen Fällen zur Zeit noch nicht möglich, weil es sich um die Erfüllung von Grenzbedingungen an Curven handelt, die nicht von vornherein gegeben sind, sondern selbst zu den Unbekannten des Problems gehören.

§. 178.
Die Energie des Gases.

Gegen die Riemann'sche Theorie der Fortpflanzung von Unstetigkeiten ist von Lord Rayleigh ein Einwand erhoben worden[1]), der sich darauf gründet, dass die Formeln in gewissen Fällen einen Verlust und selbst einen Gewinn an Energie zu ergeben scheinen. Um diesem Einwand zu begegnen, müssen wir auf den Ausdruck für die Energie einer bewegten Gasmasse eingehen.

Wenn wir die Euler'schen Gleichungen für eine bewegte Gasmasse [§. 145 (2)] der Reihe nach mit u, v, w multipliciren und dann addiren, so ergiebt sich nach der Bezeichnung [§. 145 (1)], wenn wir

(1) $$U^2 = u^2 + v^2 + w^2$$

setzen:

(2) $$\frac{1}{2}\frac{dU^2}{dt} - Xu - Yv - Zw = -\frac{1}{\varrho}\left(u\frac{\partial p}{\partial x} + v\frac{\partial p}{\partial y} + w\frac{\partial p}{\partial z}\right).$$

Ist V die Kräftefunction, die wir als blosse Function des Ortes voraussetzen, also $\partial V/\partial t = 0$, so ist

$$X = \frac{\partial V}{\partial x}, \quad Y = \frac{\partial V}{\partial y}, \quad Z = \frac{\partial V}{\partial z},$$

und daher nach (2)

(3) $$\frac{d\left(\frac{1}{2}U^2 - V\right)}{dt} = -\frac{1}{\varrho}\left(u\frac{\partial p}{\partial x} + v\frac{\partial p}{\partial y} + w\frac{\partial p}{\partial z}\right).$$

Es sei nun dm ein bewegtes Massenelement und $d\tau$ das von ihm erfüllte Volumen, also

(4) $$dm = \varrho\, d\tau.$$

Es ist dann dm von der Zeit unabhängig, $d\tau$ aber mit der Zeit veränderlich. Wir multipliciren die Gleichung (3) mit dm und integriren über einen beliebigen Theil m der bewegten Masse, der im Augenblick t den Raum τ einnimmt.

Es ist dann τ durch eine an Gestalt und Lage mit der Zeit veränderliche Fläche O begrenzt, deren Elemente wir mit do bezeichnen.

---

[1]) Rayleigh, Theory of Sound. Vol. II, p. 41.

Setzen wir dann zur Abkürzung

(5) $$\int\left(\tfrac{1}{2}U^2 - V\right) dm = A,$$

so ergiebt sich aus (3) und (4)

(6) $$\frac{dA}{dt} = -\int\left(u\frac{\partial p}{\partial x} + v\frac{\partial p}{\partial y} + w\frac{\partial p}{\partial z}\right) d\tau,$$

und die rechte Seite dieses Ausdruckes können wir durch ein schon oft angewandtes Verfahren nach dem Gauss'schen Satze umformen. Es ergiebt sich, wenn $\mathfrak{U}$ der Geschwindigkeitsvector, n die nach innen gerichtete Normale an dem Element do und U_n die Componente der Geschwindigkeit in der Richtung n bedeutet:

$$-\int\left(u\frac{\partial p}{\partial x} + v\frac{\partial p}{\partial y} + w\frac{\partial p}{\partial z}\right) d\tau = \int p \operatorname{div}\mathfrak{U}\, d\tau - \int \operatorname{div} p\,\mathfrak{U}\, d\tau$$
$$= \int p \operatorname{div}\mathfrak{U}\, d\tau + \int p\, U_n\, do.$$

Es ist aber nach §. 145 (5)

$$\operatorname{div}\mathfrak{U} = -\frac{1}{\varrho}\frac{d\varrho}{dt},$$

und daher nach (4):

$$\int p \operatorname{div}\mathfrak{U}\, d\tau = -\int \frac{p}{\varrho^2}\frac{d\varrho}{dt}\, dm,$$

und wenn wir nun

(7) $$\psi(\varrho) = \int\frac{p\, d\varrho}{\varrho^2} = \int\frac{dp}{\varrho} - \frac{p}{\varrho}$$

setzen, da dm von der Zeit unabhängig ist:

$$\int p \operatorname{div}\mathfrak{U}\, d\tau = -\frac{d}{dt}\int\psi(\varrho)\, dm.$$

Setzen wir also

(8) $$B = \int\psi(\varrho)\, dm,$$

(9) $$C = \int p\, U_n\, do,$$

so folgt aus (6)

(10) $$\frac{d(A + B)}{dt} = C.$$

Da nun $U_n dt$ die Normalcomponente der Verschiebung des Elementes do im Zeitelement dt bedeutet, so ist $C dt$ die Arbeit des auf die Oberfläche O von m wirkenden Druckes im Zeitelement dt.

Nach (5) ist A die äussere Energie der Gasmasse m, die sich zusammensetzt aus der kinetischen Energie

$$\int \frac{1}{2} U^2 dm$$

und der potentiellen Energie der äusseren Volumkräfte,

$$-\int V dm.$$

Wir bezeichnen B als die innere Energie der Gasmasse m. Eine additive Constante bleibt nach der Definition (7), (8) von B noch willkürlich. Dann ist nach (10) die Vermehrung $d(A+B)$ der gesammten inneren und äusseren Energie gleich der Arbeit des gegen die Oberfläche wirkenden Druckes.

Da wir diese Betrachtungen auf jeden Massentheil m, also auch auf ein Massenelement anwenden können, so ist $\psi(\varrho)$ die auf die Masseneinheit berechnete innere Energie des Gases, die also nur eine Function von ϱ ist.

Wenn das Boyle'sche Gesetz $\varphi(\varrho) = a^2 \varrho$ gilt, so ist

$$\psi(\varrho) = a^2 \log \varrho \tag{11}$$

und bei dem Poisson'schen Gesetze $\varphi(\varrho) = a^2 \varrho^k$ ergiebt sich

$$\psi(\varrho) = \frac{a^2 \varrho^{k-1}}{k-1}. \tag{12}$$

Nach dem Gasgesetze [§. 142 (3)] ist, wenn T die absolute Temperatur bedeutet:

$$\varphi(\varrho) = R \varrho T,$$

also unter der Poisson'schen Annahme

$$a^2 \varrho^k = R \varrho T$$

und folglich nach (12)

$$\psi(\varrho) = \frac{R T}{k-1}. \tag{13}$$

Es ist also hier $\psi(\varrho)$ mit der im Massenelement dm im Augenblick t herrschenden absoluten Temperatur proportional, und $\psi(\varrho)$ kann (da keine Wärme durch Leitung nach aussen verloren geht) als die in der Masseneinheit enthaltene Wärmemenge bezeichnet werden.

Lassen wir das Boyle'sche Gesetz gelten, nehmen also constante Temperatur an, so müssen wir annehmen, dass die in der Masse m erzeugte innere Energie dB durch Wärmeleitung nach aussen abgeleitet werde.

Welche Annahme wir aber auch machen mögen, immer wird, da $\varphi(\varrho)$ wesentlich positiv ist, $\psi(\varrho)$ mit wachsendem ϱ wachsen, und es folgt also, dass, wenn ein Massenelement von kleinerer zu grösserer Dichtigkeit übergeht, also bei der Verdichtung, seine innere Energie wächst, während umgekehrt beim Uebergange von grösserer zu kleinerer Dichtigkeit, also bei der Verdünnung, die innere Energie abnimmt.

Zu erwähnen ist aber noch, dass die Anwendbarkeit des Gauss'schen Integralsatzes und damit also die Gültigkeit der Formel (10) die Stetigkeit von Geschwindigkeit und Druck im Inneren des Raumes τ voraussetzt.

§. 179.

Energieverlust durch Stösse.

Wir können die Energie eines Massenelementes der bewegten Gasmasse noch auf eine zweite Art berechnen.

Setzen wir

$$V_1 = V - \int \frac{dp}{\varrho} = V - \psi(\varrho) - \frac{p}{\varrho}, \tag{1}$$

so lassen sich die Differentialgleichungen eines Flüssigkeitstheilchens nach §. 144 (1) so darstellen:

$$\frac{d^2 x}{dt^2} = \frac{\partial V_1}{\partial x}, \quad \frac{d^2 y}{dt^2} = \frac{\partial V_1}{\partial y}, \quad \frac{d^2 z}{dt^2} = \frac{\partial V_1}{\partial z}, \tag{2}$$

und es bewegt sich also das Flüssigkeitstheilchen dm nach denselben Gesetzen, wie ein materieller Punkt unter dem Einfluss einer Kraft, deren Componenten $\partial V_1/\partial x$, $\partial V_1/\partial y$, $\partial V_1/\partial z$ sind.

Die Kräftefunction V_1 ist beim stationären Zustande von der Zeit unabhängig, und es gilt daher der Satz von der Erhaltung der Energie für das einzelne Massentheilchen (Bd. I, §. 120), d. h. es ist, wenn wir

(3) $$\Theta = \tfrac{1}{2} U^2 - V_1 = \tfrac{1}{2} U^2 - V + \psi(\varrho) + \frac{p}{\varrho}$$

setzen, Θ von der Zeit unabhängig. Für den nicht stationären Zustand ist nach §. 145 (1)

$$\frac{d V_1}{d t} = \frac{\partial V_1}{\partial t} + u \frac{\partial V_1}{\partial x} + v \frac{\partial V_1}{\partial y} + w \frac{\partial V_1}{\partial z},$$

und es ist, da V nicht explicite von t abhängt, nach (1)

$$\frac{\partial V_1}{\partial t} = -\frac{\partial}{\partial t} \int \frac{dp}{\varrho} = -\frac{1}{\varrho} \frac{\partial p}{\partial t}.$$

Wenn wir also die Gleichungen (2) mit u, v, w multipliciren und addiren, so ergiebt sich, wenn wieder $U^2 = u^2 + v^2 + w^2$ gesetzt wird:

(4) $$\frac{1}{2} \frac{d U^2}{d t} = \frac{d V_1}{d t} - \frac{\partial V_1}{\partial t} = \frac{d V_1}{d t} + \frac{1}{\varrho} \frac{\partial p}{\partial t}$$

und folglich

(5) $$\frac{d \Theta}{d t} = \frac{1}{\varrho} \frac{\partial p}{\partial t}.$$

Wir bezeichnen $\Theta\, dm$ als die Gesammtenergie des Elementes dm. Sie setzt sich zusammen aus der äusseren Energie $(\frac{1}{2} U^2 - V) dm$, der inneren Energie $\psi(\varrho) dm$ und einem weiteren Bestandtheil $p\, d\tau$. Die Vergrösserung dieser Energie im Zeitelement dt ist nach (5) gleich der Arbeit

$$\frac{dm}{\varrho} \frac{\partial p}{\partial t} dt = d\tau \Delta p,$$

worin Δp die Vermehrung des Druckes bedeutet, nicht wie sie in dem Massenelement selbst, sondern wie sie am Orte, wo sich dies Element gerade befindet, eintritt.

Im Allgemeinen ergiebt die Formel (5) durch Integration

(6) $$\Theta - \Theta_0 = \int_{t_0}^{t} \frac{1}{\varrho} \frac{\partial p}{\partial t} dt,$$

und hierdurch ist also der Satz von der Erhaltung der Energie des Elementes dm ausgedrückt. Das Integral nach der Zeit ist hier so zu verstehen, dass in der Function $\partial p / \varrho \partial t$ die Coordinaten x, y, z des Massenelementes dm als Functionen von t angesehen werden.

Die Formel (6) ist aber nur unter der Voraussetzung richtig, dass die Function Θ keine sprungweise Aenderung erfährt. Wenn aber dm im Verlaufe der Bewegung eine Unstetigkeitsfläche passirt, in der U und ϱ eine plötzliche Werthänderung erleiden, dann muss zu der Formel (6) noch eine Ergänzung hinzutreten. Die Function, die auf der rechten Seite von (4) unter dem Integralzeichen steht, ist zwar dann gleichfalls unstetig; das Integral selbst aber ändert sich trotzdem stetig. Auf der linken Seite aber erhalten wir einen Zusatz, und es ergiebt sich, wenn Θ_1, Θ_2 die Werthe von Θ unmittelbar vor und nach dem Eintritt in die Unstetigkeitsfläche bedeuten:

$$(7) \qquad \Theta - \Theta_0 + (\Theta_1 - \Theta_2) = \int\limits_{t_0}^{t} \frac{1}{\varrho} \frac{\partial p}{\partial \varrho} \, dt.$$

Es tritt also durch die Unstetigkeit ein Energieverlust von der Grösse $\varDelta \Theta = \Theta_1 - \Theta_2$ ein, wofür wir, da V eine stetige Function des Ortes ist, nach (3) auch setzen können:

$$(8) \qquad \varDelta \Theta = \tfrac{1}{2}(U_1^2 - U_2^2) + \psi(\varrho_1) - \psi(\varrho_2) + \frac{\varphi(\varrho_1)}{\varrho_1} - \frac{\varphi(\varrho_2)}{\varrho_2}.$$

Es ist ein allgemeines Gesetz der Mechanik (Satz von Carnot), dass bei einem mechanischen Systeme, bei dem durch die Bedingungen des Systems eine plötzliche Aenderung der Geschwindigkeit nothwendig ist, immer ein Verlust an Energie eintritt. Vorausgesetzt ist dabei, dass die Systembedingungen selbst nicht von der Zeit abhängig sind, weil diese sonst als Energiequellen wirken würden. Wenn beispielsweise ein starrer (unelastischer) Körper auf eine feststehende starre Unterlage auffällt und da zur Ruhe kommt, so wird seine ganze lebendige Kraft vernichtet. Hat aber die Unterlage eine gegebene Bewegung, so kann selbst ein ruhender Körper durch sie in Bewegung gesetzt und ihm so Energie mitgetheilt werden.

Um nun diese Betrachtungen auf den von Riemann untersuchten Fall der Bewegung eines Gases anzuwenden (§. 175), müssen wir zunächst die Möglichkeit ausschliessen, dass die Unstetigkeitsfläche selbst als Energiequelle wirkt. Wir erreichen dies dadurch, dass wir der ganzen Gasmasse eine solche Bewegung ertheilen, dass die Unstetigkeitsfläche wenigstens in dem Augenblick die Fortpflanzungsgeschwindigkeit Null hat, in dem das Theilchen dm über diese Stelle hinweggeht, und dies kommt darauf hinaus, dass wir an Stelle der absoluten Geschwindigkeit u des Gastheilchens die relative Geschwindigkeit $v = u - d\xi/dt$ gegen die Unstetigkeitsfläche setzen. Der Energieverlust ist dann

(9) für den vorwärtsschreitenden Stoss:

$$\varDelta\Theta = \tfrac{1}{2}(v_2^2 - v_1^2) + \psi(\varrho_2) - \psi(\varrho_1) + \frac{\varphi(\varrho_2)}{\varrho_2} - \frac{\varphi(\varrho_1)}{\varrho_1},$$

(10) und für den rückwärtsschreitenden Stoss:

$$\varDelta\Theta = \tfrac{1}{2}(v_1^2 - v_2^2) + \psi(\varrho_1) - \psi(\varrho_2) + \frac{\varphi(\varrho_1)}{\varrho_1} - \frac{\varphi(\varrho_2)}{\varrho_2},$$

worin jetzt die Indices 1, 2 sich auf die Stelle $\xi - 0$ und $\xi + 0$ beziehen.

Indem wir nun einen einheitlich fortwandernden Unstetigkeitsstoss annehmen, setzen wir in der ersten dieser Formeln für v_1^2, v_2^2 die Werthe aus §. 175 (7) und erhalten für den vorwärtsschreitenden Stoss:

(11)
$$\varDelta\Theta = \frac{(\varrho_1 + \varrho_2)[\varphi(\varrho_1) - \varphi(\varrho_2)]}{2\varrho_1\varrho_2} + \psi(\varrho_2) - \psi(\varrho_1) + \frac{\varphi(\varrho_2)}{\varrho_2} - \frac{\varphi(\varrho_1)}{\varrho_1}.$$

Es genügt hier, die Poisson'sche Annahme

(12)
$$\varphi(\varrho) = a^2\varrho^k, \qquad \psi(\varrho) = \frac{a^2\varrho^{k-1}}{k-1}$$

zu verfolgen, aus der man die entsprechenden Resultate für das Boyle'sche Gesetz durch den Grenzübergang $k = 1$ erhalten kann. Aus (11) ergiebt sich durch Substitution von (12)

$$\varDelta\Theta = a^2\left[\frac{(\varrho_1 + \varrho_2)(\varrho_1^k - \varrho_2^k)}{2\varrho_1\varrho_2} + \frac{k}{k-1}(\varrho_2^{k-1} - \varrho_1^{k-1})\right],$$

und wenn wir zur Vereinfachung

(13)
$$\varrho_2 = \lambda\varrho_1$$

setzen:

(14)
$$\varDelta\Theta = \frac{a^2\varrho_1^{k-1}}{2}\left[(\lambda^{-1} + 1)(1 - \lambda^k) - \frac{2k(1 - \lambda^{k-1})}{k-1}\right].$$

Setzen wir

$$F(\lambda) = (\lambda^{-1} + 1)(1 - \lambda^k) - \frac{2k(1 - \lambda^{k-1})}{k-1},$$

so ist

$$F'(\lambda) = \lambda^{-2}[(k+1)\lambda^k - k\lambda^{k+1} - 1],$$
$$\frac{\partial \lambda^2 F'(\lambda)}{\partial \lambda} = k(k+1)\lambda^{k-1}(1-\lambda).$$

Lassen wir λ von 0 bis 1 gehen, so bleibt der letztere Ausdruck positiv; es wächst also $\lambda^2 F'(\lambda)$ mit λ und da $F'(1) = 0$ ist, so bleibt $F'(\lambda)$ in diesem Intervall negativ und $F(\lambda)$ nimmt mit wachsendem λ ab. Da nun $F(1) = 0$ ist, so folgt, dass $F(\lambda)$ in dem Intervall $0 < \lambda < 1$ positiv bleibt.

Daraus folgt, dass der Ausdruck $\varDelta\,\Theta$ positiv ist, wenn

$$\varrho_2 < \varrho_1 \tag{15}$$

ist; und da der Ausdruck (11) für $\varDelta\,\Theta$ sein Zeichen wechselt, wenn ϱ_1 mit ϱ_2 vertauscht wird, so wäre $\varDelta\,\Theta$ negativ, wenn $\varrho_2 > \varrho_1$ wäre.

Es ist also in dem Falle (9) der Verlust an Energie nur dann positiv, wenn $\varrho_2 < \varrho_1$ ist, d. h. bei einem Verdichtungsstosse. Ein Verdünnungsstoss würde mit Energiegewinn verbunden sein, der nach dem Carnot'schen Satze hier nicht eintreten kann. Das Gleiche ergiebt sich für den Fall (10), d. h. für einen rückwärtsschreitenden Stoss.

Damit steht im besten Einklang, dass wir im §. 177 alle Fälle durch die Annahme von Verdichtungsstössen erledigen konnten. Verdünnungsstösse können zwar den allgemeinen Differentialgleichungen genügen, es giebt aber für diese Fälle noch eine zweite Lösung, bei der keine Unstetigkeit vorkommt, und die mit dem Gesetze der Energie nicht im Widerspruch steht.

§. 180.

Das Beispiel von Rayleigh.

Lord Rayleigh ist bei seinem Einwand gegen die Riemann'sche Theorie der Verdichtungsstösse von einem Beispiel ausgegangen, bei dem der Zustand der Gasmasse stationär ist.

Nehmen wir an, dass bei einer festen Ebene $x = \xi$ in einer unendlich ausgedehnten Gasmasse die constanten Werthe von Geschwindigkeit und Dichtigkeit

$$u_1,\ \varrho_1 \quad \text{für } x < \xi,$$
$$u_2,\ \varrho_2 \quad \text{„} \quad x > \xi$$

zusammenstossen, so sind zunächst die allgemeinen Differentialgleichungen §. 174 (4) in der ganzen Masse befriedigt, und um auch den Riemann'schen Bedingungen für die Unstetigkeitsstelle [§. 175 (8)] zu genügen, haben wir

$$(1)\qquad \begin{aligned} u_1 &= -\sqrt{\frac{\varrho_2}{\varrho_1}\,\frac{\varphi(\varrho_1)-\varphi(\varrho_2)}{\varrho_1-\varrho_2}}, \\ u_2 &= -\sqrt{\frac{\varrho_1}{\varrho_2}\,\frac{\varphi(\varrho_1)-\varphi(\varrho_2)}{\varrho_1-\varrho_2}} \end{aligned}$$

zu setzen, und hieraus folgt noch

$$(2)\qquad \varrho_1 u_1 = \varrho_2 u_2.$$

Geben wir der Quadratwurzel das positive Zeichen, so fliesst das Gas in der Richtung der abnehmenden x, und wir haben bei $x = \xi$ einen zwar absolut ruhenden, relativ zur Gasmasse aber vorwärtsschreitenden Stoss, der ein Verdichtungsstoss ist, wenn $\varrho_1 > \varrho_2$ ist.

Wir wollen nun eine Gassäule τ vom Querschnitt ω betrachten, die im Augenblick t von x_1 nach x_2 reicht, die ein Stück der Unstetigkeitsfläche enthält. Dann ist

$$x_1 < \xi < x_2.$$

Aendern sich x_1 und x_2 im Zeitelement dt um dx_1, dx_2, so ist

$$(3)\qquad dx_1 = u_1\,dt, \qquad dx_2 = u_2\,dt$$

und wegen (2) ist

$$(4)\qquad -\omega\varrho_1\,dx_1 = -\omega\varrho_2\,dx_2 = d\mu$$

die in der Zeit dt durch jede der beiden Endflächen von τ und folglich auch durch die Unstetigkeitsfläche hindurchgedrängte Gasmasse.

Für diese Gassäule wollen wir nun nach §. 178 die Energie berechnen. Wir zerlegen τ zu diesem Zwecke in zwei Theile τ_1 und τ_2, so dass τ_1 von x_1 bis ξ, τ_2 von ξ bis x_2 reicht. Da wir von äusseren Kräften absehen, so ist $V = 0$ und aus §. 178 (5), (8), (9) folgt, da U_n bei $x = x_1$ den Werth u_1, bei $x = x_2$ den Werth $-u_2$ hat:

$$(5)\qquad A = \tfrac{1}{2}u_1^2\,\varrho_1(\xi - x_1)\,\omega + \tfrac{1}{2}u_2^2\,\varrho_2(x_2 - \xi)\,\omega,$$

$$(6)\qquad B = \varrho_1\,\psi(\varrho_1)(\xi - x_1)\,\omega + \varrho_2\,\psi(\varrho_2)(x_2 - \xi)\,\omega,$$

$$(7)\qquad C = \varphi(\varrho_1)\,u_1\,\omega - \varphi(\varrho_2)\,u_2\,\omega.$$

Hieraus aber erhält man nach (3) und (4)

$$d(A + B) = d\mu\,[\tfrac{1}{2}(u_1^2 - u_2^2) + \psi(\varrho_1) - \psi(\varrho_2)],$$

$$C\,dt = d\mu\left(\frac{\varphi(\varrho_2)}{\varrho_2} - \frac{\varphi(\varrho_1)}{\varrho_1}\right).$$

Es ist also die Differenz $d(A + B) - C\,dt$ nicht gleich Null, wie es nach §. 178 (10) sein müsste, sondern gleich

$$d\mu\left[\tfrac{1}{2}(u_1^2 - u_2^2) + \psi(\varrho_1) - \psi(\varrho_2) + \frac{\varphi(\varrho_1)}{\varrho_1} - \frac{\varphi(\varrho_2)}{\varrho_2}\right],$$

und dies ist nach §. 179 (9) gleich $- d\mu\,\Delta\Theta$. Wir haben also an Stelle der Formel §. 178 (10)

$$C = \frac{d(A + B)}{dt} + \frac{d\mu}{dt}\,\Delta\Theta, \tag{8}$$

d. h. durch die Arbeit C des äusseren Druckes muss nicht nur die Zunahme der Energie $A + B$, sondern auch noch der Energieverlust an der Stossstelle gedeckt werden.

Wir können uns den Vorgang, wie wir ihn hier voraussetzen, auch bei einer endlichen Gasmasse erhalten denken, wenn wir die Säule τ in eine Röhre einschliessen, die bei x_1 und x_2 durch zwei Stempel abgeschlossen ist, die sich mit den Geschwindigkeiten u_1, u_2 bewegen. Hat die so abgeschlossene Gasmasse in einem Augenblick den hier angenommenen, durch die constanten Werthe u_1, ϱ_1, u_2, ϱ_2 charakterisirten Bewegungszustand, dann bleibt dieser Zustand erhalten. Der Energieverlust muss durch die Kräfte wieder ersetzt werden, durch die die Bewegung der Stempel erhalten wird.

Wollten wir aber Verdünnungsstösse annehmen, so würde eine Maschine, wie die hier beschriebene, im Stande sein, Energie nach aussen abzugeben, was im Widerspruch mit dem Satze von der Erhaltung der Energie steht.

Der Bewegungsvorgang unseres Gases ist hier nicht umkehrbar. Denken wir uns in einem Augenblick alle Geschwindigkeiten in die entgegengesetzten verwandelt, so wird die Bewegung nicht in derselben Weise zurückgehen, wie sie vorwärts gegangen ist, sondern die Unstetigkeitsstelle wird sich sofort auflösen und eine Verdünnungswelle ergeben, wie wir in §. 177 gesehen haben.

Es steht hiernach die Riemann'sche Theorie der Verdichtungsstösse im vollkommenen Einklang mit dem Gesetze der Energie.

Dreiundzwanzigster Abschnitt.

Luftschwingungen von endlicher Amplitude.

§. 181.

Zurückführung partieller Differentialgleichungen erster Ordnung auf lineare Gleichungen.

Die Integration des Problems der Luftschwingungen, die Riemann gegeben hat, beruht auf der Möglichkeit, die Differentialgleichungen §. 174 (4) auf lineare Gleichungen zurückzuführen, und es zeigt sich also auch hier wieder, dass alle unsere Methoden der Integration partieller Differentialgleichungen nur bei linearen Gleichungen Erfolg haben.

Wir wollen hier die Möglichkeit dieser Zurückführung etwas allgemeiner erörtern, wobei sich die Ursache ergeben wird, weshalb eine Verallgemeinerung dieses Verfahrens bis jetzt nicht zum Ziele geführt hat.

Wir nehmen an, es seien u_1, u_2 zwei gesuchte Functionen der unabhängigen Variablen x_1, x_2, und zu ihrer Bestimmung seien zwei lineare und homogene Gleichungen zwischen den vier partiellen Ableitungen $\partial u / \partial x$ gegeben

$$
(1) \qquad \begin{aligned}
U_1 \frac{\partial u_1}{\partial x_1} + U_2 \frac{\partial u_2}{\partial x_1} + U_3 \frac{\partial u_1}{\partial x_2} + U_4 \frac{\partial u_2}{\partial x_2} &= 0, \\
U_1' \frac{\partial u_1}{\partial x_1} + U_2' \frac{\partial u_2}{\partial x_1} + U_3' \frac{\partial u_1}{\partial x_2} + U_4' \frac{\partial u_2}{\partial x_2} &= 0.
\end{aligned}
$$

Wir können diese Differentialgleichungen im Jacobi'schen Sinne linear nennen (Bd. I, §. 63), wenn die U_1, U_1', ... gegebene Functionen der vier Variablen u_1, u_2, x_1, x_2 sind. Die Eigenschaft linearer Differentialgleichungen, die für die Integration so besonders förderlich ist, dass man nämlich aus particularen Integralen durch Addition allgemeinere zusammensetzen kann, haben sie aber nur dann, wenn die Coëfficienten U_1, $U_2, \ldots$ nur von den Variablen x_1, x_2 abhängen, und wir nennen sie also nur dann linear im engeren Sinne, in dem wir dieses Wort bisher meist gebraucht haben.

Nun lassen sich die Gleichungen (1) aber auf solche lineare Gleichungen im engeren Sinne auch dann noch zurückführen, wenn die Coëfficienten U_1, U_1', ... nur von den Variablen u_1, u_2, nicht von den x_1, x_2 abhängen, und in diesem Falle befinden sich die Differentialgleichungen §. 174 (4). Die Zurückführung beruht einfach auf der Vertauschung der abhängigen und unabhängigen Variablen. Es ist nämlich

$$du_1 = \frac{\partial u_1}{\partial x_1} dx_1 + \frac{\partial u_1}{\partial x_2} dx_2,$$

$$du_2 = \frac{\partial u_2}{\partial x_1} dx_1 + \frac{\partial u_2}{\partial x_2} dx_2,$$

und durch Auflösung dieser in Bezug auf dx_1, dx_2 linearen Gleichungen erhält man, wenn man

$$\varDelta = \frac{\partial u_1}{\partial x_1}\frac{\partial u_2}{\partial x_2} - \frac{\partial u_2}{\partial x_1}\frac{\partial u_1}{\partial x_2}$$

setzt:

$$(2) \qquad \begin{aligned} \varDelta\, dx_1 &= \frac{\partial u_2}{\partial x_2} du_1 - \frac{\partial u_1}{\partial x_2} du_2, \\ \varDelta\, dx_2 &= -\frac{\partial u_2}{\partial x_1} du_1 + \frac{\partial u_1}{\partial x_1} du_2. \end{aligned}$$

Daraus ergiebt sich

$$(3) \qquad \begin{aligned} \varDelta \frac{\partial x_1}{\partial u_1} &= \frac{\partial u_2}{\partial x_2}, & \varDelta \frac{\partial x_1}{\partial u_2} &= -\frac{\partial u_1}{\partial x_2} \\ \varDelta \frac{\partial x_2}{\partial u_1} &= -\frac{\partial u_2}{\partial x_1}, & \varDelta \frac{\partial x_2}{\partial u_2} &= \frac{\partial u_1}{\partial x_1}. \end{aligned}$$

Substituirt man die hieraus folgenden Werthe der Differentialquotienten $\partial u / \partial x$ in die Differentialgleichungen (1), so lässt sich der Factor $\varDelta$ wegheben und man erhält

$$(4) \quad \begin{aligned} U_1 \frac{\partial x_2}{\partial u_2} - U_2 \frac{\partial x_2}{\partial u_1} - U_3 \frac{\partial x_1}{\partial u_2} + U_4 \frac{\partial x_1}{\partial u_1} &= 0, \\ U_1' \frac{\partial x_2}{\partial u_2} - U_2' \frac{\partial x_2}{\partial u_1} - U_3' \frac{\partial x_1}{\partial u_2} + U_4' \frac{\partial x_1}{\partial u_1} &= 0. \end{aligned}$$

Hierin sind nun die u_1, u_2 die unabhängigen Variablen und x_1, x_2 Functionen von ihnen. Da nach der Voraussetzung auch die Coëfficienten U, U' nur von u_1, u_2 abhängen, so sind die Differentialgleichungen linear im engeren Sinne, und dies ist der Fall der von Riemann integrirten Gleichungen.

Man sieht aber zugleich, dass dieser Weg nicht zum Ziele führt, wenn die Anzahl der abhängigen und der unabhängigen Variablen grösser als 2 ist, weil dann auf der rechten Seite der Formeln, die den Formeln (2), (3) analog sind, nicht mehr einfach die Differentialquotienten $\partial u / \partial x, \ldots$, sondern gewisse aus diesen gebildete Determinanten auftreten.

§. 182.

Stetiger Anfangszustand.

Diese allgemeinen Principien wenden wir nun auf den besonderen Fall der Differentialgleichungen der Luftschwingungen an. Die Resultate, die sich dann ergeben, sind aber nur so lange ausreichend, als der Zustand des Gases in Bezug auf Geschwindigkeit und Dichtigkeit stetig ist. Es ergeben sich zwar daraus Kennzeichen für das Eintreten von Unstetigkeiten, und von da an gelten dann die Gesetze für die Fortpflanzung der Unstetigkeiten, die sich in der Differentialgleichung §. 175 (8) ausdrücken. Aber selbst die Aufstellung dieser Differentialgleichung würde erst dann möglich sein, wenn diese Probleme in allgemeiner Form gelöst wären. Diese Differentialgleichung spielt die Rolle einer Grenzbedingung, für die aber der Ort der Gültigkeit nicht von vornherein gegeben ist, sondern selbst zu den Unbekannten des Problems gehört. Hier können wir nur in ganz speciellen Fällen, zu denen das Beispiel des §. 177 gehört (vergl. auch Bd. I, §. 190, 191), die Lösung finden.

Es sei also jetzt, wie bisher, $p = \varphi(\varrho)$ das Gesetz der Abhängigkeit des Druckes von der Dichtigkeit ϱ, und

$$(1) \qquad f(\varrho) = \int \sqrt{\varphi'(\varrho)}\, d \log \varrho.$$

Wir führen mit Riemann die beiden neuen Variablen r, s ein durch die Gleichungen:

$$(2)\qquad \begin{aligned} f(\varrho) + u &= 2r, & f(\varrho) &= r + s \\ f(\varrho) - u &= 2s. & u &= r - s. \end{aligned}$$

Der in §. 176 discutirte besondere Fall tritt ein, wenn in einem Gebiete der Variablen x, t eine der beiden Functionen r, s constant ist.

Die Anfangswerthe u_0, ϱ_0 nehmen wir als gegebene Functionen von x an. Es sind daher auch die Anfangswerthe r_0, s_0 gegebene Functionen von x und wenn wir also zur Veranschaulichung die Werthe von r und s als rechtwinklige Coordinaten in einer Hülfsebene betrachten, so wird der Anfangszustand durch eine in der rs-Ebene gelegene gegebene Curve C dargestellt, deren Coordinaten als Functionen der einen Variablen x gegeben sind.

Aus (2) sind $f(\varrho)$ und u, und, weil $f(\varrho)$ eine mit ϱ wachsende Function ist, auch u und ϱ selbst eindeutig durch r und s bestimmt. Die Curve C, die den Anfangszustand repräsentirt, wird also nur dann zweimal durch denselben Punkt gehen, wenn u_0 und ϱ_0 beide zugleich für zwei verschiedene Werthe von x denselben Werth annehmen.

Es sind nun zunächst aus den allgemeinen Differentialgleichungen §. 174 (4):

$$(3)\qquad \begin{aligned} \frac{\partial u}{\partial t} + u\frac{\partial u}{\partial x} &= -\varphi'(\varrho)\frac{\partial \log \varrho}{\partial x}, \\ \frac{\partial \log \varrho}{\partial t} + u\frac{\partial \log \varrho}{\partial x} &= -\frac{\partial u}{\partial x} \end{aligned}$$

Differentialgleichungen für r und s abzuleiten. Es ergiebt sich aber aus (1) und (2)

$$(4)\qquad \begin{aligned} 2\frac{\partial r}{\partial x} &= \sqrt{\varphi'(\varrho)}\frac{\partial \log \varrho}{\partial x} + \frac{\partial u}{\partial x}, & 2\frac{\partial s}{\partial x} &= \sqrt{\varphi'(\varrho)}\frac{\partial \log \varrho}{\partial x} - \frac{\partial u}{\partial x}, \\ 2\frac{\partial r}{\partial t} &= \sqrt{\varphi'(\varrho)}\frac{\partial \log \varrho}{\partial t} + \frac{\partial u}{\partial t}, & 2\frac{\partial s}{\partial t} &= \sqrt{\varphi'(\varrho)}\frac{\partial \log \varrho}{\partial t} - \frac{\partial u}{\partial t}, \end{aligned}$$

und wenn man die zweite Gleichung (3) mit $\sqrt{\varphi'(\varrho)}$ multiplicirt und zur ersten addirt oder von ihr subtrahirt, so folgt nach (4):

$$(5)\qquad \begin{aligned} \frac{\partial r}{\partial t} &= -\left(u + \sqrt{\varphi'(\varrho)}\right)\frac{\partial r}{\partial x}, \\ \frac{\partial s}{\partial t} &= -\left(u - \sqrt{\varphi'(\varrho)}\right)\frac{\partial s}{\partial x}. \end{aligned}$$

Hieraus ergiebt sich

$$(6)\qquad \begin{aligned} dr &= \frac{\partial r}{\partial x}\left[dx - \left(u + \sqrt{\varphi'(\varrho)}\right)dt\right], \\ ds &= \frac{\partial s}{\partial x}\left[dx - \left(u - \sqrt{\varphi'(\varrho)}\right)dt\right]. \end{aligned}$$

Um eine klare Anschauung zu gewinnen, denken wir uns für den Augenblick r und s als Functionen von x und t bestimmt und begrenzen in der xt-Ebene auf der x-Axe eine Strecke $\alpha\beta$, in der die Differentialquotienten $\partial r_0/\partial x$ und $\partial s_0/\partial x$ keinen Zeichenwechsel haben; wir wollen beispielsweise annehmen, dass längs $\alpha\beta$

$$(7)\qquad \frac{\partial r_0}{\partial x} > 0, \quad \frac{\partial s_0}{\partial x} < 0$$

sei, also dass r_0 von α nach β wächst, während s_0 abnimmt.

Die Gleichung

$$r = \text{const.}$$

stellt uns in der xt-Ebene eine Curve dar, und nach (6) ist längs dieser Curve

$$(8)\qquad dx = \left(u + \sqrt{\varphi'(\varrho)}\right)dt, \quad ds = 2\,\frac{\partial s}{\partial x}\sqrt{\varphi'(\varrho)}\,dt,$$

und ebenso ist für eine Curve $s = \text{const.}$

$$(9)\qquad dx = \left(u - \sqrt{\varphi'(\varrho)}\right)dt, \quad dr = -\,2\frac{\partial r}{\partial x}\sqrt{\varphi'(\varrho)}\,dt.$$

Beschränken wir unsere Betrachtung auf ein Flächenstück, in dem $\partial r/\partial x$ und $\partial s/\partial x$ von Null verschieden sind, so zeigt sich aus (7), (8), (9), dass, wenn wir dt positiv nehmen, s auf der Curve $r = \text{const.}$ und r auf der Curve $s = \text{const.}$ abnehmen, und zugleich zeigen die Gleichungen (8), (9), dass das Verhältniss dx/dt, d. h. die Cotangente des Neigungswinkels der Curvenrichtung gegen die x-Axe, in einem Punkte auf der Curve $r = \text{const.}$ grösser ist, als auf der durch denselben Punkt gehenden Curve $s = \text{const.}$ Es kann also keine Berührung dieser beiden Curven stattfinden. Ziehen wir also die Curven $r = \text{const.}$ und $s = \text{const.}$ von jedem Punkte der Strecke $\alpha\beta$ aus, so erhalten wir zwei Curvenschaaren, die sich in der Weise durchschneiden, wie es die Fig. 81 (a. f. S.) zeigt, und die zusammen ein Dreieck $\alpha\beta\xi$ erfüllen, dessen beide in α, β endigenden Seiten die Gleichungen

(10) $$r = r', \quad s = s'$$

haben mögen, worin r' der Werth von r_0 in α, s' der Werth von s_0 in β ist.

Dieses Dreieck können wir nun durch ein anderes Dreieck in der rs-Ebene abbilden, bei dem die Linie $\alpha\beta$ einem Stück der Curve C entspricht, und in dem die Curven

$$r = \text{const.}, \quad s = \text{const.}$$

durch gerade Linien, parallel den Coordinatenaxen, dargestellt werden, wie die Fig. 82 zeigt. Der Punkt ξ hat in dieser Figur die Coordinaten r', s'. Wenn man in der Fig. 81 die Strecke $\alpha\beta$ weiter ausdehnt, so dass z. B. $\partial s_0/\partial x$ sein Zeichen wechselt, dann würde die Curve C zwischen α und β ein Maximum oder Minimum haben (Fig. 83). Dann wird, wie wir nachher noch

Fig. 81.

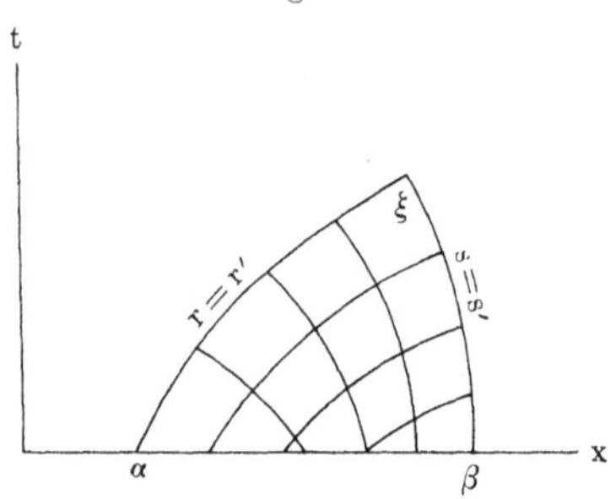

Fig. 82.

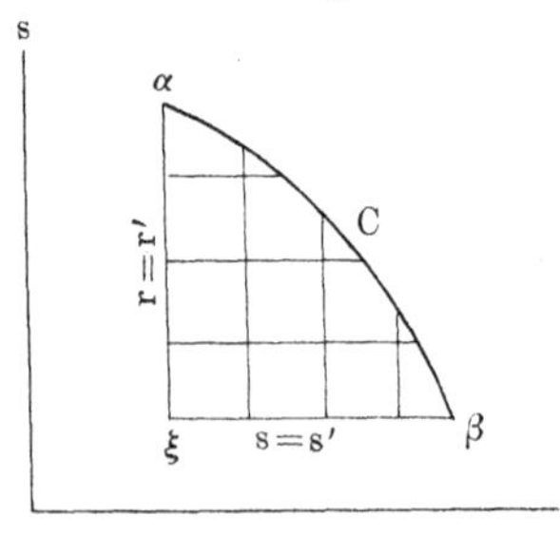

Fig. 83.

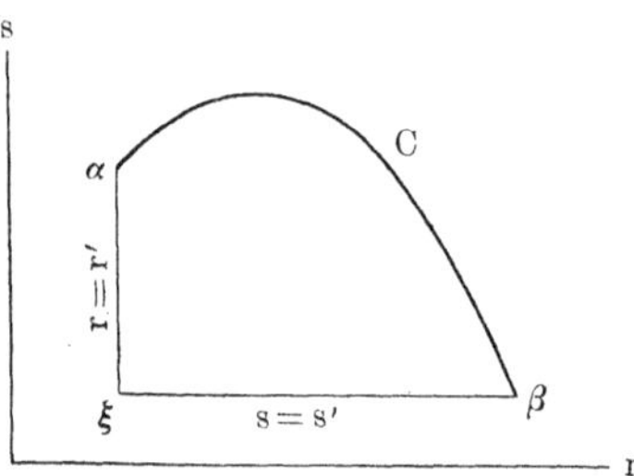

sehen werden, im Allgemeinen die Integrationsmethode, die wir anwenden wollen, versagen.

§. 183.

Einführung von r und s als unabhängige Variable.

Die Riemann'sche Integrationsmethode beruht auf der Einführung von r und s als unabhängige Variable. Um dies bequem auszuführen, setzen wir zunächst die Gleichungen §. 182 (6) in die Form

$$(1)\qquad \begin{aligned} dr &= \frac{\partial r}{\partial x}\left\{d\left[x-\left(u+\sqrt{\varphi'(\varrho)}\right)t\right]+t\,d\left(u+\sqrt{\varphi'(\varrho)}\right)\right\} \\ ds &= \frac{\partial s}{\partial x}\left\{d\left[x-\left(u-\sqrt{\varphi'(\varrho)}\right)t\right]+t\,d\left(u-\sqrt{\varphi'(\varrho)}\right)\right\}. \end{aligned}$$

Die Functionen $u+\sqrt{\varphi'(\varrho)}$, $u-\sqrt{\varphi'(\varrho)}$ sind nun nach den Formeln §. 182 (2):

$$u = r - s, \qquad \int\sqrt{\varphi'(\varrho)}\, d\log\varrho = r + s$$

als Functionen von r und s darstellbar, und es ist

$$\frac{\partial u}{\partial r} = 1, \quad \frac{\partial u}{\partial s} = -1,$$

$$\sqrt{\varphi'(\varrho)}\,\frac{\partial\log\varrho}{\partial r} = \sqrt{\varphi'(\varrho)}\,\frac{\partial\log\varrho}{\partial s} = 1,$$

$$\frac{\partial\sqrt{\varphi'(\varrho)}}{\partial r} = \frac{d\log\sqrt{\varphi'(\varrho)}}{d\log\varrho}\sqrt{\varphi'(\varrho)}\,\frac{\partial\log\varrho}{\partial r} = \frac{d\log\sqrt{\varphi'(\varrho)}}{d\log\varrho},$$

und denselben Werth hat $\partial\sqrt{\varphi'(\varrho)}/\partial s$.

Hiernach ist

$$d\left(u+\sqrt{\varphi'(\varrho)}\right) = \left(\frac{d\log\sqrt{\varphi'(\varrho)}}{d\log\varrho}+1\right)dr + \left(\frac{d\log\sqrt{\varphi'(\varrho)}}{d\log\varrho}-1\right)ds,$$

$$d\left(u-\sqrt{\varphi'(\varrho)}\right) = -\left(\frac{d\log\sqrt{\varphi'(\varrho)}}{d\log\varrho}-1\right)dr - \left(\frac{d\log\sqrt{\varphi'(\varrho)}}{d\log\varrho}+1\right)ds,$$

und wenn man also dies in (1) substituirt und dann die Coëfficienten von dr, ds auf beiden Seiten einander gleich setzt, so ergeben sich die folgenden vier Gleichungen:

$$(2)\qquad \begin{aligned} 1 &= \frac{\partial r}{\partial x}\left\{\frac{\partial\left[x-\left(u+\sqrt{\varphi'(\varrho)}\right)t\right]}{\partial r} + t\left(\frac{d\log\sqrt{\varphi'(\varrho)}}{d\log\varrho}+1\right)\right\} \\ 1 &= \frac{\partial s}{\partial x}\left\{\frac{\partial\left[x-\left(u-\sqrt{\varphi'(\varrho)}\right)t\right]}{\partial s} - t\left(\frac{d\log\sqrt{\varphi'(\varrho)}}{d\log\varrho}+1\right)\right\}. \end{aligned}$$

$$(3)\qquad \begin{aligned} \frac{\partial\left[x-\left(u+\sqrt{\varphi'(\varrho)}\right)t\right]}{\partial s} &= -\,t\left(\frac{d\log\sqrt{\varphi'(\varrho)}}{d\log\varrho}-1\right) \\ \frac{\partial\left[x-\left(u-\sqrt{\varphi'(\varrho)}\right)t\right]}{\partial r} &= +\,t\left(\frac{d\log\sqrt{\varphi'(\varrho)}}{d\log\varrho}-1\right). \end{aligned}$$

Aus (3) folgt

$$\frac{\partial\left[x-\left(u+\sqrt{\varphi'(\varrho)}\right)t\right]}{\partial s} + \frac{\partial\left[x-\left(u-\sqrt{\varphi'(\varrho)}\right)t\right]}{\partial r} = 0.$$

Diese Gleichung besagt, dass

$$[x-(u+\sqrt{\varphi'(\varrho)})\,t]\,dr-[x-(u-\sqrt{\varphi'(\varrho)})\,t]\,ds$$

das vollständige Differential einer Function von r und s ist, und dass wir also, wenn wir diese Function mit w bezeichnen, setzen können:

$$\begin{aligned} x-(u+\sqrt{\varphi'(\varrho)})\,t &= \frac{\partial w}{\partial r} \\ x-(u-\sqrt{\varphi'(\varrho)})\,t &= -\frac{\partial w}{\partial s}. \end{aligned} \tag{4}$$

Für diese Function w, die nach der Definition nur bis auf eine additive Constante bestimmt ist, ergiebt sich nun aus einer der Gleichungen (3) eine lineare Differentialgleichung. Es ist nämlich nach (4)

$$-2\sqrt{\varphi'(\varrho)}\,t=\frac{\partial w}{\partial r}+\frac{\partial w}{\partial s}, \tag{5}$$

und man erhält also aus jeder der Gleichungen (3):

$$\frac{\partial^2 w}{\partial r\,\partial s}=\frac{1}{2\sqrt{\varphi'(\varrho)}}\left(\frac{d\log\sqrt{\varphi'(\varrho)}}{d\log\varrho}-1\right)\left(\frac{\partial w}{\partial r}+\frac{\partial w}{\partial s}\right),$$

oder wenn man zur Abkürzung

$$\frac{1}{2\sqrt{\varphi'(\varrho)}}\left(\frac{d\log\sqrt{\varphi'(\varrho)}}{d\log\varrho}-1\right)=m \tag{6}$$

setzt:

$$\frac{\partial^2 w}{\partial r\,\partial s}-m\left(\frac{\partial w}{\partial r}+\frac{\partial w}{\partial s}\right)=0. \tag{7}$$

Da nun m eine gegebene Function von ϱ, also auch von $r+s$ ist, so haben wir hier eine lineare homogene Differentialgleichung zweiter Ordnung für die unbekannte Function w.

Unter Voraussetzung des Boyle'schen Gesetzes $\varphi(\varrho)=a^2\varrho$ ist

$$m=-\frac{1}{2a}, \tag{8}$$

also constant.

Für das Poisson'sche Gesetz $\varphi(\varrho)=a^2\varrho^k$ erhält man

$$f(\varrho)=\frac{2a\sqrt{k}}{k-1}\,\varrho^{\frac{k-1}{2}}=r+s,$$

$$\sqrt{\varphi'(\varrho)} = a\sqrt{k}\,\varrho^{\frac{k-1}{2}} = \frac{k-1}{2}(r+s), \quad \frac{d\log\sqrt{\varphi'(\varrho)}}{d\log\varrho} = \frac{k-1}{2},$$

woraus

$$m = \frac{k-3}{2(k-1)(r+s)}. \tag{9}$$

Durch Einführung der Function w mittelst (4) und (5) nehmen auch die beiden Gleichungen (2) eine einfachere Gestalt an:

$$\begin{aligned} 1 &= \frac{\partial r}{\partial x}\left\{\frac{\partial^2 w}{\partial r^2} - \frac{1}{2\sqrt{\varphi'(\varrho)}}\left(\frac{d\log\sqrt{\varphi'(\varrho)}}{d\log\varrho}+1\right)\left(\frac{\partial w}{\partial r}+\frac{\partial w}{\partial s}\right)\right\}, \\ -1 &= \frac{\partial s}{\partial x}\left\{\frac{\partial^2 w}{\partial s^2} - \frac{1}{2\sqrt{\varphi'(\varrho)}}\left(\frac{d\log\sqrt{\varphi'(\varrho)}}{d\log\varrho}+1\right)\left(\frac{\partial w}{\partial r}+\frac{\partial w}{\partial s}\right)\right\}. \end{aligned} \tag{10}$$

Diese Gleichungen zeigen, dass $\partial r/\partial x$ und $\partial s/\partial x$ nicht verschwinden, wenn die Differentialquotienten $\partial^2 w/\partial r^2$, $\partial^2 w/\partial s^2$ endlich sind, und dass $\partial r/\partial x$ oder $\partial s/\partial x$ unendlich werden, wenn die eine oder die andere der beiden Gleichungen

$$\frac{\partial^2 w}{\partial r^2} - \frac{1}{2\sqrt{\varphi'(\varrho)}}\left(\frac{d\log\sqrt{\varphi'(\varrho)}}{d\log\varrho}+1\right)\left(\frac{\partial w}{\partial r}+\frac{\partial w}{\partial s}\right) = 0$$

$$\frac{\partial^2 w}{\partial s^2} - \frac{1}{2\sqrt{\varphi'(\varrho)}}\left(\frac{d\log\sqrt{\varphi'(\varrho)}}{d\log\varrho}+1\right)\left(\frac{\partial w}{\partial r}+\frac{\partial w}{\partial s}\right) = 0$$

befriedigt ist. Diese Gleichungen geben die kritischen Werthe von r und s, in denen die Lösung unstetig zu werden anfängt.

Für den Anfangszustand, also für $t = 0$, erhält man aus (4)

$$\left(\frac{\partial w}{\partial r}\right)_0 = x, \quad \left(\frac{\partial w}{\partial s}\right)_0 = -x$$

und es sind also an der Curve C die beiden Differentialquotienten von w als Ortsfunctionen gegeben.

Ist dann w bestimmt, so geben die Gleichungen (4) zwei Integralgleichungen zwischen den vier Variablen x, t, ϱ, u oder x, t, r, s und damit sind dann auch die Curven $r = \text{const.}$, $s = \text{const.}$ (in der Figur 81) bestimmt.

§. 184.
Integration der Differentialgleichung.

Die Differentialgleichung, um deren Integration es sich jetzt handelt, ist

$$\frac{\partial^2 w}{\partial r\,\partial s} - m\left(\frac{\partial w}{\partial r} + \frac{\partial w}{\partial s}\right) = 0, \tag{1}$$

mit den Nebenbedingungen, dass an der Curve C

$$\frac{\partial w}{\partial r} = x, \qquad \frac{\partial w}{\partial s} = -x \tag{2}$$

gegebene Functionen der Stelle sind. Es ist daher auch w selbst auf der Curve C bis auf eine additive Constante gegeben.

An dieser Differentialgleichung hat Riemann zuerst die Methode der Integration entwickelt, die wir schon früher kennen gelernt und im §. 90 auf die Theorie der schwingenden Saite und im §. 121 auf die elektromagnetischen Schwingungen angewandt haben. Die im §. 121 (2) gegebene Form der Telegraphengleichung geht durch die Substitution

$$t = \alpha(s + r), \qquad x = c(s - r)$$

geradezu in die Gleichung (1) für ein constantes m, also für das Boyle'sche Gesetz, über.

Wir wenden den Gauss'schen Integralsatz in der Form an:

$$\iint\left(\frac{\partial U}{\partial r} + \frac{\partial V}{\partial s}\right) dr\,ds = \int (U ds - V dr), \tag{3}$$

worin U, V irgend welche stetige Functionen sein können, und das Doppelintegral sich auf irgend ein Flächenstück der rs-Ebene, das Linienintegral auf der rechten Seite auf die Begrenzung dieses Flächenstückes bezieht.

Wir bezeichnen mit v eine einstweilen noch unbestimmte Function von r und s und setzen

$$U = v\left(\frac{\partial w}{\partial s} - m w\right), \quad V = -w\left(\frac{\partial v}{\partial r} + m v\right). \tag{4}$$

Dadurch erhalten wir

$$\frac{\partial U}{\partial r} + \frac{\partial V}{\partial s} = v\left[\frac{\partial^2 w}{\partial r\,\partial s} - m\left(\frac{\partial w}{\partial r} + \frac{\partial w}{\partial s}\right)\right]$$
$$- w\left(\frac{\partial^2 v}{\partial r\,\partial s} + \frac{\partial m v}{\partial r} + \frac{\partial m v}{\partial s}\right),$$

und wenn wir also für v jetzt die Differentialgleichung festsetzen:

$$(5) \qquad \frac{\partial^2 v}{\partial r \partial s} + \frac{\partial m v}{\partial r} + \frac{\partial m v}{\partial s} = 0,$$

so folgt aus (1) und (5):

$$\frac{\partial U}{\partial r} + \frac{\partial V}{\partial s} = 0,$$

und die Formel (3) ergiebt

$$(6) \qquad \int \left[v \left(\frac{\partial w}{\partial s} - m w \right) ds + w \left(\frac{\partial v}{\partial r} + m v \right) dr \right] = 0,$$

worin das Integral in der rs-Ebene über die Begrenzung eines Flächenstücks erstreckt werden kann, in dessen Inneren die Functionen U, V stetig sind.

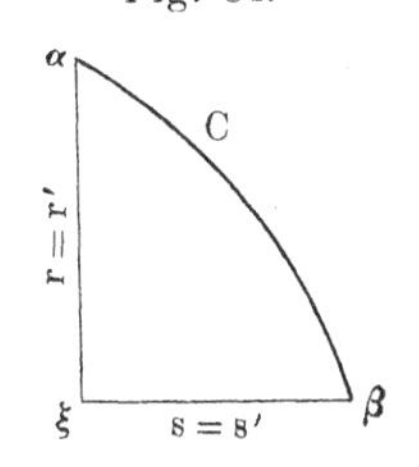

Fig. 84.

Das Integral (6) erstrecken wir jetzt über das Flächenstück α, β, ξ (Fig. 84) und erhalten, da dr auf $\alpha\xi$ und ds auf $\beta\xi$ verschwindet:

$$(7) \qquad \int_\alpha^\beta \left\{ v \left(\frac{\partial w}{\partial s} - m w \right) ds + w \left(\frac{\partial v}{\partial r} + m v \right) dr \right\} =$$

$$\int_\alpha^\xi v \left(\frac{\partial w}{\partial s} - m w \right) ds - \int_\beta^\xi w \left(\frac{\partial v}{\partial r} + m v \right) dr.$$

Nun ergiebt sich durch partielle Integration

$$\int_\alpha^\xi v \frac{\partial w}{\partial s} ds = (v w)_\xi - (v w)_\alpha - \int_\alpha^\xi w \frac{\partial v}{\partial s} ds.$$

und hierdurch erhält (7) die Form:

$$(8) \quad (v w)_\xi - (v w)_\alpha = \int_\alpha^\xi w \left(\frac{\partial v}{\partial s} + m v \right) ds + \int_\beta^\xi w \left(\frac{\partial v}{\partial r} + m v \right) dr$$

$$+ \int_\alpha^\beta \left[v \left(\frac{\partial w}{\partial s} - m w \right) ds + w \left(\frac{\partial v}{\partial r} + m v \right) dr \right],$$

und wenn wir nun der Function v die Grenzbedingungen auferlegen:

an $\alpha\xi$, d. h. für $r = r'$:

$$\frac{\partial v}{\partial s} + mv = 0, \tag{9}$$

an $\beta\xi$, d. h. für $s = s'$:

$$\frac{\partial v}{\partial r} + mv = 0, \tag{10}$$

im Punkt ξ, d. h. für $r = r'$, $s = s'$

$$v = 1, \tag{11}$$

so kommt:

$$w_\xi = (vw)_\alpha + \int_\alpha^\beta \left\{ v\left(\frac{\partial w}{\partial s} - mw\right) ds + w\left(\frac{\partial v}{\partial r} + mv\right) dr \right\}. \tag{12}$$

Damit ist die Aufgabe auf die Bestimmung der Function v zurückgeführt. Denn wenn v bestimmt ist, so ist w_ξ durch die Formel (12) durch die Werthe dargestellt, die w und $\partial w / \partial s$ an der Curve C haben.

Die Function v ist aber durch eine ganz ähnliche Differentialgleichung, wie w selbst [Gleichung (5)], bestimmt. Die Grenzbedingungen für v [(9), (10) und (11)] sind aber wesentlich einfacher, als die für w, da sie gar nichts mehr enthalten, was sich auf die Curve C bezieht. Es ist daher die Function v für alle möglichen Anfangszustände dieselbe.

§. 185.

Bestimmung der Function v.

Es bleibt uns also noch übrig, die Function v zu bestimmen, die, wenn $r > r'$, $s > s'$ ist, der Differentialgleichung

$$\frac{\partial^2 v}{\partial r \partial s} + \frac{\partial mv}{\partial r} + \frac{\partial mv}{\partial s} = 0 \tag{1}$$

genügt, mit den Grenzbedingungen

$$\begin{aligned} &\frac{\partial v}{\partial s} + mv = 0 \qquad \text{für } r = r', \\ &\frac{\partial v}{\partial r} + mv = 0 \qquad \text{für } s = s', \\ &\qquad v = 1 \qquad \text{für } r = r',\ s = s'. \end{aligned} \tag{2}$$

Wir betrachten die beiden speciellen Fälle:

$$(3)\qquad \begin{aligned} &\alpha)\ m = -\frac{1}{2a} \text{ (Boyle'sches Gesetz)} \\ &\beta)\ m = \frac{k-3}{2(k-1)(r+s)} = \frac{\lambda}{\sigma} \text{ (Poisson'sches Gesetz),} \end{aligned}$$

wenn wir zur Abkürzung

$$\lambda = \frac{k-3}{2(k-1)} = \frac{1}{2} - \frac{1}{k-1},$$

$$(4)\qquad r + s = \sigma$$

setzen. Immer ist m eine Function von σ allein.

Die Function m hängt allein von ϱ, also nach §. 182 (2) nur von σ ab.

Um die Bedingungen für die Function v zu vereinfachen, setzen wir

$$(5)\qquad v = e^{\nu} V,$$

worin ν eine noch näher zu bestimmende Function von r und s ist. Führen wir diese Annahme in die Grenzbedingungen (2) ein, so erhalten wir

$$\frac{\partial V}{\partial s} + \left(m + \frac{\partial \nu}{\partial s}\right) V = 0 \quad \text{für } r = r',$$

$$\frac{\partial V}{\partial r} + \left(m + \frac{\partial \nu}{\partial r}\right) V = 0 \quad \text{für } s = s'.$$

Wenn wir also

$$\nu = -\int_{\sigma'}^{\sigma} m\, d\sigma, \qquad v = e^{-\int_{\sigma'}^{\sigma} m\, d\sigma} V$$

setzen, so werden diese beiden Bedingungen einfach:

$$(6)\qquad \frac{\partial V}{\partial s} = 0 \quad \text{für } r = r', \qquad \frac{\partial V}{\partial r} = 0 \quad \text{für } s = s',$$

und zugleich ist $V = 1$ für $\sigma = \sigma'$, wenn wir $\sigma' = r' + s'$ setzen.

Die Bedingungen (2) reduciren sich also nach (7) darauf

(7) dass V constant gleich 1 sein soll an den beiden Schenkeln des Winkels $\alpha\xi\beta$.

Wir haben noch aus der Differentialgleichung (1) durch die Substitution (6) eine Gleichung für V abzuleiten, und die einfache Rechnung ergiebt:

$$\frac{\partial^2 V}{\partial r \partial s} + \left(\frac{dm}{d\sigma} - m^2\right) V = 0. \tag{8}$$

Diese Gleichung soll nun für das Innere des Quadranten $\alpha\xi\beta$, d. h. für

$$r > r', \qquad s > s'$$

so integrirt werden, dass sie an der Grenze dieses Gebietes den constanten Werth 1 erhält.

Wir wollen eine neue Variable z durch die Gleichung einführen:

$$z = \mu(s - s')(r - r'), \tag{9}$$

worin μ eine noch zu bestimmende Function von σ ist. Die Function z ist für $r = r'$ und für $s = s'$, also an der Grenze des Gebietes $= 0$, und hat im Inneren des Gebietes das Vorzeichen von μ. Nach (6) und (7) ist also V so zu bestimmen, dass es für $z = 0$ den constanten Werth 1 erhält.

Wir machen den Versuch, der Differentialgleichung (8) durch eine Function V von z allein zu genügen. Wenn wir unter dieser Voraussetzung die Differentialquotienten nach r und s bilden, so ergiebt sich:

$$\frac{\partial V}{\partial r} = \frac{dV}{d\log z}\left(\frac{d\log\mu}{d\sigma} + \frac{1}{r-r'}\right),$$

$$\frac{\partial^2 V}{\partial r\,\partial s} = \frac{d^2 V}{d\log z^2}\left(\frac{d\log\mu}{d\sigma} + \frac{1}{r-r'}\right)\left(\frac{d\log\mu}{d\sigma} + \frac{1}{s-s'}\right) + \frac{dV}{d\log z}\,\frac{d^2\log\mu}{d\sigma^2},$$

und die Gleichung (8) geht also in folgende über:

$$\frac{d^2 V}{d\log z^2}\left(\frac{d\log\mu}{d\sigma} + \frac{1}{r-r'}\right)\left(\frac{d\log\mu}{d\sigma} + \frac{1}{s-s'}\right) + \frac{dV}{d\log z}\,\frac{d^2\log\mu}{d\sigma^2} + \left(\frac{dm}{d\sigma} - m^2\right) V = 0,$$

oder, indem man die beiden Klammern im ersten Gliede ausmultiplicirt und z/μ für $(r-r')(s-s')$ einführt:

$$(10\qquad \begin{aligned}&\frac{d^2 V}{d\log z^2}\left\{\left(\frac{d\log\mu}{d\sigma}\right)^2+\left[\frac{d\mu}{d\sigma}(\sigma-\sigma')+\mu\right]\frac{1}{z}\right\}\\ &+\frac{dV}{d\log z}\,\frac{d^2\log\mu}{d\sigma^2}+\left(\frac{dm}{d\sigma}-m^2\right)V=0.\end{aligned}$$

Dies geht in eine lineare Differentialgleichung für die Function V über, wenn man μ so bestimmen kann, dass die Verhältnisse der Coëfficienten der drei Glieder nur von z, nicht mehr von σ abhängig sind. Man erhält so, wenn c, c_1, c_2 Constanten sind, die drei Bedingungen:

$$(11)\qquad \begin{aligned}&\frac{d^2\log\mu}{d\sigma^2}=c\left(\frac{dm}{d\sigma}-m^2\right),\\ &\left(\frac{d\log\mu}{d\sigma}\right)^2=c_1\left(\frac{dm}{d\sigma}-m^2\right),\\ &\frac{d\mu}{d\sigma}(\sigma-\sigma')+\mu=\frac{d\mu(\sigma-\sigma')}{d\sigma}=c_2\left(\frac{dm}{d\sigma}-m^2\right),\end{aligned}$$

wodurch (10) in

$$(12)\qquad \frac{d^2 V}{d\log z^2}\left(c_1+\frac{c_2}{z}\right)+c\,\frac{dV}{d\log z}+V=0$$

übergeht.

Im Allgemeinen, d. h. für eine beliebige Function m, lassen sich die drei Gleichungen (11) nicht zugleich befriedigen, wohl aber unter den beiden Annahmen α), β). Nehmen wir zunächst nach dem Boyle'schen Gesetz m constant ($=-1/2a$) an, so ist nach der dritten Gleichung (11) $\mu(\sigma-\sigma')$ eine lineare Function von σ, und da nach der zweiten Gleichung (11) auch $\log\mu$ nur eine lineare Function von σ sein kann, so muss μ constant sein. Diese Constante kann willkürlich genommen werden, und wenn wir sie gleich m^2 setzen, so ergiebt sich

$$c=0,\qquad c_1=0,\qquad c_2=-1.$$

Es ergiebt sich also für V die Differentialgleichung:

$$(13_\alpha)\qquad \begin{aligned}&\frac{1}{z}\,\frac{d^2 V}{d\log z^2}-V=0,\\ &z=\frac{(r-r')(s-s')}{4a^2}.\end{aligned}$$

Nehmen wir ferner nach der Poisson'schen Annahme

$$m=\frac{\lambda}{\sigma},$$

so wird

$$\frac{dm}{d\sigma} - m^2 = -\frac{\lambda + \lambda^2}{\sigma^2},$$

und die zweite Gleichung (11) zeigt, dass μ mit einer Potenz von σ proportional, also, wenn h und b Constanten sind,

$$\mu = b\,\sigma^h.$$

Nach dieser Annahme geben die Gleichungen (11):

$$\begin{aligned} h &= \quad c(\lambda + \lambda^2), \\ h^2 &= -\, c_1(\lambda + \lambda^2), \\ b\sigma^{h+1}[h(\sigma - \sigma') + \sigma] &= -c_2(\lambda + \lambda^2), \end{aligned}$$

aus deren letzten man schliesst, dass $h = -1$ sein muss. Dann folgt, wenn man noch $b = -1/\sigma'$ setzt, was frei steht,

$$\begin{aligned} 1 &= -c\,(\lambda + \lambda^2), \\ 1 &= -c_1(\lambda + \lambda^2), \\ 1 &= \quad c_2(\lambda + \lambda^2). \end{aligned}$$

Die Gleichung (12) giebt also nach Multiplication mit $\lambda + \lambda^2$:

$$(13_\beta) \qquad \frac{d^2 V}{d\log z^2}\left(\frac{1}{z} - 1\right) - \frac{dV}{d\log z} + (\lambda + \lambda^2)\,V = 0,$$

$$z = -\frac{(r - r')\,(s - s')}{(r + s)\,(r' + s')}.$$

Die beiden Differentialgleichungen (13_α) und (13_β) lassen sich explicite so darstellen:

$$(14_\alpha) \qquad z\frac{d^2 V}{dz^2} + \frac{dV}{dz} - V = 0,$$

$$(14_\beta) \qquad z(1 - z)\frac{d^2 V}{dz^2} + (1 - 2z)\frac{dV}{dz} + \lambda(1 + \lambda)\,V = 0.$$

Die erste dieser Gleichungen wird auf die Differentialgleichung der Bessel'schen Function J [Bd. I, §. 69 (13)]

$$\frac{d^2 J}{dx^2} + \frac{1}{x}\frac{dJ}{dx} + J = 0$$

zurückgeführt durch die Substitution $4z = -x^2$. Sie hat also nur eine Lösung, die für $z = 0$ endlich bleibt, und man erhält

$$(15_\alpha) \qquad V = \sum_{n=0}^{\infty} \frac{(r - r')^n\,(s - s')^n}{\Pi(n)^2\,(2a)^{2n}} \quad \text{[Bd. I, §. 68 (1)].}$$

Die Gleichung (14_β) stimmt mit der Differentialgleichung der hypergeometrischen Reihe [§. 5 (6)]:

$$z(1-z)\frac{d^2F}{dz^2} + [\gamma - (\alpha + \beta + 1)z]\frac{dF}{dz} - \alpha\beta F = 0$$

überein, wenn man

$$\alpha = \lambda + 1, \qquad \beta = -\lambda, \qquad \gamma = 1$$

setzt. Auch diese Gleichung hat nur eine Lösung, die bei $z = 0$ endlich bleibt und man erhält

$$(15_\beta) \qquad V = F\left(\lambda + 1,\ -\lambda,\ 1,\ -\frac{(r'-r)(s'-s)}{(r+s)(r'+s')}\right),$$

und hiermit ist also die Integration vollendet.

§. 186.

Das allgemeinere Riemann'sche Beispiel.

Wir betrachten jetzt den Fall, wo Geschwindigkeit und Dichtigkeit zu Anfang nur in einem endlichen Bereich (α, β) variabel sind. Ausserhalb dieses Bereiches sollen beide Grössen constant aber zu beiden Seiten verschieden sein. Es sei also, wenn u_1, ϱ_1, u_2, ϱ_2 Constanten sind,

$$(1) \qquad \begin{array}{lll} u = u_1, & \varrho = \varrho_1 & \text{für } x < \alpha, \\ u = u_2, & \varrho = \varrho_2 & \text{für } x > \beta. \end{array}$$

In dem Intervall $\alpha < x < \beta$ sollen u, ϱ zu Anfang variabel sein und sich in α und β stetig an die constanten Werthe ϱ_1, u_1 und ϱ_2, u_2 anschliessen. Wir setzen wie früher

$$(2) \qquad \begin{array}{l} 2r = f(\varrho) + u \\ 2s = f(\varrho) - u \end{array}$$

und nehmen, wie in §. 182, an, dass r im Intervalle $\alpha\beta$ wächst, während s abnimmt.

Dann muss $r_1 < r_2$, $s_1 > s_2$, folglich nach (2)

$$(3) \qquad \begin{array}{l} f(\varrho_1) + u_1 < f(\varrho_2) + u_2, \\ f(\varrho_1) - u_1 > f(\varrho_2) - u_2, \end{array}$$

also:

$$u_1 - u_2 < f(\varrho_2) - f(\varrho_1) < u_2 - u_1$$

sein, und wenn wir noch $\varrho_1 > \varrho_2$, also $f(\varrho_2) - f(\varrho_1)$ negativ annehmen, so stimmt diese Bedingung überein mit der, die wir für den Fall II im §. 177 abgeleitet haben, wo wir angenommen haben, dass zwei Gasmassen im Anfang in einer Unstetigkeitsfläche zusammenstossen, nämlich mit II:

$$u_1 - u_2 < f(\varrho_2) - f(\varrho_1) < 0. \tag{4}$$

Wir bestimmen nun die Function w und damit auch r und s als Functionen von x und t nach der Methode der beiden letzten Paragraphen. Dadurch ist das Dreieck α, β, ξ und in ihm die Functionen r, s bestimmt (Fig. 81 auf S. 504), so dass

$$\begin{array}{ll} r = r_1 & \text{an } (\alpha\,\xi) \\ s = s_2 & \text{an } (\beta\,\xi) \end{array}$$

ist. Ausserhalb dieses Gebietes nehmen wir r oder s (oder auch beide) als constant an, und erhalten dann den besonderen Fall, dessen Lösung wir im §. 176 dargestellt haben, bei dem sich ein constantes Werthsystem u, ϱ auf einer geraden Linie erhält, die unter dem Winkel

$$\vartheta = \text{arc cotg}\left(u \pm \sqrt{\varphi'(\varrho)}\right)$$

gegen die x-Axe geneigt ist. Hierbei gilt das obere Zeichen für $s =$ const., das untere für $r =$ const. Wir bestimmen dann u', ϱ' aus den Gleichungen $r' = r_1$, $s' = s_2$ oder, explicite:

$$\begin{aligned} f(\varrho') + u' &= f(\varrho_1) + u_1, \\ f(\varrho') - u' &= f(\varrho_2) - u_2, \end{aligned} \tag{5}$$

und diese Gleichungen stimmen mit §. 177 (8) überein. Wir construiren nun in der xt-Ebene vier gerade Linien (α 1), (ξ 2), (ξ 3), (β 4) unter den Winkeln ϑ_1, ϑ_2, ϑ_3, ϑ_4 gegen die positive x-Axe, indem wir

$$\begin{aligned} \text{cotg}\,\vartheta_1 &= u_1 - \sqrt{\varphi'(\varrho_1)}, & \text{cotg}\,\vartheta_2 &= u' - \sqrt{\varphi'(\varrho')}, \\ \text{cotg}\,\vartheta_3 &= u' + \sqrt{\varphi'(\varrho')}, & \text{cotg}\,\vartheta_4 &= u_2 + \sqrt{\varphi'(\varrho_2)} \end{aligned} \tag{6}$$

setzen (Fig. 85), und machen über die Functionen u, ϱ folgende Annahme:

$$\begin{array}{lll} \text{in } (-\infty\,\alpha\,1) \text{ ist } & u = u_1, & \varrho = \varrho_1, \\ \text{in } (2\,\xi\,3) \text{ ist } & u = u', & \varrho = \varrho', \\ \text{in } (4\,\beta + \infty) \text{ ist } & u = u_2, & \varrho = \varrho_2; \end{array}$$

ausserdem setzen wir ein Werthpaar u, ϱ, das in einem Punkt von ($\xi\,\beta$), etwa in μ, stattfindet, auf einer geraden Linie $\mu\mu'$ unverändert fort, die unter dem Winkel $\vartheta = \text{arc cotg}\left(u + \sqrt{\varphi'(\varrho)}\right)$ geneigt ist; und ebenso erhalten wir die Werthe u, ϱ, die in einem

Punkt ν von α, ξ stattfinden, constant auf einer Geraden $\nu\nu'$ unter dem Winkel arc cotg$\left(u - \sqrt{\varphi'(\varrho)}\right)$.

Dadurch sind die Werthe von u, ϱ so weit eindeutig bestimmt, als nicht verschiedene dieser geraden Linien $\mu\mu'$ oder

Fig. 85.

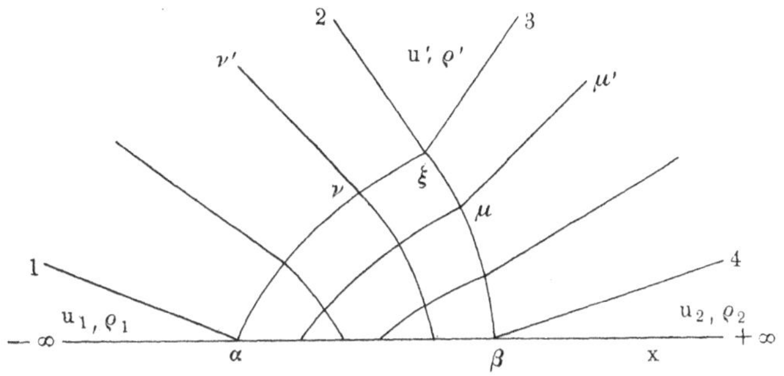

$\nu\,\nu'$ einander schneiden, so lange also diese Linien keine Enveloppe haben. Diese Enveloppen geben Anlass zu Verdichtungsstössen, die sich noch der Theorie entziehen.

Unter den hier gemachten Voraussetzungen aber ist, wie wir schon im §. 177 II gesehen haben, $\varrho' < \varrho_2 < \varrho_1$ und $u_1 < u' < u_2$ und in Folge dessen

$$\vartheta_1 > \vartheta_2 > \vartheta_3 > \vartheta_4,$$

und die Linien $(\alpha\,1)$, $(\xi\,2)$, $(\xi\,3)$, $(\xi\,4)$ divergiren also, und wenn wir noch annehmen, dass $u - \sqrt{\varphi'(\varrho)}$ von α bis ξ und $u + \sqrt{\varphi'(\varrho)}$ von ξ bis β stetig wächst[1]), so werden sich die Geraden $(\mu\,\mu')$ $(\nu\,\nu')$ nirgends schneiden und die Wellen werden also stetig und der Differentialgleichung gemäss verlaufen.

Wir erhalten genau den Fall §. 177 II, wenn wir $\alpha\beta$ unendlich klein werden lassen, und wir bekommen daher dasselbe, mögen wir eine Unstetigkeitsebene annehmen oder einen allmählichen Uebergang in einem schmalen Gebiet.

Die anderen möglichen Annahmen, die man an Stelle von (3) setzen kann, führen aber zum Theil zu Unstetigkeitsstössen

---

[1]) Dies ist, wenigstens für das Boyle'sche Gesetz, eine Folge der übrigen Annahmen, nach denen s von α bis ξ abnimmt und r von ξ bis β wächst. Denn nach dem Boyle'schen Gesetze ist $u \pm \sqrt{\varphi'(\varrho)} = r - s \pm a$.

und unsere Formeln sind nur so lange anwendbar, als noch keine solche Stösse eingetreten sind[1]).

§. 187.

Anfängliche Gleichgewichtsstörung in einem endlichen Intervall.

Da hier zu beiden Seiten der Strecke $\alpha\beta$ Geschwindigkeit und Dichtigkeit verschieden sind, so wird man diesen Fall nicht eigentlich so charakterisiren dürfen, wie es bei Riemann geschieht, dass die anfängliche Gleichgewichtsstörung auf das Intervall $(\alpha\beta)$ beschränkt sei. Die Annahme, die diese Bezeichnung verdient, würde darin bestehen, dass für $x < \alpha$ und $x > \beta$ der Anfangswerth von u gleich Null und der von ϱ gleich der normalen Dichtigkeit der Luft, ϱ_0, die man etwa gleich 1 setzen kann, sei, und dass nur für das Intervall $\alpha\beta$ die Anfangswerthe von u und ϱ davon verschieden seien. Hier werden aber, wenn wir die Anfangswerthe als stetig betrachten, die Differentialquotienten $\partial r_0 / \partial x$ und $\partial s_0 / \partial x$ irgendwo in dem Intervall $(\alpha\beta)$ gleich Null, und daher reicht die Integrationsmethode des §. 184 in diesem Falle nicht mehr aus.

Um eine ungefähre Anschauung des Sachverhaltes zu geben, wollen wir annehmen, es sei zu Anfang die Geschwindigkeit überall gleich Null, und in dem Intervall $(\alpha\beta)$ habe ϱ einen von ϱ_0 verschiedenen constanten Werth ϱ_1. Es ist also der Anfangswerth von ϱ bei α und β unstetig, und wenigstens für einen gewissen Zeitraum lassen sich die Bewegungen nach §. 177 bestimmen. Sie sind in Bezug auf den Mittelpunkt der Strecke $(\alpha\beta)$ symmetrisch und der Anfangszustand genügt den Bedingungen §. 177 III oder IV. Ist $\varrho_1 > \varrho_0$, herrscht also in $\alpha\beta$ eine anfängliche Verdichtung, so laufen von den Unstetigkeitsstellen α, β je ein Verdichtungsstoss nach aussen und eine Verdünnungswelle nach innen (in Bezug auf $\alpha\beta$). Ist $\varrho_1 < \varrho_0$, also eine anfängliche Verdünnung vorhanden, so laufen die Ver-

[1]) Im Artikel 4 der Riemann'schen Abhandlung sind die Linien $\alpha\xi$, $\beta\xi$ irrthümlich als gerade Linien angenommen. Hierauf hat Christoffel in dem erwähnten Bericht in den „Fortschritten der Physik" aufmerksam gemacht.

dünnungswellen nach aussen und die Verdichtungsstösse nach innen, wie es die Figuren 86 und 87, die in der xt-Ebene zu denken sind, veranschaulichen. Die Theorie giebt aber die Bewegung des Gases nur so lange, bis die nach innen laufenden Wellen zusammenstossen. Von da an müsste man den augenblicklichen Zustand als einen neuen Anfangszustand betrachten

Fig. 86.

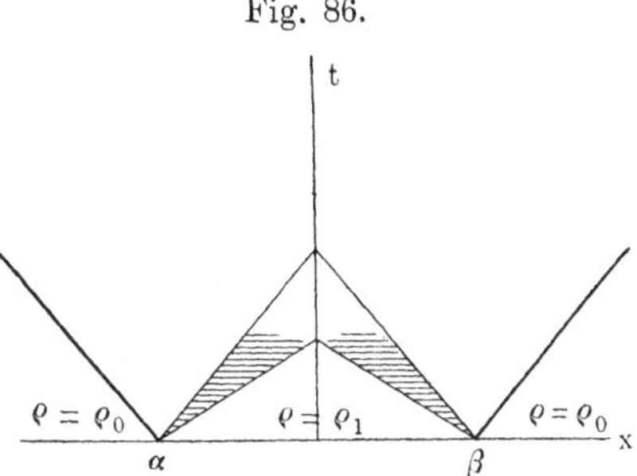

und könnte, wenigstens im zweiten Falle, wo bei γ eine Unstetigkeit in Bezug auf die Geschwindigkeit eingetreten ist, in derselben Weise noch etwas weiter gehen.

Es laufen dann von γ, d. h. von $x = 0$ aus, zwei weitere Verdichtungsstösse aus, die man als die reflectirten der gegen

Fig. 87.

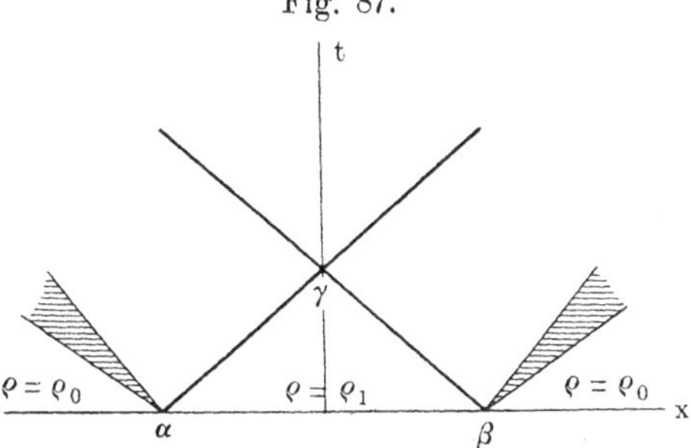

einander laufenden Stösse betrachten kann. Von nun an laufen also nach jeder Seite hin eine Verdünnungswelle und ein Verdichtungsstoss, und dazwischen tritt Gleichgewicht ein. Der Verdichtungsstoss kann die Verdünnungswelle einholen, und dann treten wieder neue Verhältnisse ein, die wir nicht weiter verfolgen können. Weniger einfach liegen die Verhältnisse in dem ersten Falle, wo $\varrho_1 > \varrho_0$ ist.

Wenn wir die Geschwindigkeit u und die Schwankungen der Dichtigkeit ϱ um einen mittleren Werth ϱ_0 als unendlich kleine Grössen betrachten, so werden die Cotangenten in (6) §. 186 alle nur unendlich wenig von $\pm\sqrt{\varphi'(\varrho_0)}$ abweichen, und es ist also $c = \sqrt{\varphi'(\varrho_0)}$ als die Fortpflanzungsgeschwindigkeit der Luftwelle zu betrachten. Für das Boyle'sche Gesetz ergiebt dies den Werth $c = a$, während man für das Poisson'sche Gesetz

$$c = a\sqrt{k}\,\varrho_0^{\frac{k-1}{2}}$$

erhält. Um a zu eliminiren, wendet man das Gasgesetz an [§. 142 (3)]:

$$pv = RT;$$

versteht man unter v das Volumen der Masseneinheit, so ist $v = \varrho_0^{-1}$, $p = a^2\varrho_0^k$, also

$$a^2\varrho_0^{k-1} = RT$$

und folglich

(1) $$c = \sqrt{kRT}.$$

Nach Riemann's Berechnung (Gesammelte Werke, Seite 158) stimmt dieser Ausdruck sehr gut mit den Beobachtungen über die Schallgeschwindigkeit in der Luft überein.

Nimmt man

$$k = 1{,}4101$$

und für atmosphärische Luft bei Null Grad Celsius

$$RT = 783\,750\,000,$$

so erhält man aus (1)

$$c = 332\,44,$$

also 332,44 Meter in der Secunde.

Wir schliessen mit der historischen Bemerkung, dass die Zurückführung der Differentialgleichung für die Luftschwingungen auf eine lineare Gleichung schon Ampère bekannt gewesen ist. Auf Seite 177 der zweiten Abhandlung über partielle Differentialgleichungen im Journal de l'école polytechnique (Cahier XVIII, t. XI, 1820) giebt er dazu einen Weg an, den wir im Anschluss an die von Riemann gebrauchte Bezeichnung kurz so darstellen können.

Wenn man unter Voraussetzung des Boyle'schen Gesetzes

(2) $$u = \frac{\partial y}{\partial x},\quad a^2\log\varrho = -\frac{\partial y}{\partial t} - \frac{1}{2}\left(\frac{\partial y}{\partial x}\right)^2$$

setzt, so reduciren sich die beiden Gleichungen §. 174 (4) auf die eine

$$(3) \qquad \frac{\partial^2 y}{\partial t^2} + 2 \frac{\partial y}{\partial x} \frac{\partial^2 y}{\partial x \partial t} + \left[\left(\frac{\partial y}{\partial x}\right)^2 - a^2\right] \frac{\partial^2 y}{\partial x^2} = 0,$$

von der Ampère ausgeht. Er setzt dann

$$\frac{\partial y}{\partial t} + \frac{1}{2}\left(\frac{\partial y}{\partial x}\right)^2 - a \frac{\partial y}{\partial x} = 2 a \alpha,$$

$$\frac{\partial y}{\partial t} + \frac{1}{2}\left(\frac{\partial y}{\partial x}\right)^2 + a \frac{\partial y}{\partial x} = 2 a \beta,$$

und nach (2) und §. 182 (2) stimmen dann α, β mit $-r$, $-s$ überein.

Es wird ferner eine Function η definirt durch

$$\eta = y - (\beta - \alpha) x - [a(\beta + \alpha) - \tfrac{1}{2}(\beta - \alpha)^2]\, t,$$

die nach §. 183 (4) mit Riemann's $-w$ übereinstimmt, und für die sich die partielle Differentialgleichung

$$2 a \frac{\partial^2 \eta}{\partial \alpha \partial \beta} - \frac{\partial \eta}{\partial \alpha} - \frac{\partial \eta}{\partial \beta} = 0$$

ergiebt, in genauer Uebereinstimmung mit der Gleichung §. 184 (1). Die Integration dieser Gleichung aber, und besonders die Untersuchung der Unstetigkeiten, ist Riemann's Verdienst.

REGISTER.

Die römischen Ziffern bezeichnen den Band, die arabischen Ziffern die Seite.

www.ingramcontent.com/pod-product-compliance
Lightning Source LLC
LaVergne TN
LVHW011254110826
845149LV00001B/130

* 9 7 8 1 4 1 8 1 8 5 1 6 9 *